Digitale Signalverarbeitung

Karl-Dirk Kammeyer · Kristian Kroschel

Digitale Signalverarbeitung

Filterung und Spektralanalyse mit MATLAB®-Übungen

10., überarbeitete und erweiterte Auflage

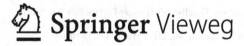

Karl-Dirk Kammeyer
Universität Bremen
Institut für Telekommunikation und
Hochfrequenztechnik (ITH)
Arbeitsbereich Nachrichtentechnik
Bremen, Deutschland

Kristian Kroschel
Institut für Optronik,
Systemtechnik und Bildauswertung
Fraunhofer ISOB
Karlsruhe, Deutschland

ISBN 978-3-658-36234-8

Die Deutsche Nationalbibliothek verzeichnet diese Publikation in der Deutschen National-
bibliografie; detaillierte bibliografische Daten sind im Internet über http://dnb.d-nb.de abrufbar.

Planung/Lektorat: Reinhard Dapper
Springer Vieweg ist ein Imprint der eingetragenen Gesellschaft Springer Fachmedien Wiesbaden
GmbH und ist ein Teil von Springer Nature.
Die Anschrift der Gesellschaft ist: Abraham-Lincoln-Str. 46, 65189 Wiesbaden, Germany

Vorwort zur zehnten Auflage

Vor über 30 Jahren erschien die erste Auflage des vorliegenden Buches. Damals begann die Digitalisierung der Kommunikation, vor allem im Fernsprech- und Datennetz. In der Zwischenzeit sind viele Bereiche hinzugekommen: Fernsehen mit DVB (*Digital Video Broadcast*), Rundfunk mit DAB (*Digital Audio Broadcast*), ganz zu schweigen von den vielen Möglichkeiten, die der Einsatz eines Smartphones bietet. Der Trend der Digitalisierung des Automobils durch viele Assistenzsysteme in Richtung autonomes Fahren setzt neue Akzente im Verkehr und im häuslichen Umfeld dringt die Digitalisierung unter dem Begriff *smart home* allmählich weiter vor, so dass die Digitalisierung bald in jedem unserer Lebensbereiche ihre Spuren hinterlässt. Auch im Bereich der Medizin zeichnen sich durch Digitalisierung neue Diagnostikmöglichen wie z.B. die berührungslose Messung von Herz- und Atmungsfrequenz sowie Herztönen ab.

Die digitale Signalverarbeitung ist ein wesentlicher Teil des als „Digitalisierung" bezeichneten Wandels unseres täglichen Lebens, der Wirtschaft und Industrie, der Medien und Kommunikation. Daraus ergibt sich, dass die digitale Signalverarbeitung ständig an Umfang zunimmt. Schon vor 30 Jahren war dieses Gebiet so umfangreich, dass sich die Autoren für dieses Buch auf einige Schwerpunkte konzentrieren mussten. Die Wahl fiel auf die Filterung und die Spektralanalyse und damit auf zwei Gebiete, anhand derer sich die grundsätzliche Methodik der digitalen Signalverarbeitung exemplarisch verdeutlichen lässt. Der anhaltende Erfolg des Lehrbuches zeigt, dass dieser didaktische Ansatz offenbar viele Leser überzeugt hat. Ganz wesentlich zu einer anschaulichen Stoffvermittlung hat der seit der vierten Auflage eingeführte zweite Teil mit einer Sammlung von praktischen MATLAB^{TM}-Übungen beigetragen, wodurch die Möglichkeit der praktischen Erprobung der theoretisch abgeleiteten Algorithnmen eröffnet wurde.

Im Laufe der vergangenen neun Auflagen hat dieses Lehrbuch zahlreiche Ergänzunge erfahren – besonders zu nennen sind hier die Einbeziehung adaptiver Filter, Multiratensysteme und die eigenwertbasierte Spektralanalyse. Auch in der vorliegenden zehnten Auflage wird ein neues Stoffgebiet erschlossen: Im 5. Kapitel widmet sich ein Abschnitt der Signalglättung durch lineare und nichtlineare Filter.

Der erste Teil des Buches besteht aus elf Kapiteln. Nach einer knrzen Einleitung in Kapitel 1 folgt im 2. Kapitel ein Überblick über die Eigenschaften diskreter Signale und Systeme. Besondere Beachtung findet stets eine auf komplexe Zeitsignale erweiterte Darstellung, da diese Signalbeschreibung insbesondere in der Nachrichtontechnik große Bedeutung hat. Im 3. Kapitel findet man eine Einführung in die Z–Transformation. Die nachfolgenden beiden Kapitel richten sich auf die Strukturen und die Eigenschaften, den Entwurf sowie das Fehlerverhalten digitaler Filter, wobei Kapitel 4 den rekursiven und Kapitel 5 den nichtrekursiven Strukturen gewidmet ist – hier findet sich auch der neu aufgenommene Abschnitt über die Signalglättung. Das Kapitel 6 umfasst die wichtigsten adaptiven Algoritmen, stellt hierüber grundsätzliche Untersuchungen zum Konvergenzverhalten vor und schließt mit einigen Anwendungsbeispielen aus dem Bereich der akustischen Echokompensation. Im Kapitel 7 findet man die Grundlagen der diskreten Fourier–Transformation sowie ihre Realisierung durch die schnelle Fourier–Transformation. Anwendungen der schnellen Fourier–Transformation zur Spektralanalyse deterministischer Signale werden in Kapitel 8 aufgezeigt. Schließlich richten sich die drei letzten Kapitel auf die Probleme der Spektralschätzung bei stochastischen Prozessen, wobei das 9. Kapitel die traditionellen Methoden behandelt, während Kapitel 10 sich den modernen parametrischen Schätzverfahren zuwendet. Die hauptsächliche Anwendung finden parametrische Verfahren in der Sprachverarbeitung; aus diesem Grunde werden einige Beispiele aus dem Bereich der Sprachcodierung eingebracht, die die besondere Effizienz dieser Methoden praktisch demonstrieren. Den Abschluss bildet die eigenwertbasierte Spektralschätzung im 11. Kapitel. Dazu wird ein neues Signalmodell zugrunde gelegt, das Sinussignale enthält, die von additivem Rauschen überlagert werden. Nach einer Herleitung der Eigenwertbeziehungen werden die bekannten Algorithmen MUSIC und ESPRIT entwickelt und anhand von Beispielen praktisch erprobt.

Wie schon erwähnt, enthält das Buch einen zweiten Teil mit einer Sammlung von praktischen MATLAB^{TM}–Übungen. Prinzipiell sollen zwei Ziele erreicht werden: Zum einen dienen die Aufgaben zur Veranschaulichung des Stoffes durch die Behandlung ausgewählter Probleme. Daneben soll für die Anwendung ein Katalog wichtiger Routinen bereitgestellt werden, die – auch losgelöst von den hier gestellten Übungsaufgaben – in der Praxis benutzt werden können. Beispiele sind die verschiedenen Standard–Spektralschätzverfahren, die Burg–Methode, das Rader–Verfahren zur Schätzung der Autokorrelationsfolgen und viele andere Routinen. Die Erwartung der Autoren, anhand der MATLAB^{TM}–Aufgaben eine Vertiefung und Veranschaulichung der theoretischen Lehrinhalte zu erreichen, hat sich inzwischen voll bestätigt: Zahlreiche positive Zuschriften machen deutlich, dass die Leser gerade diese Form der Stoffvermittlung sehr zu schätzen wissen. Sämtliche hier benutzten Routinen sind unter der Adresse

http://www.ant.uni-bremen.de/dsvbuch

abrufbar. Die Autoren sind besonders dankbar für Kritik, Hinweise auf Fehler und sonstige (auch positive) Anmerkungen zu diesem Buch. Sie können unter der e-mail-Adresse *dsvbuch@ant-uni-bremen.de* übermittelt werden.

Neben dem allgemeinen Dank an alle, die zum Zustandekommen dieser neuen Auflage beigetragen haben, gilt ein besonderer Dank Bastian Erdnüß und Michael Grinberg vom Fraunhofer IOSB in Karlsruhe sowie Bernd Mollerus, die viele hilfreiche Hinweise gegeben und Fehler korrigiert haben.

Bremen und Karlsruhe im September 2021

K.D. Kammeyer   K. Kroschel

Inhaltsverzeichnis

II Matlab-Übungen   535

12. Einleitung   537

13. Aufgaben   539

14. Lösungen   579

Sachverzeichnis   643

Teil I

Grundlagen, Filterung und Spektralanalyse

Kapitel 1

Einleitung

Digitale Signalverarbeitung gibt es, historisch gesehen, schon seit den Tagen der Astronomen, die aus Zahlenkolonnen, die sie bei der Beobachtung der Bewegungen der Himmelskörper gewannen, analytische Aussagen über deren Bahnkurven machten. Von den ersten Ansätzen der modernen digitalen Signalverarbeitung kann man allerdings erst seit den fünfziger Jahren sprechen, als man sich in den Labors der Systemtheoretiker Gedanken darüber machte, ob man nicht von den damals gebräuchlichen Analogrechnern mit ihrer unflexiblen Programmierung über Steckbretter abkommen könnte. Die zu dem Zeitpunkt verfügbaren Digitalrechner stellten bei Aufgaben der Systemanalyse und -simulation zwar grundsätzlich eine Alternative dar, wegen ihrer Kosten und der geringen Operationsgeschwindigkeit war an eine Ablösung der Analogrechner durch sie damals jedoch nicht zu denken. Immerhin wurde dadurch aber die Frage aufgeworfen, in welcher Weise man analoge Systeme durch zeitdiskrete Techniken ersetzen könnte.

Eine Antwort in Bezug auf die Darstellung im Frequenzbereich stellte die von Jury 1964 in seinem Buch [Jur64] vorgestellte Transformation abgetasteter Signale in den Frequenzbereich mit Hilfe der *Z-Transformation* dar. Der daraus herleitbare Sonderfall der *diskreten Fourier-Transformation* eignete sich jedoch aus Gründen der Rechenzeit nicht für die Realisierung mit einem Digitalrechner. Erst die von Cooley und Tukey 1965 eingeführte *schnelle Fourier-Transformation* [CT65] ließ sich praktisch einsetzen. Der Begriff der *digitalen Filter* taucht 1966 in dem Buch von Kuo und Kaiser [KK66] auf, und von *digitaler Signalverar-*

beitung wurde erstmals im Buch von Gold und Rader [GR69] gesprochen, das auch heute noch ein klassisches Standardwerk über dieses Gebiet ist. Das erste deutschsprachige Lehrbuch über digitale Signalverarbeitung wurde 1973 von H.W. Schüßler veröffentlicht [Sch73]. Neben der Darstellung der Theorie zeitdiskreter Signale und Systeme enthält dieses Buch auch bereits eine Fülle von praktischen Realisierungsaspekten – von der Optimierung digitaler Filterstrukturen bis hin zu den Auswirkungen der Quantisierung von Filterkoeffizienten und Signalen, die den Effekten der Bauteiletoleranzen und der Rauscheinflüsse bei klassischen Analogsystemen entsprechen.

Die erste Hardware-Realisierung eines digitalen Filters für den Tonfrequenzbereich wurde Anfang der siebziger Jahre von Schüßler und seinen Mitarbeitern vorgestellt. Dies muss aus heutiger Sicht als bemerkenswerter Schritt gewürdigt werden, denn die Überzeugung, dass analoge Systeme auf zahlreichen Gebieten nach und nach durch digitale Konzepte abgelöst werden, war zum damaligen Zeitpunkt durchaus noch nicht selbstverständlich. Bei vielen Ingenieuren galt die digitale Signalverarbeitung als interessante Methode zur Systemsimulation auf Digitalrechnern; die mit den revolutionären technologischen Entwicklungen entstandenen Perspektiven für hochintegrierte Echtzeit-Realisierungen diskreter Systeme bis weit in den MHz-Bereich hinein waren selbst für Optimisten damals nicht absehbar.

Das hauptsächliche Problem bei der Hardware-Realisierung digitaler Systeme bestand seinerzeit in der effizienten Ausführung der Multiplikationen mit den Mitte der siebziger Jahre verfügbaren Bausteinen. In diesem Punkt bot die damals aufkommende *Verteilte Arithmetik* [Kam77] einen interessanten Ausweg, da bei dieser Technik Multiplizierer durch billigere Speicherbausteine ersetzt werden konnten. Die Bedeutung dieses Realisierungskonzeptes ging allerdings sofort zurück, nachdem die ersten hochintegrierten 16×16-bit-Parallelmultiplizierer auf dem Markt erschienen.

Der entscheidende Schritt in Richtung einer effizienten Realisierbarkeit digitaler Systeme wurde dann mit der Entwicklung sogenannter *Signalprozessoren* vollzogen, deren Recheneinheit aus einem Parallelmultiplizierer und einem Akkumulator besteht und somit auf zahlreiche Algorithmen der digitalen Signalverarbeitung unmittelbar zugeschnitten ist. Diese Entwicklung begann mit dem Typ 2920 von Intel, setzte sich über den 7720 von NEC oder den TMS 32010 von Texas Instruments fort und umfasst heute eine Fülle von Bausteinen, die auch mit *Fließkom-*

maarithmetik arbeiten, im Gegensatz zu den zuerst genannten Prozessoren in *Festkommaarithmetik*. Heute gehören Hardware-Multiplizierer, *Harvard-Architektur* und *Pipelining* [Kro86] zu den selbstverständlichen Charakteristiken moderner Hardware-Konzepte, auf die hier aber nicht näher eingegangen werden soll.

Ganz allgemein befasst sich die digitale Signalverarbeitung mit der Umformung von Zahlenfolgen durch digitale Techniken. Die Zahlenfolgen können durch Abtastung analoger Signale entstehen oder auch Daten sein, die innerhalb eines digitalen Systems, z.b. eines Rechners, anfallen. Die Umformung dieser Zahlenfolgen kann je nach Anwendungsgebiet sehr verschiedenartig sein: Probleme der Kontrastverschärfung von Bildvorlagen durch homomorphe Filterung gehören ebenso zu den Aufgaben wie die Extraktion von Merkmalen aus Körperschallsignalen von Verbrennungsmotoren zur Diagnose ihres Betriebszustandes. Das Anwendungsgebiet der digitalen Signalverarbeitung hat sich in wenigen Jahren in beispielloser Weise ausgedehnt und erstreckt sich heute auf praktisch alle denkbaren Disziplinen – die größte Revolution hat sie jedoch zweifellos in der modernen Kommunikations- und Medientechnik hervorgerufen. Während in der Anfangsphase der digitalen Signalverarbeitung die *Filterung* im Vordergrund stand, hat sich nach und nach ein äußerst vielfältiges Spektrum komplexer Verarbeitungsaufgaben entwickelt. Anwendungsbeispiele sind Komponenten in der Audiotechnik – vom Abspielgerät für Compact Discs (CD) für den Heimbereich bis hin zum vollständig digitalen Tonstudio – oder Geräte zur digitalen Übertragung – von hochintegrierten WLAN-Routern bis zu komplexen Empfangs- und Sendesystemen für den zellularen Mobilfunk und die Satellitenkommunikation. Ein anderes Beispiel ist die moderne Form der Quellencodierung: Ohne die effiziente parametrische Beschreibung von Sprache mit Hilfe von Linear Predictive Coding (LPC) und seiner Varianten wäre das Mobiltelefon nach dem GSM Standard („Global System for Mobile Communication", Standard für das europäische zellulare Mobilfunknetz) nicht vorstellbar. Das Übertragungskonzept des GSM ist überhaupt ein Musterbeispiel für die Lösung extrem schwieriger Probleme durch modernste Methoden der digitalen Signalverarbeitung. Genannt seien nur die Realisierung der digitalen Modulation und Demodulation, Synchronisation, Kanalschätzung und -entzerrung durch den Viterbi-Algorithmus [Kam17] neben dem bereits erwähnten Problem der Sprachcodierung und -decodierung. Mit analogen Mitteln wäre die Umsetzung dieses Konzepts ausgeschlossen gewesen.

Neue auf dem Massenmarkt eingesetzte Techniken wie das digitale Radio in Form von Digital Audio Broadcast (DAB), das digitale Fernsehen (DVB, Digital Video Broadcasting) oder Mobilfunksysteme der dritten Generation (UMTS, Universal Mobile Telecommunication System) und LTE (Long Term Evolution) sind längst Realität, so dass ein Ende des Einsatzbereiches der digitalen Signalverarbeitung nicht absehbar ist.

Die Motive für die Anwendung der digitalen Signalverarbeitung lagen anfangs hauptsächlich in der Reproduzierbarkeit, d.h. beliebigen Genauigkeit bei entsprechender Steigerung des Realisierungsaufwandes und der Konstanz der Parameter ohne Temperatur- und Alterungsabhängigkeit. Für die Fertigung ergeben sich hieraus große Vorteile, da aufwendige Abgleichprozeduren entfallen. Hinzu kommt die sehr viel bessere Integrationsfähigkeit digitaler im Vergleich zu analogen Schaltungen. Diese Argumente gelten heute wie damals – jedoch liegt der eigentliche Grund für die revolutionäre Entwicklung der digitalen Signalverarbeitung weitaus tiefer: Neben den außerordentlichen Erfolgen in der Mikroelektronik sind in den letzten Jahren auch im Bereich *leistungsfähiger Algorithmen* bedeutende Fortschritte zu verzeichnen. Hieraus erwachsen prinzipiell neue Möglichkeiten, die mit analoger Technik nicht erschließbar sind. Ein typisches Beispiel hierfür ist die Fehlerkorrektur bei der digitalen Signalübertragung oder -speicherung. Knacken und Knistern einer Schallplatte sind durch entsprechende Filterung (unter Beeinflussung des Nutzsignals) lediglich etwas abzumildern, aber nicht gänzlich zu vermeiden, während Lesefehler beim Abspielen einer CD nachträglich mit Hilfe der dort benutzten Kanalcodierung korrigierbar sind und somit nicht hörbar werden. Bei extrem hoher Fehlerdichte kann es zum Versagen der Fehlerkorrektur kommen; dann besteht jedoch immer noch die Möglichkeit einer „Nachbesserung" von Bündelfehlern mit den Mitteln der digitalen Audiotechnik, z.B. durch Interpolation.

Als zweites Beispiel für die Eigenständigkeit digitaler Lösungskonzepte wird nochmals die bereits erwähnte parametrische Sprachcodierung betrachtet. Führt die konventionelle PCM-Übertragung von Sprache bei einer Abtastung mit 8 kHz und einer 8-bit-Quantisierung noch auf eine Bitrate von 64 kbit/s, so reduziert sich diese auf einen Bruchteil (z.B. 2,4 kbit/s), wenn man von modernen Codierungsverfahren Gebrauch macht. Dabei löst man sich vollständig von der klassischen Vorstellung der Übertragung des originalen Zeitverlaufs des Quellensignals in abgetasteter Form (Waveform Coding); statt dessen beschreibt man das Signal abschnittweise durch einige wenige geeignete Parameter. Diese werden dann anstelle der originalen Wellenform übertragen; am Empfänger wird das ursprüngliche Quellensignal anhand dieser Parameter wieder rekonstruiert. Auf diese Weise ist eine drastische Reduktion der Übertragungs-Bitrate zu erreichen. Im 10. Kapitel dieses Buches werden die theoretischen Grundlagen parametrischer Konzepte dargelegt.

Die beiden Beispiele sollen die typische Entwicklung der digitalen Signalverarbeitung demonstrieren: Es geht längst nicht mehr um die Übersetzung von Problemstellungen aus dem analogen in den digitalen Bereich, wo sie gegebenenfalls besser lösbar sind oder zu besseren Resultaten führen; vielmehr werden heute völlig neue Konzepte und Strategien mit digitalen Mitteln umgesetzt: Es hat eine *Verschiebung von den Filtern und Netzwerken zu umfassenden Algorithmen* stattgefunden, wobei heute mathematische Teilprobleme auf einzelnen IC-Chips gelöst werden, die vor nicht allzu langer Zeit den Einsatz großer Rechenanlagen erforderten. Die Erweiterung der Möglichkeiten bringt es mit sich, dass auf den modernen Ingenieur vor allem auch auf theoretischem Gebiet erheblich höhere Erwartungen gerichtet werden als noch vor wenigen Jahren. Das vorliegende Lehrbuch versucht, dieser Entwicklung Rechnung zu tragen: Neben der ausführlichen Darstellung der Systemtheorie sowie der klassischen Grundlagen zu den digitalen Filtern und der schnellen Fourier-Transformation bilden insbesondere auch moderne Schätzalgorithmen wichtige Schwerpunkte. Zur Veranschaulichung des oftmals anspruchsvollen theoretischen Stoffes sollen die praktischen MATLAB-Übungen im zweiten Teil des Buches eine wesentliche Unterstützung bieten.

Literaturverzeichnis

[CT65]   J. W. Cooley und J. W. Tukey. *An Algorithm for the Machine Calculation of Complex Fourier Series.* Math. Computation, Vol.19, 1965. S.297-301.

[GR69]   B. Gold und Ch. M. Rader. *Digital Processing of Signals.* McGraw Hill, New York, 1969.

[Jur64] E. I. Jury. *Theory and Applications of the Z-Transform Method.* Wiley, New York, 1964.

[Kam77] K. D. Kammeyer. Analyse des Quantisierungsfehlers bei der Verteilten Arithmetik. Ausgewählte Arbeiten über Nachrichtensysteme Nr. 29, 1977. hrsg. von H.W. Schüßler.

[Kam17] K. D. Kammeyer. *Nachrichtenübertragung*. 6. Aufl. Teubner, Stuttgart, 2017.

[KK66]   F. F. Kuo und J. F. Kaiser. *System Analysis by Digital Computer*. John Wiley, New York, 1966.

[Kro86] K. Kroschel. *Digitale Signalverarbeitung – Alternative oder Ergänzung zur Computertechnik ?* Technische Rundschau, TR 43, Oktober 1986. S.96-98.

[Sch73] H. W. Schüßler. *Digitale Systeme zur Signalverarbeitung*. Springer, Berlin, 1973.

Kapitel 2

Diskrete Signale und Systeme

Diskrete Signale erhält man meist dadurch, dass man *kontinuierliche* Signale *abtastet*. Beispiele für kontinuierliche Signale sind die Spannung $x_K(t)$ mit dem zeitkontinuierlichen Parameter t am Ausgang eines Sensors oder die Grauwerte $x_K(u, v)$ einer zweidimensionalen Bildvorlage mit den ortskontinuierlichen Parametern u und v. Im Rahmen dieses Buches werden nur eindimensionale Signale betrachtet, so dass man stets von der Vorstellung einer Zeitparametrierung ausgehen kann.

Die Abtastung kann verschieden erfolgen, äquidistant, zufällig oder nach einem anderen Gesetz. Hier soll stets eine äquidistante Abtastung vorgenommen werden, die zudem so erfolgt, dass aus den Abtastwerten das ursprüngliche Signal fehlerfrei rekonstruiert werden kann, d.h. dass das *Abtasttheorem* [Sha49] eingehalten wird. Das Abtasttheorem wird in Abschnitt 2.4 hergeleitet.

Für das *diskrete* oder hier auch das *zeitdiskrete* Signal soll die Schreibweise[2.1]

$$x_K(t)|_{t=kT_A} = x_K(kT_A) \stackrel{\Delta}{=} x[k]$$

verwendet werden, wobei $T_A = 1/f_A := T$ das Abtastintervall und f_A die Abtastfrequenz bezeichnet und k eine ganze Zahl im Bereich

---

[2.1]Zur Unterscheidung zwischen zeitkontinuierlichen und zeitdiskreten Signalen wird hier und im gesamten Buch bei letzteren der Zeitparameter in eckige Klammern gesetzt.

$-\infty < k < +\infty$ ist. Da $x[k]$ für einen bestimmten Wert k eine feste Zahl darstellt, für laufendes k aber eine Folge von Zahlen, wäre für das diskrete Signal die Bezeichnung $\{x[k]\}$ angemessener, zumal es sich um eine Zahlenfolge handelt, die hier wegen ihrer Entstehungsart durch Abtasten eines kontinuierlichen Signals auch als diskretes Signal bezeichnet wird. Zur Vereinfachung der Schreibweise soll jedoch in beiden Fällen die Bezeichnung $x[k]$ verwendet werden.

Es gibt diskrete Systeme, in denen wegen der verschiedenen Bandbreiten der verarbeiteten Signale verschiedene Abtastraten auftreten [CR83]. Diese Systeme bezeichnet man als *multiratige* Systeme [CR83, Fli93, Vai93], die z.B. bei Modulationssystemen und in der Spektralanalyse eingesetzt werden.

Bisher wurde nur von diskreten, nicht jedoch *digitalen* Signalen gesprochen. Digitale und zeitdiskrete Signale unterscheiden sich darin, dass die Elemente der ihnen zugeordneten Zahlenfolgen im ersten Fall endliche, im zweiten Fall unendliche Stellenzahl besitzen, d.h. das diskrete Signal geht durch Quantisierung in das digitale Signal über, das sich durch eine endlich lange Binärzahlenfolge darstellen lässt. Durch die Quantisierung werden die Systeme, die digitale Signale verarbeiten, grundsätzlich *nichtlinear*. Da man bei der Realisierung der Systeme in der Regel eine hohe Stellenzahl verwendet, kann man viele Eigenschaften der Systeme mit der linearen Theorie beschreiben. Auf die Probleme, die sich aus den Quantisierungseffekten bei der Realisierung ergeben können, wird in Abschnitt 4.4 eingegangen.

2.1   Elementare diskrete Signale

Diskrete Signale bzw. die sie repräsentierenden Folgen können reell oder komplex sein. Die wichtigsten elementaren Signale, die z.B. zum Test für die Eigenschaften von Systemen geeignet sind und die man in vergleichbarer Form auch bei den zeitkontinuierlichen Signalen findet, zeigt Bild 2.1.1. Man unterscheidet u.a.

- die *Impulsfolge*

$$\delta[k] = \begin{cases} 1, & k = 0 \\ 0, & k \neq 0 \end{cases}, \qquad (2.1.1)$$

die dem *Dirac-Impuls* [2.2] zeitkontinuierlicher Signale entspricht, ohne die dort auftretenden Probleme bei der Definition aufzuweisen: unendlich große Amplitude, unendlich kurze Zeitdauer, Fläche vom Maß eins ,

- die *Sprungfolge*

$$\varepsilon[k] = \begin{cases} 1, & k \geq 0 \\ 0, & k < 0 \end{cases}, \qquad (2.1.2)$$

- die *reelle kausale Exponentialfolge*

$$x_a[k] = \begin{cases} a^k, & k \geq 0 \\ 0, & k < 0 \end{cases} \quad |a| < 1, \qquad (2.1.3)$$

- die *komplexe Exponentialfolge*

$$x_e[k] = e^{j\omega Tk} = \cos(\omega Tk) + j\sin(\omega Tk). \qquad (2.1.4)$$

Zur Abkürzung ersetzt man die Kreisfrequenz ω in (2.1.4) durch die auf die Abtastfrequenz $f_A = 1/T$ normierte Kreisfrequenz Ω, für die

$$\Omega = \frac{\omega}{f_A} = \omega T \qquad (2.1.5)$$

gilt. Damit folgt für (2.1.4):

$$x_e[k] = e^{j\Omega k} = \cos(\Omega k) + j\sin(\Omega k). \qquad (2.1.6)$$

Komplexe Signale werden ausführlicher in Abschnitt 2.5 behandelt. Verschiebt oder verzögert man ein diskretes Signal $x[k]$ um k_0 Abtastintervalle, also um die Zeit $k_0 T$, so erhält man:

$$y[k] = x[k - k_0]. \qquad (2.1.7)$$

Mit Hilfe der *Ausblendeigenschaft* der Impulsfolge $\delta[k]$ nach (2.1.1) und der Beziehung (2.1.7), mit der man die Darstellung der verschobenen Impulsfolge gewinnt, kann man für jedes zeitdiskrete Signal $x[k]$

$$x[k] = \sum_{i=-\infty}^{\infty} x[i] \cdot \delta[k-i] = \sum_{i=-\infty}^{\infty} \delta[i] \cdot x[k-i] \qquad (2.1.8)$$

[2.2] Der Dirac-Impuls wird in der Literatur vielfach mit $\delta_0(t)$ bezeichnet; zur eindeutigen Unterscheidung wird die zeitdiskrete Impulsfolge mit $\delta[k]$ gekennzeichnet.

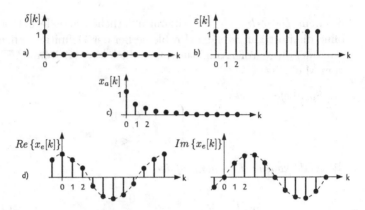

Bild 2.1.1: Elementare diskrete Signale.
  a) Impulsfolge;
  b) Sprungfolge;
  c) reelle, kausale Exponentialfolge mit $a = 0,5$;
  d) Real-/Imaginärteil der komplexen Exponentialfolge,
  $\omega T = \Omega = 2\pi/10$

schreiben. Man beachte, dass hier die zu Beginn des Kapitels genannte Problematik bei der Bezeichnung der Signale auftritt: Zum einen bezeichnet $x[i]$ einen einzigen Amplitudenwert, zum anderen stellt $x[k]$ das gesamte Signal dar.
Wenn

$$x[k] = x[k \pm ik_P] \ , \ i = 1, 2, 3, \ldots \qquad (2.1.9)$$

gilt, so ist $x[k]$ periodisch mit der Periodendauer $T_P = k_P \cdot T$. Tastet man ein kontinuierliches periodisches Signal ab, so ist das diskrete nur dann periodisch, wenn die Periodendauer T_P und die Abtastzeit T in einem rationalen Verhältnis stehen (siehe auch Seite 359).

2.2   Eigenschaften diskreter Systeme

Ein System, gekennzeichnet durch den Operator $\mathrm{H}\{\cdot\}$, transformiert nach Bild 2.2.1 ein Eingangssignal $x[k]$ in das Ausgangssignal $y[k]$, d.h. es gilt

$$y[k] = \mathrm{H}\{x[k]\}. \qquad (2.2.1)$$

Einige grundlegende Eigenschaften zur Charakterisierung von Systemen sind Linearität, Zeitinvarianz, Stabilität, Kausalität und Reellwertigkeit. *Linear* ist das System dann, wenn das *Superpositionsprinzip* gilt. Wenn

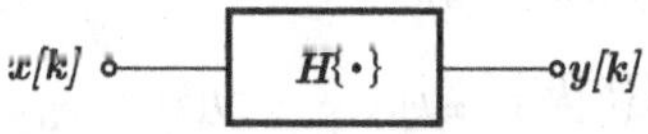

$$x[k] \; \circ\!\!-\!\!\boxed{H\{\cdot\}}\!-\!\!\circ \; y[k]$$

Bild 2.2.1: Wirkungsweise eines Systems

man das System mit beliebigen Signalen $x_i[k]$ erregt und dann die Systemreaktion

$$y_i[k] = H\{x_i[k]\} \; , \; i = 1, 2, \ldots, n \qquad (2.2.2)$$

erhält, so muss die Linearkombination der Eingangssignale $x_i[k]$ stets die Systemreaktion

$$y[k] = H\left\{\sum_{i=1}^{n} \alpha_i x_i[k]\right\} = \sum_{i=1}^{n} \alpha_i H\{x_i[k]\} = \sum_{i=1}^{n} \alpha_i y_i[k] \qquad (2.2.3)$$

liefern. Dabei sind die α_i beliebige konstante Gewichtsfaktoren.

Bei *Zeitinvarianz* hängt die Systemantwort nicht vom Zeitpunkt der Erregung ab. Gilt also bei Erregung zum Zeitpunkt $k = 0$ für $y[k]$ die Beziehung (2.2.1), so erhält man bei Erregung zum Zeitpunkt $k = k_0$

$$y[k - k_0] = H\{x[k - k_0]\} \; . \qquad (2.2.4)$$

Lineare zeitinvariante Systeme stellen eine besondere Systemklasse dar, deren Zeitverhalten sich durch die *Impulsantwort* $h[k]$ beschreiben lässt. Dies ist die Systemantwort bei Erregung mit der Impulsfolge $\delta[k]$ nach (2.1.1):

$$h[k] = H\{\delta[k]\} \; . \qquad (2.2.5)$$

Im Englischen werden diese Systeme als *LTI–(Linear-Time-Invariant)– Systeme* bezeichnet. Erregt man ein derartiges System mit einem beliebigen Signal $x[k]$, so gilt mit (2.1.8) bei Linearität und Zeitinvarianz

$$
\begin{aligned}
y[k] &= H\{x[k]\} = H\{\sum_{i=-\infty}^{\infty} x[i]\delta[k-i]\} = \sum_{i=-\infty}^{\infty} x[i]H\{\delta[k-i]\} \\
&= \sum_{i=-\infty}^{\infty} x[i]h[k-i] = \sum_{i=-\infty}^{\infty} h[i]x[k-i] \\
&\stackrel{\Delta}{=} x[k] * h[k] \; .
\end{aligned}
\qquad (2.2.6)
$$

Die hergeleitete Operation wird als *diskrete Faltung* oder auch als *Faltungssumme* bezeichnet; sie wird mit dem Symbol „*" gekennzeichnet. Bei *BIBO-Stabilität* liefert eine beschränkte Erregung $x[k]$ eine ebenfalls beschränkte Systemantwort $y[k]$

$$H\{x[k]\}\big|_{|x[k]|<\infty} = y[k]\big|_{|y[k]|<\infty} \;,\qquad (2.2.7)$$

eine Definition, die sich auf die englische Bezeichnung *Bounded Input Bounded Output* bezieht. Eine notwendige und hinreichende Bedingung für Stabilität ist

$$\sum_{i=-\infty}^{\infty} |h[i]| < \infty \;,\qquad (2.2.8)$$

weil man für $|x[k]| < M$ mit (2.2.6) folgende Abschätzung erhält:

$$|y[k]| = \left|\sum_{i=-\infty}^{\infty} x[i]h[k-i]\right| < M \sum_{i=-\infty}^{\infty} |h[i]| < \infty \;.\qquad (2.2.9)$$

Kausal ist ein System, wenn ein Ausgangssignal $y[k]$ zu einem Zeitpunkt $k = k_0$ unabhängig von künftigen Werten des Eingangssignals $x[k]$ ist, also von $x[k_0+1]$, $x[k_0+2]$, ..., d.h. die Antwort eines Systems erscheint bei Kausalität nicht vor der Erregung. Aus der Faltungsbeziehung (2.2.6) folgt damit:

$$y(k_0) = \sum_{i=-\infty}^{\infty} h[i]x[k_0-i] = \sum_{i=-\infty}^{-1} h[i]x[k_0-i] + \sum_{i=0}^{\infty} h[i]x[k_0-i] \;.$$
$$(2.2.10)$$

Damit dieses Ausgangssignal unabhängig von $x[k_0+1]$, $x[k_0+2]$, ... ist, muss die erste Summe in (2.2.10) verschwinden, d.h. für die Impulsantwort des kausalen Systems muss

$$h[i]\big|_{i<0} = 0 \qquad (2.2.11)$$

gelten.

Man spricht von einem *reellwertigen* System, wenn bei Erregung mit einem beliebigen reellen Signal $x[k]$ das Ausgangssignal $y[k]$ ebenfalls reell ist:

$$y[k]\big|_{\text{reell}} = H\{x[k]\big|_{\text{reell}}\} \;.\qquad (2.2.12)$$

Für lineare zeitinvariante Systeme folgt daraus, dass die Impulsantwort $h[k]$ reell sein muss. Während man kontinuierliche Systeme praktisch nur reellwertig realisieren kann, gilt dies für digitale Systeme nicht. Darauf wird in den Abschnitten 2.5.3, 4.3 und 5.7 näher eingegangen.

Zeitkontinuierliche lineare Systeme lassen sich durch Differentialgleichungen beschreiben [Sch91]. Diesen entsprechen bei linearen zeitinvarianten diskreten Systemen *Differenzengleichungen* von der Form

$$\sum_{\nu=0}^{n} a_\nu y[k - \nu] = \sum_{\mu=0}^{m} b_\mu x[k - \mu] \ . \qquad (2.2.13)$$

Die *Linearität* kommt darin zum Ausdruck, dass die Eingangsgröße $x[k - \mu]$ und die Ausgangsgröße $y[k - \nu]$ nur als lineare Terme auftreten, die *Zeitinvarianz* darin, dass die Koeffizienten a_ν und b_μ nicht vom Zeitparameter k abhängen. Löst man Gleichung (2.2.13) nach $y[k]$ auf, so ergibt sich bei Festlegung von $a_0 = 1$ für $n \geq 1$

$$y[k] = \sum_{\mu=0}^{m} b_\mu x[k - \mu] - \sum_{\nu=1}^{n} a_\nu y[k - \nu] \qquad (2.2.14)$$

und für $n = 0$

$$y[k] = \sum_{\mu=0}^{m} b_\mu x[k - \mu] \ . \qquad (2.2.15)$$

In (2.2.14) ergibt sich die aktuelle Ausgangsgröße $y[k]$ aus dem aktuellen und aus m verzögerten Eingangswerten sowie aus den in n vorausgegangenen Zeitpunkten berechneten Ausgangswerten; diese Differenzengleichung beschreibt die Klasse der *rekursiven Systeme*. Im Gegensatz hierzu hängt die aktuelle Ausgangsgröße $y[k]$ in (2.2.15) nur vom aktuellen Wert und von den Vergangenheitswerten des Eingangssignals ab; man nennt solche Systeme *nichtrekursiv*.

Für nichtnegative n und m liegt *Kausalität* vor, da $y[k]$ nur von Werten $y[k - \nu]$, $\nu > 0$ und $x[k - \mu]$, $\mu \geq 0$ abhängt. *Reellwertig* ist das System, wenn die Koeffizienten b_μ und a_ν reell sind.

Später wird gezeigt, dass die *Stabilität* eines Systems von den Koeffizienten a_ν abhängt. Dazu ist die Kenntnis der Eigenschaften des Systems im Spektralbereich erforderlich, die durch die z-Transformation gewonnen wird.

2.3 Eigenschaften diskreter Signale und Systeme im Frequenzbereich

Um die Wirkung eines linearen zeitinvarianten Systems im Frequenzbereich zu untersuchen, betrachtet man die Antwort auf die Erregung mit der komplexen Exponentialfolge

$$x[k] = e^{j\omega T k} = e^{j\Omega k} \qquad (2.3.1)$$

nach (2.1.6). Mit der Faltungsoperation nach (2.2.6) folgt für das Ausgangssignal $y[k]$ nach Abspalten der vom Zeitparameter k abhängigen Terme

$$y[k] = h[k] * x[k] = \sum_{i=-\infty}^{\infty} h[i] e^{j\Omega(k-i)} = e^{j\Omega k} \sum_{i=-\infty}^{\infty} h[i] e^{-j\Omega i} \ , \qquad (2.3.2)$$

d.h. die Systemantwort $y[k]$ ist eine komplexe Exponentialfolge mit *derselben* Frequenz wie die Erregung $x[k]$, nur die Amplitude und die Phase werden durch dieses System beeinflusst. Dies ist eine typische Eigenschaft linearer Systeme. Man nennt

$$H(e^{j\Omega}) = \sum_{k=-\infty}^{\infty} h[k] e^{-j\Omega k} \qquad (2.3.3)$$

den *Frequenzgang* oder die *Übertragungsfunktion* des Systems mit der Impulsantwort $h[k]$. Wegen

$$e^{-j(\Omega \pm 2\pi n)k} = e^{-j\Omega k} \qquad (2.3.4)$$

bei ganzzahligem n ist der in (2.3.3) definierte Frequenzgang $H(e^{j\Omega})$ *periodisch*.

- **Beispiel:** *Reelle, kausale Exponentialfolge als Impulsantwort*
  Für die Impulsantwort $h[k]$ eines zeitdiskreten Systems wird eine reelle, kausale Exponentialfolge nach (2.1.3) eingesetzt. Der zugehörige Frequenzgang errechnet sich nach

$$H(e^{j\Omega}) = \sum_{k=0}^{\infty} a^k e^{-j\Omega k} = \sum_{k=0}^{\infty} (a \cdot e^{-j\Omega})^k \ . \qquad (2.3.5)$$

Um eine geschlossene Form für den Frequenzgang zu erhalten, kann man die Summenformel für die *geometrische Reihe* [BS62] verwenden:

$$a_0 + a_0 q + a_0 q^2 + \cdots = \sum_{i=0}^{\infty} a_0 q^i = a_0 \frac{1}{1-q}, \quad |q| < 1. \quad (2.3.6)$$

Damit folgt aus (2.3.5)

$$H(e^{j\Omega}) = \frac{1}{1 - a \cdot e^{-j\Omega}} = |H(e^{j\Omega})| \cdot e^{-jb(\Omega)}, \quad (2.3.7)$$

also für den Betrag oder *Amplitudengang*

$$|H(e^{j\Omega})| = \frac{1}{\sqrt{1 + a^2 - 2a \cdot \cos(\Omega)}} \quad (2.3.8)$$

und den *Phasengang*

$$b(\Omega) = -\arg\{H(e^{j\Omega})\} = \arctan \frac{a \cdot \sin(\Omega)}{1 - a \cdot \cos(\Omega)}, \quad (2.3.9)$$

die in Bild 2.3.1 dargestellt sind. Wird die Impulsantwort $h[k]$ des Systems als *reell* vorausgesetzt, so ist der Amplitudengang eine *gerade*, die Phase eine *ungerade* Funktion bezüglich $\Omega = 0$. Diese Symmetrieeigenschaften der Fourier-Transformation kann man zur Reduzierung des Rechenaufwandes ausnutzen, indem man die Fourier-Transformierte z.B. nur im Intervall $0 \leq \Omega \leq \pi$ berechnet und darüberhinaus geeignet fortsetzt. Auf komplexe Zeitsignale bzw. Systeme mit komplexen Impulsantworten wird später in den Abschnitten 2.5 bzw. 4.3.1 und 5.7 eingegangen.

Weil der Frequenzgang diskreter Systeme periodisch ist, lässt er sich als *Fourier-Reihe* darstellen. Dies folgt direkt aus der Definition des Frequenzgangs nach (2.3.3). Für die Koeffizienten dieser Fourier-Reihe gilt

$$h[k] = \frac{1}{2\pi} \int_{-\pi}^{\pi} H(e^{j\Omega}) e^{j\Omega k} d\Omega. \quad (2.3.10)$$

Das Transformationspaar (2.3.3) und (2.3.10) kann man für jedes andere diskrete Signal $x[k]$ und das zugehörige Spektrum angeben. Man

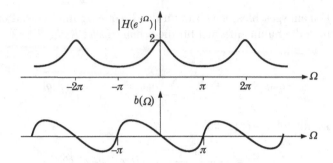

Bild 2.3.1: Frequenzgang eines reellwertigen diskreten Systems

definiert die so genannte *zeitdiskrete Fourier-Transformation* – in der englischsprachigen Fachliteratur als "Discrete-Time Fourier Transform", DTFT, bezeichnet – sowie die entsprechende Inverse, die IDTFT, als

$$\text{DTFT}\{x[k]\} \;=\; X(e^{j\Omega}) = \sum_{k=-\infty}^{\infty} x[k]\,e^{-j\Omega k} \qquad (2.3.11)$$

$$\text{IDTFT}\{X(e^{j\Omega})\} \;=\; x[k] = \frac{1}{2\pi} \int_{-\pi}^{\pi} X(e^{j\Omega})\,e^{j\Omega k} d\Omega\,. \qquad (2.3.12)$$

- *Die zeitdiskrete Fourier-Transformierte einer Folge $x[k]$ ist kontinuierlich und periodisch in $\Omega = 2\pi$.*

- *Ist die Zeitfolge $x[k]$ reell[2.3], so ist die zugehörige zeitdiskrete Fourier-Transformierte konjugiert gerade, d.h. sie besitzt einen bezüglich $\Omega = 0$ geraden Realteil und einen ungeraden Imaginärteil.*

Im folgenden werden einige weitere wichtige Eigenschaften der zeitdiskreten Fourier-Transformation abgeleitet.

- *Zeitversatz*

$$\text{DTFT}\{x[k - k_0]\} \;=\; \sum_{k=-\infty}^{\infty} x[k - k_0]\,e^{-j\Omega k}$$

[2.3]Komplexe Zeitfolgen werden ausführlich in Abschnitt 2.5 behandelt.

$$= \underbrace{\sum_{k=-\infty}^{\infty} x[k-k_0]\, e^{-j\Omega(k-k_0)}}_{X(e^{j\Omega})} \cdot e^{-j\Omega k_0}$$

$$\mathrm{DTFT}\{x[k-k_0]\} = e^{-j\Omega k_0} \cdot X(e^{j\Omega}) \qquad (2.3.13)$$

• *Frequenzversatz*

$$\mathrm{DTFT}\{x[k] \cdot e^{j\Omega_0 k}\} = \sum_{k=-\infty}^{\infty} x[k]e^{-j\Omega k} \cdot e^{j\Omega_0 k}$$

$$= \sum_{k=-\infty}^{\infty} x[k]e^{-j(\Omega-\Omega_0)k}$$

$$\mathrm{DTFT}\{x[k] \cdot e^{j\Omega_0 k}\} = X(e^{j(\Omega-\Omega_0)}) \qquad (2.3.14)$$

• *Multiplikation im Zeitbereich*

$$\mathrm{DTFT}\{x[k] \cdot y[k]\} = \sum_{k=-\infty}^{\infty} x[k]\, y[k]\, e^{-j\Omega k}$$

$$= \sum_{k=-\infty}^{\infty} x[k] \underbrace{\frac{1}{2\pi} \int_{-\pi}^{\pi} Y(e^{j\Theta})\, e^{j\Theta k}\, d\Theta}_{(2.3.12)} \cdot e^{-j\Omega k}$$

$$= \frac{1}{2\pi} \int_{-\pi}^{\pi} Y(e^{j\Theta}) \underbrace{\sum_{k=-\infty}^{\infty} x[k]e^{-j(\Omega-\Theta)k}}_{X(e^{j(\Omega-\Theta)})}\, d\Theta$$

$$\mathrm{DTFT}\{x[k] \cdot y[k]\} = \frac{1}{2\pi} \int_{-\pi}^{\pi} Y(e^{j\Theta})\, X(e^{j(\Omega-\Theta)})\, d\Theta$$

$$= \frac{1}{2\pi} X(e^{j\Omega}) * Y(e^{j\Omega}) \qquad (2.3.15)$$

Die Multiplikation im Zeitbereich geht also im Frequenzbereich in eine Faltung über.

- *Faltung im Zeitbereich*

Die in (2.2.6) formulierte zeitdiskrete Faltung stellt eine fundamentale Beziehung für die digitale Signalverarbeitung dar. Im folgenden wird die entsprechende Berechnungsvorschrift für den Spektralbereich hergeleitet. Ersetzt man in (2.2.6) $x[k]$ nach (2.3.12) und nutzt die Linearität der Faltungsoperation aus, so erhält man

$$y[k] \;=\; x[k] * h[k] = \left(\frac{1}{2\pi} \int\limits_{-\pi}^{\pi} X(e^{j\Omega})\, e^{j\Omega k} d\Omega \right) * h[k]$$

$$=\; \frac{1}{2\pi} \int\limits_{-\pi}^{\pi} X(e^{j\Omega}) \cdot \left[e^{j\Omega k} * h[k] \right] d\Omega. \qquad (2.3.16)$$

Der in eckigen Klammern stehende Ausdruck beschreibt die Systemantwort bei Erregung mit $x[k] = \exp(j\Omega k)$, nach (2.3.2) gilt also

$$e^{j\Omega k} * h[k] = e^{j\Omega k} \cdot H(e^{j\Omega}), \qquad (2.3.17)$$

womit (2.3.16) ergibt

$$y[k] \;=\; \frac{1}{2\pi} \int\limits_{-\pi}^{\pi} X(e^{j\Omega}) \cdot H(e^{j\Omega}) e^{j\Omega k} d\Omega. \qquad (2.3.18)$$

Andererseits ist $y[k]$ durch die inverse Fourier-Transformation

$$y[k] \;=\; \frac{1}{2\pi} \int\limits_{-\pi}^{\pi} Y(e^{j\Omega})\, e^{j\Omega k} d\Omega$$

auszudrücken, so dass man aus dem Vergleich mit (2.3.18) die Beziehung

$$Y(e^{j\Omega}) = X(e^{j\Omega}) \cdot H(e^{j\Omega}). \qquad (2.3.19)$$

erhält. Die Faltung im Zeitbereich geht also im Spektralbereich in eine Multiplikation über.

2.4 Das Abtasttheorem

2.4.1 Zusammenhang zwischen den Spektren diskreter und kontinuierlicher Zeitsignale

Wegen der Bedeutung des Abtasttheorems werden im folgenden drei Varianten zur Herleitung betrachtet, die dieses Theorem von verschiedenen Seiten beleuchten. Es soll zunächst der Zusammenhang der Spektren kontinuierlicher und diskreter Signale betrachtet werden. Diskrete Signale $x[k]$ erhält man u.a. durch Abtastung kontinuierlicher Signale $x_K(t)$ mit der Abtastfrequenz $f_A = 1/T$. Die (2.3.11) und (2.3.12) entsprechenden Beziehungen der Fourier-Transformation kontinuierlicher Signale lauten:

$$X_K(j\omega) = \int\limits_{-\infty}^{\infty} x_K(t)\, e^{-j\omega t} dt \tag{2.4.1}$$

$$x_K(t) = \frac{1}{2\pi} \int\limits_{-\infty}^{\infty} X_K(j\omega)\, e^{j\omega t} d\omega \ . \tag{2.4.2}$$

Für $t = kT$ geht $x_K(t)$ in das diskrete Signal $x[k]$ über und das Integral in (2.4.2) lässt sich in eine Summe von Integralen über Teilintervalle der Breite $2\pi/T$ zerlegen:

$$
\begin{aligned}
x[k] &= x_K(kT) = \frac{1}{2\pi} \int\limits_{-\infty}^{\infty} X_K(j\omega)\, e^{j\omega Tk} d\omega \\
&= \frac{1}{2\pi} \sum_{i=-\infty}^{\infty} \int\limits_{-\pi/T+2\pi i/T}^{\pi/T+2\pi i/T} X_K(j\omega)\, e^{j\omega Tk} d\omega.
\end{aligned}
\tag{2.4.3}
$$

Mit $\omega' := \omega - 2\pi i/T$ und $e^{j2\pi ik} = 1$ für ganzzahlige i, k gilt:

$$
\begin{aligned}
x[k] &= \frac{1}{2\pi} \sum_{i=-\infty}^{\infty} \int\limits_{-\pi/T}^{\pi/T} X_K(j(\omega' + \frac{2\pi}{T}i))\, e^{j\omega' Tk}\, e^{j2\pi ik} d\omega' \\
&= \frac{T}{2\pi} \int\limits_{-\pi/T}^{\pi/T} \left[\frac{1}{T} \sum_{i=-\infty}^{\infty} X_K(j(\omega' + \frac{2\pi}{T}i)) \right] e^{j\omega' Tk} d\omega'.
\end{aligned}
\tag{2.4.4}
$$

Aus (2.1.5) folgt $\omega' = \Omega/T$ und damit $d\omega' = d\Omega/T$, so dass man weiter schreiben kann:

$$x[k] = \frac{1}{2\pi} \int\limits_{-\pi}^{\pi} \left[\frac{1}{T} \sum_{i=-\infty}^{\infty} X_K(j(\Omega + 2\pi i)/T) \right] e^{j\Omega k} d\Omega \ . \qquad (2.4.5)$$

Andererseits gilt nach (2.3.12) für die inverse zeitdiskrete Fourier-Transformation (Inverse Discrete-Time Fourier Transform, IDTFT)

$$x[k] = \frac{1}{2\pi} \int\limits_{-\pi}^{\pi} X(e^{j\Omega}) e^{j\Omega k} d\Omega \ . \qquad (2.4.6)$$

Der Vergleich zwischen (2.4.5) und (2.4.6) zeigt, dass die Spektren $X_K(j\omega) = X_K(j\Omega/T)$ kontinuierlicher und $X(e^{j\Omega})$ diskreter Signale offenbar durch die Beziehung

$$X(e^{j\Omega}) = \frac{1}{T} \sum_{i=-\infty}^{\infty} X_K(j(\Omega + 2\pi i)/T) \qquad (2.4.7)$$

über die normierte Kreisfrequenz Ω bzw. durch

$$X(e^{j\omega T}) = \frac{1}{T} \sum_{i=-\infty}^{\infty} X_K(j(\omega + \frac{2\pi}{T}i)) \qquad (2.4.8)$$

über die unnormierte Kreisfrequenz ω miteinander verknüpft sind. Daraus folgt, dass das Spektrum diskreter Signale die Überlagerung gegeneinander versetzter und normierter Spektren der zugehörigen kontinuierlichen Signale ist. Ein Beispiel zeigt Bild 2.4.1.

Zusammenfassend folgt aus (2.4.8) und Bild 2.4.1, dass beide Spektren im Intervall $|\omega| \leq \pi/T$ übereinstimmen, wenn das Abtasttheorem erfüllt ist, d.h. folgende Forderungen eingehalten werden:

- $X_K(j\omega)$ *muss bandbegrenzt sein, also im Frequenzbereich* $|\omega| \geq$ $\omega_{\max}$ *identisch verschwinden.*

- *Die Abtastfrequenz* $\omega_A = 2\pi f_A = 2\pi/T$ *muss mindestens doppelt so groß wie die maximale Frequenz* $\omega_{\max}$ *von* $X_K(j\omega)$ *gewählt werden.*

Die Teilspektren $X_K(j(\omega + 2\pi i/T))$ überlappen sich, wenn diese Voraussetzungen nicht erfüllt sind, was im Englischen als *aliasing* bezeichnet

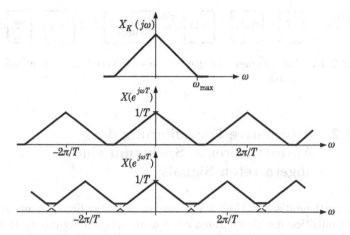

Bild 2.4.1: Spektren eines kontinuierlichen Signals und zweier durch verschiedene Abtastfrequenzen daraus gewonnener diskreter Signale

wird. Das kontinuierliche Signal lässt sich dann nicht mehr aus dem diskreten rekonstruieren.

Daraus kann man folgenden Aufbau für ein diskretes System zur Verarbeitung kontinuierlicher Signale ableiten, wie es in Bild 2.4.2 dargestellt ist: Es besteht aus einem Tiefpass mit der Grenzfrequenz f_g zur Bandbegrenzung des analogen Eingangssignals $x_K(t)$, sofern das Signal nicht von vornherein bandbegrenzt ist. Man bezeichnet diesen Tiefpass auch als *Anti-Aliasing-Filter*. Es folgt ein Abtasthalteglied zur Abtastung des Signals (S&H, Sample-and-Hold), das mit der aus dem Abtasttheorem folgenden Abtastfrequenz $f_A \geq 2 \cdot f_g$ betrieben wird. Damit der bandbegrenzende Tiefpass keine zu steile Flanke zwischen Durchlass- und Sperrbereich aufweisen muss, wählt man in der Praxis für f_A einen Wert, der deutlich über dem theoretischen Wert $2f_g$ liegt.

Nach der Quantisierung im Analog-Digital-Wandler steht das digitale Signal $x[k]$ zur Verfügung, das anschließend im digitalen System zu $y[k]$ verarbeitet und schließlich dem Digital-Analog-Umsetzer zugeführt wird. Der Tiefpass mit der Grenzfrequenz f_g dient zur Interpolation, so dass das zeitkontinuierliche Signal $y_K(t)$ entsteht (Rekonstruktionstiefpass).

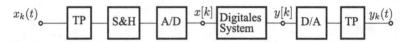

Bild 2.4.2: Aufbau eines digitalen Systems zur Verarbeitung kontinuierlicher Signale

2.4.2   Alternative Formulierung des Abtasttheorems: Spektrum eines abgetasteten Signals

Ein mathematisches Modell für ein zeitdiskretes Signal kann aus der Multiplikation des zugehörigen zeitkontinuierlichen Signals $x_K(t)$ mit einer Folge von Dirac-Impulsen gewonnen werden (zur Bezeichnung $\delta_0(t)$ für den Dirac-Impuls siehe Fußnote 2.2 auf Seite 11).

$$x_T(t) = x_K(t) \cdot \sum_{k=-\infty}^{\infty} \delta_0(t - kT) = \sum_{k=-\infty}^{\infty} x_K(kT) \cdot \delta_0(t - kT) \qquad (2.4.9)$$

Dabei stellt $x_T(t)$ die zeitkontinuierliche Darstellung eines mit $f_A = 1/T$ abgetasteten Signals dar; die Abtastwerte des kontinuierlichen Signals $x_K(kT)$ treten als Gewichte der Dirac-Impulse auf.

Das Spektrum von $x_T(t)$ berechnet sich aus der Faltung des Spektrums des kontinuierlichen Signals, $X_K(j\omega)$, mit dem Spektrum der Dirac-Impulsfolge [Fli91]. Die Berechnung des Spektrums der Dirac-Folge ist mathematisch streng nur über die Distributionentheorie darzustellen (siehe [Pap62, Sch91, Unb93]). Im folgenden soll statt dessen eine eher anschauliche Herleitung mit Hilfe der Fourier-Reihenentwicklung wiedergegeben werden.

Die Dirac-Impulsfolge ist ein periodisches Signal (strenggenommen ein "verallgemeinertes Signal", eine "Distribution") und kann deshalb in eine *Fourierreihe* entwickelt werden.

$$\sum_{k=-\infty}^{\infty} \delta_0(t - kT) = \sum_{\nu=-\infty}^{\infty} a_\nu \cdot e^{j\nu 2\pi t/T} \qquad (2.4.10)$$

Die Fourier-Koeffizienten berechnet man über die bekannte Beziehung

$$a_\nu = \frac{1}{T} \int\limits_{-T/2}^{T/2} \left[\sum_{k=-\infty}^{\infty} \delta_0(t - kT) \right] \cdot e^{-j\nu 2\pi t/T} dt$$

$$= \frac{1}{T} \sum_{k=-\infty}^{\infty} \int\limits_{-T/2}^{T/2} \delta_0(t - kT) \cdot e^{-j\nu 2\pi t/T} dt$$

$$= \frac{1}{T} \int\limits_{-T/2}^{T/2} \delta_0(t) \cdot e^{-j\nu 2\pi t/T} dt = \frac{1}{T} , \qquad (2.4.11)$$

so dass (2.4.10) ergibt

$$\sum_{k=-\infty}^{\infty} \delta_0(t - kT) = \frac{1}{T} \sum_{\nu=-\infty}^{\infty} e^{j\nu 2\pi t/T} . \qquad (2.4.12)$$

Mit dem Modulationssatz der Fourier-Transformation

$$e^{j\nu 2\pi t/T} \quad \circ\!\!-\!\!\bullet \quad 2\pi \cdot \delta_0(\omega - \nu \frac{2\pi}{T}) \qquad (2.4.13)$$

ergibt sich aus (2.4.12) die Korrespondenz

$$\sum_{k=-\infty}^{\infty} \delta_0(t - kT) \quad \circ\!\!-\!\!\bullet \quad \frac{2\pi}{T} \sum_{\nu=-\infty}^{\infty} \delta_0(\omega - \nu \frac{2\pi}{T}) . \qquad (2.4.14)$$

Damit lässt sich das Spektrum des zeitdiskreten Signals $x_T(t)$ als Faltung des Spektrums des kontinuierlichen Signals $x_K(t)$ mit einer Dirac-Impulsfolge im Spektralbereich formulieren.

$$X_T(j\omega) = \frac{1}{2\pi} X_K(j\omega) * \frac{2\pi}{T} \sum_{\nu=-\infty}^{\infty} \delta_0(\omega - \nu \frac{2\pi}{T})$$

$$= \frac{1}{T} \sum_{\nu=-\infty}^{\infty} X_K(j(\omega - \nu \frac{2\pi}{T})) \qquad (2.4.15)$$

- *Das Ergebnis entspricht also der im letzten Abschnitt herge-leiteten Beziehung (2.4.8) zwischen der zeitdiskreten Fourier-Transformierten einer Abtastfolge und dem Spektrum des zu-gehörigen kontinuierlichen Signals: Das Spektrum wird an den Stel-len $\omega = \nu 2\pi/T$ periodisch wiederholt.*

2.4.3 Deutung des Abtasttheorems anhand der Interpolationsformel für bandbegrenzte Signale

Das Abtasttheorem besagt, dass ein bandbegrenztes Signal durch die Abtastung mit einer Abtastfrequenz, die mindestens gleich der doppelten maximalen Signalfrequenz ist, vollständig erfasst wird. Somit muss es möglich sein, aus den Abtastwerten das Signal zwischen den Abtastzeitpunkten eindeutig wieder zu rekonstruieren, also zu *interpolieren*. Eine derartige allgemeine Interpolationsbeziehung soll im folgenden hergeleitet werden; man kann hierin eine dritte Variante der Ableitung des Abtasttheorems sehen.

Es liege ein zeitkontinuierliches bandbegrenztes Signal $x_K(t)$ mit dem Spektrum

$$X_K(j\omega) = \begin{cases} \text{beliebig} & \text{für } |\omega| < \omega_{\max} \\ 0 & \text{für } |\omega| \geq \omega_{\max} \end{cases} \tag{2.4.16}$$

vor. Das Spektrum wird zunächst über $\omega_{\max}$ hinaus periodisch fortgesetzt:

$$\tilde{X}_K(j\omega) = \sum_{\nu=-\infty}^{\infty} X_K(j(\omega + \nu \cdot 2\omega_{\max})), \tag{2.4.17}$$

wobei wegen (2.4.16) gilt

$$\tilde{X}_K(j\omega) = X_K(j\omega) \quad \text{für } |\omega| < \omega_{\max} . \tag{2.4.18}$$

Das periodische Spektrum $\tilde{X}_K(j\omega)$ wird in eine Fourierreihe entwickelt.

$$\tilde{X}_K(j\omega) = \sum_{k=-\infty}^{\infty} c_k \cdot e^{-jk\pi\omega/\omega_{\max}} . \tag{2.4.19}$$

Die Fourierkoeffizienten in (2.4.19) berechnet man gemäß

$$c_k = \frac{1}{2\omega_{\max}} \int_{-\omega_{\max}}^{\omega_{\max}} X_K(j\omega) \cdot e^{jk\pi\omega/\omega_{\max}} d\omega . \tag{2.4.20}$$

Das Integral in (2.4.20) ist, abgesehen von einem Faktor 2π, die inverse Fourier-Transformierte des kontinuierlichen Signals $x_K(t)$ zu den Zeitpunkten $t = k\pi/\omega_{\max}$, es gilt also

$$c_k = \frac{\pi}{\omega_{\max}} \cdot x_K(k\frac{\pi}{\omega_{\max}}) . \tag{2.4.21}$$

Gleichung (2.4.19) beschreibt das Spektrum des kontinuierlichen Signals nur im Frequenzintervall $-\omega_{max} < \omega < \omega_{max}$. Um die Gültigkeit im gesamten Frequenzband zu erreichen, wird (2.4.19) mit der Spektralfunktion

$$R(j\omega) = \begin{cases} 1 & \text{für } |\omega| < \omega_{max} \\ 0 & \text{für } |\omega| \geq \omega_{max} \end{cases} \qquad (2.4.22)$$

multipliziert. Dann ergibt sich mit (2.4.21)

$$X_K(j\omega) = \frac{\pi}{\omega_{max}} \sum_{k=-\infty}^{\infty} x_K(k\frac{\pi}{\omega_{max}}) \cdot R(j\omega) \cdot e^{-jk\pi\omega/\omega_{max}} . \qquad (2.4.23)$$

Hieraus gewinnt man das kontinuierliche Zeitsignal $x_K(t)$ durch inverse Fourier-Transformation. Nutzt man die Korrespondenz

$$R(j\omega) \cdot e^{-jk\pi\omega/\omega_{max}} \quad \bullet\!\!-\!\!\circ \quad \frac{\omega_{max}}{\pi} \cdot \frac{\sin(\omega_{max}(t - k\pi/\omega_{max}))}{\omega_{max}(t - k\pi/\omega_{max})} \qquad (2.4.24)$$

und setzt gemäß dem Abtasttheorem $2\pi f_A = 2\pi/T = 2\omega_{max}$, also $\pi/\omega_{max} = T$, so ergibt sich

$$x_K(t) = \sum_{k=-\infty}^{\infty} x_K(kT) \cdot \frac{\sin(\omega_{max}(t - kT))}{\omega_{max}(t - kT)} . \qquad (2.4.25)$$

Damit ist die gesuchte allgemeine Interpolationsvorschrift hergeleitet:

- *Ein auf $\pm f_{max}$ bandbegrenztes kontinuierliches Signal $x_K(t)$ lässt sich aus den Abtastwerten $x_K(kT) = x_K(k/2f_{max})$ durch Interpolation mit einer $\sin(x)/x$-Funktion eindeutig für alle Zeitpunkte t rekonstruieren.*

Man kann diese Aussage auch auf folgende Weise interpretieren:

- *Erregt man einen idealen Tiefpass mit der Grenzfrequenz f_{max} mit einer Folge von Dirac-Impulsen, die mit den Abtastwerten $x_K(kT) = x_K(k/2f_{max})$ eines auf $\pm f_{max}$ bandbegrenzten kontinuierlichen Signals gewichtet wurden, so erscheint am Ausgang dieses Tiefpasses das rekonstruierte kontinuierliche Signal.*

2.5   Komplexe diskrete Zeitsignale

2.5.1   Äquivalente Tiefpass-Darstellung reeller Bandpasssignale

Komplexe Zeitsignale spielen in der modernen Nachrichtentechnik eine sehr wichtige Rolle. Die hauptsächliche Anwendung besteht in der Verarbeitung von Bandpasssignalen in der *äquivalenten komplexen Basisbanddarstellung*. Üblicherweise erfolgt die Übertragung über den physikalischen Kanal in der Bandpasslage, indem die zu übermittelnde Nachricht einer Trägerschwingung aufmoduliert wird. Zur effizienten systemtheoretischen Beschreibung werden die so gebildeten reellen Bandpasssignale wie auch die Bandpass-Übertragungskanäle in den Tiefpassbereich (Basisband) transformiert; im Allgemeinen ergeben sich dabei komplexe Zeitsignale. Im folgenden wird die äquivalente Tiefpass-Darstellung reeller Bandpasssignale hergeleitet; zum vertiefenden Studium wird auf [Kam17] verwiesen.

Es besteht also die Aufgabe, ein reelles Bandpasssignal mit dem Spektrum

$$X_{BP}(e^{j\Omega}) = \begin{cases} X_{BP}^*(e^{-j\Omega}) & \text{für } \Omega_0 - \frac{B}{2} < |\Omega| < \Omega_0 + \frac{B}{2} \\ 0 & \text{sonst in } |\Omega| < \pi \end{cases} \qquad (2.5.1)$$

in ein äquivalentes Tiefpasssignal zu überführen; in Bild 2.5.2a ist ein Beispiel für den Realteil des Bandpassspektrums dargestellt. Die fundamentale Schaltungsstruktur zur Lösung dieses Problems zeigt Bild 2.5.1, wobei eine effiziente komplexe Beschreibungsform benutzt wird.

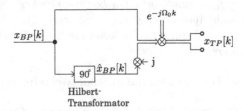

Bild 2.5.1: Schaltung zur Bildung eines äquivalenten Tiefpasssignals

Der hierbei enthaltene diskrete *Hilbert-Transformator* stellt ein reellwertiges lineares System dar, das eine 90°-Phasendrehung des Eingangssignals im gesamten Spektralbereich bewirkt. Für die Hilbert-Transformation eines Signals $x[k]$ schreibt man allgemein[2.4]

$$\hat{x}[k] = \mathcal{H}\{x[k]\} \; \circ\!\!-\!\!\bullet \; \hat{X}(e^{j\Omega}) \;\; = \;\; X(e^{j\Omega}) \cdot e^{-j\frac{\pi}{2}\mathrm{sgn}(\Omega)} \qquad (2.5.2)$$
$$= \;\; X(e^{j\Omega}) \cdot (-j \cdot \mathrm{sgn}(\Omega)), \quad |\Omega| < \pi .$$

Die Übertragungsfunktion eines idealen Hilbert-Transformators lautet also

$$H_H(e^{j\Omega}) = -j\,\mathrm{sgn}(\Omega), \quad |\Omega| < \pi ; \qquad (2.5.3)$$

sie ist rein imaginär und ungerade, da ein reellwertiges System vorliegt. Die Impulsantwort des idealen zeitdiskreten Hilbert-Transformators erhält man durch inverse zeitdiskrete Fourier-Transformation (IDTFT).

$$h_H[k] \;\; = \;\; \frac{1}{2\pi} \int\limits_{-\pi}^{\pi} -j\,\mathrm{sgn}(\Omega)\,e^{j\,\Omega k}\,d\Omega$$

$$= \;\; -\frac{j}{\pi} \cdot \int\limits_{0}^{\pi} j\,\sin(\Omega k)\,d\Omega = \frac{1}{\pi\,k}\,(1 - \cos(\pi\,k))$$

$$h_H[k] \;\; = \;\; \begin{cases} 0, & k = 0, \pm 2, \pm 4, \cdots \\ \frac{2}{\pi\,k}, & k = \pm 1, \pm 3, \pm 5, \cdots \end{cases} \qquad (2.5.4)$$

Der ideale Hilbert-Transformator ist also nichtkausal und demzufolge nicht realisierbar. In Abschnitt 5.4.3 werden reale Hilbert-Transformatoren diskutiert, die auf nichtrekursiven Approximationen der idealen Impulsantwort (2.5.4) beruhen. Die diskrete Hilbert-Transformation lässt sich damit im Zeitbereich formulieren:

$$\hat{x}[k] := \mathcal{H}\{x[k]\} := \frac{2}{\pi} \sum_{\nu=-\infty}^{\infty} \frac{x[\nu]}{k - \nu} . \qquad (2.5.5)$$

Die Hilbert-Transformation ist *linear* und *zeitinvariant*, da sie die Wirkung des linearen, zeitinvarianten Systems mit der Impulsantwort (2.5.4) bzw. der Übertragungsfunktion (2.5.3) beinhaltet. Weitere Eigenschaften

---

[2.4]Die Signum-Funktion ist definiert als $\mathrm{sgn}(x) = \begin{cases} +1 & \text{für } x > 0 \\ -1 & \text{für } x < 0. \end{cases}$

sind

$Umkehrung:$ $\qquad$ $x[k] = -\mathcal{H}\{\hat{x}[k]\}$

$Orthogonalität:$ $\qquad$ $\sum_{k=-\infty}^{\infty} x[k] \cdot \hat{x}[k] = 0$

$Faltung:$ $\qquad$ $\mathcal{H}\{x[k] * h[k]\} = \hat{x}[k] * h[k] = x[k] * \hat{h}[k]$ $\qquad$ (2.5.6)

$gerade\ und$ $\qquad$ $x[k] = \ x[-k] \ \rightarrow \ \hat{x}[k] = -\hat{x}[-k]$

$ungerade\ Folgen:$ $\qquad$ $x[k] = -x[-k] \ \rightarrow \ \hat{x}[k] = \hat{x}[-k]\,.$

Einige wichtige Korrespondenzen der Hilbert-Transformation sind in Tabelle 2.1 zusammengestellt.

Tabelle 2.1: Korrespondenzen der Hilbert-Transformation

	$x[k]$	$\hat{x}[k]$	Voraussetzungen
1.	$\delta[k]$	$\begin{array}{ll} 0, & k\ \text{gerade} \\ \dfrac{2}{\pi k}, & k\ \text{ungerade} \end{array}$	–
2.	$\cos(\Omega_0 k)$	$\sin(\Omega_0 k)$	$0 < \Omega_0 < \pi$
3.	$\sin(\Omega_0 k)$	$-\cos(\Omega_0 k)$	$0 < \Omega_0 < \pi$
4.	$\dfrac{\sin(\Omega_g k)}{\Omega_g k}$	$\dfrac{1 - \cos(\Omega_g k)}{\Omega_g k}$	$0 < \Omega_g < \pi$
5.	$s[k] \cdot \cos(\Omega_0)$	$s[k] \cdot \sin(\Omega_0)$	$S(e^{j\Omega}) = 0\,,\ |\Omega| > \Omega_g$
6.	$s[k] \cdot \sin(\Omega_0)$	$-s[k] \cdot \cos(\Omega_0)$	$\Omega_g < \Omega_0;\ \Omega_0 + \Omega_g < \pi$

In Hinblick auf eine kompakte mathematische Formulierung wird nun das Signalpaar $x_{BP}[k]$ und $\hat{x}_{BP}[k]$ in Bild 2.5.1 zu einem komplexen Zeitsignal zusammengefasst, in dem $x_{BP}[k]$ den Realteil und $\hat{x}_{BP}[k]$ den Imaginärteil darstellt.

$$x_{BP}^{+}[k] = x_{BP}[k] + j \cdot \hat{x}_{BP}[k] \qquad (2.5.7)$$

Man bezeichnet ein komplexes Zeitsignal, dessen Imaginärteil die Hilbert-Transformierte des Realteils ist, als *analytisches Signal*. Das Spektrum dieses Signals berechnet sich wegen der Linearität der zeitdiskreten

Fourier-Transformation aus

$$\begin{aligned}
X_{BP}^+(e^{j\Omega}) &= X_{BP}(e^{j\Omega}) + j \cdot \hat{X}_{BP}(e^{j\Omega}) \\
&= X_{BP}(e^{j\Omega}) + j \cdot [-j \operatorname{sgn}(\Omega) \cdot X_{BP}(e^{j\Omega})] \\
&= X_{BP}(e^{j\Omega}) \cdot [1 + \operatorname{sgn}(\Omega)] \\
&= \begin{cases}
2\,X_{BP}(e^{j\Omega}) & \text{für } 0 < \Omega < \pi \\
0 & \text{für } -\pi < \Omega < 0.
\end{cases}
\end{aligned} \qquad (2.5.8)$$

Man erhält also das folgende wichtige Resultat [2.5]:

- *Ein analytisches Zeitsignal, also ein solches, dessen Imaginärteil die Hilbert-Transformierte des Realteils ist, weist ein Spektrum auf, das im negativen Frequenzbereich $-\pi < \Omega < 0$ verschwindet.*

Diese Eigenschaft wird in Bild 2.5.2b veranschaulicht.

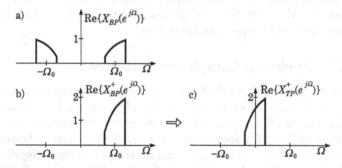

Bild 2.5.2: Veranschaulichung der Bildung eines äquivalenten Tiefpasssignals

Die Aufgabe bestand darin, das zum Bandpasssignal $x_{BP}(t)$ gehörige äquivalente Tiefpasssignal zu bilden. Hierzu muss das Spektrum $X_{BP}^+(e^{j\Omega})$ des analytischen Signals nach links zur Frequenz $\Omega = 0$ verschoben werden, wie es im Bild 2.5.2c veranschaulicht ist. Im Zeitbereich bedeutet dies eine Multiplikation mit der komplexen Exponentialfolge

---

[2.5]Der Vollständigkeit halber sei angemerkt, dass das Spektrum eines konjugiert komplexen analytischen Signals $[x^+[k]]^* = x[k] - j\,\hat{x}(t)$ im *positiven* Frequenzbereich $0 < \Omega < \pi$ verschwindet.

$\exp(-j\,\Omega_0 k)$; man erhält also

$$
\begin{aligned}
x_{TP}[k] &= x_{BP}^{+}[k] \cdot e^{-j\Omega_0 k} \\
&= x_{BP}[k]\,\cos(\Omega_0 k) + \hat{x}_{BP}[k]\,\sin(\Omega_0 k) \\
&\quad + j\,[\hat{x}_{BP}[k]\,\cos(\Omega_0 k) - x_{BP}[k]\,\sin(\Omega_0 k)]\,. \qquad (2.5.9)
\end{aligned}
$$

Damit ist die Transformationsvorschrift zur Bildung eines äquivalenten Tiefpasssignals gefunden; (2.5.9) wird durch die Schaltungsstruktur gemäß Bild 2.5.1 realisiert, die auch als *Quadraturmischer* bezeichnet wird .

Das so gewonnene äquivalente Tiefpasssignal $x_{TP}[k]$ wird auch als *komplexe Einhüllende* des Bandpasssignals bezüglich seiner Mittenfrequenz Ω_0 bezeichnet.

Aus (2.5.9) lässt sich auch die Umkehrung, d.h. die Bildung des reellen Bandpasssignals aus der komplexen Einhüllenden gewinnen

$$
x_{BP}[k] = \mathrm{Re}\{x_{TP}[k]\,e^{j\Omega_0 k}\}\,. \qquad (2.5.10)
$$

Die vorangegangenen Überlegungen bezogen sich auf deterministische Signale; in Abschnitt 2.8 wird die Basisbanddarstellung stochastischer stationärer Bandpassprozesse betrachtet.

2.5.2 Spektren komplexer Zeitsignale

Im letzten Abschnitt wurde die für die Nachrichtentechnik wichtige Aufgabe der Transformation eines reellen Bandpasssignals in die äquivalente Tiefpass-Ebene behandelt; die grundlegende Schaltung, die dieses bewirkt, ist in Bild 2.5.1 angegeben. Die wichtigste Erkenntnis besteht darin, dass das zugehörige Tiefpasssignal durch ein *Signalpaar* repräsentiert wird, das aus Gründen der kompakten mathematischen Darstellung durch ein *komplexes Zeitsignal* beschrieben wurde. Im folgenden soll ein Überblick über die Eigenschaften der Spektren komplexer Zeitsignale gegeben werden.

Wegen ihrer Linearitätseigenschaft lässt sich die zeitdiskrete Fourier-Transformation getrennt auf Real- und Imaginärteil eines komplexen Zeitsignals anwenden. Es gilt also die Korrespondenz

$$
x[k] = x_R[k] + j x_I[k] \quad \circ\!\!-\!\bullet \quad X(e^{j\Omega}) = X_R(e^{j\Omega}) + j X_I(e^{j\Omega})\,. \qquad (2.5.11)
$$

Hierbei bedeuten $X_R(e^{j\Omega})$ und $X_I(e^{j\Omega})$ nicht etwa Real- und Imaginärteil der Spektralfunktion $X(e^{j\Omega})$, sondern sie beinhalten die *Fourier-Trans-*

formierten des *Real-* bzw. *Imaginärteils der Zeitfolge* $x[k]$. Die Teilspektren $X_R(e^{j\Omega})$ und $X_I(e^{j\Omega})$ sind im allgemeinen beide komplex; sie lassen sich folgendermaßen aus dem Gesamtspektrum bestimmen. Es gilt

$$x_R[k] = \mathrm{Re}\{x[k]\} = \frac{1}{2}\left[x[k] + x^*[k]\right]$$

$$x_I[k] = \mathrm{Im}\{x[k]\} = \frac{1}{2j}\left[x[k] - x^*[k]\right] . \qquad (2.5.12)$$

Zur Berechnung der Fourier-Transformation von (2.5.12) wird die Korrespondenz

$$x^*[k] \;\circ\!\!-\!\!\bullet\; \sum_{k=-\infty}^{\infty} x^*[k]e^{-j\Omega k} = \left[\sum_{k=-\infty}^{\infty} x[k]e^{+j\Omega k}\right]^* \qquad (2.5.13)$$

$$= \left[\sum_{k=-\infty}^{\infty} x[k]e^{-j(-\Omega)k}\right]^* = X^*(e^{-j\Omega})$$

benötigt; damit ergibt sich[2.6]

$$X_R(e^{j\Omega}) \;=:\; \mathrm{Ra}\left\{X(e^{j\Omega})\right\} = \frac{1}{2}\left[X(e^{j\Omega}) + X^*(e^{-j\Omega})\right]$$

$$X_I(e^{j\Omega}) \;=:\; \mathrm{Ia}\left\{X(e^{j\Omega})\right\} = \frac{1}{2j}\left[X(e^{j\Omega}) - X^*(e^{-j\Omega})\right] . (2.5.14)$$

Offenbar gilt für die Teilspektren $X_R(e^{j\Omega})$ und $X_I(e^{j\Omega})$ die *konjugiert gerade Symmetrie* bezüglich $\Omega = 0$.

$$X_R(e^{j\Omega}) = X_R^*(e^{-j\Omega}); \quad X_I(e^{j\Omega}) = X_I^*(e^{-j\Omega}) \qquad (2.5.15)$$

Dies ist nach den Betrachtungen in Abschnitt 2.3 zwingend, da $X_R(e^{j\Omega})$ und $X_I(e^{j\Omega})$ Fourier-Transformierte der reellen Zeitsignale $x_R[k]$ und $x_I[k]$ sind. Für die Gesamt-Spektralfunktion $X(e^{j\Omega})$ gilt die konjugiert gerade Symmetrie nicht, es sei denn, $x_I[k]$ verschwindet identisch. Dies wird

---

[2.6]In [Mee83] wurden für die Fourier-Transformierten des Real- bzw. Imaginärteils eines komplexen Zeitsignals die Bezeichnungen Ra{·} bzw. Ia{·} eingeführt, die hier übernommen werden. Eine nähere Begründung für diese Bezeichnung erfolgt in Abschnitt 5.7.

durch die folgende Betrachtung deutlich:

$$
\begin{aligned}
X(e^{j\Omega}) &= X_R(e^{j\Omega}) + jX_I(e^{j\Omega}) \qquad\qquad\qquad (2.5.16)\\
&= \underbrace{\mathrm{Re}\left\{X_R(e^{j\Omega})\right\}}_{\text{gerade}} - \underbrace{\mathrm{Im}\left\{X_I(e^{j\Omega})\right\}}_{\text{ungerade}}\\
&\quad + j\big[\,\underbrace{\mathrm{Im}\left\{X_R(e^{j\Omega})\right\}}_{\text{ungerade}} + \underbrace{\mathrm{Re}\left\{X_I(e^{j\Omega})\right\}}_{\text{gerade}}\,\big]\;;
\end{aligned}
$$

der Realteil von $X(e^{j\Omega})$ enthält neben dem geraden Realteil von $X_R(e^{j\Omega})$ auch den ungeraden Imaginärteil von $X_I(e^{j\Omega})$ – umgekehrt setzt sich der Imaginärteil von $X(e^{j\Omega})$ aus dem ungeraden Imaginärteil von $X_R(e^{j\Omega})$ und dem geraden Realteil von $X_I(e^{j\Omega})$ zusammen.

- *Komplexe Zeitsignale, deren Imaginärteile nicht identisch verschwinden, weisen im Spektralbereich nicht die bei reellen Zeitsignalen gewohnte konjugiert gerade Symmetrie auf.*

- *Der konjugiert gerade Anteil des Spektrums beinhaltet die Fourier-Transformierte des Realteils des Zeitsignals $x_R[k]$, während der konjugiert ungerade Anteil die Fourier-Transformierte von $jx_I[k]$ beschreibt.*

Die vorangegangenen Betrachtungen lassen sich umkehren, indem nun die *Zerlegung nach konjugiert geraden und ungeraden Anteilen im Zeitbereich* erfolgt. Reelle Folgen lassen sich stets in einen geraden und einen ungeraden Anteil zerlegen. Für komplexe Folgen definiert man in Anlehnung daran

$$x[k] = x_g[k] + x_u[k] \qquad\qquad (2.5.17)$$

mit den konjugiert geraden und ungeraden Anteilen

$$x_g[k] = \frac{1}{2}\left[x[k] + x^*[-k]\right] = x_g^*[-k] \qquad\qquad (2.5.18)$$

$$x_u[k] = \frac{1}{2}\left[x[k] - x^*[-k]\right] = -x_u^*[-k]\,. \qquad\qquad (2.5.19)$$

Zur Berechnung der Fourier-Transformierten der Folgen $x_g[k]$ und $x_u[k]$

benötigt man die Korrespondenz

$$x^*[-k] \quad \circ\!\!-\!\!\bullet \quad \sum_{k=-\infty}^{\infty} x^*[-k]e^{-j\Omega k} \quad = \quad \left[\sum_{k=-\infty}^{\infty} x[-k]e^{+j\Omega k} \right]^*$$

$$= \quad \left[\sum_{k'=-\infty}^{\infty} x[k']e^{-j\Omega k'} \right]^*$$

$$x^*[-k] \quad \circ\!\!-\!\!\bullet \quad X^*(e^{j\Omega}). \qquad (2.5.20)$$

Eingesetzt in (2.5.18) ergibt sich

$$X_g(e^{j\Omega}) \quad = \quad \frac{1}{2}\left[X(e^{j\Omega}) + X^*(e^{j\Omega})\right] = \mathrm{Re}\left\{X(e^{j\Omega})\right\}$$

$$X_u(e^{j\Omega}) \quad = \quad \frac{1}{2}\left[X(e^{j\Omega}) - X^*(e^{j\Omega})\right] = j\,\mathrm{Im}\left\{X(e^{j\Omega})\right\} \,.(2.5.21)$$

- *Die Fourier-Transformierte des konjugiert geraden Anteils einer komplexen Zeitfolge ist gleich dem Realteil des Spektrums der komplexen Folge.*

- *Die Fourier-Transformierte des konjugiert ungeraden Anteils einer komplexen Zeitfolge ist gleich dem mit j multiplizierten Imaginärteil des Spektrums der komplexen Folge.*

Hieraus folgt auch der bekannte Sachverhalt, dass eine gerade reelle Folge ein gerades reelles Spektrum und eine ungerade reelle Folge ein ungerades imaginäres Spektrum besitzt.
Die in diesem Abschnitt hergeleiteten Beziehungen sind in Tabelle 2.2 zusammengestellt.

2.5.3 Komplexe Faltung

Die komplexe Basisbanddarstellung ist nicht nur als eine elegante mathematische Beschreibungsform für Bandpass-Übertragungssysteme zu werten; vielmehr werden in modernen digitalen Empfängern die äquivalenten Tiefpasssignale konkret schaltungstechnisch gebildet, so dass Aufgaben wie Filterung, Entzerrung, Demodulation und Datenentscheidung die Verarbeitung komplexer Zeitsignale erfordern [Kam17]. Dies wird im folgenden anhand der *komplexen diskreten Faltung* verdeutlicht. Es sei $x[k]$

Tabelle 2.2: Symmetriebeziehungen im Zeit- und Frequenzbereich

$x[k] = x_R[k] + jx_I[k]$	$X(e^{j\Omega}) = X_R(e^{j\Omega}) + jX_I(e^{j\Omega})$
$\mathrm{Re}\{x[k]\} = x_R[k]$	$\mathrm{Ra}\{X(e^{j\Omega})\} = \frac{1}{2}\left[X(e^{j\Omega}) + X^*(e^{-j\Omega})\right]$
	$\mathrm{Ra}\{X(e^{j\Omega})\} = \left[\mathrm{Ra}\{X(e^{-j\Omega})\}\right]^*$
$\mathrm{Im}\{x[k]\} = x_I[k]$	$\mathrm{Ia}\{X(e^{j\Omega})\} = \frac{1}{2j}\left[X(e^{j\Omega}) - X^*(e^{-j\Omega})\right]$
	$\mathrm{Ia}\{X(e^{j\Omega})\} = \left[\mathrm{Ia}\{X(e^{-j\Omega})\}\right]^*$
$x_g[k] = \frac{1}{2}\left[x[k] + x^*[-k]\right]$	$\mathrm{Re}\{X(e^{j\Omega})\}$
$x_u[k] = \frac{1}{2}\left[x[k] - x^*[-k]\right]$	$j{\cdot}\mathrm{Im}\{X(e^{j\Omega})\}$
$x[k] \in \mathbb{R}$	$X(e^{j\Omega}) = X^*(e^{-j\Omega})$
$x[k] = x[-k] \in \mathbb{R}$	$X(e^{j\Omega}) = X(e^{-j\Omega}) \in \mathbb{R}$
$x[k] = -x[-k] \in \mathbb{R}$	$jX(e^{j\Omega}) = -jX(e^{-j\Omega}) \in \mathbb{R}$

ein komplexes diskretes Zeitsignal.

$$x[k] = x_R[k] + jx_I[k]; \quad x_R[k],\ x_I[k] \in \mathbb{R} \qquad (2.5.22)$$

Ein Bandpass-Übertragungssystem habe in der äquivalenten Tiefpass-Formulierung die komplexe Impulsantwort

$$h[k] = h_R[k] + jh_I[k]; \quad h_R[k],\ h_I[k] \in \mathbb{R}\ . \qquad (2.5.23)$$

Faltet man das komplexe Erregungssignal $x[k]$ mit der komplexen Impulsantwort $h[k]$, so ergibt sich unter Berücksichtigung der Distributivität

$$
\begin{aligned}
y[k] &= x[k] * h[k] = [x_R[k] + jx_I[k]] * [h_R[k] + jh_I[k]] \\
&= x_R[k] * h_R[k] - x_I[k] * h_I[k] \\
&\quad + j\left[x_R[k] * h_I[k] + x_I[k] * h_R[k]\right]\ . \qquad (2.5.24)
\end{aligned}
$$

Die komplexe Faltung setzt sich also aus *vier reellen Faltungen* zusammen; Bild 2.5.3 zeigt das zugehörige Blockschaltbild. In den Abschnitten 4.3 und 5.7 werden verschiedene Beispiele für komplexe Filter betrachtet.

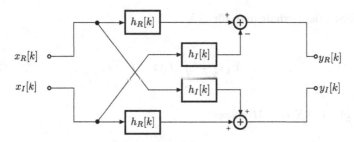

Bild 2.5.3: Komplexe Faltung

2.6 Zeitdiskrete stochastische Prozesse

Im Gegensatz zu determinierten Signalen, bei denen die Amplitudenwerte $x[k]$ der Menge $\{x[k]\}$ determinierte Größen sind, stellen die Werte $x[k]$ bei *Zufallsprozessen* Probenwerte oder Repräsentanten von *Zufallsvariablen* dar. Die Menge $\{x[k]\}$ ist dann eine *Musterfunktion* eines Zufallsprozesses. Zur Abkürzung der Schreibweise soll auch hier die Musterfunktion mit $x[k]$ bezeichnet werden. Da auch komplexwertige Prozesse betrachtet werden sollen, kann die Musterfunktion $x[k]$ ebenfalls komplex sein. Zur Unterscheidung der Realisation $x[k]$ eines Prozesses soll der Zufallsprozess selbst, d.h. die Gesamtheit aller Realisationen oder Musterfunktionen, mit $X[k]$ bezeichnet werden.

Zur Beschreibung der Eigenschaften von Zufallsvariablen und Prozessen dienen statistische Kenngrößen, die mit Hilfe der *Wahrscheinlichkeitsdichtefunktionen* dieser Zufallsvariablen bzw. Prozesse gewonnen werden können, indem man mit deren Hilfe *Erwartungswerte* berechnet. Wenn man die eindimensionale Dichtefunktion der Zufallsvariablen – z.B. des Amplitudenwertes $X[k]$ – mit $f_X(x)$ bezeichnet, so lautet die Definition für den Erwartungswert

$$\mathrm{E}\{g(X)\} = \int\limits_{-\infty}^{+\infty} g(x)f_X(x)\,dx\,, \qquad (2.6.1)$$

wobei $g(X)$ eine beliebige Funktion der Zufallsvariablen $X = X[k]$ ist.

Insbesondere erhält man für $g(X) = 1$

$$E\{1\} = \int\limits_{-\infty}^{+\infty} f_X(x)\,dx = 1\,, \qquad (2.6.2)$$

für $g(X) = X$ den *Mittelwert*

$$E\{X\} = \int\limits_{-\infty}^{+\infty} x f_X(x)\,dx = \mu_X \qquad (2.6.3)$$

und schließlich für $g(X) = |X - \mu_X|^2$

$$E\{|X - \mu_X|^2\} = \mathrm{Var}\{X\} = \int\limits_{-\infty}^{+\infty} |x - \mu_X|^2 f_X(x)\,dx = \sigma_X^2 \qquad (2.6.4)$$

die *Varianz* der Zufallsvariablen. Darüber hinaus lassen sich noch weitere Kenngrößen von Zufallsvariablen, z.B. *Momente höherer Ordnung* [Pap65], berechnen. Auch hierzu benötigt man die Dichtefunktion $f_X(x)$. Für Zufallsprozesse lassen sich ebenfalls Kenngrößen angeben. Dazu gehört die *Autokorrelationsfunktion* oder – wegen der zeitdiskreten Prozesse – genauer die *Autokorrelationsfolge*, die mit der Definition[2.7]

$$
\begin{aligned}
r_{XX}(\kappa_1, \kappa_2) &= E\{X^*(\kappa_1) \cdot X(\kappa_2)\} = E\{X_1^* \cdot X_2\} \\
&= E\{(X_{1R} - jX_{1I}) \cdot (X_{2R} + jX_{2I})\} \\
&= E\{X_{1R} \cdot X_{2R} + X_{1I} \cdot X_{2I}\} \\
&\quad + j\,E\{X_{1R} \cdot X_{2I} - X_{1I} \cdot X_{2R}\} \qquad (2.6.5)
\end{aligned}
$$

als Erwartungswert gegeben ist [Kro04]. Dieser wird mit Hilfe der Verbunddichten

$$f_{X_{1R}X_{2R}}(x_{1R}, x_{2R}),\ f_{X_{1I}X_{2I}}(x_{1I}, x_{2I}),$$

$$f_{X_{1R}X_{2I}}(x_{1R}, x_{2I}) \text{ und } f_{X_{1I}X_{2R}}(x_{1I}, x_{2R})$$

[2.7]Es werden komplexwertige Prozesse mit einbezogen; $X^*[k]$ bezeichnet hier den zu $X[k]$ konjugiert komplexen Prozess.

nach (2.6.1) als Mittelwert über alle komplexwertigen Musterfunktionen des Prozesses zu den Zeiten κ_1 und κ_2 berechnet. Hier sollen nur *stationäre* Prozesse betrachtet werden, bei denen der Mittelwert zeitunabhängig ist und bei denen die Autokorrelationsfolge nur von der Differenz κ der Zeiten κ_1 und κ_2 abhängt. Mit $\kappa_1 = k$ und $\kappa_2 = k + \kappa$ folgt aus (2.6.5)

$$r_{xx}[\kappa] = \mathrm{E}\{X^*[k] \cdot X[k + \kappa]\}. \tag{2.6.6}$$

In der Praxis ist es schwierig, das Mittel über alle Musterfunktionen, das sogenannte *Scharmittel* zu bilden, da in der Regel nicht alle Musterfunktionen bekannt sind. Bei stationären Prozessen geht man deshalb von der Hypothese der *Ergodizität* aus ([Böh98],[Hän01]), d.h. man nimmt an, dass jede beliebige messbare Musterfunktion dieselben statistischen Eigenschaften wie alle übrigen besitzt. Dann kann man das *Scharmittel durch das Zeitmittel* ersetzen und erhält für den Mittelwert des Prozesses

$$\mu_X = \mathrm{E}\{X[k]\} = \lim_{N \to \infty} \frac{1}{N} \sum_{k=0}^{N-1} x[k]. \tag{2.6.7}$$

Aus praktischen Gründen lässt sich dieser Grenzwert nicht auswerten. Deshalb ersetzt man den wahren Mittelwert μ_X oft durch den *Schätzwert*, der sich aus einer endlichen Anzahl N von Messwerten $x[k]$ berechnen lässt.

$$\hat{\mu}_X = \frac{1}{N} \sum_{k=0}^{N-1} x[k] \tag{2.6.8}$$

Man kann zeigen, dass es sich hierbei um den *Maximum-Likelihood-Schätzwert* [Kro04] handelt. Der Schätzwert selbst ist eine Zufallsvariable, deren Mittelwert mit dem wahren Mittelwert übereinstimmen soll [2.8]

$$\mathrm{E}\{\hat{\mu}_X\} \overset{!}{=} \mu_X, \tag{2.6.9}$$

was man als *Erwartungstreue* oder im Englischen als "unbiased estimator" bezeichnet [Kro04]. Weiter soll ein Schätzwert eine möglichst kleine Varianz besitzen

$$\mathrm{Var}\{\hat{\mu}_X\} = \mathrm{E}\{|\hat{\mu}_X - \mathrm{E}\{\hat{\mu}_X\}|^2\} \overset{!}{=} \mathrm{Min}, \tag{2.6.10}$$

[2.8]Da der Schätzwert $\hat{\mu}_X$ hier als Zufallsvariable aufzufassen ist, müsste er konsequenterweise eigentlich durch einen großen Buchstaben gekennzeichnet werden. Ausnahmsweise wird in (2.6.9) und (2.6.10) sowie an einigen anderen Stellen dieses Buches von dieser Systematik abgewichen

d.h. er soll *wirksam* sein. Schließlich soll er bei Zunahme der Zahl N der Messwerte $x[k]$ gegen den wahren Wert konvergieren

$$\lim_{N\to\infty} P\{|\hat{\mu}_X - \mu_X| > \varepsilon\} = 0 \quad \varepsilon > 0 \text{, beliebig} \qquad (2.6.11)$$

bzw. *konsistent* sein, d.h die Wahrscheinlichkeit P für eine Abweichung zwischen Schätzwert und wahrem Wert verschwindet. Diese Eigenschaften gelten natürlich nicht nur für den Schätzwert des Mittelwerts. Zusammengefasst gilt für die Gütekriterien eines Schätzwertes:

- *Bei Erwartungstreue stimmt der Erwartungswert des Schätzwertes mit dem zu schätzenden Wert überein.*

- *Wirksame Schätzwerte besitzen die minimal mögliche Varianz, die durch die Cramer-Rao-Ungleichung [Kro04],[Böh98] festgelegt ist.*

- *Für konsistente Schätzwerte ist die Wahrscheinlichkeit gleich null, dass bei einer über alle Grenzen wachsenden Zahl von Messwerten die Abweichung zwischen Schätzwert und zu schätzendem Wert größer als eine beliebig kleine Zahl ist.*

Bei ergodischen Prozessen lässt sich auch bei anderen statistischen Kenngrößen das Scharmittel durch das Zeitmittel ersetzen sowie ein Schätzwert wie beim Mittelwert angeben. Für die Autokorrelationsfolge gilt z.B.:

$$\hat{r}_{XX}[\kappa] = \frac{1}{N} \sum_{k=0}^{N-1} x^*[k] \cdot x[k+\kappa]. \qquad (2.6.12)$$

Wegen der vorausgesetzten Stationarität kann die Schätzung der Autokorrelationsfolge auch durch

$$\hat{r}_{XX}[\kappa] = \frac{1}{N} \sum_{k=0}^{N-1} x[k] \cdot x^*[k-\kappa]. \qquad (2.6.13)$$

erfolgen, was bei einer Realisierung durch rekursive Mittelung Vorteile bringt. Schätzverfahren für die Autokorrelationsfolge auf der Basis endlich langer Datenblöcke werden in Abschnitt 9.2 ausgiebig diskutiert. Die Autokorrelationsfolge besitzt folgende allgemeine, aus der Definition (2.6.6) resultierende Eigenschaft:

$$r_{XX}(0) = E\{|X[k]|^2\} = \sigma_X^2 + |\mu_X|^2, \qquad (2.6.14)$$

d.h. die mittlere Leistung des Prozesses ist durch den Wert der Auto-korrelationsfolge für $\kappa = 0$ gegeben und setzt sich aus der Summe der Varianz und des Betragsquadrats des Mittelwerts zusammen. Die Auto-korrelationsfolge eines jeden stationären Prozesses ist *konjugiert gerade*,

$$
\begin{aligned}
r_{xx}[-\kappa] &= E\{X^*[k] \cdot X[k-\kappa]\} = E\{X^*[k+\kappa] \cdot X[k]\} \\
&= E\{X^*[k] \cdot X[k+\kappa]\}^* = r_{xx}^*[\kappa]
\end{aligned}
\tag{2.6.15}
$$

Mit dem Vektor $\mathbf{X}$ der Zufallsvariablen $X[k+i]$, $i = 0 \ldots N-1$

$$
\mathbf{X} =
\begin{bmatrix}
X[k] \\
X[k+1] \\
\vdots \\
X[k+N-1]
\end{bmatrix}
\tag{2.6.16}
$$

und dem zugehörigen *transjugierten*, d.h. *transponierten* Vektor mit *konjugiert* komplexen Elementen[2.9]

$$
\mathbf{X}^H = [X^*[k], X^*[k+1], \ldots, X^*[k+N-1]]
\tag{2.6.17}
$$

wird die $N \times N$ *Autokorrelationsmatrix*

$$
\mathbf{R}_{xx} = E\{\mathbf{X} \cdot \mathbf{X}^H\}
\tag{2.6.18}
$$

$$
= E\left\{
\begin{bmatrix}
X[k]X^*[k] & \cdots & X[k]X^*[k+N-1] \\
\vdots & \ddots & \vdots \\
X[k+N-1]X^*[k] & \cdots & X[k+N-1]X^*[k+N-1]
\end{bmatrix}
\right\}
$$

definiert. Die Elemente dieser Matrix stimmen mit Werten der Autokor-relationsfolge $r_{xx}[\kappa] = E\{X^*[k] \cdot X[k+\kappa]\} = E\{X[k] \cdot X^*[k-\kappa]\}$ überein, wenn man die hier vorausgesetzte Stationarität nutzt. Aufgrund der Tat-sache, dass die Autokorrelationsfolge mit (2.6.15) konjugiert gerade ist,

---

[2.9]Der hochgestellte Index „H" bezeichnet die „Hermitesche" eines Vektors oder einer Matrix.

lässt sich die Autokorrelationsmatrix in der Form

$$\mathbf{R}_{XX} = \begin{bmatrix} r_{XX}[0] & r_{XX}^*[1] & \cdots & r_{XX}^*[N-1] \\ r_{XX}[1] & r_{XX}[0] & \cdots & r_{XX}^*[N-2] \\ \vdots & \vdots & \ddots & \vdots \\ r_{XX}[N-1] & r_{XX}[N-2] & \cdots & r_{XX}[0] \end{bmatrix} \qquad (2.6.19)$$

angeben, d.h. die Hauptdiagonalelemente sind gleich $r_{XX}[0]$ nach (2.6.14), die Nebendiagonalelemente in der $i - ten$ Zeile und $j - ten$ Spalte, $j < i$, sind gleich $r_{XX}[i-j]$, und die Elemente in der gespiegelten Diagonalen der $i - ten$ Zeile und $j - ten$ Spalte, $j > i$, sind gleich $r_{XX}[i-j]\,|_{i<j} = r_{XX}^*[i-j]\,|_{i<j}$. Damit erhält die Autokorrelationsmatrix eine *Band- oder Streifenstruktur* parallel zur Hauptdiagonalen; sie ist gleich ihrer Hermiteschen

$$\mathbf{R}_{XX} = \mathbf{R}_{XX}^H ; \qquad (2.6.20)$$

die Autokorrelationsmatrix ist eine *hermitesche Toeplitz-Matrix*. Bei reellen Prozessen ist die Autokorrelationsmatrix symmetrisch, d.h. sie ist gleich ihrer Transponierten (symmetrische Toeplitz-Matrix).

$$\mathbf{R}_{XX} = \mathbf{R}_{XX}^T \qquad (2.6.21)$$

Während die Autokorrelationsfolge statistische Eigenschaften ein und desselben Prozesses beschreibt, verknüpft die *Kreuzkorrelationsfolge* zwei Prozesse miteinander, um eine Aussage über deren statistische Verwandtschaft zu machen. Für stationäre Prozesse ist sie in Anlehnung an (2.6.6) durch

$$r_{XY}[\kappa] = \mathrm{E}\{X^*[k] \cdot Y[k+\kappa]\} \qquad (2.6.22)$$

definiert. Bezüglich ihrer Symmetrieeigenschaften gilt

$$\begin{aligned} r_{XY}[-\kappa] &= \mathrm{E}\{X^*[k] \cdot Y[k-\kappa]\} = \mathrm{E}\{X^*[k+\kappa] \cdot Y[k]\} \\ &= \mathrm{E}\{Y^*[k] \cdot X[k+\kappa]\}^* = r_{YX}^*[\kappa] . \end{aligned} \qquad (2.6.23)$$

Häufig interessiert man sich für den von seinem Mittelwert nach (2.6.3) befreiten Prozess. In diesem Falle werden seine korrelativen Eigenschaften durch die *Autokovarianzfolge*

$$
\begin{aligned}
c_{XX}[\kappa] &= \mathrm{E}\{(X^*[k] - \mu_X^*) \cdot (X[k+\kappa] - \mu_X)\} \\
&= \mathrm{E}\{X^*[k] \cdot X[k+\kappa]\} - \mathrm{E}\{X^*[k]\} \cdot \mu_X \\
&\quad -\mu_X^* \cdot \mathrm{E}\{X[k+\kappa]\} + \mu_X^* \cdot \mu_X \\
&= r_{XX}[\kappa] - \mu_X^* \cdot \mu_X = r_{XX}[\kappa] - |\mu_X|^2
\end{aligned}
\tag{2.6.24}
$$

beschrieben. Entsprechend ist die *Kreuzkovarianzfolge* durch

$$
c_{XY}[\kappa] = \mathrm{E}\{(X^*[k] - \mu_X^*) \cdot (Y[k+\kappa] - \mu_Y)\} = r_{XY}[\kappa] - \mu_X^* \cdot \mu_Y \tag{2.6.25}
$$

definiert. Der Autokorrelationsmatrix $\mathbf{R}_{XX}$ nach (2.6.19) entspricht schließlich die *Autokovarianzmatrix*

$$
\begin{aligned}
\mathbf{C}_{XX}[k] &= \mathrm{E}\{(\mathbf{X}[k] - \mathrm{E}\{\mathbf{X}[k]\}) \cdot (\mathbf{X}[k] - \mathrm{E}\{\mathbf{X}[k]\})^H\} \\
&= \mathbf{R}_{XX} - \mathrm{E}\{\mathbf{X}[k]\} \cdot \mathrm{E}\{\mathbf{X}^H[k]\} \\
&= \mathbf{R}_{XX} - |\mu_X|^2
\begin{bmatrix}
1 & 1 & \dots & 1 \\
1 & 1 & \dots & 1 \\
\vdots & & & \\
1 & 1 & \dots & 1
\end{bmatrix}.
\end{aligned}
\tag{2.6.26}
$$

Zwei Prozesse sind *statistisch unabhängig* voneinander, wenn sich ihre Verbunddichtefunktion als Produkt der Einzeldichten dieser Prozesse darstellen lässt. Daraus folgt, dass diese Prozesse auch *unkorreliert* sind, weil für ihre Kreuzkorrelationsfolge für alle κ

$$
r_{XY}[\kappa] = \mathrm{E}\{(X^*[k] \cdot Y[k+\kappa]\} = \mathrm{E}\{X^*[k]\} \cdot \mathrm{E}\{Y[k+\kappa]\} = \mu_X^* \cdot \mu_Y \tag{2.6.27}
$$

gilt. Die Kreuzkovarianzfolge verschwindet dann wegen (2.6.25) identisch:

$$
c_{XY}[\kappa] = \mathrm{E}\{(X^*[k] - \mu_X^*) \cdot (Y[k+\kappa] - \mu_Y)\} = \mu_X^* \cdot \mu_Y - \mu_X^* \cdot \mu_Y = 0. \tag{2.6.28}
$$

Statistisch unabhängige Prozesse sind stets unkorreliert, weil dafür grundsätzlich (2.6.27) und damit auch (2.6.28) erfüllt wird. Umgekehrt gilt dieser Schluss nur für Prozesse mit Gaußdichte, d.h. hier folgt aus der Unkorreliertheit auch die statistische Unabhängigkeit. Schließlich nennt man zwei Prozesse *orthogonal* bei Gültigkeit von

$$
r_{XY}[\kappa] = \mathrm{E}\{X^*[k] \cdot Y[k+\kappa]\} = 0 \quad \text{für} \quad \kappa \in \mathbb{Z}. \tag{2.6.29}
$$

Offensichtlich sind mit (2.6.27) unkorrelierte Prozesse, bei denen mindestens einer der Mittelwerte verschwindet, auch orthogonal.

2.7 Spektraldarstellung diskreter stochastischer Prozesse

2.7.1 Definition der spektralen Leistungsdichte

Deterministische zeitdiskrete Signale bzw. Folgen $x[k]$ kann man mit Hilfe der zeitdiskreten Fourier-Transformation (2.3.11) in den Frequenzbereich transformieren, um dort Aussagen über deren spektrale Eigenschaften zu gewinnen. Entsprechend lässt sich auch die Autokorrelationsfolge $r_{xx}[\kappa]$ eines stationären diskreten Zufallsprozesses mit Hilfe der zeitdiskreten Fourier-Transformation in den Frequenzbereich transformieren. Damit ist die *spektrale Autoleistungsdichte* oder kurz *spektrale Leistungsdichte* bzw. das Leistungsdichtespektrum (LDS)

$$S_{xx}(e^{j\Omega}) = \sum_{\kappa=-\infty}^{\infty} r_{xx}[\kappa]e^{-j\Omega\kappa} \qquad (2.7.1)$$

definiert. Die Aussage, dass die Leistungsdichte und die Autokorrelationsfolge über die Fourier-Transformation miteinander zusammenhängen, bezeichnet man als *Wiener-Khintchine Theorem*.

Weil die Autokorrelationsfolge nach (2.6.15) konjugiert gerade ist, folgt mit der Definition (2.7.1) ganz allgemein für die Leistungsdichte:

$$
\begin{aligned}
S_{xx}(e^{j\Omega}) &= r_{xx}[0] + \sum_{\kappa=1}^{\infty}\left[r_{xx}[\kappa]e^{-j\Omega\kappa} + r_{xx}^*[\kappa]e^{j\Omega\kappa}\right] \\
&= r_{xx}[0] + 2\operatorname{Re}\left\{\sum_{\kappa=1}^{\infty}r_{xx}[\kappa]e^{-j\Omega\kappa}\right\} \in \mathbb{R}, \qquad (2.7.2)
\end{aligned}
$$

d.h. die Leistungsdichte ist eine *rein reelle* Funktion. Damit erhält man aus der Leistungsdichte aber keine Aussage über die *Phase* eines Zufallsprozesses. Bei *reellen* Prozessen gilt mit der aus (2.6.15) folgenden Symmetrieeigenschaft

$$r_{xx}[-\kappa] = r_{xx}[+\kappa] \in \mathbb{R}. \qquad (2.7.3)$$

für die Leistungsdichte

$$S_{xx}(e^{j\Omega}) = r_{xx}(0) + 2\sum_{\kappa=1}^{\infty} r_{xx}[\kappa]\cos(\Omega\kappa) \in \mathbb{R}. \qquad (2.7.4)$$

Durch die Definition der Leistungsdichte ergibt sich die Möglichkeit, die Gesamtleistung eines Prozesses entweder im Zeitbereich über die Autokorrelationsfolge nach (2.6.14) oder im Spektralbereich mit der Beziehung

$$\frac{1}{2\pi}\int_{-\pi}^{\pi} S_{xx}(e^{j\Omega})d\Omega = \frac{1}{2\pi}\int_{-\pi}^{\pi}\left[\sum_{\kappa=-\infty}^{\infty} r_{xx}[\kappa]e^{-j\Omega\kappa}\right]d\Omega$$

$$= \sum_{\kappa=-\infty}^{\infty} r_{xx}[\kappa]\left[\frac{1}{2\pi}\int_{-\pi}^{\pi} e^{-j\Omega\kappa}d\Omega\right] \qquad (2.7.5)$$

zu berechnen. Das Integral

$$\int_{-\pi}^{\pi} e^{-j\Omega\kappa}d\Omega = \begin{cases} 2\pi & \text{für } \kappa = 0 \\ 0 & \text{sonst} \end{cases} \qquad (2.7.6)$$

führt auf den Zusammenhang

$$\frac{1}{2\pi}\int_{-\pi}^{\pi} S_{xx}(e^{j\Omega})d\Omega = r_{xx}(0) = \mathrm{E}\{X[k]\cdot X^*[k]\} = \mathrm{E}\{|X[k]|^2\}. \qquad (2.7.7)$$

- **Beispiel:** *Weißer diskreter Rauschprozess*
  Es wird ein Prozess betrachtet, bei dem aufeinanderfolgende Werte $X[k]$ nicht miteinander korreliert sind. Für die Autokovarianzfolge gilt also nach (2.6.24)

$$c_{xx}[\kappa] = r_{xx}[\kappa] - |\mu_x|^2 = \begin{cases} \sigma_x^2 & \kappa = 0 \\ 0 & \kappa \neq 0. \end{cases} \qquad (2.7.8)$$

Ist der Prozess zusätzlich *mittelwertfrei*, d.h. $\mu_x = 0$, so ist die Autokorrelationsfolge gleich der Autokovarianzfolge, also

$$r_{xx}[\kappa] = c_{xx}[\kappa] = \mathrm{E}\{|X[k]|^2\}\cdot\delta[\kappa] = r_{xx}[0]\cdot\delta[\kappa] = \sigma_x^2\cdot\delta[\kappa]. \qquad (2.7.9)$$

Für die Leistungsdichte folgt mit (2.7.1)

$$S_{XX}(e^{j\Omega}) = r_{XX}[0] = \sigma_X^2, \quad -\infty < \Omega < \infty \qquad (2.7.10)$$

ein konstanter Wert für alle Frequenzen Ω. Man bezeichnet diesen Prozess wegen dieser in Bild 2.7.1 gezeigten spektralen Eigenschaft als *weißen* Prozess.

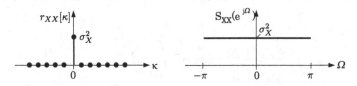

Bild 2.7.1: Autokorrelationsfolge und spektrale Leistungsdichte eines weißen, mittelwertfreien Prozesses

2.7.2 Einfluss eines linearen Systems

Häufig tritt das Problem auf, die Prozesseigenschaften am Ausgang eines digitalen Systems mit der Impulsantwort $h[k]$ zu berechnen, das mit einem bekannten Prozess gespeist wird. Die Musterfunktion $y[k]$ des Prozesses am Ausgang des Systems lässt sich über die Faltungssumme (2.2.6) bei Kenntnis der Musterfunktion $x[k]$ des Prozesses am Eingang berechnen. Damit folgt aber für die Autokorrelationsfolge am Ausgang:

$$
\begin{aligned}
r_{YY}[\kappa] &= \mathrm{E}\{Y^*[k] \cdot Y[k+\kappa]\} \\
&= \mathrm{E}\{\sum_{i=-\infty}^{\infty} h^*[i] \cdot X^*[k-i] \cdot \sum_{j=-\infty}^{\infty} h[j] \cdot X[k-j+\kappa]\} \\
&= \sum_{i=-\infty}^{\infty} \sum_{j=-\infty}^{\infty} h^*[i] \cdot h[j] \cdot \mathrm{E}\{X^*[k-i] \cdot X[k-j+\kappa]\} \\
&= \sum_{i=-\infty}^{\infty} \sum_{j=-\infty}^{\infty} h^*[i] \cdot h[j] \cdot r_{XX}[\kappa-(j-i)], \qquad (2.7.11)
\end{aligned}
$$

wobei die Definition der Autokorrelationsfolge für stationäre Prozesse nach (2.6.6) verwendet wurde. Durch weitere Umformung erhält man mit $j - i = \ell$:

$$r_{YY}[\kappa] = \sum_{\ell=-\infty}^{\infty} \left[\sum_{i=-\infty}^{\infty} h^*[i] \cdot h[i + \ell] \right] \cdot r_{XX}[\kappa - \ell] . \qquad (2.7.12)$$

Bezeichnet man den Ausdruck

$$\sum_{i=-\infty}^{\infty} h^*[i] \cdot h[i + \ell] = h[\ell] * h^*[-\ell] = r_{hh}^E[\ell] \qquad (2.7.13)$$

wegen der Ähnlichkeit zur Definition (2.6.6) als *System–* oder *Energiekorrelationsfolge*, so erhält man weiter

$$r_{YY}[\kappa] = \sum_{\ell=-\infty}^{\infty} r_{hh}^E[\ell] \cdot r_{XX}[\kappa - \ell] = r_{hh}^E[\kappa] * r_{XX}[\kappa] ; \qquad (2.7.14)$$

d.h. durch Faltung der Autokorrelationsfolge des Eingangsprozesses mit der Systemkorrelationsfolge erhält man die Autokorrelationsfolge des Ausgangsprozesses.

Die Transformation dieser Beziehung in den Frequenzbereich mit Hilfe der zeitdiskreten Fourier-Transformation liefert die entsprechende Verknüpfung der Leistungsdichten am Ein- und Ausgang des Systems mit

$$S_{YY}(e^{j\Omega}) = H(e^{j\Omega}) \cdot H^*(e^{j\Omega}) \cdot S_{XX}(e^{j\Omega}) = |H(e^{j\Omega})|^2 \cdot S_{XX}(e^{j\Omega}) , \qquad (2.7.15)$$

wobei $H(e^{j\Omega})$ nach (2.3.3) der Frequenzgang des Systems mit der Impulsantwort $h[k]$ ist und von der Korrespondenz (2.5.20) Gebrauch gemacht wurde.

Wenn der Eingangsprozess ein *weißer, mittelwertfreier Prozess* ist, so folgt mit (2.7.9) für die Autokorrelationsfolge des System-Ausgangsignals

$$r_{YY}[\kappa] = r_{hh}^E[\kappa] * \sigma_X^2 \cdot \delta[\kappa] = \sigma_X^2 \cdot h[\kappa] * h^*[-\kappa] \qquad (2.7.16)$$

und mit (2.7.10) für seine Leistungsdichte

$$S_{YY}(e^{j\Omega}) = \sigma_X^2 \cdot |H(e^{j\Omega})|^2 . \qquad (2.7.17)$$

Für Aufgaben der *Systemidentifikation*, z.B. bei der Bestimmung der Übertragungseigenschaften eines Kanals als Voraussetzung zu dessen

Entzerrung [Kro91, Kam17], bildet man die Kreuzkorrelationsfolge zwischen Ausgangs- und Eingangsprozess eines Systems.

$$
\begin{aligned}
r_{XY}[\kappa] &= \mathrm{E}\{X^*[k] \cdot Y[k+\kappa]\} \\
&= \mathrm{E}\left\{X^*[k] \cdot \sum_{i=-\infty}^{\infty} h[i] \cdot X[k-i+\kappa]\right\} \\
&= \sum_{i=-\infty}^{\infty} h[i]\mathrm{E}\{X^*[k] \cdot X[k-i+\kappa]\} \\
&= \sum_{i=-\infty}^{\infty} h[i] \cdot r_{XX}[\kappa-i] = h[\kappa] * r_{XX}[\kappa] \qquad (2.7.18)
\end{aligned}
$$

Es ergibt sich die Faltung der Kanalimpulsantwort mit der Autokorrelationsfolge des Eingangssignals. Im Frequenzbereich gilt entsprechend für die Kreuzleistungsdichte:

$$
S_{XY}(e^{j\Omega}) = H(e^{j\Omega}) \cdot S_{XX}(e^{j\Omega}). \qquad (2.7.19)
$$

Benutzt man speziell einen mittelwertfreien Prozess am Eingang des Systems, so folgt für die Kreuzkorrelationsfolge mit (2.7.18)

$$
r_{XY}[\kappa] = h[\kappa] * \sigma_X^2 \cdot \delta[\kappa] = \sigma_X^2 \cdot h[\kappa], \qquad (2.7.20)
$$

d.h. sie ist proportional zur Impulsantwort des Systems.

- *Zur Systemidentifikation kann die Kreuzkorrelierte zwischen Eingangs- und Ausgangssignal in Verbindung mit einem weißen Eingangssignal benutzt werden.*

Für die Kreuzleistungsdichte gilt:

$$
S_{XY}(e^{j\Omega}) = \sigma_X^2 \cdot H(e^{j\Omega}); \qquad (2.7.21)
$$

hier erhält man also entsprechend den Frequenzgang.

2.8   Basisbanddarstellung stationärer Bandpassprozesse

Einrichtungen zur Nachrichtenübertragung, z.B. *Modems* für die Datenkommunikation, lassen sich mit Hilfe von Methoden der digitalen

Signalverarbeitung entwerfen. Wie bereits erwähnt beruhen die dabei verwendeten digitalen Empfängerstrukturen üblicherweise darauf, dass das ankommende Modulationssignal von der Bandpasslage in den Tiefpassbereich transformiert wird; in Abschnitt 2.5.1 wurde die äquivalente Basisband-Darstellung deterministischer Bandpasssignale hergeleitet. Im folgenden sollen diese Betrachtungen auf stochastische Bandpassprozesse erweitert werden.

Es wird von einem reellen, mittelwertfreien, stationären Bandpassprozess $N[k] \in \mathbb{R}$ in zeitdiskreter Darstellung ausgegangen. Die zugehörige reelle Autokorrelationsfolge ist nach (2.7.3) eine gerade Funktion. Weiterhin ist die spektrale Leistungsdichte eine gerade, reelle, nichtnegative Funktion der Frequenz:

$$S_{NN}(e^{j\Omega}) = \begin{cases} S_{NN}(e^{-j\Omega}) & \Omega_0 - B/2 < |\Omega| < \Omega_0 + B/2 \\ 0 & |\Omega| \leq \Omega_0 - B/2 \text{ und } \Omega_0 + B/2 \leq |\Omega| \leq \pi. \end{cases}$$
$$(2.8.1)$$

Dem reellen Bandpassprozess wird nun die komplexe Einhüllende

$$X[k] = X_R[k] + j\, X_I[k] \quad ; \quad X_R, X_I \in \mathbb{R} \qquad (2.8.2)$$

zugeordnet. Sie repräsentiert die äquivalente Basisbanddarstellung bezüglich Ω_0 und ist entsprechend (2.5.10) durch die folgende Beziehung definiert:

$$N[k] = \mathrm{Re}\left\{ X[k]e^{j\Omega_0 k} \right\} = \frac{1}{2}\left[X[k]e^{j\Omega_0 k} + X^*[k]e^{-j\Omega_0 k} \right]. \qquad (2.8.3)$$

Es sollen nun allgemeingültige Aussagen über die Autokorrelationsfolge des komplexen Basisbandprozesses abgeleitet werden. Dazu benutzt man die Autokorrelationsfolge des reellen Bandpassprozesses

$$r_{NN}[\kappa] = \mathrm{E}\{N[k] \cdot N[k+\kappa]\}, \qquad (2.8.4)$$

in welche die Definition (2.8.3) für $N[k]$ eingesetzt wird. Mit der Autokorrelationsfolge $r_{XX}[\kappa]$ der komplexen Einhüllenden ergibt sich dann

$$r_{NN}[\kappa] = \frac{1}{4}\Big[\mathrm{E}\{X[k] \cdot X[k+\kappa]\}e^{j\Omega_0(2k+\kappa)} + r_{XX}[\kappa]e^{j\Omega_0\kappa} \qquad (2.8.5)$$
$$+ r_{XX}^*[\kappa]e^{-j\Omega_0\kappa} + \mathrm{E}\{X^*[k] \cdot X^*[k+\kappa]\}e^{-j\Omega_0(2k+\kappa)} \Big].$$

Da $N[k]$ als stationärer Prozess vorausgesetzt wurde, darf die Autokorrelationsfolge nicht vom Zeitparameter k abhängig sein. Das ist erfüllt, wenn in (2.8.5) diejenigen Terme verschwinden, die eine Abhängigkeit von k enthalten, wenn also gilt[2.10]

$$E\{X[k] \cdot X[k+\kappa]\} = E\{X^*[k] \cdot X^*[k+\kappa]\} = 0 \,. \tag{2.8.6}$$

Damit erhält (2.8.5) die Form

$$
\begin{aligned}
r_{NN}[\kappa] &= \frac{1}{4}\left[r_{XX}[\kappa]e^{j\Omega_0\kappa} + r_{XX}^*[\kappa]e^{-j\Omega_0\kappa}\right] \\
&= \frac{1}{2}\mathrm{Re}\left\{r_{XX}[\kappa]e^{j\Omega_0\kappa}\right\} \,. \tag{2.8.7}
\end{aligned}
$$

Die spektrale Leistungsdichte ergibt sich hieraus durch zeitdiskrete Fourier-Transformation. Berücksichtigt man den *Modulationssatz* (2.3.14) der DTFT, dann erhält man:

$$
\begin{aligned}
S_{NN}(e^{j\Omega}) &= \frac{1}{4}\left[S_{XX}(e^{j(\Omega-\Omega_0)}) + S_{XX}^*(e^{j(-\Omega-\Omega_0)})\right] \\
&= \frac{1}{4}\left[S_{XX}(e^{j(\Omega-\Omega_0)}) + S_{XX}(e^{j(-\Omega-\Omega_0)})\right] \,. \tag{2.8.8}
\end{aligned}
$$

Hierbei wurde die Tatsache ausgenutzt, dass das Leistungsdichtespektrum stets reell ist; also gilt auch für den komplexen Prozess $X[k]$:

$$S_{XX}(e^{j\Omega}) = S_{XX}^*(e^{j\Omega}) \,. \tag{2.8.9}$$

Bild 2.8.1 veranschaulicht den Zusammenhang zwischen den Leistungs-dichtespektren des Bandpassprozesses und des zugehörigen komplexen Basisbandprozesses.

Ausgehend von der aufgrund der Stationarität des Bandpassprozesses geforderten Bedingung (2.8.6) soll untersucht werden, welche Konsequenzen sich hieraus für die einzelnen Korrelationsfolgen des Real- und Imaginärteils der komplexen Einhüllenden ergeben. Nach Einsetzen von (2.8.2) erhält man die Gleichungen

$$E\{X_R[k] \cdot X_R[k+\kappa]\} - E\{X_I[k] \cdot X_I[k+\kappa]\} = 0 \tag{2.8.10}$$

$$E\{X_R[k] \cdot X_I[k+\kappa]\} + E\{X_I[k] \cdot X_R[k+\kappa]\} = 0 \tag{2.8.11}$$

[2.10]Weitergehende Betrachtungen in [Mer99] zeigen, dass die Bedingung (2.8.6) für die komplexe Einhüllende stationärer Bandpass-Rauschsignale stets erfüllt ist.

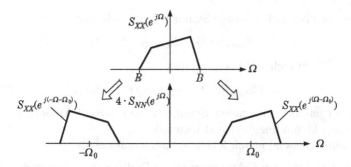

Bild 2.8.1: Leistungsdichtespektrum eines Bandpassprozesses mit dem zugehörigen Basisbandspektrum

und damit die folgenden allgemein gültigen Aussagen:

$$r_{X_R X_R}[\kappa] = r_{X_I X_I}[\kappa] \tag{2.8.12}$$

$$r_{X_R X_I}[\kappa] = -r_{X_R X_I}[-\kappa] \tag{2.8.13}$$

$$r_{X_R X_I}[0] = 0 . \tag{2.8.14}$$

Diese Ergebnisse lassen sich in folgender Weise zusammenfassen:

- *Die Autokorrelationsfolgen des Realteils und des Imaginärteils eines äquivalenten Basisbandprozesses sind identisch.*

- *Die Kreuzkorrelierte von Realteil und Imaginärteil ist ungerade.*

- *Die Kreuzkorrelierte an der Stelle null verschwindet.*

Mit diesen Bedingungen ist die Autokorrelationsfolge des komplexen Basisbandprozesses auf anschauliche Weise zu interpretieren:

$$r_{XX}[\kappa] = 2 \left[r_{X_R X_R}[\kappa] + j \, r_{X_R X_I}[\kappa] \right] ; \tag{2.8.15}$$

der Realteil entspricht der Autokorrelationsfolge von $\mathrm{Re}\{X[k]\}$ bzw. $\mathrm{Im}\{X[k]\}$, wogegen der Imaginärteil die Kreuzkorrelierte von $\mathrm{Re}\{X[k]\}$ und $\mathrm{Im}\{X[k]\}$ darstellt.

Entsprechend setzt sich die spektrale Leistungsdichte aus zwei Anteilen zusammen. Aus (2.8.15) erhält man durch zeitdiskrete Fourier-Transformation

$$S_{XX}(e^{j\Omega}) = 2 \left[S_{X_R X_R}(e^{j\Omega}) + j \, S_{X_R X_I}(e^{j\Omega}) \right] . \tag{2.8.16}$$

Dabei ergeben sich folgende Symmetrieeigenschaften

$$S_{X_R X_R}(e^{j\Omega}) = S_{X_R X_R}(e^{-j\Omega}) \in \mathbb{R}, \qquad (2.8.17)$$

da $X_R[k]$ ein reeller Prozess ist, und

$$j\, S_{X_R X_I}(e^{j\Omega}) = -j\, S_{X_R X_I}(e^{-j\Omega}) \in \mathbb{R}, \qquad (2.8.18)$$

d.h. wegen der ungeraden Symmetrie der Kreuzkorrelierten ist das Kreuzspektrum imaginär und ungerade.

Zusammenfassend gelten folgende Interpretationen:

- *Das Leistungsdichtespektrum des Realteils (bzw. Imaginärteils) des komplexen Signals beschreibt den geraden Anteil im Gesamtspektrum.*

- *Das Kreuzspektrum von Real- und Imaginärteil des komplexen Signals beschreibt den ungeraden Anteil im Gesamtspektrum.*

Bild 2.8.2 verdeutlicht diese Zusammenhänge.

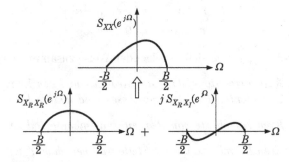

Bild 2.8.2: Zerlegung des äquivalenten Basisbandspektrums in gerade und ungeraden Anteil

Der Ausnahmefall eines geraden Leistungsdichtespektrums liegt für ein komplexes Basisbandsignal dann vor, wenn das Kreuzspektrum zwischen Real- und Imaginärteil identisch verschwindet.

Umgekehrt lässt sich hieraus die folgende Aussage ableiten:

- *Die Kreuzkorrelationsfolge von Real- und Imaginärteil verschwindet identisch, wenn die komplexe Einhüllende eines Bandpassprozesses vorliegt, dessen Spektrum symmetrisch bezüglich der Mittenfrequenz ist. Real- und Imaginärteil sind unter dieser Bedingung also orthogonal zueinander.*

Ein Beispiel hierfür ist ein Prozess, der aus einem weißen Rauschprozess durch Filterung mit einem symmetrischen Bandpass hervorgegangen ist. Dabei bezieht sich die Symmetrieforderung an den Bandpass auf den Betragsfrequenzgang allein, die Phasenbeziehungen sind in diesem Zusammenhang ohne Belang. Ein Bandpassprozess mit diesen Eigenschaften kann im Basisband durch zwei unkorrelierte Rauschprozesse mit spektralen Leistungsdichten modelliert werden, die dem zur Frequenz null verschobenen Spektrum des Bandpassprozesses entsprechen. Unter der zusätzlichen Bedingung, dass der Prozess eine Gaußdichte besitzt, können zwei statistisch unabhängige Prozesse als Real- und Imaginärteil für den Basisbandprozess angenommen werden.

Literaturverzeichnis

[Böh98]   J. F. Böhme. *Stochastische Signale.* Teubner, Stuttgart, 2. Auflage, 1998.

[BS62]   I. N. Bronstein and K. A. Semendjajew. *Teubner Taschenbuch der Mathematik.* Teubner, Leipzig, 1962.

[CR83]   R. E. Crochiere and L. R. Rabiner. *Multirate Digital Signal Processing.* Prentice Hall, Englewood Cliffs, 1983.

[Fli91]   N. Fliege. *Systemtheorie.* Teubner, Stuttgart, 1991.

[Fli93]   N. Fliege. *Multiraten-Signalverarbeitung.* Teubner, Stuttgart, 1993.

[Hän01]   E. Hänsler. *Statistische Signale.* 3. Aufl. Springer, Berlin, 2001.

[Kam17]   K. D. Kammeyer. *Nachrichtenübertragung.* 6. Aufl. Teubner, Stuttgart, 2017.

[Kro91]   K. Kroschel. *Datenübertragung. Eine Einführung.* Springer, Berlin u.a., 1991.

[Kro04]   K. Kroschel. *Statistische Informationstechnik. Signal- und Mustererkennung, Parameter- und Signalschätzung.* 4. Aufl. Springer, Berlin, Heidelberg, New York, 2004.

[Mee83] K. Meerkötter. Antimetric Wave Digital Filters Derived from Complex Reference Circuits. *Proc. ECCTD 83*, Sept. 1983. S.217-220.

[Mer99] A. Mertins. *Signal Analysis*. Wiley, Chichester, 1999.

[Pap62] A. Papoulis. *The Fourier Integral and Its Applications*. McGraw-Hill, New York, 1962.

[Pap65] A. Papoulis. *Probability, Random Variables and Stochastic Processes*. McGraw-Hill, New York, 1965.

[Sch91] H. W. Schüßler. *Netzwerke, Signale und Systeme, Teil 2*. 3. Aufl. Springer-Verlag, Berlin, 1991.

[Sha49] C. E. Shannon. Communication in the Presence of Noise. *Proc. IRE*, Vol.37, 1949. S.10-21.

[Unb93] R. Unbehauen. *Systemtheorie*. 6. Aufl. Oldenbourg Verlag, München, 1993.

[Vai93] P. P. Vaidyanathan. *Multirate Systems and Filterbanks*. Prentice-Hall, Englewood Cliffs, 1993.

Kapitel 3

Die Z-Transformation

In der Systemtheorie zeitkontinuierlicher Signale verwendet man zur Transformation des Signals $x(t)$ in den Frequenzbereich die *Laplace-Transformation* anstelle der Fourier-Transformation immer dann, wenn *Konvergenzprobleme* des Fourier-Integrals auftreten. Schon bei einer elementaren Funktion wie der kontinuierlichen Sprungfunktion treten diese Konvergenzprobleme auf.

Dasselbe gilt natürlich für zeitdiskrete Signale wie den Sprung $\epsilon[k]$ nach (2.1.2). Prinzipiell könnte man auch hier mit der Laplace-Transformation arbeiten, es zeigt sich jedoch, dass dabei Mehrdeutigkeiten auftreten, die unpraktisch sind und bei einer an zeitdiskrete Signale angepassten Transformation, der Z-Transformation, vermieden werden können.

3.1 Definition der Z-Transformation

Für ein mit der Abtastfrequenz $f_A = 1/T$ abgetastetes kontinuierliches Signal $x_K(t)$ wurde in Abschnitt 2.4.2 ein mathematisches Modell benutzt, in dem eine Folge von Dirac-Impulsen, die mit den Abtastwerten $x_K(kT)$ gewichtet wurden, das zeitdiskrete Signal repräsentiert

$$
\begin{aligned}
x_T(t) &= x_K(t) \sum_{k=-\infty}^{\infty} \delta_0(t - kT) = \sum_{k=-\infty}^{\infty} x_K(kT)\, \delta_0(t - kT) \\
&= \sum_{k=-\infty}^{\infty} x[k]\, \delta_0(t - kT) .
\end{aligned}
\tag{3.1.1}
$$

© Springer Fachmedien Wiesbaden GmbH, ein Teil von Springer Nature 2022
K.-D. Kammeyer und K. Kroschel, *Digitale Signalverarbeitung*

Wendet man auf $x_T(t)$ die zweiseitige Laplace-Transformation L{·} an, so erhält man:

$$X_T(s) \;=\; L\{x_T(t)\} = L\{ \sum_{k=-\infty}^{\infty} x[k]\delta_0(t - kT)\}$$

$$=\; \sum_{k=-\infty}^{\infty} x[k]e^{-kTs}, \qquad (3.1.2)$$

d.h. eine wegen $\exp(-kT(s + j2\pi i/T)) = \exp(-kTs)$ in $2\pi/T = 2\pi f_A$ periodische Funktion. In der komplexen s-Ebene wiederholt sich damit der Informationsinhalt über das Signal $x_T(t)$ im Streifen $|j\omega| < \pi/T$ parallel zur reellen Achse periodisch, wie auch Bild 3.1.1 zeigt.

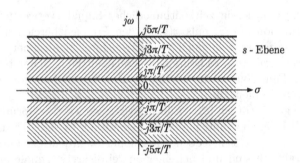

Bild 3.1.1: Periodizität der Laplace-Transformierten $X_A(s)$

Zur Vermeidung der Periodizität wird die s-Ebene durch *konforme* Abbildung

$$z = \zeta + j\,\eta = e^{sT} \qquad (3.1.3)$$

eindeutig und *nichtlinear* auf die z-Ebene abgebildet, wobei sich die in Bild 3.1.2 gezeigten Korrespondenzen ergeben. Die Mehrdeutigkeiten in (3.1.2) verschwinden, weil sie mehrfach in sich selbst abgebildet werden. Man könnte auch andere Transformationen verwenden, z.B. eine, bei der im Exponenten von (3.1.3) ein negatives Vorzeichen steht [BC75]. Dies wäre aber nicht so praktisch, da dann die linke komplexe s-Halbebene, in der sich die Pole stabiler kontinuierlicher Systeme befinden, ins *Äußere* des Einheitskreises abgebildet würde, so dass man möglicherweise Probleme mit dem Maßstab erhält. Ferner hat sich die in (3.1.3) angegebene Definition allgemein durchgesetzt.

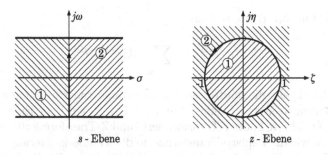

Bild 3.1.2: Abbildung der s-Ebene auf die z-Ebene

Mit der in (3.1.3) genannten Definition ergeben sich die in Tabelle 3.1 dargestellten Korrespondenzen.

Tabelle 3.1: Zusammenhänge zwischen Laplace- und z-Transformation

s-Ebene	z-Ebene
linke komplexe Ebene	Inneres des Einheitskreises
imaginäre Achse	Peripherie des Einheitskreises
rechte komplexe Ebene	Äußeres des Einheitskreises
Ursprung ($s = 0$)	$z = 1$
$s = j\pi/T$; $f = f_A/2$	$z = -1$

Mit (3.1.3) liefert (3.1.2) die zweiseitige Z-Transformierte

$$X(z) = Z\{x[k]\} = \sum_{k=-\infty}^{\infty} x[k]z^{-k}, \qquad (3.1.4)$$

die für kausale Signale $x[k]$ mit $x[k] = 0$ für $k < 0$ zur einseitigen Z-Transformierten wird:

$$X(z) = Z\{x[k]\} = \sum_{k=0}^{\infty} x[k]z^{-k}. \qquad (3.1.5)$$

Setzt man für die komplexe Variable $z = r \cdot \exp(j\omega T) = r \cdot \exp(j\Omega)$ mit

$\omega T = \Omega$ in (3.1.4) ein, so folgt

$$X(r \cdot e^{j\Omega}) = \sum_{k=-\infty}^{\infty} x[k] r^{-k} e^{-j\Omega k} , \qquad (3.1.6)$$

mit (2.3.11) also die zeitdiskrete Fourier-Transformierte des mit r^{-k} multiplizierten diskreten Signals. Für $r = 1$, d.h. auf dem Einheitskreis, sind zeitdiskrete Fourier-Transformierte und Z-Transformierte identisch. Ähnlich wie die Laplace-Transformierte die *Verallgemeinerung* der Fourier-Transformierten kontinuierlicher Signale ist, stellt die Z-Transformierte die *Verallgemeinerung* der zeitdiskreten Fourier-Transformierten dar.

3.2   Existenz der Z-Transformierten

Die Z-Transformierte existiert, wenn die Summe in (3.1.4) konvergiert , d.h. wenn mit (3.1.6)

$$\sum_{k=-\infty}^{\infty} |x[k] z^{-k}| = \sum_{k=-\infty}^{\infty} |x[k] r^{-k}| < \infty \qquad (3.2.1)$$

gilt. Allgemein wird dies für

$$R_{x+} < r = |z| < R_{x-} , \qquad (3.2.2)$$

d.h. in einem durch den unteren und oberen Konvergenzradius begrenzten ringförmigen Gebiet der Fall sein, wie dies Bild 3.2.1 exemplarisch zeigt.

Die Ausdehnung des Konvergenzgebietes hängt vom diskreten Signal $x[k]$ ab und kann von $z = 0$ bis $z = \infty$ reichen. Für die Elementarsignale nach 2.1 gilt dann bezüglich der Z-Transformierten und ihres Konvergenzgebietes, wenn man die Konvergenzbedingungen der geometrischen Reihe nach (2.3.6) beachtet:

- *Impulsfolge*

$$Z\{\delta[k]\} = 1 \quad , \quad 0 \le |z| \le \infty \qquad (3.2.3)$$

- *Sprungfolge*

$$Z\{\epsilon[k]\} = \sum_{k=0}^{\infty} z^{-k} = \sum_{k=0}^{\infty} (z^{-1})^k = \frac{z}{z-1}, \quad 1 < |z| \le \infty \quad (3.2.4)$$

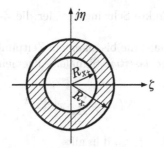

Bild 3.2.1: Konvergenzgebiet der Z-Transformierten $X(z)$

- *reelle kausale Exponentialfolge*

$$Z\{x_a[k]\} = X_a(z) = \sum_{k=0}^{\infty} a^k z^{-k} = \sum_{k=0}^{\infty} (a \cdot z^{-1})^k$$

$$= \frac{z}{z-a}, \quad |a| < |z| \leq \infty \qquad (3.2.5)$$

- *komplexe Exponentialfolge*

$$Z\{x_e[k]\} = X_e(z) = \sum_{k=-\infty}^{\infty} e^{j\Omega k} z^{-k}$$

$$= X_+(z) + X_-(z) - 1 \qquad (3.2.6)$$

$$X_+(z) = \sum_{k=0}^{\infty} (e^{j\Omega} z^{-1})^k$$

$$= \frac{z}{z - e^{j\Omega}}, \quad 1 < |z| \leq \infty \qquad (3.2.7)$$

$$X_-(z) = \sum_{k=0}^{\infty} (e^{-j\Omega} z)^k$$

$$= \frac{1}{1 - z \cdot e^{-j\Omega}}, \quad 0 \leq |z| < 1. \qquad (3.2.8)$$

Das Konvergenzgebiet von $X_e(z)$ wäre der Überlappungsbereich der Konvergenzgebiete von $X_+(z)$ und $X_-(z)$. Da sich beide nicht überlappen, konvergiert $X_e(z)$ also nicht, d.h. es existiert keine Z-Transformierte für die komplexe Dauerschwingung, wohl aber für die auf positive Zeiten beschränkte Schwingung, der die Z-Transformierte $X_+(z)$ entspricht.

Man bezeichnet Signale, die bis zu einem Zeitpunkt $k = k_0 - 1$ identisch verschwinden, als *rechtsseitige* Signale. Allgemein gilt für rechtsseitige Signale:

$$X(z) = \sum_{k=k_0}^{\infty} x[k]z^{-k} \,. \tag{3.2.9}$$

Konvergiert $X(z)$ für $z = z_0$, d.h. gilt

$$\sum_{k=k_0}^{\infty} |x[k]z_0^{-k}| < \infty \,, \tag{3.2.10}$$

so konvergiert $X(z)$ nach (3.2.10) mit $k_0 \geq 0$ auch für alle $|z| > |z_0|$, da dann jeder Summand in (3.2.10) betragsmäßig kleiner als der entsprechende für $|z| = |z_0|$ wird. Bei $k_0 < 0$ folgt

$$X(z) = \sum_{k=k_0}^{-1} x[k]z^{-k} + \sum_{k=0}^{\infty} x[k]z^{-k} \,, \tag{3.2.11}$$

d.h. Konvergenz für $|z| > |z_0|$ mit Ausnahme von $z = \infty$, da der erste Summenterm nur für endliche z konvergiert. Rechtsseitige Signale konvergieren also außerhalb eines kreisförmigen Gebietes. Sind die Signale kausal, d.h. gilt $k_0 \geq 0$, so konvergieren sie auch für $z = \infty$. Dann gilt die einseitige Z-Transformation (3.1.5), für die Tabelle 3.2 einige Beispiele angibt.

Für ein kausales Signal endlicher Länge gilt

$$X(z) = \sum_{k=0}^{k_0} x[k]z^{-k}. \tag{3.2.12}$$

Bei endlichem $x[k]$ konvergiert $X(z)$ für alle z außer $z = 0$, wegen der Kausalität auch bei $z = \infty$. Derartige Signale sind bezüglich ihrer Konvergenz also besonders robust.

Die Z-Transformierte der antikausalen reellen Exponentialfolge, die nur für negative Zeiten nicht identisch verschwindet,

$$x_{a^-}[k] = \begin{cases} -a^k \,, & k \leq -1 \\ 0 \,, & k > -1 \end{cases} \tag{3.2.13}$$

ist

$$X_{a^-}(z) = \sum_{k=-\infty}^{-1} -a^k z^{-k} = -\sum_{k=1}^{\infty} a^{-k} z^k = 1 - \sum_{k=0}^{\infty} (a^{-1} z)^k$$

$$= 1 - \frac{a}{a-z} = \frac{z}{z-a}, \quad 0 \le |z| < |a|. \tag{3.2.14}$$

Sie stimmt mit der Z-Transformierten in (3.2.5) überein, besitzt jedoch ein anderes, in Bild 3.2.2 gezeigtes Konvergenzgebiet. Daraus folgt:

- *Die Angabe einer Z-Transformierten ist nur im Zusammenhang mit einem Konvergenzgebiet eindeutig.*

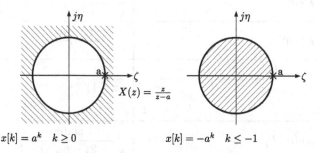

Bild 3.2.2: Z-Transformierte mit verschiedenen Konvergenzgebieten

Im Gegensatz zu (3.2.5) stellt z.B. (3.2.13) ein linksseitiges Signal dar. Für die Kombination beider Signaltypen, die zweiseitigen Signale, gilt wie in (3.2.6):

$$X(z) = \sum_{k=-\infty}^{\infty} x[k] z^{-k} = X_+(z) + X_-(z) - x[0]$$

$$= \sum_{k=0}^{\infty} x[k] z^{-k} + \sum_{k=0}^{\infty} x[-k] z^k - x[0]. \tag{3.2.15}$$

Tabelle 3.2: Beispiele zur einseitigen Z-Transformation

$x[k]$ $[x[k] = 0$ für $k < 0]$	$X(z) = \mathrm{Z}\{x[k]\}$
$(\pm 1)^k$	$\dfrac{z}{z \mp 1}$
$(\pm a)^k$	$\dfrac{z}{z \mp a}$
k	$\dfrac{z}{(z-1)^2}$
$k \cdot a^k$	$\dfrac{z \cdot a}{(z-a)^2}$
$k^2 \cdot a^k$	$\dfrac{z \cdot a \cdot (z+a)}{(z-a)^3}$
$\binom{k}{\ell} = \dfrac{k(k-1)\cdots(k-\ell+1)}{\ell!},$ $\quad k \geq \ell - 1$	$\dfrac{z}{(z-1)^{\ell+1}}$
$\sin(\alpha \cdot k)$	$\dfrac{z \sin(\alpha)}{z^2 - 2z \cdot \cos(\alpha) + 1}$
$\cos(\alpha \cdot k)$	$\dfrac{z \cdot (z - \cos(\alpha))}{z^2 - 2z \cdot \cos(\alpha) + 1}$
$k \cdot \sin(\alpha \cdot k)$	$\dfrac{z \cdot (z^2 - 1) \cdot \sin(\alpha)}{(z^2 - 2z \cdot \cos(\alpha) + 1)^2}$
$k \cdot \cos(\alpha \cdot k)$	$\dfrac{z \cdot [(z^2 + 1) \cdot \cos(\alpha) - 2z]}{(z^2 - 2z \cdot \cos(\alpha) + 1)^2}$

Wenn $X_+(z)$, d.h. die Z-Transformierte des rechtsseitigen Signals, für $|z| > R_{x+}$ konvergiert und $X_-(z)$, die Z-Transformierte des linksseitigen Signals, für $|z| < R_{x-}$, dann existiert ein Konvergenzgebiet für $X(z)$, wenn $R_{x-} > R_{x+}$ gilt. Mit

$$x[k] = \begin{cases} a^k, & k \geq 0 \\ -b^k, & k \leq -1 \end{cases} \qquad (3.2.16)$$

folgt z.B. aus (3.2.5), (3.2.14) und (3.2.15) bei $|a| < |b|$

$$X(z) = \frac{z}{z-a} + \frac{z}{z-b} = \frac{z \cdot (2z-a-b)}{(z-a)(z-b)}, \quad |a| < |z| < |b|. \quad (3.2.17)$$

Für $|a| > |b|$ existiert $X(z)$ nicht, wie aus den in Bild 3.2.3 gezeigten Konvergenzgebieten folgt.

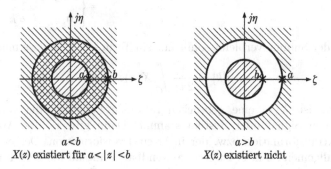

$a<b$
$X(z)$ existiert für $a < |z| < b$

$a>b$
$X(z)$ existiert nicht

Bild 3.2.3: Zur Existenz der Z-Transformierten zweiseitiger Signale

3.3 Inverse Z-Transformation

Die inverse Z-Transformation transformiert $X(z)$ zurück in den Zeit-bereich und liefert $x[k]$. Dazu verwendet man den Integrationssatz von Cauchy

$$\frac{1}{2\pi j} \oint_C z^{k-1} dz = \begin{cases} 1 & k = 0 \\ 0 & k \neq 0, \end{cases} \quad (3.3.1)$$

wobei man als Integrationsweg C einen Kreis im mathematisch positiven Sinn um den Ursprung im Konvergenzgebiet von $X(z)$ beschreibt. Bei stabilen Systemen kann man als Integrationsweg z.B. den Einheitskreis wählen. Multipliziert man den Integranden mit $X(z)$, wobei für $X(z)$

die Definition von (3.1.4) gilt, so folgt mit (3.3.1)

$$\frac{1}{2\pi j} \oint_C X(z)z^{k-1}dz = \frac{1}{2\pi j} \oint_C \sum_{i=-\infty}^{\infty} x[i]z^{k-i-1}dz$$

$$= \frac{1}{2\pi j} \sum_{i=-\infty}^{\infty} x[i] \underbrace{\oint_C z^{k-i-1}dz}$$.(3.3.2)

$$= \begin{cases} 2\pi j, & i = k \\ 0, & i \neq k \end{cases}$$

Von der Summe verbleibt somit nur ein Term $i = k$, so dass man erhält

$$x[k] = \frac{1}{2\pi j} \oint_C X(z)z^{k-1}dz \,.$$ (3.3.3)

Häufig ist $X(z)$ eine gebrochen rationale Funktion, die von einem kausalen Signal oder System stammt. Dann gibt es drei Wege der Rücktransformation bzw. der inversen Transformation. Der erste Weg gilt allgemein, d.h. er ist stets anwendbar, während die beiden anderen nur bei gebrochen rationalen Funktionen zum Ziel führen.

1. Direkte Auswertung des Integrals mit Hilfe des *Residuensatzes*. Allgemein gilt:

$$x(k) = \sum \left[\begin{array}{l} \text{aller Residuen von } X(z) \cdot z^{k-1} \text{ an den} \\ \text{Polen oder Unendlichkeitsstellen inner-} \\ \text{halb des Integrationsweges } C \end{array} \right] \,.$$ (3.3.4)

Wenn $X(z)z^{k-1}$ einen n_1-fachen Pol bzw. eine Singularität bei $z = z_{\infty 1}$ besitzt

$$X(z)z^{k-1} = \frac{M(z)}{(z - z_{\infty 1})^{n_1}}$$ (3.3.5)

und $M(z)$ keinen Pol bei $z = z_{\infty 1}$ hat, so gilt für das Residuum

$$\text{Res}[X(z)z^{k-1} \text{ bei } z = z_{\infty 1}] = \frac{1}{(n_1 - 1)!} \left[\frac{d^{n_1-1}M(z)}{dz^{n_1-1}} \right]_{z = z_{\infty 1}}$$ (3.3.6)

oder speziell für $n_1 = 1$

$$\text{Res}[X(z) \cdot z^{k-1} \text{ bei } z = z_{\infty 1}] = M(z_{\infty 1}) \,.$$ (3.3.7)

2. *Partialbruchentwicklung* unter Verwendung einer Tabelle der Z-Transformation, z.B. [Vic87] oder Tabelle 3.2. Es gelte

$$X(z) = \frac{P(z)}{\prod_{i=1}^{n_0}(z - z_{\infty i})^{n_i}}, \qquad (3.3.8)$$

d.h. $X(z)$ besitzt n_0 verschiedene Polstellen oder Singularitäten an den Stellen $z = z_{\infty i}$ mit der Vielfachheit n_i, so dass das Nennerpolynom vom Grade

$$n = \sum_{i=1}^{n_0} n_i \qquad (3.3.9)$$

ist. Mit der Partialbruchentwicklung

$$X(z) = R_\infty + \sum_{i=1}^{n_0} \sum_{j=1}^{n_i} R_{ij} \frac{1}{(z - z_{\infty i})^j} \qquad (3.3.10)$$

$$R_\infty = \lim_{z \to \infty} X(z) \qquad (3.3.11)$$

$$R_{ij} = \lim_{z \to z_{\infty i}} \frac{1}{(n_i - j)!} \frac{d^{n_i - j}}{dz^{n_i - j}}$$
$$\cdot [(z - z_{\infty i})^{n_i} X(z)] \qquad (3.3.12)$$

kann die Rücktransformation der einzelnen Summanden anhand der Transformationsbeziehungen in Tabelle 3.2 durchgeführt werden. Bei einfachen Polstellen ($n_i = 1$) vereinfacht sich (3.3.10) bis (3.3.12) zu:

$$X(z) = \frac{P(z)}{\prod_{i=1}^{n}(z - z_{\infty i})^{n_i}}$$

$$= R_\infty + \sum_{i=1}^{n} R_i \frac{1}{(z - z_{\infty i})} \qquad (3.3.13)$$

$$R_\infty = \lim_{z \to \infty} X(z) \qquad (3.3.14)$$

$$R_i = \lim_{z \to z_{\infty i}} [(z - z_{\infty i}) X(z)]. \qquad (3.3.15)$$

3. *Durchdividieren* („long division"). Das Zählerpolynom von $X(z)$ wird durch das Nennerpolynom dividiert, so dass eine Potenzreihe in z^{-1} entsteht

$$X(z) = P(z) : Q(z) = \sum_{k=0}^{\infty} x[k] z^{-k}, \qquad (3.3.16)$$

deren Koeffizienten gleich den Signalwerten $x[k]$ sind. Der Nachteil des Verfahrens besteht darin, dass keine geschlossene Lösung erzielt wird, sein Vorteil ist die leichte Implementierbarkeit auf dem Rechner.

3.4 Eigenschaften der Z-Transformation

Die wichtigsten Eigenschaften der Z-Transformation sind in Tab. 3.3 zusammengestellt. Bei *einseitiger* Z-Transformation kausaler Folgen gilt für die Verschiebung nach links mit $i > 0$

$$
\begin{aligned}
Z\{x[k+i]\} &= \sum_{k=0}^{\infty} x[k+i]z^{-k} = \sum_{\ell=i}^{\infty} x[\ell]z^{-(\ell-i)} \\
&= z^i \sum_{\ell=0}^{\infty} x[\ell]z^{-\ell} \\
&\quad -z^i \cdot [x[0] + x[1]z^{-1} + \cdots + x[i-1]z^{-(i-1)}] \\
&= z^i X(z) - \sum_{j=0}^{i-1} x[j]z^{i-j}
\end{aligned}
\tag{3.4.1}
$$

und für Verschiebung nach rechts mit $i > 0$ (Verzögerung)

$$
\begin{aligned}
Z\{x[k-i]\} &= \sum_{k=0}^{\infty} x[k-i]z^{-k} = \sum_{\ell=-i}^{\infty} x[\ell]z^{-(\ell+i)} \\
&= z^{-i} \sum_{\ell=0}^{\infty} x[\ell]z^{-\ell} = z^{-i} X(z),
\end{aligned}
\tag{3.4.2}
$$

da wegen der Kausalität $x[\ell] = 0$ für $\ell < 0$.

Tabelle 3.3: Eigenschaften der Z-Transformation

Operation	Eigenschaft
Linearität	$Z\{a \cdot x[k] + b \cdot y[k]\} = a \cdot X(z) + b \cdot Y(z)$
Verschiebung	$Z\{x[k-i]\} = z^{-i}X(z)$
	$Z\{x[k+i]\} = z^i X(z)$ (zweiseitige Z-Transf.)
	$= z^i X(z) - \sum_{j=0}^{i-1} z^{i-j} x[j]$ einseitige Z-Transf.
Faltung	$Z\{\sum_{i=0}^{\infty} x[i]y[k-i]\} = X(z)Y(z)$
Modulation	$Z\{e^{akT}x(k)\} = X(e^{-aT}z)$
Multiplikation	$Z\{x[k] \cdot y[k]\} = \frac{1}{2\pi j} \oint_C X(w)Y(\frac{z}{w})w^{-1}dw$
lin. Gewichtung	$Z\{k \cdot x[k]\} = -z\frac{d}{dz}X(z)$
Anfangswert	$x(0) = \lim_{z \to \infty} X(z)$, wenn $X(z)$ existiert
Endwert	$\lim_{k \to \infty} x(k) = \lim_{z \to 1+0}(z-1)X(z)$,
	wenn $X(z)$ für $|z| > 1$ existiert

Für die Faltung kausaler Folgen gilt mit (3.4.2)

$$
\begin{aligned}
Z\{y[k] * x[k]\} &= Z\left\{\sum_{i=0}^{\infty} y[i]x[k-i]\right\} \\
&= \sum_{k=0}^{\infty}\left(\sum_{i=0}^{\infty} y[i]x[k-i]\right)z^{-k} \\
&= \sum_{i=0}^{\infty} y[i]\sum_{k=0}^{\infty} x[k-i]z^{-k} = \sum_{i=0}^{\infty} y[i]z^{-i}X(z) \\
&= Y(z) \cdot X(z) .
\end{aligned}
\tag{3.4.3}
$$

Die Z-Transformierte des Produkts zweier Signale, deren Z-Transformierte auf dem Einheitskreis existieren, ist

$$
\begin{aligned}
Z\{x[k]y[k]\} &= \sum_{k=0}^{\infty} x[k]y[k]z^{-k} = \sum_{k=0}^{\infty} x[k]z^{-k} \cdot y[k] \\
&= \sum_{k=0}^{\infty} x[k]z^{-k} \frac{1}{2\pi j} \oint_C Y(w)w^{k-1}dw \\
&= \frac{1}{2\pi j} \oint_C \left(\sum_{k=0}^{\infty} x[k](\frac{z}{w})^{-k} \right) Y(w)w^{-1}dw \\
&= \frac{1}{2\pi j} \oint_C X(\frac{z}{w})Y(w)w^{-1}dw \, .
\end{aligned}
\tag{3.4.4}
$$

Nimmt man als Integrationsweg den Einheitskreis, so folgt mit $w = e^{j\alpha}$ und $z = r \cdot e^{j\beta}$

$$
Z\{x[k] \cdot y[k]\} = \frac{1}{2\pi} \int_0^{2\pi} X(r \cdot e^{j(\beta-\alpha)})Y(e^{j\alpha})d\alpha \, ,
\tag{3.4.5}
$$

was man als komplexe Faltung bezeichnet, jedoch von der Faltung zweier komplexer Folgen zu unterscheiden ist. Mit (3.4.4) lässt sich für $z = 1$ und $y(k) = x^*[k]$ die Energie eines Signals $x[k]$ berechnen. Nutzt man die Korrespondenz

$$
Z\{x^*[k]\} = \sum_{k=0}^{\infty} x^*[k]\, z^{-k} = \left[\sum_{k=0}^{\infty} x[k]\,(z^*)^{-k} \right]^* = X^*(z^*) \, ,
\tag{3.4.6}
$$

so ergibt sich aus (3.4.4)

$$
Z\{|x[k]|^2\}\,|_{z=1} = \sum_{k=0}^{\infty} |x[k]|^2 = \frac{1}{2\pi j} \oint_C X\left(\frac{1}{w} \right) X^*(w^*)\, w^{-1}dw \, .
\tag{3.4.7}
$$

Wenn $X^*(w^*)$ Pole oder Singularitäten nur innerhalb des Einheitskreises besitzt, so dass das Konvergenzgebiet den Einheitskreis umschließt, dann hat $X(1/w)$ nur Pole außerhalb des Einheitskreises, spiegelbildlich zu denen von $X(w)$. Damit ist als Integrationsweg der Einheitskreis möglich.

Für den Spezialfall reeller Zeitsignale gilt $X^*(z^*) = X(z)$, so dass sich für (3.4.7) die Vereinfachung ergibt:

$$
Z\{x^2[k]\}\,|_{z=1} = \sum_{k=0}^{\infty} x^2[k] = \frac{1}{2\pi j} \oint_C X\left(\frac{1}{w} \right) X(w)\, w^{-1}dw \, .
\tag{3.4.8}
$$

3.5 Die Systemfunktion

3.5.1 Herleitung der Z-Übertragungsfunktion

Die Faltungssumme (2.2.6) stellt die Antwort $y[k]$ des linearen zeitinvarianten Systems mit der Impulsantwort $h[k]$ bei Erregung mit $x[k]$ dar. Nach (3.4.3) liefert die Z-Transformation dieser Beziehung

$$Z\{h[k] * x[k]\} = H(z) \cdot X(z) = Y(z). \qquad (3.5.1)$$

Als *Systemfunktion* oder *z-Übertragungsfunktion* $H(z)$ definiert man:

$$H(z) := \frac{Y(z)}{X(z)} \quad \text{mit} \quad H(z) = Z\{h[k]\}. \qquad (3.5.2)$$

Nach (2.2.13) lassen sich lineare, zeitinvariante, diskrete Systeme durch Differenzengleichungen beschreiben:

$$\sum_{\nu=0}^{n} a_\nu\, y[k-\nu] = \sum_{\mu=0}^{m} b_\mu\, x[k-\mu]\,, \qquad (3.5.3)$$

wobei der Koeffizient a_0 auf eins zu setzen ist. Berücksichtigt man die Zeitverschiebungs-Eigenschaft der Z-Transformation (3.4.2), so ergibt die Z-Transformation von (3.5.3)

$$\sum_{\nu=0}^{n} a_\nu\, z^{-\nu}\, Y(z) \;=\; \sum_{\mu=0}^{m} b_\mu\, z^{-\mu}\, X(z)$$

$$\rightarrow \quad Y(z) \sum_{\nu=0}^{n} a_\nu\, z^{-\nu} \;=\; X(z) \sum_{\mu=0}^{m} b_\mu\, z^{-\mu}. \qquad (3.5.4)$$

Hieraus erhält man für die Systemfunktion

$$H(z) = \frac{Y(z)}{X(z)} = \frac{\displaystyle\sum_{\mu=0}^{m} b_\mu\, z^{-\mu}}{\displaystyle\sum_{\nu=0}^{n} a_\nu\, z^{-\nu}} =: \frac{B(z)}{A(z)}\,, \quad a_0 = 1\,. \qquad (3.5.5)$$

Diese Gleichung lässt sich in einen gebrochen rationalen Ausdruck umformen, in dem nur positive Potenzen von z auftreten.

$$H(z) = \frac{z^{-m} \sum\limits_{\mu=0}^{m} b_\mu \, z^{m-\mu}}{z^{-n} \sum\limits_{\nu=0}^{n} a_\nu \, z^{n-\nu}} = z^{n-m} \cdot \frac{\sum\limits_{\mu=0}^{m} b_{m-\mu} \, z^{\mu}}{\sum\limits_{\nu=0}^{n} a_{n-\nu} \, z^{\nu}} = z^{n-m} \cdot \frac{P_b(z)}{P_a(z)}$$

$$(3.5.6)$$

Die Systemfunktion ist, abgesehen von einem konstanten Faktor, durch die Nullstellen der Polynome $P_b(z)$ und $P_a(z)$, also durch

m Nullstellen $\quad z_{0\mu}, \; \mu = 1, \cdots, m,$

und n Pole $\quad z_{\infty\nu}, \; \nu = 1, \cdots, n$

in der z-Ebene bestimmt. Hinzu kommt der Faktor z^{n-m}, der im Falle $m > n$ einen $(m-n)$-fachen Pol und für $n > m$ eine $(n-m)$-fache Nullstelle im Ursprung der z-Ebene beinhaltet und lediglich eine zeitliche Verschiebung um eine ganzzahlige Anzahl von Abtastwerten am Systemausgang bewirkt. Gleichung (3.5.6) lässt sich damit in folgender Form schreiben:

$$H(z) = z^{n-m} \cdot b_0 \, \frac{\prod_{\mu=1}^{m}(z - z_{0\mu})}{\prod_{\nu=1}^{n}(z - z_{\infty\nu})} = b_0 \, \frac{\prod_{\mu=1}^{m}(1 - z_{0\mu} \cdot z^{-1})}{\prod_{\nu=1}^{n}(1 - z_{\infty\nu} \cdot z^{-1})} \, . \quad (3.5.7)$$

Die Ordnung des Systems ist durch die größere der Zahlen m oder n, d. h. durch

$$p = \max\{m, n\} \qquad (3.5.8)$$

definiert. Zu beachten ist noch, dass für $n = 0$ das Produkt im Nenner von $H(z)$ nicht auszuführen ist und für den Nenner eins gesetzt wird. Man erhält dabei das durch (2.2.15) beschriebene nichtrekursive System.

- **Beispiel:** *System zweiter Ordnung*
  Zur Verdeutlichung der hergeleiteten Zusammenhänge wird mit $m = 1$ und $n = 2$ ein System der Ordnung $p = 2$ betrachtet. Es wird die Differenzengleichung

$$y[k] = x[k] + x[k-1] + y[k-2] - 0,5 \, y[k-2] \qquad (3.5.9)$$

betrachtet. Das zugehörige Blockschaltbild in direkter Realisierung ist in Bild 3.5.1 wiedergegeben; Verzögerungen um einen Abtasttakt werden durch den z-Bereichs-Operator "z^{-1}" gekennzeichnet.

Wie man sieht, enthält das System Rückführungen; man bezeichnet es deshalb als *rekursiv*. Dies ist für $n \geq 1$ immer der Fall – im Gegensatz hierzu besteht ein System mit $n = 0$ ausschließlich aus Vorwärtszweigen, weshalb man in diesem Falle von *nichtrekursiven Systemen* spricht (siehe hierzu Kapitel 5).

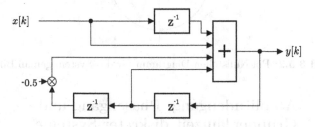

Bild 3.5.1: Beispiel eines rekursiven Systems 2. Ordnung

Mit Hilfe von (3.5.5) folgt unmittelbar die zu (3.5.9) gehörige Z-Übertragungsfunktion.

$$H(z) = \frac{1 + z^{-1}}{1 - z^{-1} + 0,5\,z^{-2}} \qquad (3.5.10)$$

Zur Bestimmung der Nullstellen und Pole setzt man

$$1 + z_{01}^{-1} = 0 \;\rightarrow\; z_{01} = -1 \qquad (3.5.11)$$

und

$$1 - z_{\infty 1,2}^{-1} + 0,5\,z_{\infty 1,2}^{-2} = 0 \rightarrow z_{\infty 1,2} = 0,5\,(1 \pm j)\,. \qquad (3.5.12)$$

Damit ist die Systemfunktion auch gemäß (3.5.7) durch Pole und Nullstellen beschreibbar. Mit $n - m = 1$ und $b_0 = 1$ folgt

$$H(z) = z \cdot \frac{z + 1}{(z - 0,5\,(1 + j))\,(z - 0,5\,(1 - j))}\,. \qquad (3.5.13)$$

Das Pol-Nullstellen-Diagramm in der z-Ebene ist in Bild 3.5.2 wiedergegeben; die Pole sind durch "×", die Nullstellen durch "o" gekennzeichnet.

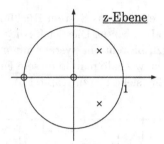

Bild 3.5.2: Pol-Nullstellen-Diagramm für das System gemäß Bild 3.5.1

3.5.2 Amplitudengang, Phasengang und Gruppenlaufzeit diskreter Systeme

Mit Hilfe der Systemfunktion (3.5.5) lässt sich die Fourier-Übertragungsfunktion, also der Frequenzgang bestimmen, indem hier $z = e^{j\Omega}$ eingesetzt wird. Man erhält so

$$H(e^{j\Omega}) = \frac{\sum_{\mu=0}^{m} b_\mu\, e^{-j\mu\Omega}}{\sum_{\nu=0}^{n} a_\nu\, e^{-j\nu\Omega}} = \frac{B(e^{j\Omega})}{A(e^{j\Omega})}\,. \tag{3.5.14}$$

Hieraus gewinnt man den Amplitudengang

$$|H(e^{j\Omega})| = \frac{|\sum_{\mu=0}^{m} b_\mu\, e^{-j\mu\Omega}|}{|\sum_{\nu=0}^{n} a_\nu\, e^{-j\nu\Omega}|} = \frac{|B(e^{j\Omega})|}{|A(e^{j\Omega})|} \tag{3.5.15}$$

und den Phasengang[3.1]

$$b(\Omega) = -\arg\{H(e^{j\Omega})\} = \arg\{A(e^{j\Omega})\} - \arg\{B(e^{j\Omega})\}\,. \tag{3.5.16}$$

In der Nachrichtentechnik wird vielfach anstelle des Phasengangs die Gruppenlaufzeit verwendet, die als Ableitung des Phasengangs nach der Frequenz definiert ist [Kam17]. Für diskrete Systeme benutzt man die auf das Abtastintervall T bezogene Gruppenlaufzeit

$$\tau_g(\Omega)/T = \frac{d\,b(\Omega)}{d\,\Omega}\,. \tag{3.5.17}$$

[3.1]Zur Phasenbestimmung wird hier allgemein $\arg\{\cdot\}$ gesetzt und nicht wie vielfach üblich $\arctan(\cdot)$, da diese Funktion vieldeutig ist: z.B. liefert $\arctan(x/y)$ den gleichen Wert wie $\arctan(-x/(-y))$; die zugehörigen Phasen unterscheiden sich jedoch um π.

Sie lässt sich geschlossen aus (3.5.16) berechnen. Definiert man die nach Ω abgeleiteten Teilübertragungsfunktionen

$$A'(e^{j\Omega}) = \sum_{\nu=0}^{n} \nu \cdot a_\nu\, e^{-j\nu\Omega}$$

$$B'(e^{j\Omega}) = \sum_{\mu=0}^{m} \mu \cdot b_\mu\, e^{-j\mu\Omega}, \qquad (3.5.18)$$

so erhält man

$$\tau_g(\Omega)/T = \frac{\mathrm{Re}\{B(e^{j\Omega}) \cdot [B'(e^{j\Omega})]^*\}}{|B(e^{j\Omega})|^2} - \frac{\mathrm{Re}\{A(e^{j\Omega}) \cdot [A'(e^{j\Omega})]^*\}}{|A(e^{j\Omega})|^2}.$$

$$(3.5.19)$$

Diese Beziehung gilt sowohl für rekursive als auch für nichtrekursive Systeme; im letzteren Falle gilt $n = 0$, also $A'(e^{j\Omega}) = 0$.

Alternativ zu (3.5.14) kann der Frequenzgang auch durch die Pole und Nullstellen ausgedrückt werden. Mit der Polarkoordinaten-Darstellung

$$z_{\infty\nu} = \rho_{\infty\nu}\, e^{j\alpha_{\infty\nu}} \quad \text{und} \quad z_{0\mu} = \rho_{0\mu}\, e^{j\alpha_{0\mu}} \qquad (3.5.20)$$

ergibt sich aus (3.5.7)

$$\begin{aligned}
H(e^{j\Omega}) &= e^{j(n-m)\Omega}\, b_0\, \frac{\prod_{\mu=1}^{m}(e^{j\Omega} - \rho_{0\mu}e^{j\alpha_{0\mu}})}{\prod_{\nu=1}^{n}(e^{j\Omega} - \rho_{\infty\nu}e^{j\alpha_{\infty\nu}})} \\
&= e^{j(n-m)\Omega}\, b_0 \qquad\qquad\qquad (3.5.21) \\
&\quad \cdot \frac{\prod_{\mu=1}^{m}(\cos\Omega - \rho_{0\mu} \cdot \cos\alpha_{0\mu} + j(\sin\Omega - \rho_{0\mu} \cdot \sin\alpha_{0\mu}))}{\prod_{\nu=1}^{n}(\cos\Omega - \rho_{\infty\nu} \cdot \cos\alpha_{\infty\nu} + j(\sin\Omega - \rho_{\infty\nu} \cdot \sin\alpha_{\infty\nu}))}.
\end{aligned}$$

Daraus folgt für den Amplitudengang

$$|H(e^{j\Omega})| = |b_0| \frac{\prod_{\mu=1}^{m} \sqrt{1 - 2\rho_{0\mu} \cdot \cos(\Omega - \alpha_{0\mu}) + \rho_{0\mu}^2}}{\prod_{\nu=1}^{n} \sqrt{1 - 2\rho_{\infty\nu} \cdot \cos(\Omega - \alpha_{\infty\nu}) + \rho_{\infty\nu}^2}} \qquad (3.5.22)$$

und den Phasengang[3.2]

$$b(\Omega) = (m - n)\,\Omega - \arg\{b_0\} \quad + \quad \sum_{\nu=1}^{n} \arctan\left\{\frac{\sin\Omega - \rho_{\infty\nu}\cdot\sin\alpha_{\infty\nu}}{\cos\Omega - \rho_{\infty\nu}\cdot\cos\alpha_{\infty\nu}}\right\}$$

$$- \sum_{\mu=1}^{m} \arctan\left\{\frac{\sin\Omega - \rho_{0\mu}\cdot\sin\alpha_{0\mu}}{\cos\Omega - \rho_{0\mu}\cdot\cos\alpha_{0\mu}}\right\}.$$

$$(3.5.23)$$

Amplituden- und Phasengang lassen sich aus der Pol-Nullstellen-Darstellung in der z-Ebene ablesen. Bild 3.5.3 demonstriert dies anhand des Systembeispiels nach Bild 3.5.1. Entsprechend (3.5.22) und (3.5.23) gilt mit $m = 1$, $n = 2$ und $b_0 = 1$

$$|H(e^{j\Omega})| = \frac{B_1}{A_1 A_2} \qquad (3.5.24)$$

$$b(\Omega) = -\Omega + \gamma_1 + \gamma_2 - \beta_1\,, \qquad (3.5.25)$$

wobei die Phase sich in Abhängigkeit von dem aus dem Pol-Nullstellendiagramm nicht ablesbaren Koeffizienten b_0 ändern kann.

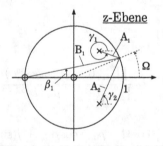

Bild 3.5.3: Zusammenhang zwischen Pol-Nullstellendiagramm, Amplituden- und Phasengang

Auch die Gruppenlaufzeit eines Systems lässt sich durch die Pole und

---

[3.2] Bei der Berechnung des $\arctan(\cdot)$ ist die in der Fußnote 3.1 auf Seite 72 erläuterte Vieldeutigkeit zu beachten.

Nullstellen ausdrücken; aus (3.5.23) ergibt sich durch Ableitung nach Ω

$$\tau_g(\Omega)/T = \frac{d\,b(\Omega)}{d\,\Omega} = m - n \; + \; \sum_{\nu=1}^{n} \frac{1 - \rho_{\infty\nu} \cdot \cos(\Omega - \alpha_{\infty\nu})}{1 - 2\rho_{\infty\nu} \cdot \cos(\Omega - \alpha_{\infty\nu}) + \rho_{\infty\nu}^2}$$

$$- \sum_{\mu=1}^{m} \frac{1 - \rho_{0\mu}\cos(\Omega - \alpha_{0\mu})}{1 - 2\rho_{0\mu}\cos(\Omega - \alpha_{0\mu}) + \rho_{0\mu}^2} \;.$$

$$(3.5.26)$$

Die Gruppenlaufzeit ist bei der Beurteilung der Übertragungseigenschaften eines Systems aussagekräftiger als die Phase und wird in der Praxis deshalb häufiger angegeben. Von besonderem Interesse sind z.B. Systeme mit *konstanter* Gruppenlaufzeit, da sie im Zusammenhang mit einem konstanten Amplitudengang verzerrungsfrei Signale übertragen können. Deshalb werden später Systeme mit konstanter Gruppenlaufzeit bzw. linearer Phase näher betrachtet; in Abschnitt 5.2 wird die Gleichung (3.5.26) die Grundlage zur Formulierung der Bedingungen für linearphasige Systeme bilden.

Abschließend zeigt Bild 3.5.4 den nach (3.5.15) berechneten Amplitudengang und die Gruppenlaufzeit gemäß (3.5.19) für das Systembeispiel nach Bild 3.5.1. Das System weist Tiefpass-Charakter auf: Der Amplitudengang ist null bei $\Omega = \pi$ entsprechend der Nullstelle bei $z_{01} = -1$; im Bereich von $\Omega = \pm 0,2\pi$ erkennt man die Wirkung der Pole $z_{\infty 1,2} = 0,707 \cdot \exp(\pm j\pi/4)$.

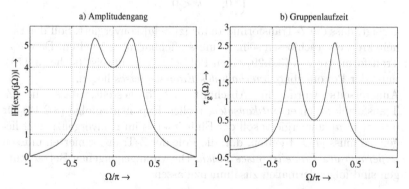

Bild 3.5.4: Amplitudengang und Gruppenlaufzeit des Systems gemäß Bild 3.5.1

3.5.3   Stabilitätskriterium im z-Bereich

In Abschnitt 2.2 wurde das BIBO-Stabilitätskriterium für lineare, zeit-invariante Systeme hergeleitet, das die absolute Summierbarkeit der Impulsantwort fordert.

$$\sum_{k=-\infty}^{\infty} |h[k]| < \infty \qquad (3.5.27)$$

Betrachtet man andererseits die Z-Transformierte der Impulsantwort, so muss zur Sicherstellung der Konvergenz (3.2.1) eingehalten werden, also

$$\sum_{k=-\infty}^{\infty} |h[k]\, z^{-k}| = \sum_{k=-\infty}^{\infty} |h[k]|\, |z^{-k}| < \infty. \qquad (3.5.28)$$

Der Vergleich zwischen (3.5.27) und (3.5.28) zeigt, dass ein System dann stabil ist, wenn die Z-Transformierte der Impulsantwort, also die System-funktion $H(z)$, für $|z| = 1$ konvergiert.

- *Bei stabilen Systemen muss das Konvergenzgebiet demnach den Einheitskreis umfassen.*
  Stabilität ist eine besondere Form der Konvergenz einer Z-Trans-formierten.

In Abschnitt 3.2 wurde anhand der reellen, kausalen Exponentialfolge

$$x_a[k] = \begin{cases} a^k, & k \geq 0 \\ 0, & k < 0 \end{cases} \qquad |a| < 1, \qquad (3.5.29)$$

gezeigt, dass die Z-Transformierte für $|z| > |a|$ konvergiert. Soll der Einheitskreis eingeschlossen sein, so muss offenbar $|a| < 1$ gelten. Da die Z-Transformierte von (3.5.29) einen Pol bei $z = a$ aufweist (siehe (3.2.5)), muss der Pol offenbar *innerhalb des Einheitskreises* liegen.

Andererseits wurde in Abschnitt 3.2 dargestellt, dass die Z-Transformierte einer *antikausalen*, reellen Exponentialfolge (3.2.13) für $0 \leq |z| < |a|$ konvergiert; soll der Einheitskreis im Konvergenzgebiet liegen, so muss $|a| > 1$ gelten, d.h. die Pole der Z-Transformierten müssen *außerhalb des Einheitskreises liegen*. Die vorangegangenen Betrachtungen sind folgendermaßen zusammenzufassen:

- *Liegen sämtliche Pole einer Systemfunktion innerhalb des Einheits-kreises, so liegt ein kausales, stabiles oder ein antikausales, insta-biles System vor.*

- *Liegen sämtliche Pole einer Systemfunktion außerhalb des Ein-heitskreises, so handelt es sich um ein ein kausales, instabiles oder ein antikausales, stabiles System.*

- *Befinden sich neben Polen innerhalb des Einheitskreises einfache Pole auf dem Einheitskreis, so spricht man im Falle der Kausalität von einem quasi-stabilen System. Entsprechendes gilt für antikau-sale Systeme, wenn neben einfachen Polen auf dem Einheitskreis weitere Pole nur außerhalb des Einheitskreises liegen.*

Quasi-stabile Systeme sind z.b. solche mit einer Sprungfolge als Impuls-antwort, also zeitdiskrete Integrierer (siehe Abschnitt 4.3.3).

In der Praxis hat man es in aller Regel mit kausalen Systemen zu tun. Zur Sicherstellung der Stabilität muss also geprüft werden, ob die Nullstellen des Nennerpolynoms der Systemfunktion innerhalb des Einheitskreises liegen. Hierzu müssen diese Nullstellen nicht explizit berechnet werden; es reicht die Feststellung, dass alle Nullstellen-Beträge kleiner als eins sind. Es sind verschiedene Verfahren für diesen Nullstellentest bekannt, z.B. der Hurwitz-Test, das Nyquist-Kriterium (siehe z.B. [Unb93]) oder der Schur-Cohn-Test, der in Abschnitt 10.6.3 im Zusammenhang mit der Minimalphasigkeits-Prüfung von Prädiktionsfehlerfiltern behandelt wird.

In praktischen Anwendungen werden rekursive Filter höherer Ordnung üblicherweise als Kaskade von Teilfiltern erster und zweiter Ordnung rea-lisiert – in Abschnitt 4.1 werden entsprechende Grundstrukturen herge-leitet. In diesen Fällen kann man sich darauf beschränken, die Nullstellen von Polynomen zweiter Ordnung zu analysieren.

- **Beispiel:** *Stabilität reellwertiger, kausaler Systeme zweiter Ord-nung*
  Gesucht sind Bedingungen für die Koeffizienten a_1 und a_2 (a_0 wird mit eins festgelegt), unter denen die Wurzeln des Nennerpolynoms betragsmäßig kleiner eins sind. Die Lösung von

$$z_{\infty 1,2}^2 + a_1 \, z_{\infty 1,2} + a_2 = 0 \qquad (3.5.30)$$

lautet

$$z_{\infty 1,2} = -\frac{a_1}{2} \pm \sqrt{\frac{a_1^2}{4} - a_2} \, . \qquad (3.5.31)$$

Für $a_2 > a_1^2/4$ ergeben sich konjugiert komplexe Wurzeln; in dem Falle gilt

$$|z_{\infty 1,2}|^2 = \frac{a_1^2}{4} + (a_2 - \frac{a_1^2}{4}) = a_2 \, ; \qquad (3.5.32)$$

als erste Koeffizientenbedingung folgt also

$$a_2 < 1 \quad \text{für} \quad a_2 > \frac{a_1^2}{4} \, . \qquad (3.5.33)$$

Für reelle Lösungen von (3.5.30), also mit $a_2 < a_1^2/4$, ist zu fordern

$$-1 < -\frac{a_1}{2} \pm \sqrt{\frac{a_1^2}{4} - a_2} < 1 \, . \qquad (3.5.34)$$

Hieraus folgen die Koeffizientenbedingungen

$$a_1 > -1 - a_2 \quad \text{und} \quad a_1 < 1 + a_2 \qquad \text{für} \quad a_2 < \frac{a_1^2}{4} \, . \quad (3.5.35)$$

Bild 3.5.5 verdeutlicht die Bedingungen: Koeffizienten-Paare, die innerhalb der Dreieck-Umrandung liegen, führen auf stabile kausale Systeme zweiter Ordnung. Eingetragen sind weiterhin die Gebiete, in denen sich einerseits konjugiert komplexe und andererseits reelle Pole ergeben.

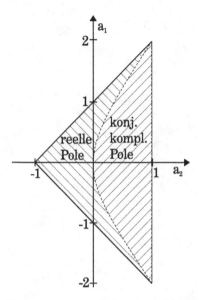

Bild 3.5.5: Koeffizientenkonstellationen für stabile, kausale, reellwertige Systeme zweiter Ordnung

Literaturverzeichnis

[BC75] R. E. Bogner and A. G. Constantinides. *Introduction to Digital Filtering.* Wiley, London, 1975.

[Kam17] K. D. Kammeyer. *Nachrichtenübertragung.* 6. Aufl. Teubner, Stuttgart, 2017.

[Unb93] R. Unbehauen. *Systemtheorie.* 6. Aufl. Oldenbourg Verlag, München, 1993.

[Vic87] R. Vich. *Z-Transform Theory and Applications.* D. Reidel Publishing Company, Dordrecht u.a., 1987.

Literaturverzeichnis

Kapitel 4

Rekursive Filter

In Abschnitt 3.5 wurde gezeigt, dass man die Übertragungseigenschaften linearer digitaler Systeme im z-Bereich durch eine gebrochen rationale Übertragungsfunktion beschreiben kann. Durch die Wahl der Parameter b_μ und a_ν wird es möglich, bestimmte Eigenschaften bezüglich des Amplitudenganges und der Phase bzw. der Gruppenlaufzeit zu realisieren. Besteht der gewünschte Amplitudengang aus stückweise konstanten Abschnitten, so spricht man von *selektiven Filtern*; die Grundformen sind als *Tiefpass, Hochpass, Bandpass* oder *Bandsperre* bekannt. Für den Entwurf dieser Filterformen existieren geschlossene Verfahren, z.B. solche, die sich vom Entwurf klassischer Analognetzwerke herleiten. Bevor man sich jedoch dem Filterentwurfsproblem selbst widmet, muss man sich Gedanken über die Strukturen diskreter Systeme machen, die zur Realisierung dieser Filterformen geeignet sind. Dies soll im folgenden Abschnitt geschehen.

Die Systemfunktion eines digitalen Filters lässt sich nach (3.5.5) durch

$$H(z) = \frac{Y(z)}{X(z)} = \frac{\sum_{\mu=0}^{m} b_\mu z^{-\mu}}{\sum_{\nu=0}^{n} a_\nu z^{-\nu}} \tag{4.0.1}$$

angeben. Anhand des Parameters n lassen sich zwei Grundstrukturen von digitalen Filtern unterscheiden: Mit $n \geq 1$ ergibt sich ein *rekursives* Filter, wobei der Koeffizient a_0 auf eins festgelegt wird, während man für $n = 0$ ein *nichtrekursives* Filter erhält. Das vorliegende Kapitel ist der Klasse der rekursiven Filter gewidmet – nichtrekursive Filter werden gesondert in Kapitel 5 behandelt.

© Springer Fachmedien Wiesbaden GmbH, ein Teil von Springer Nature 2022
K.-D. Kammeyer und K. Kroschel, *Digitale Signalverarbeitung*

Ein System, das die Systemfunktion (4.0.1) realisiert, muss Elemente zur Addition, Multiplikation und zur zeitlichen Verzögerung enthalten. Bild 4.0.1 zeigt diese Elemente einschließlich ihrer Darstellung durch *Signalflußssgraphen*.

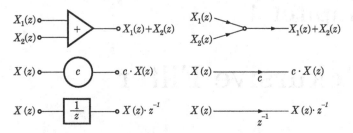

Bild 4.0.1: Rechenelemente eines digitalen Filters

Man bezeichnet eine Struktur als *kanonisch* [Sch91], die auf ein System mit der Minimalzahl an Speichern führt. Für eine Systemfunktion nach (4.0.1) sind das $\max\{m, n\}$ Speicher. Weil Speicher in diskreter Hardware leicht zu realisieren sind, die Multiplikation dagegen problematischer ist, interessieren in der Praxis oft Strukturen mit der Minimalzahl an Multiplizierern, sogenannte multipliziererkanonische Strukturen, auf die an anderer Stelle [Hes93] näher eingegangen wird. Ein Beispiel dafür sind die in Abschnitt 4.3.2 betrachteten Allpässe sowie die im Kapitel 10 zur Realisierung linearer Prädiktionsfilter eingeführten *Lattice-Strukturen*.

Aus (4.0.1) lassen sich vier kanonische Strukturen ableiten. Der Nennerkoeffizient a_0 wird dabei ohne Einschränkung der Allgemeinheit zu $a_0 = 1$ angenommen, da man die Systemfunktion durch eine beliebige Konstante dividieren kann.

4.1 Kanonische rekursive Filterstrukturen

Zur Beschreibung von Systemstrukturen und Algorithmen verwendet man wegen ihrer kompakten Form gerne so genannte Signalflussgraphen. In ihnen bezeichnen

- *Knoten die Stellen, an denen aus Flussrichtung kommende, d.h. mit einem Pfeil gekennzeichnete Werte addiert werden,*

- *Pfeile die Multiplikation des in Pfeilrichtung übertragenen Wertes mit dem angegebenen Faktor. Fehlt die Angabe dieses Faktors, so wird er zu eins gesetzt.*

Es sollen hier die Signalflussgraphen der kanonischen Strukturen angegeben werden. Für die folgenden Betrachtungen wird $m = n$ gesetzt. Aus (4.0.1) folgt dann mit $a_0 = 1$

$$Y(z) = b_0 X(z) + \sum_{\nu=1}^{n}[b_\nu X(z) - a_\nu Y(z)]z^{-\nu} \qquad (4.1.1)$$

und daraus die im Bild 4.1.1 gezeigte kanonische Struktur.

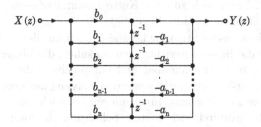

Bild 4.1.1: Die erste der vier kanonischen Strukturen

Bei der zweiten kanonischen Struktur wird über die Hilfsgröße

$$W(z) = X(z)\frac{1}{1 + \sum_{\nu=1}^{n} a_\nu \cdot z^{-\nu}} \qquad (4.1.2)$$

zunächst der Nenner der Systemfunktion $H(z)$ realisiert. Mit

$$W(z) = X(z) - \sum_{\nu=1}^{n} a_\nu \cdot z^{-\nu} W(z) \qquad (4.1.3)$$

erhält man das im Bild 4.1.2 links gezeigte Rückkopplungsnetzwerk. Mit der Hilfsgröße $W(z)$ nach (4.1.2) und dem Zähler in (4.0.1) folgt für die Ausgangsgröße $Y(z)$:

$$Y(z) = W(z) \cdot \sum_{\nu=0}^{n} b_\nu z^{-\nu} \qquad (4.1.4)$$

Der Zähler entspricht dem nichtrekursiven oder transversalen Netzwerk im rechten Teil von Bild 4.1.2. Die zwei parallelen Ketten von Speichern

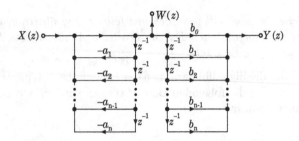

Bild 4.1.2: Herleitung der zweiten kanonischen Struktur

in Bild 4.1.2 lassen sich zu einer Kette zusammenfassen, wie die zweite kanonische Struktur in Bild 4.1.3 zeigt.

Die zweite kanonische Struktur lässt sich auch aus der ersten gewinnen, indem man die Signalflussrichtungen umkehrt, die bisherigen Verzweigungsknoten zu Summenknoten und entsprechend die Summenknoten zu Verzweigungsknoten macht sowie den Eingang mit dem Ausgang vertauscht. Diese als *Graphen-Transponierung* bezeichnete Regel gilt allgemein [Jac86], wodurch sich weitere Schaltungsvarianten finden lassen.

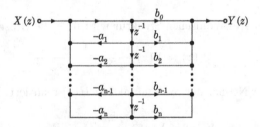

Bild 4.1.3: Die zweite der vier kanonischen Strukturen

Die dritte kanonische Struktur erhält man aus (4.0.1), indem man das System als *Kettenschaltung* von Teilsystemen erster und zweiter Ordnung realisiert. Sind die Koeffizienten der Übertragungsfunktion reell, so treten die Pole und Nullstellen entweder reell oder in zueinander konjugiert komplexen Paaren auf. Teilsysteme erster Ordnung sind von der Form

$$H_i(z) = \frac{b_{0i} + b_{1i}\, z^{-1}}{1 + a_{1i}\, z^{-1}}\; ; \qquad (4.1.5)$$

die Übertragungsfunktion von Teilfiltern zweiter Ordnung lautet

$$H_i(z) = \frac{b_{0i} + b_{1i}\,z^{-1} + b_{2i}\,z^{-2}}{1 + a_{1i}\,z^{-1} + a_{2i}\,z^{-2}} \,. \tag{4.1.6}$$

Das Gesamtsystem wird dann durch die Systemfunktion

$$H(z) = \prod_{i=1}^{p} H_i(z) \tag{4.1.7}$$

beschrieben und besitzt die in Bild 4.1.4 gezeigte Struktur.

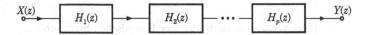

Bild 4.1.4: Die dritte der vier kanonischen Strukturen

Die Teilsysteme können in der ersten oder zweiten kanonischen Struktur realisiert werden. Vorteil dieser Struktur ist die *große Flexibilität*: Man kann Pole und Nullstellen verschiedenartig zusammenfassen, die Reihenfolge der Teilsysteme ist wählbar, Parameterungenauigkeiten eines Teilsystems wirken sich auf maximal zwei Pole oder Nullstellen aus. In Abschnitt 4.4.1 wird gezeigt, dass die Polempfindlichkeit bezüglich der Parameter a_i umso kleiner wird, je kleiner die Zahl der Polstellen ist und je weiter diese auseinander liegen. Bei einem Teilsystem zweiter Ordnung sind beide Forderungen zu erfüllen, da die beiden Pole konjugiert komplex sind und deshalb relativ weit auseinander liegen. Ein weiterer Vorteil der Zerlegung von höhergradigen Systemen in Teilsysteme erster und zweiter Ordnung ist der einfache Stabilitätstest, der anhand von Bild 3.5.5 unmittelbar durchgeführt werden kann.

Die vierte kanonische Struktur erhält man durch *Partialbruchentwicklung* von $H(z)$, was auf die Systemfunktion

$$H(z) = b_0 + \sum_{i=1}^{q} H_i(z) \tag{4.1.8}$$

in Form einer Parallelschaltung der Teilsysteme $H_i(z)$ führt, welche in Bild 4.1.5 gezeigt wird. Die Anzahl der Teilsysteme $H_i(z)$ stimmt mit der in der dritten kanonischen Struktur nur bei einfachen Polstellen überein, bei mehrfachen Polen ist sie größer, weil dann auch Teilsysteme höherer als zweiter Ordnung auftreten. Um die Anzahl der Freiheitsgrade bei vorgegebener Ordnung des Systems möglichst groß zu machen, wird man meist nur einfache Pole vorgeben. Die Teilsysteme werden auch hier nach der ersten oder zweiten kanonischen Struktur realisiert.

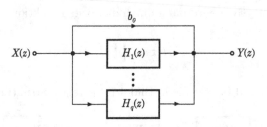

Bild 4.1.5: Die vierte der vier kanonischen Strukturen

Durch Kombination der vier kanonischen Grundstrukturen lässt sich eine Vielzahl weiterer kanonischer Schaltungen entwickeln.

4.2   Entwurf selektiver rekursiver Filter

4.2.1   Transformation kontinuierlicher in diskrete Systeme

Ziel des Filterentwurfs ist ein System, das bestimmte im Frequenzbereich vorgegebene Eigenschaften exakt erfüllt oder approximiert, wenn aus Aufwandsgründen die gewünschten Eigenschaften nicht exakt erreicht werden können. Bei der Approximation gibt man sich ein *Toleranzschema* vor, bei dem um den gewünschten Funktionsverlauf ein Toleranzschlauch gelegt wird. Vorschriften im Frequenzbereich können den *Amplitudengang* und den *Phasengang* bzw. die *Gruppenlaufzeit* betreffen. Hier sollen allerdings nur Vorschriften bezüglich des Amplitudenganges betrachtet werden. Dabei ist in erster Linie an Standardfilter wie Tief-, Hoch-, Bandpass und Bandsperre gedacht.

Zum Entwurf digitaler Filter stehen heute leistungsfähige Programme zur Verfügung, z.B. unter dem Programmsystem MATLAB. Hierzu werden im Übungsteil dieses Buches einige Aufgaben durchgeführt. Weil man heute kaum noch Filter "per Hand" entwirft, soll hier nur eine knappe, exemplarische Einführung in den Entwurf von Standardfiltern gegeben werden. Ausführlicher wird dieses Thema in der Literatur, z.B. [Hes93], behandelt.

Die zu entwerfenden rekursiven Systeme besitzen die Systemfunktion

$$H(z) = \frac{\sum_{\mu=0}^{m} b_\mu \, z^{-\mu}}{\sum_{\nu=0}^{n} a_\nu z^{-\nu}} = z^{n-m} \, b_0 \, \frac{\prod_{\mu=1}^{m}(z - z_{0\mu})}{\prod_{\nu=1}^{n}(z - z_{\infty\nu})} \, . \tag{4.2.1}$$

Die Parameter der Systemfunktion sind beim Entwurf so zu bestimmen, dass ein vorgegebenes Toleranzschema für die Betragsübertragungsfunktion $|H(\exp(j\Omega))|$ erfüllt wird. Dazu gibt es zwei Verfahren:

- *Man verwendet die Entwurfsverfahren für kontinuierliche Systeme, indem man das im z-Bereich vorgegebene Toleranzschema in geeigneter Weise in den s-Bereich transformiert, dort den Entwurf mit bekannten Verfahren durchführt und die so gewonnene Systemfunktion zurück in den z-Bereich transformiert.*

- *Man führt den Entwurf im z-Bereich durch, indem man die von den kontinuierlichen Systemen her bekannten Standardapproximationen in den z-Bereich transformiert.*

Hier soll nur der erste Weg beschrieben werden, bei dem man sich aller Kenntnisse des Entwurfs kontinuierlicher Systeme bedienen kann. Für diesen Weg benötigt man eine Transformationsvorschrift zwischen s- und z-Ebene, die *stabile Systeme mit gebrochen rationaler Systemfunktion in ebensolche* abbildet. Damit scheidet die Transformation $z = \exp(sT)$ nach (3.1.3) aus, weil damit zwar die Stabilität, nicht aber die Rationalität erhalten bleibt.

Zu anderen Transformationen gelangt man, wenn man z.B. die der Systemfunktion eines kontinuierlichen Systems erster Ordnung

$$H_K(s) = \frac{b}{c + s} \tag{4.2.2}$$

entsprechende Differentialgleichung

$$\frac{dy_K(t)}{dt} + c\,y_K(t) = b\,x_K(t) \tag{4.2.3}$$

in die zugehörige Integralgleichung umformt:

$$y_K(t) = \int_{t_0}^{t} \frac{dy_K(t')}{dt'} dt' + y_K(t_0)$$

$$= \int_{t_0}^{t} (b\,x_K(t') - c\,y_K(t'))dt' + y_K(t_0)\,. \qquad (4.2.4)$$

Berechnet man das Integral näherungsweise mit der *Rechteckregel* [BS62]

$$y_K(t) = (t - t_0) \cdot [b\,x_K(t) - c\,y_K(t)] + y_K(t_0) \qquad (4.2.5)$$

und diskretisiert Ein- und Ausgangssignal, indem man sie zu den Zeiten $t_0 = (k-1)T$ und $t = kT$ betrachtet und damit $t - t_0 = T$ setzt, so folgt die Differenzengleichung

$$y[k] = T \cdot [b\,x[k] - c\,y[k]] + y[k-1]\,, \qquad (4.2.6)$$

und für die zugehörige Systemfunktion des digitalen Filters erhält man nach Z-Transformation

$$Y(z)(1 + c \cdot T - z^{-1}) = b\,T \cdot X(z) \qquad (4.2.7)$$

$$H(z) = \frac{Y(z)}{X(z)} = \frac{b}{c + (1 - z^{-1})/T}\,. \qquad (4.2.8)$$

Die kontinuierliche Systemfunktion erster Ordnung nach (4.2.2) lässt sich wie jede andere gebrochen rationale Systemfunktion $H_K(s)$ beliebiger Ordnung durch die Transformation zwischen s- und z-Ebene

$$s = \frac{1}{T}\frac{z-1}{z} \qquad (4.2.9)$$

in die zugehörige gebrochen rationale Systemfunktion $H(z)$ des digitalen Filters überführen. Die zugehörige Abbildung zwischen s- und z-Ebene zeigt Bild 4.2.1.

Dass dabei die imaginäre Achse der s-Ebene auf die Peripherie eines Kreises in der z-Ebene abgebildet wird, zeigt die Umkehrung von (4.2.9) mit $s = j\omega$

$$z|_{s=j\omega} = \left.\frac{1}{1 - sT}\right|_{s=j\omega} = \frac{1}{1 - j\omega T}$$

$$= \frac{1}{2}\left(1 + \frac{1 + j\omega T}{1 - j\omega T}\right) = \frac{1}{2}(1 + e^{j2\arctan(\omega T)})\,. \quad (4.2.10)$$

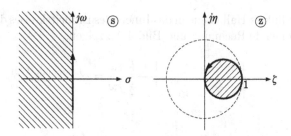

Bild 4.2.1: Abbildung der s- in die z-Ebene mit $s = \frac{1}{T}\frac{z-1}{z}$

Mit der Transformation (4.2.9) werden stabile, gebrochen rationale Systeme in ebensolche abgebildet. Ihr Nachteil ist, dass die linke s-Halbebene nicht wie bei $z = \exp(sT)$ in das Innere des Einheitskreises der z-Ebene, sondern in einen *im Einheitskreis liegenden Kreis* abgebildet wird. Dadurch erhält man in der z-Ebene nur eine bestimmte Klasse von Systemen, nämlich Tiefpässe. Eine in diesem Sinne günstigere Abbildung erhält man, wenn man das Integral in (4.2.4) statt mit der Rechteckregel mit der *Trapezregel* berechnet. Für das Integral folgt

$$y_K(t) = \frac{T}{2}[b\,x_K(t) - c\,y_K(t) + b\,x_K(t_0) - c\,y_K(t_0)] + y_K(t_0) \qquad (4.2.11)$$

und nach Diskretisierung wie bei (4.2.6)

$$y[k] = \frac{T}{2}[b\,(x[k] + x[k-1]) - c\,(y[k] + y[k-1])] + y[k-1] \qquad (4.2.12)$$

und schließlich nach z-Transformation von (4.2.12) für die Systemfunktion $H(z)$:

$$Y(z)\left[1 - z^{-1} + c\frac{T}{2}(1 + z^{-1})\right] = b\frac{T}{2}(1 + z^{-1})X(z) \qquad (4.2.13)$$

$$H(z) = \frac{Y(z)}{X(z)} = \frac{b}{c + \frac{2}{T}\frac{1-z^{-1}}{1+z^{-1}}} \qquad (4.2.14)$$

Die hier gewonnene so genannte *bilineare* Transformation

$$s = \frac{2}{T}\frac{z-1}{z+1} \qquad (4.2.15)$$

bildet die linke s-Halbebene in das Innere des Einheitskreises der z-Ebene ab, wie folgende Rechnung und Bild 4.2.2 zeigen:

$$z|_{s=j\omega} = \left.\frac{1 + \frac{T}{2}s}{1 - \frac{T}{2}s}\right|_{s=j\omega} = \frac{1 + \frac{T}{2}j\omega}{1 - \frac{T}{2}j\omega} = e^{j2\cdot\arctan(\omega T/2)} \; . \qquad (4.2.16)$$

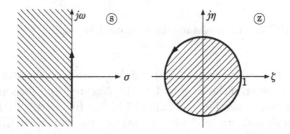

Bild 4.2.2: Abbildung der s-Ebene in die z-Ebene durch die bilineare Transformation

Die imaginäre Achse der s-Ebene wird hier auf den Einheitskreis der z-Ebene abgebildet, d.h. es gilt

$$z|_{s=j\omega} = e^{j2\cdot\arctan(\omega T/2)} = z|_{z=e^{j\Omega}} = e^{j\Omega} \qquad (4.2.17)$$

$$\omega = \frac{2}{T}\tan\frac{\Omega}{2} \; . \qquad (4.2.18)$$

Durch die bilineare Transformation wird der Betrag der Systemfunktion in Frequenzrichtung nichtlinear verzerrt. Bild 4.2.3 zeigt, dass sich demzufolge das Verhältnis der Grenzfrequenzen ω_S/ω_D im Toleranzschema für das analoge Referenzsystem gegenüber dem Verhältnis Ω_S/Ω_D für das zu entwerfende digitale Filter verändert, während die Toleranzparameter δ_S und δ_D im Sperr- und Durchlassbereich erhalten bleiben. Bei Anwendung der bilinearen Transformation lässt man der Einfachheit halber den Faktor $2/T$ weg, weil beim Filterentwurf nach Abschnitt 4.2.3 ohnehin zunächst ein Toleranzschema mit normierter Durchlassgrenzfrequenz $\omega_D' = 1$ angesetzt und später eine Entnormierung durchgeführt wird. Für (4.2.15) und (4.2.18) gilt damit

$$s = \frac{z-1}{z+1} \quad \text{bzw.} \quad \omega = \tan\frac{\Omega}{2} \; . \qquad (4.2.19)$$

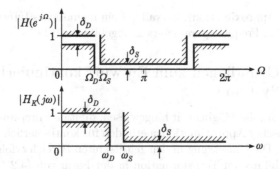

Bild 4.2.3: Bilineare Transformation des Toleranzschemas eines diskreten Systems

Bild 4.2.4 zeigt den Amplitudengang eines bei der Datenübertragung verwendeten digitalen Roll-off-Filters [Kam17, Kro91] (mit dem Roll-off-Faktor $r = 1$) und dessen Transformation nach (4.2.19) in das zugehörige zeitkontinuierliche Filter. Soll die digitale Version die typische Symmetrie zur Nyquistfrequenz Ω_{Ny} aufweisen, so muss für den Frequenzgang des analogen Referenzfilters eine Vorverzerrung entsprechend (4.2.19) durchgeführt werden.

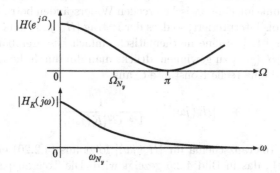

Bild 4.2.4: Verzerrung des Amplitudengangs eines Roll-off-Filters nach (4.2.18)

Es bleibt festzuhalten, dass bei der bilinearen Transformation keine Verzerrung in Amplitudenrichtung, sondern nur in Frequenzrichtung erfolgt, indem das bis zu endlichen Werten des diskreten Frequenzparameters Ω

reichende Approximationsintervall auf ein unendliches Intervall des kontinuierlichen Frequenzparameters ω abgebildet wird.

4.2.2   Grundlagen zum Entwurf kontinuierlicher Systeme

Es wurde auf die Möglichkeit hingewiesen, digitale Filter auf der Grundlage klassischer Approximationsmethoden für kontinuierliche Systeme zu entwerfen. Die Umsetzung in den zeitdiskreten Bereich erfolgt dabei mit Hilfe der bilinearen Transformation in der Form von (4.2.19). Aus diesem Grunde ist es zweckmäßig, mit einem kurzen Überblick über die Prinzipien des Entwurfs kontinuierlicher Systeme zu beginnen. Die anschließenden Betrachtungen folgen in groben Zügen der Darstellung in [Sch73].

Zwei Gesichtspunkte spielen beim Entwurf eines kontinuierlichen Systems eine Rolle: Zum einen werden bestimmte, mathematisch einfach zu beschreibende Funktionen für den Betrag der Systemfunktion gewählt, zum anderen entwirft man statt des gewünschten Hochpasses, Bandpasses etc. zunächst einen normierten Tiefpass, den man dann in den gewünschten Tiefpass, Hochpass etc. transformiert, um dadurch den Entwurfsaufwand zu reduzieren.

Bei den folgenden Betrachtungen wird $H_K(j\omega)$ als Betriebsübertragungsfunktion eines zwischen reellen Widerständen betriebenen passiven Vierpols interpretiert, so dass der Betrag $|H_K(j\omega)|$ stets kleiner oder gleich eins ist. Um eine mathematisch einfach beschreibbare Form des Betrages $|H_K(j\omega)|$ zu gewinnen, drückt man ihn durch die Hilfsfunktion $K(j\omega)$ und eine reelle Konstante C aus:

$$|H_K(j\omega)|^2 = \frac{1}{1 + C^2|K(j\omega)|^2} \, . \qquad (4.2.20)$$

Aus dem Toleranzschema für $|H_K(j\omega)|$ folgt aus (4.2.20) ein neues für $C \cdot |K(j\omega)|$, das in Bild 4.2.5 gezeigt wird. Die Toleranzparameter Δ_1 und Δ_2 lassen sich aus δ_S und δ_D mit Hilfe von (4.2.20) berechnen

$$\Delta_1 = \frac{\sqrt{2\delta_D - \delta_D^2}}{1 - \delta_D} \geq C \cdot |K(j\omega)| \, , \quad 0 \leq \omega \leq \omega_D \qquad (4.2.21)$$

$$\Delta_2 = \frac{\sqrt{1 - \delta_S^2}}{\delta_S} \leq C \cdot |K(j\omega)| \, , \quad \omega_S \leq \omega \leq \infty \, . \qquad (4.2.22)$$

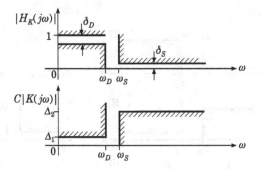

Bild 4.2.5: Transformation des Toleranzschemas von $|H_K(j\omega)|$

Hat man eine Funktion $C{\cdot}K(s)$ gefunden, deren Betrag das Toleranzschema erfüllt, so muss daraus die Systemfunktion $H_K(s)$ gewonnen werden. Offensichtlich wird (4.2.20) mit dem Ansatz

$$H_K(s) \cdot H_K(-s) = \frac{1}{1 + C^2 K(s) \cdot K(-s)} \qquad (4.2.23)$$

erfüllt. Setzt man in (4.2.23) für $K(s)$

$$K(s) = \frac{R(s)}{P(s)} \qquad (4.2.24)$$

ein, wobei $R(s)$ und $P(s)$ Polynome in s darstellen, so erhält man für den Zähler der Systemfunktion $H_K(s)$ direkt $P(s)$

$$H_K(s) = \frac{P(s)}{Q(s)}, \qquad (4.2.25)$$

während der Nenner der Bedingung

$$Q(s) \cdot Q(-s) = P(s) \cdot P(-s) + C^2 R(s) \cdot R(-s) \qquad (4.2.26)$$

genügt. Da $Q(s)$ ein Polynom vom Grade n ist, muss mindestens eines der Polynome $P(s)$ oder $R(s)$ vom Grade n sein. Der Ausdruck (4.2.26) besitzt aber symmetrisch zur imaginären Achse in der s-Ebene gelegene Nullstellen, von denen man nur die in der linken Halbebene gelegenen zum Aufbau von $Q(s)$ verwenden darf, damit ein stabiles System entsteht.

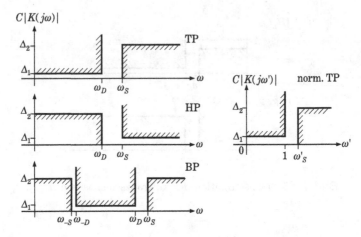

Bild 4.2.6: Transformationen des normierten Tiefpasses

Mit der Einführung der Hilfsfunktion $C \cdot |K(j\omega)|$ ist es möglich, einfache mathematische Funktionen bei den Standardentwürfen von Tiefpässen zu verwenden, wie im folgenden Abschnitt gezeigt wird. Nach dem Entwurf des auf die Durchlassgrenze $\omega'_D = 1$ normierten Tiefpasses muss dieser in den gewünschten Filtertyp transformiert werden. Die wichtigsten in Bild 4.2.6 gezeigten Transformationen, die das gewünschte Filter im s-Bereich mit der Durchlassfrequenzgrenze ω_D in den im s'-Bereich zu entwerfenden normierten Tiefpass transformieren, sind:

- *Tiefpass-Tiefpass*-Transformation

$$s' = \frac{s}{\omega_D} \quad \text{bzw.} \quad \omega' = \frac{\omega}{\omega_D} \tag{4.2.27}$$

- *Hochpass-Tiefpass*-Transformation

$$s' = -\frac{\omega_D}{s} \quad \text{bzw.} \quad \omega' = \frac{\omega_D}{\omega} \tag{4.2.28}$$

- *Bandpass-Tiefpass*-Transformation
  Vorausgesetzt wird ein symmetrischer Bandpass mit $\omega_S/\omega_D = \omega_{-D}/\omega_{-S}$, d.h. die Übergangsbereiche zwischen Sperren und Durchlassen sind in absoluten Zahlenwerten ausgedrückt nicht gleich

groß, wohl aber in relativen Werten:

$$s' = \frac{s^2 + \omega_D\omega_{-D}}{(\omega_D - \omega_{-D})s} \quad \text{bzw.} \quad \omega' = \frac{\omega^2 - \omega_D\omega_{-D}}{(\omega_D - \omega_{-D})\omega} \, . \quad (4.2.29)$$

Für unsymmetrische Bandpässe, bei denen die Übergänge zwischen Durchlass- und Sperrbereichen in absoluten Werten ausgedrückt gleich breit sind, steht die Zdunek-Transformation [CE66] zur Verfügung.

4.2.3 Standardentwürfe im s'-Bereich

Die wichtigsten Standardentwürfe führen auf die *Butterworth*- oder *Potenz-*, die *Tschebyscheff*- und die *elliptischen* oder *Cauer*- Filter, wobei man bei den Tschebyscheff-Filtern noch unterscheidet, ob der Durchlass- oder der Sperrbereich durch Tschebyscheff- Polynome beschrieben wird. Ausgangspunkt des Entwurfs ist dabei stets der normierte Tiefpass. All diese Filterentwürfe sollen hier nur einführend behandelt werden; für ins Detail gehende Betrachtungen sei auf die Literatur, z.B. [Hes93], verwiesen.

Butterworth-Entwurf
Beim Butterworth- oder Potenzfilter verwendet man die Hilfsfunktion

$$K(j\omega') = (\omega')^n \, . \quad (4.2.30)$$

Zur Anpassung von $H_K(s')$ an das normierte Toleranzschema sind die Ordnung n und die Konstante C zu bestimmen. Aus den Toleranzschranken nach (4.2.21) bzw. (4.2.22) folgt mit der normierten Durchlassfrequenzgrenze $\omega_D' = 1$ und der Sperrfrequenzgrenze ω_s':

$$\Delta_1 = \frac{\sqrt{2\delta_D - \delta_D^2}}{1 - \delta_D} \geq C \cdot |K(j\omega')|\bigg|_{\omega'=1} = C \quad (4.2.31)$$

$$\Delta_2 = \frac{\sqrt{1 - \delta_s^2}}{\delta_s} \leq C \cdot |K(j\omega')|\bigg|_{\omega'=\omega_s'} = C\,(\omega_s')^n \, . \quad (4.2.32)$$

Nutzt man das Toleranzschema im Durchlassbereich mit $\Delta_1 = C$ voll aus, so folgt für die Filterordnung

$$n \geq \frac{\log(\Delta_2/\Delta_1)}{\log(\omega_s')} \, . \quad (4.2.33)$$

Weil n nur ganzzahlig sein darf, wird man hier das Toleranzschema in der Regel nicht voll ausnutzen. Man kann diesen Spielraum zum Teil auch auf den Durchlassbereich übertragen, indem man

$$\Delta_2\, \omega_s'^{-n} \leq C \leq \Delta_1 \qquad (4.2.34)$$

wählt. Dadurch gewinnt man eine Freizügigkeit, die dann ausgenutzt werden kann, wenn die Realisierung des Systems z.B. mit Signalprozessoren in Festkomma-Arithmetik erfolgt, so dass die exakten Filterparameter gar nicht dargestellt werden können, wie dies in Abschnitt 4.4 erläutert wird.

Damit ist die Hilfsfunktion $K(s')$ von der Form

$$C \cdot K(s') = C \cdot s'^n\,, \qquad (4.2.35)$$

so dass mit (4.2.24) und (4.2.26) für das Nennerpolynom der Systemfunktion $H_K(s')$

$$Q(s') \cdot Q(-s') = 1 + C^2 s'^n (-s')^n = 1 + (-1)^n C^2 s'^{2n} \qquad (4.2.36)$$

folgt. Die Nullstellen des Polynoms liegen auf einem Kreis mit dem Radius

$$r = C^{-1/n} \qquad (4.2.37)$$

in der s'-Ebene. Die in der linken Halbebene gelegenen sind die Nullstellen von $Q(s')$, d.h. die Pole von $H_K(s')$. Das Zählerpolynom $P(s')$ von $H_K(s')$ folgt mit $K(s')$ nach (4.2.35) und der Definition (4.2.24) von $K(s')$ zu $P(s') = 1$.

Wegen des Potenzverhaltens von $|K(j\omega')|$ besitzt der mit (4.2.20) berechenbare Betrag

$$|H_K(j\omega)| = \frac{1}{\sqrt{1 + C^2 \omega'^{2n}}} \qquad (4.2.38)$$

den charakteristischen maximal flachen Verlauf bei $\omega' = 0$.

Tschebyscheff-Entwurf, Typ I

Hierbei verwendet man die Hilfsfunktion

$$K(j\omega') = T_n(\omega')\,, \qquad (4.2.39)$$

wobei $T_n(\omega')$ das durch

$$T_n(\omega') = \begin{cases} \cos\{n \cdot \arccos(\omega')\}\,, & |\omega'| \leq 1 \\ \cosh\{n \cdot \mathrm{arcosh}(\omega')\}\,, & |\omega'| \geq 1 \end{cases} \qquad (4.2.40)$$

definierte Tschebyscheff-Polynom ist, das in diesem Fall im Durchlassbereich den für Tschebyscheff-Polynome typischen oszillierenden Verlauf aufweist. Tschebyscheff-Polynome kann man mit $T_0(\omega') = 1$ und $T_1(\omega') = \omega'$ auch rekursiv berechnen:

$$T_{n+1}(\omega') = 2\omega' \cdot T_n(\omega') - T_{n-1}(\omega') \, . \qquad (4.2.41)$$

Den Grad n des Tschebyscheff-Polynoms und die Konstante C erhält man wieder aus den Toleranzschranken nach (4.2.21) bzw. (4.2.22) und den normierten Grenzfrequenzen $\omega'_D = 1$ und ω'_S:

$$\Delta_1 = \frac{\sqrt{2\delta_D - \delta_D^2}}{1 - \delta_D} \geq C \, |K(j\omega')| \Big|_{\omega'=1} = C \cdot T_n(1) = C \qquad (4.2.42)$$

$$\Delta_2 = \frac{\sqrt{1 - \delta_S^2}}{\delta_S} \leq C \, |K(j\omega')| \Big|_{\omega'=\omega'_S} = C \cdot T_n(\omega_S) \, . \qquad (4.2.43)$$

Nutzt man das Toleranzschema im Durchlassbereich mit $\Delta_1 = C$ voll aus, so folgt für n wegen $\omega'_S > 1$ mit (4.2.40)

$$n \geq \frac{\operatorname{arcosh}(\Delta_2/\Delta_1)}{\operatorname{arcosh}(\omega'_S)} \, . \qquad (4.2.44)$$

Weil n nur ganzzahlig sein kann, wird in der Regel ein Spielraum bezüglich des Toleranzschemas entstehen, den man auf den Durchlass- und Sperrbereich aufteilen kann, indem man die Konstante in den folgenden Schranken wählt:

$$\Delta_2 T_n^{-1}(\omega'_S) \leq C \leq \Delta_1 \, . \qquad (4.2.45)$$

Der Betrag der Systemfunktion nach (4.2.20)

$$|H_K(j\omega')| = \frac{1}{\sqrt{1 + C^2 T_n^2(\omega')}} \qquad (4.2.46)$$

oszilliert im Durchlassbereich, so dass das Toleranzschema an n Extrema voll ausgenutzt wird.

Die Polstellen dieses Systems liegen auf einer Ellipse mit den Halbachsen

$$r_1 = \sinh \alpha \, , \, r_2 = \cosh \alpha \, , \qquad (4.2.47)$$

$$\alpha = (\operatorname{arsinh} C^{-1})/n \, . \qquad (4.2.48)$$

Lotet man die dem Butterworth-Filter entsprechenden Pole auf diese
Ellipse, erhält man die Pole des Tschebyscheff-Filters.

Tschebyscheff-Entwurf, Typ II

Im Unterschied zum Tschebyscheff-Entwurf, Typ I, wird nun ein *oszil-lierender Verlauf* der Übertragungsfunktion im *Sperrbereich* gefordert.
Dazu setzt man für die Hilfsfunktion

$$K(j\omega') = \frac{T_n(\omega_s')}{T_n(\omega_s'/\omega')}. \tag{4.2.49}$$

Der Entwurfsvorgang läuft wie beim Tschebyscheff-Filter vom Typ I
ab, d.h. man bestimmt mit den modifizierten Bedingungen (4.2.42)
und (4.2.43) die beiden Parameter n und C. Im Gegensatz zum
Tschebyscheff-I-Filter, das im Endlichen keine Nullstellen besitzt, liegen
die Nullstellen des Tschebyscheff-II-Filters auf der imaginären Achse,
wodurch die Nullstellen des Frequenzgangs erzeugt werden. Es handelt
sich damit nicht mehr um ein Filter, das Nullstellen nur im Unendlichen besitzt, wie die Filter mit Approximationen nach Butterworth und
Tschebyscheff vom Typ I, die man deshalb auch als *all-pole*-Filter bezeichnet.

Cauer-Entwurf

Der Vorteil des Tschebyscheff-Filters gegenüber dem Butterworth-Filter
liegt im wesentlich steileren Übergang vom Durchlass- zum Sperrbereich
bei gleichem Realisierungsaufwand, d.h. bei gleicher Filterordnung n.
Will man diesen Übergang noch steiler machen, verwendet man das
Cauer- oder elliptische Filter, bei dem sowohl im Durchlass- wie im
Sperrbereich das typische "equiripple"-Verhalten anzutreffen ist. Somit
stellt dieser Entwurf eine Kombination der Verfahren Tschebyscheff-I
und Tschebyscheff-II dar. Für die Hilfsfunktion $K(j\omega')$ verwendet man
hier

$$K(j\omega') = J_n(\omega'), \tag{4.2.50}$$

wobei $J_n(\omega')$ die *Jakobische Funktion* darstellt. Auf den weiteren Entwurf soll hier nicht eingegangen, sondern auf die Literatur [Sch73],
[Jac86] verwiesen werden.
Zur Veranschaulichung der bis hierher skizzierten Entwurfsverfahren
werden im nächsten Abschnitt Beispiele angegeben, aus denen die prinzipiellen Unterschiede der Approximationsarten deutlich werden.

4.2.4 Entwurfsbeispiele für rekursive Filter

Zum Entwurf eines digitalen Tiefpasses wird ein Toleranzschema durch die folgenden Parameter festgelegt:

$$f_D = 1\,\text{kHz}\,; \quad \delta_D = 0,1\,; \quad f_s = 1,2\,\text{kHz} \quad \text{und} \quad \delta_S = 0,1\,.$$

Für die Abtastfrequenz wird $f_A = 8\text{kHz}$ gewählt. Der Entwurf läuft in folgenden Schritten ab:

- *Festlegung der normierten Grenzfrequenzen:*

$$\Omega_D = 2\pi f_D/f_A = 0,25\pi; \quad \Omega_s = 2\pi f_s/f_A = 0,3\pi$$

- *Vorverzerrung des Toleranzschemas in Hinblick auf den Entwurf eines kontinuierlichen Systems gemäß (4.2.19):*

$$\omega_D = \tan(\Omega_D/2) = 0,4142; \quad \omega_s = \tan(\Omega_s/2) = 0,5095$$

- *Normierung auf die Durchlass-Grenzfrequenz:*

$$\omega_D' = 1; \quad \omega_s' = \omega_s/\omega_D = 1,2301$$

- *Festlegung der erforderlichen Filterordnung je nach der gewählten Approximationsform nach (4.2.33), (4.2.44) oder aus einem Filterkatalog [CE66].*

- *Bestimmung der zeitkontinuierlichen Übertragungsfunktion $H_K(s)$ und Entnormierung:*

$$s = s' \cdot \omega_D = s' \cdot 0,4142$$

- *Bilineare Transformation mit (4.2.19):*

$$H_K(s) \rightarrow H(z) \quad \text{durch} \quad s = \frac{z-1}{z+1}\,.$$

Für das oben definierte Toleranzschema werden die Entwurfsresultate bei vier verschiedenen Approximationsarten wiedergegeben.

Butterworth-Tiefpass

Die erforderliche Filterordnung beträgt $n = 15$, die Entwurfskonstante

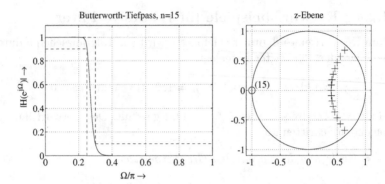

Bild 4.2.7: Amplitudengang und Polplan eines Butterworth-Tiefpasses mit $n = 15$, $C = 0,4843$

C ergibt sich zu $C = 0,4843$. Im Bild 4.2.7 sind der Amplitudengang und der zugehörige Polplan wiedergegeben.

Tschebyscheff-Tiefpass, Typ I
Die erforderliche Filterordnung reduziert sich auf $n = 6$. Bild 4.2.8 zeigt den Amplitudengang sowie den Polplan. Die spezielle Anordnung der Pole bewirkt die gleichmäßige Approximation im Durchlassbereich, während die 6-fache Nullstelle bei $z = -1$ zu einem monoton fallenden Verlauf des Frequenzganges im Sperrbereich führt.

Tschebyscheff-Tiefpass, Typ II
Die Filterordnung beträgt wie beim Tschebyscheff-Tiefpass von Typ I $n = 6$. Durch die Anordnung von Nullstellen auf dem Einheitskreis ergibt sich nun eine Tschebyscheff-Approximation des Sperrbereiches, wie in Bild 4.2.9 verdeutlicht wird.

Cauer-Tiefpass
Die erforderliche Filterordnung wird auf den minimalen Wert $n = 4$ reduziert. Durch die in Bild 4.2.10 gezeigte Pol-Nullstellen-Anordnung ergibt sich eine gleichmäßige Approximation sowohl im Durchlass- als auch im Sperrbereich. Bemerkenswert ist, dass der geforderte Wert für δ_s bei diesem Entwurf mit $\delta_s = 0,04$ noch deutlich unterschritten wird. Eine Verringerung der Filterordnung ist allerdings nicht möglich, da mit $n = 3$ das vorgeschriebene Toleranzschema mit $\delta_s = 0,14$ verletzt würde.

Da man beim Cauer-Entwurf das System niedrigster Ordnung n bei

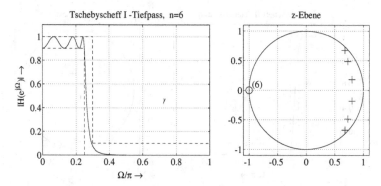

Bild 4.2.8: Amplitudengang und Polplan eines Tschebyscheff-Tiefpasses vom Typ I mit $n = 6$ (Toleranzschema wie in Bild 4.2.7)

vorgegebenem Toleranzschema erhält, stellt sich die Frage, warum man nicht ausschließlich diesen Filtertyp verwendet. Der Grund liegt darin, dass im Vergleich zum Tschebyscheff- oder Butterworth-Filter die Phase stärkere Änderungen aufweist. Übermäßig starke Phasenverzerrungen sind bei vielen Anwendungen unerwünscht, so dass den Butterworth- oder Tschebyscheff-Entwürfen in Einzelfällen der Vorzug gegeben wird. Zu Beginn dieses Abschnitts wurde darauf hingewiesen, dass der Entwurf rekursiver digitaler Filter auch direkt im z-Bereich erfolgen kann. Die in Abschnitt 4.4.2 diskutierten Standard-Approximationen für kontinuierliche Systeme werden dann unmittelbar auf die z-Übertragungsfunktion eines digitalen Systems übertragen, wobei wieder die bilineare Transformation zum Einsatz kommt [PB87]. Der wesentliche Unterschied der Entwurfsverfahren in der s- und z-Ebene liegt an der *Stelle* innerhalb der Abläufe dieser Verfahren, *an der die bilineare Transformation angewendet wird*, und in der Tatsache, dass sie beim Entwurf im z-Bereich nur einmal benutzt werden muss.

Die bisher wiedergegebenen Entwurfsbeispiele waren durch verhältnismäßig geringe Anforderungen an die Konstanz im Durchlassbereich und die Sperrdämpfung gekennzeichnet. Die Parameter wurden so festgelegt, um die prinziellen Unterschiede der verschiedenen Approximationsarten deutlich zu machen. In praktischen Anwendungen werden häufig erheblich höhere Anforderungen an die Selektivität digitaler Filter gestellt. Dabei ist hervorzuheben, dass mit rekursiven Filtern bei relativ geringer Systemordnung (d.h. Multipliziereraufwand) sehr hohe Dämpfungswerte

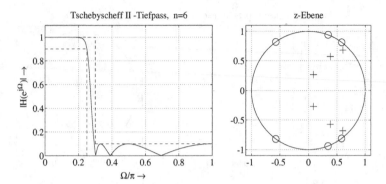

Bild 4.2.9: Amplitudengang und Polplan eines Tschebyscheff-Tiefpasses vom
Typ II mit $n = 6$ (Toleranzschema wie in Bild 4.2.7)

und Flankensteilheiten erzielt werden können. Nichtrekursive Filter, die
in Kapitel 5 behandelt werden, benötigen im Vergleich dazu eine wesentlich höhere Koeffizientenzahl; allerdings besteht ihr Vorteil in der
Möglichkeit eines streng linearphasigen Entwurfs, während bei rekursiven Filtern mit Amplitudengängen hoher Selektivität wie erwähnt starke
Gruppenlaufzeitverzerrungen auftreten.
Bild 4.2.11 zeigt ein Entwurfsbeispiel für ein rekursives Cauer-Filter
neunter Ordnung. Der Betragsfrequenzgang in Bild 4.2.11a erfüllt ein
Toleranzschema mit folgenden Parametern:

$$\Omega_D = 0,2\,\pi, \quad \Omega_s = 0,25\,\pi, \quad \delta_D = 10^{-2}; \quad \delta_S = 10^{-4} \ (\hat{=} 80\,\text{dB}).$$

Die zugehörige Gruppenlaufzeit ist in Bild 4.2.11b dargestellt.

4.3 Spezielle Formen rekursiver Filter

4.3.1 Komplexwertige rekursive Filter

Die im vorangegangenen Abschnitt behandelten Entwurfsbeispiele für
rekursive Filter waren auf reelle Koeffizienten festgelegt. Dies bedingt,
dass Pole und Nullstellen entweder reell oder paarweise konjugiert komplex auftreten (siehe z.B. die Pol- Nullstellenpläne in den Bildern 4.2.7 –
4.2.10). Die symmetrische Lage der Pole und Nullstellen zur reellen Achse
der z-Ebene bewirkt, dass der Frequenzgang (also die Z-Transformierte

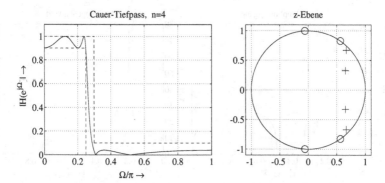

Bild 4.2.10: Amplitudengang und Polplan eines Cauer-Tiefpasses mit $n = 4$ (Toleranzschema wie in Bild 4.2.7)

auf dem Einheitskreis) einen bezüglich $\Omega = 0$ geraden Betrags- und einen ungeraden Phasenverlauf aufweist. Dies steht im Einklang mit den in Abschnitt 2.3 erläuterten Symmetriebeziehungen der Fourier-Transformierten reeller Zeitfolgen.

Die Festlegung auf reelle Koeffizienten ergibt sich zwangsläufig, wenn digitale Filter aus analogen Systemen entwickelt werden, wie es bei den klassischen Entwurfsverfahren in Abschnitt 4.2 der Fall war. Andererseits ist die Festlegung auf reelle Koeffizienten für digitale Filter nicht zwingend: Die Ausführung der Differenzengleichung (2.2.14) ist auch mit komplexen Koeffizienten möglich – Ein- und Ausgangssignale können dann ebenfalls komplex angesetzt werden.

Hieraus erwachsen für den Entwurf digitaler Filter prinzipiell neue Möglichkeiten. So ist es nun möglich, Pole und Nullstellen in der z-Ebene statt in konjugiert komplexen Paaren beliebig zu plazieren. Damit geht die konjugiert gerade Symmetrie des Frequenzgangs verloren (vgl. Abschnitt 2.5.2 über Spektren komplexer Zeitsignale).

Zur Veranschaulichung wird ein komplexwertiges rekursives System erster Ordnung betrachtet. Für den Pol dieses Systems

$$z_\infty = \rho_\infty \cdot e^{j\Omega_\infty} = \rho_\infty \cdot (\cos(\Omega_\infty) + j \sin(\Omega_\infty)) \qquad (4.3.1)$$

besteht lediglich die Vorgabe, dass er innerhalb des Einheitskreises liegen muss. Legt man die Nullstelle in den Punkt $z = 0$, so ergibt sich die Übertragungsfunktion

$$H(z) = \frac{z}{z - z_\infty} . \qquad (4.3.2)$$

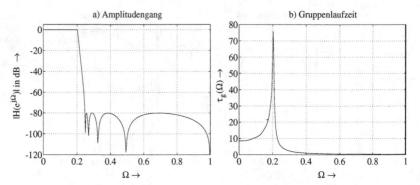

Bild 4.2.11: Amplitudengang und Gruppenlaufzeit eines Cauerfilters 9. Ordnung

Bild 4.3.1 zeigt das Pol-Nullstellen-Diagramm.

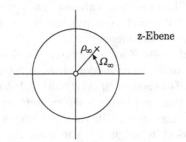

Bild 4.3.1: Pol-Nullstellen-Verteilung des betrachteten komplexen Systems erster Ordnung

Aus (4.3.2) leitet sich die Differenzengleichung

$$y[k] = x[k] + z_\infty\, y[k-1] \qquad (4.3.3)$$

ab. Es wird deutlich, dass auch für den Fall einer reellen Eingangsfolge eine komplexe Ausgangsfolge entsteht, da der Koeffizient z_∞ komplex ist. Aus (4.3.3) erhält man mit (4.3.1) durch Ausmultiplizieren der reellen und imaginären Anteile:

$$
\begin{aligned}
y[k] &= y_R[k] + j y_I[k] = \\
&= x_R[k] + j x_I[k] + \rho_\infty \cdot [\cos\Omega_\infty\, y_R[k-1] - \sin\Omega_\infty\, y_I[k-1]] \\
&\quad + j\rho_\infty \cdot [\sin\Omega_\infty\, y_R[k-1] + \cos\Omega_\infty\, y_I[k-1]]. \qquad (4.3.4)
\end{aligned}
$$

Die hieraus entwickelte Struktur eines komplexen Systems erster Ordnung zeigt Bild 4.3.2. Die Impulsantwort dieses Systems errechnet sich aus der inversen z-Transformation von (4.3.2) zu:

$$h[k] = (z_\infty)^k = \rho_\infty^k \cdot [\cos(\Omega_\infty k) + j\sin(\Omega_\infty k)]$$
$$=: h_R[k] + jh_I[k] \quad ; \quad h_R[k], h_I[k] \in \mathbb{R}. \tag{4.3.5}$$

Sie ist erwartungsgemäß komplex. Die Beziehung zwischen Ein- und

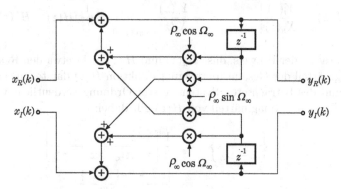

Bild 4.3.2: Komplexes rekursives System erster Ordnung

Ausgangsfolge eines diskreten Systems wird im Zeitbereich durch die in Abschnitt 2.5.3 behandelte komplexe diskrete Faltung hergestellt.

Für das komplexwertige System nach Bild 4.3.2 lassen sich vier Teil-Übertragungssysteme angeben, von denen jeweils zwei, nämlich die Längs- und die Querzweige, identisch sind. Zunächst wird die Teilübertragungsfunktion eines Längszweiges betrachtet:

$$H_R(z) = \left.\frac{Y_R(z)}{X_R(z)}\right|_{X_I(z)=0} = \left.\frac{Y_I(z)}{X_I(z)}\right|_{X_R(z)=0}. \tag{4.3.6}$$

Sie errechnet sich aus der z-Transformation des Realteils der komplexen Impulsantwort, also

$$H_R(z) = Z\{\text{Re}\{h[k]\}\} = Z\left\{\frac{1}{2}[h[k] + h^*[k]]\right\}. \tag{4.3.7}$$

Mit der Beziehung

$$Z\{h^*[k]\} = \sum_{k=0}^{\infty} h^*[k]z^{-k} = \left[\sum_{k=0}^{\infty} h[k](z^*)^{-k}\right]^* = H^*(z^*) \tag{4.3.8}$$

ergibt sich für (4.3.7):

$$H_R(z) = \frac{1}{2}\left[H(z) + H^*(z^*)\right] . \tag{4.3.9}$$

Entsprechend erhält man für die Übertragungsfunktionen der Querzweige

$$H_I(z) = \frac{Y_I(z)}{X_R(z)}\bigg|_{X_I(z)=0} = -\frac{Y_R(z)}{X_I(z)}\bigg|_{X_R(z)=0} = \frac{1}{2j}\left[H(z) - H^*(z^*)\right] .$$
$$\tag{4.3.10}$$

Wichtig ist der Hinweis, dass $H_R(z)$ und $H_I(z)$ nicht etwa den Real- und Imaginärteil der Gesamtübertragungsfunktion $H(z)$ darstellen. Das soll anhand des betrachteten Systems erster Ordnung verdeutlicht werden. Für Real- und Imaginärteil von $H(z)$ gilt dabei:

$$\text{Re}\left\{\frac{z}{z - z_\infty}\right\} = \frac{1}{2}\left[\frac{z}{z - z_\infty} + \frac{z^*}{z^* - z_\infty^*}\right]$$
$$= \frac{|z|^2 - \text{Re}\{z_\infty z^*\}}{|z - z_\infty|^2} \tag{4.3.11}$$

$$\text{Im}\{\frac{z}{z - z_\infty}\} = \frac{\text{Im}\{z_\infty z^*\}}{|z - z_\infty|^2} . \tag{4.3.12}$$

Diese Ausdrücke sind keine analytischen Funktionen von z, weil die Cauchy-Riemannschen Differentialgleichungen nicht erfüllt sind; somit sind sie auch nicht durch zeitdiskrete Systeme mit rationalen Übertragungsfunktionen zu realisieren.

Anders verhält es sich mit den in (4.3.9) und (4.3.10) definierten Teilsystemen. So gilt für das betrachtete System erster Ordnung

$$H_R(z) = \frac{1}{2}\left[\frac{z}{z - z_\infty} + (\frac{z^*}{z^* - z_\infty})^*\right] = \frac{1}{2}\left[\frac{z}{z - z_\infty} + \frac{z}{z - z_\infty^*}\right]$$
$$= \frac{z \cdot [z - \text{Re}\{z_\infty\}]}{z^2 - 2\text{Re}\{z_\infty\} \cdot z + |z_\infty|^2} \tag{4.3.13}$$

$$\text{bzw.} \quad H_I(z) = \frac{\text{Im}\{z_\infty\} \cdot z}{z^2 - 2\text{Re}\{z_\infty\} \cdot z + |z_\infty|^2} . \tag{4.3.14}$$

Die Ausdrücke $H_R(z)$ und $H_I(z)$ sind analytische Funktionen der komplexen Variablen z. Diese Eigenschaft gilt grundsätzlich dann, wenn auch die komplexwertige Funktion $H(z)$ analytisch ist. Aus diesem Grunde werden in [Mee83] die folgenden Definitionen für die betrachteten Teilübertragungsfunktionen vorgeschlagen, die bereits in Abschnitt 2.5.2 für die DTFT komplexer Folgen benutzt wurden:

$$\text{Ra}\{H(z)\} \;=\; \frac{1}{2}[H(z) + H^*(z^*)] \tag{4.3.15}$$

$$\text{Ia}\{H(z)\} \;=\; \frac{1}{2j}[H(z) - H^*(z^*)]. \tag{4.3.16}$$

Setzt man $z = e^{j\Omega}$, so erhält man die entsprechenden Frequenzgänge dieser Teilübertragungsfunktionen:

$$\text{Ra}\{H(e^{j\Omega})\} \;=\; \frac{1}{2}\left[H(e^{j\Omega}) + H^*(e^{-j\Omega})\right] \tag{4.3.17}$$

$$\text{Ia}\{H(e^{j\Omega})\} \;=\; \frac{1}{2j}\left[H(e^{j\Omega}) - H^*(e^{-j\Omega})\right]. \tag{4.3.18}$$

Für sie gelten die in Abschnitt 2.5.2 abgeleiteten Symmetriebedingungen:

$$\text{Ra}\{H(e^{-j\Omega})\} = [\text{Ra}\{H(e^{j\Omega})\}]^* \tag{4.3.19}$$

und

$$\text{Ia}\{H(e^{-j\Omega})\} = [\text{Ia}\{H(e^{j\Omega})\}]^*, \tag{4.3.20}$$

da die zugehörigen Impulsantworten reelle Folgen sind.

Bild 4.3.3 zeigt die Pol-Nullstellendiagramme für die Teilübertragungsfunktionen $\text{Ra}\{H(z)\}$ und $\text{Ia}\{H(z)\}$ als Beispiel für ein System erster Ordnung.

Gegenüber dem einzelnen Pol des komplexen Systems nach Bild 4.3.1 tritt hier jeweils ein weiterer konjugiert komplexer hinzu. Dies ist zwingend, da ja die beiden Teilsysteme reellwertig sind. Bemerkenswert ist, dass *das komplexe System erster Ordnung aus zwei reellen Systemen jeweils zweiter Ordnung* zusammengesetzt ist. Dieses Ergebnis wird verständlich, wenn man die Systemstruktur nach Bild 4.3.2 betrachtet, die insgesamt zwei Zustandsregister enthält. Die Struktur ist bezüglich der Speicher kanonisch.

Im vorliegenden Abschnitt wurden Strukturen komplexwertiger rekursiver Filter diskutiert. Weit wichtiger sind komplexwertige nichtrekursive Systeme, die in der Nachrichtentechnik – z.B. zur adaptiven Entzerrung von Bandpasskanälen im äquivalenten Basisband [Kam17] – eingesetzt werden. Im Abschnitt 5.7 werden verschiedene Anwendungen komplexwertiger nichtrekursiver Filter vorgestellt.

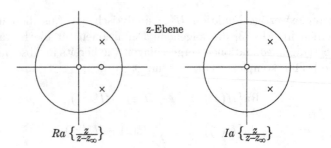

Bild 4.3.3: Teilübertragungsfunktionen des komplexen Systems erster Ordnung

4.3.2 Allpässe

Allpässe sind spezielle Systeme, die einen exakt konstanten Amplitudengang aufweisen, während die Gruppenlaufzeit von der Frequenz abhängt. In der Nachrichtentechnik werden sie zur Phasenentzerrung von Übertragungskanälen eingesetzt.

Die Konstanz des Amplitudengangs wird erreicht, indem man Pole und Nullstellen *spiegelbildlich zum Einheitskreis* legt, d.h. wenn gilt

$$z_{0\nu} = \frac{1}{z^*_{\infty\nu}} \rightarrow \begin{cases} \alpha_{0\nu} = \alpha_{\infty\nu} \\ \rho_{0\nu} = 1/\rho_{\infty\nu} \end{cases} \qquad (4.3.21)$$

wobei $\rho_{\infty\nu}$, $\rho_{0\nu}$ die Pol-Nullstellenbeträge und $\alpha_{\infty\nu}$, $\alpha_{0\nu}$ die Pol-Nullstellenwinkel bedeuten. Wegen der Stabilitätsforderung muss $\rho_{\infty\nu} <$ 1 gelten, so dass alle Pole innerhalb und alle Nullstellen außerhalb des Einheitskreises liegen.

Die Beziehung (4.3.21) verlangt nicht notwendig das Auftreten der Pole und Nullstellen in konjugiert komplexen Paaren: Allpässe sind also allgemein in komplexwertiger Form zu entwerfen. Bild 4.3.4 zeigt ein Beispiel eines Allpasses dritter Ordnung.

Anhand der Formulierung (3.5.22) lässt sich unmittelbar zeigen, dass die

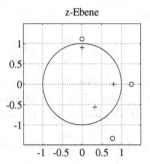

Bild 4.3.4: Pol-Nullstellenverteilung eines Allpasses

Bedingung (4.3.21) auf einen exakt konstanten Amplitudengang führt:

$$|H_{AP}(e^{j\Omega})| = |b_0| \cdot \prod_{i=1}^{n} \sqrt{\frac{1 - \frac{2}{\rho_{\infty i}} \cdot \cos(\Omega - \alpha_{\infty i}) + \frac{1}{\rho_{\infty i}^2}}{1 - 2\rho_{\infty i} \cdot \cos(\Omega - \alpha_{\infty i}) + \rho_{\infty i}^2}}$$

$$= \underbrace{\frac{|b_0|}{\prod_{i=1}^{n} \rho_{\infty i}}}_{|a_n|} \cdot \prod_{i=1}^{n} \sqrt{\frac{\rho_{\infty i}^2 - 2\rho_{\infty i} \cdot \cos(\Omega - \alpha_{\infty i}) + 1}{1 - 2\rho_{\infty i} \cdot \cos(\Omega - \alpha_{\infty i}) + \rho_{\infty i}^2}}$$

$$= \frac{|b_0|}{|a_n|} = \text{const.} \tag{4.3.22}$$

Die Gruppenlaufzeit eines Allpasses erhält man durch Einsetzen von (4.3.21) in (3.5.26).

$$\tau_{gAP}(\Omega) = \sum_{i=1}^{n} \frac{1 - \rho_{\infty i}^2}{1 - 2\rho_{\infty i} \cdot \cos(\Omega - \alpha_i) + \rho_{\infty i}^2} \tag{4.3.23}$$

Im folgenden sollen Beziehungen zwischen den Koeffizienten des Zähler- und Nennerpolynoms aufgrund der Vorgabe (4.3.21) hergeleitet werden. Für die Zähler- und Nennerpolynome gilt nach (3.5.6) und (3.5.7)

$$P_b(z) = b_0 \prod_{i=1}^{n} (z - \frac{1}{z_{\infty i}^*}) = \sum_{\nu=0}^{n} b_{n-\nu} \cdot z^{\nu} \tag{4.3.24}$$

$$\text{bzw.} \quad P_a(z) = \prod_{i=1}^{n} (z - z_{\infty i}) = \sum_{\nu=0}^{n} a_{n-\nu} \cdot z^{\nu}. \tag{4.3.25}$$

Offenbar muss gelten

$$P_b(z) = \frac{b_0}{a_n^*} z^n P_a^*(\frac{1}{z^*}),\qquad (4.3.26)$$

da das Polynom $P_a(z)$ die Nullstellen $z_{\infty i}$ aufweist und somit $P_a^*(1/z^*)$ auf die Nullstellen $1/z_{\infty i}^*$ führt. Die Multiplikation mit z^n ist erforderlich, damit $P_b(z)$ gemäß der Definition (4.3.24) nur nichtnegative Potenzen von z enthält.

Setzt man (4.3.25) in (4.3.26) ein, so erhält man

$$P_b(z) = \frac{b_0}{a_n^*} z^n \sum_{\nu=0}^{n} a_{n-\nu}^* z^{-\nu} = \frac{b_0}{a_n^*} \sum_{\nu=0}^{n} a_{n-\nu}^* z^{n-\nu} = \frac{b_0}{a_n^*} \sum_{\nu=0}^{n} a_\nu^* z^\nu.$$
$$(4.3.27)$$

Damit lautet die Übertragungsfunktion eines komplexwertigen Allpasses

$$H_{AP}(z) = \frac{b_0}{a_n^*} \frac{\sum_{\nu=0}^{n} a_\nu^* z^\nu}{\sum_{\nu=0}^{n} a_{n-\nu} z^\nu} = \frac{b_0}{a_n^*} \frac{\sum_{\nu=0}^{n} a_{n-\nu}^* z^{-\nu}}{\sum_{\nu=0}^{n} a_\nu z^{-\nu}}.\qquad (4.3.28)$$

Wählt man den Vorfaktor $b_0/a_n^* = 1$, so wird die Betragsübertragungsfunktion auf eins normiert. Die gesuchte Koeffizientenbeziehung für komplexwertige Allpässe lautet dann

$$b_\nu = a_{n-\nu}^*.\qquad (4.3.29)$$

- *Zähler- und Nennerpolynom eines komplexwertigen Allpasses besitzen zueinander konjugiert komplexe Koeffizienten, die in entgegengesetzter Reihenfolge sortiert sind.*

Für den Spezialfall *reeller Koeffizienten* vereinfacht sich die Beziehung (4.3.29) zu

$$b_\nu = a_{n-\nu}.\qquad (4.3.30)$$

Damit gilt für die Übertragungsfunktion

$$H_{AP}(z) = \frac{Y(z)}{X(z)} = \frac{\sum_{\nu=0}^{n} a_\nu z^\nu}{\sum_{\nu=0}^{n} a_{n-\nu} z^\nu} = \frac{\sum_{\nu=0}^{n} a_\nu z^{-(n-\nu)}}{\sum_{\nu=0}^{n} a_\nu z^{-\nu}}.\qquad (4.3.31)$$

Mit $a_0 = 1$ folgt

$$Y(z) = X(z) \cdot z^{-n} + \sum_{\nu=1}^{n} a_\nu [X(z) \cdot z^{-(n-\nu)} - Y(z) \cdot z^{-\nu}].\qquad (4.3.32)$$

Hieraus lässt sich die in Bild 4.3.5 gezeigte Struktur herleiten, die zwar bezüglich der Speicher nicht kanonisch ist, da $2n$ Speicherelemente für ein System n-ter Ordnung benötigt werden, dafür aber mit der Minimalzahl von Multiplizierern, nämlich $n + 1$, auskommt. Vom Standpunkt des Realisierungsaufwandes bietet diese Struktur gegenüber der kanonischen Form daher Vorteile.

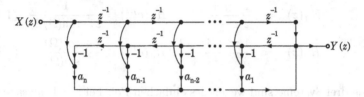

Bild 4.3.5: Allpassstruktur mit minimaler Multipliziereranzahl

4.3.3 Digitale Integrierer

Ein wichtiges Grundelement kontinuierlicher Systeme ist der Integrierer mit der Laplace-Übertragungsfunktion

$$H(s) = \frac{1}{s}. \tag{4.3.33}$$

Es stellt sich die Frage, wie die Integration durch ein zeitdiskretes System realisiert werden kann. Dazu bieten sich verschiedene Möglichkeiten der Approximation an, indem man von der *Rechteck-*, der *Trapez-* oder der *Simpson-Formel* ausgeht. Bezeichnen $x(k)$ und $y(k)$ Ein- und Ausgangssignale der Integrierer, so gilt für die verschiedenen Formen:

- *Rechteck:*

$$y[k] = y[k-1] + x[k] \tag{4.3.34}$$

- *Trapez:*

$$y[k] = y[k-1] + \frac{1}{2}x[k] + \frac{1}{2}x[k-1] \tag{4.3.35}$$

- *Simpson:*

$$y[k] = y[k-2] + \frac{1}{3}x[k] + \frac{4}{3}x[k-1] + \frac{1}{3}x[k-2]. \tag{4.3.36}$$

Die angegebenen rekursiven Beziehungen sind durch kausale diskrete Systeme zu realisieren; die zugehörigen Systemfunktionen und Frequenzgänge sind:

$$H_{IR}(z) = \frac{z}{z-1}, \qquad H_{IR}(e^{j\Omega}) = \frac{e^{j\Omega/2}}{2j \cdot \sin(\Omega/2)} \qquad (4.3.37)$$

$$H_{IT}(z) = \frac{1}{2}\frac{z+1}{z-1}, \qquad H_{IT}(e^{j\Omega}) = \frac{1}{2j \cdot \tan(\Omega/2)} \qquad (4.3.38)$$

$$H_{IS}(z) = \frac{1}{3}\frac{z^2+4z+1}{z^2-1}, \quad H_{IS}(e^{j\Omega}) = \frac{2+\cos(\Omega)}{3j \cdot \sin(\Omega)}. \qquad (4.3.39)$$

Alle drei Systeme sind wegen des einfachen Pols bei $z=1$ *quasistabil.*
Die auf der Rechteckformel basierende Variante (4.3.34) ist die gebräuchlichste Form eines diskreten Integrierers. Hierbei wird das Eingangssignal einfach rekursiv aufsummiert, weshalb diese Struktur auch als *Akkumulator* bezeichnet wird[4.1]. Der Vergleich von (4.3.37) und (4.3.33), zeigt, dass hier offensichtlich die in Abschnitt 4.2.1 eingeführte Transformation (4.2.9) zwischen s- und z-Ebene zugrunde liegt, bei der die linke s-Halbebene in das Innere eines Kreises in der rechten z-Halbebene abgebildet wird (vgl. Bild 4.2.1). Demgegenüber ist der auf der Trapezformel beruhende diskrete Integrierer (4.3.35) aus dem kontinuierlichen Integrierer (4.3.33) durch *bilineare Transformation* (4.2.15) zu gewinnen, die die linke s-Halbebene in das Innere des Einheitskreises in der z-Ebene abbildet (siehe Bild 4.2.2).

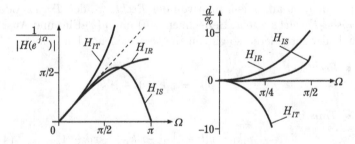

Bild 4.3.6: Approximationen der Integration durch diskrete Systeme

---

[4.1] Die gebräuchlichen Signalprozessoren enthalten im Kern ihres Rechenwerks einen Akkumulator in Verbindung mit einem Multiplizierer (Multiplier-Accumulator, MAC).

Abschließend stellt sich die Frage, wie gut die drei betrachteten diskreten Integrierer den Betragsfrequenzgang eines idealen Integrierers

$$|H_I(e^{j\Omega})| = \frac{1}{|\Omega|} \ , \ |\Omega| < \pi \qquad (4.3.40)$$

approximieren. In Bild 4.3.6a sind zur besseren Verdeutlichung der Abweichungen die drei *inversen* Amplitudengänge dargestellt; Bild 4.3.6b zeigt den Fehler

$$d(\Omega) = \frac{|H_I(e^{j\Omega})| - |H_{IR,T,S}(e^{j\Omega})|}{|H_I(e^{j\Omega})|} \qquad (4.3.41)$$

zwischen dem idealen Frequenzgang (4.3.40) und den drei Approximationen.

4.4 Quantisierungseinflüsse

Die in den vorangegangenen Abschnitten besprochenen Entwurfsverfahren gehen davon aus, dass das Filter sich so realisieren lässt wie durch die Systemfunktion beschrieben. Das ist jedoch nicht der Fall, da z.B. die Filterkoeffizienten mit einer Genauigkeit berechnet werden, die der des Rechners entspricht, auf dem der Entwurf durchgeführt wurde. Will man nun das ermittelte Filter z.B. auf einem Signalprozessor implementieren, so ist die darstellbare Genauigkeit der Parameter im allgemeinen sehr viel stärker begrenzt, was zu Verfälschungen der Übertragungsfunktion gegenüber dem Wunschverlauf führt. Hierdurch kann das realisierte Filter das vorgeschriebene Toleranzschema verletzen oder sogar instabil werden.

Die erzielbare Genauigkeit hängt prinzipiell davon ab, ob ein Gleitkomma- oder ein Festkomma-Prozessor verwendet wird. Die folgenden Betrachtungen beziehen sich auf die Festkomma-Arithmetik; Betrachtungen über die Genauigkeit bei Gleitkomma-Arithmetik findet man z.B. in [Lac96].

Neben der Koeffizientenquantisierung und der Quantisierung der Ein- und Ausgangssignale hat man noch andere Phänomene zu berücksichtigen: Bei der Multiplikation zweier Festkommazahlen entsteht eine Zahl mit doppelter Länge. Vor der Weiterverarbeitung muss sie an das interne Zahlenformat angepasst werden; dies erfolgt entweder durch *Runden* oder *Abschneiden*. Bei der Addition zweier Zahlen kann es zu Überläufen kommen, die zu einer *Begrenzung* des Resultats führen. Berücksichtigt man alle diese Phänomene, so muss man die das lineare, zeitinvariante System beschreibende Differenzengleichung nach (3.5.3) durch die nichtlineare Gleichung

$$\left[\sum_{\nu=0}^{n} [[a_\nu]_Q [y[k-\nu]]_Q]_Q\right]_Q = \left[\sum_{\mu=0}^{m} [[b_\mu]_Q [x[k-\mu]]_Q]_Q\right]_Q \qquad (4.4.1)$$

ersetzen; hierbei bezeichnet das Symbol $[\cdot]_Q$ die Quantisierung. Während die Quantisierung der Koeffizienten und der Ein- bzw. Ausgangssignale nichts an der Linearität der Beziehung ändert, treten durch Produkt- und Summenquantisierung *nichtlineare* Phänomene auf.

Die Quantisierung der Koeffizienten a_ν und b_μ ruft eine *Verzerrung* des gewünschten Frequenzgangs hervor. Runden oder Abschneiden der Signale, z.B. bei der Multiplikation, d.h. bei der Berechnung der Produkte $[[a_\nu]_Q [y[]k-\nu]]_Q]_Q$ bzw. $[[b_\mu]_Q [x[k-\mu]]_Q]_Q$, äußert sich am Ausgang als *Rauschen* oder durch so genannte *Quantisierungsgrenzzyklen*. Schließlich kann die Zahlenbereichsbeschränkung bei der Addition zu so genannten *Überlaufschwingungen* führen.

Im nächsten Abschnitt wird zunächst die Darstellung von Festkommazahlen beschrieben; anschließend soll auf die genannten Phänomene eingegangen werden.

4.4.1 Darstellung von Festkommazahlen

Mit digitalen Systemen lassen sich nur Zahlen mit endlicher Genauigkeit verarbeiten. Deshalb müssen kontinuierliche Signalamplituden und Koeffizienten quantisiert werden. Die quantisierte, zunächst nicht negativ angenommene Zahl x_Q lässt sich bei Wahl der Basis b mit $m > l$ in der Form

$$x_Q = \sum_{i=l}^{m} a_i \, b^i = (a_m \, a_{m-1} \ldots a_l)_b, \quad x_Q \geq 0 \qquad (4.4.2)$$

darstellen. Bei der *binären* Zahlendarstellung gilt für die Basis $b = 2$ und die Gewichte $a_i \in \{0, 1\}$. Die *Wortlänge mit Vorzeichen* ist

$$w = m - l + 2 \,. \qquad (4.4.3)$$

Dabei ist zu beachten, dass man das Vorzeichenbit links vor die Dualzahl stellt, üblicherweise eine 0 für positive und eine 1 für negative Zahlen. Man spricht von *Festkommadarstellung*.

Bei Systemen der digitalen Signalverarbeitung sind zwei Formen der binären Zahlendarstellung üblich: die Darstellung nach *Vorzeichen und Betrag* sowie die Darstellung im *Zweierkomplement*. Beide Darstellungen unterscheiden sich nicht bei der Repräsentation von positiven Zahlen, wohl aber bei negativen. Der Vorteil der Zweierkomplementdarstellung besteht darin, dass man zwei Zahlen beliebigen Vorzeichens in gleicher Weise addieren kann, während man bei der Darstellung nach Vorzeichen und Betrag zwischen Addition und Subtraktion unterscheiden muss; ferner gelangt man bei der Zweierkomplementdarstellung auch dann zum korrekten Ergebnis, wenn bei Zwischensummen ein Überlauf auftritt – Voraussetzung hierfür ist, dass das korrekte Endergebnis im darstellbaren Zahlenbereich liegt. Eine negative Zahl im Zweierkomplement ergibt sich durch Inversion sämtlicher Binärzeichen und anschließende Addition des Wertes 2^l. Günstig ist bei dieser Darstellung gegenüber der Darstellung mit Vorzeichen und Betrag auch, dass jede Zahl nur eine Codierungsform besitzt; bei der Darstellung nach Betrag und Vorzeichen erhält man für die Null die Werte $+0$ und -0. Beim Zweierkomplement kann man deshalb Zahlen im Bereich $-2^{m+1} \le x_Q \le 2^{m+1} - 2^l$ darstellen, bei Verwendung von Vorzeichen und Betrag gilt der Bereich $-(2^{m+1} - 2^l) \le x_Q \le 2^{m+1} - 2^l$. Die *Auflösung* einer mit w bit dargestellten Zahl beträgt also bei Berücksichtigung des Vorzeichenbits

$$Q = \frac{\max|x|}{2^{w-1}} = \frac{2 \cdot 2^{m+1}}{2^w} = 2^{m+2-w} = 2^l; \qquad (4.4.4)$$

diese Größe wird auch als *Quantisierungsstufe* oder *Quantisierungsintervall* bezeichnet. Eine gebräuchliche Quantisierungskennlinie ist in Bild 4.4.1 wiedergegeben.

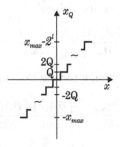

Bild 4.4.1: Quantisierungskennlinie

4.4.2   Quantisierung der Filterkoeffizienten

Bei quantisierten Parametern erhält man statt der Systemfunktion (4.0.1) mit unendlicher Parametergenauigkeit die Funktion

$$H(z) = \frac{\sum_{\mu=0}^{m} [b_\mu]_Q \cdot z^{-\mu}}{\sum_{\nu=0}^{n} [a_\nu]_Q \cdot z^{-\nu}}, \tag{4.4.5}$$

wobei der Index Q die Quantisierung bezeichnet. Wegen der quantisierten Parameter sind auch nur quantisierte Pole und Nullstellen möglich. Dabei interessiert z.B. die Empfindlichkeit der Pole in Abhängigkeit von Parameteränderungen. Wenn diese Empfindlichkeit groß ist, werden sich die Pole bei nur geringer Abweichung der quantisierten von den nicht quantisierten Parametern stark ändern. Folglich müsste man eine hohe Stellenzahl der Parameter wählen, um die gewünschten Pole und damit den gewünschten Frequenzgang für vorgegebene Toleranzen zu realisieren.

Bei der Berechnung der Empfindlichkeit der Lage eines Pols $z_{\infty i}$ gegenüber Veränderungen des Parameters a_k

$$S_{\infty i}^k = \frac{\partial z_{\infty i}}{\partial a_k} \tag{4.4.6}$$

braucht man nur den Nenner von (4.0.1) zu berücksichtigen. Nach (3.5.7) gilt für das Nennerpolynom

$$A(z) = \prod_{\nu=1}^{n}(1 - z_{\infty\nu}z^{-1}) = z^{-n}\prod_{\nu=1}^{n}(z - z_{\infty\nu}) = \sum_{\nu=0}^{n} a_\nu z^{-\nu}. \tag{4.4.7}$$

Bei einfachen Polen $z_{\infty i}$ ergibt sich mit

$$\left.\frac{\partial A(z)}{\partial a_k}\right|_{z=z_{\infty i}} = \left.\frac{\partial A(z)}{\partial z}\right|_{z=z_{\infty i}} \frac{\partial z_{\infty i}}{\partial a_k} = \left.\frac{\partial A(z)}{\partial a_k}\right|_{z=z_{\infty i}} \tag{4.4.8}$$

nach kurzer Zwischenrechnung für die Polempfindlichkeit

$$
\begin{aligned}
S_{\infty i}^k &= \frac{\partial z_{\infty i}}{\partial a_k} = \left[\frac{\partial A(z)}{\partial a_k}\left[\frac{\partial A(z)}{\partial z}\right]^{-1}\right]_{z=z_{\infty i}} \\
&= \frac{z_{\infty i}^{n-k}}{\prod_{\substack{\nu=1\\\nu\neq i}}^{n}(z_{\infty i} - z_{\infty\nu})}.
\end{aligned}
\tag{4.4.9}
$$

Die Empfindlichkeit der Polstellen bezüglich jeden Parameters a_k wird umso *größer* sein, je *enger* die Pole beieinander liegen und je *größer* die Anzahl dieser Pole ist. Dies trifft besonders bei schmalbandigen Tiefpässen zu. Entsprechende Aussagen gelten für die Nullstellen und deren Empfindlichkeit. Es kommt demnach darauf an, die Systemordnung n möglichst niedrig zu halten und die Polstellen möglichst weit auseinander zu legen. Da bei einem System zweiter Ordnung mit konjugiert komplexem Polpaar diese Forderungen am besten erfüllt werden, soll dieses System hier näher untersucht werden. Ein System zweiter Ordnung hat nach (4.4.5) folgende Systemfunktion mit quantisierten Parametern

$$H(z) = \frac{[b_0]_Q + [b_1]_Q\, z^{-1} + [b_2]_Q\, z^{-2}}{1 + [a_1]_Q\, z^{-1} + [a_2]_Q\, z^{-2}}, \qquad (4.4.10)$$

wobei $a_0 = 1$ gesetzt wurde. Wenn das System die beiden konjugiert komplexen Pole mit der Polarkoordinatendarstellung $z_\infty = \rho_\infty \cdot \exp(\pm j\alpha_\infty)$ besitzt, gilt für die Koeffizienten des Nenners

$$\begin{aligned}
z^2 + [a_1]_Q\, z + [a_2]_Q &= (z - \rho_\infty \cdot e^{+j\alpha_\infty}) \cdot (z - \rho_\infty \cdot e^{-j\alpha_\infty}) \\
&= z^2 - 2\rho_\infty \cdot \cos(\alpha_\infty) \cdot z + \rho_\infty^2. \qquad (4.4.11)
\end{aligned}$$

Die Quantisierung der Koeffizienten a_1 und a_2 wirkt sich also unmittelbar auf den *Realteil* und das *Quadrat des Betrages* des Pols aus

$$\begin{aligned}
[a_1]_Q &\rightarrow \quad [2\rho_\infty \cdot \cos(\alpha_\infty)]_Q = [2 \cdot \mathrm{Re}\{z_\infty\}]_Q \\
[a_2]_Q &\rightarrow \quad [\rho_\infty^2]_Q. \qquad (4.4.12)
\end{aligned}$$

Für die folgenden Betrachtungen wird angenommen, dass die beiden Koeffizienten a_1 und a_2 *mit gleicher Quantisierungsstufe Q aufgelöst sind*. Dabei ist zu bedenken, dass der mögliche Wertebereich für a_2 zwischen -1 und $+1$ liegt, während der Bereich für den Koeffizient a_1 verdoppelt ist (siehe Koeffizientendreieck gemäß Bild 3.5.5)

$$-2 < a_1 < 2 \quad \text{und} \quad -1 < a_2 < 1; \qquad (4.4.13)$$

bei gleicher Auflösung benötigt man also zur Darstellung von a_1 ein bit mehr. Bei der praktischen Realisierung von digitalen Filtern, bei denen einzelne Koeffizienten bis zwei ausgesteuert sind (also z.B. bei der hier diskutierten Direktform), werden zunächst alle Koeffizienten durch zwei dividiert; nach Ausführung der Differenzengleichung wird das Ergebnis durch Verschiebung um eine Binärstelle nach links korrekt skaliert.

Besitzen also beide Koeffizienten die gleiche Quantisierungsstufe Q, gilt
also

$$a_1 = \mu \cdot Q, \quad a_2 = \nu \cdot Q \quad \mu, \nu \in \{0, \pm 1. \pm 2, \cdots\}$$

so sind die möglichen Pollagen in der z-Ebene gemäß (4.4.12) durch
ein Raster mit *äquidistanten Realteilen* und nach einem *Wurzelgesetz
gestuften Beträgen*

$$\text{Re}\{[z_\infty]_Q\} = \mu \cdot Q/2,$$

$$|[z_\infty]_Q| = \sqrt{\nu \cdot Q}, \quad \mu, \nu \in \{0, \pm 1. \pm 2, \cdots\} \quad (4.4.14)$$

festgelegt. Als Beispiel zeigt Bild 4.4.2a die möglichen Pollagen bei einer
Quantisierungsstufe von $Q = 2^{-5}$.

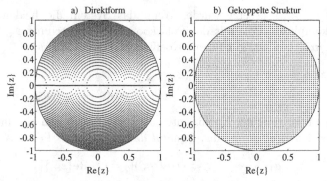

Bild 4.4.2: Mögliche Polstellen eines Systems zweiter Ordnung bei Quantisierung der Koeffizienten, $Q = 2^{-5}$
a) direkte Realisierung
b) gekoppelte Struktur gemäß Bild 4.4.3

Es fällt auf, dass die Dichte möglicher Pollagen in der Umgebung von
$z = 1$ sehr gering ist, während sie in Richtung auf $z = j$ zunimmt. Dies
bedeutet, dass die Realisierung von Tiefpässen mit geringer Grenzfrequenz bei der Anwendung der Direktstruktur zu großen Ungenauigkeiten
infolge der Koeffizientenquantisierung führen kann. Um eine homogene-
re Verteilung möglicher Pollagen in der z-Ebene zu erzielen, hat man
nach anderen Filterstrukturen gesucht. Eine Möglichkeit für ein System
zweiter Ordnung ist die von Gold und Rader vorgeschlagene *gekoppelte
Struktur* [GR67, OS75], deren Signalflussgraph zusammen mit dem Graphen für das Nennerpolynom der Direktform in Bild 4.4.3 wiedergegeben

ist. Für die Übertragungsfunktion der gekoppelten Struktur gilt

$$H(z) = \frac{\rho_\infty \sin\alpha_\infty \, z^{-2}}{1 - 2\rho_\infty \cos\alpha_\infty \, z^{-1} + \rho_\infty^2 z^{-2}} \; . \qquad (4.4.15)$$

Man erhält auch hier ein System zweiter Ordnung, wobei gegenüber der Direktform statt der zwei nun allerdings vier Multiplizierer erforderlich sind. Die Koeffizienten stellen hier direkt den Realteil $\rho_\infty \cos\alpha_\infty$ bzw. den Imaginärteil $\rho_\infty \sin\alpha_\infty$ der Pole dar. Werden diese Größen quantisiert, so führt dies zu einer *gleichmäßigen Auflösung der Realteile und der Imaginärteile* der darstellbaren Pole und somit zu einem im Inneren des Einheitskreises *regelmäßigen Polgitter*. Bild 4.4.2b zeigt die Polverteilung für eine Quantisierungsstufe der Koeffizienten von $Q = 2^{-5}$.

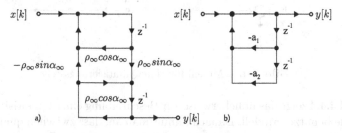

Bild 4.4.3: Signalflussgraph für a) die gekoppelte Struktur und b) den Nenner der Direktform

Positiv ist bei dieser Form die Unabhängigkeit von der Wahl der Grenzfrequenz; andererseits ist die Konzentration möglicher Lagen von Polstellen bei der Direktform im Bereich des Einheitskreises sinnvoll, wenn man an Filtern hoher Güte, d.h. mit hoher Flankensteilheit beim Übergang vom Durchlass- zum Sperrbereich interessiert ist. Eine Struktur mit besonders hoher Poldichte um $z = 1$ wurde in [Kin72] vorgeschlagen. Übersichten über weitere Filterstrukturen findet man in [Hes93] sowie in [Zöl96] unter dem speziellen Gesichtspunkt der Anwendung im Audiobereich.

4.4.3 Stochastisches Modell des Quantisierungsrauschens

Während die im letzten Abschnitt beschriebene Darstellung der Filterkoeffizienten durch endliche Wortlängen auf deterministische Verzerrungen des Frequenzganges führt, lässt sich die Quantisierung der *Signale* am Ein- und Ausgang sowie im Inneren des Filters als stochastischer, d.h. rauschartiger Fehler darstellen. Eine gebräuchliche Quantisierungskennlinie ist in Bild 4.4.1 wiedergegeben. Nimmt man für den Maximalwert $x_{max} = 1$ an, was der üblichen Normierung diskreter Signale entspricht, so erhält man bei einer Wortlänge w unter Berücksichtigung eines Vorzeichenbits gemäß (4.4.4) mit $m = -1$ eine Quantisierungsstufe von $Q = 2^{-w+1}$.

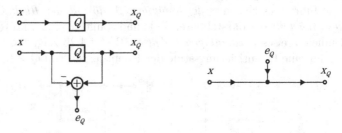

Bild 4.4.4: Modell für eine Quantisierungsstelle

Bild 4.4.4 zeigt das üblicherweise zur Beschreibung einer Quantisierungsstelle benutzte Modell. Danach nimmt man an, dass zwischen quantisiertem Wert x_Q und unquantisiertem Eingangswert x der Zusammenhang

$$x_Q = x + e_Q, \quad -Q/2 < e_Q < Q/2 \qquad (4.4.16)$$

besteht, d.h. man geht von der Modellvorstellung aus, dass sich dem unquantisierten Wert x ein rauschartiger Fehler e_Q überlagert, so dass der quantisierte Wert x_Q entsteht. Dieses Modell leitet sich von dem in [Wid61] aufgestellten *Quantisierungstheorem* ab. Dabei wird ein gleichverteilter, mittelwertfreier Quantisierungsfehler mit der Dichte [JN84]

$$f_{E_Q}(e_Q) = \begin{cases} 1/Q, & |e_Q| < Q/2 \\ 0 & \text{sonst} \end{cases} \qquad (4.4.17)$$

angenommen. Die Varianz von $e_Q(k)$ wird abgekürzt mit σ_Q^2 bezeichnet und berechnet sich nach

$$\sigma_Q^2 = \mathrm{E}\{E_Q^2\} = \int\limits_{-Q/2}^{Q/2} e_Q^2 \frac{1}{Q}\, de_Q = \frac{Q^2}{12} = \frac{1}{3} 2^{-2w}. \qquad (4.4.18)$$

Als Qualitätsmaß der Quantisierung verwendet man den in dB angegebenen *SNR*-Wert (Signal-to-Noise Ratio), d.h. den Quotienten aus der Varianz des als sinusförmig vorausgesetzten Nutzsignals mit der Leistung $\sigma_X^2 = 1/2$ zur Varianz des Quantisierungsrauschens:

$$
\begin{aligned}
SNR &= 10 \log \left(\frac{\sigma_X^2}{\sigma_Q^2} \right) \\
&= 10 \log \left(\frac{3}{2} \cdot 2^{2w} \right) = 1,76 + 6,02 \cdot w \quad \text{in dB.} \quad (4.4.19)
\end{aligned}
$$

Die Erhöhung der Wortlänge um 1 bit vergrößert den *SNR*-Wert um 6dB. Wenn das Nutzsignal nicht sinusförmig ist, ändert sich die Konstante entsprechend der Statistik des Nutzsignals [Zöl96].

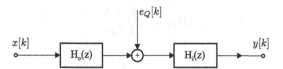

Bild 4.4.5: Transformation des internen Quantisierungsrauschens zum Systemausgang

Es soll nun untersucht werden, wie sich die infolge des Rundens von Produkten entstehende Quantisierung im Inneren eines digitalen Systems an dessen Ausgang bemerkbar macht. Dazu sei angenommen, dass die Gesamtübertragungsfunktion $H(z)$ gemäß Bild 4.4.5 in zwei Teilübertragungsfunktionen $H_0(z)$ und $H_i(z)$ mit $H(z) = H_0(z) \cdot H_i(z)$ aufgespalten werden kann, wobei das Quantisierungsrauschen $e_Q[k]$ über $H_i(z)$ an den Ausgang des Systems gelangt.

Bezeichnet man die Musterfunktion des Quantisierungsrauschens am Ausgang des Systems mit $e_y[k]$ und die zu $H_i(z)$ gehörende Impulsantwort mit $h_i[k]$, so folgt unter Benutzung der Beziehung (3.4.8)

$$
\begin{aligned}
\mathrm{E}\{(E_y[k])^2\} &= \mathrm{E}\{(E_Q[k] * h_i[k])^2\} = \mathrm{E}\{(\sum_{n=0}^{\infty} h_i[n]\, E_Q[k-n])^2\} \\
&= \sum_{n=0}^{\infty} \sum_{m=0}^{\infty} \mathrm{E}\{E_Q[k-n]\, E_Q[k-m]\} \cdot h_i[n]\, h_i[m] \\
&= \sigma_Q^2 \cdot \sum_{n=0}^{\infty} (h_i[n])^2 \\
&= \sigma_Q^2 \cdot \frac{1}{2\pi j} \oint_C H_i(z) H_i(z^{-1}) z^{-1}\, dz = \sigma_{Qy}^2 , \qquad (4.4.20)
\end{aligned}
$$

weil $E_Q[k]$ ein mittelwertfreier und weißer [SS77] Prozess ist, für dessen Abtastwerte $\mathrm{E}\{E_Q[n]\, E_Q[m]\} = \delta_{mn} \cdot \sigma_Q^2$ gilt. Die Auswertung dieses Integrals, dessen Integrationsweg im Konvergenzbereich des Integranden – bei stabilen Systemen ist das z.B. der Einheitskreis – zu erfolgen hat, findet man in [Jur64] für einige Systemfunktionen $H_i(z)$. Für ein System erster Ordnung mit der Systemfunktion

$$
H_1(z) = \frac{b_0 + b_1 z^{-1}}{1 + a_1 z^{-1}} \qquad (4.4.21)
$$

gilt

$$
\frac{1}{2\pi j} \oint_C H_1(z) H_1(z^{-1}) z^{-1}\, dz = \frac{b_0^2 + b_1^2 - 2a_1 b_0 b_1}{1 - a_1^2} , \qquad (4.4.22)
$$

für ein System zweiter Ordnung mit der Systemfunktion

$$
H_2(z) = \frac{b_0 + b_1 z^{-1} + b_2 z^{-2}}{1 + a_1 z^{-1} + a_2 z^{-2}} \qquad (4.4.23)
$$

gilt entsprechend

$$
\frac{1}{2\pi j} \oint_C H_2(z) H_2(z^{-1}) z^{-1}\, dz = \frac{c_0 c_3 - a_1 c_1 + c_2(a_1^2 - a_2 c_3)}{(1 - a_2)[(1 + a_2)c_3 - a_1^2]} \qquad (4.4.24)
$$

mit

$$
c_0 = b_0^2 + b_1^2 + b_2^2, \quad c_1 = 2b_1(b_0 + b_2), \quad c_2 = 2b_0 b_2, \quad c_3 = 1 + a_2 .
$$

Gibt es in einem digitalen System mehr als eine Stelle, an der Quantisierungsrauschen eingekoppelt wird, so kann man davon ausgehen, dass alle diese Rauschquellen statistisch unabhängig voneinander sind; somit addieren sich ihre Leistungen. Da alle Quellen dieselbe Varianz σ_Q^2 besitzen, erhält man als Gesamtrauschleistung am Ausgang des Systems

$$\sigma_{Ey}^2 = \sigma_Q^2 \sum_i \frac{1}{2\pi j} \oint_C H_i(z) H_i(z^{-1}) z^{-1} \, dz \,, \qquad (4.4.25)$$

sofern die Teilübertragungsfunktionen von den Rauschquellen zum Systemausgang mit $H_i(z)$ bezeichnet werden. Wie im nächsten Abschnitt noch gezeigt wird, lassen sich beim Einsatz von modernen Signalprozessoren mit interner doppelt genauer Darstellung der Zwischenergebnisse im Register des Multiplizierer-Akkumulators (MAC) abhängig von der verwendeten Filterstruktur einige der Multiplikationen zusammenfassen, so dass nicht jede Multiplikation isoliert einen Beitrag zum Quantisierungsrauschen liefert.

4.4.4 Quantisierungsrauschen in rekursiven Filtern

Die beiden in Abschnitt 4.4.2 im Hinblick auf die Koeffizientenfehler-Empfindlichkeit diskutierten Strukturen sollen nun auch bezüglich des Rundungsrauschens bei der Multiplikation betrachtet werden.

Jede Anpassung des Datenformats nach einer Multiplikation, d.h. die Reduktion der durch Multiplikation verdoppelten Binärstellenzahl auf die Hälfte, wird nach (4.4.16) und Bild 4.4.4 durch die Addition des Quantisierungsrauschens e_Q mit der Varianz σ_Q^2 nach (4.4.18) modelliert. Die Transformation dieses Rauschens zum Ausgang des Systems erfolgt dann nach (4.4.20) bzw. bei mehreren Rauschquellen nach (4.4.25).

In dem Signalflussgraphen zur Darstellung der Direktform nach Bild 4.4.3 treten zwei Multiplizierer auf, die einen Beitrag zum Rundungsrauschen liefern. Wie bereits erwähnt kann man bei Verwendung moderner Signalprozessoren mit interner doppelt genauer Zahlendarstellung ihre Beiträge zusammenfassen und am Eingang einkoppeln, da erst an dieser Stelle eine Reduktion der Binärstellenzahl um die Hälfte zur Anpassung an das Eingangssignal erfolgen muss. Damit erhält man den in Bild 4.4.6 gezeigten Signalflussgraphen. Das durch die Multiplikation hervorgerufene Quantisierungsrauschen wird mit der Übertragungsfunktion des Filters

$$H(z) = \frac{1}{1 + a_1 z^{-1} + a_2 z^{-2}} \qquad (4.4.26)$$

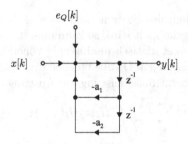

Bild 4.4.6: Modell für das Quantisierungsrauschen bei der Direktform

zum Ausgang übertragen. Aus (4.4.24) folgt damit für das Gesamtrauschen am Ausgang

$$\sigma_{Ey}^2 = \sigma_Q^2 \frac{1 + a_2}{1 - a_2} \cdot \frac{1}{(1 + a_2)^2 - a_1^2} \, . \qquad (4.4.27)$$

Bei der gekoppelten Struktur gibt es zwei Einkoppelpunkte für das

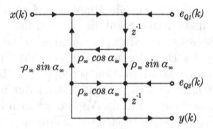

Bild 4.4.7: Modell für das Quantisierungsrauschen bei der gekoppelten Struktur

durch die Multiplikationen hervorgerufene Rundungsrauschen, wie man
in Bild 4.4.7 erkennen kann. Zum einen wird das Rundungsrauschen mit
der Übertragungsfunktion des Systems nach (4.4.15), zum anderen mit
der Übertragungsfunktion

$$H_1(z) = \frac{1 - \rho_\infty \cos \alpha_\infty \, z^{-1}}{1 - 2\rho_\infty \cos \alpha_\infty \, z^{-1} + \rho_\infty^2 \, z^{-2}} \qquad (4.4.28)$$

zum Ausgang übertragen. Berechnet man auch hier das Gesamtrauschen am Ausgang des Systems mit (4.4.24), so erhält man:

$$
\begin{aligned}
\sigma_{E_y}^2 &= \sigma_Q^2 \left(\frac{\rho_\infty^2 \sin^2 \alpha_\infty (1 + \rho_\infty^2)}{(1 - \rho_\infty^2)[(1 + \rho_\infty^2)^2 - 4\rho_\infty^2 \cos^2 \alpha_\infty]} \right. \\
&\qquad \left. + \frac{(1 + \rho_\infty^2 \cos^2 \alpha_\infty)(1 + \rho_\infty^2) - 4\rho_\infty^2 \cos^2 \alpha_\infty}{(1 - \rho_\infty^2)[(1 + \rho_\infty^2)^2 - 4\rho_\infty^2 \cos^2 \alpha_\infty]} \right) \\
&= \sigma_Q^2 \frac{1}{1 - \rho_\infty^2}.
\end{aligned}
\tag{4.4.29}
$$

Zum Schluss sollen noch die Ergebnisse von (4.4.27) und (4.4.29) miteinander verglichen werden. Dazu setzt man $a_2 = \rho_\infty^2$ und $a_1 = -2\rho_\infty \cos \alpha_\infty$ in (4.4.27) ein. Es soll eine Bedingung hergeleitet werden, unter der das Ausgangs-Multipliziererrauschen bei der gekoppelten Struktur trotz der doppelten Anzahl der Multiplizierer geringer als bei der Direktform ist; dazu muss

$$
\sigma_Q^2 \frac{1 + \rho_\infty^2}{1 - \rho_\infty^2} \frac{1}{(1 + \rho_\infty^2)^2 - 4\rho_\infty^2 \cos^2 \alpha_\infty} > \sigma_Q^2 \frac{1}{1 - \rho_\infty^2}
\tag{4.4.30}
$$

gelten. Es folgt nach einigen Umformungen die Bedingung

$$
4 \cos^2 \alpha_\infty > 1 + \rho_\infty^2.
$$

Setzt man für ρ_∞ den Maximalwert $\rho_\infty = 1$ ein, so erhält man

$$
\cos \alpha_\infty > \frac{1}{\sqrt{2}}
$$

bzw.

$$
0 \leq \alpha_\infty < \frac{\pi}{4}.
\tag{4.4.31}
$$

Dies bedeutet, dass die gekoppelte Struktur für Filter mit einer Grenzfrequenz bis zu einem Achtel der Abtastfrequenz geringeres Rauschen liefert als die Direktform; für Filter mit höherer Grenzfrequenz ist die Direktstruktur günstiger, was aus der höheren Dichte der Polstellenlagen im Bereich um $z = j$ resultiert. Weitere Einzelheiten über Quantisierungseffekte und weitere Filterstrukturen findet man z.B. in [Zöl96].

4.4.5 Spektralformung des Quantisierungsrauschens

Bei modernen Signalprozessoren mit erweiterter Zahlendarstellung im Multiplikations- und Akkumulationsregister hat man die Möglichkeit, den Quantisierungsfehler $e_Q[k]$ explizit zu berechnen. Dies eröffnet die Möglichkeit, durch gezielte Einspeisung dieses Fehlers, z.B. Rückführung mit negativem Vorzeichen, eine bestimmte Spektralformung des Gesamtfehlers durchzuführen, wodurch der in das Nutzband fallende Leistungsanteil erheblich reduziert werden kann. Man bezeichnet diese Technik im Englischen als *noise shaping*.

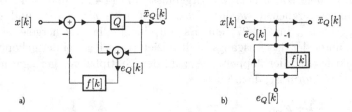

Bild 4.4.8: Quantisierer mit rückgekoppeltem Quantisierungsrauschen:
a) Realisierung, b) Signalflussgraph des Rauschmodells

Das Verfahren wird zunächst anhand eines einfachen Quantisierers mit noise shaping demonstriert. Bild 4.4.8a zeigt eine entsprechende Anordnung, bei der der errechnete Quantisierungsfehler $e_Q[k]$ über ein Filter mit der Impulsantwort $f[k]$ zurückgeführt wird. Dieses Filter muss *eine Verzögerung um mindestens ein Abtastintervall enthalten*, damit eine verzögerungsfreie Schleife vermieden wird. Für das quantisierte Ausgangssignal $x_Q[k]$ gilt damit

$$\bar{x}_Q[k] = \underbrace{x[k] + e_Q[k]}_{\text{ohne noise shaping}} - \underbrace{e_Q[k] * f[k]}_{\text{rückgeführter Fehler}} , \qquad (4.4.32)$$

wobei von dem infolge des Quantisierungsrauschens gegebenen Fehler $e_Q[k]$ nun der gleiche Fehler in gefilterter Version subtrahiert wird. Der neue gesamte Quantisierungsfehler ist mit (4.4.32)

$$\bar{e}_Q[k] = \bar{x}_Q[k] - x[k] = e_Q[k] - e_Q[k] * f[k] , \qquad (4.4.33)$$

er besteht also aus dem ursprünglichen Quantisierungsfehler, der eine neue Spektralformung erfahren hat. Um die Wirkung dieser Spektralformung an einem Beispiel zu veranschaulichen, sei angenommen, dass für das Filter $f[k] = \delta[k-1]$ ○—● $F(z) = z^{-1}$ gelte, was mit (4.4.33) auf

$$\bar{e}_Q[k] = e_Q[k] * (\delta[k] - \delta[k-1]) \tag{4.4.34}$$

führt; das Quantisierungsrauschen wurde also durch die Übertragungsfunktion

$$\bar{F}_Q(z) = \frac{Z\{\bar{e}_Q[k]\}}{Z\{e_Q[k]\}} = 1 - z^{-1} \tag{4.4.35}$$

gefiltert, also durch einen Hochpass mit dem Frequenzgang

$$\bar{F}_Q(e^{j\Omega}) = 2e^{j(\pi-\Omega)/2} \sin(\Omega/2). \tag{4.4.36}$$

Geht man davon aus, dass das Nutzsignal durch einen schmalbandigen Tiefpass übertragen wird, der durch Pole in der Nähe von $z = 1$ charakterisiert wird, dann würde bei traditionellen Filterstrukturen das im Innern des Filters erzeugte Quantisierungsrauschen durch diese Pole erheblich verstärkt. Mit der Anwendung des noise shaping wird in die Rauschübertragungsfunktion an der Stelle $z = 1$ eine Nullstelle eingefügt, wodurch die Wirkung der Pole zum großen Teil wieder aufgehoben wird; die Verstärkung des Rauschens wird dadurch herabgesetzt.

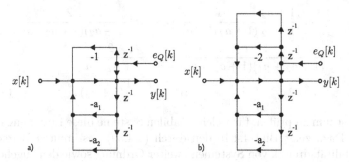

Bild 4.4.9: Rauschmodell: Direktformen mit Spektralformung des Rauschens: a) mit einer einfachen Nullstelle, b) mit einer doppelten Nullstelle bei $z = 1$

Wendet man diese Überlegung zur Reduktion des Quantisierungsrauschens auf die Direktstruktur eines rekursiven Filters zweiter Ordnung an und benutzt das im Beispiel verwendete noise-shaping-Filter

$F(z) = z^{-1}$, so erhält man den in Bild 4.4.9 im Teil a) gezeigten Signal-flussgraphen. Während die Übertragungsfunktion für das Nutzsignal un-verändert bleibt, ergibt sich für den Quantisierungsfehler aufgrund der zusätzlich eingeführten Nullstelle die Rauschübertragungsfunktion $H_i(z)$ vom Einkoppelpunkt des Quantisierungsrauschens bis zum Ausgang

$$H_i(z) = \frac{1 - z^{-1}}{1 + a_1 z^{-1} + a_2 z^{-2}}. \qquad (4.4.37)$$

Berechnet man wieder die Varianz des Rauschens am Ausgang des Sys-tems mit (4.4.24), so folgt

$$
\begin{aligned}
\sigma_{Ey}^2 &= \sigma_Q^2 \frac{2(1 + a_2) + 2a_1}{((1 - a_2)[(1 + a_2)^2 - a_1^2]} \\
&= \sigma_Q^2 \frac{2}{(1 - a_2)(1 + a_2 - a_1)}. \qquad (4.4.38)
\end{aligned}
$$

Um den Effekt der zusätzlichen Nullstelle auf das Rauschen zu untersu-chen, sind die Varianzen der einfachen Direktform nach (4.4.27) und der mit der zusätzlichen Nullstelle nach (4.4.38) miteinander zu vergleichen. Es wird eine Bedingung dafür hergeleitet, dass das Rauschen am Aus-gang der modifizierten Struktur mit noise shaping geringer ist als bei der konventionellen Direktstruktur. Dazu muss gelten

$$\sigma_Q^2 \frac{1 + a_2}{1 - a_2} \frac{1}{(1 + a_2)^2 - a_1^2} > \sigma_Q^2 \frac{2}{(1 - a_2)(1 + a_2 - a_1)}$$

$$\frac{1 + a_2}{(1 + a_2 + a_1)(1 + a_2 - a_1)} > \frac{2}{1 + a_2 - a_1}$$

$$a_1 < -\frac{1}{2}(1 + a_2). \qquad (4.4.39)$$

Es ist nun zu prüfen, für welche stabilen Systeme diese Beziehung erfüllt ist. Dazu zeigt Bild 4.4.10 den durch (4.4.39) bestimmten Bereich im Stabilitätsdreieck von Systemen zweiter Ordnung sowie den zugehörigen Bereich in der z-Ebene. Man erkennt, dass die Bedingung (4.4.39) für Tiefpässe mit einer Polfrequenz bis $f = f_A/6$ erfüllt ist.

Man kann das Rauschen noch weiter reduzieren, indem man eine weitere Nullstelle bei $z = 1$ hinzufügt, wie aus Bild 4.4.9 im Teil b) ersichtlich. Für die Übertragungsfunktion des Rauschens gilt hier

$$H_i(z) = \frac{1 - 2z^{-1} + z^{-2}}{1 + a_1 z^{-1} + a_2 z^{-2}}. \qquad (4.4.40)$$

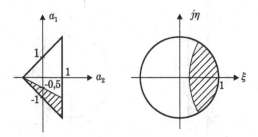

Bild 4.4.10: Bedingungen für die Koeffizienten bzw. die Pole zur Reduktion
des Rauschens für noise shaping mit einer Nullstelle bei $z = 1$.

Entsprechend (4.4.38) erhält man aus (4.4.24) für die Rauschleistung am
Systemausgang

$$\sigma_{E_y}^2 = \sigma_Q^2 \frac{6 + 2a_1 - 2a_2}{(1 - a_2)(1 + a_2 - a_1)} \, . \qquad (4.4.41)$$

Um eine Bedingung dafür zu erhalten, dass durch Hinzufügen der Nullstelle das Rauschen weiter reduziert wird, muss mit (4.4.38) und (4.4.41)
gelten

$$\sigma_Q^2 \frac{2}{(1 - a_2)(1 + a_2 - a_1)} \; > \; \sigma_Q^2 \frac{6 + 2a_1 - 2a_2}{(1 - a_2)(1 + a_2 - a_1)}$$

$$a_1 \; < \; a_2 - 2 \, . \qquad (4.4.42)$$

Damit das System stabil bleibt, kommen nur die in Bild 4.4.11 dargestellten Werte in Betracht. Danach reduziert sich gegenüber Bild 4.4.10
zwar der Bereich, in dem eine Verbesserung beim Quantisierungsrauschen erzielt wird, die Grenzfrequenz bleibt aber bei $f = f_A/6$ bestehen.
Da man oftmals vor allem an Filtern hoher Güte mit Polen in der Nähe
des Einheitskreises interessiert ist, stellt die Einschränkung des Bereichs
in der Praxis keinen Nachteil dar.
Zum Schluss sei noch die gekoppelte Struktur betrachtet, bei der nur *eine*
zusätzliche Nullstelle hinzuzufügen ist, da bereits eine der Übertragungsfunktionen für das Rauschen eine Nullstelle besitzt. Den Signalflussgraphen zeigt Bild 4.4.12. Es sind zwei Rauschübertragungsfunktionen
zu unterscheiden. Für die Übertragungsfunktion von der Rauschquelle
$e_{Q1}(k)$ zum Ausgang erhält man

$$H_1(z) = \frac{\rho_\infty \sin \alpha_\infty \, (1 - z^{-1}) z^{-2}}{1 - 2\rho_\infty \cos \alpha_\infty \, z^{-1} + \rho_\infty^2 z^{-2}} \qquad (4.4.43)$$

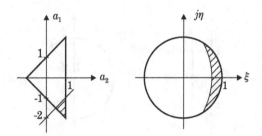

Bild 4.4.11: Bedingungen für die Koeffizienten bzw. die Pole zur Reduktion
des Rauschens für noise shaping mit einer doppelten Nullstelle
bei $z = 1$

und entsprechend für die Übertragungsfunktion von $e_{Q2}(k)$ zum Ausgang

$$H_2(z) = \frac{(1 - \rho_\infty \cos\alpha_\infty \, z^{-1})(1 - z^{-1})z^{-1}}{1 - 2\rho_\infty \cos\alpha_\infty \, z^{-1} + \rho_\infty^2 z^{-2}} \,. \qquad (4.4.44)$$

Für das gesamte Rauschen am Ausgang der gekoppelten Struktur erhält
man nach [Zöl96]

$$\sigma_{E_y}^2 = \sigma_Q^2 \frac{2 + a_1}{1 - a_2} \,. \qquad (4.4.45)$$

Sucht man wieder eine Bedingung dafür, dass dieses Ergebnis besser ist
als der beste bisher bezüglich des Rauschens erzielte Wert nach (4.4.41),
dann muss gelten

$$\sigma_Q^2 \frac{6 + 2a_1 - 2a_2}{(1 - a_2)(1 + a_2 - a_1)} \;>\; \sigma_Q^2 \frac{2 + a_1}{1 - a_2}$$

$$a_1^2 + 3a_1 - a_1 a_2 - 4a_2 + 4 \;>\; 0 \,. \qquad (4.4.46)$$

In [Zöl96] wird gezeigt, dass diese Ungleichung nur für breitbandige
Tiefpässe erfüllt wird und somit nur für diese Fälle das Ergebnis für
die gekoppelte Struktur günstiger ist. Je geringer allerdings die Güte des
Filters ist, desto geringer ist die Grenzfrequenz, bei der sich noch ein Vorteil für die gekoppelte Struktur ergibt. Setzt man nämlich $a_2 = \rho_\infty^2 = 1$
in (4.4.46) ein, so wird die Ungleichung nur für $0 < a_1 < 2$ erfüllt, die
Grenzfrequenz muss damit größer als $\Omega_g = \pi/2$ (d.h. $f_g > f_A/4$) sein.
Wählt man hingegen $a_2 = \rho_\infty^2 < 1$, so wird die Ungleichung auch für
schmalbandigere Tiefpässe erfüllt, d.h. solche, deren Grenzfrequenz auch
unterhalb von $\Omega_g = \pi/2$ liegt.

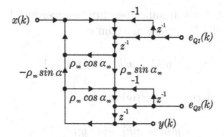

Bild 4.4.12: Rauschmodell: Gekoppelte Struktur mit Spektralformung

4.4.6 Grenzzyklen

Wie bereits an anderer Stelle bemerkt wurde, ist ein digitales System wegen der Quantisierung nicht mehr linear; deshalb gelten die in in Abschnitt 3.5.3 hergeleiteten Stabilitätsbedingungen für lineare Systeme nicht mehr. Folglich kann ein System, das diese Stabiltätsbedingungen einhält, trotz fehlender Erregung am Ausgang ein oszillierendes Signal liefert, das man als *Grenzzyklus* oder im Englischen mit *limit cycle* bezeichnet.

Man kann zwei Arten derartiger nichtlinearer Schwingungen unterscheiden: solche, die durch Quantisierung – Runden oder Abschneiden – bei der Multiplikation entstehen, so genannte *Quantisierungsgrenzzyklen,* und solche, die ihre Ursache im Zahlenüberlauf bei der Addition haben und deshalb als *Überlaufgrenzzyklen* oder auch Überlaufschwingungen bezeichnet werden. Die Amplitude der Quantisierungsgrenzzyklen ist bezogen auf die Nutzamplitude in der Regel klein, während die Überlaufgrenzzyklen durchaus in der Größenordnung der Nutzamplituden liegen. Nichtrekursive Systeme weisen keine Grenzzyklen auf, hier macht sich die Qantisierung lediglich als Verzerrung des Nutzsignals bemerkbar.

Quantisierungsgrenzzyklen

Das Phänomen der Quantisierungsgrenzzyklen soll anhand eines reellwertigen Systems erster Ordnung mit der Systemfunktion

$$H(z) = \frac{1}{1 + a\,z^{-1}}, \quad a \in \mathbb{R}$$

mit einem Pol bei $z = 0$ näher beschrieben werden. Dieser Systemfunktion entspricht die Differenzengleichung

$$y[k] = x[k] - a \cdot y[k-1]$$

bzw. bei Quantisierung des Produkts

$$y[k] = x[k] - [a \cdot y[k-1]]_Q \,. \qquad (4.4.47)$$

Es soll nun angenommen werden, dass die Werte am Ausgang auf eins begrenzt sind, $|y(k)| < 1$, und dass das System mit $x[k] = 0$ unerregt ist, jedoch den Wert $y[k-1] \neq 0$ speichert. Damit das System Grenzzyklen mit der Frequenz Ω_g aufweist, muss eine der Bedingungen

$$y[k] = \begin{cases} -y[k-1], & \Omega_g = \pi \\ y[k-1], & \Omega_g = 0 \end{cases} \qquad (4.4.48)$$

erfüllt sein. In beiden Fällen klingt die Systemantwort nicht wie beim linearen Verhalten nach Null ab. Stattdessen liegt im ersten Fall am Ausgang eine Schwingung der Ordnung 2 – d.h. eine Schwingung der nomierten Frequenz $\Omega_g = \pi$ – entsprechend $f_A/2$ – an, im zweiten Fall eine Schwingung der Ordnung 1 bzw. ein nicht oszillierendes Signal mit der normierten Frequenz $\Omega_g = 0$. Das System wirkt nach außen so, als hätte es eine Polstelle bei $z = -1$ bzw. bei $z = 1$. Damit die erste Bedingung in (4.4.48) zutrifft, muss die Beziehung

$$[a \cdot y[k-1]]_Q = y[k-1] \qquad (4.4.49)$$

gelten. Führt man eine Rundung mit der Quantisierungsstufe Q durch, so folgt mit (4.4.49)

$$|y[k-1] - a \cdot y[k-1]| \leq \frac{Q}{2}$$

bzw. bei weiterer Abschätzung

$$|y[k-1]| - a \cdot |y[k-1]| \leq \frac{Q}{2} \,. \qquad (4.4.50)$$

Da das Ausgangssignal infolge der Rundung einen der quantisierten Werte $I \cdot Q$, $I \in \mathbb{N}$ annimmt, folgt aus (4.4.50) schließlich

$$(1 - a) \cdot |y([k - 1]| \leq \frac{Q}{2}$$

$$I \cdot Q = |y[k - 1]| \leq \frac{Q}{2(1 - a)}$$

$$I \leq \frac{1}{2(1 - a)} = d, \quad I \in \mathbb{N}. \qquad (4.4.51)$$

Man bezeichnet d als *dead band* [Ant93] oder tote Zone, in der sich Grenzzyklen ausbilden. Die Ungleichung wird nur für $0,5 \leq a < 1$ erfüllt, weil nur in diesem Intervall I voraussetzungsgemäß zu einer natürlichen Zahl wird und damit Grenzzyklen der Frequenz $\Omega_g = \pi$ auftreten; vermieden werden diese durch die Festlegung des Parameters a auf das Intervall $0 \leq a < 0,5$.

Wenn die zweite Bedingung in (4.4.48) erfüllt werden soll, so muss $a < 0$ gelten: Grenzzyklen der Ordnung 1, also mit der Frequenz $\Omega_g = 0$, treten unter der Koeffizientenbedingung $-1 < a \leq -0,5$ auf.

Bei einem System erster Ordnung werden Quantisierungsgrenzzyklen also nur unter der Koeffizienteneinschränkung $|a| < 0,5$ ausgeschlossen.

- **Beispiel:** *Quantisierungsgrenzzyklen bei Systemen erster Ordnung*
  Zur Veranschaulichung werden zwei Systeme erster Ordnung mit $a = 9/16$ und $a = -9/16$ betrachtet; die Quantisierungsstufe beim Runden des Ausgangssignals sei $Q = 1/16$. Das Eingangssignal sei $x[k] \equiv 0$, während das Zustandsregister zu Beginn mit $y(-1) = 1$ geladen sein soll. Die sich für die beiden Systeme ergebenden Ausgangsfolgen $y[k]$ sind in Tabelle 4.1 bzw. in Bild 4.4.13 wiedergegeben.

Wiederholt man die Überlegungen für Systeme zweiter Ordnung mit der Systemfunktion

$$H(z) = \frac{1}{1 + a_1 z^{-1} + a_2 z^{-2}}$$

bzw. der Differenzengleichung mit quantisierten Produkten

$$y[k] = x[k] - [a_1 \cdot y[k - 1]]_Q - [a_2 \cdot y[k - 2]]_Q, \qquad (4.4.52)$$

so soll auch hier wieder vorausgesetzt werden, dass die Erregung mit $x[k] \equiv 0$ verschwindet und mindestens einer der gespeicherten Zustandswerte $y[-1]$ oder $y[-2]$ von Null verschieden ist. Man unterscheidet hier

Tabelle 4.1: Quantisierungsgrenzzyklen für $Q = 1/16$ bei einem System erster Ordnung mit dem Parameter a und dem Anfangswert $y[-1] = 1$

a	$y[0]$	$y[1]$	$y[2]$	$y[3]$	$y[4]$	$y[5]$	$y[6]$
-9/16	9/16	5/16	3/16	2/16	1/16	1/16	1/16
9/16	-9/16	5/16	-3/16	2/16	-1/16	1/16	-1/16

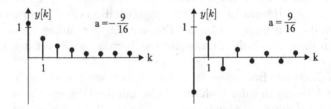

Bild 4.4.13: Quantisierungsgrenzzyklen für $Q = 1/16$ bei einem System erster Ordnung mit dem Parameter a und dem Anfangswert $y(-1) = 1$

zwei verschiedene Moden von Grenzzyklen [Ant93]: Zum einen treten wie beim System erster Ordnung Grenzzyklen mit den Frequenzen $\Omega_g = 0$ und $\Omega_g = \pi$ auf, zum anderen solche, deren Frequenz Ω_g mit der Eigenschwingung des linearen Systems verknüpft ist. Bei konjugiert komplexen Polen

$$z_\infty = \rho_\infty \, e^{\pm j\alpha_\infty} = -\frac{a_1}{2} \pm j \, \frac{\sqrt{4a_2 - a_1^2}}{2}$$

mit

$$\rho_\infty = \sqrt{a_2}, \quad \alpha_\infty = \arccos\left(-\frac{a_1}{2\rho_\infty}\right)$$

gilt für diese Eigenresonanz des Filters mit $a_2 = 1$:

$$\Omega_\infty = 2 \cdot \pi \cdot \arccos\left(-\frac{a_1}{2}\right).$$

Für den ersten Modus der Grenzzyklen lauten die Bedingungen hier

$$y[k] = y[k-2] = \begin{cases} y[k-1], & \Omega_g = 0 \\ -y[k-1], & \Omega_g = \pi. \end{cases} \qquad (4.4.53)$$

Unter den genannten Voraussetzungen und unter der Bedingung, dass die quantisierte Amplitude der Signale $y[k-1]$ und $y[k-2]$ wieder $I \cdot Q$ ist, folgt aus (4.4.52):

$$I \cdot Q = \pm[a_1 \cdot I\,Q]_Q - [a_2 \cdot I\,Q]_Q, \quad I \in \mathbb{N}$$

bzw.

$$I = \pm[a_1 I]_Q - [a_2 I]_Q, \quad I \in \mathbb{N}, \qquad (4.4.54)$$

wobei das positive Vorzeichen Grenzzyklen der Frequenz $\Omega_g = \pi$ entspricht. Durch Lösen dieser Gleichung für verschiedene Werte von I kann man diejenigen Wertepaare a_1, a_2 bestimmen, für die im Stabilitätsdreieck keine Grenzzyklen auftreten. Eine notwendige, aber nicht hinreichende Bedingung für die Existenz von Grenzzyklen erhält man, wenn man für die Rundungsoperation die auf Q normierten Quantisierungsfehler q_1 bzw. q_2 mit $-0,5 < q_i \leq 0,5$ einführt [Ant93] und in (4.4.54) einsetzt:

$$\begin{aligned} I &= \pm a_1 I + q_1 - a_2 I + q_2 \\ \pm a_1 &= 1 + a_2 - \frac{q_1 + q_2}{I} \\ |a_1| &\geq 1 + a_2 - \frac{1}{I}. \end{aligned} \qquad (4.4.55)$$

Dabei wurden die Werte von q_1 und q_2 so gewählt, dass sich für $|a_1|$ der Minimalwert ergibt, so dass die Ungleichung 4.4.55 gilt.

Der zweite Modus der Grenzzyklen entsteht bei Quantisierung des Produkts $a_2 y[k-2]$, so dass mit $a_2 = 1$ die Wirkung eines Pols auf dem Einheitskreis hervorgerufen wird

$$[[a_2 y[k-2]]]_Q = |y[k-2]|,$$

was (4.4.49) entspricht. Wie dort erhält man als Bedingung für die Existenz von Grenzzyklen:

$$I \leq \frac{1}{2(1 - |a_2|)} = d, \quad I \in \mathbb{N}. \qquad (4.4.56)$$

Lösungen für diese Bedingung sind:

$$0,5 \leq |a_2| < 0,75 \quad I = 1$$

$$0,75 \leq |a_2| < 0,833 \quad I = 2$$

$$\vdots \qquad \vdots$$

$$\frac{2I-1}{2I} \leq |a_2| < \frac{2I+1}{2(I+1)} \quad I \; .$$

Eine Übersicht über die Bereiche innerhalb des Stabilitätsdreiecks, in denen nach (4.4.54) und (4.4.56) Grenzzyklen mit einer Amplitude von Vielfachen I der Quantisierungsstufe Q auftreten können, zeigt Bild 4.4.14. Daraus folgt, dass man beim Runden der Produkte mit Sicherheit keine Grenzzyklen erhält, wenn man die Systemparameter im Bereich

$$|a_1| \leq 0,25; \; -0,5 \leq a_2 \leq -0,25, \quad |a_1| \leq 0,5; \; -0,25 < a_2 \leq 0,5$$

wählt.

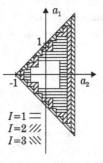

Bild 4.4.14: Stabilitätsdreieck mit Bereichen der Grenzzyklen der Amplitude $I \cdot Q$. Weißer Bereich: grenzzyklusfrei

Das Problem der Quantisierungsgrenzzyklen wurde in zahlreichen Arbeiten untersucht; dabei wurden verschiedene Lösungsansätze vorgeschlagen, z.B. die so genannte *Zufallsrundung*, bei der durch Hinzufügen eines zufälligen Rundungsbits Grenzzyklen zerstört werden [Büt77]. Besonders günstige Eigenschaften weisen in dieser Hinsicht die so genannten *Wellendigitalfilter* [Fet71, Fet86] auf, bei denen unter Verwendung von Abschneide-Arithmetik Grenzzyklen gänzlich vermieden werden. Schließlich bleibt darauf hinzuweisen, dass mit der Anwendung der im letzten Abschnitt besprochenen *noise shaping* Technik die Probleme der Quantisierungsgrenzzyklen in den meisten Fällen beseitigt sind.

Überlaufgrenzzyklen

Bei den folgenden Betrachtungen soll angenommen werden, dass die Zahlen im Zweierkomplement dargestellt werden. Geht man von einem System zweiter Ordnung nach Bild 4.4.15 aus, so ist diese Darstellung bei der Addition der Teilprodukte zu berücksichtigen. Der Einfachheit halber sei angenommen, dass die Amplituden aller Signale auf den Wert 1 beschränkt sind, d.h. es gilt $|x[k]| \leq 1$, $|y[k]| \leq 1$, $|y[k-1]| \leq 1$ und $|y[k-2]| \leq 1$. Das bei den Multiplikationen entstehende Rundungsrauschen ist gegenüber dem beim Überlauf enstehenden Fehler viel kleiner, so dass es unberücksichtigt bleiben kann.

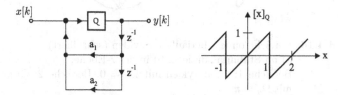

Bild 4.4.15: System zweiter Ordnung mit Quantisierung der Summe in Zweierkomplementdarstellung mit zugehöriger Kennlinie

Für die Differenzengleichung des Systems zweiter Ordnung mit Quantisierung der Summe kann man schreiben

$$y[k] = [x[k] - a_1 y[k-1] - a_2 y[k-2]]_Q . \qquad (4.4.57)$$

Solange der Wert in der Klammer im linearen Bereich der Kennlinie bleibt, tritt kein Überlauf auf und das System verhält sich linear. Das Systemverhalten ändert sich aber drastisch, wenn dieser Wert den Aussteuerbereich um den Wert ε überschreitet, da dann mit der Kennlinie in Bild 4.4.15

$$y[k] = [1 + \varepsilon]_Q = -1 + \varepsilon$$

gilt. Dieser Fehler tritt auf, ohne dass das System erregt ist. Es kann aus diesem Grund in einen Schwingungszustand geraten, wenn mindestens einer der Werte $y[k-1]$ oder $y[k-2]$ von Null verschieden ist. Allgemein wird keine Überlaufschwingung auftreten, wenn mit (4.4.57)

$$|x[k] - a_1 y[k-1] - a_2 y[k-2]| < 1$$

gilt. Bei Beschränkung der Signalamplituden mit $|y[k - i]| < 1$, $i = 1; 2$
führt dies auf die notwendige Bedingung

$$|a_1| + |a_2| < 1 . \qquad (4.4.58)$$

Durch diese Bedingung wird der zulässige Bereich im Stabilitätsdreieck
nach Bild 4.4.16 stark eingeschränkt. Betrachtet man auch hier wie-

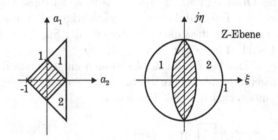

Bild 4.4.16: Bereiche ohne Überlaufgrenzzyklen (schraffiert)
a) im Stabilitätsdreieck, b) in der z-Ebene;
Bereiche 1: Grenzzyklen mit $\Omega_g = 0$, Bereiche 2: Grenzzyklen
mit $\Omega_g = \pi$

der Grenzzyklen der Ordnung 1 mit den Frequenzen $\Omega_g = 0$ und der
Ordnung 2 mit $\Omega_g = \pi$, so muss eine der Bedingungen

$$y[k] = y[k - 2] = \begin{cases} y[k - 1], & \Omega_g = 0 \\ -y[k - 1], & \Omega_g = \pi \end{cases} \qquad (4.4.59)$$

erfüllt sein. Die erste Bedingung führt mit (4.4.57) auf die Beziehung

$$y[k] = [-(a_1 + a_2)y[k]]_Q , \qquad (4.4.60)$$

was bei der Kennlinie nach Bild 4.4.15 wegen $[y[k] \pm 2 \cdot n]_Q = y[k]$, $n \in \mathbb{N}$
z.B. mit

$$y[k] = -(a_1 + a_2)\,y[k] \pm 2$$

erfüllt werden kann. Hieraus folgt für die Signalamplitude

$$y[k] = \frac{\pm 2}{1 + (a_1 + a_2)} < 1 . \qquad (4.4.61)$$

Mit den Systemparametern im Bereich $1 < a_1 + a_2 < 3$, die man in Bild 4.4.16 im mit 1 bezeichneten Bereich findet, wird (4.4.61) erfüllt. Grenzzyklen der Ordnung 2 erhält man, wenn man in (4.4.57) die zweite Bedingung von (4.4.59) einsetzt:

$$y[k] = [(a_1 - a_2)y[k]]_Q. \qquad (4.4.62)$$

Diese Gleichung wird gemäß der Kennlinie für das Zweierkomplement z.B. für

$$y[k] = (a_1 - a_2)\, y[k] \pm 2$$

erfüllt, was auf Amplituden der Größe

$$y[k] = \frac{\pm 2}{1 - (a_1 - a_2)} < 1 \qquad (4.4.63)$$

führt. Diese Bedingung wird mit den Systemparametern im Bereich $-3 < a_1 - a_2 < -1$ erfüllt, die sich in Bild 4.4.16 in dem mit 2 bezeichneten Gebiet befinden.

- **Beispiel:** *Überlaufgrenzzyklen bei Systemen zweiter Ordnung*
  Ein System zweiter Ordnung werde durch die Differenzengleichung

$$y[k] = [\frac{11}{8}y[k-1] - \frac{5}{8}y[k-2]]_Q$$

  mit den gespeicherten Werten $y(-1) = 43/64$ und $y(-2) = 43/64$ beschrieben. Die Signalamplituden $y[k-i]$, $i = 0; 1; 2$ werden auf die Quantisierungsstufe $Q = 1/64$ gerundet. Für die Folge $y[k]$ am Ausgang des Systems erhält man das im oberen Teil von Tabelle 4.2 und in Bild 4.4.17 dargestellte Ergebnis.

Mit $a_1 - a_2 = -2$ liegt nach (4.4.62) der Fall eines Grenzzyklus der Ordnung 2 vor. Die Amplitude berechnet sich ohne Berücksichtigung der Rundung nach (4.4.63) zu $|y[k]| = 2/3 = 0,667$, was mit der tatsächlichen, durch zusätzliches Runden beeinflussten Amplitude von $|y[k]| = 43/64 = 0,672$ gut übereinstimmt.

Will man Überlaufgrenzzyklen ganz vermeiden, ohne die starken Einschränkungen bei den Systemparametern nach (4.4.58) einhalten zu müssen, so verwendet man eine Kennlinie, die nach Bild 4.4.18 im Bereich $-1 < x < 1$ linear und sonst im schraffierten Bereich verläuft [Azi81]. Ein Beispiel ist die rechts im Bild dargestellte

Tabelle 4.2: Ausgangsfolge $y[k]$ bei Auftreten eines Überlaufgrenzzyklus und $\bar{y}[k]$ bei Verwendung der Sättigungskennlinie

k	0	1	2	3	4	5	6
$y[k]$	-42/64	43/64	-43/64	42/64	-43/64	43/64	-42/64
k	0	1	2	3	4	5	6
$\bar{y}[k]$	64/64	61/64	44/64	22/64	3/64	-10/64	-16/64
k	7	8	9	10	11	12	13
$\bar{y}[k]$	-16/64	-12/64	-7/64	-1/64	3/64	5/64	5/64
k	14	15	16	17	18	19	20
$\bar{y}[k]$	4/64	2/64	0/64	-1/64	-1/64	-1/64	-1/64

Sättigungskennlinie. Wendet man derartige Kennlinien an, so wird bei Überschreiten des linearen Bereichs das Signal verzerrt, eine Oszillation wird dagegen vermieden. Sofern nicht allzu oft eine Überschreitung des linearen Bereichs erfolgt, handelt es sich beim Einsatz einer Sättigungskennlinie um eine in der Praxis brauchbare Lösung. Der Vergleich der Folge $y[k]$, die mit der Kennlinie nach Bild 4.4.15 gewonnen wurde, mit der Folge $\bar{y}[k]$, die man bei Verwendung der Sättigungskennlinie nach Bild 4.4.18 erhält, zeigt dies, wie man aus Tabelle 2.2 und Bild 4.4.17 ablesen kann. Dabei wurde angenommen, dass eine Quantisierungskennlinie mit Runden nach Bild 4.4.1 mit $x_{max} = 1$ verwendet wird, die eine Quantisierungsstufe bei $x_Q = 0$ besitzt. Man erkennt, dass die Folge $\bar{y}[k]$ bei $k = 16$ auf Null abgeklungen ist, dann aber wegen des Quantisierungsrauschens weiter schwingt und ab $k = 17$ einen Quantisierungsgrenzzyklus der Ordnung 1 liefert.

4.4.7 Skalierung

Um Überläufe zu vermeiden, muss sichergestellt werden, dass an keinem Punkt innerhalb des Systems die maximale Amplitude y_{max}, die hier $y_{max} = 1$ sei, überschritten wird; bezeichnet man den Signalwert am mit

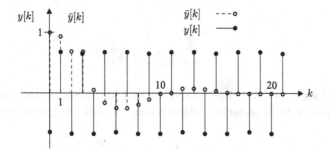

Bild 4.4.17: Ausgangsfolge $y[k]$ bei Auftreten eines Überlaufgrenzzyklus und $\bar{y}[k]$ bei Verwendung der Sättigungskennlinie

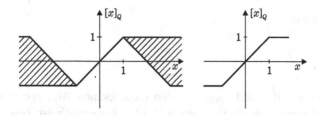

Bild 4.4.18: Bereich für Kennlinien ohne Überlaufgrenzzyklen und Sättigungskennlinie

n indizierten Messpunkt mit $y_n[k]$, so muss also

$$|y_n(k)| < 1 \qquad (4.4.64)$$

gelten. Um dies zu erreichen, wird das Eingangssignal $x[k]$ mit dem Faktor c multipliziert und damit so skaliert, dass die Bedingung (4.4.64) eingehalten wird.
Bezeichnet man mit $h_n[k]$ die Impulsantwort vom Eingang des Systems bis zum Messpunkt mit dem Index n, so folgt mit der maximalen Amplitude $x_{max} \geq x[k]$ des Eingangssignals

$$
\begin{aligned}
|y_n[k]| &= \left| \sum_{i=-\infty}^{\infty} c \cdot h_n[i]\, x[k-i] \right| \leq \sum_{i=-\infty}^{\infty} c \cdot |h_n[i]\, x[k-i]| \\
&\leq c \cdot x_{max} \sum_{k=-\infty}^{\infty} |h_n[k]| \overset{!}{<} 1
\end{aligned}
$$

bzw.

$$c < \frac{1}{x_{max} \sum_{k=-\infty}^{\infty} |h_n[k]|} . \qquad (4.4.65)$$

Damit stellt (4.4.65) eine notwendige und hinreichende Bedingung dar, um Überläufe zu vermeiden. Man erhält z.B. mit der Impulsantwort

$$h_n[k] = \begin{cases} a^{k-1} & k \geq 1 \\ 0 & k < 1 \end{cases}$$

nach (4.4.65)

$$c < \frac{1-a}{x_{max}}$$

und mit $a = 0,9$ und $x_{max} = 1$ den recht kleinen Wert $c < 0,1$. Dieses Beispiel zeigt, dass die Bedingung (4.4.65) konservativ ist, besonders bei schmalbandigen, z.B. sinusförmigen Signalen. Die Folge ist, dass man im Mittel ein niedriges Signal-zu-Rauschverhältnis in Kauf nehmen muss.

Um dies zu vermeiden, nimmt man in begrenztem Umfang Übersteuerungen in Kauf, indem man die Verstärkungskonstante c so wählt, dass $y_n[k]$ eine bestimmte *Norm* einhält. Unter der L_p-Norm versteht man den Ausdruck

$$\|Y_n(e^{j\Omega})\|_p = \left(\frac{1}{2\pi} \int_{-\pi}^{\pi} |Y_n(e^{j\Omega})|^p d\Omega \right)^{1/p} , \qquad (4.4.66)$$

wobei mit $Y_n(\Omega) \circ\!\!-\!\!\bullet y_n[k]$ die Fourier-Transformierte der Folge $y_n[k]$ bezeichnet wird. Für die Werte $p = 2$ und $p = \infty$ nimmt die L_p-Norm zwei besonders wichtige Formen an:

$$\|Y_n(e^{j\Omega})\|_2 = \sqrt{\frac{1}{2\pi} \int_{-\pi}^{\pi} |Y_n(e^{j\Omega})|^2 d\Omega} \qquad (4.4.67)$$

$$\|Y_n(e^{j\Omega})\|_\infty = \max_{0 \leq \Omega \leq \pi} |Y_n(e^{j\Omega})| . \qquad (4.4.68)$$

Im Frequenzbereich erhält man für die Abschätzung von $|y_n[k]|$

$$|y_n[k]| = \left| \frac{1}{2\pi} \int_{-\pi}^{\pi} Y_n(e^{j\Omega}) e^{j\Omega k} d\Omega \right| \leq \frac{1}{2\pi} \int_{-\pi}^{\pi} |Y_n(e^{j\Omega})| d\Omega$$

$$\leq \frac{1}{2\pi} \int_{-\pi}^{\pi} c \cdot |X(e^{j\Omega})| |H_n(e^{j\Omega})| d\Omega$$

$$\leq c \sqrt{\frac{1}{2\pi} \int_{-\pi}^{\pi} |X(e^{j\Omega})|^2 d\Omega} \cdot \sqrt{\frac{1}{2\pi} \int_{-\pi}^{\pi} |H_n(e^{j\Omega})|^2 d\Omega}$$

$$= c \, \|X(e^{j\Omega})\|_2 \cdot \|H_n(e^{j\Omega})\|_2 , \tag{4.4.69}$$

wobei der vorletzte Ausdruck aus der *Schwarzschen Ungleichung* hergeleitet wurde und die L_2-Norm enthält. Die *Höldersche Ungleichung* [KK68]

$$|y_n[k]| \leq c \, \|X(e^{j\Omega})\|_p \cdot \|H_n(e^{j\Omega})\|_q \tag{4.4.70}$$

stellt mit $p = q/(q-1)$ eine Verallgemeinerung der Schwarzschen Ungleichung dar. Sie gilt auch für $c \cdot |H_n(e^{j\Omega})| = 1$ und damit $\|1\|_q = 1$, $q \geq 1$. In diesem Fall wird $|y_n[k]| = |x[k]|$ und es folgt aus (4.4.70)

$$|y_n[k]| = |x[k]| \leq \|X(e^{j\Omega})\|_p \leq x_{max} , \quad p \geq 1 ,$$

wobei $|x[k]|$ durch den größtmöglichen Wert x_{max} begrenzt wird. Setzt man diese Abschätzung in (4.4.70) ein, so erhält man

$$|y_n[k]| \leq c \cdot x_{max} \, \|H_n(e^{j\Omega})\|_q \leq 1$$

bzw. für die Verstärkungskonstante c

$$c \leq \frac{1}{x_{max} \, \|H_n(e^{j\Omega})\|_q} ,$$

was mit $q = 2$ auf

$$c \leq \frac{1}{x_{max} \sqrt{\frac{1}{2\pi} \int_{-\pi}^{\pi} |H_n(e^{j\Omega})|^2 d\Omega}} \tag{4.4.71}$$

und mit $q = \infty$ auf

$$c \leq \frac{1}{x_{max} \, \max |H_n(e^{j\Omega})|} \tag{4.4.72}$$

führt. Aus der Definition der L_p-Norm nach (4.4.66) folgt mit $p = 2$ und $p = \infty$

$$\|H_n(e^{j\Omega})\|_2 = \sqrt{\frac{1}{2\pi} \int_{-\pi}^{\pi} |H_n(e^{j\Omega})|^2 d\Omega}$$

$$\leq \sqrt{\frac{1}{2\pi} \int_{-\pi}^{\pi} \left(\max_{0 \leq \Omega \leq \pi} |H_n(e^{j\Omega})| \right)^2 d\Omega}$$

$$= \max_{0 \leq \Omega \leq \pi} |H_n(e^{j\Omega})| = \|H_n(e^{j\Omega})\|_\infty \qquad (4.4.73)$$

und damit:

$$\frac{1}{\|H_n(e^{j\Omega})\|_2} \geq \frac{1}{\|H_n(e^{j\Omega})\|_\infty}. \qquad (4.4.74)$$

Vergleicht man dies mit (4.4.65), so folgt für den Verstärkungsfaktor nach den einzelnen Ansätzen bei Tiefpässen mit

$$|H_n(e^{j\Omega})| = \max_{0 \leq \Omega \leq \pi} H_n(e^{j\Omega})$$

$$c_{min} = \frac{1}{x_{max} \sum_{k=-\infty}^{\infty} |h_n[k]|} \qquad (4.4.75)$$

$$\leq c_\infty = \frac{1}{x_{max} \|H_n(e^{j\Omega})\|_\infty} = \frac{1}{x_{max} \max |H_n(e^{j\Omega})|}$$

$$\leq c_2 = \frac{1}{x_{max} \|H_n(e^{j\Omega})\|_2} = \frac{1}{x_{max} \sqrt{\frac{1}{2\pi} \int_{-\pi}^{\pi} |H_n(e^{j\Omega})| d\Omega}}.$$

Die geringste Beschränkung der Aussteuerung wird durch die L_2-Norm nach (4.4.71), die größte durch die Vermeidung jeglichen Überlaufs nach (4.4.65) hervorgerufen; die L_∞-Norm nach (4.4.72) liegt im Mittelfeld. Die L_2-Norm lässt sich nur bei Signalen mit endlicher Energie anwenden, bei einem sinusförmigen Signal unendlicher Dauer also nicht; hier kommt nur die L_∞-Norm in Betracht.

Es ist nun zu klären, welchen Verstärkungsfaktor man wählt, wenn mehr als ein Messpunkt von Bedeutung ist. Dazu zeigt Bild 4.4.19 ein System in dritter kanonischer Form mit Teilsystemen zweiter Ordnung. Bei jedem der Teilsysteme treten zwei Messpunkte von Interesse auf: $y_i[k]$ am

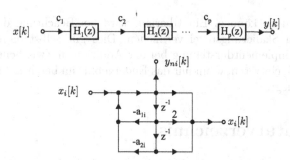

Bild 4.4.19: System in dritter kanonischer Form mit Teilsystemen zweiter Ordnung

Ausgang des Systems und $y_{n_i}[k]$ am Ausgang des Summierers bzw. nach Verzögerung am Eingang der Multiplizierer. Damit ergeben sich zwei Übertragungsfunktionen pro Block, nämlich

$$H_i(z) = \frac{(z^{-1}+1)^2}{1+a_{1i}z^{-1}+a_{2i}z^{-2}}$$

$$H_{ni}(z) = \frac{1}{1+a_{1i}z^{-1}+a_{2i}z^{-2}}, \qquad (4.4.76)$$

so dass man zwei Verstärkungsfaktoren, bei Verwendung der L_2-Norm z.B.

$$c_i^{(1)} = \frac{1}{x_{max}\|H_i(z)\|_2} \quad \text{und} \quad c_i^{(n)} = \frac{1}{x_{max}\|H_{ni}(z)\|_2}$$

erhält. Für den Verstärkungsfaktor folgt damit

$$c_i = \min\{c_i^{(1)}, c_i^{(n)}\}. \qquad (4.4.77)$$

Bei einem System als Kettenschaltung mit drei Blöcken nach Bild 4.4.19 folgt mit (4.4.77)

$$c_1 = \min\{c_1^{(1)}, c_1^{(n)}\}$$

$$c_2 = \frac{1}{c_1}\min\{c_2^{(1)}, c_2^{(n)}\}$$

$$c_3 = \frac{1}{c_1 \cdot c_2}\min\{c_3^{(1)}, c_3^{(n)}\}. \qquad (4.4.78)$$

Üblicherweise werden diese Konstanten als Potenzen von 2 gewählt, um die Multiplikation bei der Dualzahlendarstellung als Schiebeoperation realisieren zu können. Ein Überlauf wird bei Beachtung der hier formulierten Skalierungsregel vermieden. Dies gilt selbst dann, wenn in Zweierkomplementdarstellung bei der Addition in Zwischenergebnissen Überläufe eintreten, wenn nur das Endergebnis im beschränkten Zahlenbereich liegt.

Literaturverzeichnis

[Ant93]   A. Antoniou. *Digital Filters. Analysis, Design, and Applications.* 2. Aufl. McGraw-Hill, New York, 1993.

[Azi81]   S. A. Azizi. *Entwurf und Realisierung digitaler Filter.* Oldenbourg, München, 1981.

[BS62]   I. N. Bronstein and K. A. Semendjajew. *Teubner Taschenbuch der Mathematik.* Teubner, Leipzig, 1962.

[Büt77]   M. Büttner. Untersuchungen über Grenzzyklen in digitalen Filtern. Ausgewählte Arbeiten über Nachrichtensysteme Nr. 27, 1977. hrsg. von H.W. Schüßler.

[CE66]   E. Christian and E. Eisenmann. *Filter Design Tables and Graphs.* Wiley, New York, 1966.

[Fet71]   A. Fettweis. Digital Filters Structures Related to Classical Filter Networks. *AEÜ*, Vol.25, 1971. S.79-89.

[Fet86]   A. Fettweis. Wave Digital Filters: Theory and Practice. *Proc. IEEE*, Vol.74, 1986. S.270-327.

[GR67]   B. Gold and Ch. M. Rader. Effects of Parameter Quantization on the Poles of a Digital Filter. *Proc. IEEE*, Mai 1967. S.688-689.

[Hes93]   W. Hess. *Digitale Filter.* 2. Aufl. Teubner, Stuttgart, 1993.

[Jac86]   L. B. Jackson. *Digital Filters and Signal Processing.* Kluwer, Boston u.a., 1986.

[JN84]   N. S. Jayant and P. Noll. *Digital Coding of Waveforms.* Prentice-Hall, Englewood Cliffs, 1984.

[Jur64]   E. I. Jury. *Theory and Applications of the Z-Transform Method.* Wiley, New York, 1964.

[Kam17]   K. D. Kammeyer. *Nachrichtenübertragung.* 6. Aufl. Teubner, Stuttgart, 2017.

[Kin72]   N. G. Kingsbury. Second-Order Recursive Digital Filter Element for Poles Near the Unit Circle and the Real z-Axis. *Electronic Letters*, März 1972. S.155-156.

[KK68]   G. A. Korn and T. M. Korn. *Mathematical Handbook for Scientists and Engineers.* McGraw-Hill, New York u.a., 1968.

[Kro91]   K. Kroschel. *Datenübertragung. Eine Einführung.* Springer, Berlin u.a., 1991.

[Lac96]   A. Lacroix. *Digitale Filter.* 4. Aufl. Oldenbourg, 1996.

[Mee83]   K. Meerkötter. Antimetric Wave Digital Filters Derived from Complex Reference Circuits. *Proc. ECCTD 83*, Sept. 1983. S.217-220.

[OS75]   A. V. Oppenheim and R. W. Schafer. *Digital Signalprocessing.* Prentice Hall, Englewood Cliffs, 1975.

[PB87]   T. W. Parks and C. S. Burrus. *Digital Filter Design.* John Wiley, New York u.a., 1987.

[Sch73]   H. W. Schüßler. *Digitale Systeme zur Signalverarbeitung.* Springer, Berlin, 1973.

[Sch91]   H. W. Schüßler. *Netzwerke, Signale und Systeme, Teil 2.* 3. Aufl. Springer-Verlag, Berlin, 1991.

[SS77]   A. B. Sripad and D. L. Snyder. A Necessary and Sufficient Condition for Quantization Errors to be Uniform and White. *IEEE Trans. Acoustics, Speech and Signal Processing*, Vol.ASSP-25, October 1977. S.442-448.

[Wid61]   B. Widrow. Statistical Analysis of Amplitude-Quantized Sampled-Data Systems. *IEEE Trans. AIEE, Pt. II*, Vol.79, Januar 1961. S.555-568.

[Zöl96]   U. Zölzer. *Digitale Audiosignalverarbeitung.* Teubner, Stuttgart, 1996.

Kapitel 5

Nichtrekursive Filter

Die im vorangegangenen Kapitel behandelten rekursiven Filter sind in ihrem Systemverhalten und bezüglich der Entwurfsmöglichkeiten eng mit den klassischen analogen Filtern verwandt. Beide Systemtypen werden durch Pole und Nullstellen charakterisiert, die Impulsantworten sind theoretisch zeitlich unbegrenzt.

Eine gänzlich neue Klasse diskreter Systeme stellen die nichtrekursiven Filter dar, die im zeitkontinuierlichen Bereich keine Entsprechung haben: Nichtrekursive Systeme besitzen eine zeitlich streng begrenzte Impulsantwort, also eine Eigenschaft, die sich bei analogen Systemen prinzipiell nicht findet. Hieraus erwachsen völlig neue Möglichkeiten des Filterentwurfs, z.B. die Erzeugung exakt linearphasiger Systeme, d.h. solcher mit konstanter Gruppenlaufzeit, die mit analogen Mitteln nur approximativ realisierbar sind. Hinzu kommen einige weitere bemerkenswerte Eigenschaften wie die grundsätzlich vorhandene Stabilität (das BIBO-Stabilitätskriterium ist wegen der zeitlichen Begrenzung der Impulsantwort stets erfüllt), die auch unter Quantisierungseinflüssen erhalten bleibt – es können also keine Grenzzyklen auftreten; ebenso spielen Rauscheinflüsse infolge Quantisierung im Vergleich zu rekursiven Filtern eine untergeordnete Rolle. Schließlich erlauben nichtrekursive Strukturen die problemlose Realisierung adaptiver Systeme, also solcher, deren Parameter (Filterkoeffizienten) im laufenden Betrieb nach geeigneten Lernalgorithmen eingestellt werden; bekannte Beispiele sind adaptive Entzerrer für die Datenübertragung [Kam17]. Nichtrekursive adaptive Systeme besitzen gegenüber rekursiven Strukturen den Vorteil, dass die

© Springer Fachmedien Wiesbaden GmbH, ein Teil von Springer Nature 2022
K.-D. Kammeyer und K. Kroschel, *Digitale Signalverarbeitung*

Koeffizienten während des Einstellvorgangs nicht bezüglich der Stabilität des Systems überprüft werden müssen – aus diesem Grunde haben sich adaptive rekursive Systeme nicht durchgesetzt. Adaptive nichtrekursive Filter werden im nachfolgenden Kapitel 6, S. 275 ff, behandelt.

Wegen der genannten Vorteile spielen nichtrekursive Systeme heute in der modernen Nachrichtentechnik und Signalverarbeitung eine weitaus wichtigere Rolle als rekursive Systeme. Noch vor einigen Jahren wurde rekursiven Filtern wegen der einfacheren Implementierbarkeit vielfach der Vorzug gegeben: Nichtrekursive Filter erfordern zur Erzielung hoher Sperrdämpfungen und steiler Filterflanken eine weitaus höhere Anzahl von Filterkoeffizienten und somit einen erheblich größeren Multiplizieraufwand. Inzwischen ist die schaltungstechnische Realisierung nichtrekursiver Filter auch hoher Ordnung infolge der revolutionären Entwicklung der Mikroelektronik kein entscheidendes Problem mehr.

5.1   Systeme mit endlicher Impulsantwort: FIR-Filter

Setzt man in der allgemeinen Systemfunktion (3.5.5) die Ordnung des Nennerpolynoms $n = 0$, so ergibt sich

$$H(z) = \sum_{\mu=0}^{m} b_\mu z^{-\mu} \,. \tag{5.1.1}$$

Ein solches System ist in der z-Ebene durch m Nullstellen und einen m-fachen Pol im Ursprung gekennzeichnet. Während der m-fache Pol nur eine zeitliche Verzögerung des System-Ausgangssignals (zur Herstellung der Kausalität) bewirkt, wird durch die Nullstellen z_{0i} der Frequenzgang bestimmt.

$$H(e^{j\Omega}) = \sum_{\mu=0}^{m} b_\mu e^{-j\mu\Omega} = e^{-jm\Omega} b_0 \prod_{i=1}^{m} (e^{j\Omega} - z_{0i}) \,. \tag{5.1.2}$$

Die Impulsantwort dieses Systems erhält man aus der inversen Z-Transformation von (5.1.1). Mit der Zeitverzögerungseigenschaft (3.4.2) ergibt sich unmittelbar

$$h[k] = \begin{cases} b_k & \text{für } 0 \leq k \leq m \\ 0 & \text{sonst} \,. \end{cases} \tag{5.1.3}$$

Man erhält also eine auf die Länge $m + 1$ begrenzte Impulsantwort; aus diesem Grunde ist für nichtrekursive Systeme in der englischsprachigen Literatur auch der Begriff *Finite Impulse Response*-Filter, *FIR*-Filter, gebräuchlich. Im Gegensatz hierzu werden rekursive Filter als *Infinite Impulse Response*-Filter, also *IIR*-Filter bezeichnet.

Gemäß (5.1.3) sind die Abtastwerte der Impulsantwort $h[k]$ identisch mit den Filterkoeffizienten b_k; FIR-Filter werden daher im folgenden nur noch mit den Werten der Impulsantwort gekennzeichnet und nicht mehr mit den Koeffizienten b_k. Damit erhält man aus der Systemfunktion (5.1.1) unmittelbar das in Bild 5.1.1 dargestellte Blockschaltbild eines nichtrekursiven Filters. Anstelle der hier gezeigten direkten Struktur wären auch andere Realisierungsformen denkbar wie z.B. die Zerlegung in Blöcke erster und zweiter Ordnung wie bei rekursiven Filtern. Da solche Formen jedoch ungünstig hinsichtlich der Quantisierungs-Rauscheinflüsse sind, wird in praktischen Anwendungen der direkten Form fast ausschließlich der Vorzug gegeben. Es kommt hinzu, dass diese Struktur besonders gut für die Implementierung auf Signalprozessoren geeignet ist, da die Rechenwerke solcher Bausteine meist aus einem Multiplizierer in Verbindung mit einem Akkumulator (Multiplier-Accumulator, MAC) bestehen, womit die unmittelbare Ausführung der diskreten Faltung möglich ist.

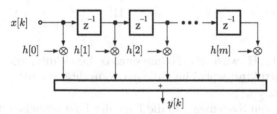

Bild 5.1.1: Nichtrekursives Filter in direkter Struktur

Die Beschreibung im Zeitbereich erfolgt mit Hilfe der diskreten Faltungsbeziehung (2.2.6), wobei hier die Impulsantwort kausal ist und eine endliche Länge aufweist:

$$y[k] = \sum_{i=0}^{m} h[i] \cdot x[k - i] \ . \tag{5.1.4}$$

Wird ein zeitbegrenztes Eingangssignal der Länge N betrachtet, so ist das FIR-Filter-Ausgangssignal ebenfalls zeitbegrenzt und besitzt die

Länge $N + m$:

$$x[k] = 0 \quad \text{für} \quad k < 0, k \geq N \quad \Rightarrow \quad y[k] = 0 \quad \text{für} \quad k < 0, k \geq N + m$$

Man kann in diesem Fall die Faltungsbeziehung (5.1.4) vektoriell formulieren.

$$
\begin{bmatrix}
y[0] \\
y[1] \\
y[2] \\
\vdots \\
\vdots \\
\vdots \\
\vdots \\
y[N+m-1]
\end{bmatrix}
=
\begin{bmatrix}
h[0] & & & \mathbf{0} \\
h[1] & h[0] & & \\
h[2] & h[1] & \ddots & \\
\vdots & h[2] & & h[0] \\
h[m] & \vdots & & h[1] \\
& h[m] & & h[2] \\
& & \ddots & \vdots \\
\mathbf{0} & & & h[m]
\end{bmatrix}
\begin{bmatrix}
x[0] \\
x[1] \\
\vdots \\
x[N-1]
\end{bmatrix}
$$

$$\text{(5.1.5a)}$$

$$\mathbf{y} \qquad = \qquad \mathbf{H} \qquad \cdot \qquad \mathbf{x}$$

$$\text{(5.1.5b)}$$

Die Matrix $\mathbf{H}$ wird als *Faltungsmatrix* bezeichnet. Sie besitzt eine Toeplitz-Struktur, wobei im Falle der Kausalität die obere Dreiecksmatrix null ist.

Bei rekursiven Systemen gab die Lage der Pole bezüglich des Einheitskreises Aufschluss über die Stabilität in Verbindung mit der Unterscheidung zwischen kausalen und nichtkausalen Systemen. Bei nichtrekursiven Systemen spielt die *Lage der Nullstellen* eine wichtige Rolle für die Charakterisierung der *Phaseneigenschaften*.

- **Beispiel:** *FIR-Filter zweiter Ordnung*

  Es wird ein FIR-System zweiter Ordnung mit der in Bild 5.1.2a gezeigten Impulsantwort

$$
h_1[k] =
\begin{cases}
\frac{1}{3}[3-k] & \text{für } 0 \leq k \leq 2 \\
0 & \text{sonst}
\end{cases}
$$

betrachtet.

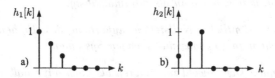

Bild 5.1.2: Impulsantworten minimal- und maximalphasiger FIR-Systeme

Die Nullstellen dieses Systems liegen bei

$$z_{01,2}^{(1)} = \frac{1}{3}[-1 \pm j\sqrt{2}]; \quad |z_{01,2}^{(1)}| = \frac{1}{\sqrt{3}},$$

befinden sich also *innerhalb des Einheitskreises*.

Im Unterschied dazu betrachtet man nun das System mit der zeitlich gespiegelten ("rückwärts gelesenen") Impulsantwort

$$h_2[k] = h_1[2-k],$$

die in Bild 5.1.2b gezeigt wird. Die Nullstellen dieses Systems lauten

$$z_{01,2}^{(2)} = -1 \pm j\sqrt{2} = 1/z_{02,1}^{(1)}; \quad |z_{01,2}^{(2)}| = \sqrt{3}.$$

Sie liegen bezüglich der Nullstellen des Systems 1 *gespiegelt zum Einheitskreis*, also außerhalb.

Allgemein lässt sich folgendes feststellen: Bezeichnet $h[k]$ die Impulsantwort eines nichtrekursiven Systems, dessen Nullstellen innerhalb des Einheitskreises liegen, gilt also

$$\sum_{k=0}^{m} h[k] \, z_{0i}^{-k} = 0 \quad \rightarrow \quad |z_{0i}^{(1)}| < 1; \ i = 1, \cdots, m, \qquad (5.1.6)$$

so ergibt die zeitliche Umkehr und – falls ein komplexwertiges System vorliegt – Konjugation dieser Impulsantwort ein System, dessen Nullstellen am Einheitskreis gespiegelt werden, also außerhalb liegen:

$$\sum_{k=0}^{m} h^*[m-k] \, z_{0i}^{-k} = 0 \quad \rightarrow \quad z_{0i}^{(2)} = \frac{1}{z_{0i}^{(1)*}}; \quad |z_{0i}^{(2)}| > 1; \ i = 1, \cdots, m.$$

$$(5.1.7)$$

- *Systeme, deren sämtliche Nullstellen innerhalb des Einheitskreises liegen, bezeichnet man als minimalphasig.*

- *Liegen sämtliche Nullstellen außerhalb des Einheitskreises, so spricht man von maximalphasigen Systemen.*

- *Befinden sich sowohl im Inneren als auch außerhalb des Einheitskreises Nullstellen, so liegt ein gemischtphasiges System vor.*

- *Bei einer zeitlichen Umkehr und Konjugation der Impulsantwort werden sämtliche Nullstellen am Einheitskreis gespiegelt. Dadurch wird ein minimalphasiges System in ein maximalphasiges bzw. ein maximalphasiges System in ein minimalphasiges überführt.*

Eine besondere Rolle spielen Nullstellen, die *auf dem Einheitskreis* liegen; sie tragen zum Phasengang des Systems Terme bei, die linear von der Frequenz abhängen (allgemeine linearphasige Systeme werden im nächsten Abschnitt ausgiebig behandelt).

- **Beispiel:** *Kammfilter*
  Ein System mit der Impulsantwort

$$h[k] = \begin{cases} 1 & \text{für } k = 0 \text{ und } m \\ 0 & \text{sonst} \end{cases} \tag{5.1.8}$$

besitzt die Systemfunktion

$$H(z) = 1 + z^{-m}, \tag{5.1.9}$$

woraus sich äquidistant auf dem Einheitskreis verteilte Nullstellen ergeben:

$$z_{0i} = (-1)^{1/m} = \left(e^{-j\pi} \, e^{j2\pi i}\right)^{1/m} = e^{j\pi(2i-1)/m} \; ; \quad i = 1, \cdots, m \,. \tag{5.1.10}$$

Bild 5.1.3a zeigt das Pol-Nullstellendiagramm eines solchen Systems für das Beispiel $m = 5$. Der Frequenzgang ergibt sich aus (5.1.9) zu

$$\begin{aligned} H(e^{j\Omega}) &= 1 + e^{-jm\Omega} = e^{-j\Omega m/2} \cdot [e^{j\Omega m/2} + e^{-j\Omega m/2}] \\ &= e^{-j\Omega m/2} \cdot 2 \cos(\Omega \frac{m}{2}) \,. \end{aligned} \tag{5.1.11}$$

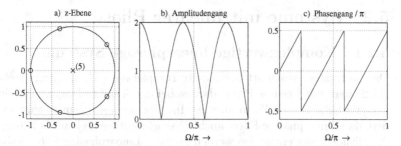

Bild 5.1.3: Pol-Nullstellendiagramm, Amplituden- und Phasengang eines Kammfilters der Ordnung $m = 5$

Den zugehörigen Amplitudengang

$$|H(e^{j\Omega})| = 2\,|\cos(\Omega\frac{m}{2})|\,. \qquad (5.1.12)$$

zeigt Bild 5.1.3b für $m = 5$; wegen seiner charakteristischen Form werden die hier betrachteten Filter mit äquidistanten Nullstellen auf dem Einheitskreis als *Kammfilter* bezeichnet.

Schließlich gewinnt man aus (5.1.11) den Phasengang eines Kammfilters

$$b(\Omega) = -\arg\{H(e^{j\Omega})\} = \Omega\,\frac{m}{2} + \arg\{\cos(\Omega\frac{m}{2})\}\,, \qquad (5.1.13)$$

wobei für $m = 5$ gilt

$$\arg\{\cos(\Omega\frac{5}{2})\} = \begin{cases} 0 & \text{für} \quad |\Omega| < \frac{\pi}{5};\ \frac{3}{5}\pi < |\Omega| < \pi \\ \pm\pi & \text{für} \quad \frac{\pi}{5} < |\Omega| < \frac{3}{5}\pi\,. \end{cases}$$

Der Phasengang ist in Bild 5.1.3c dargestellt. Er ist linear von der Frequenz abhängig; beim Durchgang durch eine Nullstelle auf dem Einheitskreis weist er jeweils eine Sprungstelle um den Wert π auf. Die Gruppenlaufzeit ist konstant, $\tau_g(\Omega) = m/2$; in den Sprungstellen der Phase ist sie nicht definiert.

5.2 Systeme mit linearer Phase

5.2.1 Komplexwertige linearphasige Systeme

Das im letzten Abschnitt behandelte Beispiel eines Kammfilters stellte ein System mit linearer Phase dar, wobei der Amplitudengang die charakteristische Kamm-Form aufwies. Im folgenden soll nun gezeigt werden, dass linearphasige Filter auch allgemein mit weitgehend beliebigem Amplitudengang entworfen werden können. Linearphasige Filter haben vor allem in der Nachrichtentechnik eine sehr große Bedeutung, da sie die Filterung von Signalen erlauben, ohne dass hiermit Gruppenlaufzeit-Verzerrungen verbunden sind.

Die Gruppenlaufzeit $\tau_g(\Omega)$ nach (3.5.26) wird bei stabilen Systemen konstant, wenn

- *alle Pole im Ursprung liegen, also mit $n = 0$ ein nichtrekursives System vorliegt, und*

- *die Nullstellen entweder auf dem Einheitskreis liegen oder in am Einheitskreis gespiegelten Paaren z_{0i} und $1/z_{0i}^*$ auftreten.*

Die in Bild 5.2.1 demonstrierte Nullstellen-Bedingung soll anhand von (3.5.26) verdeutlicht werden.

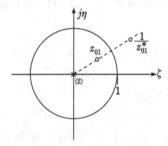

Bild 5.2.1: Am Einheitskreis gespiegelte Nullstellen bei Systemen mit linearer Phase

- **Beispiel:** *Linearphasiges System zweiter Ordnung*
  Die beiden Nullstellen

$$z_{01} = \rho \cdot e^{j\alpha} \quad \text{und} \quad z_{02} = 1/z_{01}^* = 1/\rho \cdot e^{j\alpha} \tag{5.2.1}$$

werden in (3.5.26) eingesetzt. Mit $m = 2$ und $n = 0$ gilt

$$\begin{aligned}
\tau_g(\Omega) &= 2 - \left[\frac{1 - \rho \cos(\Omega - \alpha)}{1 - 2\rho \cos(\Omega - \alpha) + \rho^2} \right. \\
&\qquad \left. + \frac{1 - 1/\rho \cos(\Omega - \alpha)}{1 - 2/\rho \cos(\Omega - \alpha) + 1/\rho^2} \right] \\
&= 2 - \frac{1 - 2\rho \cos(\Omega - \alpha) + \rho^2}{1 - 2\rho \cos(\Omega - \alpha) + \rho^2} = 1 \,. \qquad (5.2.2)
\end{aligned}$$

Das Beispiel zeigt, dass jedes gespiegelte Nullstellenpaar den Beitrag 1 zur Gruppenlaufzeit liefert. Ein linearphasiges Filter der Ordnung m weist also die konstante Gruppenlaufzeit $\tau_g = m/2$ auf.

Es soll nun eine allgemeine Beziehung für die Impulsantwort komplexwertiger linearphasiger Filter hergeleitet werden. Dazu geht man direkt vom Frequenzgang eines nichtrekursiven Filters aus. Man schreibt zunächst für *gerade* Werte von m

$$\begin{aligned}
H(e^{j\Omega}) &= \sum_{k=0}^{m} h[k] e^{-j\Omega k} = e^{-j\Omega \cdot m/2} \sum_{k=0}^{m} h[k] e^{-j(k-m/2)\Omega} \quad (5.2.3) \\
&= e^{-j\Omega \cdot m/2} \cdot \\
&\quad \cdot \left\{ h(m/2) + \sum_{k=0}^{m/2-1} \left[h[k] e^{-j(k-m/2)\Omega} + h[m-k] e^{+j(k-m/2)\Omega} \right] \right\} .
\end{aligned}$$

Wenn das System linearphasig sein soll, muss die Bedingung

$$H(e^{j\Omega}) \overset{!}{=} H_0(e^{j\Omega}) \cdot e^{j(\gamma - c \cdot \Omega)} \,, \quad H_0(e^{j\Omega}) \in \mathbb{R} \qquad (5.2.4)$$

erfüllt sein, wobei γ und c zunächst freie Parameter sind, d.h. vom Frequenzgang muss neben einem linearphasigen Term der *reelle* Anteil $H_0(e^{j\Omega})$ abspaltbar sein, der ein *nichtkausales System* beschreibt. Der Vergleich von (5.2.3) mit (5.2.4) legt nahe, für c den Wert

$$c = \frac{m}{2} \qquad (5.2.5)$$

zu wählen. Dann folgt

$$H_0(e^{j\Omega}) \cdot e^{j\gamma} \overset{!}{=} h(\frac{m}{2}) + \sum_{k=0}^{m/2-1} \left[h[k] e^{-j(k-\frac{m}{2})\Omega} + h[m-k] e^{+j(k-\frac{m}{2})\Omega} \right]$$

$$(5.2.6)$$

bzw.

$$H_0(e^{j\Omega}) = e^{-j\gamma} \cdot h(\frac{m}{2}) + \tag{5.2.7}$$

$$+ \sum_{k=0}^{m/2-1} e^{-j\gamma} \cdot \left[h[k] e^{-j(k-\frac{m}{2})\Omega} + h[m-k] e^{+j(k-\frac{m}{2})\Omega} \right] \in \mathbb{R}.$$

Diese Bedingung soll für beliebige Frequenzen Ω gelten und ist deswegen termweise zu erfüllen. Soll der mittlere Koeffizient einen reellen Beitrag liefern

$$h(m/2) \cdot e^{-j\gamma} = |h(m/2)| \cdot e^{j \arg\{h(m/2)\}} \cdot e^{-j\gamma} \in \mathbb{R}, \tag{5.2.8}$$

so muss für den Parameter γ gelten

$$\gamma = \begin{cases} \arg\{h(m/2)\} & \text{für} \quad h(m/2) \neq 0 \\ \text{beliebig} & \text{für} \quad h(m/2) = 0. \end{cases} \tag{5.2.9}$$

Da die frequenzabhängigen Terme in der Summe in (5.2.7) von vornherein in konjugiert komplexen Paaren auftreten, müssen die übrigen Koeffizienten der Bedingung

$$h[k] \, e^{-j\gamma} = \left[h[m-k] \, e^{-j\gamma} \right]^*, \quad 0 \leq k \leq \frac{m}{2} - 1, \tag{5.2.10}$$

also

$$h[k] = h^*[m-k] \, e^{j2\gamma} = \begin{cases} h^*[m-k] \, e^{j2 \arg\{h(m/2)\}}, & h(m/2) \neq 0 \\ h^*[m-k] \, e^{j2\gamma}, \; \gamma \text{ beliebig}, & h(m/2) = 0 \end{cases} \tag{5.2.11}$$

genügen.

Für *ungerade* Filterordnung m gilt die entsprechende Koeffizientensymmetrie

$$h[k] = h^*[m-k] \, e^{j2\gamma}, \; \gamma \text{ beliebig}, \quad 0 \leq k \leq (m-1)/2, \tag{5.2.12}$$

da ein Mittenkoeffizient hier nicht vorhanden ist. Zusammengefasst erhält man folgende Ergebnisse für die Impulsantwort linearphasiger Filter:

- *Der Betrag der Impulsantwort genügt der Symmetriebedingung* $|h[k]| = |h([m-k]|$.

- *Für die Phase der Impulsantwort gilt die Beziehung* $\arg\{[h]\} + \arg\{h[m-k]\} = 2\,\gamma$.

- *Ist die Filterordnung gerade und verschwindet der Mittenkoeffizient $h(m/2)$ nicht, so gilt $\gamma = \arg\{h(m/2)\}$; andernfalls ist γ beliebig.*

Setzt man die hergeleiteten Koeffizientenbedingungen in die Z-Übertragungsfunktion nichtrekursiver Filter ein, so ergibt sich für *gerade Filterordnung*

$$H(z) = z^{-m}\underbrace{\left\{ h(\frac{m}{2})z^{m/2} + \sum_{k=0}^{m/2-1}\left[e^{j2\gamma}\,h^*[k]z^k + h[k]z^{m-k}\right]\right\}}_{P_m(z);\quad m\,\text{gerade},\quad \gamma\,\text{gemäß (5.2.9)}} \quad (5.2.13)$$

und für *ungerade Filterordnung*

$$H(z) = z^{-m}\underbrace{\sum_{k=0}^{(m-1)/2}\left[e^{j2\gamma}\,h^*[k]z^k + h[k]z^{m-k}\right]}_{P_m(z);\quad m\,\text{ungerade},\quad \gamma\,\text{beliebig}}. \quad (5.2.14)$$

Die Ausdrücke $P_m(z)$ sind Polynome m-ter Ordnung, deren Nullstellen entsprechend den Überlegungen auf Seite 156 entweder auf dem Einheitskreis oder paarweise spiegelbildlich dazu liegen. Man nennt derartige Polynome *komplexe Spiegelpolynome* [Sch94].

5.2.2 Die vier Grundtypen reellwertiger linearphasiger Filter

Aus den im letzten Abschnitt hergeleiteten allgemeinen Koeffizientenbedingungen lassen sich vier Grundtypen reellwertiger linearphasiger Filter herleiten. Es wird zunächst wieder eine *gerade Ordnung m* betrachtet. Verschwindet der Mittenkoeffizient nicht, so muss gemäß (5.2.9)

$$\gamma = 0 \text{ oder } \pi, \quad h(m/2) \neq 0 \quad (5.2.15)$$

gelten, damit dieser reell wird. Damit sind auch entsprechend (5.2.11) die übrigen Koeffizienten reell:

$$h[k] = h[m - k]\, e^{-j2\pi} = h[m - k];\qquad(5.2.16)$$

sie weisen eine gerade Symmetrie bezüglich $k = m/2$ auf.
Ist hingegen der Mittenkoeffizient $h(m/2) = 0$, so besteht aufgrund von (5.2.11) nur die Bedingung

$$2 \cdot \gamma = L \cdot \pi\,;\ L \in \mathbb{Z} \quad \to\ \gamma \in \{0,\ \pm\pi/2,\ \pi\}\qquad(5.2.17)$$

Die Beziehung (5.2.17) gilt auch für *ungerade Ordnung m*, da die Bedingung für γ grundsätzlich nicht durch einen Mittenkoeffizienten eingeschränkt wird ($h(m/2)$ ist nicht vorhanden). Die Koeffizientensymmetrie ist im Falle von $\gamma \in \{0, \pi\}$ gerade und für $\gamma = \pm\,\pi/2$ von der Form

$$h[k] = h[m - k]\, e^{\pm j2 \cdot \pi/2} = -h[m - k]\,.\qquad(5.2.18)$$

Tabelle 5.1 gibt eine Übersicht über die möglichen Formen reellwertiger linearphasiger Filter[5.1].

Tabelle 5.1: Grundtypen linearphasiger FIR-Filter

	m	$h(\frac{m}{2})$	γ	Symmetrie
Typ 1	gerade	$\in \mathbb{R}$	$0,\ \pi$	$h[k] = h[m - k]$
Typ 2	gerade	$= 0$	$\pm\pi/2$	$h[k] = -h[m - k]$
Typ 3	ungerade	ex. nicht	$0,\ \pi$	$h[k] = h[m - k]$
Typ 4	ungerade	ex. nicht	$\pm\pi/2$	$h[k] = -h[m - k]$

Die vier aufgeführten Grundtypen weisen charakteristische Formen der Frequenzgänge auf, die im folgenden hergeleitet werden. Grundsätzlich gilt für den Frequenzgang eines zeitdiskreten Systems die Periodizität in $\Omega = 2\,\pi$.

$$H(e^{j\Omega}) = H(e^{j(\Omega + 2\pi)})\qquad(5.2.19)$$

[5.1]Die Nummerierung der vier Grundtypen ist in der Literatur nicht einheitlich.

Drückt man den Frequenzgang gemäß (5.2.4) mit Hilfe des reellen Frequenzgangs $H_0(e^{j\Omega})$ des zugeordneten nichtkausalen Systems aus, so ergibt sich für diesen die folgende Beziehung:

$$H_0(c^{j\Omega}) \cdot e^{j(\gamma - \Omega \cdot m/2)} = H_0(e^{j(\Omega + 2\pi)}) \cdot e^{j(\gamma - (\Omega + 2\pi)m/2)}, \qquad (5.2.20)$$

also

$$H_0(e^{j\Omega}) = H_0(e^{j(\Omega + 2\pi)}) \cdot e^{-j2\pi \cdot m/2} = H_0(e^{j(\Omega + 2\pi)}) \cdot e^{-j\pi m}. \quad (5.2.21)$$

Da aber

$$e^{-j\pi \cdot m} = \begin{cases} +1 & \text{für } m \text{ gerade} \\ -1 & \text{für } m \text{ ungerade} \end{cases} \qquad (5.2.22)$$

gilt, wird $H_0(\exp(j\Omega))$ für gerades m in 2π, für ungerades m in 4π periodisch.

$$H_0(e^{j\Omega}) = H_0(e^{j(\Omega + 2\pi)}) \qquad \text{für Typ 1 und 2} \quad (5.2.23)$$

$$H_0(e^{j\Omega}) = \begin{cases} -H_0(e^{j(\Omega + 2\pi)}) \\ H_0(e^{j(\Omega + 4\pi)}) \end{cases} \qquad \text{für Typ 3 und 4} \quad (5.2.24)$$

Die Periodizität von $H_0(e^{j\Omega})$ in $\Omega = 4\pi$ überrascht zunächst und scheint im Widerspruch zur generellen Gültigkeit von (5.2.19) zu stehen. Es ist jedoch zu bedenken, dass das nichtkausale System $H_0(e^{j\Omega})$ für ungerades m im *Zeitbereich nicht darstellbar* ist, da die Mitte der Impulsantwort bei $k = m/2$ nicht im Abtastraster, sondern genau zwischen zwei Abtastwerten liegt. Ein darstellbares nichtkausales System würde man erst nach einer Verdopplung der Abtastfrequenz – etwa durch Interpolation oder Einfügen von Nullen – erhalten; in dem Falle würde die Periodizität des Spektrums bezogen auf die neue Abtastfrequenz wieder $\Omega = 2\pi$ betragen.

Zur Darstellung der Frequenzgang-Charakteristika der vier Filtertypen sind noch die Symmetriebeziehungen bezüglich $\Omega = \pi$ herzuleiten. Mit der allgemein gültigen Eigenschaft für reellwertige Systeme

$$H(e^{j\Omega}) = H^*(e^{j(2\pi - \Omega)}) \qquad (5.2.25)$$

ergibt sich bei Einsetzen von (5.2.4) nach kurzer Zwischenrechnung

$$H_0(e^{j\Omega}) = e^{-j2\gamma} e^{j\pi m} H_0(e^{j(2\pi - \Omega)}), \qquad (5.2.26)$$

so dass gilt

$$H_0(e^{j\Omega}) = \begin{cases} H_0(e^{j(2\pi-\Omega)}) & \text{für Typ 1 und 4} \\ -H_0(e^{j(2\pi-\Omega)}) & \text{für Typ 2 und 3 .} \end{cases} \tag{5.2.27}$$

Die hergeleiteten Symmetriebeziehungen (5.2.23), (5.2.24) und (5.2.27) führen zu den in Tabelle 5.2 gezeigten prinzipiellen Verläufen des reellen Frequenzgangs $H_0(e^{j\Omega})$ für die vier Typen linearphasiger Filter. Dabei sind folgende Beobachtungen bemerkenswert:

- *In den Frequenzgängen der Typen 2 und 3 wird jeweils eine Null-stelle bei der Frequenz $\Omega = \pi$ erzwungen.*

- *Die Frequenzgänge der Filter mit Impulsantworten von ungerader Symmetrie (Typ 2 und Typ 4) weisen eine Nullstelle bei $\Omega = 0$ auf.*

Beim Filterentwurf sind diese prinzipiellen Eigenschaften in Betracht zu ziehen; so wäre es z.B. unsinnig, für den Entwurf eines Hochpass-Filters eine FIR-Struktur mit gerader Ordnung und ungerader Koeffizienten-symmetrie, also den Typ 2 anzusetzen, da hierbei eine zwangsläufige Nullstelle bei $\Omega = \pi$ vorliegt.

Zum Abschluss werden die geschlossenen Formulierungen der Frequenz-gänge aller vier linearphasigen Filtertypen wiedergegeben.

Typ 1, m gerade, gerade Symmetrie der Impulsantwort:

$$H(e^{j\Omega}) = e^{-j\Omega m/2} \left[h(m/2) + 2 \sum_{k=0}^{m/2-1} h[k] \cos((\frac{m}{2} - k)\Omega) \right] \tag{5.2.28}$$

Typ 2, m gerade, ungerade Symmetrie der Impulsantwort:

$$H(e^{j\Omega}) = e^{-j\Omega m/2} \, 2j \sum_{k=0}^{m/2-1} h[k] \sin((\frac{m}{2} - k)\Omega) \tag{5.2.29}$$

Typ 3, m ungerade, gerade Symmetrie der Impulsantwort:

$$H(e^{j\Omega}) = e^{-j\Omega m/2} \, 2 \sum_{k=0}^{(m-1)/2} h[k] \cos((\frac{m}{2} - k)\Omega) \tag{5.2.30}$$

Tabelle 5.2: Impulsantworten und Frequenzgänge der vier linearphasigen Filtertypen

Typ	$h[k]$	$H_0(e^{j\Omega})$	Nullst.
1			nicht festgelegt
2			$\Omega = 0$ $\Omega = \pi$
3			$\Omega = \pi$
4			$\Omega = 0$

Typ 4, m ungerade, ungerade Symmetrie der Impulsantwort:

$$H(e^{j\Omega}) = e^{-j\Omega m/2} \, 2j \sum_{k=0}^{(m-1)/2} h[k] \, \sin((\frac{m}{2} - k)\Omega) \qquad (5.2.31)$$

Die Systemfunktion linearphasiger reellwertiger Filter ergibt nach (5.2.13) für gerade m

$$H(z) = h(\frac{m}{2}) \, z^{-m/2} + \sum_{k=0}^{m/2-1} h[k] \big[z^{-k} \pm z^{-(m-k)} \big] \qquad (5.2.32)$$

und für ungerade m nach (5.2.14)

$$H(z) = \sum_{k=0}^{(m-1)/2} h[k] \big[z^{-k} \pm z^{-(m-k)} \big]. \qquad (5.2.33)$$

Bei der schaltungstechnischen Realisierung reellwertiger linearphasiger FIR-Filter lassen sich also die Koeffizientensymmetrien zur Einsparung von Multiplikationen nutzen, indem jeweils paarweise gleiche bzw. negativ gleiche Koeffizienten zusammengefasst werden. Dadurch wird der Multiplikationsaufwand halbiert. Bild 5.2.2 zeigt die Systemstrukturen für gerade und für ungerade Filterordnung. Die angegebenen Faktoren (-1) sind immer dann erforderlich, wenn die Impulsantwort $h[k]$ eine ungerade Symmetrie aufweist.

5.3 Entwurf linearphasiger FIR-Filter

5.3.1 Grundformen idealisierter selektiver Filter

Beim Entwurf rekursiver selektiver Filter in Abschnitt 4.2 war man vom Toleranzschema eines Tiefpasses ausgegangen. Auch für nichtrekursive Filter soll der Tiefpass-Entwurf den Ausgangspunkt bilden; hierbei wird aber im Unterschied zu rekursiven Lösungen eine streng lineare Phase gefordert.

Setzt man zunächst einen *idealen Tiefpass* mit der Übertragungsfunktion

$$H_{0\mathrm{TP}}(e^{j\Omega}) = \begin{cases} 1 & \text{für } |\Omega| \leq \Omega_g \\ 0 & \text{für } \Omega_g < |\Omega| < \pi \end{cases} \qquad (5.3.1)$$

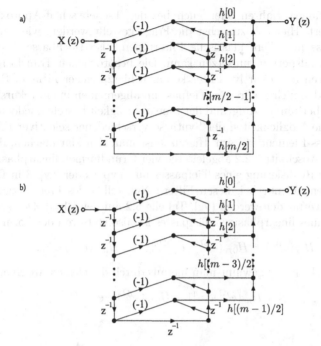

Bild 5.2.2: Strukturen der Systeme mit linearer Phase. a) Filterordnung m gerade, b) Filterordnung m ungerade

an, so ergibt die inverse zeitdiskrete Fourier-Transformation (IDTFT) die Impulsantwort

$$h_{0TP}[k] = \frac{1}{2\pi} \int\limits_{-\pi}^{\pi} H_{0TP}(e^{j\Omega}) e^{j\Omega k} d\Omega = \frac{1}{2\pi} \int\limits_{-\Omega_g}^{\Omega_g} e^{j\Omega k} d\Omega$$

$$= \frac{\Omega_g}{\pi} \frac{\sin(\Omega_g k)}{\Omega_g k} . \tag{5.3.2}$$

Diese Impulsantwort soll durch ein kausales nichtrekursives System approximiert werden, was einerseits die Begrenzung auf ein *endliches Zeitintervall* und zum anderen eine *zeitliche Verzögerung* zur Herstellung der Kausalität erfordert. Die Auswirkungen solcher Maßnahmen werden in den folgenden Abschnitten im Zusammenhang mit den Fensterbewertungsverfahren oder auch bei der Tschebyscheff-Approximation erläutert. Hier soll zunächst die Frage gestellt werden, wie man einen Tiefpass in andere klassische Filtertypen, also Hochpässe, Bandpässe und Bandsperren, umsetzen kann. Die besprochenen Transformationsverfahren für rekursive Filter kommen hierzu sicher nicht in Betracht, da sie den nichtrekursiven Tiefpass im allgemeinen in ein rekursives System überführen. Aufgrund der Linearphasigkeit bestehen jedoch andere einfache Möglichkeiten der Synthese verschiedener selektiver Filter aus Tiefpass-Elementarfiltern. Hierzu muss man sich klar machen, dass von den in Abschnitt 5.2.2 abgeleiteten vier Grundformen linearphasiger Filter zur Realisierung eines Tiefpasses nur Typ 1 oder Typ 3 in Betracht kommen, da nur bei diesen Filtern Nullstellen des Frequenzgangs bei $\Omega = 0$ vermieden werden (vgl. Tabelle 5.2 auf Seite 163). Der Frequenzgang eines linearphasigen Tiefpasses ist also stets von der Form

$$H_{TP}(e^{j\Omega}) = H_{0TP}(e^{j\Omega}) \cdot e^{-j\Omega m/2}, \quad H_{0TP}(e^{j\Omega}) \in \mathbb{R}. \tag{5.3.3}$$

Einen Hochpass gewinnt man hieraus durch die elementare Synthese

$$H_{HP}(e^{j\Omega}) = [1 - H_{0TP}(e^{j\Omega})] \cdot e^{-j\Omega m/2}. \tag{5.3.4}$$

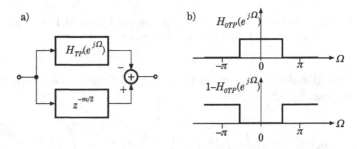

Bild 5.3.1: Tiefpass-Hochpass Transformation. a) elementares Blockschaltbild,   b) Synthese des Frequenzgangs

Bild 5.3.1 zeigt ein entsprechendes Blockschaltbild sowie die Überlagerung der idealisierten Frequenzgänge. Es ist zu betonen, dass ein solches Syntheseverfahren für *rekursive Realisierungsformen nicht anwendbar* ist, da die grundlegende Voraussetzung in der reellen Natur von $H_{0TP}(\exp(j\Omega))$ besteht, also in der Linearphasigkeit des Tiefpasses, welche bei rekursiver Approximation prinzipiell ausgeschlossen ist. Das

Hochpass-Blockschaltbild enthält im unteren Zweig eine Verzögerung um $m/2$ Abtastintervalle, die problemlos nur für *gerade Werte* für m zu realisieren ist. Für den Tiefpass-Entwurf ist demgemäß der Filtertyp 1 nach (5.2.28) vorzusehen.

Die idealisierte Impulsantwort eines Hochpasses der Grenzfrequenz Ω_g ergibt sich aus der inversen Fourier-Transformation von (5.3.4):

$$h_{0HP}[k] = \delta[k] - \frac{\Omega_g}{\pi} \frac{\sin(\Omega_g k)}{\Omega_g k} = \begin{cases} -\frac{\Omega_g}{\pi} \frac{\sin(\Omega_g k)}{\Omega_g k} & k \neq 0 \\ 1 - \frac{\Omega_g}{\pi} & k = 0. \end{cases} \qquad (5.3.5)$$

Auf ähnliche Weise setzt man andere Standardfilter zusammen. Einen idealen Bandpass mit dem Frequenzgang

$$H_{0BP}(e^{j\Omega}) = \begin{cases} 1, & \Omega_m - \Delta\Omega < |\Omega| < \Omega_m + \Delta\Omega \\ 0, & 0 < |\Omega| < \Omega_m - \Delta\Omega; \quad \Omega_m + \Delta\Omega < |\Omega| < \pi \end{cases}$$
$$(5.3.6)$$

gewinnt man z.B. aus der Hintereinanderschaltung eines Tiefpasses und eines Hochpasses in der in Bild 5.3.2a veranschaulichten Weise oder aus der Parallelschaltung zweier Tiefpässe gemäß Bild 5.3.2b. Für die Kaskadenschaltung gilt

$$\begin{aligned} H_{BP}(e^{j\Omega}) &= H_{TPI}(e^{j\Omega}) \cdot H_{HP}(e^{j\Omega}) \\ &= H_{0TPI}(e^{j\Omega}) \cdot \left[1 - H_{0TP2}(e^{j\Omega})\right] \cdot e^{-j\Omega(m_1 + m_2)/2}, \end{aligned} \qquad (5.3.7)$$

wobei für die Grenzfrequenzen

$$\Omega_{g1} = \Omega_m + \Delta\Omega > \Omega_{g2} = \Omega_m - \Delta\Omega \qquad (5.3.8)$$

gilt. Die Gruppenlaufzeit dieser Anordnung beträgt

$$\tau_g|_{\text{Kaskade}} = \tau_{g1} + \tau_{g2} = \frac{m_1 + m_2}{2}. \qquad (5.3.9)$$

Aus (5.3.7) ist unmittelbar die Parallelstruktur herzuleiten; gilt $m_2 > m_1$, so gewinnt man

$$H_{BP}(e^{j\Omega}) = [\underbrace{H_{0TPI}(e^{j\Omega}) e^{-j\Omega m_2/2}}_{H_{TPI}(e^{j\Omega}) e^{-j\Omega(m_2 - m_1)/2}} - \underbrace{H_{0TP2}(e^{-j\Omega}) e^{-j\Omega m_2/2}}_{H_{TP2}(e^{j\Omega})}] e^{-j\Omega m_1/2}.$$
$$(5.3.10)$$

Reduziert man dieses System um die überflüssige Verzögerung $m_1/2$, so erhält man die in Bild 5.3.2b gezeigte Parallelstruktur

$$H_{BP}(e^{j\Omega})|_{\text{parallel}} = H_{TP1}(e^{j\Omega})\,e^{-j\Omega(m_2-m_1)/2} - H_{TP2}(e^{j\Omega})\,, \quad (5.3.11)$$

die gemäß der vorangegangenen Herleitung bei unterschiedlichen Gruppenlaufzeiten der beiden Tiefpässe einen Laufzeitausgleich enthalten muss – für $m_2 > m_1$ wird eine Verzögerung um $m_2 - m_1$ Abtasttakte eingefügt. Festzustellen ist, dass die Parallelstruktur mit

$$\tau_g|_{\text{parallel}} = \max\{m_1, m_2\}/2 \qquad (5.3.12)$$

eine geringere Laufzeit aufweist als die Kaskadenstruktur (vgl. (5.3.9)). Es soll nun eine direkte Umrechnungsformel zwischen der Impulsantwort

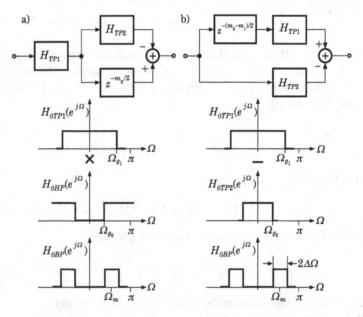

Bild 5.3.2: Synthese eines Bandpasses aus elementaren Tiefpässen. a) Kaskadenform, b) Parallelform

eines Tiefpasses und derjenigen eines daraus entwickelten Bandpasses hergeleitet werden. Aus (5.3.10) ergibt sich mit (5.3.2) für die nichtkausale Impulsantwort:

$$
\begin{aligned}
h_{0BP}[k] &= \frac{\Omega_m + \Delta\Omega}{\pi} \cdot \frac{\sin[(\Omega_m + \Delta\Omega)k]}{(\Omega_m + \Delta\Omega)k} \\
&\quad - \frac{\Omega_m - \Delta\Omega}{\pi} \cdot \frac{\sin[(\Omega_m - \Delta\Omega)k]}{(\Omega_m - \Delta\Omega)k} \\
&= 2\frac{\Delta\Omega}{\pi} \cdot \frac{\sin(\Delta\Omega k)}{\Delta\Omega k} \cdot \cos(\Omega_m k) \,. \tag{5.3.13}
\end{aligned}
$$

Es gilt also für die idealisierten Filterformen die Beziehung

$$
h_{0BP}[k] = 2 \cdot h_{0TP}[k] \cdot \cos(\Omega_m k) \,, \tag{5.3.14}
$$

wobei $h_{0TP}[k]$ die Impulsantwort eines idealen Tiefpasses mit der Grenzfrequenz $\Delta\Omega$ ist. Modifiziert man (5.3.14) in der Form

$$
\hat{h}_{0BP}[k] = 2 \cdot h_{0TP}[k] \cdot \sin(\Omega_m k) \,, \tag{5.3.15}
$$

so ergibt sich ein idealisierter Bandpass mit dem gleichen Amplitudengang wie für (5.3.14). Der Unterschied besteht darin, dass die Phase nun um $\pi/2$ gedreht wird, dass also

$$
\hat{H}_{0BP}(e^{j\Omega}) = -j\,\mathrm{sgn}(\Omega) \cdot H_{0BP}(e^{j\Omega}) \,, \ |\Omega| \leq \pi \tag{5.3.16}
$$

gilt. Ein Bandpass mit der Impulsantwort (5.3.15) bewirkt damit neben der Bandbegrenzung eine zusätzliche *Hilbert-Transformation* (siehe Tabelle 2.1). Die Kombination zweier Filter nach (5.3.14) und (5.3.15) kann daher zur Realisierung von *Quadraturnetzwerken* benutzt werden, die für Sende- und Empfangsstrukturen in der Nachrichtentechnik von großer Bedeutung sind. Solche Netzwerke lassen sich als *komplexwertige* Systeme kompakt darstellen; in Abschnitt 5.7 wird hierauf näher eingegangen.

Abschließend ist noch einmal auf die oben eingeführte Beschränkung auf Tiefpässe mit der Symmetrie nach Typ 1, d.h. mit gerader Filterordnung, zurückzukommen. Notwendig war diese Einschränkung eigentlich nur wegen der anschaulichen Ableitung der Bandpass-Transformation (5.3.13) über die elementare Synthese gemäß der Bilder 5.3.1a bzw. 5.3.2a und 5.3.2b, die jeweils Verzögerungen um $m/2$ Abtastintervalle enthalten. Man kann diese Probleme umgehen, indem die Vorstellung *äquivalenter Folgen* nach [Sch94] zu Hilfe genommen wird. In [PB87] wird bereits ein ähnlicher Gedanke zugrundegelegt, indem die Darstellung der zeitdiskreten Tiefpass-Impulsantwort zunächst mit verdoppelter Abtastfrequenz erfolgt. Nach einer zeitlichen Verzögerung zur Herstellung der Kausalität wird die Abtastrate in der Weise reduziert, dass sich eine Symmetrie der Koeffizienten gemäß Typ 3 ergibt. Für die Bandpass-Transformation ist dabei die Phasenlage des multiplizierenden Kosinus- bzw. Sinus-Terms so zu wählen, dass sich insgesamt eine Bandpass-Impulsantwort vom Typ 3 bzw. Typ 4 ergibt.

5.3.2 Approximation im Sinne minimalen Fehlerquadrats: Fourier-Approximation

Ein vorgegebener Wunschfrequenzgang $H_w(e^{j\Omega})$ soll durch ein kausales nichtrekursives Filter

$$H(z) = \sum_{\mu=0}^{m} h[\mu] \, z^{-\mu} \qquad (5.3.17)$$

approximiert werden. Dabei soll der Wunschfrequenzgang auch komplexwertige Systeme einschließen und zunächst nicht auf linearphasige Filter festgelegt sein. Ein möglicher Ansatz besteht in der Minimierung des Integrals des quadrierten Approximationsfehlers über das gesamte Frequenzband $-\pi < \Omega < \pi$.

$$Q = \int_{-\pi}^{\pi} \left| H_w(e^{j\Omega}) - \sum_{\mu=0}^{m} h[\mu] \, e^{-j\Omega\mu} \right|^2 d\Omega \overset{!}{=} \min_{h(k)} \qquad (5.3.18)$$

Man löst dieses Problem durch Nullsetzen der Ableitungen dieses Ausdrucks nach den Werten der Impulsantwort $h(k)$.

$$\frac{\partial}{\partial h[k]} \int_{-\pi}^{\pi} \left[H_w(e^{j\Omega}) - \sum_{\mu=0}^{m} h[\mu] \, e^{-j\Omega\mu} \right] \left[H_w(e^{j\Omega}) - \sum_{\mu=0}^{m} h[\mu] \, e^{-j\Omega\mu} \right]^* d\Omega = 0$$

$$(5.3.19)$$

Da die Impulsantwort komplex zugelassen wurde, stellt sich die Frage nach der Ableitung nach einer komplexen Variablen. Setzt man hierfür die so genannte *Wirtinger Ableitung* [FL94, Kam17]

$$\frac{\partial f(x)}{\partial x} = \frac{1}{2} \left[\frac{\partial f(x)}{\partial x_{\mathrm{R}}} - j \, \frac{\partial f(x)}{\partial x_{\mathrm{I}}} \right], \qquad (5.3.20)$$

so gilt offenbar

$$\frac{\partial x^*}{\partial x} = \frac{1}{2} \left[\frac{\partial (x_R - jx_I)}{\partial x_R} - j \frac{\partial (x_R - jx_I)}{\partial x_I} \right] = 1 - j(-j) = 0. \quad (5.3.21)$$

Diese Beziehung vereinfacht die formale Ableitung von (5.3.18); man erhält

$$\frac{\partial Q}{\partial h[k]} = - \int\limits_{-\pi}^{\pi} \left[H_w^*(e^{j\Omega}) - \sum_{\mu=0}^{m} h^*[\mu] e^{j\Omega\mu} \right] \cdot e^{-j\Omega k} \, d\Omega = 0 \,, \quad (5.3.22)$$

also

$$\int\limits_{-\pi}^{\pi} H_w(e^{j\Omega}) e^{j\Omega k} \, d\Omega = \sum_{\mu=0}^{m} h(\mu) \int\limits_{-\pi}^{\pi} e^{j\Omega(k-\mu)} \, d\Omega. \quad (5.3.23)$$

Wegen der Orthogonalitätseigenschaft der komplexen Exponentialfolge

$$\int\limits_{-\pi}^{\pi} e^{j\Omega(k-\mu)} \, d\Omega = \begin{cases} 2\pi & \text{für } \mu = k \\ 0 & \text{sonst} \end{cases} \quad (5.3.24)$$

ergibt sich schließlich

$$h[k] = \frac{1}{2\pi} \int\limits_{-\pi}^{\pi} H_w(e^{j\Omega}) e^{j\Omega k} \, d\Omega. \quad (5.3.25)$$

- *Die Approximation eines Wunschfrequenzgangs $H_w(e^{j\Omega})$ im Sinne des minimalen Fehlerquadrats erhält man aus der inversen zeitdiskreten Fourier-Transformation von $H_w(e^{j\Omega})$. Die so gewonnene Folge $h[0], \cdots, h[m]$ ist die Impulsantwort des approximierenden FIR-Systems m-ter Ordnung.*

Zur Illustration wird im folgenden die FIR-Approximation eines idealen Tiefpasses betrachtet. Der Wunschfrequenzgang lautet

$$H_w(e^{j\Omega}) = H_{TP}(e^{j\Omega}) = \begin{cases} e^{-j\Omega m/2} & \text{für } |\Omega| < \Omega_g \\ 0 & \text{für } \Omega_g < |\Omega| \le \pi. \end{cases} \quad (5.3.26)$$

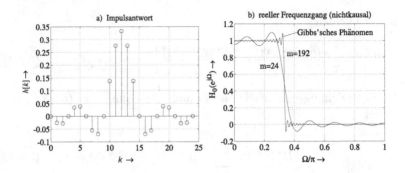

Bild 5.3.3: Fourier-Approximation eines idealen Tiefpasses

Die IDTFT von (5.3.26) mit zeitlicher Begrenzung auf $0 \le k \le m$ liefert

$$h[k] = \begin{cases} \dfrac{\Omega_g}{\pi} \cdot \dfrac{\sin(\Omega_g(k-m/2))}{\Omega_g(k-m/2)} & \text{für } k = 0, \cdots, m \\ 0 & \text{sonst.} \end{cases} \tag{5.3.27}$$

Bild 5.3.3a,b zeigt die Impulsantwort nach (5.3.27) für $\Omega_g = \pi/3$ sowie den Frequenzgang $H_0(e^{j\Omega})$ des zugeordneten nichtkausalen Systems für die Filterordnung $m = 24$. Man erkennt die typischen Auswirkungen der Fourier-Approximation :

- *Im Durchlass- wie im Sperrbereich ergeben sich Oszillationen ("Ripple").*

- *Der Übergang vom Durchlass- in den Sperrbereich erfolgt stetig, also mit einer endlich steilen Flanke.*

In Bild 5.3.3b ist zusätzlich ein nach der Fourier-Approximation entworfenes Filter mit achtfacher Ordnung $m = 192$ gegenübergestellt. Man erreicht hierbei eine deutlich höhere Flankensteilheit; die Oszillationen im Durchlass- und Sperrbereich werden zur Filterflanke hin verschoben, wobei die Höhe der ersten Überschwinger jedoch in etwa gleich bleibt – sie beträgt ca. 9%. Zusammengefasst erhält man folgendes Resultat:

- *Die Fourier-Approximation eines Wunschfrequenzgangs führt zum minimalen quadratischen Gesamtfehler im Frequenzbereich. Ist der Wunschverlauf des Frequenzgangs unstetig, so ergeben sich an den Sprungstellen Überschwinger. Bei Erhöhung der Filterordnung*

> *werden diese Überschwinger um die Filterflanken herum konzen-*
> *triert, ihre Höhe bleibt hiervon jedoch weitgehend unbeeinflusst;*
> *man bezeichnet dieses Verhalten als Gibbs'sches Phänomen.*

Die Ursache für das Gibbs'sche Phänomen wird im nächsten Abschnitt anhand einer Spektralbereichs-Betrachtung veranschaulicht.

5.3.3 Filterentwurf durch Fensterbewertung der idealen Impulsantwort

Die im letzten Abschnitt als Lösung im Sinne minimalen Fehlerqua-drats hergeleitete Fourier-Approximation besteht aus der zeitlichen Be-grenzung der idealen, i.a. unendlich ausgedehnten Impulsantwort des Wunschfilters mit einer Rechteck-Fensterfolge, d.h. (5.3.27) kann auch als

$$h[k] = \frac{\Omega_g}{\pi} \frac{\sin(\Omega_g(k - m/2))}{\Omega_g(k - m/2)} \cdot f^R[k] \qquad (5.3.28)$$

mit

$$f^R[k] = \begin{cases} 1 & \text{für } 0 \le k \le m \\ 0 & \text{sonst} \end{cases} \qquad (5.3.29)$$

geschrieben werden. Die Auswirkung dieser Zeitbegrenzung ist im Spek-tralbereich durch die Faltung des idealen Frequenzgangs (5.3.26) mit der Spektralfunktion der Rechteckfolge $F^R(e^{j\Omega})$, also

$$H(e^{j\Omega}) = \frac{1}{2\pi} H_{TP}(e^{j\Omega}) * F^R(e^{j\Omega}) = \frac{1}{2\pi} \int_{-\pi}^{\pi} H_{TP}(e^{j\alpha}) \cdot F^R(e^{j(\Omega-\alpha)}) d\alpha$$

$$(5.3.30)$$

zu beschreiben. Das Spektrum $F^R(e^{j\Omega})$ errechnet man unter Verwen-dung der Summenformel für geometrische Reihen zu

$$\begin{aligned} F^R(e^{j\Omega}) &= \sum_{k=0}^{m} f^R[k]e^{-j\Omega k} = \sum_{k=0}^{m} e^{-j\Omega k} = \frac{1 - e^{-j\Omega(m+1)}}{1 - e^{-j\Omega}} \\ &= e^{-j\Omega \cdot m/2} \cdot \frac{\sin(\frac{\Omega}{2}(m+1))}{\sin\frac{\Omega}{2}} . \end{aligned} \qquad (5.3.31)$$

Der reellwertige Anteil dieses Spektrums,

$$F_0^R(e^{j\Omega}) = \frac{\sin(\frac{\Omega}{2}(m+1))}{\sin\frac{\Omega}{2}} \qquad (5.3.32)$$

ist in dem Bild 5.3.4 für die beiden Fensterlängen $m + 1 = 25$ und $m+1 = 193$ wiedergegeben. Diese Funktion entspricht der si-Funktion im zeitkontinuierlichen Fall, die bekanntlich die Fouriertransformierte eines Rechteck-Impulses darstellt. Die Fouriertransformierte einer Rechteck-*Folge* kann keine si-Funktion sein, da das Spektrum periodisch sein muss, was bei der Funktion (5.3.32) der Fall ist. Wir benutzen im folgenden die Definition des Dirichlet-Kerns[5.2] [BP84]

$$\mathrm{di}_N := \frac{\sin(Nx/2)}{N \cdot \sin(x/2)} \ . \tag{5.3.33}$$

Für den Dirichlet-Kern gelten die Eigenschaften:

$$\mathrm{di}_N(x) = \mathrm{di}_N(-x) \tag{5.3.34a}$$

$$\mathrm{di}_N(x + 2\pi) = (-1)^N \cdot \mathrm{di}_N(x) \tag{5.3.34b}$$

$$\mathrm{di}_N\left(\frac{2\pi}{N} \cdot n\right) = 0; \quad \text{für } n \neq 0, \ n \in \mathbb{N} \tag{5.3.34c}$$

$$\mathrm{di}_N(0) = \lim_{x \to 0} \frac{\sin(Nx/2)}{N \cdot \sin(x/2)} = \lim_{x \to 0} \frac{N/2 \cos(Nx/2)}{N/2 \cdot \cos(x/2)} = 1 \tag{5.3.34d}$$

Mit (5.3.33) erhalten wir für das Spektrum des zeitdiskreten Rechteck-Fensters der Länge $m + 1$

$$F_0^R\left(e^{j\Omega}\right) = (m + 1) \cdot \mathrm{di}_{m+1}(\Omega) \ . \tag{5.3.35}$$

Anhand von Bild 5.3.3 wird das Gibbs'sche Phänomen anschaulich klar: Die Faltung des Frequenzgangs des idealen Tiefpasses mit (5.3.32) führt zu Oszillationen im Durchlass- und Sperrbereich, die aus der Integration von $F_0^R(e^{j\Omega})$ folgen; für den reellwertigen Frequenzgang-Anteil des approximierten Filters ergibt sich

$$H_0(e^{j\Omega}) = \frac{1}{2\pi} H_{0TP}(e^{j\Omega}) * F_0^R(e^{j\Omega}) = \frac{1}{2\pi} \int\limits_{-\Omega_g}^{\Omega_g} \frac{\sin(\frac{(m+1)}{2}(\Omega - \alpha))}{\sin((\Omega - \alpha)/2)} \, d\alpha \ .$$
$$\tag{5.3.36}$$

[5.2]Unter MATLAB ist zur Berechnung die Funktion `diric(N,x)` verfügbar.

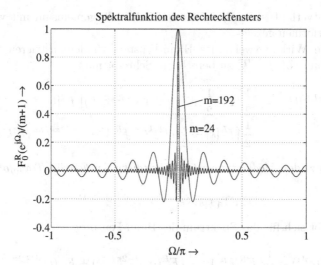

Bild 5.3.4: Spektrum des Rechteckfensters für zwei verschiedene Fenster-längen: $m + 1 = 25$ und $m + 1 = 193$

Bei einer Erhöhung der Fensterlänge (bzw. der Filterordnung) wird die Funktion $F_0^R(e^{j\Omega})$ gestaucht, so dass im Resultat von (5.3.36) die Über-schwinger im Durchlass- und Sperrbereich näher an die Filterflanke her-anrücken – an der Höhe der Überschwinger ändert sich dabei nichts. Durch das mit steigendem m schmaler werdende Spektrum des Recht-eckfensters (siehe Bild 5.3.4) wird die resultierende Filterflanke steiler, womit die Beobachtungen zu Bild 5.3.3 anhand der Spektralbereichs-Betrachtungen anschaulich erklärt werden können.

Will man das Durchlass- und Sperrverhalten eines selektiven FIR-Filters verbessern, so muss man nach Fensterfunktionen suchen, die reduzierte Oszillationen im Spektralbereich aufweisen. Ein erstes Beispiel hierfür ist das
Hann-Fenster[5.3]:

$$f^{Hn}[k] = \begin{cases} \frac{1}{2}(1 - \cos\frac{2\pi}{m}k) & \text{für } 0 \leq k \leq m \\ 0 & \text{sonst;} \end{cases} \qquad (5.3.37)$$

[5.3]nach dem österreichischen Meteorologen Julius von Hann. In der Literatur wird fälschlicherweise meist vom *Hanning-Fenster* gesprochen – dies gilt auch für die entsprechenden MATLAB-Routinen.

der Zeitverlauf ist in Bild 5.3.6 auf Seite 179 gemeinsam mit weiteren Fensterformen gezeigt.

Um die Wirkungsweise des Hann-Fensters zu demonstrieren, ist das Spektrum von $f^{Hn}[k]$ zu berechnen. Schreibt man

$$
f^{Hn}[k] \;=\; \frac{1}{2}\left[1 - \frac{1}{2}\left(e^{j2\pi k/m} + e^{-j2\pi k/m}\right)\right] f^{R}[k] \tag{5.3.38}
$$

$$
\;=\; \frac{1}{2}\left[f^{R}[k] - \frac{1}{2}\left(e^{j2\pi k/m}\,f^{R}[k] + e^{-j2\pi k/m}\,f^{R}[k]\right)\right]
$$

und nutzt den *Modulationssatz der zeitdiskreten Fourier-Transformation*

$$
\mathrm{DTFT}\{x[k]\cdot e^{j\Omega_0 k}\} = X(e^{j(\Omega-\Omega_0)})\,, \tag{5.3.39}
$$

so ergibt sich für das Spektrum des Hann-Fensters

$$
F^{Hn}(e^{j\Omega}) = \frac{1}{2}\left[F^{R}(e^{j\Omega}) - \frac{1}{2}\left(F^{R}(e^{j(\Omega-2\pi/m)}) + F^{R}(e^{j(\Omega+2\pi/m)})\right)\right]\,, \tag{5.3.40}
$$

woraus mit

$$
F^{R}(e^{j\Omega}) \;=\; F_0^{R}(e^{j\Omega})\cdot e^{-j\Omega m/2} \quad \text{und}
$$

$$
F^{R}(e^{j(\Omega\pm 2\pi/m)}) \;=\; F_0^{R}(e^{j(\Omega\pm 2\pi/m)})\cdot e^{-j\Omega m/2}\cdot \underbrace{e^{\pm j\frac{2\pi}{m}\frac{m}{2}}}_{-1}
$$

unter Einsetzen von (5.3.35) folgt

$$
F^{Hn}(e^{j\Omega}) \;=\; \frac{m+1}{2}e^{-j\Omega m/2}\cdot\left[\mathrm{di}_{m+1}(\Omega)\right. \tag{5.3.41}
$$

$$
\left.+\frac{1}{2}\mathrm{di}_{m+1}\left(\Omega - \frac{2\pi}{m}\right) + \frac{1}{2}\mathrm{di}_{m+1}\left(\Omega + \frac{2\pi}{m}\right)\right].
$$

Das Spektrum des Hann-Fensters lässt sich also durch Überlagerung von drei gegeneinander um $\Omega = \pm 2\pi/m$ versetzten Spektren des Rechteckfensters konstruieren – in Bild 5.3.5 wird dies veranschaulicht. Man erkennt, dass im Bereich um $\Omega = 5\pi/(m+1)$ eine Kompensation des Überschwingers eintritt. Hierauf beruht die Wirkungsweise des Hann-Fensters; allerdings wird die erhöhte Sperrdämpfung auf Kosten einer Verdopplung der Breite des Hauptbandes des Spektrums $F^{Hn}(e^{j\Omega})$ erreicht, was zu einer flacheren Flanke des approximierten Filters führt.

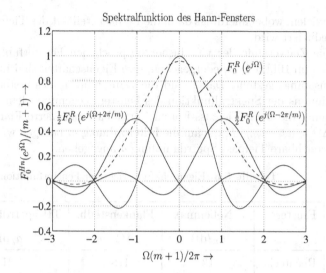

Bild 5.3.5: Konstruktion des Spektrums des Hann-Fensters

Ein weiteres gebräuchliches Fenster ist das
Hamming-Fenster:

$$f^{Hm}[k] = [0,54 - 0,46\cos(\frac{2\pi}{m}k)] \cdot f^{R}[k], \qquad (5.3.42)$$

das eng mit dem Hann-Fenster verwandt ist, diesem gegenüber jedoch einen *Sockel* der Höhe $0,08$ enthält. Die Koeffizienten $0,54$ und $0,46$ ergeben sich daraus, dass im Spektrum des Hamming-Fensters an der Stelle $\Omega = 5\pi/(m+1)$, also in der Mitte des ersten Überschwingers *eine exakte Auslöschung* erzwungen wird. Schreibt man zunächst für unbekanntes α

$$\frac{1}{m+1} \cdot F_0^{Hm}(e^{j\Omega}) = (1-\alpha)\,\mathrm{di}_{m+1}(\Omega) + \frac{\alpha}{2}\,[\mathrm{di}_{m+1}(\Omega - \frac{2\pi}{m}) + \mathrm{di}_{m+1}(\Omega + \frac{2\pi}{m})]$$

und setzt diesen Ausdruck für $\Omega = 5\pi/(m+1)$ null, so ergibt sich

$$\alpha \approx \frac{21}{46} \approx 0,46\,,$$

also der in (5.3.42) angegebene Wert.
Besonders hohe Sperrdämpfungen lassen sich mit dem
Blackman-Fenster:

$$f^{Bl}[k] = [0,42 - 0,5\cos\frac{2\pi}{m}k + 0,08\cos\frac{4\pi}{m}k] \cdot f^{R}[k] \qquad (5.3.43)$$

erzielen, wobei allerdings dann die Flankensteilheit des Tiefpasses weiter reduziert wird.

Die Zeitverläufe der vier bisher besprochenen Fensterfunktionen werden im Bild 5.3.6 wiedergegeben, ihre Eigenschaften sind in Tabelle 5.3 zusammengestellt. Dabei sind die Dämpfung a_N des ersten Nebenmaximums der Spektralfunktion des Fensters gegenüber dem Hauptmaximum, die beim Tiefpass-Entwurf erzielbare normierte Flankensteilheit $\Delta\Omega = (\omega_S - \omega_D) \cdot T$, die auf die Filterordnung m bezogen wird, sowie die erreichbare Tiefpass-Sperrdämpfung a angegeben.

Tabelle 5.3: Eigenschaften wichtiger Fensterfunktionen

Fenster	1. Nebenmax. a_N/dB	Flankensteilh. $\Delta\Omega \cdot m$	TP-Sperrdämpfung a/dB
Rechteck	13	$1,8\,\pi$	21
Hann	31	$6,2\,\pi$	44
Hamming	41	$6,6\,\pi$	54
Blackman	57	$11\,\pi$	74

Zur Illustration dieser Eigenschaften finden sich im Bild 5.3.7 Entwurfsbeispiele für Tiefpässe mit einer normierten Grenzfrequenz von $\Omega_g = \pi/3$; die Filterordnung ist jeweils auf $m = 24$ festgelegt.

Die bisher betrachteten Fensterfunktionen besitzen keinen wählbaren Parameter, mit dem spezielle Entwurfsanforderungen, also z.B. die Einstellung einer gewüschten Flankensteilheit oder Sperrdämpfung, ermöglicht werden. Im Unterschied hierzu ist das

Kaiser-Fenster:

$$f^K[k] = \frac{I_0\left(\beta\sqrt{1 - (1 - \frac{2}{m}k)^2}\right)}{I_0(\beta)} \cdot f^R[k] \qquad (5.3.44)$$

von besonderer Bedeutung, weil es einen derartigen Parameter β enthält. In (5.3.44) bedeutet $I_0(x)$ die durch die Reihe [BS62]

$$I_0(x) = 1 + \sum_{i=1}^{\infty} \left[\frac{(x/2)^i}{i!}\right]^2 \qquad (5.3.45)$$

definierte modifizierte Besselfunktion erster Art der Ordnung null. Die Konstante β mit typischen Werten im Bereich $4 \leq \beta \leq 9$ gestattet es im Gegensatz zu den anderen, parameterfreien Fenstern, die Höhe des Überschwingens an der Sprungstelle der zu approximierenden Funktion zu beeinflussen. Ein Kaiser-Fenster mit $\beta = 7$ ist in Bild 5.3.6 den bisher besprochenen traditionellen Fenstern gegenübergestellt.

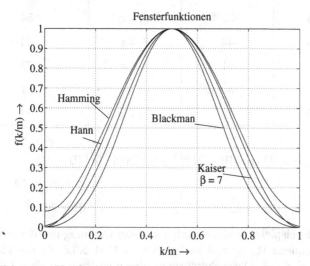

Bild 5.3.6: Vergleich der Zeitverläufe verschiedener Fensterfolgen

Die Eigenschaften des Kaiser-Fensters sind in Tabelle 5.4 für verschiedene Werte von β wiedergegeben.

Man kann die Filterordnung m und den Parameter β auch aus der vorgegebenen Sperrdämpfung

$$a/\mathrm{dB} = -20 \log \delta_s \qquad (5.3.46)$$

und dem auf die Abtastfrequenz f_A normierten Übergangsbereich $\Delta f = (f_S - f_D)/f_A$ berechnen [Jac 86]:

$$m \geq \frac{a/\mathrm{dB} - 7,95}{14,36 \cdot \Delta f} \qquad (5.3.47)$$

Tabelle 5.4: Eigenschaften des Kaiser-Fensters als Funktion des freien Parameters β

Parameter	1. Nebenmax.	Flankensteilh.	TP-Sperrdämpfung
β	a_N/dB	$\Delta\Omega \cdot m$	a/dB
4	30	$5,2\,\pi$	45
5	37	$6,4\,\pi$	54
6	44	$7,6\,\pi$	63
7	51	$9,0\,\pi$	72
8	59	$10,2\,\pi$	81
9	74	$10,5\,\pi$	90

$$\beta = \begin{cases} 0,5842 \cdot (a/\mathrm{dB} - 21)^{0,4} + 0,07886 \cdot (a/\mathrm{dB} - 21)\,, \\ \hspace{5cm} 21 \leq a/\mathrm{dB} \leq 50 \hspace{1cm} (5.3.48) \\ 0,1102 \cdot (a/\mathrm{dB} - 8,7)\,, \hspace{2cm} a/\mathrm{dB} \geq 50\,. \end{cases}$$

Entwurfsbeispiele für einen Tiefpass 24-ter Ordnung mit der normierten Grenzfrequenz $\Omega_g = \pi/3$ finden sich in Bild 5.3.8 für die Parameter $\beta = 6$ und $\beta = 8$. Diese Entwürfe werden dem Resultat einer Blackman-Fensterbewertung gegenübergestellt.

Abschließend bleibt auf eine Eigenschaft hinzuweisen, die alle über eine Fensterbewertung gewonnenen Tiefpässe gemeinsam haben. Sie basieren auf der Impulsantwort des idealen Tiefpasses; gilt für dessen normierte Grenzfrequenz

$$\Omega_g = \pi/w; \quad w \in \mathbb{N}\,, \tag{5.3.49}$$

so erhält man bei geradem m eine Impulsantwort mit der Eigenschaft

$$h_{TP}[k] = \begin{cases} 1/w & \text{für } k = m/2 \\ 0 & \text{für } k = m/2 + i \cdot w, \quad w = \pm 1, \pm 2, \cdots \end{cases} \tag{5.3.50}$$

Durch Multiplikation mit einer beliebigen Fensterfolge bleiben die Nullstellen bei $k = m/2 + i \cdot w$ erhalten; man nennt Filter mit der Eigenschaft (5.3.50) *Nyquistfilter*. Sie spielen für die digitale Datenübertra-

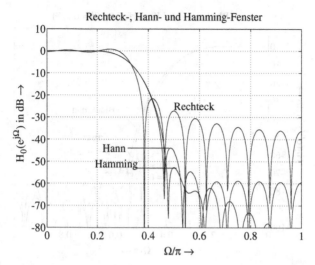

Bild 5.3.7: Tiefpass-Entwürfe ($m = 24$, $\Omega_g = \pi/3$): Rechteck-, Hann- und Hamming-Fenster

gung eine sehr wichtige Rolle, da sie eine verzerrungsfreie Übertragung gewährleisten [Kam17].

Im Spektralbereich ergibt sich unter der Bedingung eines genügenden Approximationsgrades, bei dem gilt

$$F(e^{j\Omega}) = 0 \quad \text{für } \Omega_g \leq |\Omega| \leq \pi$$

$$\text{d.h.} \quad H(e^{j\Omega}) = 0 \quad \text{für } 2\,\Omega_g \leq |\Omega| \leq \pi \tag{5.3.51}$$

ein *bezüglich $\Omega = \Omega_g$ punktsymmetrischer Frequenzgang, also eine "Nyquistflanke"*.

5.3.4 Tschebyscheff-Approximation im Sperrbereich: Dolph-Tschebyscheff-Entwurf

Beim Entwurf rekursiver Filter in Abschnitt 4.2 waren beträchtliche Gewinne durch eine möglichst vollständige Ausnutzung des Toleranzschemas zu erzielen, indem im Sperr- und/oder im Durchlassbereich im Tschebyscheff'schen Sinne approximiert wurde. Für nichtrekursive Filter existiert eine geschlossene Lösung zum Entwurf von Tiefpässen mit einer Tschebyscheff-Approximation im Sperrbereich. Sie basiert auf den

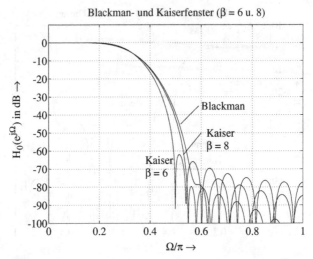

Bild 5.3.8: Tiefpass-Entwürfe ($m = 24$, $\Omega_g = \pi/3$): Blackman- und Kaiser-Fenster

bereits im Abschnitt 4.2.3 benutzten Tschebyscheff-Polynomen $T_m(x)$, wobei aber hier im Gegensatz zu (4.2.40) in das Argument nicht die Frequenz selber, sondern $\cos(\Omega)$ eingesetzt wird; man bezeichnet diese Form als *Dolph-Tschebyscheff-Approximation* [Sch73]. Für den Frequenzgang des – zunächst nichtkausal angenommenen – Filters setzt man die reelle Funktion

$$H_0^{DT}(e^{j\Omega}) = \frac{1}{A_0} \cdot T_m\left(\frac{\cos(\Omega/2)}{\cos(\Omega_s/2)}\right) \tag{5.3.52}$$

$$= \frac{1}{A_0} \cdot \begin{cases} \cosh\left\{m \cdot \operatorname{arcosh}\left[\frac{\cos(\Omega/2)}{\cos(\Omega_s/2)}\right]\right\}, & 0 \leq \Omega \leq \Omega_s \\ \cos\left\{m \cdot \arccos\left[\frac{\cos(\Omega/2)}{\cos(\Omega_s/2)}\right]\right\}, & \Omega_s \leq \Omega \leq \pi \end{cases}$$

mit der Normierungskonstanten

$$A_0 = \cosh\left\{m \cdot \operatorname{arcosh}\left[\frac{1}{\cos(\Omega_s/2)}\right]\right\} ; \tag{5.3.53}$$

Ω_s bezeichnet hier die normierte Sperrbereichs-Grenzfrequenz. Zum Verständnis des Dolph-Tschebyscheff-Ansatzes folgt eine kurze Diskussion von (5.3.52). Der Maximalwert an der Stelle $\Omega = 0$ ist auf eins normiert. Die Spektralfunktion fällt mit steigender Frequenz bis $\Omega = \Omega_s$ monoton ab (Durchlassbereich). Mit $\Omega \geq \Omega_s$ setzt der zweite Definitionsbereich ein, der eine kosinusförmige Charakteristik besitzt: Es erfolgt eine *gleichmäßige Approximation im Sperrbereich,* wobei

$$|H_0^{DT}(e^{j\Omega})| \leq \frac{1}{A_0}, \quad \Omega_s \leq \Omega \leq \pi \tag{5.3.54}$$

gilt; hierdurch ist also die Sperrbereichsschranke δ_s bzw. die minimale Sperrdämpfung $a_{\min}$ in dB gegeben:

$$\delta_s = \left[\cosh\left\{ m \cdot \operatorname{arcosh}\left[\frac{1}{\cos(\Omega_s/2)} \right] \right\} \right]^{-1}$$

$$a_{\min} = 20 \cdot \log\left(\cosh\left\{ m \cdot \operatorname{arcosh}\left[\frac{1}{\cos(\Omega_s/2)} \right] \right\} \right). \tag{5.3.55}$$

Aus (5.3.55) erhält man eine Näherungsformel zur Abschätzung der erforderlichen Filterordnung bei vorgegebener Sperrbereichsgrenze Ω_s und geforderter minimaler Sperrdämpfung $a_{\min}$ in dB:

$$m \geq \frac{1,46 \cdot (0,3 + a_{\min}/20)}{\Omega_s/\pi}. \tag{5.3.56}$$

Bisher ist die Frage ungeklärt, weshalb (5.3.52) überhaupt ein zulässiger Ansatz für den Frequenzgang eines nichtrekursiven Filters ist – hierzu müsste die inverse zeitdiskrete Fourier-Transformation, also die Impulsantwort, *eine streng zeitbegrenzte Folge ergeben.* Um dies für den obigen Ansatz zu zeigen[5.4], muss man sich vergegenwärtigen, dass Tschebyscheff-Polynome anhand der Rekursionsbeziehung

$$T_m(x) = 2x \cdot T_{m-1}(x) - T_{m-2}(x), \quad \text{mit } T_0(x) = 1,\ T_1(x) = x \tag{5.3.57}$$

konstruiert werden können (vgl. (4.2.41)). Für *gerade* m ergibt sich also ein Polynom m-ter Ordnung mit geradzahligen Potenzen von x:

$$T_m(x) = \sum_{\nu=0}^{m/2} a_\nu\, x^{2\nu}. \tag{5.3.58}$$

Der Ausdruck (5.3.52) ist daher von der Form

$$H_0^{DT}(e^{j\Omega}) = \sum_{\nu=0}^{m/2} b_\nu\, \cos^{2\nu}(\Omega/2). \tag{5.3.59}$$

[5.4]H.W. Schüßler: persönliche Korrespondenz, 1996

Nutzt man die allgemein gültige trigonometrische Beziehung

$$\cos^{2\nu}(\Omega/2) = \sum_{i=0}^{\nu} \alpha_i \, \cos(i\Omega) \,,$$

so folgt

$$H_0^{DT}(e^{j\Omega}) = \sum_{\nu=0}^{m/2} \beta_\nu \, \cos(\nu\Omega). \qquad (5.3.60)$$

Andererseits gilt für den Frequenzgang eines nichtrekursiven Filters mit gerader Ordnung und gerader Symmetrie der Impulsantwort (Typ 1) nach (5.2.28)

$$H_0(e^{j\Omega}) = h(m/2) + 2 \sum_{k=0}^{m/2-1} h[k] \, \cos((\frac{m}{2} - k)\Omega) \,. \qquad (5.3.61)$$

Damit ist gezeigt, dass der Ansatz (5.3.52) bei geradem[5.5] m den Frequenzgang eines FIR-Filters vom Typ 1 beschreibt; die Impulsantwort ergibt sich aus den Koeffizienten β_ν durch Koeffizientenvergleich zwischen (5.3.60) und (5.3.61). Numerisch einfacher zu lösen ist das Problem jedoch mit Hilfe der schnellen Fourier-Transformation (FFT, siehe Kapitel 7). Hierzu wird aus (5.3.52) zunächst der Frequenzgang eines *kausalen* Systems hergestellt, indem mit einem entsprechenden Phasenfaktor multipliziert wird.

$$H^{DT}(e^{j\Omega}) = e^{-j\Omega m/2} \cdot H_0^{DT}(e^{j\Omega}) \qquad (5.3.62)$$

Die inverse zeitdiskrete Fourier-Transformation dieses Frequenzgangs liefert die kausale Impulsantwort $h[0], \cdots, h[m]$ des approximierten FIR-Filters. Die praktische Berechnung erfolgt durch Abtastung des Frequenzgangs und inverse diskrete Fourier-Transformation (IFFT).

Abschließend wird ein Entwurfsbeispiel betrachtet. Es soll ein FIR-Filter mit einer Sperrbereichs-Grenzfrequenz $\Omega_s = \pi/3$ und einer Sperrdämpfung von mindestens $a_{min} = 100$ dB entworfen werden. Gemäß der Abschätzungsformel (5.3.56) ist hierzu eine Filterordnung von mindestens $m = 24$ erforderlich. Der Betragsfrequenzgang des nach der Dolph-Tschebyscheff-Approximation entworfenen FIR-Filters ist in Bild 5.3.9a wiedergegeben, die zugehörige Impulsantwort der

---

[5.5]Für ungerade m ergibt eine entsprechende Herleitung FIR-Filter vom Typ 3.

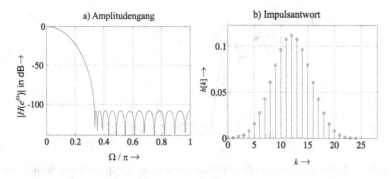

Bild 5.3.9: Dolph-Tschebyscheff-Filter ($m = 24$, $\Omega_S = \pi/3$)

Länge $m + 1 = 25$ in Bild 5.3.9b. Man erkennt hier die besondere Eigenschaft dieser Approximationsform: Mit relativ geringer Filterordnung sind sehr hohe Sperrdämpfungswerte zu erreichen. Andererseits verläuft die Übergangsflanke sehr flach, so dass von einem bis zu einer vorzugebenden Grenzfrequenz Ω_D konstant verlaufenden Durchlassbereich kaum die Rede sein kann. Für bestimmte Aufgabenstellungen sind Übertragungsfunktionen dieser Art von besonderem Interesse; so wurden Dolph-Tschebysheff-Filter z.B. als UKW-Zwischenfrequenzfilter in digitalen Empfängerrealisierungen verwendet, da hier ein derartig flach verlaufender Durchlassbereich in Hinblick auf minimale nichtlineare Verzerrungen besonders günstig ist [Kam86].

5.3.5 Tschebyscheff-Approximation im Durchlass- und Sperrbereich: Remez-Entwurf

Die günstigste Lösung des Entwurfsproblems linearphasiger nichtrekursiver Filter darf man von einer Tschebyscheff-Approximation im Durchlass- und Sperrbereich erwarten. Dabei wird ein vorgegebenes Toleranzschema auf die in Bild 5.3.10 veranschaulichte Weise ausgefüllt.

Grundlage zur Lösung dieses Problems bildet das so genannte Alternanten-Theorem. Es besagt, dass eine optimale Tschebyscheff-Lösung dann gegeben ist, wenn die aus Wunschfrequenzgang und Approximationsfunktion gebildete Fehlerfunktion im Approximationsintervall mindestens $m/2 + 2$ Extremwerte aufweist, wobei die Randwerte an den Grenzen von Durchlass- und Sperrbereich mitgezählt werden. Hieraus

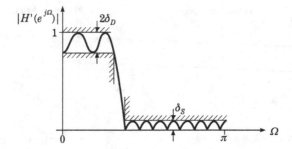

Bild 5.3.10: Tschebyscheff-Approximation eines Tiefpasses durch ein System der Ordnung $m = 24$

lässt sich ein *nichtlineares Gleichungssystem* gewinnen, indem gefordert wird, dass die Approximationsfunktion das Toleranzschema an insgesamt $m/2 + 2$ Stützstellen Ω_i tangiert [Her70]. Gleichzeitig verschwinden die Ableitungen des Frequenzgangs an diesen Stellen. Nichtlinear wird das Gleichungssystem dadurch, dass die Stützfrequenzen Ω_i a-priori nicht bekannt sind und deshalb mit berechnet werden müssen.

Eine geschlossene Lösung für dieses Problem ist nicht angebbar. Es existiert jedoch ein effizienter Algorithmus zur numerischen Berechnung der Koeffizienten, der aus dem *Remez-Verfahren* mit Simultan-Ersetzung entwickelt und von Parks und McClellan veröffentlicht wurde [PM72b]; von denselben Autoren stammt eine FORTRAN-Routine für diesen Algorithmus [PM72a]. Das Parks-McClellan Verfahren gilt inzwischen als Standard-Entwurfsprogramm für nichtrekursive Filter und ist in jedem größeren Programmpaket zur digitalen Signalverarbeitung enthalten. Auf die nähere Diskussion der Remez-Methode soll hier verzichtet und statt dessen auf weitere Lehrbücher, z.B. [Hes93], [PB87], [Ell87], verwiesen werden.

Zum Abschluss wird kurz auf die praktische Handhabung des Programms anhand einiger Beispiele eingegangen. Prinzipiell können drei Klassen von Filtern entworfen werden, nämlich *selektive Filter, Differenzierer* und *Hilbert-Transformatoren* . Dabei ist es möglich, die Hilbert-Transformatoren als selektive Filter zu entwerfen. So erhält man z.B. aus einem als selektives Filter entworfenen Bandpass und einem als Bandpass mit gleichem Toleranzschema entworfenen Hilbert-Transformator ein Quadraturnetzwerk, von dem bereits im Abschnitt 2.5.1 die Rede war. Bei Entwürfen für selektive Filter und Hilbert-Transformatoren sind zunächst die Anzahl der Bänder und die zugehörigen Eckfrequenzen anzugeben. Durchlass- und Sperrbereiche werden durch entsprechende Faktoren, z.B. den Faktor 1 für einen Durchlass- und den Faktor 0 für einen Sperrbereich, gekennzeichnet. Auf diese Weise kann über den einfachen Tiefpass oder Bandpass hinaus auch der Entwurf komplizierterer Filter mit mehreren Durchlass- und Sperrbereichen erfolgen. Die direkte Eingabe der Toleranzparameter δ_D und δ_s ist nicht möglich. Statt dessen sind für die einzelnen Bänder Gewichtsfaktoren vorzugeben, mit denen das Verhältnis der Toleranzparameter untereinander beeinflusst wird. Um ein gewünschtes Toleranzschema zu erfüllen, ist die erforderliche Filterordnung experimentell zu ermitteln. Einige Beispiele sollen die umfangreichen Möglichkeiten des Entwurfs nach Parks-McClellan demonstrieren.

Beispiel 1: *Tiefpass der Ordnung* $m = 64$
Eingabe: Selektives Filter mit 2 Bändern nach Tabelle 5.5.

Tabelle 5.5: Eingabeparameter für das Parks-McClellan Programm zum Entwurf eines Tiefpasses

	Ω_u	Ω_o	Verst.	Gew.	Bereich
Band 1	0	$0,32\pi$	1 1	1	Durchlassb.
Band 2	$0,43\pi$	π	0 0	1	Sperrb.

Das Entwurfsergebnis zeigt Bild 5.3.11a. Die im Durchlass- und Sperrbereich erzielten Toleranzparameter betragen $\delta_D = \delta_s = 8 \cdot 10^{-4}$, was einer Sperrdämpfung von $a_{min} = 62$ dB entspricht. Das Beispiel wurde so gewählt, dass das Übergangsgebiet zwischen Durchlass- und Sperrbereich dem eines Filters der Ordnung $n = 64$ bei Fourier-Approximation mit einem Hamming-Fenster entspricht und eine Mittenfrequenz von $\Omega_g = 3\pi/8$ besitzt. Nach Tabelle 5.3 auf Seite 178 beträgt die Sperrdämpfung des mit dem Hamming-Fenster entworfenen Filters $a_{min} = 54$ dB; der Tschebyscheff-Entwurf vergrößert die Sperrdämpfung bei *gleicher Filterordnung* um 8 dB. Der Hamming-Entwurf ist in Bild 5.3.11a zum Vergleich gestrichelt mit eingetragen.
Die obigen Eingabeparameter sehen für Durchlass- und Sperrbereich gleiche Gewichtsfaktoren vor. Damit werden die Toleranzparameter im Durchlass- und Sperrbereich gleich groß, d.h. es gilt $\delta_D = \delta_s$, eine Bedin-

gung, die bei allen Fourier-Approximationen unabhängig vom verwendeten Fenster gilt. Dies führt bei Fenster-Entwürfen auf eine Nyquistflanke
bei Ω_g (vgl. Kommentar auf Seite 181).

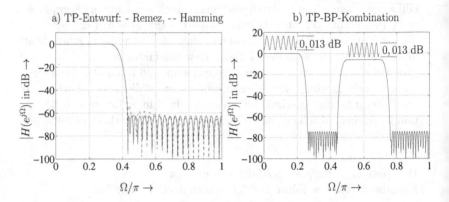

Bild 5.3.11: Tschebyscheff-Entwürfe nichtrekursiver Filter.
  a) Tiefpass, Ordnung $m = 64$,
  b) Tiefpass-Bandpass-Kombination, Ordnung $m = 128$

Beispiel 2: *Tiefpass-Bandpass-Kombination der Ordnung* $m = 128$
Eingabe: Selektives Filter mit 4 Bändern nach Tabelle 5.6.
Das Entwurfsergebnis zeigt Bild 5.3.11b. Die erzielten Toleranzparameter in den beiden Durchlassbereichen betragen $\delta_{D1} = 0,00154$ und
$\delta_{D2} = 0,00077$, die absoluten Toleranzschranken stehen also gemäß der
vorgegebenen Gewichtsfaktoren in den Bändern 1 und 3 im Verhältnis
2:1. Berücksichtigt man, dass im Band 3 eine 6 dB-Dämpfung vorge-
schrieben ist, so ergeben sich in beiden Durchlassbereichen die gleichen relativen Fehlerschranken; im logarithmischen Maß erhält man jeweils einen Ripple von 0.013 dB in beiden Durchlassbereichen (in Bild
5.3.11 ist der Durchlassbereich um den Faktor 1000 vergrößert herausge-
zeichnet). In den Sperrbeichen ergibt sich bei diesem Filterentwurf eine
Dämpfung von 75 dB.

Weitere Beispiele für die Anwendung des Programms beim Entwurf von
Systemen zur Differentiation und zur Hilbert-Transformation folgen im
nächsten Abschnitt.

Tabelle 5.6: Entwurfsparameter für eine Tiefpass-Bandpass-Kombination

	Ω_u	Ω_o	Verst.	Gew.	Bereich
Band 1	0	$0,2\pi$	1 1	1	Durchl. 1
Band 2	$0,26\pi$	$0,44\pi$	0 0	4	Sperrb. 1
Band 3	$0,5\pi$	$0,7\pi$	$\frac{1}{2} \frac{1}{2}$	2	Durchl. 2
Band 4	$0,76\pi$	π	0 0	4	Sperrb. 2

5.4 Entwurf spezieller nichtrekursiver Systeme

5.4.1 Zeitdiskrete Differenzierer

Es gibt mehrere Wege, ein digitales System zur *Differentiation* herzuleiten. Einer besteht darin, den Differentialquotienten durch den *Differenzenquotienten* zu ersetzen. Wenn $x[k]$ den Eingang, $y[k]$ den Ausgang des differenzierenden Systems bezeichnet, dann folgt mit der Differenzengleichung erster Ordnung

$$y[k] = x[k] - x[k-1] \qquad (5.4.1)$$

für dessen Frequenzgang

$$H_{D1}(e^{j\Omega}) = 2\,j\,\sin\frac{\Omega}{2} \cdot e^{-j\Omega/2}\,. \qquad (5.4.2)$$

Das System ist nichtrekursiv, von erster Ordnung und besitzt eine lineare Phase. Bild 5.4.2 zeigt einen Vergleich des Betrages des Frequenzgangs nach 5.4.2 mit dem idealen Betrag

$$|H_D(e^{j\Omega})| = |\Omega| \quad \text{für } |\Omega| < \pi\,. \qquad (5.4.3)$$

Der Fehler der Approximation ist dabei durch das Maß

$$d = \frac{|H_D(e^{j\Omega})| - |H_{D1}(e^{j\Omega})|}{|H_D(e^{j\Omega})|} \qquad (5.4.4)$$

in Prozent angegeben.

Ein ganz anderer Weg, um zur Impulsantwort eines digitalen Systems zur Differentiation zu kommen, besteht darin, zunächst den idealen Frequenzgang des bandbegrenzten zeitkontinuierlichen Differenzierers

$$H_D(j\omega) = \begin{cases} j\omega & \text{für } -\omega_A/2 \leq \omega \leq \omega_A/2 \\ 0 & \text{sonst} \end{cases} \tag{5.4.5}$$

vorzugeben.

Daraus kann man ein digitales, differenzierendes System durch einen *impulsinvarianten* Entwurf gewinnen, indem die zeitkontinuierliche Impulsantwort des bandbegrenzten analogen Differenzierers abgetastet wird. Zunächst ermittelt man die kontinuierliche Impulsantwort durch inverse Fourier-Transformation von (5.4.5).

$$\begin{aligned} h_D(t) &= \frac{1}{2\pi} \int\limits_{-\omega_A/2}^{\omega_A/2} H_D(j\omega) e^{j\omega t} d\omega = \frac{1}{2\pi} \int\limits_{-\omega_A/2}^{\omega_A/2} j\omega\, e^{j\omega t} d\omega \\ &= \begin{cases} \pi \cdot f_A^2 \left(\frac{\cos \pi f_A t}{\pi f_A t} - \frac{\sin \pi f_A t}{(\pi f_A t)^2} \right) & \text{für } t \neq 0 \\ 0 & \text{für } t = 0 \end{cases} \end{aligned} \tag{5.4.6}$$

Die Impulsantwort des kontinuierlichen bandbegrenzten Differenzierers ist in Bild 5.4.1 gezeigt.

Um zum impulsinvarianten System zu kommen, bieten sich grundsätzlich zwei verschiedene Formen der Abtastung an. Zunächst sei die Abtastung zu den Zeiten $t = kT = k/f_A$ vorgenommen – in Bild 5.4.1) sind die Abtastwerte mit "o" gekennzeichnet. Nach einer zeitlichen Begrenzung auf $m + 1$ Abtastwerte und einer Verschiebung um $k = m/2$ (mit m *gerade*) erhält man die kausale Impulsantwort (nach Normierung auf πf_A^2)

$$h_{D2}[k] = \begin{cases} \frac{\cos(\pi(k-m/2))}{\pi(k-m/2)} = \frac{(-1)^{k-m/2}}{\pi(k-m/2)} & \text{für } 0 \leq k \leq m,\, k \neq m/2 \\ 0 & \text{für } k = m/2,\, k < 0,\, k > m, \end{cases} \tag{5.4.7}$$

da der sin-Term in (5.4.6) verschwindet. Diese Impulsantwort beschreibt ein linearphasiges FIR-Filter vom *Typ* 2, also mit gerader Ordnung und ungerader Impulsantwort (vgl. Tabelle 5.2 auf Seite 163).

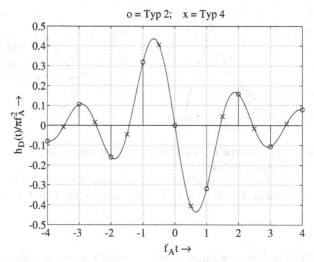

Bild 5.4.1: Impulsantwort eines kontinuierlichen bandbegrenzten Differenzierers

Wählt man alternativ die Abtastung $t = (k + 1/2)T$ (siehe die mit "×" gekennzeichneten Abtastwerte in Bild 5.4.1), so verschwindet der cos-Term in (5.4.6) und für die Impulsantwort gilt bei gleicher Normierung in kausaler Darstellung für *ungerades* m

$$
h_{D4}[k] = \begin{cases} -\frac{\sin \pi(k-m/2)}{(\pi(k-m/2))^2} = (-1)^{\frac{m-1}{2}} \frac{(-1)^k}{\pi^2(k-m/2)^2} & \text{für } 0 \le k \le m \\ 0 & \text{sonst.} \end{cases}
$$

$$(5.4.8)$$

Man erhält also ein FIR-Filter vom *Typ 4*. Die Betragsübertragungsfunktionen und der Approximationsfehler der beiden impulsinvarianten Verfahren sind in Bild 5.4.2 gegenübergestellt. Dabei zeigt sich, dass der Entwurf H_{D4} trotz der geringeren Systemordnung $m = 3$ günstiger ist als Entwurf H_{D2} mit $m = 4$. Zur anschaulichen Erklärung gibt es zwei Betrachtungsweisen: Zum einen konvergiert die Impulsantwort h_{D4} mit $1/k^2$ und h_{D2} nur mit $1/k$ gegen null; zum anderen stellt H_{D2} ein FIR-Filter vom Typ 2 mit einer *erzwungenen Nullstelle des Frequenzgangs bei* $\Omega = \pi$ dar, wodurch die Approximation von (5.4.5) erschwert wird. Zum Abschluss seien noch zwei Entwurfsbeispiele gezeigt, die mit dem im vorigen Abschnitt zitierten Remez-Programm zum Tschebyscheff-

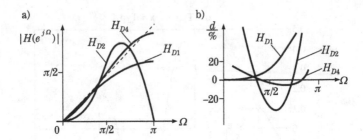

Bild 5.4.2: Verschiedene Entwürfe diskreter Differenzierer:
a) Amplitudengang,
b) Approximationsfehler H_{D1}: einfache Differenz, H_{D4}: impulsinvariant Typ 4, $m = 3$, H_{D2}: impulsinvariant Typ 2, $m = 4$

Entwurf nichtrekursiver Filter gewonnen wurden und das oben Gesagte verdeutlichen.

Beispiel 1: *Differenzierer der Ordnung m = 31*
Die Eingabe in das Remez-Programm erfolgt nach Tabelle 5.7. Das Ent-

Tabelle 5.7: Differenzierer, $m = 31$

	Ω_u	Ω_o	Verst.
Band 1	0	π	0 1

wurfsergebnis zeigt Bild 5.4.3a. Dieses sehr gute Approximationsergebnis wird aus den genannten Gründen im folgenden Beispiel nicht erreicht, obwohl sich die Filterordnung erhöht.

Beispiel 2: *Differenzierer der Ordnung m = 32*
Tabelle 5.8 gibt die Eingabeparameter wieder. Das Entwurfsergebnis zeigt Bild 5.4.3b. Da hier ein FIR-Filter vom *Typ* 2 vorliegt und somit eine Nullstelle bei $\Omega = \pi$ erzwungen wird, verschlechtert sich die Approximation gegenüber Beispiel 1.

Tabelle 5.8: Differenzierer, $m = 32$

	Ω_u	Ω_o	Verst.
Band 1	0	$0,94\pi$	0 1

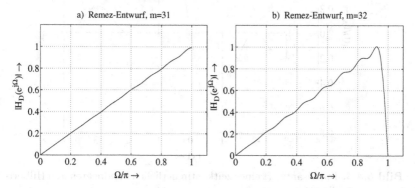

Bild 5.4.3: Amplitudengänge von Differenzierern. a) $m = 31$, b) $m = 32$

5.4.2 Zeitdiskrete Hilbert-Transformatoren

Wie bei der Differentiation kann man den Hilbert-Transformator als impulsinvariantes System entwerfen. Für die Impulsantwort des kontinuierlichen, auf $\pm f_A/2$ bandbegrenzten Systems gilt:

$$h_H(t) = \frac{1}{2\pi} \int\limits_{-\omega_A/2}^{\omega_A/2} -j\,\mathrm{sgn}(\omega)e^{j\omega t}d\omega = \frac{1 - \cos(\omega_A t/2)}{\pi t}. \qquad (5.4.9)$$

Die Impulsantwort des kontinuierlichen, bandbegrenzten Hilbert-Transformators ist in Bild 5.4.4 dargestellt. Zur Diskretisierung kann man wieder $t = kT$ oder $t = (k+1/2)T$ wählen – die beiden Alternativen sind im Bild 5.4.4 durch "o" bzw. "×" angedeutet. Im ersten Fall erhält man nach einer Normierung das Ergebnis (2.5.4) aus Abschnitt 2.5, woraus mit gerader Ordnung m die kausale Darstellung

$$h_{H2}[k] = \begin{cases} \dfrac{2}{\pi(k-m/2)} & \text{für } k - m/2 \text{ ungerade}, 0 \le k \le m \\ 0 & \text{für } k - m/2 \text{ gerade}, \ k < 0, \ k > m, \end{cases} \qquad (5.4.10)$$

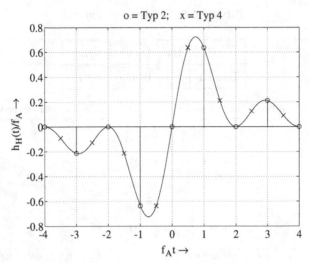

Bild 5.4.4: Impulsantwort eines zeitkontinuierlichen bandbegrenzten Hilbert-Transformators

also ein FIR-Filter vom *Typ* 2 folgt; die in Bild 5.4.5 für $m = 6$ dargestellte Übertragungsfunktion $H_{H2}(e^{j\Omega})$ zeigt dementsprechend eine Nullstelle bei $\Omega = \pi$.

Wählt man die andere Form der Abtastung $t = (k + 1/2)T$, so erhält man mit ungeradem m eine Impulsantwort vom *Typ* 4:

$$h_{H4}[k] = \begin{cases} \frac{1}{\pi(k-m/2)} & 0 \le k \le m \\ 0 & \text{sonst.} \end{cases} \tag{5.4.11}$$

Die zugehörige Übertragungsfunktion $H_{H4}(e^{j\Omega})$ ist für $m = 5$ in Bild 5.4.5 gezeigt.

Zum Abschluss sollen auch Entwurfsbeispiele von Hilbert-Transformatoren nach dem Remez-Algorithmus gezeigt werden.

Beispiel 1: *Hilbert-Transformator der Ordnung $m = 31$*
Es wird zunächst eine ungerade Filterordnung angesetzt. Die Eingabeparameter für das Remez-Programm sind in Tabelle 5.9 aufgeführt. Das Entwurfsergebnis zeigt Bild 5.4.6a.

Beispiel 2: *Hilbert-Transformator der Ordnung $m = 32$*
In vielen Anwendungen wird ein Hilbert-Transformator mit *ganzzahli-*

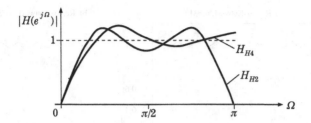

Bild 5.4.5: Approximationen des Hilbert-Transformators durch FIR-Systeme der Ordnung $m = 5$ (H_{H4}) und $m = 6$ (H_{H2})

Tabelle 5.9: Hilbert-Transformator, $m = 31$

	Ω_u	Ω_o	Verst.	
Band 1	$0,06\pi$	π	1	1

ger Gruppenlaufzeit gefordert, da sein Ausgangssignal mit dem nicht hilberttransformierten Signal bei gleicher Zeitverzögerung kombiniert werden soll (z.B. zur Erzeugung eines analytischen Signals). In diesen Fällen ist es erforderlich, eine gerade Ordnung, also ungerade Filterlänge des Hilbert-Transformators zu wählen. Damit ergibt sich ein FIR-Filter vom Typ 2, das eine zwangsläufige Nullstelle des Frequenzgangs bei $\Omega = \pi$ aufweist. Bei der Eingabe der Entwurfsparameter in das Remez-Programm ist dies zu berücksichtigen; andernfalls ergibt sich ein unsinniges Entwurfsresultat.

Tabelle 5.10 zeigt die Eingabeparameter für einen Hilbert-Transformator

Tabelle 5.10: Hilbert-Transformators, $m = 32$

	Ω_u	Ω_o	Verst.	
Band 1	$0,06\pi$	0.94π	1	1

der Ordnung $m = 32$; der zugehörige Frequenzgang wird in Bild 5.4.6b wiedergegeben.

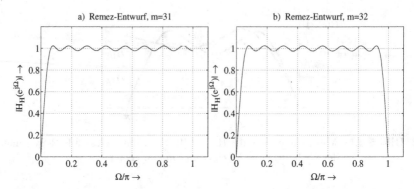

Bild 5.4.6: Remez-Entwürfe für Hilbert-Transformatoren ungerader und gerader Ordnung

5.4.3   Interpolationsfilter

Wird ein auf f_g bandbegrenztes Signal mit der Frequenz $f_A > 2f_g$ abgetastet, so sind nach dem in Abschnitt 2.4.3 hergeleiteten Abtasttheorem beliebige Zwischenwerte zwischen den Abtastzeitpunkten eindeutig zu rekonstruieren. Diese als *Interpolation* bezeichnete Aufgabe [OPS75] ist ein technisch häufig gestelltes Problem. Als Beispiel sei die bekannte *Oversampling-Technik* in modernen CD-Spielern genannt. Dabei wird das mit $f_A = 44{,}1$ kHz von der CD gelesene Signal auf ein ganzzahlig Vielfaches dieser Abtastfrequenz hochinterpoliert, bevor es auf den DA-Umsetzer gelangt. Der Sinn dieser Maßnahme besteht darin, das erste Spiegelspektrum des Signals zu einer höheren Frequenz zu verschieben, um so den analogen Filteraufwand zu seiner Unterdrückung zu reduzieren.

Die Interpolationsaufgabe wird folgendermaßen formuliert. Es liege die Folge $x[k]$ vor, die aus der Abtastung des auf $f_g < 1/2T$ bandbegrenzten Signals $x_K(t)$ hervorgegangen ist.

$$x[k] = x_K(kT) \qquad (5.4.12)$$

Hieraus soll ein um den Faktor w höher, also mit $f'_A = w/T$ abgetastetes Signal

$$y[k'] = x_K(k'T/w) \qquad (5.4.13)$$

erzeugt werden. Aus $x[k]$ wird zunächst ein mit f'_A abgetastetes Signal durch Einfügen von jeweils $w - 1$ Nullen zwischen zwei Abtastwerten hergestellt (*"zero padding"*).

$$\tilde{x}[k'] = \begin{cases} x[k] & \text{für } k' = w \cdot k \\ 0 & \text{sonst} \end{cases} \qquad (5.4.14)$$

Im Bild 5.4.7 wird für dieses Hochtasten durch Einfügen von $w-1$ Nullen das Symbol $\boxed{\uparrow w}$ benutzt.

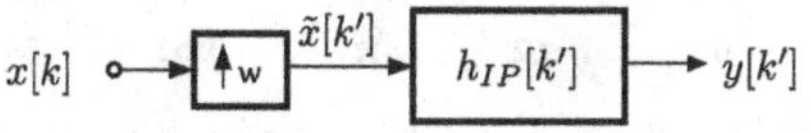

Bild 5.4.7: Blockschaltbild zur Interpolation

Die Interpolation soll durch ein FIR mit der im hohen Takt abgetasteten Impulsantwort $h_{IP}[k']$ erfolgen.

Fordert man zunächst, dass das interpolierte Signal $y[k']$ an den Stellen $k' = wk$ exakt die ursprünglichen Stützwerte $x[k]$ enthalten soll, so muss gelten

$$y[k']|_{k'=wk} = \sum_{\nu=-\infty}^{\infty} h_{IP}[\nu]\,\tilde{x}[wk-\nu] = \sum_{\nu=-\infty}^{\infty} h_{IP}[wk-\nu]\,\underbrace{\tilde{x}[\nu]}_{=0, \nu\neq\ell\,w}$$

$$= \sum_{\ell=-\infty}^{\infty} \tilde{x}[w\ell]\,h_{IP}[(k-\ell)w] \overset{!}{=} \tilde{x}[kw]. \qquad (5.4.15)$$

Daraus folgt die Bedingung

$$h_{IP}[k'] = \begin{cases} 1 & \text{für } k' = 0 \\ 0 & \text{für } k' = wk \neq 0 . \end{cases} \qquad (5.4.16)$$

- *Soll die interpolierte Folge die ursprünglichen Stützwerte un-verfälscht enthalten, so muss das Interpolationsfilter ein Nyquist-filter sein.*

Die Anforderungen an ein Interpolationsfilter sollen anhand von Spek-tralbereichs-Betrachtungen geklärt werden. Weist das ursprüngliche Si-gnal $x[k]$ das in Bild 5.4.8 gezeigte in $\Omega = 2\pi$ periodische Spektrum auf, so ändert sich an diesem Spektrum durch Einfügen von Nullen im

Zeitbereich nur soviel, als nun ein anderer Frequenzbezug, nämlich zur neuen Abtastfrequenz f'_A hergestellt wird; bezüglich der neuen normierten Frequenz $\Omega' = 2\pi f \cdot T/w$ besteht nun die Periodizität $2\pi/w$ (siehe untere Frequenzskala in Bild 5.4.8).

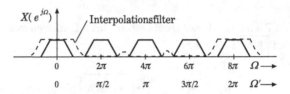

Bild 5.4.8: Veranschaulichung der Interpolation im Spektralbereich ($w = 4$)

Zur Erzeugung des w-fach interpolierten Signals sind die Spiegelspektren an den Stellen

$$\Omega' = \{2\pi\frac{1}{w},\ 2\pi\ \frac{2}{w}, \cdots, 2\pi\frac{w-1}{w}\}$$

zu unterdrücken; dies geschieht durch ein Filter mit dem in Bild 5.4.8 gestrichelt eingetragenen Frequenzgang.

- *Ein Interpolationsfilter wird also durch einen Tiefpass mit der Durchlassgrenze $\Omega'_D = \Omega'_g$ und der Sperrbereichsgrenze $\Omega'_S = 2\pi/w - \Omega'_g$ realisiert.*

Benutzt man für den Entwurf ein Fensterbewertungsverfahren, was nach den Ergebnissen in Abschnitt 5.3.3 zu einem Nyquistfilter führt, so bleiben die ursprünglichen Stützwerte der interpolierten Folge exakt erhalten. Dies gilt bei der Anwendung des Remez-Verfahrens nicht, andererseits werden in diesem Falle die Spiegelspektren optimal unterdrückt.
In der Praxis werden zur Interpolation oftmals sehr einfache Verfahren verwendet, deren Eigenschaften in Hinblick auf die eben erläuterte Unterdrückung der Spiegelspektren nicht unmittelbar sichtbar sind. Zur Illustration wird eine einfache lineare Interpolation in diesem Sinne interpretiert.

- **Beispiel:** *Lineare Interpolation*
  Die lineare Interpolation wird in Bild 5.4.9 am Beispiel $w = 4$ erläutert.
  Offenbar gilt

$$y[k,\kappa] = \frac{\kappa}{w}\,x[k+1] + \frac{w-\kappa}{w}\,x[k]\,, \quad 0 \leq \kappa \leq w\,. \qquad (5.4.17)$$

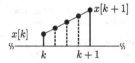

Bild 5.4.9: Lineare Interpolation

Die Impulsantwort des zugehörigen Interpolationsfilters ist in Bild 5.4.10a gezeigt; sie weist einen symmetrischen (nichtkausalen) Dreiecksverlauf auf. Die zugehörige Übertragungsfunktion in Bild 5.4.10b enthält Nullstellen bei

$$\Omega' = \{2\pi\frac{1}{w}, \ 2\pi\frac{2}{w}, \cdots, 2\pi\frac{w-1}{w}\} \ ;$$

die in Bild 5.4.8 geforderte Auslöschung der Spiegelspektren erfolgt also nur in der Mitte eines jeden Teilbandes. Hieran wird deutlich, dass eine zufriedenstellende Interpolation mit einem linearen Interpolator nur für $\Omega_g \ll \pi$ gelingt, wenn also das zu interpolierende Signal $x(k)$ bereits stark überabgetastet ist.

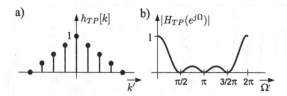

Bild 5.4.10: Impulsantwort und Frequenzgang eines Filters zur linearen Interpolation ($w = 4$)

Ein abschließendes Beispiel zur Interpolation ist in Bild 5.4.11 dargestellt. Ein auf f_g bandbegrenztes Zufallssignal (durchgezogene Linie) wird zunächst mit der Abtastfrequenz $f_A = 2f_g/0.9$ abgetastet; die normierte Grenzfrequenz dieses diskreten Signals beträgt demnach $\Omega_g = 0,9\pi$. Es soll eine Interpolation auf die neue Abtastfrequenz $f'_A = 4f_A$ durchgeführt werden. Hierzu ist ein Tiefpass mit der Durchlassgrenze $\Omega_D = \Omega'_g = \Omega_g/4 = 0,225\pi$ und der Sperrgrenze $\Omega_s = 2\pi/4 - \Omega'_g = 0,275\pi$ erforderlich. Bild 5.4.11 zeigt die Interpolationsresultate (dargestellt durch "×") für drei verschiedene Filterentwürfe: Remez-Entwurf (obere Spur), Hamming-Fensterentwurf (mittlere Spur)

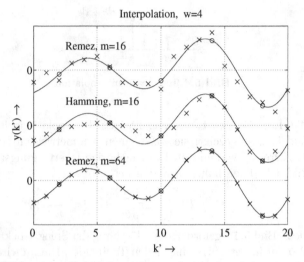

Bild 5.4.11: Beispiele zur Interpolation, $\Omega = 0,9\pi$, $w = 4$

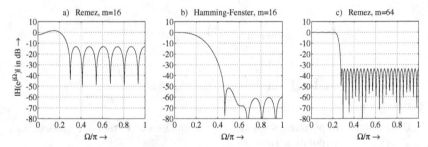

Bild 5.4.12: Amplitudengänge der drei in Bild 5.4.11 benutzten Interpolationsfilter

jeweils mit $m = 16$, und Remez-Entwurf mit $m = 64$ (untere Spur). Es ist deutlich zu erkennen, dass beim Fensterentwurf trotz schlechter Gesamtapproximation die durch "o" gekennzeichneten ursprünglichen Stützwerte exakt erhalten bleiben, da diese Filterformen grundsätzlich die Bedingung (5.4.16) exakt erfüllen. Die Amplitudengänge der drei in Bild 5.4.11 benutzten Interpolationsfilter sind in Bild 5.4.12 dargestellt.

5.5   Filter zur Signalglättung

Bei der Erfassung von Messsignalen überlagern sich dem Nutzsignal oft verschiedenartige Störungen. Störungen können z.b weißes oder farbiges Rauschen, periodische Störer wie Netzbrumm, zu zufälligen Zeitpunkten auftretende Störspitzen usw. sein. Wenn das Nutzsignal bandbegrenzt ist, hilft zur Störbefreiung oft ein Bandfilter, das alle Komponenten außerhalb des Frequenzbandes des Nutzsignals hinreichend dämpft. Wählt man ein FIR-Filter mit linearer Phase, so erfolgt dies ohne Phasenverzerrungen. Innerhalb des Frequenzbandes bleiben die Störungen aber unverändert. Deshalb besteht der Bedarf an Systemen, die auch im Band des Messsignals die Störungen reduzieren, was z.b. durch Glättung des Signals erfolgen kann, wenn man davon ausgeht, dass die Störungen mittelwertfrei sind.

Für die nachfolgenden Betrachtungen sollen stellvertretend für Nutzsignale $x[k]$ ein sinusförmiges, ein sägezahnförmiges bzw. dreieckförmiges und ein Chirpsignal und als Störungen $n[k]$ weißes Rauschen und zu zufälligen Zeiten auftretende Störspitzen dienen. Bild 5.5.1 zeigt oben links das sinus- und dreieckförmige Nutzsignal und rechts oben dazu die Betragsspektren.

Der untere Teil des Bildes 5.5.1 zeigt die entsprechenden Darstellungen für das Chirpsignal im Vergleich zum Sinussignal. Diese Signale wurden ausgewählt, weil das Sinussignal die kleinste, das Chirpsnigal die größte und das Dreiecksignal eine mittelgroße Bandbreite einnimmt. Die Abtastfrequenz beträgt $f_A = 1000$ Hz, beim Sinus- und Dreiecksignal beträgt die Frequenz $f = 50$ Hz bzw. $\Omega = 0,1\,\pi$ in normierter Form. Die Frequenz des Chirpsignals steigt im Bereich 50 Hz $\leq f \leq$ 375 Hz bzw. $0,1\,\pi \leq \Omega \leq 0,75\,\pi$ an.

Zwei Arten der Störung $n[k]$ sollen untersucht werden: weißes Rauschen und zufällig auftretende Störspitzen, wie in Bild 5.5.2 am Beispiel des sinusförmigen Signals gezeigt wird. Die Leistung bzw. Varianz des mittelwertfreien weißen Rauschens beträgt $\sigma^2 = 1$ und die der Störspitzen $\sigma^2 = 0,42$. Die Störspitzen werden aus dem Rauschen gewonnen und treten immer dann auf, wenn das Rauschsignal die Schwelle $\gamma = 1,75$ übersteigt.

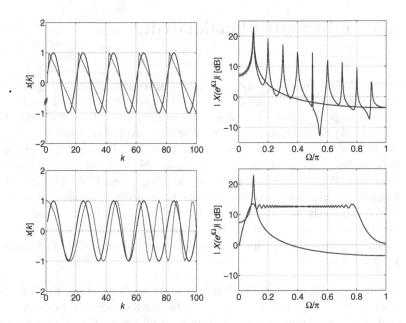

Bild 5.5.1: Links: Signale $x[k]$ im Zeitbereich. Rechts: Betragsspektren $|X(e^{j\Omega})|$. Oben: Sinussignal und Dreiecksignal. Unten: Sinussignal und Chirpsignal.

Die Störungen überlagern sich dem Sinussignal additiv, wobei das weiße Rauschen mit dem Faktor $c_n = 0,25$ gewichtet ist und die Störspitzen ungewichtet addiert wurden. Beide Störungen sind breitbandig mit über der Frequenz konstantem Leistungsdichtespektrum. Das trifft auch für die Störspitzen zu, da sie aus dem weißen Rauschen gewonnen wurden. Es soll nun untersucht werden, wie man die Störungen glätten kann. Die gleitende Mittelung [WM66] stellt eine einfache Möglichkeit zur Glättung von Signalen dar. Sie entspricht der Filterung mit einem linearphasigen FIR-Filter mit rechteckförmiger Impulsantwort $h[k]$ mit n Werten und Frequenzgang $H(e^{j\Omega})$

$$h[k] = \frac{1}{n} \sum_{i=0}^{n-1} \delta[k-i] \,, \quad H(e^{j\Omega}) = \frac{1}{n} \sum_{i=0}^{n-1} (e^{j\Omega})^{-i} \,. \tag{5.5.1}$$

Bild 5.5.3 zeigt oben links den Amplitudengang des Filters mit dem

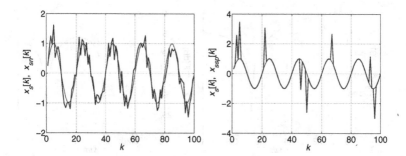

Bild 5.5.2: Sinussignal $x_s[k]$ mit Störungen. Links: Musterfunktion $x_{sn}[k]$ des Sinussignals mit weißem Rauschen. Rechts: Musterfunktion $x_{ssp}[k]$ des Sinussignals mit zufällig auftretenden Störspitzen. Ungestörte Signale $x_s[k]$ dünne Linie.

Parameter $n = 3$ und oben rechts mit dem Parameter mit $n = 5$ bzw. den Filterordnungen $m = 2$ und $m = 4$, so dass deren Gruppenlaufzeiten $\tau_g = 1$ bzw. $\tau_g = 2$ betragen. Wie aus der Dauer der rechteckförmigen Impulsantwort nach (5.5.1) folgt und in Bild 5.5.3 ablesbar ist, liegt die erste Nullstelle des Filters für $n = 3$ bei $\Omega = 0,67\,\pi$, d.h. mit $f_A = 1$ kHz bei $f = 335$ Hz, und für $n = 5$ bei $\Omega = 0,4\,\pi$ bzw. $f = 200$ Hz; das Filter für $n = 3$ ist somit breitbandiger.

Im unteren Teil von Bild 5.5.3 sieht man das gefilterte dreieckförmige Signal $y_{d3}[k]$ bzw. $y_{d5}[k]$ und das Chirpsignal $y_{c3}[k]$ bzw. $y_{c5}[k]$ sowie den Einfluss der geringeren Bandbreite bei $n = 5$: die Amplituden von Dreieck- und Chirpsignal werden deutlich kleiner als im ungefilterten Fall in Bild 5.5.1 oder für $n = 3$. Der Einfluss der Filterung auf das Sinussignal ist wegen dessen geringer Anforderung an die Bandbreite sehr gering. Das zeigt auch die Berechnung der normierten mittleren quadratischen Abweichung zwischen dem ungefilterten und um die Laufzeit τ_g des Filters verschobenen Signals $x_v[k - \frac{n-1}{2}]$ und den gefilterten Signalen $y_3[k]$ bzw. $y_5[k]$:

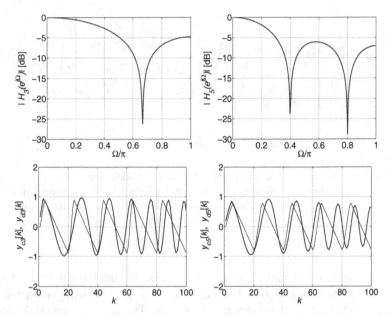

Bild 5.5.3: Oben: Amplitudengang $|H_n(e^{j\Omega})|$ des Glättungsfilters. Links: $n = 3$. Rechts $n = 5$. Unten: gefiltertes Dreiecksignal $y_{dn}[k]$ und Chirpsignal $y_{cn}[k]$ mit $n = 3$ und $n = 5$.

$$F_n = \frac{1}{N \cdot E_x} \sum_{k=1}^{N} (x_v[k] - y_n[k])^2 \, , \quad E_x = \frac{1}{N} \sum_{k=1}^{N} x^2[k], \quad (5.5.2)$$

wobei n für den Parameter in (5.5.1), E_x für die Signalenergie und N für die Anzahl der Messwerte steht. Die Ergebnisse der Rechnung zeigt Tab. 5.11.

Wie aus dem Betragsverlauf der Filter folgt, sind die Verzerrungen bei $n = 5$ stets größer als bei $n = 3$. Wegen des geringen Bedarfs an Bandbreite ist die Verzerrung beim Sinussignal sehr gering, steigt beim Dreiecksignal an und ist beim Chirpsignal erheblich, wie man auch unten in Bild 5.5.3 entnehmen kann. Für höhere Werte von n ergäben sich weiter reduzierte Bandbreiten, die zu noch größeren Verzerrungen der ungestörten, breitbandigeren Signale führen würden. Aus diesem Grunde werden nur noch Ergebnisse für die gleitende Mittelung mit $n = 3$

Tabelle 5.11: Mittlere quadratische Abweichungen zwischen ungestörtem und gefiltertem ungestörtem Signal für die Filterparameter $n = 3$ und $n = 5$.

Signalform	F_3	F_5
Sinus	0,001	0,010
Dreieck	0,041	0,144
Chirp	0,695	0,819

betrachtet.

Nun soll der Einfluss der Störungen auf die Testsignale und deren Reduktion durch Filterung mit der Impulsantwort $h[k]$ näher betrachtet werden. Dabei werden stets die ungestörten Signale $x[k]$ am Eingang und das Ergebnis $y_3[k]$ der gleitenden Mittelung für $n = 3$ dargestellt. Der Fall für $n = 5$ wird nicht im Detail dargestellt, aber bei der abschließenden Bewertung berücksichtigt.

Bild 5.5.4 zeigt das Ergebnis der Filterung der drei Signale bei Störungen $n[k]$ durch weißes Rauschen mit der Standardabweichung $\sigma = 0,25$ links und bei zufällig auftretenden Störspitzen rechts.

Das Sinussignal wird, weil es voll im Durchlassbereich des Filters liegt, durch die Filterung kaum beeinflusst, wie man beim Vergleich von Bild 5.5.2 und Bild 5.5.4 erkennen kann. Durch die Laufzeit des Filters von $\tau_g = 1$ ist das gefilterte Signal jedoch um einen Takt verzögert. Das weiße Rauschen ist deutlich reduziert worden. Dasselbe gilt, nur eingeschränkt, für die Störspitzen. Sie sind verschliffen, deutlich verbreitert und in der Amplitude reduziert. Dieser Effekt tritt für den Fall $n = 5$ verstärkt auf, wie der abschließende numerische Vergleich zeigen wird.

Das Dreiecksignal hat gegenüber dem Sinussignal einen deutlich höheren Bandbreitebedarf, wie aus Bild 5.5.1 folgt. Allerdings ist die Dämpfung im Falle $n = 3$ nur jenseits der Nullstelle bei $\Omega = 0,67\pi$, also im oberen Drittel, deutlich stärker als bei niedrigeren Frequenzen. Deshalb ist mit einer Verzerrung des Signals bei der Filterung zu rechnen, während die Störungen in gleicher Weise wie beim Sinussignal beeinflusst werden. Das Filterungsergebnis für das gestörte Dreiecksignal zeigt die mittlere Reihe in Bild 5.5.4. Die beschränkte Bandbreite macht sich dadurch bemerkbar,

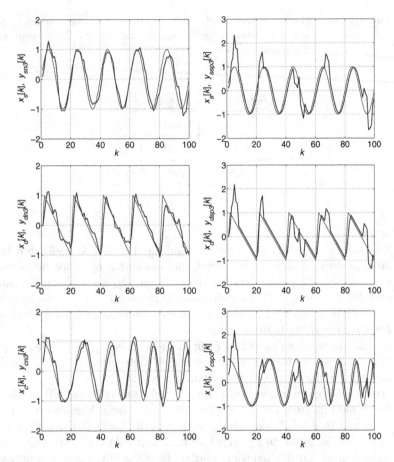

Bild 5.5.4: Gleitende Mittelung mit $n = 3$. Störungen: Links: weißes Rauschen. Rechts: Störspitzen. Oben: Sinussignal $x_s[k]$, gefiltertes Signal $y_{s3}[k]$. Mitte: Dreiecksignal $x_d[k]$, gefiltertes Signal $y_{d3}[k]$.
Unten: Chirpsignal $x_c[k]$, gefiltertes Signal $y_{c3}[k]$. Ungestörte Signale: dünne Linien.

dass der Anstieg der aufsteigenden Flanke deutlich reduziert ist und die
Spitzen des Dreiecksignals nicht erreicht werden. Dieser Effekt ist beim
Filter mit $n = 5$ noch stärker ausgeprägt. Die Störungen sind reduziert

wie beim Sinussignal; auch hier sind die Störspitzen verschliffen und verbreitert. Zum Schluss soll noch das Chirpsignal mit der gegenüber dem Dreiecksignal weiter vergrößerten Bandbreite betrachtet werden. Das Ergebnis der Filterung zeigt Bild 5.5.4 unten. Hier zeigt sich der erhöhte Bandbreitebedarf des Chirpsignals darin, dass die höherfrequenten Anteile stärker gedämpft sind und somit Signalverzerrungen auftreten. Deshalb erreicht das gefilterte Signal nicht mehr die volle Signalamplitude. Das weiße Rauschen wird reduziert und ist in der Wirkung mit der beim Sinussignal vergleichbar. Die Störspitzen sind deutlich reduziert und fallen deshalb weniger ins Auge.

Zum numerischen Vergleich der Ergebnisse werden die normierten mittleren quadratischen Fehler zwischen dem ungestörten Signal $x[k]$, also dem Sinus-, Dreieck- oder Chirpsignal, und dem zugehörigen gestörten Signal $x_r[k]$, wobei der Index r für die Störung durch Rauschen oder Störspitzen steht:

$$F_{in} = \frac{1}{N \cdot E_x} \sum_{k=1}^{N} (x[k] - x_r[k])^2, \quad E_x = \frac{1}{N} \sum_{k=1}^{N} x^2[k] \qquad (5.5.3)$$

bzw. zwischen dem um die Laufzeit verschobenen Signal $x_v[k]$ und dem gefilterten Signal $y_n[k]$

$$F_n = \frac{1}{N \cdot E_x} \sum_{k=1}^{N} (x_v[k] - y_n[k])^2, \quad E_x = \frac{1}{N} \sum_{k=1}^{N} x^2[k] \qquad (5.5.4)$$

mit E_x der aus $N = 2000$ Werten berechneten Signalenergie. Dabei weist der Parameter v wie in (5.5.2) auf die Verzögerung zum Ausgleich der Laufzeit des Filters hin und n ist der Parameter des Filters. Das Ergebnis zeigt Tab. 5.12.

Die zuvor aus den Darstellungen der Signale gewonnenen Schlussfolgerungen werden durch die numerischen Ergebnisse bestätigt. Beim Sinussignal erfolgt bei der Filterung unabhängig vom Parameter n praktisch keine Verzerrung und durch Verkleinerung der Bandbreite wird nur die Störung unabhängig von deren Art – Rauschen oder Störspitze – im Vergleich zum ungefilterten Fall F_{in} reduziert. Bei $n = 3$ bleiben nur noch 35,5 % des quadratischen Fehlers, bei $n = 5$ noch 30,6 % übrig. Bei der Reduktion der Störspitzen erhält man ähnliche Werte. Insbesondere führt hier die Erhöhung des Filterparameters n zu einer Verbesserung des Ergebnisses. Das liegt daran, dass das Sinussignal in beiden Fällen

Tabelle 5.12: Mittlere quadratische Abweichungen zwischen ungestörtem und gefiltertem gestörtem Signal für die Filterparameter $n = 3$ und $n = 5$.

Signalform	Störung	F_{in}	F_3	F_5
Sinus	Rauschen	0,121	0,043	0,037
	Spitzen	0,702	0,240	0,157
Dreieck	Rauschen	0,178	0,098	0,182
	Spitzen	1,032	0,388	0,362
Chirp	Rauschen	0,123	0,743	0,845
	Spitzen	0,713	0,947	0,964

kaum verzerrt wird und die verringerte Bandbreite nur das Rauschen reduziert. Beim Dreiecksignal führt die Filterung nur bei den Störspitzen zu einer Verbesserung, beim Rauschen ist für $n = 5$ eine leichte Verschlechterung feststellbar. Ganz anders sieht es beim Chirpsignal aus: hier führt die Filterung durch die Verzerrung des Nutzsignals durchweg zu einer Verschlechterung, d.h. die Reduktion der Störung, die auch hier durch die Verringerung der Bandbreite eintritt, wird durch die Verzerrung des breitbandigen Chirpsignals mehr als kompensiert. Damit steigt der mittlere quadratische Fehler gegenüber dem ungefilterten Fall F_{in} insbesondere beim weißen Rauschen um ein Mehrfaches an, für $n = 3$ um den Faktor 6, für $n = 5$ um 7. Bei den Störspitzen ist die Verschlechterung nicht ganz so hoch.

Wenn man die Signalverzerrungen nach Tab. 5.11 von den Werten in Tab. 5.12 abzieht, was wegen der Linearität der gleitenden Mittelung und damit der Gültigkeit des Superpositionsprinzips zulässig ist, erhält man die Glättungswirkung der gleitenden Mittelung unabhängig vom Bandbreitebedarf der Testsignale, wie man Tab. 5.13 entnehmen kann.

Beim Sinussignal ändert sich im Vergleich zum Ergebnis in Tab. 5.12 kaum etwas, beim Dreiecksignal etwas mehr und beim Chirpsignal sehr viel. An keiner Stelle tritt nun eine Verschlechterung auf. Die Verbesserungen sind in allen Fällen praktisch gleich und steigen mit dem Para-

Tabelle 5.13: Mittlere quadratische Abweichungen zwischen gefiltertem ungestörtem und gefiltertem gestörtem Signal für die Filterparameter $n = 3$ und $n = 5$ bei Berücksichtigung der Signalverzerrungen.

Signalform	Störung	F_{in}	F_3	F_5
Sinus	Rauschen	0,121	0,044	0,026
	Spitzen	0,702	0,252	0,156
Dreieck	Rauschen	0,178	0,059	0,038
	Spitzen	1,023	0,368	0,229
Chirp	Rauschen	0,123	0,047	0,031
	Spitzen	0,713	0,266	0,142

meter n an. Wenn man aber nicht am verzerrten Nutzsignal interessiert ist, sind die in Tab. 5.12 genannten Werte realitätsnäher.

Aus diesem Ergebnis folgt, dass die gleitende Mittelung nur sehr bedingt zur Glättung eingesetzt werden kann. Nachfolgend werden deshalb weitere, auch nichtlineare Verfahren zur Glättung vorgestellt. Zu den linearen Verfahren zählen die Savitzky-Golay Filter [LKB64]. Interessiert die Ableitung eines Signals, kann man spezielle Savitzky-Golay Filter verwenden, die mit der Wirkung von differenzierenden FIR-Filtern verglichen werden. Die Savitzky-Golay Filter sind spezielle FIR-Filter, also lineare Filter mit linearer Phase.

Weist das Messsignal Störspitzen auf, haben sich nichtlineare Filter bewährt. Dazu zählen Median Filter [AD09], bei denen gleitend aus einem Datenblock der vorgegebenen Länge n der Median bestimmt wird. Ähnlich arbeiten die LULU Filter [RMK13], bei denen gezielt Spitzen oberhalb – upper – oder unterhalb – lower – der Nutzsignalamplitude unterdrückt werden.

5.5.1 Savitzky-Golay Filter zur Glättung

Die Savitzky-Golay Filter, kurz SG-Filter, gehören zu den linearphasigen FIR-Filtern, die bei der Glättung dem Typ 1 [SG05] oder dem Typ 3 [LKB64] nach Abschnitt 5.2.2 zuzuordnen sind. Sie unterscheiden sich grundsätzlich von den bisher betrachteten FIR-Filtern, bei denen der Entwurf von einem Toleranzschema mit vorgegebenen Durchlass- und Sperrbereichen mit deren Frequenzgrenzen und Toleranzparametern bestimmt wird. Bei den SG-Filtern geht es darum, ein gestörtes Signal $x_r[k]$ zu glätten, indem es lokal innerhalb eines Intervalls vorgegebener Länge $2M + 1$ durch ein Polynom wählbarer Ordnung im Sinne des minimalen mittleren quadratischen Fehlers approximiert wird [Sch11]. Das Intervall liegt symmetrisch um den aktuellen Zeitpunkt k

$$k - M, \ k - M + 1, \dots \quad k, \quad \dots k + M - 1, \ k + M$$
$$-M, \ -M + 1, \dots \quad m = 0, \quad \dots M - 1, \ M \ ,$$

wobei die erste Zeile sich auf den laufenden Zeitparameter k des Signals $x[k]$ und die zweite Zeile auf den Index m der Werte im betrachteten Intervall bezieht. Zur Glättung wird ein Polynom der Ordnung N

$$p[m] = \sum_{i=0}^{N} a_i \cdot m^i \tag{5.5.5}$$

verwendet, im einfachsten Fall mit $N = 2$ eine Parabel. Die Koeffizienten a_i sind so zu wählen, dass der mittlere quadratische Fehler [Mad78] zwischen dem Polynom $p[m]$ und den aktuellen Abtastwerten $x[k + m]$

$$f = \sum_{m=-M}^{M} (p[m] - x[k + m])^2 = \sum_{m=-M}^{M} \left(\sum_{i=0}^{n} a_i \cdot m^i - x[k + m] \right)^2 \tag{5.5.6}$$

minimal wird. Die partielle Ableitung von f nach einem der Parameter $a_p = a_i$ in (5.5.5)

$$\frac{\partial f}{\partial a_p} = 2 \cdot \sum_{m=-M}^{M} \left(\sum_{i=0}^{N} a_i \cdot m^i - x[k + m] \right) \cdot m^p \ = \ 0$$

$$\sum_{m=-M}^{M} m^p \sum_{i=0}^{N} a_i \cdot m^i - \sum_{m=-M}^{M} x[k + m] \cdot m^p \ = \ 0$$

ergibt nach Umformung

$$\sum_{i=0}^{N} \left(\sum_{m=-M}^{M} m^{i+p} \right) \cdot a_i = \sum_{m=-M}^{M} m^p \cdot x[k+m] \,, \quad p = 0 \ldots N \,. \quad (5.5.7)$$

Mit $0 \le p \le N$ ergeben sich daraus $N+1$ Gleichungen für die $N+1$ unbekannten Parameter a_i des Polynoms $p[m]$ in (5.5.5). Zur Lösung muss $N < 2 \cdot M$ gelten, wobei für zu kleines M, also $N = 2 \cdot M$ keine Glättung mehr erfolgt, da das Polynom sich dem durch $x[k]$ vorgegebenen Signalverlauf vollkommen anpasst. Andernfalls erfolgt eine Anpassung im Sinne des minimalen quadratischen Fehlers, wobei der Wert für $m = 0$ den entsprechenden Wert des geglätteten Signalverlaufs darstellt.

Die Lösung von (5.5.7) erfolgt mit der Gaußschen Normalengleichung [BS62]

$$\begin{aligned} \mathbf{A} \, \mathbf{A}^T \cdot \mathbf{a} &= \mathbf{A} \cdot \mathbf{x} \\ \mathbf{a} &= (\mathbf{A} \, \mathbf{A}^T)^{-1} \mathbf{A} \cdot \mathbf{x} \,. \end{aligned} \quad (5.5.8)$$

Wählt man $N = 2$ und $M = 2$, so folgt für $\mathbf{x}$ und $\mathbf{a}$

$$\begin{aligned} \mathbf{x} &= [x[k-2], \, x[k-1], \, x[k], \, x[k+1], \, x[k+2])]^T \\ \mathbf{a} &= [a_0, \, a_1, \, a_2]^T \,. \end{aligned}$$

Für m^p in (5.5.7) folgt mit $-2 \le m \le 2$ sowie $0 \le p \le 2$

	m^p	-2	-1	0	1	2
	0	1	1	1	1	1
p	1	-2	-1	0	1	2
	2	4	1	0	1	4

und die Matrix $\mathbf{A}$ auf der rechten Seite von (5.5.8) erhält die Form

$$\mathbf{A} = \begin{pmatrix} 1 & 1 & 1 & 1 & 1 \\ -2 & -1 & 0 & 1 & 2 \\ 4 & 1 & 0 & 1 & 4 \end{pmatrix} \,.$$

Damit liefert (5.5.8)

$$(\mathbf{A}\,\mathbf{A}^T)^{-1}\mathbf{A} = \begin{pmatrix} 5 & 0 & 10 \\ 0 & 10 & 0 \\ 10 & 0 & 34 \end{pmatrix}^{-1} \cdot \mathbf{A} = \begin{pmatrix} \frac{17}{35} & 0 & -\frac{1}{7} \\ 0 & \frac{1}{10} & 0 \\ -\frac{1}{7} & 0 & \frac{1}{14} \end{pmatrix} \cdot \mathbf{A}$$

$$= \begin{pmatrix} -\frac{3}{35} & \frac{12}{35} & \frac{17}{35} & \frac{12}{35} & -\frac{3}{35} \\ -\frac{2}{10} & -\frac{1}{10} & 0 & \frac{1}{10} & \frac{2}{10} \\ \frac{2}{14} & -\frac{1}{14} & -\frac{2}{14} & -\frac{1}{14} & \frac{2}{14} \end{pmatrix}. \tag{5.5.9}$$

Da nur der Wert der Glättung für $m = 0$ bzw. k von Bedeutung ist, wird nur die erste Zeile der Matrix verwendet; sie enthält die Abtastwerte der Impulsantwort des SG-Filters [Sch11].

Üblicherweise werden Polynome $p[m]$ nach (5.5.5) der Ordnung $2 \leq N \leq 4$ verwendet und der die Filterlänge bestimmende Parameter M liegt im Bereich $2 \leq M \leq 7$. Die nachfolgende Tabelle 5.14 zeigt einige Beispiele [Loh11] von Filterkoeffizienten h_i zur Glättung mit einem Polynom der Ordnung $N = 2$. Dabei werden nur die ersten $M + 1$ Koeffizienten angegeben, weil die restlichen Werte sich aus der Symmetrie $h_{2M-i} = h_i$, $0 \leq i \leq 2M$ ergeben. Die Koeffizienten $h_i = \frac{z_i}{n_M}$ werden zur besseren Übersichtlichkeit getrennt nach Zähler z_i und Nenner n_M angegeben. Für $M = 2$ zeigt die Tabelle die Werte in der ersten Zeile der Matrix in (5.5.9).

In Bild 5.5.5 ist links der Amplitudengang $|H_2(e^{j\Omega})|$ des Filters mit dem Parameter $M = 2$, und rechts der für $M = 4$ dargestellt. Die Erhöhung des Parameters M bewirkt eine Verkleinerung des Durchlassbereichs des Filters und führt zur Erhöhung der Zahl der Nullstellen im Sperrbereich. Der Übergang zum Bereich höherer Dämpfung ist wenig ausgeprägt und kann beim Entwurf nicht beeinflusst werden, was auch für die erzielten Dämpfungen gilt. Die Phase ist linear, so dass sich von daher keine Verzerrungen, sondern nur die feste Laufzeit $\tau_g = \frac{m}{2} = M$ ergibt. Da der Amplitudengang nur in einem begrenzten Bereich mehr oder weniger frequenz-unabhängig ist, sind bei breitbandigeren Signalen Verzerrungen zu berücksichtigen. Sofern die Möglichkeit besteht, die Abtastfrequenz f_A zu erhöhen, kann man auf diese Weise die Verzerrungen reduzieren. Die erste Nullstelle des SG-Filters für $M = 2$ liegt nach Bild 5.5.5 bei $\Omega = 0,75\,\pi$, für $M = 4$ liegt sie bei $\Omega = 0,39\,\pi$. Filtert man Sinus-,

Tabelle 5.14: Koeffizienten von Savitzky-Golay Glättungsfiltern

M	n_M	z_0	z_1	z_2	z_3	z_4	z_5	z_6	z_7
2	35	-3	12	17					
3	21	-2	3	6	7				
4	231	-21	14	39	54	59			
5	429	-36	9	44	69	84	89		
6	143	-11	0	9	16	21	24	25	
7	1105	-78	-13	42	87	122	147	162	167

Dreieck- und Chirpsignal mit diesen Filtern, so wird das Sinussignal kaum verzerrt. Anders verhält es sich mit dem Dreieck- und Chirpsignal, wie man dem unteren Teil von Bild 5.5.5 entnehmen kann: die Amplitude ist bei beiden Signalen für $M = 4$ stärker reduziert und beim Dreiecksignal ist die ansteigende Flanke nicht mehr senkrecht und die abfallende Flanke nicht mehr geradlinig. Dies wird auch zahlenmäßig an den in Tab. 5.15 angegebenen Werten deutlich, den normierten mittleren quadratischen Abweichungen durch Filterung nach (5.5.2).

Tabelle 5.15: Mittlere quadratische Abweichungen zwischen ungestörtem und gefiltertem ungestörtem Signal für die Filterparameter $M = 2$ und $M = 4$.

Signalform	F_2	F_4
Sinus	$6,8 \cdot 10^{-7}$	$1,4 \cdot 10^{-4}$
Dreieck	$0,013$	$0,106$
Chirp	$0,538$	$0,768$

Mit den Zahlen von Tab. 5.15 wird das aus Bild 5.5.5 unten folgende Ergebnis bestätigt: das Sinussignal wird durch das SG-Filter praktisch

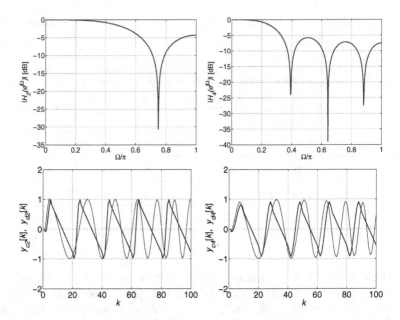

Bild 5.5.5: Oben: Amplitudengänge $|H_M(e^{j\Omega})|$ des SG-Filters. Links: Parameter $M = 2$. Rechts: $M = 4$. Unten: Filterung des ungestörten Dreiecksignals $x_d[k]$ und Chirpsignals $x_c[k]$ durch die Filter mit den darüber abgebildeten Amplitudengängen. Filterungsergebnis $y_{cM}[k]$ bzw. $y_{dM}[k]$ mit $M = 2$ und $M = 4$.

nicht verzerrt, beim Dreiecksignal ist die Verzerrung nur geringfügig und viel kleiner als bei der gleitenden Mittelung, beim Chirpsignal jedoch deutlich größer. Im Vergleich zur gleitenden Mittelung nach Tab. 5.11 sind die Verzerrungen aber deutlich geringer.

Nun soll wieder der Einfluss der Störungen durch weißes Rauschen und zufällig auftretende Störspitzen untersucht werden. Das Ergebnis zeigt Bild 5.5.6 im oberen Teil für das Sinussignal, in der Mitte für das Dreiecksignal und unten für das Chirpsignal.

Mit welchem Filter man das beste Ergebnis erreicht, hängt auch hier von der Bandbreite ab: je schmalbandiger das Nutzsignal ist, desto schmalbandiger kann auch das SG-Filter sein. Deswegen kann beim Sinussignal das Filter mit dem Parameter $M = 4$ verwendet werden. Das Dreieck-

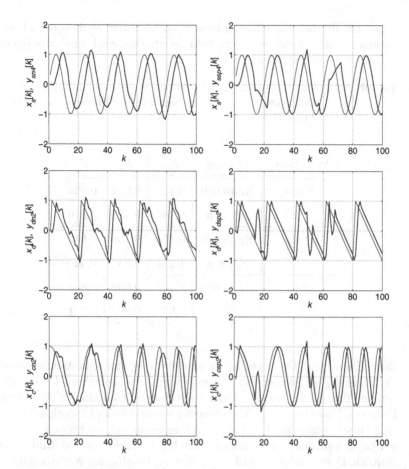

Bild 5.5.6: Die Filterungsergebnisse mit dem SG-Filter. Links: Störung durch weißes Rauschen. Rechts: Störung durch Störspitzen. Oben: Sinussignal $x_s[k]$ mit Filterungsergebnis $y_{snM}[k]$ bzw. $y_{sspM}[k]$ für $M = 4$. Mitte: Dreiecksignal $x_d[k]$ mit Filterungsergebnis $y_{dnM}[k]$ bzw. $y_{dspM}[k]$ für $M = 2$. Unten: Chirpsignal $x_c[k]$ mit Filterungsergebnis $y_{cnM}[k]$ bzw. $y_{cspM}[k]$ für $M = 2$. Ungestörte Signale: dünne Linien.

signal benötigt mehr Bandbreite, so dass beim weißen Rauschen $M = 2$ und bei den Störspitzen $M = 4$ das beste Ergebnis liefert. Beim Chirpsignal ist die Bandbreitenanforderung am höchsten, so dass der Filterparameter $M = 2$ das beste Ergebnis liefert. Dies wird durch die Werte in Tab. 5.16 unterstrichen.

Tabelle 5.16: Mittlere quadratische Abweichungen zwischen ungestörtem und gefiltertem gestörtem Signal für die Filterparameter $M = 2$ und $M = 4$.

Signalform	Störung	F_{in}	F_2	F_4
Sinus	Rauschen	0,130	0,064	0,036
	Spitzen	0,844	0,418	0,216
Dreieck	Rauschen	0,191	0,108	0,632
	Spitzen	1,241	0,632	0,426
Chirp	Rauschen	0,132	0,608	0,801
	Spitzen	0,857	0,967	0,981

Beim Sinus- und Dreiecksignal liefern die SG-Filter grundsätzlich eine Verbesserung gegenüber dem ungefilterten, gestörten Signal. Das gilt generell für das Sinussignal. Beim Dreiecksignal tritt nur für $M = 4$ im Falle von Rauschen keine Verbesserung ein und beim Chirpsignal stets eine Verschlechterung. Die geringe Verbesserung bei den Störspitzen unabhängig von den Verzerrungen wird bei Betrachtung von Bild 5.5.6 deutlich. Daraus folgt, dass die SG-Filter zur Beseitigung von Störspitzen nicht geeignet sind. Auch hier kann man, weil das Superpositionsgesetz gilt, die Wirkung des SG-Filters allein auf die Störungen dadurch erhalten, dass man die Werte von Tab. 5.15 von denen in Tab. 5.16 abzieht. Wie bei der gleitenden Mittelung unterscheiden sich dann die Werte für die drei Testsignale nur geringfügig.

Vergleicht man die gleitende Mittelung mit dem SG-Filter, so erkennt man in Bild 5.5.3 bzw. Bild 5.5.5 jeweils unten die geringere Verzerrung des SG-Filters, was sich auch in den Tab. 5.11 bzw. Tab. 5.15 abbildet. Bezieht man in den Vergleich die Störungen ein, so folgt aus Tab. 5.11 bzw. Tab. 5.16, dass man durch geeignete Parameter tendenziell beim SG-Filter bessere, wenn auch keine bedeutend besseren Werte erzielen kann.

Erweiterungen des SG-Filters auf rekursive Formen [Bia10], Verwendung von Nichtlinearitäten [DRRH17] und Faltungsmethoden [Mad78] sowie den Vergleich mit Legendre Filtern [Per03] findet man in der Literatur.

5.5.2 Median Filter

Die Median Filter [AD09] gehören zu den nichtlinearen Filtern, die zur Unterdrückung von Ausreißern dienen, und werden von einem Parameter bestimmt: der Blocklänge m. Dabei ist zu unterscheiden, ob m geradzahlig oder ungeradzahlig ist. Für den aktuellen Zeitindex k und ungeradem m wird der Datenblock

$$x[k - \frac{m-1}{2}], \; \ldots \; x[k-1], \; x[k], \; x[k+1], \; \ldots \; x[k + \frac{m-1}{2}] \quad (5.5.10)$$

so umgeordnet, dass für den Zeitpunkt $k - \frac{m-1}{2}$ der kleinste und in der Größe aufsteigend für $k + \frac{m-1}{2}$ der größte Wert $x[k]$ des Datenblocks gesetzt wird. Die so gewonnene Anordnung wird mit $x_m[k]$ bezeichnet, der man den Medianwert oder Zentralwert $y_m[k]$ zuordnet. Das Problem an den Rändern eines Signalblocks $x[k]$ der Länge m wird z.B. dadurch gelöst, dass unterhalb und oberhalb des Datenblocks Nullen eingefügt werden. Tab. 5.17 zeigt ein Beispiel zur Berechnung des Medians $y_3[k]$ für $m = 3$ und $y_5[k]$ für $m = 5$.

Tabelle 5.17: Beispiel zur Berechnung des Medians für $m = 3$ und $m = 5$.

k	1	2	3	4	5	6	7	8	9	10	11	12
$x[k]$	1	3	6	7	5	8	3	2	1	9	3	2
$y_3[k]$	1	3	6	6	7	5	3	2	2	3	3	2
$y_5[k]$	1	3	5	6	6	5	3	3	3	2	2	2

Man erkennt, dass durch Medianfilterung der Signalverlauf geglättet wird, d.h. Spitzen und Senken werden eingeebnet. Diese Wirkung ist umso stärker, je größer die Blocklänge m ist.

Beim Median Filter mit geradem m wird der Signaldatenblock

$$x[k+1-\frac{m}{2}],\ \dots\ x[k-1],\ x[k],\ x[k+1],\ \dots\ x[k+\frac{m}{2}] \qquad (5.5.11)$$

wie für ungerades m in ansteigender Größe angeordnet, was zur neuen Datenfolge $x_m[k]$ führt. Als Medianwert an der Stelle k wird $y_m[k] = \frac{x_m[k]+x_m[k+1]}{2}$ verwendet. Die Verzögerungszeit beträgt in beiden Fällen $\tau_g = \frac{m-1}{2}$ und ist nur bei ungeradzahligem m damit ganzzahlig. Folglich passt das Filterungsergebnis bei geradzahligem m nicht in das Abtastraster, weshalb dieser Fall hier nicht weiter untersucht wird.

Es gibt keinen Algorithmus, der in einem Durchgang aus einem gegebenen Datenblock den Median liefert [CM69]. Statt der oben beschriebenen Umordnung kann man ein Iterationsverfahren, den Weiszfeld-Algorithmus [Wei37] verwenden, der in jedem Iterationsschritt eine bessere Approximation des wahren Medians liefert.

Wie bisher werden als Testsignal das Sinussignal, das Dreiecksignal und das Chirpsignal verwendet. Auch die Störungen bleiben mit dem weißen Rauschen und den Störspitzen gleich und werden mit der bisherigen Gewichtung zu den Testsignalen addiert. Als Beispiel zeigt Bild 5.5.7 das Sinussignal mit den beiden Störungen weißes Rauschen und Störspitzen.

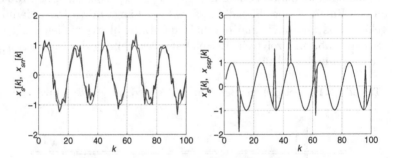

Bild 5.5.7: Störungen des Sinussignals $x_s[k]$. Links: $x_{sn}[k]$ mit weißem Rauschen. Rechts: $x_{ssp}[k]$ mit Störspitzen.

Um die Wikung der Median Filter mit den Parametern $m = 3$ und $m = 5$ zu testen, werden die ungestörten Testsignale gefiltert. Dabei zeigt sich, dass das Sinussignal bei der Frequenz von $f = 50$ Hz unabhängig von m keine wesentlichen Veränderungen aufweist. Diese würden sich erst für Filter mit größeren Parametern m zeigen wie man auch dem Beispiel in

Tab. 5.17 entnehmen kann. Die niedrigen Werte von m werden gewählt, um die Verzerrungen des Nutzsignals und die Verzögerungszeit möglichst gering zu halten. Die Wirkung der Filter auf das Dreiecksignal und das Chirpsignal zeigt Bild 5.5.8.

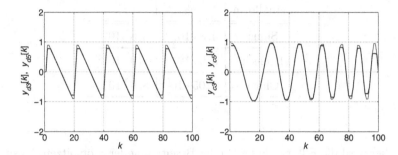

Bild 5.5.8: Filterung des ungestörten Dreiecksignals $x_d[k]$ (links) und ungestörten Chirpsignals $x_c[k]$ (rechts) mit den Median Filtern für $m = 3$ und $m = 5$. Filterungsergebnis $y_{dm}[k]$ bzw. $y_{cm}[k]$ für $m = 3$ und $m = 5$. Zum besseren Vergleich wurde die Laufzeit der Filter kompensiert.

Die Spitzen des Dreiecksignals werden durch die Filterung verschliffen. Einen ähnlichen Effekt beobachtet man beim Chirpsignal für die Komponenten mit höherer Frequenz, während die Komponenten mit niedriger Frequenz unverändert das Filter passieren. Daraus folgt, dass Filter mit höheren Werten von m zu größeren Verzerrungen der Signale führen. In Tab. 5.18 sind die normierten mittleren quadratischen Abweichungen zwischen dem ungestörten Eingangssignal und dem gefilterten Ausgangssignal angegeben.

Das Sinussignal mit der normierten Frequenz $\Omega = 0,1\,\pi$ zeigt praktisch keine Veränderungen, beim Dreiecksignal sind sie gering, steigen mit m jedoch an und sind beim Chirpsignal sehr hoch. Die Abweichung steigt mit der Frequenz, wie man in Bild 5.5.8 für das Chirpsignal sehen kann. Nun soll der Einfluss der Störungen untersucht werden, wobei nur auf den Fall $m = 3$ wegen der geringeren Signalverzerrungen eingegangen wird. Für das Sinussignal zeigt Bild 5.5.9 oben das Ergebnis der Filterung im Vergleich mit dem ungestörten Signal. Die gestörten Signale zeigt Bild 5.5.7.

Das sich dem Sinussignal überlagernde Rauschen wird reduziert. Deutli-

Tabelle 5.18: Mittlere quadratische Abweichungen zwischen ungestörtem und gefiltertem ungestörtem Signal für die Filterparameter $m = 3$ und $m = 5$.

Signalform	F_3	F_5
Sinus	$4,8 \cdot 10^{-4}$	$4,8 \cdot 10^{-4}$
Dreieck	$3,5 \cdot 10^{-2}$	$1,9 \cdot 10^{-2}$
Chirp	$1,05 \cdot 10^{0}$	$8,6 \cdot 10^{-1}$

cher wird die Filterwirkung bei der Beseitigung der Störspitzen: Es sind nur noch geringe Abweichungen vom ungestörten Signal zu erkennen. Dies gilt in ähnlicher Weise für das Dreiecksignal, wie in Bild 5.5.9 in der Mitte zu sehen ist. Im Gegensatz zum Sinussignal ist beim Dreiecksignal das Signal selbst an den Spitzen stärker verändert. Dies würde bei $m = 5$ in verstärktem Maße gelten. Zum Schluss wird noch das Chirpsignal betrachtet mit den Ergebnissen in Bild 5.5.9 unten. Die numerischen Ergebnisse zeigt Tab. 5.19.

Tabelle 5.19: Mittlere quadratische Abweichungen zwischen ungestörtem und gefiltertem gestörtem Signal für die Filterparameter $m = 3$ und $m = 5$.

Signalform	Störung	F_{in}	F_3	F_5
Sinus	Rauschen	0,124	0,068	0,060
	Spitzen	0,730	0,036	0,022
Dreieck	Rauschen	0,182	0,109	0,112
	Spitzen	1,073	0,082	0,079
Chirp	Rauschen	0,126	1,069	0,923
	Spitzen	0,742	1,160	0,992

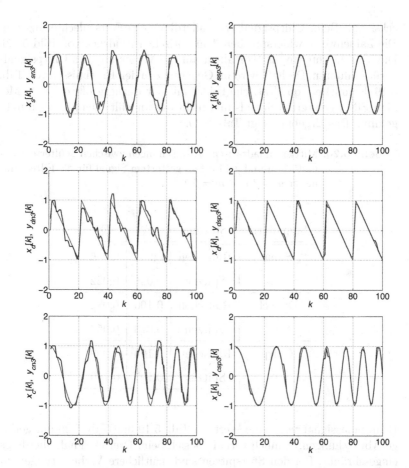

Bild 5.5.9: Filterung von Sinussignal $x_s[k]$ (oben), Dreiecksignal $x_d[k]$ (in der Mitte) und Chirpsignal $x_c[k]$ (unten). Störung durch Rauschen (links) und Störspitzen (rechts). Filterungsergebnisse mit dem Median Filter für $m = 3$. Ungestörte Signale in dünnen Linien. Zum besseren Vergleich wurde die Laufzeit des Filters kompensiert.

Weil beim Sinussignal keine Signalverzerrungen auftreten, wird das Rauschen durch die Filterung deutlich, die Störspitzen werden noch stärker reduziert. Etwas geringer ist die Filterungswirkung beim Drei-

ecksignal. Beim Chirpsignal tritt allerdings eine Verschlechterung auf.
Die Zahlenwerte widersprechen dem optischen Eindruck von Bild 5.5.9.
Die Verschlechterung ist vor allem auf die Verzerrung des Chirpsignals
zurückzuführen. Deshalb wird im Gegensatz zu den Ergebnissen von Tab.
5.19 der mittlere quadratische Fehler mit der Bezugsgröße des vom Median Filter gefilterten Signals und nicht des ungefilterten Signals durchgeführt. Das Ergebnis zeigt Tab. 5.20.

Tabelle 5.20: Mittlere quadratische Abweichungen zwischen gefiltertem ungestörtem und gefiltertem gestörtem Signal für die Filterparameter $m = 3$ und $m = 5$.

Signalform	Störung	F_3	F_5
Sinus	Rauschen	0,068	0,056
	Spitzen	0,036	0,022
Dreieck	Rauschen	0,100	0,082
	Spitzen	0,073	0,053
Chirp	Rauschen	0,104	0,099
	Spitzen	0,197	0,169

Beim Sinussignal zeigen die Werte in Tab. 5.19 und Tab. 5.20 nur geringe Abweichungen. Ähnlich verhält es sich beim Dreiecksignal, allerdings
eingeschränkt. Bei den Störspitzen sind deutlichere Verbesserungen zu
erkennen. Beim Chirpsignal ein völlig anderes Bild: statt der Verschlech-
terungen ergeben sich deutliche Verbesserungen, sowohl beim Rauschen
wie auch bei den Störspitzen. Gegen diese Betrachtung mag man einwen-
den, dass man die Signalverzerrungen nicht von der Glättung trennen
kann. Aus der Betrachtung wird aber deutlich, dass das Median Filter
eine Glättungswirkung hat, diese aber sehr vom Signaltyp abhängt.
Es ist zu hinterfragen, ob die mittlere quadratische Abweichung zwischen ungestörtem und gefiltertem gestörtem Signal ein hinreichend gu-
tes Qualitätskriterium ist. Der optische Eindruck weicht durchaus von
den dahinter steckenden Zahlenwerten ab. Wenn es darauf ankommt,
dass keine Verzerrungen durch die Filterung entstehen, ist das Maß der

minimalen mittleren quadratischen Abweichung durchaus hilfreich. Das wird immer dann der Fall sein, wenn man quantitative Werte aus den Messdaten gewinnen möchte. In diesem Fall ist die Verzerrung aus den gefilterten Messwerten herauszurechnen. Wenn es dagegen nur darum geht, Trends von lokalen Änderungen zu unterscheiden, sind die hier vorgestellten Verfahren der Signalglättung hilfreich.

5.5.3 LULU Filter

Das Ziel bei den LULU Filtern [RMK13] ist die Unterdrückung von zufällig auftretenden Störungen durch Signalspitzen. Dazu wird ähnlich wie beim Median Filter das gestörte Signal $x_r[k]$ in der Umgebung der aktuellen Zeitinstanz k betrachtet:

$$\ldots x_r[k{-}4]\; x_r[k{-}3]\; x_r[k{-}2]\; x_r[k{-}1]\; x_r[k]\; x_r[k{+}1]\; x_r[k{+}2]\; x_r[k{+}3]\; \ldots .$$

Zur Beseitigung der Signalspitzen verarbeitet man die Werte links und rechts von $x_r[k]$. Im einfachsten Fall sind das mit $n = 1$ die Werte $x_r[k - 1]$ und $x_r[k + 1]$. Daraus bildet man die Tupel $\{x_r[k - 1],\ x_r[k]\}$ und $\{x_r[k],\ x_r[k{+}1]\}$. Sollen die negativen Spitzen beseitigt werden, bestimmt man zuerst die Maxima der beiden Tupel und von diesen Maxima das Minimum:

$$y_{1n}[k] = \min\{\max\{x_r[k - 1],\ x_r[k]\},\ \max\{x_r[k],\ x_r[k + 1]\}\} \ . \quad (5.5.12)$$

Sollen dagegen die positiven Spitzen beseitigt werden, bestimmt man zuerst die Minima der beiden Tupel und von diesen Minima das Maximum:

$$y_{1p}[k] = \max\{\min\{x_r[k - 1],\ x_r[k]\},\ \min\{x_r[k],\ x_r[k + 1]\}\} \ . \quad (5.5.13)$$

Das Sinus-, Dreieck- und Chirpsignal werden wie zuvor durch additives weißes Rauschen bzw. Störspitzen gestört. Für das Sinussignal zeigt Bild 5.5.10 diese Störungen zusammen mit dem Ergebnis der Störunterdrückung nach (5.5.12) bzw. (5.5.13).

Der Vergleich der Ergebnisse in den unteren Teilen des Bildes mit dem oberen Teil zeigt eine deutliche Reduktion der Störungen. Dies ist besonders bei den Störspitzen augenfällig, da nur noch wenige Reststörungen übrig bleiben. Im mittleren Teil des Bildes sind nur noch die positiven Spitzen sichtbar, die negativen Spitzen sind vollständig unterdrückt; im

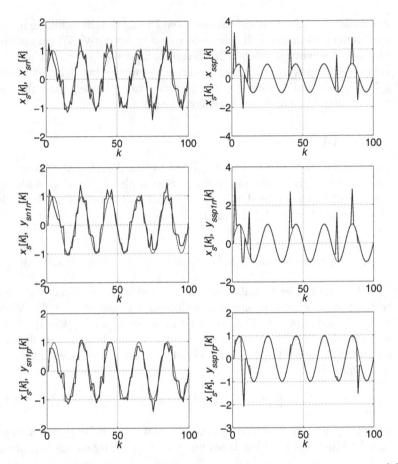

Bild 5.5.10: Oben: Störung des Sinussignals $x_s[k]$ durch Rauschen $x_{sn}[k]$ (links) und Spitzen $x_{ssp}[k]$ (rechts). Filterung mit dem LU-LU Filter zur Reduktion negativer Abweichungen $y_{sn1n}[k]$ bzw. $y_{ssp1n}[k]$ (in der Mitte) bzw. positiver Abweichungen $y_{sn1p}[k]$ bzw. $y_{ssp1p}[k]$ (unten).

unteren Teil des Bildes ist es genau umgekehrt. Man erkennt an den Stellen, wo sich Spitzen befanden, Änderungen des sinusförmigen Verlaufs. Diese Abweichungen sind dann besonders stark, wenn die Spitzen nah benachbart sind. Bei einzelnen unterdrückten Spitzen ist die Glättung besonders gut Es liegt daher nahe, die Reduktion der positiven und negativen Störspitzen zu kombinieren. Aus der Kombination von (5.5.12) und (5.5.13) folgt

$$y_1[k] = \max\{\min\{y_{1n}[k-1],\ y_{1n}[k]\},\ \min\{y_{1p}[k],\ y_{1p}[k+1]\}\}\ . \quad (5.5.14)$$

Bild 5.5.11 zeigt im oberen Teil das Ergebnis der Unterdrückung von positiven und negativen Spitzen. Man käme zu einem ähnlichen Ergebnis, wenn man die Reihenfolge der Berechnung der Minima und Maxima vertauschte.

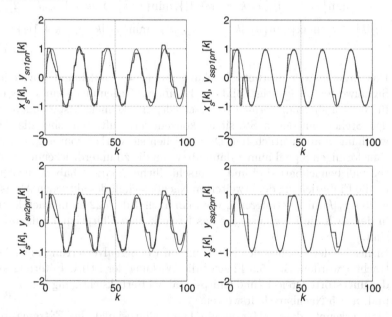

Bild 5.5.11: Kombination der Reduktion von positiven und negativen Störungen beim Sinussignal $x_s[k]$. Links: weißes Rauschen. Rechts: Störspitzen. Auswertung von $m = 3$ (oben) bzw. von $m = 5$ (unten) aufeinanderfolgenden Signalwerten von $x_{sn}[k]$ bzw. $x_{ssp}[k]$.

Es zeigt sich auch hier, dass sich weit voneinander entfernt befindliche, isolierte Spitzen gut unterdrücken lassen. Rücken die Spitzen näher zusammen, gelingt die Unterdrückung nur mit größerem Fehler.

Bisher wurden die Nachbarschaftsbeziehungen von $m = 3$ aufeinanderfolgenden Werten $x_r[k]$ betrachtet. Statt die unmittelbaren Nachbarn
links und rechts von $x_r[k]$ zu berücksichtigen, kann man $n = 2$ Nachbarn links und rechts von $x_r[k]$ in den Glättungsprozess einbeziehen. Es
ergeben sich dann die Gleichungen

$$y_{2n}[k] = \min\{\max\{x_r[k-2], x_r[k-1], x_r[k]\},$$
$$\max\{x_r[k-1], x_r[k]\,x_r[k+1]\}, \max\{x_r[k], x_r[k+1]\,x_r[k+2]\}\}$$
$$y_{2p}[k] = \max\{\min\{x_r[k-2], x_r[k-1], x_r[k]\},$$
$$\min\{x_r[k-1], x_r[k]\,x_r[k+1]\}, \min\{x_r[k], x_r[k+1]\,x_r[k+2]\}\}$$
$$y_2[k] = \max\{\min\{y_{2n}[k-1], y_{2n}[k]\}, \min\{y_{2p}[k], y_{2p}[k+1]\}\}.$$

$$(5.5.15)$$

Das Ergebnis der Störunterdrückung mit $m = 5$ aufeinanderfolgenden
Signalwerten $x_r[k]$ zeigt Bild 5.5.11 unten. Gegenüber dem Ergebnis
für $m = 3$ sind nur geringe Unterschiede zu erkennen. Insbesondere an
den Stellen, an denen Störsitzen konzentriert auftreten, sind die Abweichungen am deutlichsten. Dort weichen sie stärker vom ungestörten
sinusförmigen Signal immer dann ab, wenn die zu unterdrückenden Spitzen nah benachbart sind und unterschiedliche Polarität haben. Insofern
ist die Einbeziehung der erweiterten Nachbarschaft des aktuellen Abtastwertes $x_r[k]$ nicht erfolgreich, wie man auch Tab. 5.22 entnehmen kann,
in der auch die Ergebnisse für das Dreieck- und Chirpsignal aufgeführt
sind.
Bisher ist der Einfluss der Filterung auf die Signalverzerrung nicht betrachtet worden. Bild 5.5.12 zeigt die Wirkung der LULU Filterung auf
das ungestörte Dreieck- und Chirpsignal bei Berücksichtigung von $m = 3$
und $m = 5$ Nachbarschaftswerten.
Man erkennt, dass insbesondere beim Chirpsignal die Extrema bei
höheren Frequenzen verschliffen werden. Durch die Einbeziehung von
weiteren Nachbarschaftswerten $x_r[k]$ kann das Filter den stärkeren
Krümmungen im Chirpsignal nicht folgen. Demgegenüber ist die Verzerrung beim Dreiecksignal geringer, da nur wenige Abtastwerte in der
Umgebung der Spitzen betroffen sind,
Um dies auch numerisch zu erfassen, wird die mittlere quadratische Ab-
weichung zwischen dem ungefilterten und gefilterten Signal berechnet.
Das Ergebnis zeigt Tab. 5.21.
Die Abweichungen sind vergleichbar mit denen beim Median Filter. Beim

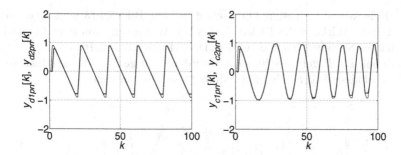

Bild 5.5.12: Verzerrung durch LULU Filter für $m = 3$ und $m = 5$ aufeinanderfolgende Abtastwerte bzw. $n = 1$ und $n = 2$ Nachbarwerte. Ungestörte Signale. Links: Dreiecksignal $y_{d1pn}[k]$ und $y_{d2pn}[k]$. Rechts: Chirpsignal $y_{c1pn}[k]$ und $y_{c2pn}[k]$

Sinussignal sind sie sehr klein, was aber auf die relativ niedrige Frequenz des Signals zurückzuführen ist, wie man am Chirpsignal erkennen kann, bei dem die Abweichung mit zunehmender Frequenz ansteigt. Das Filterungsverfahren ist nicht in der Lage, den engen Krümmungen zu folgen. Im Gegensatz dazu bleiben die Spitzen des Dreiecksignals recht gut erhalten, wobei dies für den Parameter $m = 5$ in geringerem Maße gilt. Insgesamt verzerrt das LULU Filter dieses Signal stärker als das Median Filter.

Es sollen auch die Einflüsse vom Rauschen und den Störspitzen auf das

Tabelle 5.21: Mittlere quadratische Abweichungen zwischen ungestörtem und gefiltertem ungestörtem Signal für die Filterparameter $m = 3$ und $m = 5$ beim LULU Filter.

Signalform	F_3	F_5
Sinus	$4,8 \cdot 10^{-4}$	$4,8 \cdot 10^{-4}$
Dreieck	0,483	0,347
Chirp	1,599	1,728

Dreieck- und Chirpsignal betrachtet werden. Bild 5.5.13 zeigt im oberen Teil die Wirkung des LULU Filters bei Auswertung von $m = 3$ benachbarten Signalwerten $x_r[k]$ für das Dreiecksignal und unten für das Chirpsignal. Die Ergebnisse für $m = 5$ werden nicht gezeigt, da sie schlechtere Ergebnisse liefern, wie man Tab. 5.22 entnehmen kann.

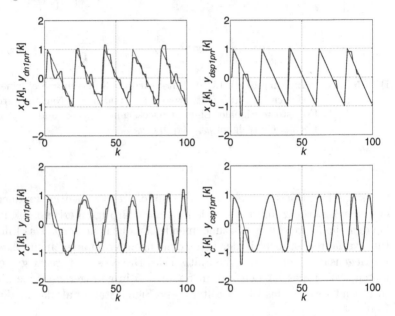

Bild 5.5.13: Wirkung des LULU Filters mit Parameter $n = 1$ bei Auswertung von $m = 3$ aufeinanderfolgenden Signalwerten. Links: Rauschen. Rechts: Störspitzen. Oben: Dreiecksignal $x_d[k]$. Unten: Chirpsignal $x_c[k]$.

Man erhält vergleichbare Ergebnisse wie beim Sinussignal, wobei bei den Ergebnissen für das Chirpsignal die stärkeren Verzerrungen des ungestörten Signals durch das LULU Filter zu berücksichtigen sind. Im Signalverlauf ist die Abnahme der Signalamplitude deutlich zu erkennen, die schon in Bild 5.5.12 sichtbar waren. Demgegenüber ist die Unterdrückung der Signalspitzen durch Vergleich mit Bild 5.5.10 klar zu erkennen. Auch beim Rauschen wird eine Reduktion erzielt, die aber gegenüber anderen Verfahren nicht so deutlich ist. Diese Erkenntnisse werden auch durch die numerischen Werte in Tab. 5.22 unterstrichen.

Tabelle 5.22: Mittlere quadratische Abweichungen zwischen ungestörtem und gefiltertem gestörtem Signal für die Filterparameter $m = 3$ und $m = 5$ des LULU Filters.

Signalform	Störung	F_{in}	F_3	F_5
Sinus	Rauschen	0,129	0,085	0,094
	Spitzen	0,829	0,141	0,0228
Dreieck	Rauschen	0,184	0,116	0,144
	Spitzen	1,178	0,253	0,369 ·
Chirp	Rauschen	0,132	0,681	1,115
	Spitzen	0,842	0,868	1,353

In keinem der hier vorgestellten Fälle, unabhängig von der Signalart und den Störungen, liefert das LULU Filter mit $m = 5$ bessere Ergebnisse als für $m = 3$. Das liegt zum großen Teil an den Verzerrungen, die in Tab. 5.21 dokumentiert sind. Andererseits verschlechtert sich auch beim Sinussignal, das nur minimale Verzerrungen aufweist, das Ergebnis für $m = 5$ geringfügig gegenüber dem für $m = 3$. Nur im Falle eines mehr oder weniger konstanten Signalverlaufs ist eine Verbesserung bei $m = 5$ gegenüber $m = 3$ zu erwarten.

5.5.4 Savitzky-Golay Filter zur Differentiation

In [SDS16] wird über die Detektion von Sättigungseffekten bei Transformatoren mit Hilfe von Savitzky-Golay Filtern berichtet. Immer dann, wenn der sinusförmige Stromverlauf in die Sättigung gerät, treten Unstetigkeiten im Signalverlauf auf, die durch Differentiation erkannt werden sollen.

Wie bei der Glättung werden linearphasige FIR-Filter verwendet, die durch den Parameter M beschrieben werden und durch Verwendung von Polynomen $n-$ter Ordnung zur Differentiation des gestörten Messsignals $x_n[k]$ führen. Sie gehören zu den FIR-Filtern vom Typ 2 nach Abschnitt 5.4.1. Die $2M + 1$ Abtastwerte h_k der Impulsantwort $h[k]$ sind demnach schiefsymmetrisch mit $h_{2M-i} = -h_i$ für $0 \le i \le M-1$ und $h_M = 0$. Das verwendete Polynom ist von der Ordnung $n = 2$ und für einige Werte [Loh11] von M sind in Tabelle 5.23 wie in Tabelle 5.14 die Koeffizienten $h_k = \frac{z_k}{n_M}$ nach Zähler z_k und Nenner n_M angegeben. Der mit diesen Koeffizienten realisierte Differenzierer soll als SG-Differenzierer bezeichnet werden.

Tabelle 5.23: Koeffizienten von Savitzky-Golay Filtern zur Differentiation (SG-Differenzierer).

M	n_M	z_0	z_1	z_2	z_3	z_4	z_5	z_6	z_7	z_8
1	2	-1	0	1						
2	10	-2	-1	0	1	2				
3	28	-3	-2	-1	0	1	2	3		
4	60	-4	-3	-2	-1	0	1	2	3	4

Der Zusammenhang zwischen den SG-Filtern zur Glättung und denen, die zusätzlich das Eingangssignal differenzieren, zeigt sich, wenn man die zweite Zeile für $M = 2$ in Tab. 5.23 mit der zweiten Zeile in der Matrix in (5.5.9) vergleicht: beide sind identisch.

Die Amplitudengänge $|H_M(e^{j\Omega})|$ zeigt Bild 5.5.14 links im linearen Maßstab für die Werte $M = 1$, $M = 2$ und $M = 3$. Mit Zunahme von M verkleinert sich die Durchlassbandbreite und ist für $M = 1$ maximal mit $\Omega = \pi$, verkleinert sich für $M = 2$ auf $\Omega = 0,58\,\pi$ sowie für $M = 3$ auf $\Omega = 0,412\,\pi$, wobei $\Omega = \pi$ für die halbe Abtastfrequenz steht.

Die Frage liegt nahe, welche Unterschiede sich zwischen dem Ergebnis des differenzierenden SG-Filters und dem differenzierenden FIR-Filter nach Abschnitt 5.4.1 ergeben. Wie das SG-Filter soll der Differenzierer ein FIR-Filter vom Typ 2 sein und die Impulsantwort $h[k]$ die gleiche Länge $2M+1 = m+1$ haben. Für $M = 3$ bzw. $m = 6$ gilt für die Impulsantwort des hier als D2-Differenzierer bezeichneten Differenzierers:

$$h[k] = \frac{1}{\pi}\left(\frac{1}{3}\delta[k] - \frac{1}{2}\delta[k-1] + \delta[k-2] - \delta[k-4] + \frac{1}{2}\delta[k-5] - \frac{1}{3}\delta[k-6]\right).$$
$$(5.5.16)$$

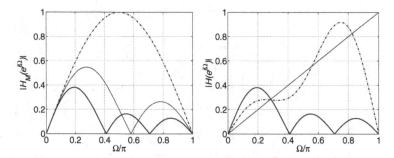

Bild 5.5.14: Links: Amplitudengänge $|H_M(e^{j\Omega})|$ des Savitzky-Golay Filters zur Differentiation für $M = 1$ (strichpunktiert), für $M = 2$ (dünner Strich) und für $M = 3$ (voller Strich). Rechts: Amplitudengänge $|H(e^{j\Omega})|$ des Savitzky-Golay Filters für $M = 3$ (voller Strich) im Vergleich zum klassischen D2-Differenzierer (strichpunktiert) und dem idealen Differenzierer (dünner Strich).

Den zugehörigen Amplitudengang zeigt Bild 5.5.14 rechts als Approximation des idealen Amplitudengangs in strichpunktierter Linie. Zum weiteren Vergleich wird der Amplitudengang $|H(e^{j\Omega})| = \frac{1}{\pi}\Omega$ des idealen Differenzierers in dünner Linie angegeben. Man erkennt daran, dass der D2-Differenzierer den idealen Differenzierer möglichst gut zu approximieren versucht und dabei keine Rücksicht auf etwaige Störungen legt, während der SG-Differenzierer eine mehr oder weniger breitbandige Störung berücksichtigt.

Wie zuvor soll die Wirkung des SG-Differenzierers auf das Sinus-, Dreieck- und Chirpsignal untersucht werden. Statt des sägezahnförmigen Dreiecksignals wird aber ein symmetrisches Dreiecksignal verwendet, weil die Ableitung ein zur Nulllinie symmetrisches Rechtecksignal liefert, dessen Verlauf man gut beurteilen kann. Alle Signale überstreichen den Amplitudenbereich $-1 \leq x_s[k] \leq 1$; Sinus- und Dreiecksignal haben die Frequenz $f = 50$ Hz und das Chirpsignal überstreicht den Frequenzbereich 50 Hz $\leq f \leq 375$ Hz bei der Abtastfrequenz $f_A = 1000$ Hz. Die drei Signale zeigt Bild 5.5.15 links oben, die zugehörigen Ableitungen rechts oben.

Für die Berechnung der Ableitung wird der Differenzenquotient

$$y[k] = \frac{1}{2} \cdot (x[k] - x[k-2]) \tag{5.5.17}$$

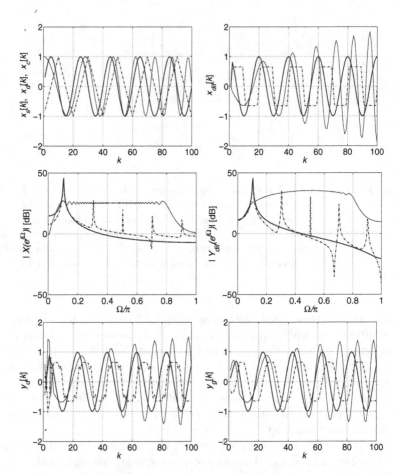

Bild 5.5.15: Oben: Sinussignal $x_s[k]$, Dreiecksignal $x_d[k]$ und Chirpsignal $x_c[k]$ (links). Ableitungen $y_{dif}[k]$ mit dem Differenzenquotienten (rechts). Mitte: Spektren $|X(e^{j\Omega})|$ und $|X_{dif}(e^{j\Omega})|$ im logarithmischen Maßstab dazu. Unten: Ableitung mit dem D2-Differenzierer $y_d[k]$ (links) und dem SG-Differenzierer $y_g[k]$ (rechts).

verwendet, was der Filterung mit der Impulsantwort $h[k]$ bzw. mit dem zugehörigen Amplitudengang $|H(e^{j\Omega})|$

$$h[k] = \frac{1}{2}\left(\delta[k] - \delta[k-2]\right), \qquad |H(e^{j\Omega})| = \sin(\Omega),\ 0 \le \Omega \le \pi\,, \quad (5.5.18)$$

entspricht. Dies ist eine Approximation des idealen Differenzierers mit dem Amplitudengang $|H(e^{j\Omega})| = \frac{1}{\pi}\Omega$, der in Bild 5.5.14 rechts zu finden ist. Der Amplitudengang nach (5.5.18) ist identisch mit dem des SG-Differenzierers für $M = 1$, der in Bild 5.5.14 links zu finden ist. Die mit dem D2-Differenzierer nach (5.5.16) gewonnene Ableitung $y_d[k]$ zeigt Bild 5.5.15 unten links und das Ergebnis $y_g[k]$ mit dem SG-Differenzierer mit Parameter $M = 3$ in Bild 5.5.15 unten rechts.

Die Wirkung der beschränkten Bandbreite beim SG- und D2-Differenzierer wird im Vergleich der Ergebnisse in Bild 5.5.15 sehr deutlich: das Sinussignal wird durch die Filter zum Cosinussignal ohne Verzerrungen, da sich nur die Phase und nicht der Amplitudengang ändert. Statt des Rechtecksignals als Ableitung des Dreiecksignals erhält man ein deutlich verzerrtes Signal. Der horizontale Verlauf ist sichtbar und in der Höhe mit dem Ergebnis bei Verwendung des Differenzenquotienten nach (5.5.17) vergleichbar, die Flanken sind aber deutlich verändert, wobei die Steilheit noch weitgehend erhalten bleibt. Der SG-Differenzierer liefert weniger steile Flanken und eine deutliche Verrundung beim Übergang vom senkrechten in den waagerechten Verlauf. Das Ergebnis des zahlenmäßigen Vergleichs zeigt Tab. 5.24.

Tabelle 5.24: Auf die Signalleistungen bezogene Verzerrungen durch das D2- und SG-Filter zur Differentiation

	Sinus	Dreieck	Chirp
D2	$2,32 \cdot 10^{-10}$	$3,41 \cdot 10^{-2}$	2,4
SG	$1,03 \cdot 10^{-9}$	$9,18 \cdot 10^{-2}$	4,98

Während das Sinussignal bei beiden Filtern unverzerrt in das Cosinussignal transformiert wird, weist die Ableitung des Dreiecksignls geringe und das Chirpsignal starke Verzerrungen auf. Diese sind beim SG-Differenzierer deutlich größer als beim D2-Differenzierer. Die Verfahren unterscheiden sich auch beim Einschwingverhalten: beim D2-Differenzierer ist es viel stärker als beim SG-Differenzierer. Allerdings ist dies von geringerer Bedeutung, da es nur im Intervall $0 \leq k \leq 6$ zu bemerken ist, was der Länge der Impulsantwort beider Filter entspricht. Bei der Berechnung der Abweichungen in Tab. 5.24 bleibt der Einschwingvorgang unberücksichtigt.

Nun soll der Einfluss des weißen Rauschens und der Störspitzen auf das Differenzieren untersucht werden. Wegen der mehr oder weniger hohen Verzerrungen nach Tab. 5.24 sollen im Gegensatz zu den Betrachtungen in den vorausgegangenen Abschnitten als Bezugsgrößen nicht die ungefilterten differenzierten Signale nach Bild 5.5.15 oben rechts, sondern deren gefilterte Versionen in Bild 5.5.15 unten verwendet werden. Die Ergebnisse bei Rauschen zeigt Bild 5.5.16 für alle Signale auf der linken Seite bei Verwendung des D2-Differenzierers und auf der rechten Seite bei Verwendung des SG-Differenzierers. In der selben Weise zeigt Bild 5.5.17 das Ergebnis für Störspitzen.

Das Ergebnis mit dem D2-Differenzierer zeigt eine viel geringere Reduktion sowohl des Rauschens wie auch der Störspitzen. Das wird durch Betrachtung der Amplitudengänge in Bild 5.5.14 rechts verständlich: der SG-Differenzierer besitzt oberhalb von $\Omega = 0,412$ bzw. $f = 206$ Hz eine viel höhere Dämpfung als der D2-Differenzierer. In diesem Bereich befindet sich keine Nutzsignalenergie des gestörten Sinussignals, sondern nur Störenergie, wie aus Bild 5.5.15 links in der Mitte folgt. Dies kann man auch in Tab. 5.25 ablesen. Es zeigt sich dabei, dass sowohl das Rauschen wie auch die Störspitzen beim SG-Differenzierer deutlich reduziert werden, während sie beim D2-Differenzierer durch die Verstärkung bei höheren Frequenzen noch verstärkt werden.

Es zeigt sich beim Dreiecksignal ein ähnliches Bild wie beim Sinussignal: der SG-Differenzierer liefert beim Rauschen und den Störspitzen eine Verbesserung, wenn auch eine geringere im Vergleich zum Sinussignal. Dabei ist zu beachten, dass die Verzerrungen des Filters nach Tab. 5.24 hier nicht berücksichtigt wurden. Sie sind größer als die beim D2-Differenzierer.

Beim Chirpsignal drehen sich die Verhältnisse um: der SG-Differenzierer schneidet bei beiden Störarten schlechter ab als der D2-Differenzierer.

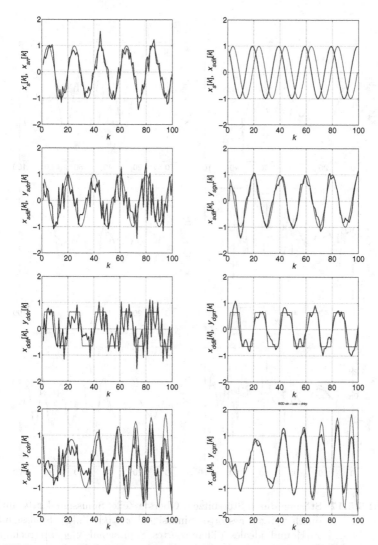

Bild 5.5.16: Störung durch weißes Rauschen. Oberste Zeile: Sinussignal $x_s[k]$ und gestörtes Sinussignal $x_{sn}[k]$ (links), Sinussignal $x_s[k]$ und ideales differenziertes Sinussignal $x_{sdif}[k]$ (rechts). Untere Zeilen: Vergleich von idealem differenziertem Signal und gefiltertem gestörten Signal, D2-Differenzierer links, SG-Differenzierer rechts. Zweite Zeile: Sinussignal. Dritte Zeile: Dreiecksignal. Vierte Zeile: Chirpsignal.

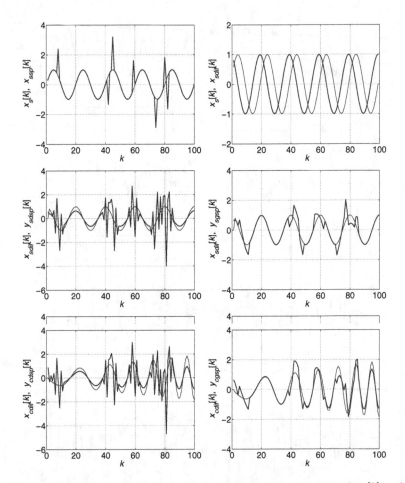

Bild 5.5.17: Störung durch Störspitzen. Oberste Zeile: Sinussignal $x_s[k]$ und durch Spitzen gestörtes Sinussignal $x_{ssp}[k]$ (links), Sinussignal $x_s[k]$ und ideales differenziertes Sinussignal $x_{sdif}[k]$ (rechts). Untere Zeilen: Vergleich von idealem differenziertem Signal und gefiltertem gestörten Signal, D2-Differenzierer links, SG-Differenzierer rechts. Zweite Zeile: Sinussignal. Dritte Zeile: Dreiecksignal. Vierte Zeile: Chirpsignal.

Tabelle 5.25: Auf die Signalleistungen bezogene Verzerrungen durch den D2-
und den SG-Differenzierer

Signalform	Störung	F_{in}	F_{D2}	F_{SGD}
Sinus	Rauschen	0,132	0,606	0,061
	Spitzen	0,840	3,042	0,374
Dreieck	Rauschen	0,194	0,864	0,165
	Spitzen	1,236	3,373	0,638
Chirp	Rauschen	0,134	1,942	5,085
	Spitzen	0,854	4,355	5,388

Dabei liegen die Fehler beim Rauschen und bei den Störspitzen nahezu auf gleicher Höhe. Der optische Eindruck steht dem entgegen:
sowohl die Abweichungen beim Rauschen wie auch die Störspitzen
sind beim D2-Differenzierer höher als beim SG-Differenzierer. Der mit
dem SG-Differenzierer erzielte Signalverklauf ist glatter als beim D2-
Differenzierer, weil die quadratische Abweichung zwischen dem idealen
differenzierten Signal und dem Ausgangssignal des SG-Differenzierers
minimiert wird. Dem gegenüber liefert der D2-Differenzierer ein Signal,
das möglichst genau der Ableitung des Eingangssignals entspricht. Er
leitet also auch das Rauschen bzw. die Störspitzen ab, was auf den un-
ruhigen Verlauf des Signals am Ausgang des Filters führt.

Insbesondere die Störspitzen treten beim D2-Differenzierer deutlich hervor. Sie besitzen eine hohe Bandbreite und werden wegen der Breitban-
digkeit des D2-Differenzierers kaum beeinflusst, sie scheinen im Gegenteil
verstärkt zu sein. Man spricht deshalb auch davon, dass Differenzieren
das verarbeitete Signal aufrauht, was in den Bildern bei allen Signalen
sichtbar ist.

Störunterdrückung als Glättung verstanden stellt demnach ganz ande-
re Anforderungen [GG83] als das Differenzieren: Während man zum
Glätten einen schmalbandigen Tiefpass benötigt, erfordert das Differen-
zieren einen Hochpass. Kommen beide Aufgaben zusammen, muss ein
Kompromiss zwischen Hoch- und Tiefpass gefunden werden, für den das
SG-Filter eine interessante Lösung liefert.

5.6 Multiraten-Systeme

Im vorigen Abschnitt wurde die Interpolation beschrieben, die man u.a. dazu verwendet, um durch Erhöhung der Abtastfrequenz f_A um ein ganzzahlig Vielfaches einfache Anti-Aliasing-Filter in der kommerziellen Audiotechnik einsetzen zu können. Es besteht auch der Bedarf, Audiosignale auf andere Abtastfrequenzen, z.B. von $f_A = 48$ kHz auf $f_A = 44,1$ kHz umzusetzen. Auf der anderen Seite ist man daran interessiert, die Taktfrequenz bei der Signalverarbeitung aus Kostengründen möglichst niedrig zu halten, weil dann weniger Operationen wie Multiplikationen und Additionen pro Zeiteinheit auszuführen sind.

In diesem Abschnitt soll eine kurze Einführung in die Multiraten-Systeme gegeben werden, mit der man die genannten Aufgaben effizient lösen kann[5.6]. Grundlage ist dabei neben der bereits beschriebenen Interpolation, bei der die Abtastfrequenz heraufgesetzt wird, die Dezimation, bei der das Gegenteil, die Reduktion der Abtastrate, das Ziel ist. Diese Reduktion ist immer dann möglich, wenn die Grenzfrequenz f_g des zu entwerfenden Systems bzw. die höchste Signalkomponente erheblich niedriger ist als die halbe Abtastfrequenz. Dann gilt $f_g \ll f_A/2$ bzw. $\Omega_g \ll \pi$ bei Verwendung normierter Frequenzen.

5.6.1 Reduktion der Abtastrate

Es werde angenommen, dass für die halbe Abtastfrequenz $f_A/2 = M \cdot f_g$ gilt, wobei M eine ganze Zahl sei. Für die normierten Frequenzen gilt dann $\Omega_g = \pi/M$. In diesem Fall kann man die Abtastrate ohne Informationsverlust reduzieren, was man auch als *Abwärtstasten*, *Dezimation* oder *Kompression* [AO04] und im Englischen als *down sampling* bezeichnet. Um Verwechslungen z.B. mit der Datenkompression zu vermeiden, wird der Begriff Kompressor bzw. Kompression nicht weiter verwendet. Man erreicht dies, indem man nur jeden M-ten Abtastwert verwendet

$$x_M[k] = \begin{cases} x[k] & k = 0, \pm M, \pm 2M, \ldots \\ 0 & k \neq 0, \pm M, \pm 2M, \ldots \end{cases} \tag{5.6.1}$$

Diese Operation besteht darin, dass man die Folge $x[k]$ mit einem Im-

---

[5.6]Vertiefende Darstellungen findet man z.B. in [Fli93, Mer99].

pulskamm $\delta_M[k]$ unter Verwendung von $W_M = e^{-j2\pi/M}$

$$\delta_M[k] = \begin{cases} 1 & k = 0, \pm M, \pm 2M, \dots \\ 0 & k \neq 0, \pm M, \pm 2M, \dots \end{cases}$$

$$= \frac{1}{M} \sum_{m=0}^{M-1} e^{j2\pi km/M} = \frac{1}{M} \sum_{m=0}^{M-1} W_M^{-km} \quad (5.6.2)$$

multipliziert:

$$x_M[k] = \delta_M[k] \cdot x[k]. \quad (5.6.3)$$

Die zwischen je zwei verbleibenden Abtastwerten liegenden $M - 1$ Abtastwerte der Amplitude null werden weggelassen. Die geschilderten Operationen werden durch den in Bild 5.6.1 gezeigten *Abwärtstaster* ausgeführt. Dabei wird zur Einhaltung des Abtasttheorems, also das Vermeiden von Aliasing, gegebenenfalls ein Anti-Aliasing-Tiefpass am Eingang verwendet, der die Grenzfrequenz $f_g = f_A/(2M)$ bzw. $\Omega_g = \pi/M$ besitzt.

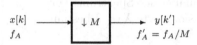

Bild 5.6.1: Reduktion der Abtastfrequenz durch einen Abwärtstaster mit Parameter M.

In Bild 5.6.2 wird dieser Zusammenhang dargestellt: Im ersten Schritt werden nach jedem Abtastwert $M - 1$ Abtastwerte übersprungen bzw. zu null gesetzt und anschließend werden die verbleibenden Abtastwerte zusammengeschoben bzw. neu skaliert. Während beim Originalsignal der zeitliche Abstand $T = 1/f_A$ beträgt, vergrößert er sich nach der Dezimation auf $T' = 1/f'_A = M \cdot T$. Um die Änderung der Skalierung deutlich zu machen, wird der Zeitparameter am Eingang mit k, am Ausgang mit k' bezeichnet.

Von Interesse ist die Wirkung der Abtastratenreduktion im Frequenzbereich. Als Beispiel zeigt Bild 5.6.3 den Betrag des Spektrums $X(e^{j\Omega})$ eines tieffrequenten Signals $x[k]$ mit der Grenzfrequenz Ω_g.

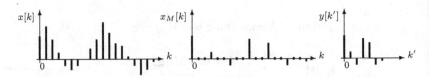

Bild 5.6.2: Beispiel zur Reduktion der Abtastfrequenz um den Faktor $M = 3$. Links: Originalsignal $x[k]$, Mitte: dezimiertes Signal $x_M[k]$, rechts: zeitskaliertes Signal $y[k']$.

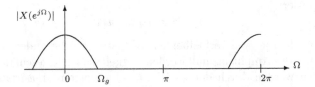

Bild 5.6.3: Betragsspektrum eines tieffrequenten Signals $x[k]$ mit der Grenzfrequenz Ω_g

Zur Berechnung des Spektrums von $x_M[k]$ nach (5.6.3) wird zunächst die Z-Transformierte $X_M(z)$ bestimmt

$$
\begin{aligned}
X_M(z) &= \sum_{k=-\infty}^{\infty} x_M[k] \cdot z^{-k} \\
&= \sum_{k=-\infty}^{\infty} \delta_M[k] \cdot x[k] \cdot z^{-k} = \sum_{k=-\infty}^{\infty} \frac{1}{M} \sum_{m=0}^{M-1} W_M^{-km} x[k] z^{-k} \\
&= \frac{1}{M} \sum_{m=0}^{M-1} \sum_{k=-\infty}^{\infty} x[k] \cdot (W_M^m z)^{-k} = \frac{1}{M} \sum_{m=0}^{M-1} X(W_M^m z),
\end{aligned}
$$

$$(5.6.4)$$

aus der sich mit $z = e^{j\Omega}$ das Spektrum ergibt:

$$
X_M(e^{j\Omega}) = \frac{1}{M} \sum_{m=0}^{M-1} X\left(e^{j(\Omega - 2\pi m/M)}\right). \tag{5.6.5}
$$

Man erkennt, dass sich das Spektrum zwischen $\Omega = 0$ und $\Omega = 2\pi$ aus M Teilspektren zusammensetzt, die sich wegen der Forderung $\Omega_g = \pi/M$

nicht überlappen. Bild 5.6.4 zeigt ein Beispiel für $M = 3$. Aus (5.6.5) folgt damit für das Spektrum:

$$X_{M=3}(e^{j\Omega}) = \frac{1}{3}\left(X(e^{j(\Omega-0)}) + X(e^{j(\Omega-2\pi/3)}) + X(e^{j(\Omega-4\pi/3)})\right)$$

$$= \frac{1}{3}\left(X_0(e^{j\Omega} + X_1(e^{j\Omega} + X_2(e^{j\Omega})\right). \tag{5.6.6}$$

Das Grundspektrum $X(e^{j\Omega})$ wird demnach durch Modulation auf der Frequenzachse jeweils um $\Delta\Omega = 2\pi/M = 2\pi/3$ verschoben.

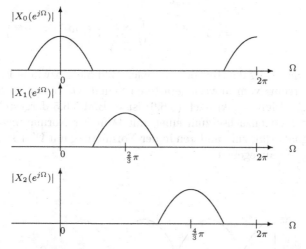

Bild 5.6.4: Zerlegung des Betragsspektrums des tieffrequenten Signals $x[k]$ bei Abwärtstastung.

Bei der Abwärtstastung kann man zwei Schritte unterscheiden: Zunächst werden zwischen je zwei verbleibenden Abtastwerten $M - 1$ Werte eliminiert, was durch die Umskalierung mit $k = M \cdot k'$ beschrieben werden kann. Aus der Z-Transformierten

$$X(z) = \sum_{k=-\infty}^{\infty} x[k]z^{-k} \tag{5.6.7}$$

folgt damit

$$X_M(z) = \sum_{k'=-\infty}^{\infty} x[Mk'] \cdot z^{-Mk'} = \sum_{k'=-\infty}^{\infty} y[k'] \cdot (z^M)^{-k'}$$

$$= Y(z^M) = Y(z') = \sum_{k'=-\infty}^{\infty} y[k'] \cdot (z')^{-k'}. \qquad (5.6.8)$$

Mit $\Omega' = \Omega \cdot M$ erhält man aus (5.6.5) und (5.6.8)

$$Y(e^{j\Omega \cdot M}) = \frac{1}{M} \sum_{m=0}^{M-1} X\left(e^{j(\Omega - 2\pi m/M)}\right)$$

$$= Y(e^{j\Omega'}) = \frac{1}{M} \sum_{m=0}^{M-1} X\left(e^{j(\Omega' - 2\pi m)/M}\right). \qquad (5.6.9)$$

Die Überlagerung der Teilspektren nach Bild 5.6.4 bzw. die Entstehung des Spektrums vom abwärtsgetasteten Signal $y[k']$ aus dem Spektrum des Originalsignals $x[k]$ nach (5.6.9) ist in Bild 5.6.5 dargestellt. Dabei wird die Frequenzachse zum einen mit Ω in der Normierung des Eingangssignals $x[k]$, zum anderen in der Normierung mit Ω' des Ausgangssignals $y(k')$ angegeben.

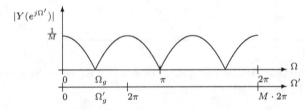

Bild 5.6.5: Betrag des Spektrums $Y(e^{j\Omega'})$ eines tieffrequenten Signals $y[k']$ mit um $M = 3$ herabgesetzter Abtastfrequenz $f_A' = f_A/M$.

Bei den bisherigen Betrachtungen wurde davon ausgegangen, dass das Signal $x[k]$ stets ein tieffrequentes Signal mit der Frequenzgrenze $\Omega_g < \pi/M$ ist, um Aliasing-Effekte auszuschließen. Um dies generell sicherzustellen und Störeinflüsse zu reduzieren, wird dem

Abwärtstaster nach Bild 5.6.1 ein Tiefpass mit der Impulsantwort $h[k]$ bzw. Übertragungsfunktion $H(z)$ und der Grenzfrequenz $\Omega_g < \pi/M$ bzw. $f_g = f_A/(2 \cdot M)$ wie in Bild 5.6.6 vorgeschaltet. Man nennt die Gesamtanordnung dann *Dezimator*.

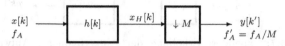

Bild 5.6.6: Reduktion der Abtastfrequenz durch einen Dezimator: Anti-Aliasing-Tiefpass mit Impulsantwort $h[k]$ und Grenzfrequenz $f_g \leq f_A/(2 \cdot M)$ und Abwärtstaster mit Parameter M.

5.6.2   Erhöhung der Abtastrate

Die zur Abwärtstastung duale Operation ist die *Aufwärtstastung, Expansion* [AO04] oder im Englischen *up sampling*. Sie wurde als Interpolation bereits im letzten Abschnitt vorgestellt. Dort wurde auch die Approximation des idealen Tiefpasses diskutiert, der die Amplitudenwerte der hinzukommenden Abtastwerte generiert.

Soll die Abtastfrequenz f_A um das L−fache, also von f_A auf $f'_A = L \cdot f_A$ erhöht werden, fügt man im ersten Schritt zwischen zwei alten Abtastwerten $x[k]$ jeweils $L - 1$ Nullen ein:

$$x^L[k'] = \begin{cases} x[k'/L] & k' = 0, \pm L, \pm 2L, \dots \\ 0 & k' \neq 0, \pm L, \pm 2L, \dots \end{cases} \qquad (5.6.10)$$

bzw.

$$x^L[k'] = \sum_{k=-\infty}^{\infty} x[k] \cdot \delta[k' - kL], \qquad (5.6.11)$$

wobei der Impuls $\delta[k' - kL]$ dafür sogt, dass die Abtastwerte $x[k]$ in der Ausgangsfolge an den Stellen $k' = kL$ unverändert bleiben. Damit ist eine neue Skalierung verbunden: statt der Zeitindizes k am Eingang werden nun die Indizes k' am Ausgang verwendet. Die Werte an den neuen Abtastzeitpunkten $k' \neq kL$ werden durch Interpolation gewonnen, die mit einem Tiefpass der Impulsantwort $h[k']$ bzw. Übertragungsfunktion

$H(z')$ der Grenzfrequenz f_g realisiert wird. Den dazu notwendigen *Expander*, bestehend aus dem Aufwärtstaster und dem Interpolationsfilter, zeigt Bild 5.6.7.

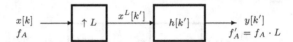

Bild 5.6.7: Expander: Erhöhung der Abtastfrequenz. Aufwärtstaster mit Einfügung von $L-1$ Nullen, Interpolation durch Tiefpass $H(z)$ mit der Impulsantwort $h[k']$ und Grenzfrequenz $f_g \leq f_A \cdot L/2$.

Im Vergleich zum Dezimator in Bild 5.6.1 ist hier die Reihenfolge der Komponenten umgekehrt: zunächst werden zwischen den bestehenden Abtastwerten $x[k]$ jeweils $L-1$ neue Abtastzeitpunkte generiert, wobei die zugehörigen Amplitudenwerte durch die Interpolation im Tiefpass $H(z)$ gewonnen werden. Das Ergebnis der Expansion im Zeitbereich zeigt Bild 5.6.8. Auch hier zeigt der Vergleich mit Bild 5.6.2 die zeitliche Umkehrung gegenüber der Dezimation.

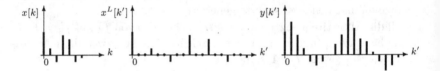

Bild 5.6.8: Beispiel zur Erhöhung der Abtastfrequenz. Links: Originalsignal $x[k]$, Mitte: expandiertes Signal $x^L[k]$, rechts: interpoliertes Signal $y[k']$.

Um das Spektrum $X^L(e^{j\Omega'})$ des expandierten Signals $x^L[k']$ nach (5.6.10) zu bestimmen, wird zunächst die Z-Transformierte $X^L(z)$ unter Verwendung der Ausblendeigenschaft der δ-Funktion berechnet:

$$X^L(z) = \sum_{k'=-\infty}^{\infty} x^L[k']z^{-k'} = \sum_{k'=-\infty}^{\infty} \left(\sum_{k=-\infty}^{\infty} x[k] \cdot \delta_L[k'-kL] \right) z^{-k'}$$

$$= \sum_{k=-\infty}^{\infty} x[k]z^{-kL} = \sum_{k=-\infty}^{\infty} x[k] \cdot (z^L)^{-k} = X(z^L), \qquad (5.6.12)$$

was auf das Spektrum

$$X^L(e^{j\Omega'}) = X(e^{j\Omega \cdot L})$$ (5.6.13)

führt. Durch das Einfügen der $L - 1$ Abtastwerte mit der Höhe null kommen zum Spektrum weitere Teilspektren hinzu, die man im Englischen als *Images* [Fli93] bezeichnet, weshalb man bei $H(z)$ auch von einem *Antiimaging-Filter* spricht. Sie müssen durch einen Tiefpass mit der Grenzfrequenz $\Omega_g = \pi/L$ unterdrückt werden. Im Bild 5.6.9, bei dem $L = 3$ gilt, wird dies veranschaulicht.

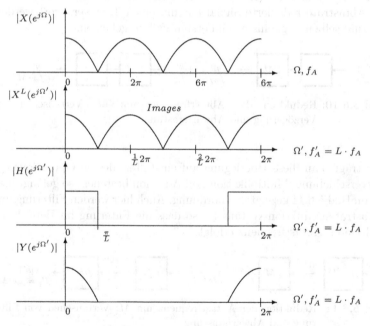

Bild 5.6.9: Aufwärtstastung, Beispiel für $L = 3$. Von oben nach unten: Eingangsspektrum, durch Einfügen von Nullen Auftreten von Images, Tiefpass zur Unterdrückung der Images, Ausgangsspektrum.

5.6.3   Realisierung von Dezimator und Expander

Nach Bild 5.6.6 wird durch den Tiefpass sicher gestellt, dass das Eingangssignal $x[k]$ in der Bandbreite begrenzt ist, so dass Aliasing-Effekte beim Abwärtstasten vermieden werden. Nach der Filterung wird aber nur jeder $M-$te Abtastwert weiter verwendet. Dies bedeutet, dass von M Werten am Ausgang des Filters nach der Abtastratenreduktion nur ein Wert weiter verwendet wird. Dadurch entstehen überflüssige Filterungsoperationen, die es zu vermeiden gilt. Man erreicht dies, indem man die Filterung grundsätzlich im tieffrequenteren Bereich durchführt, also nach der Abwärtstastung bzw. vor der Aufwärtstastung.

In Bild 5.6.10 wird als Beispiel das Eingangssignal $x[k]$ zunächst um M Takte verzögert, bevor die Taktrate um den Faktor M reduziert wird. Vertauscht man Verzögerung und Abtastratenreduktion, so muss das in der Abtastrate reduzierte Signal nur um einen Takt verzögert werden, um zum selben Ergebnis wie im ersten Fall zu gelangen.

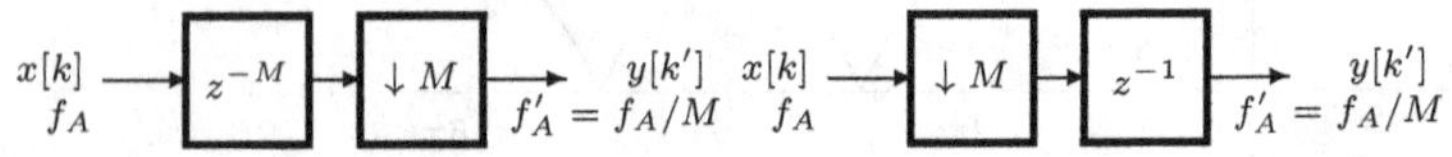

Bild 5.6.10: Reduktion der Abtastfrequenz um M: Vertauschen von Verzögerung und Abwärtstastung.

Überträgt man diese Überlegung auf ein Filter, dessen Operationen in Zeitverschiebung, Multiplikation und Addition bestehen, so gelangt man zur im Bild 5.6.11 gezeigten Anordnung. Auch hier werden Filterung und Abtastratenreduktion vertauscht, so dass die Filterung im Bereich der niedrigeren Abtastfrequenz erfolgt.

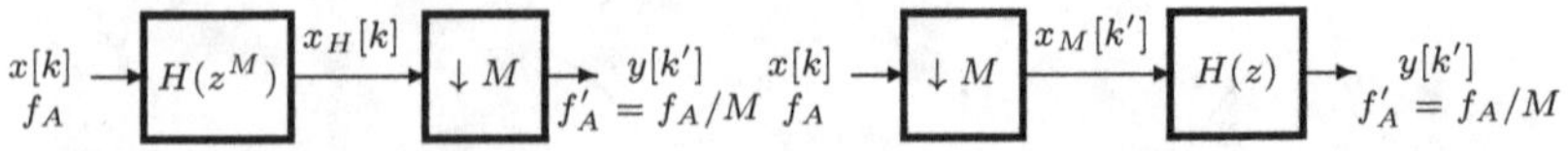

Bild 5.6.11: Reduktion der Abtastfrequenz um M: Vertauschen von Filterung und Abwärtstastung.

Die Äquivalenz der beiden Schaltungen in Bild 5.6.11 soll durch eine Betrachtung im Frequenzbereich nachgewiesen werden. Am Eingang der Systeme in Bild 5.6.11 ist das Spektrum $X(e^{j\Omega})$ abgreifbar, das in der

Struktur auf der linken Seite von Bild 5.6.11 durch das Filter mit dem Frequenzgang $H(e^{j\Omega \cdot M})$ in das Spektrum $X_H(e^{j\Omega})$ umgeformt wird:

$$X_H(e^{j\Omega}) = H(e^{j\Omega \cdot M}) \cdot X(e^{j\Omega}). \qquad (5.6.14)$$

Die Abwärtstastung liefert mit (5.6.9) als Spektrum am Ausgang

$$Y(e^{j\Omega'}) = \frac{1}{M} \sum_{m=0}^{M-1} X_H(e^{j(\Omega'-2\pi m)/M}), \qquad (5.6.15)$$

wobei $X(e^{j\Omega'})$ wegen der Filterung durch $X_H(e^{j\Omega'})$ ersetzt wurde. Mit (5.6.14) folgt weiter

$$
\begin{aligned}
Y(e^{j\Omega'}) &= \frac{1}{M} \sum_{m=0}^{M-1} H(e^{j\Omega'-2\pi m}) \cdot X(e^{j(\Omega'-2\pi m)/M}) \\
&= H(e^{j\Omega'}) \frac{1}{M} \sum_{m=0}^{M-1} X(e^{j(\Omega'-2\pi m)/M}), \qquad (5.6.16)
\end{aligned}
$$

weil wegen der Periodizität diskreter Signale im Frequenzbereich $H(e^{j\Omega'-2\pi m}) = H(e^{j\Omega'})$ gilt.

Im rechten Teil von Bild 5.6.11 erfolgt zunächst die Abwärtstastung, so dass entsprechend (5.6.15)

$$X_M(e^{j\Omega'}) = \frac{1}{M} \sum_{m=0}^{M-1} X_H(e^{j(\Omega'-2\pi m)/M}) \qquad (5.6.17)$$

gilt, der die Filterung mit $H(e^{j\Omega'})$ folgt

$$Y(e^{j\Omega'}) = H(e^{j\Omega'}) \frac{1}{M} \sum_{m=0}^{M-1} X(e^{j(\Omega'-2\pi m)/M}), \qquad (5.6.18)$$

was mit (5.6.16) übereinstimmt.

Durch die Vertauschung von Filterung und Taktreduktion können Rechenoperationen eingespart werden, was an einem Beispiel veranschaulicht werden soll. Dazu wird angenommen, dass das Anti-Aliasing-Filter $H(z)$ in FIR-Struktur mit N Koeffizienten realisiert wird. Für das Signal $x_H[k]$ am Ausgang des Filters mit der Impulsantwort $h[k]$ gilt

$$x_H[k] = h[k] * x[k] = \sum_{n=0}^{N-1} h[n] \cdot x[k-n]. \qquad (5.6.19)$$

Bei einem FIR-Filter mit $N = 6$ Koeffizienten $h[k]$ folgt für die ersten Ausgangswerte $x_H[k]$ mit (5.6.19)

$$
\begin{aligned}
x_H[0] &= \sum_{n=0}^{5} h[n] \cdot x[-n] \\
&= h[0]\, x[0] + h[1]\, x[-1] + h[2]\, x[-2] + h[3]\, x[-3] + \\
&\quad\, h[4]\, x[-4] + h[5]\, x[-5] \\
x_H[1] &= \sum_{n=0}^{5} h[n] \cdot x[1-n] \\
&= h[0]\, x[1] + h[1]\, x[0] + h[2]\, x[-1] + h[3]\, x[-2] + \\
&\quad\, h[4]\, x[-3] + h[5]\, x[-4] \\
x_H[2] &= \sum_{n=0}^{5} h[n] \cdot x[2-n] \\
&= h[0]\, x[2] + h[1]\, x[1] + h[2]\, x[0] + h[3]\, x[-1] + \\
&\quad\, h[4]\, x[-2] + h[5]\, x[-3] \\
x_H[3] &= \sum_{n=0}^{5} h[n] \cdot x[3-n] \\
&= h[0]\, x[3] + h[1]\, x[2] + h[2]\, x[1] + h[3]\, x[0] + \\
&\quad\, h[4]\, x[-1] + h[5]\, x[-2] \\
x_H[4] &= \sum_{n=0}^{5} h[n] \cdot x[4-n] \\
&= h[0]\, x[4] + h[1]\, x[3] + h[2]\, x[2] + h[3]\, x[1] + \\
&\quad\, h[4]\, x[0] + h[5]\, x[-1]
\end{aligned}
$$

$$
\begin{aligned}
x_H[5] &= \sum_{n=0}^{5} h[n] \cdot x[5-n] \\
&= h[0]\, x[5] + h[1]\, x[4] + h[2]\, x[3] + h[3]\, x[2] + h[4]\, x[1] + \\
&\quad\, h[5]\, x[0].
\end{aligned}
$$

$$(5.6.20)$$

Von je drei berechneten Ausgangswerten $x_H[k]$ wird wegen der Abwärtstastung mit $M = 3$ nur einer gebraucht; in (5.6.20) von den

Werten $x_H[0]$ bis $x_H[5]$ nur $x_H[0]$ und $x_H[3]$; die übrigen Werte werden im Dezimator unterdrückt und es erfolgt eine Umskalierung, so dass für das Ausgangssignal $y[k']$

$$
\begin{aligned}
y[0] &= x_H[0] = h[0]\,x[0] + h[1]\,x[-1] + h[2]\,x[-2] + h[3]\,x[-3] + \\
&\quad\ h[4]\,x[-4] + h[5]\,x[-5] \\
y[1] &= x_H[3] = h[0]\,x[3] + h[1]\,x[2] + h[2]\,x[1] + h[3]\,x[0] + \\
&\quad\ h[4]\,x[-1] + h[5]\,x[-2]
\end{aligned}
$$

$$\vdots$$

$$(5.6.21)$$

gilt. In Bild 5.6.12 ist links eine Anordnung gezeigt, welche die Berechnung nach (5.6.20) bzw. (5.6.21) ausführt.

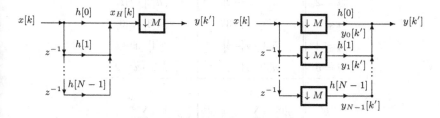

Bild 5.6.12: Dezimator: Vertauschen von Tiefpass und Abwärtstaster.

Nacheinander gelangen die Abtastwerte $x[k]$ an den Eingang des Filters und werden nach Verzögerung mit den Abtastwerten $h[k]$ des Filters multipliziert. Die Teilprodukte werden addiert und bilden das Ausgangssignal $x_H[k]$. Der Dezimator lässt nur jeden dritten Ausgangswert durch, so dass zwei von drei Ausgangswerten - im Beispiel $x_H[1]$ und $x_H[2]$ sowie $x_H[4]$ und $x_H[5]$ - unterdrückt werden und durch Umskalierng $y[0] = x_H[0]$ sowie $y[1] = x_H[3]$ gilt.

Anders verhält es sich bei der Realisierung des Dezimators im rechten Teil von Bild 5.6.12: Hier werden Filterung und Abwärtstastung vertauscht. Zunächst stehen am Eingang des Dezimators wie in der ersten Gleichung von (5.6.20) die Werte $x[-5]$ bis $x[0]$ an. Von diesen wird am Ausgang des Abwärtstasters im oberen mit $h[0]$ verknüpften Zweig des

Filters aber nur der Wert $x[0]$ der Multiplikation mit $h[0]$ zugeführt. Zum gleichen Zeitpunkt erfolgt in dem durch $h[1]$ gekennzeichneten Zweig wegen der Verzögerung um einen Takt die Multiplikation von $h[1]$ mit $x[-1]$. Entsprechendes gilt für die übrigen Zweige, wie man Tab. 5.26 entnehmen kann. Die Teilprodukte aus den Zweigen werden zum Ausgangssignal $y[k']$ durch Addition zusammengefügt. Zum Takt $k' = 1$ erfolgt die entsprechende Berechnung, allerdings sind die Zeitindizes k durch $k + 3$ ersetzt.

Tab. 5.26: Dezimation: Abwärtstastung vor Filterung.

Zweig	$y_i[0]$	$y_i[1]$
$i = 0$	$h[0] \cdot x[0]$	$h[0] \cdot x[3]$
$i = 1$	$h[1] \cdot x[-1]$	$h[1] \cdot x[2]$
$i = 2$	$h[2] \cdot x[-2]$	$h[2] \cdot x[1]$
$i = 3$	$h[3] \cdot x[-3]$	$h[3] \cdot x[0]$
$i = 4$	$h[4] \cdot x[-4]$	$h[4] \cdot x[-1]$
$i = 5$	$h[5] \cdot x[-5]$	$h[5] \cdot x[-2]$
$y[k']$	$y[0] = \sum_{i=0}^{5} y_i[0]$ $= \sum_{i=0}^{5} h[i]\, x[-i]$	$y[1] = \sum_{i=0}^{5} y_i[1]$ $= \sum_{i=0}^{5} h[i]\, x[3-i]$

Da in diesem Fall nur jeder M−te Abtastwert berechnet wird, spart man durch die Vertauschung von Filterung und Abtastratenreduktion pro Abtastwert $N \cdot (M - 1)$ Operationen ein, weil man nun nicht mehr mit der hohen Abtastfrequenz f_A, sondern mit der reduzierten Rate $f'_A = f_A/M$ rechnet.

Was bei der Abtastratenreduktion gilt, kann man auch bei der Abtastratenerhöhung umsetzen. Nach Bild 5.6.7 wird zunächst die Abtastrate durch Einfügen von Nullen erhöht und dann die Filterung des expandierten Eingangssignals $x[k']$ mit der Impulsantwort $h[k']$ bzw. Übertragungsfunktion $H(z^L)$ ausgeführt. Dabei werden überflüssige Multiplikationen von Abastwerten $x[k'] = 0$ mit Werten $h[k']$ vorgenommen, was mit der erhöhten Abtastfrequenz $f'_A = f_A \cdot L$ erfolgt. Um dies zu vermeiden, wendet man die Überlegungen von Bild 5.6.11

für die Abwärtstastung auf die Aufwärtstastung an: Hier wird man zunächst die Filterung mit dem Tiefpass bei der niedrigen Abtastfrequenz f_A vornehmen und anschließend die Erhöhung der Abtastfrequenz auf $f'_A = f_A \cdot L$ vornehmen, was in Bild 5.6.13 veranschaulicht wird und das Duale [AO04] zu Bild 5.6.11 darstellt.

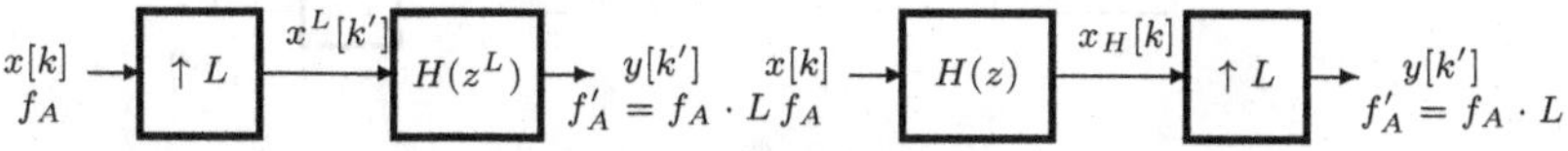

Bild 5.6.13: Erhöhung der Abtastfrequenz um L: Vertauschen von Filterung und Aufwärtstastung.

Auch diese Äquivalenz soll wie bei der Dezimation an Hand der Spektren nachgewiesen werden. Beim Expander auf der linken Seite von Bild 5.6.13 erhält man mit (5.6.13) am Ausgang des Aufwärtstasters das Spektrum:

$$X^L(e^{j\Omega'}) = X(e^{j\Omega \cdot L}). \tag{5.6.22}$$

Die anschließende Filterung liefert

$$Y(e^{j\Omega'}) = X(e^{j\Omega \cdot L}) \cdot H(e^{j\Omega \cdot L}). \tag{5.6.23}$$

Auf der rechten Seite von Bild 5.6.13 erfolgt im tieffrequenten Bereich zuerst die Filterung mit dem Ergebnis

$$X_H(e^{j\Omega}) = X(e^{j\Omega}) \cdot H(e^{j\Omega}), \tag{5.6.24}$$

was nach der Aufwärtstastung und $\Omega' = \Omega \cdot L$ mit

$$\begin{aligned} Y(e^{j\Omega'}) &= X(e^{j\Omega'}) \cdot H(e^{j\Omega'}) \\ &= X(e^{j\Omega \cdot L}) \cdot H(e^{j\Omega \cdot L}) \end{aligned} \tag{5.6.25}$$

identisch mit (5.6.23) ist.

Bild 5.6.14 zeigt links den Fall, dass zunächst die Abtastrate erhöht und dann gefiltert wird, während im rechten Blockschaltbild beide Operationen vertauscht sind, so dass die Filterung mit der niedrigeren Abtastfrequenz $f_A = f'_A/L$ erfolgt.

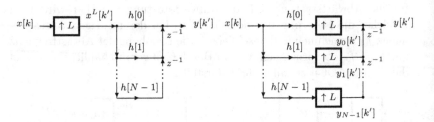

Bild 5.6.14: Expander: Vertauschen von Filterung und Aufwärtstastung.

Als Beispiel sei wieder angenommen, dass die Ordnung des FIR-Tiefpasses $N = 6$ beträgt und die Expansion um den Faktor $L = 3$ erfolgen soll. Durch die Aufwärtstastung wird dann aus dem Eingangssignal $x[k]$ mit den Werten $\ldots$ $x[-2]$, $x[-1]$, $x[0]$, $x[1]$, $x[2]$ $\ldots$ das expandierte Signal $x^L[k']$ mit den Werten $\ldots$ $x^L[-2] = 0$, $x^L[-1] = 0$, $x^L[0] = x[0]$, $x^L[1] = 0$, $x^L[2] = 0$, $x^L[3] = x[1]\ldots$ Damit erhält man bei Verwendung der linken Struktur des Expanders nach Bild 5.6.14 für die ersten Werte am Ausgang:

$$
\begin{aligned}
y[0] &= h[0]\, x^L[0] + h[1]\, x^L[-1] + h[2]\, x^L[-2] + h[3]\, x^L[-3] + \\
&\quad\ h[4]\, x^L[-4] + h[5]\, x^L[-5] \\
&= h[0]\, x[0] + h[3]\, x[-1] \\
y[1] &= h[0]\, x^L[1] + h[1]\, x^L[0] + h[2]\, x^L[-1] + h[3]\, x^L[-2] + \\
&\quad\ h[4]\, x^L[-3] + h[5]\, x^L[-4] \\
&= h[1]\, x[0] + h[4]\, x[-1] \\
y[2] &= h[0]\, x^L[2] + h[1]\, x^L[1] + h[2]\, x^L[0] + h[3]\, x^L[-1] + \\
&\quad\ h[4]\, x^L[-2] + h[5]\, x^L[-3] \\
&= h[2]\, x[0] + h[5]\, x[-1] \\
y[3] &= h[0]\, x^L[3] + h[1]\, x^L[2] + h[2]\, x^L[1] + h[3]\, x^L[0] + \\
&\quad\ h[4]\, x^L[-1] + h[5]\, x^L[-2] \\
&= h[0]\, x[1] + h[3]\, x[0] \\
y[4] &= h[0]\, x^L[4] + h[1]\, x^L[3] + h[2]\, x^L[2] + h[3]\, x^L[1] + h[4]\, x^L[0] + \\
&\quad\ h[5]\, x^L[-1]
\end{aligned}
$$

$$
\begin{aligned}
&= \; h[1]\; x[1] + h[4]\; x[0] \\
y[5] \;&= \; h[0]\; x^L[5] + h[1]\; x^L[4] + h[2]\; x^L[3] + h[3]\; x^L[2] + h[4]\; x^L[1] + \\
&\quad\; h[5]\; x^L[0] \\
&= \; h[2]\; x[1] + h[5]\; x[0].
\end{aligned}
\tag{5.6.26}
$$

Tab. 5.27: Expansion: Filterung vor Aufwärtstastung.

Zweig	$y_i[0]$	$y_i[1]$	$y_i[2]$
$i = 0$	$h[0] \cdot x[0]$	0	0
$i = 1$	0	$h[1] \cdot x[0]$	0
$i = 2$	0	0	$h[2] \cdot x[0]$
$i = 3$	$h[3] \cdot x[-1]$	0	0
$i = 4$	0	$h[4] \cdot x[-1]$	0
$i = 5$	0	0	$h[5] \cdot x[-1]$
$y[k']$	$y[0] =$ $\sum_{i=0}^{5} y_i[0]$ $= h[0] \cdot x[0]$ $+ h[3] \cdot x[-1]$	$y[1] =$ $\sum_{i=0}^{5} y_i[1]$ $= h[1] \cdot x[0]$ $+ h[4] \cdot x[-1]$	$y[2] =$ $\sum_{i=0}^{5} y_1[2]$ $= h[2] \cdot x[0]$ $+ h[5] \cdot x[-1]$

	$y_i[3]$	$y_i[4]$	$y_i[5]$
$i = 0$	$h[0] \cdot x[1]$	0	0
$i = 1$	0	$h[1] \cdot x[1]$	0
$i = 2$	0	0	$h[2] \cdot x[1]$
$i = 3$	$h[3] \cdot x[0]$	0	0
$i = 4$	0	$h[4] \cdot x[0]$	0
$i = 5$	0	0	$h[5] \cdot x[0]$
$y[k']$	$y[3] =$ $\sum_{i=0}^{5} y_i[3]$ $= h[0] \cdot x[1]$ $+ h[3] \cdot x[0]$	$y[4] =$ $\sum_{i=0}^{5} y_i[4]$ $= h[1] \cdot x[1]$ $+ h[4] \cdot x[0]$	$y[5] =$ $\sum_{i=0}^{5} y_i[5]$ $= h[2] \cdot x[1]$ $+ h[5] \cdot x[0]$

Man erkennt, dass auch hier wieder überflüssige Operationen ausgeführt werden. Im Gegensatz zur Dezimation, bei der berechnete Abtastwerte weggelassen werden, erfolgen bei der Expansion Multiplikationen mit Abtastwerten vom Wert null. Um dies zu vermeiden, verwendet man die Struktur im rechten Teil von Bild 5.6.14.

Hier werden die Eingangswerte $x[k]$ gleichzeitig mit den Filterkoeffizienten $h[n]$ multipliziert. Nach jedem Produkt folgen im Aufwärtstaster wegen $L = 3$ zwei Nullen wie Tab. 5.27 zeigt. Die so gewonnenen Teilsignale $y_i[k']$ werden jeweils um einen Takt verzögert und zu $y[k']$ aufaddiert. Dabei überlagern sich die Teilsummen wegen der eingefügten Nullen nicht, wie man Tab. 5.27 entnehmen kann.

Vergleicht man die Werte in (5.6.26) mit den Werten in der letzten Zeile von Tab. 5.27, so stellt man Übereinstimmung fest.-Der Vorteil des Expanders im rechten Teil von Bild 5.6.14 gegenüber der Struktur im linken Teil besteht darin, dass Multiplikationen mit Abtastwerten mit der Amplitude null vermieden werden und dass die Taktrate für die Multiplikationen und Additionen um den Faktor $L = 3$ niedriger ist.

5.6.4   Polyphasendarstellung von Signalen

In (5.6.20) werden Abtastwerte berechnet, von denen ein Teil nach der Abwärtstastung nicht verwendet wird. Aus (5.6.21) geht hervor, dass nur bestimmte dieser Abtastwerte der Impulsantwort $h[k]$ mit bestimmten Abtastwerten des Eingangssignals $x[k]$ multipliziert werden, wenn man überflüssige Operationen vermeiden will. So wird $h[0]$ nur mit $x[0]$, $x[3]$ usw., nicht aber mit $x[1]$, $x[2]$ usw. multipliziert. Andererseits wird $h[1]$ nur mit $x[-1]$, $x[2]$ usw. multipliziert, jedoch nicht mit den Abtastwerten, die mit $h[0]$ oder $h[2]$ multipliziert werden. Es fällt auf, dass die zeitlichen Indizes k sowohl der Impulsantwort wie auch des Signals $x[k]$ sich um $M = 3$ unterscheiden.

Diese Beobachtung legt nahe, Impulsantwort und Eingangssignal so in Teilsignale zu zerlegen, dass sie nur diese für die Multiplikationen erforderlichen Abtastwerte umfassen. Die Zerlegung der Impulsantwort $h[k]$

kann man durch

$$h[k] \;=\; \sum_{i=0}^{M-1} h_i[k]$$

$$h_i[k] \;=\; h[k] \cdot \delta_M[k-i] = \frac{1}{M} \sum_{m=0}^{M-1} h[k] \cdot W_M^{-(k-i)m} \qquad (5.6.27)$$

beschreiben. Aus (5.6.27) kann man ablesen, dass sich die Impulsantwort $h[k]$ durch verschachtelte Überlagerung der Teilimpulsantworten $h_i[k]$ zusammensetzen lässt. Die Teilimpulsantworten sind jeweils um einen Takt verschoben und enthalten die Abtastwerte des Originalsignals $h[k]$ im Abstand von M. Die zeitliche Verschiebung entspricht einer Phasendrehung, wie aus $W_M^{-(k-i)m}$ ablesbar ist. Man spricht deshalb bei (5.6.27) auch von einer *Polyphasendarstellung* der Impulsantwort $h[k]$. Ein Beispiel für die Impulsantwort $h[k]$ zeigt Bild 5.6.15, bei dem die Impulsantwort aus $N = 9$ Abtastwerten besteht und in $M = 3$ Teilsignale zerlegt wird. Zur Vereinfachung wird hier angenommen, dass $M \cdot R = N$ gilt, wobei M der Faktor der Abtastratenreduktion, R eine natürliche Zahl und N die Anzahl der von null verschiedenen Abtastwerte $h[k]$ des FIR-Filters ist.

Für die in Bild 5.6.15 dargestellte Zerlegung kann man mit (5.6.27)

$$\begin{aligned}
h[k] \;&=\; h_0[k] + h_1[k] + h_2[k] \\
&=\; h[k] \cdot \delta_3[k] + h[k] \cdot \delta_3[k-1] + h[k] \cdot \delta_3[k-2]
\end{aligned}$$
$$(5.6.28)$$

schreiben. An (5.6.28) kann man ablesen, dass die Teilsignale $h_i[k]$ durch Verschiebung um jeweils einen Takt und Abwärtstastung entstehen. Für die Z-Transformierte von (5.6.27), die Systemfunktion $H(z)$, gilt

$$H(z) = \sum_{k=-\infty}^{\infty} h[k] z^{-k}. \qquad (5.6.29)$$

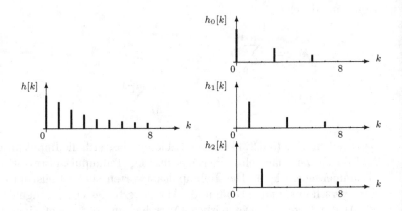

Bild 5.6.15: Impulsantwort $h[k]$ mit $N = 9$ Abtastwerten und in Polyphasendarstellung mit $M = 3$ Teilsignalen.

Verwendet man das Beispiel mit $N = 9$ und $M = 3$, so folgt aus (5.6.29)

$$
\begin{aligned}
H(z) &= \sum_{k=0}^{8} h[k] z^{-k} \\
&= h[0]z^{-0} + h[1]z^{-1} + h[2]z^{-2} \\
&\quad + h[3]z^{-3} + h[4]z^{-4} + h[5]z^{-5} \\
&\quad + h[6]z^{-6} + h[7]z^{-7} + h[8]z^{-8} \\
&= h[0]z^{-0} + h[3]z^{-3} + h[6]z^{-6} \\
&\quad + z^{-1}(h[1]z^{-0} + h[4]z^{-3} + h[7]z^{-6}) \\
&\quad + z^{-2}(h[2]z^{-0} + h[5]z^{-3} + h[8]z^{-6}) \\
&= H_0(z^3) + z^{-1}H_1(z^3) + z^{-2}H_2(z^3) \qquad (5.6.30)
\end{aligned}
$$

mit [Grü08]

$$
\begin{aligned}
H_0(z^3) &= h[0] + h[3] \cdot z^{-3} + h[6] \cdot z^{-6} \\
H_1(z^3) &= h[1] + h[4] \cdot z^{-3} + h[7] \cdot z^{-6} \\
H_2(z^3) &= h[2] + h[5] \cdot z^{-3} + h[8] \cdot z^{-6}.
\end{aligned}
$$

An (5.6.30) wird deutlich, dass man die Übertragungsfunktion $H(z)$ effizient in Teilübertragungsfunktionen $H_i(z^M)$ zerlegen kann, wobei die

Strukturen in allen Fällen identisch sind und sich lediglich die Koeffizienten $h[k]$ unterscheiden. Allgemein kann man mit (5.6.29) und (5.6.30) schreiben, wobei man $k = n \cdot M + i$ verwendet:

$$H(z) = \sum_{k=-\infty}^{\infty} h[k]z^{-k} = \sum_{i=0}^{M-1} \sum_{n=0}^{N-1} h[nM+i]z^{-(nM+i)} = \sum_{i=0}^{M-1} H_i(z^M)z^{-i}$$

$$H_i(z^M) = \sum_{n=0}^{N-1} h[nM+i]z^{-nM}. \tag{5.6.31}$$

Das zu (5.6.31) passende Blockschaltbild zeigt Bild 5.6.16.

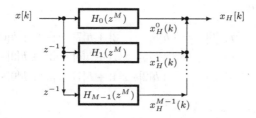

Bild 5.6.16: Filter $H(z)$ in Polyphasenform.

Mit dem *Polyphasenfilter* nach Bild 5.6.16 ist eine Alternative zum FIR-Filter nach Bild 5.6.12 gegeben. Die Einsparung an Rechenoperationen ist damit nicht verbunden. Ergänzt man das Polyphasenfilter um einen Abwärtstaster wie in Bild 5.6.12, erhält man den Dezimator. Um den Realisierungsaufwand durch Vermeiden überflüssiger Operationen zu verringern, vertauscht man wieder wie in Bild 5.6.12 Abwärtstaster und Filter und gelangt so zum Dezimator in Bild 5.6.17.

Zum besseren Verständnis der Polyphasenfilterung sei das Beispiel mit $M = 3$ und $N = 9$ aufgegriffen. Es soll der Abtastwert $x_H[6]$ am Ausgang des Filters berechnet werden. Dazu zeigt Tab. 5.28 in der ersten Zeile den erforderlichen Ausschnitt des Eingangssignals $x[k]$, in der zweiten Zeile die den Werten $x[k]$ zugeordneten Werte $h[k]$ des Teilsystems $H_0(z^3)$ und in der dritten und vierten Zeile die entsprechenden Werte für die Teilsysteme $H_1(z^3)$ sowie $H_2(z^3)$, wobei die Verzögerung um jeweils einen Takt berücksichtigt wurde.

Tab. 5.28: Beispiel zur Polyphasenfilterung.

$x[k]$	$x[-2]$	$x[-1]$	$x[0]$	$x[1]$	$x[2]$	$x[3]$	$x[4]$	$x[5]$	$x[6]$
$H_0(z^3)$			$h[6]$			$h[3]$			$h[0]$
$H_1(z^3)$		$h[7]$			$h[4]$			$h[1]$	
$H_2(z^3)$	$h[8]$			$h[5]$			$h[2]$		

Wie man Bild 5.6.16 und Tab. 5.28 entnehmen kann, erhält man den gesuchten Abtastwert $x_H[6]$ durch Multiplikation der in Tab. 5.28 übereinander stehenden Werte $x[k]$ und $h[n]$ und die Summation der Produkte:

$$
\begin{aligned}
x_H[6] \;=\; & h[8] \cdot x[-2] + h[7] \cdot x[-1] + h[6] \cdot x[0] \\
& + h[5] \cdot x[1] + h[4] \cdot x[2] + h[3] \cdot x[3] \\
& + h[2] \cdot x[4] + h[1] \cdot x[5] + h[0] \cdot x[6].
\end{aligned}
\tag{5.6.32}
$$

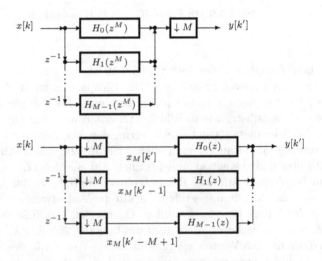

Bild 5.6.17: Dezimator in Polyphasenform: Vertauschen von Tiefpässen und Abwärtstaster.

Entsprechend werden die übrigen Werte $x_H[k]$ berechnet. Ergänzt man das Polyphasenfilter mit einem Abwärtstaster, erhält man den Dezimator im oberen Teil von Bild 5.6.17, wobei nach dem Abwärtstastung nur noch die Werte $y[0] = x_H[0]$, $y[1] = x_H[3]$, $y[2] = x_H[6]$ usw. übrig bleiben und die anderen Werte unterdrückt werden.

Die überflüssigen Operationen werden vermieden, wenn man das System im unteren Teil von Bild 5.6.17 verwendet.

Wie darin ablesbar ist, gelangt das Eingangssignal $x[k]$ im oberen Zweig unverzögert, in den folgenden Zweigen jeweils um einen Takt verzögert an die Abwärtstaster, von wo die Werte $x_M[k' - i]$ in die Filter $H_i(z)$ gelangen. Hier werden die Produkte $x_M[k' - i] \cdot h[n]$ nach Tab. 5.29 gebildet und addiert.

Tab. 5.29: Dezimation: Abwärtstastung vor Polyphasenfilterung.

$H_i(z)$	$H_0(z)$			$H_1(z)$			$H_2(z)$		
$x_M[k' - i]$	$x[0]$	$x[3]$	$x[6]$	$x[-1]$	$x[2]$	$x[5]$	$x[-2]$	$x[1]$	$x[4]$
$h[n]$	$h[6]$	$h[3]$	$h[0]$	$h[7]$	$h[4]$	$h[1]$	$h[8]$	$h[5]$	$h[2]$

Man erhält als Ergebnis

$$\begin{aligned}
x_H[6] &= h[6] \cdot x[0] + h[3] \cdot x[3] + h[0] \cdot x[6] \\
&\quad + h[7] \cdot x[-1] + h[4] \cdot x[2] + h[1] \cdot x[5] \\
&\quad + h[8] \cdot x[-2] + h[5] \cdot x[1] + h[2] \cdot x[4] \\
&= y[2], \quad\quad\quad\quad\quad\quad\quad\quad\quad\quad\quad (5.6.33)
\end{aligned}$$

das mit (5.6.32) übereinstimmt. Der Unterschied besteht darin, dass keine überflüssigen Abtastwerte berechnet werden.

Wie bei der Dezimation kann man bei der Expansion das FIR-Filter in Bild 5.6.14 durch ein Polyphasenfilter ersetzen und erhält dann die alternativen Systeme nach Bild 5.6.18. Für das System im oberen Teil von von Bild 5.6.18 gilt beispielhaft für die Berechnung des Abtastwerts $y[18]$ die Verknüpfung von $h[n]$ und $x^L[k]$ bzw. $x[k]$ wie in Tab. 5.30 dargestellt.

Man erkennt, dass nur die Multiplikationen für $k' = 12$, $k' = 15$ und $k' = 18$ von null verschiedene Ergebnisse liefern, die Multiplikationen

Tab. 5.30: Expansion: Aufwärtstastung vor Polyphasenfilterung.

k'	10	11	12	13	14	15	16	17	18
$x^L[k']$	0	0	$x[4]$	0	0	$x[5]$	0	0	$x[6]$
$H_0(z^3)$	0	0	$h[6]$	0	0	$h[3]$	0	0	$h[0]$
$H_1(z^3)$	0	$h[7]$	0	0	$h[4]$	0	0	$h[1]$	0
$H_2(z^3)$	$h[8]$	0	0	$h[5]$	0	0	$h[2]$	0	0

für die übrigen Werte von k' also überflüssig sind. Für $k' = 18$ erhält man durch Multiplikation und Addition das Ergebnis

$$y[18] = h[0] \cdot x[6] + h[3] \cdot x[5] + h[6] \cdot x[4]. \qquad (5.6.34)$$

Tab. 5.31: Expansion: Polyphasenfilterung vor Aufwärtstastung.

k	4	5	6
$x[k]$	$x[4]$	$x[5]$	$x[6]$
$H_0(z)$	$h[6]$	$h[3]$	$h[0]$
$H_1(z)$	$h[7]$	$h[4]$	$h[1]$
$H_2(z)$	$h[8]$	$h[5]$	$h[2]$

Beim Expander im unteren Teil von Bild 5.6.18 erfolgt zunächst die Filterung im tieffrequenten Bereich, was in Tab. 5.31 dargestellt ist. Die Ausgangswerte der Teilfilter $H_0(z)$, $H_1(z)$ und $H_2(z)$

$$x_H^0[6] = h[0] \cdot x[6] + h[3] \cdot x[5] + h[6] \cdot x[4]$$
$$x_H^1[6] = h[1] \cdot x[6] + h[4] \cdot x[5] + h[7] \cdot x[4]$$
$$x_H^2[6] = h[2] \cdot x[6] + h[5] \cdot x[5] + h[8] \cdot x[4] \qquad (5.6.35)$$

werden aufwärtsgetastet, anschließend jeweils um einen Takt verzögert und addiert. Wegen der im Aufwärtstaster hinzugefügten Nullen überlagern sich die Werte $x_H^i[k]$ nicht, so dass die erste Zeile von (5.6.35) mit (5.6.34) wie erwartet übereinstimmt. Aus (5.6.35) ergeben sich somit die Ausgangswerte $\ldots y[16] = x_H^2[6], y[17] = x_H^1[6], y[18] = x_H^0[6], \ldots$

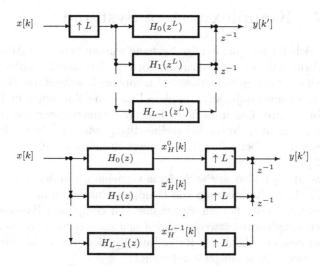

Bild 5.6.18: Expander in Polyphasendarstellung. Vertauschen von Tiefpass und Aufwärtstaster.

Wie eingangs erwähnt wurde, kann man die Expansion und Dezimation dazu verwenden, um unterschiedliche Abtastraten aneinander anzupassen. Als Beispiel seien die $f_A = 48$ kHz bei DAT oder Digital Audio Tape und die $f_A = 32$ kHz beim Long Play Modus genannt. Da das kleinste gemeinsame Vielfache beider Abtastfrequenzen $f_A = 96$ kHz ist, kann man von der hohen Frequenz auf die niedrige Frequenz umtasten, indem man zunächst $f_A = 48$ kHz mit $L = 2$ auf $f_A = 96$ kHz hochtastet und anschließend mit $M = 4$ auf die Frequenz $f_A = 32$ kHz heruntertastet. Umgekehrt kann man auch von $f_A = 32$ kHz auf $f_A = 48$ kHz umsetzen, indem man zunächst die $f_A = 32$ kHz mit $L = 3$ hochtastet und anschließend mit $M = 2$ heruntertastet.

Bei der Umsetzung von $f_A = 48$ kHz auf $f_A = 44,1$ kHz, der Abtastfrequenz der Audio CDs, ist das kleinste gemeinsame Vielfache $f_A = 7056$

khz. Hier tastet man mit $L = 147$ hoch, um dann mit $M = 160$ herunterzutasten. Ohne die zuvor beschriebenen effizienten Umsetzungsverfahren, welche die Multiplikation mit Nullen unterbinden, wäre der Aufwand unvertretbar hoch.

5.7 Komplexwertige Systeme

Beispiele für komplexwertige Systeme wurden bereits in Abschnitt 4.3.1 in Form rekursiver Strukturen erörtert; dort wurde verdeutlicht, dass durch die Verallgemeinerung auf komplexe Koeffizienten die Festlegung auf reelle und konjugiert komplexe Paare von Nullstellen und Polen aufgehoben wird. Das impliziert, dass die Frequenzgänge komplexwertiger Systeme nicht mehr die bei reellwertigen zwingende konjugiert komplexe Symmetrie bezüglich $\Omega = 0$ aufweisen müssen (siehe auch Abschnitt 2.5.2).

Anwendung finden solche Systeme vornehmlich in der Nachrichtentechnik, z.B. zur Realisierung von Bandpass-Entzerrern in äquivalenter Basisbandlage oder bei der Erzeugung von komplexen Basisbandsignalen durch Quadraturnetzwerke. Dabei spielen insbesondere nichtrekursive Filter eine entscheidende Rolle. Im folgenden werden hierfür zwei typische Anwendungsbeispiele aufgezeigt.

5.7.1 Komplexwertige Systeme zur Erzeugung analytischer Zeitsignale

Analytische Signale wurden in Abschnitt 2.5.1 betrachtet – es handelt sich dabei um komplexe Zeitsignale mit der speziellen Festlegung, dass der Imaginärteil jeweils die Hilbert-Transformierte des Realteils ist. Hieraus resultiert eine Spektralfunktion, die im negativen Frequenzband, also für $-\pi \leq \Omega < 0$, identisch verschwindet. Analytische Signale bilden die Grundlage zur Darstellung reeller Bandpasssignale in der äquivalenten Tiefpassebene; das prinzipielle Blockschaltbild zur Erzeugung eines äquivalenten Tiefpasssignals wurde bereits in Bild 2.5.1 gezeigt.

Im folgenden soll der praktische Entwurf komplexwertiger nichtrekursiver Filter zur Erzeugung eines analytischen Signals aufgezeigt werden, wobei nun eine Begrenzung auf eine vorgegebene Bandbreite einbezogen werden soll. Ausgangspunkt ist ein idealer Tiefpass mit der

Übertragungsfunktion

$$H_{0TP}(e^{j\Omega}) = \begin{cases} 1, & |\Omega| < \Omega_g \\ 0, & \Omega_g < |\Omega| \le \pi. \end{cases} \qquad (5.7.1)$$

Die zugehörige zeitdiskrete Impulsantwort

$$h_{0TP}[k] = \frac{\Omega_g}{\pi} \frac{\sin(\Omega_g k)}{\Omega_g k} \qquad (5.7.2)$$

führt bekanntlich auf ein nicht realisierbares System, da sie nichtkausal ist und zudem die BIBO-Stabilitätsbedingung nach (2.2.8) verletzt. Im folgenden wird zunächst mit diesem idealisierten System gearbeitet, wobei z.b. in einer nichtrekursiven Approximation Stabilität und Kausalität durch zeitliche Begrenzung und Verschiebung der Impulsantwort hergestellt werden können.

Die Impulsantwort wird nun mit einer komplexen Exponentialfunktion multipliziert:

$$h^+[k] = h_{0TP}[k]e^{j\Omega_g k}. \qquad (5.7.3)$$

Man erhält damit ein komplexwertiges System, dessen Übertragungsfunktion sich auf Grund *des Modulationssatzes der Fourier-Transformation* (2.3.14) zu

$$H^+(e^{j\Omega}) = H_{0TP}(e^{j(\Omega-\Omega_g)}) \qquad (5.7.4)$$

ergibt. Man erhält also die um Ω_g verschobene Übertragungsfunktion des idealen Tiefpasses, die in Bild 5.7.1 dargestellt ist. Wird ein reelles Signal $x[k]$ auf dieses komplexwertige Filter gegeben, so entsteht am Ausgang ein auf $2\Omega_g$ bandbegrenztes analytisches Signal $y^+[k]$, da Spektralanteile im negativen Frequenzband ausgelöscht werden.

Aus den vorangegangenen Betrachtungen folgt noch, dass ein *konjugiert komplexes analytisches Signal* Spektralauslöschungen im *positiven Frequenzband*, also zwischen 0 und π, aufweist, da mit der Impulsantwort

$$[h^+[k]]^* = h^-[k] = h_{0TP}(k)e^{-j\Omega_g k} \qquad (5.7.5)$$

für die Übertragungsfunktion gilt

$$H^-(e^{j\Omega}) = H_{0TP}(e^{j(\Omega+\Omega_g)}). \qquad (5.7.6)$$

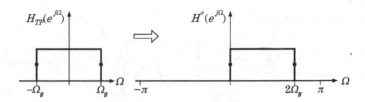

Bild 5.7.1: Bildung der Übertragungsfunktion des komplexen Systems durch Verschiebung der Übertragungsfunktion eines idealen Tiefpasses

Die Teilübertragungsfunktionen $\mathrm{Ra}\{H^+(e^{j\Omega})\}$ und $\mathrm{Ia}\{H^+(e^{j\Omega})\}$, also die Fourier-Transformierten von Real- und Imaginärteil der komplexen Impulsantwort, die in Abschnitt 2.5.2 definiert wurden, sollen nun näher untersucht werden. Aus den Beziehungen (2.5.14) folgt unmittelbar

$$\mathrm{Ra}\{H^+(e^{j\Omega})\} = \begin{cases} 1/2 & \text{für } |\Omega| < 2\Omega_g \\ 0 & \text{für } 2\Omega_g < |\Omega| \leq \pi \end{cases} \tag{5.7.7}$$

$$\mathrm{Ia}\{H^+(e^{j\Omega})\} = \begin{cases} -j/2 \cdot \mathrm{sgn}(\Omega) & \text{für } |\Omega| < 2\Omega_g \\ 0 & \text{für } 2\Omega_g < |\Omega| \leq \pi \,. \end{cases} \tag{5.7.8}$$

In Bild 5.7.2 wird dieses Ergebnis veranschaulicht, wobei zu berücksichtigen ist, dass wegen der nichtkausalen Formulierung der Impulsantwort die Übertragungsfunktion des Gesamtfilters reell ist, d.h. es gilt:

$$H^+(e^{j\Omega}) = [H^+(e^{j\Omega})]^* \,. \tag{5.7.9}$$

Der Imaginärteil der komplexen Impulsantwort $h^+[k]$ nach (5.7.3) ist offenbar die Hilbert-Transformierte des Realteils, wie ein Vergleich von (5.7.7) und (5.7.8) erkennen lässt. Man bestätigt dies leicht durch eine genauere Betrachtung von (5.7.3):

$$\begin{aligned} h^+[k] &= \frac{\Omega_g}{\pi} \frac{\sin(\Omega_g k)}{\Omega_g k} \cdot (\cos(\Omega_g k) + j\sin(\Omega_g k)) \\ &= \frac{\Omega_g}{\pi} \left[\frac{\sin(2\Omega_g k)}{2\Omega_g k} + j \cdot \frac{1 - \cos(2\Omega_g k)}{2\Omega_g k} \right] \,. \end{aligned} \tag{5.7.10}$$

Der Realteil dieses Ausdrucks beschreibt die Impulsantwort eines idealen Tiefpasses der Grenzfrequenz $2\Omega_g$, während der Imaginärteil diejenige eines Hilbert-Transformators gleicher Bandbreite darstellt, vgl. Abschnitt

5.4.2; Gl. (5.4.9) beschreibt einen zeitkontinuierlichen Hilbert-Transformator der Grenzfrequenz $\omega_A/2$.

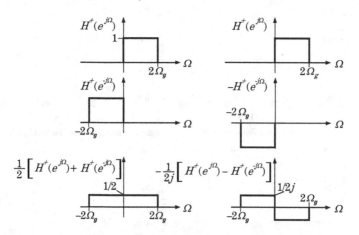

Bild 5.7.2: Zur Veranschaulichung der Teilübertragungsfunktionen

Zwei praktische Entwurfsbeispiele für ein nichtrekursives Filter zur Bildung eines analytischen Signals werden in Bild 5.7.3 wiedergegeben; die Ordnung beträgt in beiden Fällen $m = 64$. Das in Bild 5.7.3c gezeigte Resultat erhält man, indem zunächst ein Tiefpass mit den Daten $\Omega_D = 0.22\pi$ und $\Omega_s = 0.28\pi$ nach dem Remez-Verfahren entworfen wird. Durch Multiplikation der damit erhaltenen Impulsantwort mit $e^{j\pi/2 \cdot k}$ wird der Frequenzgang einseitig ins positive Frequenzband verschoben. Die gleichmäßige Approximation im Durchlass- und Sperrbereich bleibt dabei erhalten, wie Bild 5.7.3c zeigt. Real-und Imaginärteil der zugehörigen Impulsantwort sind in den Bildern Bild 5.7.3a,b wiedergegeben. Bild 5.7.3d zeigt das Resultat eines modifizierten Entwurfs, bei dem Real- und Imaginärteil der Impulsantwort des komplexen Systems, also ein Tiefpass der Grenzfrequenz $2\Omega_g = \pi/2$ und ein bandbegrenzender Hilbert-Transformator gleicher Grenzfrequenz, separat nach dem Remez-Verfahren gebildet werden. Die Teilfilter Ra$\{H^+(e^{j\Omega})\}$ und Ia$\{H^+(e^{j\Omega})\}$ weisen demnach beide die Tschebyscheff-Approximationseigenschaften auf. Nach der Zusammenfassung der beiden Teilsysteme zu einem komplexen Gesamtsystem geht durch die Überlagerung der beiden Frequenzgänge die gleichmäßige Approximation im Durchlass- und Sperrbereich verloren.

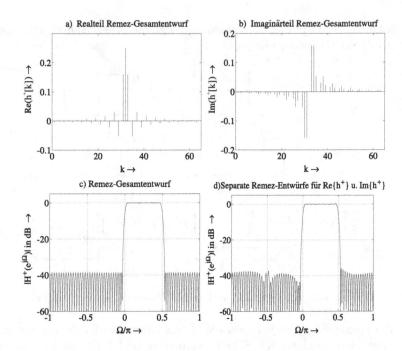

Bild 5.7.3: Entwürfe von Filtern zur Bildung eines analytischen Signals:
a,b) Impulsantworten beim Remez-Gesamtentwurf,
c) Frequenzgang des Remez-Gesamtentwurfs,
d) Frequenzgang beim separaten Entwurf der beiden reellwertigen
Teilfilter

Das erstgenannte Verfahren, bei dem zunächst der Entwurf eines reellwertigen Tiefpasses durchgeführt und anschließend eine spektrale Verschiebung vorgenommen wird, ist also in Hinblick auf die optimale Ausnutzung des Toleranzschemas die günstigere Lösung. Filter mit dem in
Bild 5.7.3c gezeigten Amplitudengang werden beispielsweise zur Erzeugung von Einseitenbandsignalen eingesetzt [Kam17]. In diesem Falle wird
ein oberes Seitenbandsignal gebildet; zur Erzeugung eines unteren Sei-
tenbandsignals ist ein Filter mit konjugiert komplexer Impulsantwort,
also gemäß (5.7.5) einzusetzen.Die praktischen Entwurfsbeispiele zeigen,
dass die Übertragungsfunktionen im Bereich um $\Omega = 0$ endlich steile
Flanken aufweisen. Die Spektralanteile bei negativen Frequenzen werden
also nicht vollständig ausgelöscht, so dass das Einseitenbandsignal eine

unvollständige Unterdrückung des unteren Seitenbandes erfährt. Werden für den Filterentwurf – im Gegensatz zu den obigen Beispielen – *Fensterentwurfsverfahren* eingesetzt, so entsteht bezüglich $\Omega = 0$ eine exakte *Nyquistflanke*. In diesem Falle wird ein *Restseitenbandsignal* gebildet (siehe z.B. [Kam17]).

5.7.2 Äquivalente Tiefpasssysteme für digitale Bandpassfilter

Wie erwähnt werden komplexe Filter vornehmlich im Bereich der Nachrichtentechnik angewendet, z.B. zur Entzerrung nichtidealer Bandpasskanäle [Kam17]. Am Empfänger soll in Verbindung mit der Zwischenfrequenz-Bandbegrenzung eine Entzerrung des Kanalfrequenzgangs im Übertragungsband stattfinden, d.h. die Bandpass-Übertragungsfunktion des Empfangsfilters

$$H_{BP}(e^{j\Omega}) = \begin{cases} H_{BP}^*(e^{-j\Omega}), & \Omega_0 - B/2 \leq |\Omega| \leq \Omega_0 + B/2 \\ 0, & \begin{cases} |\Omega| < \Omega_0 - B/2 \\ \Omega_0 + B/2 < |\Omega| \leq \pi \end{cases} \end{cases}$$

(5.7.11)

schließt in das Zwischenfrequenzfilter (normierte Zwischenfrequenz Ω_0, Bandbreite B) eine Kanalkorrektur mit ein. Ein mögliches Beispiel ist in Bild 5.7.4a gezeigt (der Einfachheit halber wird die Übertragungsfunktion dort reell wiedergegeben).

Erfolgt die Filterung am Empfänger im Bandpassbereich, so ist das Empfangssignal $x_{BP}[k]$ direkt mit der zu (5.7.11) gehörigen (nichtrekursiv angenommenen) Impulsantwort $h_{BP}[k]$ zu falten.

$$y_{BP}[k] = h_{BP}[k] * x_{BP}[k] = \sum_{\mu=0}^{m} h_{BP}[\mu]\, x_{BP}[k-\mu] \qquad (5.7.12)$$

Die Alternative hierzu besteht in der Ausführung der Filterung in der äquivalenten Basisbandebene. Dazu bildet man das zu $y_{BP}[k]$ gehörige äquivalente Tiefpasssignal , die *komplexe Einhüllende* (vgl. Abschnitt 2.5.1).

$$y_{TP}[k] = y_{BP}^+[k] \cdot e^{-j\Omega_0 k} = [y_{BP}[k] + j\,\hat{y}_{BP}[k]] \cdot e^{-j\Omega_0 k}, \qquad (5.7.13)$$

wobei für die Hilbert-Transformierte $\hat{y}_{BP}[k]$ gemäß der Faltungseigenschaft in (2.5.6) gilt

$$\hat{y}_{BP}[k] = \mathcal{H}\{h_{BP}[k] * x_{BP}[k]\} = \hat{h}_{BP}[k] * x_{BP}[k] \,. \tag{5.7.14}$$

Damit erhält (5.7.13) unter Berücksichtigung von (5.7.12) die Form

$$
\begin{aligned}
y_{TP}[k] &= [h_{BP}[k] * x_{BP}[k] + j\hat{h}_{BP}[k] * x_{BP}[k]] \cdot e^{-j\Omega_0 k} \\
&= [(\underbrace{h_{BP}[k] + j\hat{h}_{BP}[k]}_{h_{BP}^+[k]}) * x_{BP}[k]] \cdot e^{-j\Omega_0 k} \,.
\end{aligned}
\tag{5.7.15}
$$

Setzt man für die symbolisch geschriebene Faltung die bekannte Summenbeziehung ein, so kann man weiter umformen

$$
\begin{aligned}
y_{TP}[k] &= e^{-j\Omega_0 k} \sum_{\mu=0}^{m} h_{BP}^+[\mu] \cdot x_{BP}(k - \mu) \\
&= \sum_{\mu=0}^{m} h_{BP}^+[\mu] e^{-j\Omega_0 \mu} \cdot x_{BP}[k - \mu] e^{-j\Omega_0[k-\mu]} \,.
\end{aligned}
\tag{5.7.16}
$$

Analog zur Basisbanddarstellung von *Signalen* in Abschnitt 2.5.1 definiert man nun die zu $h_{BP}[k]$ äquivalente Tiefpass-Impulsantwort

$$h_{TP}[k] = \frac{1}{2} h_{BP}^+[k] \cdot e^{-j\Omega_0 k} = h_R[k] + j \, h_I[k] \,, \tag{5.7.17}$$

wobei hier gegenüber der Festlegung (2.5.9) auf Seite 32 der Skalierungsfaktor $1/2$ eingeführt wird, um im Durchlassband des äquivalenten Tiefpass-Filters die gleiche Verstärkung wie beim Bandpass-Filter zu erhalten (vgl. Bild 5.7.4). Die zu (5.7.17) gehörige Übertragungsfunktion errechnet man aufgrund des Modulationssatzes der DTFT (2.3.14) aus

$$H_{TP}(e^{j\Omega}) = \frac{1}{2} \, H_{BP}^+(e^{j(\Omega+\Omega_0)}) \,. \tag{5.7.18}$$

Die Konstruktion dieser Übertragungsfunktion wird in Bild 5.7.4 veranschaulicht: Man erhält das von der Mittenfrequenz Ω_0 nach $\Omega = 0$ verschobene Bandpass-Spektrum; da es wie gezeigt nicht symmetrisch (nicht konjugiert gerade) ist, muss die zugehörige Impulsantwort komplex sein, was aufgrund der Definition (5.7.17) auch der Fall ist.

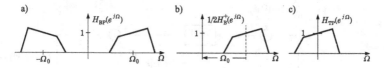

Bild 5.7.4: Zur Bildung der Übertragungsfunktion eines äquivalenten Tiefpass-Systems

Mit Hilfe der erläuterten Definition eines äquivalenten Tiefpass-Filters erhält man aus (5.7.16) die Formulierung einer neuen Struktur für eine Nachrichten-Empfängerstufe, bei der die Filterung (5.7.12) in den Tiefpassbereich verschoben ist.

$$y_{TP}[k] = \sum_{\mu=0}^{m} 2 \cdot h_{TP}[\mu] \cdot \left(x_{BP}[k-\mu]e^{-j\Omega_0(k-\mu)} \right)$$

$$= 2 \cdot h_{TP}[k] * \left[x_{BP}[k] \cdot e^{-j\Omega_0 k} \right]$$

$$\frac{1}{2} y_{TP}[k] = \left[x_{BP}[k] \cdot e^{-j\Omega_0 k} \right] * [h_R[k] + j\, h_I[k]] \tag{5.7.19}$$

Das zugehörige Blockschaltbild ist in Bild 5.7.5 wiedergegeben, wobei die Struktur der komplexen Faltung gemäß Bild 2.5.3 auf Seite 37 übernommen wurde. Das Ausgangssignal des dargestellten Basisband-Empfängers ist die komplexe Einhüllende des gefilterten Empfangssignals $y_{TP}[k]$, das zur Weiterverarbeitung z.B. einem Demodulator oder Datenentscheider übergeben wird [Kam17].

Die hergeleitete Empfängerstruktur bildet eine Alternative zu der in Bild 2.5.1 auf Seite 28 gezeigten Form eines Quadraturmischers, wenn eine Filterung des Empfangssignals einbezogen wird. Bei dieser Struktur wird keine explizite Hilbert-Transformation des empfangenen Bandpasssignals ausgeführt; $x_{BP}[k]$ wird lediglich durch Multiplikation mit einer komplexen Exponentialfolge ins Basisband verschoben, während die Hilbert-Transformation bereits vorher in die Bildung der komplexen Tiefpass-Impulsantwort des Empfangsfilters eingegangen ist.

Abschliessend wird die Frage gestellt, unter welchen speziellen Bedingungen ein Bandpassfilter auf ein *reellwertiges* äquivalentes Basisbandsystem führt – in dem Falle entfallen die Querzweige in der Filterstruktur nach Bild 5.7.5. Dazu muss der Imaginärteil der Impulsantwort $h_{TP}[k]$ verschwinden:

$$\mathrm{Im}\{h_{TP}[k]\} = \mathrm{Im}\{\frac{1}{2}h_{BP}^{+}[k]e^{-j\Omega_0 k}\} = 0 \,. \tag{5.7.20}$$

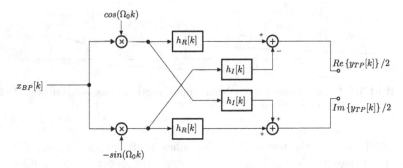

Bild 5.7.5: Empfängerstruktur mit komplexer Filterung im Basisband

Mit (4.3.18) erhält man hieraus eine Bedingung für die Bandpass-übertragungsfunktion:

$$\mathrm{Ia}\{H_{BP}^+(e^{j(\Omega_0+\Omega)})\} = \frac{1}{2j}\left\{ H_{BP}^+(e^{j(\Omega_0+\Omega)}) - [H_{BP}^+(e^{j(\Omega_0-\Omega)})]^* \right\} = 0$$

$$H_{BP}^+(e^{j(\Omega_0+\Omega)}) = \left[H_{BP}^+(e^{j(\Omega_0-\Omega)}) \right]^*. \tag{5.7.21}$$

Sie muss also bezüglich Ω_0 *konjugiert gerade* sein, d.h. einen geraden Betragsfrequenzgang und einen ungeraden Phasenverlauf aufweisen. Ein *symmetrischer Bandpass* führt also auf ein reelles äquivalentes Basisbandsystem. Soll also z.B. ein (symmetrisches) Zwischenfrequenzfilter allein, also ohne Entzerrer, realisiert werden, so ist diese Bedingung erfüllt.

Aus den vorangegangenen Betrachtungen kann man folgende Aussage ableiten:

- *Das äquivalente Basisbandsystem eines nicht symmetrischen reellwertigen Bandpasssystems wird durch eine komplexe Faltung gemäß Bild 5.7.5 realisiert. Es enthält in den Längszweigen jeweils die Teilübertragungsfunktion $\mathrm{Ra}\{H_{TP}(\exp(j\Omega))\}$, die dem bezüglich Ω_0 konjugiert geraden Anteil der Bandpass-Übertragungsfunktion entspricht, während die Querzweige mit der Teilübertragungsfunktion $\mathrm{Ia}\{H_{TP}(\exp(j\Omega))\}$ den bezüglich Ω_0 konjugiert ungeraden Anteil der Bandpass-Übertragungsfunktion repräsentieren. Letztere entfallen für Tiefpass-Darstellungen symmetrischer Bandpässe.*

Literaturverzeichnis

[AD09]   E. AriasCastro and L. Donoho, D. Does median filtering truly preserve edges better than linear filtering? *Annals of Statistics*, 37:1172–2009, 2009.

[AO04]   J.R. Buck A.V. Oppenheim, R.W. Schafer. *Zeitdiskrete Signalverarbeitung*. Pearson Studium, München, 2. edition, 2004.

[Bia10] J. et al. Bian. Reconstruction of nvdi time series datasets of modis based Savitzky–Golay filter. *Journal of Remote Sensing*, 14(4):725–732, 2010.

[BP84]   C. S. Burrus and T. W. Parks. *DFT/FFT and Convolution Algorithms*. Wiley, New York, 1984.

[BS62]   I. N. Bronstein and K. A. Semendjajew. *Teubner Taschenbuch der Mathematik*. Teubner, Leipzig, 1962.

[CM69]   E.J. Cockayne and Z.A. Melzak. Euclidean constructability in graph minimization problems. *Mathematics Magazine*, 42(2):206–208, 1969.

[DRRH17] Selesnick I. Dal, W., J.-R. Rizzo, J. Rucker, and T. Hudson. A nonlinear generalization of the savitzky-golay filter and the quantitative analysis of saccades. *Journal of Vision*, 17(9):1–15, 2017.

[Ell87] D. F. Elliott. *Handbook of Digital Signal Processing (Engineering Applications)*. hrsg.: Academic Press, San Diego u.a., 1987.

[FL94]   W. Fischer and I. Lieb. *Funktionentheorie*. Vieweg-Verlag, Braunschweig, 7. Auflage, 1994.

[Fli93] N. Fliege. *Multiraten-Signalverarbeitung*. Teubner, Stuttgart, 1993.

[GG83]   P. Gans and J.B. Gill. Examination of the convolution method for numerical smoothing and differentiation of spectroscopic data in theory and practic. *Applied Spectroscopy*, 37(6):515–520, 1983.

[Her70]   O. Herrmann. Design of Nonrecursive Digital Filters with Linear Phase. *Electron. Letters*, Vol.6, 1970. S.328-329.

[Hes93]   W. Hess. *Digitale Filter*. 2. Aufl. Teubner, Stuttgart, 1993.

[Kam86]   K. D. Kammeyer. Digitale Signalverarbeitung im Bereich konventioneller FM-Empfänger. Wissenschaftliche Beiträge zur Nachrichtentechnik und Signalverarbeitung. Arbeitsbereich Nachrichtentechnik der Technischen Universität Hamburg-Harburg, März 1986. hrsg. von N. Fliege und K. D. Kammeyer.

[Kam17]   K. D. Kammeyer. *Nachrichtenübertragung*. 6. Aufl. Teubner, Stuttgart, 2017.

[LKB64]   Ying Luo, J., M.J.E. K., and J. Bai. Savitzky-golay smoothing and differentaition filter for even number data. *Analytical Chemistry*, 36:1627–1639, 1964.

[Loh11]   H. Lohninger. *Grundlagen der Statistik: Savitzky-Golay Filter – Koeffizienten*. Epina, Retz, 2011.

[Mad78]   H. Madden. Comments on the savitzky-golay convolution method for least squares fit smoothing and differentiation of digital data. *Analytical Chemistry*, 50:2649–2654, 1978.

[Mer99]   A. Mertins. *Signal Analysis*. Wiley, Chichester, 1999.

[OPS75]   G. Oetken, T. W. Parks, and H. W. Schüßler. New Results in the Design of Digital Interpolators. *IEEE Trans. on Audio, Speech and Signal Processing*, Vol. ASSP-23, 1975. S.301-309.

[PB87]   T. W. Parks and C. S. Burrus. *Digital Filter Design*. John Wiley, New York u.a., 1987.

[Per03]   Strong G Person, P.O. *In: Gilliam, D.S. (ed.) Mathematical systems theory in biology, communications, computation, and finance*. Springer, Heidelberg, 2003.

[PM72a]   T. W. Parks and J. H. McClellan. A Program for the Design of Linear Phase Finite Impulse Response Digital Filters. *IEEE Trans.*, Vol.AU-20, 1972. S.195-199.

[PM72b]   T. W. Parks and J. H. McClellan. Chebychev Approximation for Nonrecursive Digital Filters with Linear Phase. *IEEE Trans. Circuit Theory*, Vor.AU-19, 1972. S.189-194.

[RMK13]   R. Rahmat, A.S. Malik, and N. Kamel. Comparison of lulu and median filters for image denoising. *International Journal of Computer and Electrical Engineering*, 6:568–571, 2013.

[Sch73]   H. W. Schüßler. *Digitale Systeme zur Signalverarbeitung*. Springer, Berlin, 1973.

[Sch94]   H. W. Schüßler. *Digitale Signalverarbeitung: Analyse diskreter Signale und Systeme*. 4.Aufl. Springer, Berlin, 1994.

[Sch11]   R.W. Schafer. What is a savitzky-golay filter? *Signal Processing Magzine*, 7:111–117, 2011.

[SDS16]   B.M. Schettino, C.A. Duque, and P.M. Silveira. Cuerrent-transformer saturation detection using savitzky-golay filter. *Trans. on Power Delivery*, 31:1400–1401, 2016.

[SG05]   A. Savitzky and M.J.E. Golay. Smoothing and differentiation of data by simplified least squares procedures. *Signal Processing*, 85:1429–1434, 2005.

[Wei37]   E. Weiszfeld. Sur le point pour lequel la somme des distances de n points donnes est minimum. *Tohoku Mathematical Journal*, 43:355–386, 1937.

[WM66]   D. Ware and P. Mansfield. High stability boxcar integration for fast nmr transients in solids. *AIP Publishing*, 37(9):1167–1171, 1966.

6

Adaptive Filter

Die bisher betrachteten Entwürfe digitaler Filter richteten sich vornehmlich auf klassische Aufgabenstellungen wie Tiefpass-, Hochpass-, Bandpass- und Bandsperre-Filterung, Hilbert-Transformation, Differentiation usw. Die zugehörigen Systeme sind also durch feste, zeitlich unveränderliche Koeffizienten gekennzeichnet. Zahlreiche Probleme in der modernen Signalverarbeitung, Nachrichtenübertragung, Regelungstechnik, Messtechnik, Medizin- und Medien-Technik erfordern jedoch den Einsatz von Systemen, deren Koeffizienten in Hinblick auf vorgegebene Zielkriterien fortlaufend angepasst werden – wir sprechen dann von adaptiven Systemen. Die Entwicklung solcher adaptiven Filter geht bis in die Mitte des vorigen Jahrhunderts zurück. Die erste Anwendung findet man in der Datenübertragung: 1966 stellte Lucky in seiner bahnbrechenden Arbeit [Luc66] den ersten adaptiven Entzerrer zur Kompensation von Leitungsverzerrungen vor. In den darauf folgenden Jahrzehnten hat das Gebiet der adaptiven Signalverarbeitung eine stürmische Entwicklung genommen; inzwischen liegen zahlreiche Lehrbücher vor, die sich ausschließlich dieser Thematik widmen. Im vorliegenden Kapitel soll ein Überblick über die wichtigsten Techniken gegeben werden. Dabei erhebt diese Darstellung keinen Anspruch auf Vollständigkeit; zum weiter vertiefenden Studium wird auf spezielle Lehrbücher verwiesen, z.B. [Hay02, MH00, Hän01, WS85, TJL87, Mac95, Cla93].

Als Ausgangspunkt für die folgenden Betrachtungen über adaptive Systeme wird zunächst die theoretische Lösung hergeleitet, die auf der Minimierung des mittleren quadratischen Fehlers am Filterausgang beruht.

© Springer Fachmedien Wiesbaden GmbH, ein Teil von Springer Nature 2022
K.-D. Kammeyer und K. Kroschel, *Digitale Signalverarbeitung*

Dieses als *Minimum-Mean-Square-Error* (MMSE) bezeichnete Prinzip hat große Bedeutung in der modernen Signalverarbeitung und Nachrichtentechnik erlangt. Die geschlossene Lösung enthält Auto- und Kreuzkorrelationsfunktionen – in der praktischen Umsetzung gilt es, diese anhand der aktuell gemessenen Signale durch geeignete Algorithmen zu schätzen. Das einfachste Verfahren hierzu stellt der populäre *Least-Mean-Squares-Algorithmus (LMS)* dar, der das Minimum der Fehlerfunktion anhand der Methode des steilsten Abstiegs (Gradientenverfahren) ermittelt. Im Falle stark veränderlicher Leistung des empfangenen Signals kommt häufig eine Variante hiervon zum Einsatz, der *Normalized Least-Mean-Squares-Algorithmus (NLMS)*, der seine Schrittweite der Momentanleistung des Eingangssignals anpasst. Das Verfahren mit der höchsten Konvergenzgeschwindigkeit – allerdings auch mit der höchsten Rechenlast – ist der *Recursive-Least-Squares-Algorithmus (RLS)*, der direkt von der geschlossenen MMSE-Lösung ausgeht und in deren Auswertung iterativ die Schätzung der Korrelationsfunktionen einbezieht. Einen Kompromiss stellt das Verfahren der *Affinen Projektion (AP)* dar, das einerseits eine deutlich höhere Konvergenzgeschwindigkeit als der LMS bzw. NLMS aufweist, andererseits aber den hohen Aufwand des RLS vermeidet. Zum Abschluss dieses Kapitels werden die hier vorgestellten adaptiven Algorithmen anhand von Simulationsergebnissen miteinander verglichen.

6.1 Theoretische Lösung: Minimierung des mittleren quadratischen Fehlers

6.1.1 Herleitung der MMSE-Lösung

Die allgemeine Aufgabenstellung für ein adaptives System wird in Bild 6.1.1 dargestellt; alle dort aufgeführten Signale sind Musterfunktionen stationärer Zufallsprozesse. Ein empfangenes Signal $x[k]$, bestehend aus dem Nutzsignal $s[k]$ und einer additiven Störgröße $n[k]$, wird durch ein lineares Filter mit der Impulsantwort $h[k]$ in das Signal $y[k]$ transformiert. Das Filterausgangssignal wird mit einem Referenzsignal $y_{\mathrm{ref}}[k]$ verglichen, das eine Funktion des Nutzsignals $s[k]$ ist; im einfachsten Falle gilt $y_{\mathrm{ref}}[k] = s[k]$, so dass $y[k]$ dann ein Schätzwert von $s[k]$ ist. Die Impulsantwort des zur Schätzung dienenden Filters soll so entworfen werden, dass die Leistung des Fehlers $e[k] = y[k] - y_{\mathrm{ref}}[k]$ minimal wird. Man bezeichnet dieses Lösungsprinzip dementsprechend auch als *Minimum-Mean-Square-Error*-Lösung (MMSE), welche von fundamentaler Bedeutung für die moderne Nachrichtentechnik und Signalverarbeitung ist.

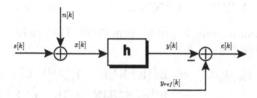

Bild 6.1.1: Anordnung zum Entwurf eines adaptiven Filters

Zur Herleitung der theoretischen Lösung werden alle Signale als stationäre Zufallsprozesse aufgefasst und daher durch große Buchstaben gekennzeichnet. Der Prozess des Fehlersignals lautet damit

$$E[k] = Y[k] - Y_{\text{ref}}[k] = X[k] * h[k] - Y_{\text{ref}}[k]; \qquad (6.1.1)$$

seine Leistung

$$\sigma_E^2 = \text{E}\{|X[k] * h[k] - Y_{\text{ref}}[k]|^2\} \qquad (6.1.2)$$

ist in Abhängigkeit von $h(k)$ zu minimieren. Mit den folgenden Vektor-Definitionen

$$\mathbf{h} = \begin{bmatrix} h[0] \\ h[1] \\ \vdots \\ h[m] \end{bmatrix}, \quad \mathbf{h}^H = [h^*[0], h^*[1], \cdots, h^*[m]] \qquad (6.1.3a)$$

und[6.1]

$$\mathbf{X}[k] = \begin{bmatrix} X[k] \\ X[k-1] \\ \vdots \\ X[k-m] \end{bmatrix}, \quad \mathbf{X}^*(k) = \begin{bmatrix} X^*[k] \\ X^*[k-1] \\ \vdots \\ X^*[k-m] \end{bmatrix} \qquad (6.1.3b)$$

[6.1] Hier bezeichnen fette Großbuchstaben nicht wie sonst Matrizen, sondern *Vektoren von Zufallsvariablen*.

lässt sich die Faltung in (6.1.1) als Skalarprodukt formulieren:

$$Y[k] = \sum_{\ell=0}^{m} h[\ell]X[k-\ell] = \mathbf{X}^T[k]\,\mathbf{h} \quad \text{bzw.}$$

$$Y^*[k] = \mathbf{h}^H \mathbf{X}^*[k]. \tag{6.1.4}$$

Damit gewinnt man die folgende Form für die Fehlerleistung am Ausgang des Empfangsfilters:

$$
\begin{aligned}
\mathrm{E}\{|Y[k] - Y_{\mathrm{ref}}[k]|^2\} &= \mathrm{E}\big\{\,[\mathbf{h}^H\mathbf{X}^*[k] - Y_{\mathrm{ref}}^*[k]]\,[\mathbf{X}^T[k]\mathbf{h} - Y_{\mathrm{ref}}[k]]\,\big\} \\
&= \mathbf{h}^H\mathrm{E}\{\mathbf{X}^*[k]\mathbf{X}^T[k]\}\mathbf{h} - \mathbf{h}^H\mathrm{E}\{\mathbf{X}^*[k]Y_{\mathrm{ref}}[k]\} \\
&\quad -\mathrm{E}\{Y_{\mathrm{ref}}^*[k]\mathbf{X}^T[k]\}\mathbf{h} + \mathrm{E}\{|Y_{\mathrm{ref}}[k]|^2\}. \tag{6.1.5}
\end{aligned}
$$

Für die hier auftretenden Erwartungswerte können bekannte Begriffe eingesetzt werden:

$$\mathrm{E}\{\mathbf{X}^*[k]\mathbf{X}^T[k]\} \;\triangleq\; \mathbf{R}_{XX}, \quad \text{Autokorrelationsmatrix}^{6.2} \tag{6.1.6a}$$

$$
= \begin{bmatrix}
r_{XX}[0] & r_{XX}^*[1] & \cdots & r_{XX}^*[m] \\
r_{XX}[1] & r_{XX}[0] & \cdots & r_{XX}^*[m-1] \\
\vdots & \vdots & \ddots & \vdots \\
r_{XX}[m] & r_{XX}[m-1] & \cdots & r_{XX}[0]
\end{bmatrix}
$$

$$\mathrm{E}\{\mathbf{X}^*[k]Y_{\mathrm{ref}}[k]\} \;\triangleq\; \mathbf{r}_{XY_{\mathrm{ref}}}, \quad \text{Kreuzkorrelationsvektor} \tag{6.1.6b}$$

$$= [r_{XY_{\mathrm{ref}}}[0], r_{XY_{\mathrm{ref}}}[1], \cdots, r_{XY_{\mathrm{ref}}}[m]]^T$$

$$\mathrm{E}\{|Y_{\mathrm{ref}}[k]|^2\} \;\triangleq\; \sigma_{Y_{\mathrm{ref}}}^2, \quad \text{Leistung des Referenzsignals.} \tag{6.1.6c}$$

Hiermit kann das Optimierungsproblem kompakt formuliert werden:

$$
\begin{aligned}
\mathbf{h}_{\mathrm{MMSE}} &= \underset{\mathbf{h}}{\arg\min}\,\big\{\mathrm{E}\{|Y[k] - Y_{\mathrm{ref}}[k]|^2\}\big\} \tag{6.1.7} \\
&= \underset{\mathbf{h}}{\arg\min}\,\big\{\mathbf{h}^H\mathbf{R}_{XX}\mathbf{h} - \mathbf{h}^H\mathbf{r}_{XY_{\mathrm{ref}}} - \mathbf{r}_{XY_{\mathrm{ref}}}^H\mathbf{h} + \sigma_{Y_{\mathrm{ref}}}^2\big\},
\end{aligned}
$$

[6.2] Siehe auch die Definition auf Seite 41; im Unterschied zu (2.6.18) ist zu beachten, dass in (6.1.3b) die Elemente des Vektors $\mathbf{X}[k]$ in zeitlich abfallender Reihenfolge festgelegt sind.

wobei das Symbol $\text{argmin}_x\{A(x)\}$ denjenigen Parameter x bezeichnet, der den reellwertigen Ausdruck $A(x)$ minimiert; die entsprechende Aussage gilt für $\text{argmax}_x\{A(x)\}$ bezüglich des Maximums. Die Minimierungsaufgabe kann durch Ableitung nach $\mathbf{h}$ und Nullsetzen gelöst werden – die Lösung ist eindeutig, da die Zielfunktion quadratisch und nichtnegativ ist. Eine alternative Strategie besteht in der Bildung der quadratischen Ergänzung: es gilt

$$\mathbf{h}^H \mathbf{R}_{XX} \mathbf{h} - \mathbf{h}^H \mathbf{r}_{XY_{\text{ref}}} - \mathbf{r}^H_{XY_{\text{ref}}} \mathbf{h} + \sigma^2_{Y_{\text{ref}}}$$

$$= \left[\mathbf{h}^H \mathbf{R}_{XX} - \mathbf{r}^H_{XY_{\text{ref}}} \right] \mathbf{R}^{-1}_{XX} \left[\mathbf{R}_{XX} \mathbf{h} - \mathbf{r}_{XY_{\text{ref}}} \right]$$

$$- \mathbf{r}^H_{XY_{\text{ref}}} \mathbf{R}^{-1}_{XX} \mathbf{r}_{XY_{\text{ref}}} + \sigma^2_{Y_{\text{ref}}}, \qquad (6.1.8\text{a})$$

wovon man sich durch Ausmultiplizieren überzeugt. Dieser Ausdruck wird dann in Abhängigkeit von $\mathbf{h}$ minimal, wenn man einen der in eckigen Klammern stehenden Terme zu null setzt. Somit erhält man aus

$$\mathbf{R}_{XX} \mathbf{h}_{\text{MMSE}} - \mathbf{r}_{XY_{\text{ref}}} = \mathbf{0} \qquad (6.1.8\text{b})$$

die geschlossene MMSE-Lösung

$$\mathbf{h}_{\text{MMSE}} = \mathbf{R}^{-1}_{XX} \, \mathbf{r}_{XY_{\text{ref}}}. \qquad (6.1.9)$$

Die minimale Fehlerleistung am Ausgang des Filters kann direkt aus (6.1.8a) abgelesen werden:

$$\min\{\sigma^2_E\} = \sigma^2_{Y_{\text{ref}}} - \mathbf{r}^H_{XY_{\text{ref}}} \mathbf{R}^{-1}_{XX} \, \mathbf{r}_{XY_{\text{ref}}}. \qquad (6.1.10)$$

6.1.2 Orthogonalitätsprinzip

Ein wichtiges Wesensmerkmal der MMSE-Lösung besteht darin, dass der Fehler $E[k]$ und die Elemente des Vektors $\mathbf{X}[k]$ *dekorreliert* werden. Um dies zu zeigen, schreibt man die Kreuzkorrelierte in vektorieller Form:

$$\mathbf{r}_{XE} = \mathrm{E}\{\mathbf{X}^*(k)E[k]\} = \mathrm{E}\{[X^*[k], X^*[k-1], \cdots, X^*[k-m]]^T E(k)\}$$

$$= \mathrm{E}\{\mathbf{X}^*[k] \left(\mathbf{X}^T[k] \, \mathbf{h}_{\text{MMSE}} - Y_{\text{ref}}[k]\right)\}$$

$$= \underbrace{\mathrm{E}\{\mathbf{X}^*[k]\mathbf{X}^T[k]\}}_{\mathbf{R}_{XX}} \mathbf{h}_{\text{MMSE}} - \underbrace{\mathrm{E}\{\mathbf{X}^*[k]Y_{\text{ref}}[k]\}}_{\mathbf{r}_{XY_{\text{ref}}}}. \qquad (6.1.11)$$

Setzt man hier für $\mathbf{h}_{\mathrm{MMSE}}$ (6.1.9) ein, so erhält man

$$\mathbf{r}_{XE} = \mathbf{R}_{XX}\left(\mathbf{R}_{XX}^{-1}\mathbf{r}_{XY_{\mathrm{ref}}}\right) - \mathbf{r}_{XY_{\mathrm{ref}}} = \mathbf{0}$$

$$\Rightarrow \quad \mathrm{E}\big\{X^*[k-\kappa]\,E[k]\big\} = 0 \quad \text{für } 0 \le \kappa \le m. \qquad (6.1.12)$$

- *Ein im MMSE-Sinne entworfenes Filter wird also derart eingestellt, dass der Fehler an seinem Ausgang keine Korrelationen
  mehr mit den im Beobachtungsintervall vorhandenen Eingangswerten enthält.*

6.1.3 Beispiel: Das Wiener-Filter

Die in den vorangegangenen Abschnitten hergeleitete MMSE-Lösung
kann auf verschiedene Problemstellungen angewendet werden, indem das
Referenzsignal entsprechend festgelegt wird. Gilt z.B.

$$s[k] = d[k] * c[k],$$

wobei $d[k]$ ein gesendetes Datensignal und $c[k]$ die Impulsantwort eines
linearen Übertragungskanals bezeichnet, und setzt man als Referenzsi-
gnal das verzögerte Datensignal $y_{\mathrm{ref}}[k] = d[k-\ell]$ mit $\ell \ge 0$ ein, so hat
man damit ein *Entzerrungsproblem* [Kam17]; die Impulsantwort des Entzerrers folgt dann unmittelbar aus (6.1.9). Eine weitere Anwendung ist
die akustische Echokompensation, bei der das Referenzsignal aus dem
mit der Raumimpulsantwort gefalteten Sprachsignal besteht – Beispiele
hierfür werden in Abschnitt 6.5 gezeigt.

In den vierziger Jahren des letzten Jahrhunderts beschäftigte sich Nor-
bert Wiener mit dem Problem der optimalen Rauschunterdrückung
durch lineare Filter – das Ergebnis war die berühmte Arbeit von 1949
[Wie49][6.3]. Er setzt für das Referenzsignal speziell

$$y_{\mathrm{ref}}(k) = s[k-\ell] \qquad (6.1.13)$$

und unterscheidet anhand der Verzögerung drei verschiedene Aufgabenstellungen:

$$\ell > 0 \;\triangleq\; \textit{Prädiktion;} \quad \ell = 0 \;\triangleq\; \textit{Filterung;} \quad \ell < 0 \;\triangleq\; \textit{Interpolation.}$$

[6.3]Um die gleiche Zeit behandelte A. Kolmogoroff sehr ähnliche Probleme, siehe z.B.
[Kol41]. Er gilt gemeinsam mit N. Wiener als der Begründer der Signalschätztheorie.

In diesem Zusammenhang wird die Lösung (6.1.9) als *Wiener-Hopf-Gleichung*[6.4] bezeichnet. Insbesondere die Wienersche Prädiktion spielt für die im 10. Kapitel besprochene parametrische Spektralschätzung eine fundamentale Rolle.

Die Wiener-Hopf-Gleichung kann auch im Frequenzbereich formuliert werden. Dazu stellt man die Vektoren (6.1.3a-c) (unter der Annahme einer geraden Filterordnung m) nichtkausal dar:

$$\mathbf{h} = \left[h(-\frac{m}{2}), \cdots, h[0], \cdots, h(+\frac{m}{2}) \right]^T \qquad (6.1.14a)$$

$$\mathbf{X}[k] = \left[X[k + \frac{m}{2}], \cdots, X[k], \cdots, X[k - \frac{m}{2}] \right]^T . \qquad (6.1.14b)$$

Mit dieser Festlegung kann der Term $\mathbf{R}_{XX}\mathbf{h}$ als nichtkausale Faltung interpretiert werden, indem die Autokorrelationsmatrix als nichtkausale *Faltungsmatrix* aufgefasst wird. Aus (6.1.9) folgt dann

$$\mathbf{R}_{XX}\mathbf{h}_{\mathrm{MMSE}} = \mathbf{r}_{XY_{\mathrm{ref}}} \quad \Rightarrow \quad r_{XX}(\kappa) * h_{\mathrm{MMSE}}[\kappa] = r_{XY_{\mathrm{ref}}}[\kappa], \qquad (6.1.15a)$$

wobei $h_{\mathrm{MMSE}}[\kappa]$, $r_{XX}[\kappa]$ und $r_{XY_{\mathrm{ref}}}[\kappa]$ auf die Länge $m + 1$ begrenzt sind. Im Folgenden wird die Filterordnung m hinreichend groß angenommen, so dass die Auswirkungen der Zeitbegrenzung der Korrelationsfolgen vernachlässigt werden können. Damit liefert die zeitdiskrete Fourier-Transformation (DTFT) von (6.1.15a) die Wiener-Hopf-Gleichung im Frequenzbereich:

$$H_{\mathrm{MMSE}}(e^{j\Omega}) = \frac{S_{XY_{\mathrm{ref}}}(e^{j\Omega})}{S_{XX}(e^{j\Omega})}. \qquad (6.1.15b)$$

Für das klassische Wiener-Optimalfilter mit $\ell = 0$ gilt

$$Y_{\mathrm{ref}}(k) = S[k]. \qquad (6.1.16a)$$

Da $S[k]$ und das Rauschen $N[k]$ als unkorreliert zu betrachten sind, ist weiterhin

$$r_{XY_{\mathrm{ref}}}[\kappa] = \mathrm{E}\left\{ [S^*[k] + N^*[k]] \, S[k + \kappa] \right\} = r_{SS}[\kappa], \qquad (6.1.16b)$$

[6.4]Im Gegensatz zum vorliegenden Text wurde das Problem von Wiener für zeitkontinuierliche Systeme formuliert.

so dass sich aus (6.1.15b) für die Übertragungsfunktion des Wienerschen Optimalfilters ergibt

$$H_{\text{Wiener}}(e^{j\Omega}) = \frac{S_{SS}(e^{j\Omega})}{S_{SS}(e^{j\Omega}) + S_{NN}(e^{j\Omega})}. \qquad (6.1.17)$$

Entsprechend dem nichtkausalen Ansatz ist sie reell; die Impulsantwort des Wiener-Filters ist dementsprechend gerade bezüglich $k = 0$ (linearphasiges FIR-Filter vom Typ 1 gemäß Tabelle 5.1 auf Seite 160).

6.2 Least-Mean-Squares-Algorithmus (LMS)

6.2.1 Herleitung der Iterationsgleichungen

Der Entwurf eines Filters im MMSE-Sinne erfordert die Kenntnis der Autokorrelationsfolge des Empfangssignals und der Kreuzkorrelierten zwischen Empfangs- und Referenzsignal. Sind diese Korrelationsfunktionen a-priori bekannt, so können sie in (6.1.9) eingesetzt und h_{MMSE} über die geschlossene Lösung bestimmt werden. Im Allgemeinen liegt diese Kenntnis jedoch nicht vor, so dass die Korrelationswerte am Empfänger geschätzt werden müssen. Für die AKF ist dies allein an Hand des Empfangssignals möglich, während zur Schätzung der KKF auch das Referenzsignal verfügbar sein muss. Hierzu können z.B. vom Sender zum Empfänger innerhalb vereinbarter Trainingsphasen festgelegte Testsequenzen übertragen werden, die am Empfänger aus einem Speicher ausgelesen und zur Schätzung der benötigten Kreuzkorrelationswerte herangezogen werden.

Die geschlossene Lösung (6.1.9) bildet die Grundlage des in Abschnitt 6.4 behandelten Recursive-Least-Squares-Algorithmus (RLS), indem die Schätzung der Korrelationswerte mit einer schrittweisen Inversion der Autokorrelationsmatrix verbunden wird. Im vorliegenden Abschnitt soll jedoch zunächst ein sehr viel einfacheres iteratives Verfahren erläutert werden, das den bekanntesten adaptiven Algorithmus darstellt: der 1960 von Widrow und Hoff vorgestellte Least-Mean-Squares-Algorithmus (LMS) [WH60, WMB75, WS85]. Die zu minimierende Zielfunktion besteht aus der Leistung des Fehlers am Filterausgang (Mean-

Squared-Error)

$$F_{\text{MSE}}(\mathbf{h}) = \mathrm{E}\big\{|Y[k] - Y_{\text{ref}}[k]|^2\big\} = \mathrm{E}\big\{|\mathbf{X}^T[k]\,\mathbf{h} - Y_{\text{ref}}[k]|^2\big\}. \quad (6.2.1)$$

Sie ist eine quadratische, nicht negative Funktion von **h** und somit *konvex*. In Bild 6.2.1 ist sie anhand eines Koeffizientenvektors der Länge zwei ($\mathbf{h} = [h(0), h(1)]^T$) veranschaulicht; für das Eingangssignal wurde dabei stationäres, farbiges Rauschen mit den Autokorrelationskoeffizienten $r_{XX}(0) = 1$, $r_{XX}(\pm 1) = 0.8$ angesetzt. Das Optimum findet man, indem man sich von einem beliebigen Startpunkt aus schrittweise in Richtung des „Tals" – mathematisch ausgedrückt in Richtung des negativen Gradienten – bewegt; man bezeichnet dieses Prinzip daher als *Gradientenverfahren*. Die Iterationsgleichung für den Koeffizientenvektor lautet

$$\mathbf{h}[i + 1] = \mathbf{h}[i] - \mu \frac{\partial F_{\text{MSE}}}{\partial \mathbf{h}^H[i]} ; \quad (6.2.2)$$

hierbei bezeichnet „i" den Iterationsindex und „μ" eine positive Schrittweite, mit der die Einlaufgeschwindigkeit gesteuert werden kann. Für

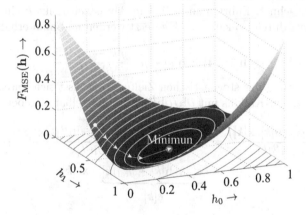

Bild 6.2.1: Prinzip des Gradientenalgorithmus

die Ableitung nach einem komplexwertigen Vektor werden folgende Festlegungen getroffen:

- Die Ableitung einer skalaren Funktion nach einem Zeilenvektor ergibt einen Spaltenvektor – die Ableitung nach einem Spaltenvektor ergibt einen Zeilenvektor.

- Die Ableitung nach der komplexen Variablen $x = x_\mathrm{R} + jx_\mathrm{I}$ wird im Sinne der *Wirtinger-Ableitung* definiert (siehe Seite 170).

$$\frac{\partial F(x)}{\partial x} = \frac{1}{2}\left[\frac{\partial F(x)}{\partial x_\mathrm{R}} - j\,\frac{\partial F(x)}{\partial x_\mathrm{I}}\right] \qquad (6.2.3)$$

Damit gilt $\partial x^*/\partial x = 0$, so dass bezüglich der Ableitung nach der Variablen x deren Konjugierte x^* *als Konstante betrachtet werden kann.*

Die Gleichung (6.2.2) kann in der vorliegenden Form nicht ausgeführt werden, da die Zielfunktion *Erwartungswerte* enthält, die in der Praxis nicht verfügbar sind. Anstelle der theoretischen Zielfunktion ist deshalb ein Schätzwert einzusetzen, der auf den zum Zeitpunkt i gemessenen Musterfunktionen $x[i]$ und $y_\mathrm{ref}[i]$ basiert. Man setzt hierfür den *Momentanwert* der Filterausgangs-Leistung

$$\hat{F}_\mathrm{MSE}\big(\mathbf{h}[i], \mathbf{x}[i]\big) = |y[i] - y_\mathrm{ref}[i]|^2 = |\mathbf{x}^T[i]\mathbf{h}[i] - y_\mathrm{ref}[i]|^2; \qquad (6.2.4\mathrm{a})$$

in dieser Form wird das Verfahren als *stochastischer Gradientenalgorithmus* bezeichnet. Führt man zu jedem Abtastzeitpunkt k einen Iterationsschritt durch, so kann $i = k$ gesetzt werden und man erhält

$$\mathbf{h}[k+1] = \mathbf{h}[k] - \mu\frac{\partial|y[k] - y_\mathrm{ref}[k]|^2}{\partial\mathbf{h}^H[k]}. \qquad (6.2.4\mathrm{b})$$

Die Ableitung der stochastischen Zielfunktion lässt sich unter Nutzung des Wirtinger-Kalküls mit $\partial\mathbf{h}/\partial\mathbf{h}^H = 0$ unmittelbar angeben:

$$\frac{\partial\hat{F}_\mathrm{MSE}\big(\mathbf{h}[k], \mathbf{x}[k]\big)}{\partial\mathbf{h}^H[k]} = \frac{\partial[\mathbf{x}^T[k]\,\mathbf{h}[k] - y_\mathrm{ref}[k]]\cdot[\mathbf{h}^H[k]\mathbf{x}^*[k] - y_\mathrm{ref}[k]]}{\partial\mathbf{h}^H[k]}$$

$$= \underbrace{[\mathbf{x}^T[k]\,\mathbf{h}[k] - y_\mathrm{ref}[k]]}_{e[k]}\cdot\mathbf{x}^*[k]. \qquad (6.2.5)$$

Damit erhält man für den Adaptionsalgorithmus nach dem stochastischen Gradientenverfahren

$$\mathbf{h}[k+1] = \mathbf{h}[k] - \mu\,e[k]\,\mathbf{x}^*[k]. \qquad (6.2.6)$$

Er wird als *Least-Mean-Squares-Algorithmus (LMS)* bezeichnet. Das Blockschaltbild eines nach diesem Prinzip arbeitenden adaptiven Filters ist in Bild 6.2.2 wiedergegeben.

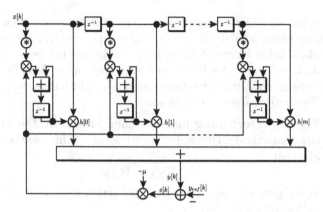

Bild 6.2.2: Adaptives Filter nach dem LMS-Prinzip

6.2.2 Konvergenz des LMS-Algorithmus

Es wurde erwähnt, dass die Schrittweite μ zur Steuerung der Einlauf-geschwindigkeit dient. Ein großer Wert μ bedeutet schnelles Einlaufen bei großem Restfehler („*Gradientenrauschen* "), während ein kleines μ zu langsamem Einlaufen bei geringem Restfehler führt.

Im Folgenden soll eine systematische Analyse des Konvergenzverhaltens des LMS-Algorithmus durchgeführt werden. Eine geschlossene Formulie-rung auf der Basis des stochastischen Gradienten ist nicht ohne Weiteres möglich; deshalb wird hier auf die Gleichung (6.2.2) zurückgegriffen und die ideale MSE-Zielfunktion (6.2.1) mit den theoretischen Erwartungs-werten eingesetzt:

$$F_{\mathrm{MSE}}(\mathbf{h}) = \mathrm{E}\{|Y[k]-Y_{\mathrm{ref}}[k]|^2\} = \mathbf{h}^H \mathbf{R}_{XX}\mathbf{h} - \mathbf{h}^H \mathbf{r}_{XY_{\mathrm{ref}}} - \mathbf{r}_{XY_{\mathrm{ref}}}^H \mathbf{h} - \sigma_{Y_{\mathrm{ref}}}^2.$$
(6.2.7)

Die Ableitung nach $\mathbf{h}^H$ lautet unter Berücksichtigung des Wirtinger-Kalküls

$$\frac{\partial F_{\mathrm{MSE}}(\mathbf{h})}{\partial \mathbf{h}^H} = \mathbf{R}_{XX}\mathbf{h} - \mathbf{r}_{XY_{\mathrm{ref}}}.$$
(6.2.8)

Eingesetzt in die Iterationsgleichung erhält man

$$\mathbf{h}[k+1] = \mathbf{h}[k] - \mu\,\mathbf{R}_{XX}\mathbf{h}[k] + \mu\,\mathbf{r}_{XY_{\mathrm{ref}}} = \big[\mathbf{I} - \mu\,\mathbf{R}_{XX}\big]\mathbf{h}[k] + \mu\,\mathbf{r}_{XY_{\mathrm{ref}}},$$
(6.2.9)

wobei $\mathbf{I}$ eine Einheitsmatrix der Dimension $(m+1) \times (m+1)$ bezeichnet. Diese Gleichung zeigt, dass die einzelnen Elemente des Koeffizientenvektors rekursiven Differenzengleichungen erster Ordnung genügen. Sie sind jedoch untereinander durch die Autokorrelationsmatrix *verkoppelt*, solange $\mathbf{R}_{XX}$ keine Diagonalmatrix ist – dies ist nur für weißes Rauschen der Fall. Die Analyse des Konvergenzverhaltens muss deshalb eine Diagonalisierung der Autokorrelationsmatrix zum Ziel haben, was mit Hilfe einer *Eigenwertzerlegung* erreicht wird.

- **Eigenwertzerlegung hermitescher Matrizen.** Die Autokorrelationsmatrix der Dimension $(m+1) \times (m+1)$ hat eine hermitesche Struktur:

$$\mathbf{R_{XX}} = \mathbf{R}_{XX}^{H};\qquad (6.2.10\text{a})$$

ihre Eigenwerte $\lambda_0, \lambda_1, \cdots, \lambda_m$ sind daher stets reell, zudem sind sie nichtnegativ.

Für hermitesche Matrizen, also auch für die Autokorrelationsmatrix, kann folgende Zerlegung durchgeführt werden (siehe z.B. Anhang B in [Kam17])[6.5]:

$$\mathbf{R}_{XX} = \mathbf{U}\mathbf{\Lambda}\mathbf{U}^{H}.\qquad (6.2.10\text{b})$$

Die Spalten von $\mathbf{U}$ bestehen aus den Eigenvektoren von $\mathbf{R}_{XX}$; da diese orthonormal sind, nennt man $\mathbf{U}$ eine *unitäre Matrix*, die die wichtige Eigenschaft

$$\mathbf{U}^{H}\mathbf{U} = \mathbf{U}\mathbf{U}^{H} = \mathbf{I}\qquad (6.2.10\text{c})$$

besitzt. Die Matrix $\mathbf{\Lambda}$ in (6.2.10b) ist eine Diagonalmatrix, die die Eigenwerte der Autokorrelationsmatrix enthält:

$$\mathbf{\Lambda} = \text{diag}\{\lambda_0, \lambda_1, \cdots, \lambda_m\}.\qquad (6.2.10\text{d})$$

Mit (6.2.10b) kann die Iterationsgleichung (6.2.9) auf die Form

$$\mathbf{h}[k+1] = \left[\mathbf{I} - \mu\,\mathbf{U}\mathbf{\Lambda}\mathbf{U}^{H}\right]\mathbf{h}(k) + \mu\,\mathbf{r}_{XY_\text{ref}}\qquad (6.2.11)$$

gebracht werden. Multipliziert man diese Gleichung von links mit $\mathbf{U}^{H}$ und nutzt die Beziehung (6.2.10c), so erhält man

$$\begin{aligned}\mathbf{U}^{H}\mathbf{h}[k+1] &= \left[\mathbf{U}^{H} - \mu\,\underbrace{\mathbf{U}^{H}\mathbf{U}}_{\mathbf{I}}\mathbf{\Lambda}\mathbf{U}^{H}\right]\mathbf{h}(k) + \mu\,\mathbf{U}^{H}\mathbf{r}_{XY_\text{ref}}\\[2mm] &= \left[\mathbf{I} - \mu\,\mathbf{\Lambda}\right]\mathbf{U}^{H}\mathbf{h}[k] + \mu\,\mathbf{U}^{H}\mathbf{r}_{XY_\text{ref}}.\qquad (6.2.12)\end{aligned}$$

[6.5]Unter MATLAB steht für (6.2.10b) der Befehl [U,Lambda]=eig(RXX) zur Verfügung. Ausführliche Darstellungen der linearen Algebra findet man z.B. in [Gol96, Gut03, Ant95, Lüt96, ZF97].

Mit den Vektor-Transformationen

$$\mathbf{w}[k] = \mathbf{U}^H \mathbf{h}[k] \quad \text{und} \quad \mathbf{v} = \mu \mathbf{U}^H \mathbf{r}_{XY_{\text{ref}}} \qquad (6.2.13)$$

ergeben sich schließlich $m + 1$ *entkoppelte* Systeme erster Ordnung zur Beschreibung der iterativen Einstellung:

$$\mathbf{w}[k+1] = [\mathbf{I} - \mu\,\mathbf{\Lambda}]\mathbf{w}[k] + \mathbf{v} \qquad (6.2.14)$$
$$\Rightarrow \quad w_\nu[k+1] = (1 - \mu\lambda_\nu)w_\nu[k] + v_\nu \quad \text{für } 0 \le \nu \le m.$$

Bild 6.2.3 zeigt das ν-te Teilsystem.

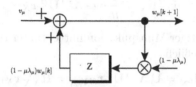

Bild 6.2.3: Modellsystem zur Beschreibung des LMS-Konvergenzverhaltens

Die einzelnen Systeme erster Ordnung können nun getrennt hinsichtlich ihrer Stabilität und ihres Einlaufverhaltens analysiert werden. Ihre Pole müssen aus Stabilitätsgründen betragsmäßig kleiner eins sein

$$|z_{\infty\nu}| = |1 - \mu\,\lambda_\nu| < 1, \qquad (6.2.15a)$$

so dass für die Schrittweite des LMS-Algorithmus die Bedingung

$$0 < \mu < \frac{2}{\lambda_{\max}}, \qquad \lambda_{\max} \stackrel{\Delta}{=} \max\{\lambda_0, \cdots, \lambda_m\} \qquad (6.2.15b)$$

einzuhalten ist.

In der vorliegenden theoretischen Konvergenzanalyse wird – im Gegensatz zum realen stochastischen Gradientenalgorithmus – angenommen, dass zu Beginn der Iteration die benötigten Erwartungswerte bekannt sind. Somit liegt ab dem Zeitpunkt $k = 0$ der konstante Wert v_ν am Eingang des ν-ten Modellsystems. Ausschlaggebend für das Einlaufverhalten sind also die *Sprungantworten* der Systeme erster Ordnung, die geschlossen angegeben werden können:

$$w_\nu(k) = v_\nu \frac{1 - z_{\infty\nu}^{k+1}}{1 - z_{\infty\nu}} = \frac{v_\nu}{\mu\lambda_\nu}\left[1 - (1 - \mu\lambda_\nu)^{k+1}\right]. \qquad (6.2.16)$$

Bei Einhaltung der Stabilitätsbedingung (6.2.15b) ergibt sich daraus nach unendlich langer Iterationszeit

$$\lim_{k \to \infty} w_\nu(k) = \frac{v_\nu}{\mu \lambda_\nu} \quad \text{für } 0 \leq \nu \leq m \qquad (6.2.17\text{a})$$

bzw. in vektorieller Schreibweise

$$\lim_{k \to \infty} \mathbf{w}(k) \stackrel{\Delta}{=} \mathbf{w}_\infty = \frac{1}{\mu} \cdot \mathbf{\Lambda}^{-1} \mathbf{v}. \qquad (6.2.17\text{b})$$

Setzt man hier für $\mathbf{w}$ und $\mathbf{v}$ die Transformationen (6.2.13) ein, so folgt

$$\mathbf{U}^H \mathbf{h}_\infty = \frac{1}{\mu} \cdot \mu \cdot \mathbf{\Lambda}^{-1} \mathbf{U}^H \mathbf{r}_{XY_{\text{ref}}}$$

und nach linksseitiger Multiplikation mit $\mathbf{U}$ (unter Berücksichtigung von (6.2.10b,c)) schließlich

$$\mathbf{h}_\infty = \mathbf{U} \mathbf{\Lambda}^{-1} \mathbf{U}^H \mathbf{r}_{XY_{\text{ref}}} = \mathbf{R}_{XX}^{-1} \mathbf{r}_{XY_{\text{ref}}}. \qquad (6.2.18)$$

Der LMS-Algorithmus konvergiert also bei Einhaltung der Stabilitätsbedingung und unter der idealisierten Annahme der perfekten Kenntnis der Korrelationswerte gegen die MMSE-Lösung (6.1.9).

Die maximal erreichbare Konvergenzgeschwindigkeit hängt von den Pollagen der einzelnen Systeme erster Ordnung ab, und diese wiederum von den Eigenwerten der Autokorrelationsmatrix $\mathbf{R}_{XX}$. Wählt man zum Beispiel die Schrittweite

$$\mu = \frac{1}{\lambda_{\text{max}}}, \qquad (6.2.19\text{a})$$

so weist das Teilsystem mit dem maximalen Eigenwert das schnellste Einlaufverhalten auf, nämlich in einem Schritt, da der Pol sich im Ursprung befindet: $z_{\infty \text{max}} = 1 - \mu \lambda_{\text{max}} = 0$. Demgegenüber benötigt das Teilsystem mit dem kleinsten Eigenwert die längste Einschwingzeit, da sein Pol mit

$$z_{\infty \text{min}} = 1 - \frac{\lambda_{\text{min}}}{\lambda_{\text{max}}} \qquad (6.2.19\text{b})$$

bei einem großem Eigenwertverhältnis[6.6] $\lambda_{\text{max}}/\lambda_{\text{min}}$ sehr nahe am Einheitskreis liegt. Insgesamt richtet sich das Einlaufverhalten der verkoppelten Iterationsgleichungen nach dem langsamsten Teilsystem. Über das Konvergenzverhalten des LMS-Algorithmus kann man folgende grundsätzliche Aussagen zusammenfassen:

[6.6]Die Wurzel aus diesem Eigenwertverhältnis wird als *Konditionszahl* bezeichnet.

- *Um die Stabilität des LMS-Algorithmus zu gewährleisten, muss die positive Schrittweite μ kleiner sein als der doppelte Kehrwert des maximalen Eigenwertes der Autokorrelationsmatrix (Gl. 6.2.15b).*

- *Die Konvergenzgeschwindigkeit wird durch das Verhältnis zwischen maximalem und minimalem Eigenwert der Autokorrelationsmatrix bestimmt: Günstiges Einschwingverhalten bekommt man, wenn dieses Verhältnis möglichst klein ist. Das minimale Eigenwertverhältnis von eins ergibt sich bei weißem Rauschen.*

- *Der LMS-Algorithmus konvergiert gegen die MMSE-Lösung.*

Einschränkend ist dabei zu berücksichtigen, dass die vorangegangene Analyse auf der idealen Kenntnis der Korrelationswerte beruht. Bei der praktischen Anwendung des *stochastischen* Gradientenalgorithmus wählt man zum Beispiel die Schrittweiten *weit unterhalb* der in (6.2.15b) angegebenen oberen Grenze. Würde man die theoretische Obergrenze der Schrittweite einsetzen, so würde der stochastische LMS zu extrem starkem Gradientenrauschen führen. Die gefundenen grundsätzlichen Abhängigkeiten von den Eigenwerten der Autokorrelationsmatrix bleiben jedoch gültig – in numerischen Untersuchungen in Abschnitt 6.5 werden Beispiele hierfür aufgezeigt.

6.3 Varianten gradientenbasierter Algorithmen

6.3.1 Normalized-Least-Mean-Squares-Algorithmus (NLMS)

Im vorigen Abschnitt wurde gezeigt, dass die Konvergenzgeschwindigkeit des LMS-Algorithmus von den Eigenwerten der Autokorrelationsmatrix bestimmt wird. Setzt man eine feste Schrittweite μ ein, so wird sich bei stark variierender Leistung des Eingangssignals $x[k]$ – zum Beispiel im Falle eines Sprachsignals – auch ein stark schwankendes Konvergenzverhalten ergeben. Das Ziel muss deshalb in der Anpassung einer zeitvarianten Schrittweite $\mu[k]$ an die momentane Leistung des Eingangssignals liegen; die einfachste Lösung liefert hierzu der im Folgenden hergeleitete *Normalized Least-Mean-Squares-Algorithmus (NLMS)*.

Gleichung (6.2.15b) gibt die obere Schranke für die Schrittweite an. Im praktischen Betrieb ist die Bestimmung des maximalen Eigenwertes der Autokorrelationsmatrix jedoch sehr aufwendig; deshalb wird folgende Abschätzung benutzt [MH00]. Da die Eigenwerte nichtnegativ sind, gilt[6.7]

$$\lambda_{\max} \leq \sum_{\ell=0}^{m} \lambda_\ell = \text{tr}\{\mathbf{\Lambda}\}. \tag{6.3.1a}$$

Die Summe der Eigenwerte ist gleich der Spur der Autokorrelationsmatrix, denn es gilt $\text{tr}\{\mathbf{AB}\} = \text{tr}\{\mathbf{BA}\}$ und damit aufgrund von (6.2.10b)

$$\text{tr}\{\mathbf{R}_{XX}\} = \text{tr}\{\mathbf{U\Lambda U}^H\} = \text{tr}\{\underbrace{\mathbf{U}^H\mathbf{U}}_{\mathbf{I}}\,\mathbf{\Lambda}\} = \text{tr}\{\mathbf{\Lambda}\}. \tag{6.3.1b}$$

Auf der Hauptdiagonalen der Autokorrelationsmatrix stehen jeweils die Signalleistungen, so dass mit (6.3.1a) gilt

$$\lambda_{\max} \leq \text{tr}\{\mathbf{R}_{XX}\} = (m+1) \cdot \text{E}\{|X[k]|^2\} = (m+1) \cdot \sigma_X^2. \tag{6.3.1c}$$

Schätzt man die Signalleistung anhand des momentanen Datenvektors $\mathbf{x}[k] = [x[k], \cdots, x[k-m]]^T$ durch

$$\hat{\sigma}_X^2 = \frac{1}{m+1}\,\mathbf{x}^H(k)\mathbf{x}[k] = \frac{1}{m+1}\,\|\mathbf{x}[k]\|^2 \tag{6.3.2a}$$

ab, so kann für die zeitvariante Schrittweite des LMS-Algorithmus die Bedingung (6.2.15b)

$$0 < \mu[k] < \frac{2}{\|\mathbf{x}[k]\|^2} \leq \frac{2}{\lambda_{\max}} \tag{6.3.2b}$$

gesetzt werden. Als *Normalized-Least-Mean-Squares-Algorithmus* setzt man demgemäß

$$\mathbf{h}(k+1) = \mathbf{h}[k] - \frac{\mu_0}{\|\mathbf{x}[k]\|^2 + \varepsilon}\,e[k]\,\mathbf{x}^*[k]. \tag{6.3.3}$$

Hier wurde im Nenner der Schrittweite $\mu[k]$ die Regularisierungskonstante ε eingeführt, um bei geringen Momentanleistungen des Eingangssignals einen übermäßigen Anstieg der Schrittweite zu vermeiden; sie ist ebenso empirisch festzulegen wie die Konstante μ_0.

[6.7] $\text{tr}\{\mathbf{A}\}$ bezeichnet die Spur (engl. trace) der Matrix $\mathbf{A}$, also die Summe der Diagonalelemente.

6.3.2 Die Methode der Affinen Projektion

Die Grundgleichung zur Dimensionierung eines Wiener-Filters lautet gemäß Abschnitt 6.1.1

$$\mathbf{h}_{\mathrm{MMSE}} = \underset{\mathbf{h}}{\operatorname{argmin}} \left\{ \mathrm{E}\{ |\mathbf{X}^T[k]\,\mathbf{h} - Y_{\mathrm{ref}}[k]|^2 \} \right\}. \qquad (6.3.4)$$

Ihre Lösung setzt die Kenntnis der Autokorrelationsmatrix (6.1.6a) und des Kreuzkorrelationsvektors (6.1.6b) voraus, die a-priori nicht vorliegt. Eine praktische Vorgehensweise könnte darin bestehen, das Filter-Ausgangssignal über einen größeren Zeitraum zu beobachten und das damit aufgestellte Gleichungssystem im Sinne kleinster Fehlerquadrate zu lösen (*Least-Squares-Lösung*). Am Filterausgang werden L Abtastwerte gemessen und zu einem Vektor zusammengefasst[6.8]:

$$\mathbf{y}[k] = [y[k], y[k-1], \cdots, y[k-L+1]]^T = \underline{\mathbf{X}}_L^T[k] \cdot \mathbf{h} \qquad (6.3.5a)$$

mit der Definition der $(m+1) \times L-$Signalmatrix

$$\underline{\mathbf{X}}_L[k] \begin{bmatrix} x[k] & x[k-1] & \cdots & x[k-L+1] \\ x[k-1] & x[k-2] & \cdots & x[k-L] \\ \vdots & \vdots & \ddots & \vdots \\ x[k-m] & x[k-m-1] & \cdots & x[k-m-L+1] \end{bmatrix}. \qquad (6.3.5b)$$

Gilt $L \geq m+1$, so ist der Rang dieser Signalmatrix maximal $m+1$. Der Vektor der beobachteten Filter-Ausgangswerte $\mathbf{y}[k]$ wird mit dem zugehörigen Referenzvektor

$$\mathbf{y}_{\mathrm{ref}}[k] = [y_{\mathrm{ref}}[k], y_{\mathrm{ref}}[k-1], \cdots, y_{\mathrm{ref}}[k-L+1]]^T \qquad (6.3.5c)$$

verglichen; die Least-Squares-Lösung erhält man aus

$$\mathbf{h}_{\mathrm{LS}} = \underset{\mathbf{h}}{\operatorname{argmin}} \left\{ \|\underline{\mathbf{X}}_L^T[k]\mathbf{h} - \mathbf{y}_{\mathrm{ref}}[k]\|^2 \right\}$$

$$= \underset{\mathbf{h}}{\operatorname{argmin}} \left\{ \left(\mathbf{h}^H \underline{\mathbf{X}}_L^*[k] - \mathbf{y}_{\mathrm{ref}}^H[k] \right) \cdot \left(\underline{\mathbf{X}}_L^T[k]\mathbf{h} - \mathbf{y}_{\mathrm{ref}}[k] \right) \right\}. \qquad (6.3.6a)$$

[6.8]Zur Unterscheidung vom Zufallsvektor $\mathbf{X}$ in (6.3.4) wird die Matrix der Eingangswerte $\underline{\mathbf{X}}_L$ durch einen Unterstrich gekennzeichnet.

Das Argument wird nach $\mathbf{h}^H$ abgeleitet und zu null gesetzt. Benutzt man die Wirtinger-Ableitung gemäß (5.3.20) auf Seite 170, so gilt $\partial \mathbf{h}/\partial \mathbf{h}^H = 0$ und damit

$$\frac{\partial}{\partial \mathbf{h}^H} \|\underline{\mathbf{X}}_L^T[k]\, \mathbf{h} - \mathbf{y}_{\mathrm{ref}}(k)\|^2 = \left[\underline{\mathbf{X}}_L^*[k]\, \underline{\mathbf{X}}_L^T[k]\right] \mathbf{h} - \underline{\mathbf{X}}_L^*[k]\, \mathbf{y}_{\mathrm{ref}}[k] = \mathbf{0}.$$
$$(6.3.6b)$$

Die Matrix $\underline{\mathbf{X}}_L^*[k]\underline{\mathbf{X}}_L^T[k]$ hat die Dimension $(m+1) \times (m+1)$. Unter der Voraussetzung $L \geq m+1$ kann sie Maximalrang besitzen und ist in dem Falle invertierbar; für die Least-Squares-Lösung folgt damit

$$\mathbf{h}_{\mathrm{LS}} = \left[\underline{\mathbf{X}}_L^*[k]\, \underline{\mathbf{X}}_L^T[k]\right]^{-1} \underline{\mathbf{X}}_L^*[k]\, \mathbf{y}_{\mathrm{ref}}[k]. \qquad (6.3.7)$$

Die Inversion einer $(m+1) \times (m+1)$-Matrix bedeutet bei üblichen Filterordnungen einen erheblichen Aufwand. Reduziert man die Anzahl der Beobachtungen auf $L < m+1$, so stellt der Zusammenhang (6.3.5a) zwischen Eingangs- und Ausgangssequenz des Filters

$$\underline{\mathbf{X}}_L^T[k]\, \mathbf{h} = \mathbf{y}[k]$$

ein *unterbestimmtes* Gleichungssystem dar und besitzt demgemäß unendlich viele Lösungen. Die Auflösung nach $\mathbf{h}$ erfolgt so, dass unter allen Lösungen diejenige mit *kleinster Energie* ausgewählt wird[6.9]:

$$\mathbf{h}|_{L<m+1} = \underline{\mathbf{X}}_L^*[k]\left[\underline{\mathbf{X}}_L^T[k]\, \underline{\mathbf{X}}_L^*[k]\right]^{-1} \mathbf{y}[k]. \qquad (6.3.8)$$

Wegen $L < m+1$ hat die $L \times (m+1)$-Matrix $\underline{\mathbf{X}}_L$ maximal den Rang L; $\underline{\mathbf{X}}_L^T[k]\, \underline{\mathbf{X}}_L^*[k]$ hat die Dimension $L \times L$ und ist somit invertierbar, falls sie den Maximalrang erreicht. Setzt man in (6.3.8) für $\mathbf{y}[k]$ die vorgegebene Referenzfolge $\mathbf{y}_{\mathrm{ref}}[k]$ ein, so erhält man direkt eine Schätzung für die MMSE-Lösung. Für geringes L ist der Aufwand zur Matrix-Inversion dann wesentlich geringer als in der Least-Squares-Lösung (6.3.7), andererseits ergibt sich damit in der Regel aber ein unzulänglicher Mittelungseffekt. Die Lösung (6.3.8) wird daher in eine iterative Prozedur nach dem Gradienten-Prinzip eingebunden. Beim klassischen LMS-Algorithmus erfolgen die Iterationsschritte in Richtung der Ableitung nach dem *Koeffizienten*vektor. Der Nachteil dabei ist, dass die Korrekturschritte jeweils

---

[6.9]Eine einheitliche Systematik der Lösungen über- und unterbestimmter Gleichungssysteme liefert das Konzept der *Moore-Penrose-Pseudoinversen*; siehe hierzu [Gol96, ZF97, Ant95] oder Anhang B in [Kam17].

die Momentanleistung des Eingangssignals enthalten – in Abschnitt 6.3.1 wurde deshalb eine Modifikation eingeführt, die eine Normierung auf die Momentanleistung vorsieht. Wünschenswert ist demgegenüber eine gleichmäßige Annäherung des *Filterausgangssignals* an die Referenzfolge. Man bildet daher den Gradienten

$$\frac{\partial}{\partial \mathbf{y}^H[k]} \|\mathbf{y}[k] - \mathbf{y}_{\text{ref}}[k]\|^2 = \mathbf{y}[k] - \mathbf{y}_{\text{ref}}[k] \overset{\Delta}{=} \mathbf{e}[k]; \qquad (6.3.9\text{a})$$

setzt man diesen anstelle von $\mathbf{y}[k]$ in (6.3.8) ein, so erhält man den inkrementellen Koeffizientenvektor

$$\Delta \mathbf{h}[k] = \underline{\mathbf{X}}_L^*[k] \left[\underline{\mathbf{X}}_L^T[k] \, \underline{\mathbf{X}}_L^*[k] \right]^{-1} \mathbf{e}[k] \qquad (6.3.9\text{b})$$

und daraus schließlich die Iterationsgleichung

$$\mathbf{h}[k+1] = \mathbf{h}[k] - \mu_0 \, \underline{\mathbf{X}}_L^*[k] \left[\underline{\mathbf{X}}_L^T[k] \underline{\mathbf{X}}_L^*[k] \right]^{-1} \mathbf{e}[k]. \qquad (6.3.9\text{c})$$

Zur Stabilisierung im Falle kleiner Momentanleistungen wird bei der Matrix-Inversion noch ein Regularisierungsterm $\varepsilon \, \mathbf{I}_L$ berücksichtigt, so dass das endgültige Resultat lautet:

$$\mathbf{h}[k+1] = \mathbf{h}[k] - \mu_0 \, \underline{\mathbf{X}}_L^*[k] \left[\underline{\mathbf{X}}_L^T[k] \underline{\mathbf{X}}_L^*[k] + \varepsilon \, \mathbf{I}_L \right]^{-1} \mathbf{e}[k]. \qquad (6.3.10)$$

Offensichtlich enthält diese Iterationsgleichung jetzt mit dem inversen Matrixterm eine Normierung auf die Momentanleistung des Eingangssignals. Für den Spezialfall von $L = 1$, d.h. bei Beobachtung nur eines Ausgangswertes $y[k]$, ergibt sich für

$$\underline{\mathbf{X}}_L^T[k] \, \underline{\mathbf{X}}_L^*[k] + \varepsilon \, \mathbf{I}_L \quad \Rightarrow \quad \mathbf{x}^T(k) \, \mathbf{x}^*[k] + \varepsilon = \|\mathbf{x}[k]\|^2 + \varepsilon$$

ein skalarer Wert, und somit folgt aus (6.3.10) direkt der NLMS-Algorithmus gemäß (6.3.3).

6.4 Recursive-Least-Squares-Algorithmus (RLS)

6.4.1 Iterative Schätzung und Inversion der Autokorrelationsmatrix

In Abschnitt 6.2.2 wurde gezeigt, dass die Einlaufgeschwindigkeit des LMS-Algorithmus von dem Verhältnis zwischen größtem und kleinstem Eigenwert der Autokorrelationsmatrix des Filter-Eingangssignals abhängt; im günstigsten Fall ist dieses Verhältnis eins, was dem Fall von weißem Rauschen entspricht[6.10]. Dieser Fall liegt im Allgemeinen nicht vor. Vielmehr ist das Filter-Eingangssignal üblicherweise spektral gefärbt – beim Entzerrerproblem beispielsweise soll ja gerade die durch den Kanal eingebrachte lineare Verzerrung eliminiert werden. In Hinblick auf möglichst gute Konvergenzeigenschaften müssten also die Korrelationen zwischen den Abtastwerten des Filter-Eingangssignals entfernt werden. Eine Lösung hierzu bietet der in Abschnitt 10.6 angesprochene *Lattice-Entzerrer*. Die aus der Wiener-Lösung für den linearen Prädiktor gewonnene Lattice-Struktur hat die bemerkenswerte Eigenschaft, dass die Signale im unteren Zweig der Struktur nach Bild 10.6.6 *dekorreliert* werden – im Einzelnen werden diese Zusammenhänge in Kapitel 10.6 erläutert. Damit hat man die in Hinblick auf schnelle Konvergenz des LMS geforderte Eigenschaft der unkorrelierten Folge und somit gleichverteilte Eigenwerte erreicht. Der Lattice-Prädiktor wird dann mit einem konventionellen adaptiven Entzerrer kombiniert, der nach dem LMS-Prinzip arbeitet.

Eine ganz andere Lösung zur Erzielung einer hohen Konvergenzgeschwindigkeit besteht darin, anstelle der schrittweisen Einstellung nach dem Gradienten-Prinzip direkt von der geschlossenen MMSE-Lösung auszugehen. Dies erfordert die Inversion der Autokorrelationsmatrix, was im Allgemeinen hohen Aufwand erfordert. Beim Recursive-Least-Squares-Algorithmus wird die Schätzung der Autokorrelationsmatrix mit einer schrittweisen Inversion verbunden – die Basis hierfür bietet das bekannte *Matrix-Inversionslemma* (siehe z.B. [Lüt96, Kam17]).

Mit den Definitionen der nichtsingulären quadratischen Matrix $\mathbf{A}$ und des Spaltenvektors $\mathbf{b}$ erhält man eine vereinfachte Version dieses Inversionslemmas:

$$\left(\mathbf{A} + \mathbf{b}\mathbf{b}^H\right)^{-1} = \mathbf{A}^{-1} - \mathbf{A}^{-1}\mathbf{b}\left[1 + \mathbf{b}^H\mathbf{A}^{-1}\mathbf{b}\right]^{-1}\mathbf{b}^H\mathbf{A}^{-1}. \qquad (6.4.1)$$

Die Aufgabe besteht darin, die Aktualisierung der Schätzung der Autokorrelationsmatrix und deren Inversion gemeinsam iterativ zu vollziehen. Für die iterative Schätzung wird der Ansatz

$$\hat{\mathbf{R}}_{XX}[k] = w \cdot \hat{\mathbf{R}}_{XX}[k-1] + \mathbf{x}^*[k]\mathbf{x}^T[k] \qquad (6.4.2)$$

eingebracht. Er beschreibt eine rekursive Mittelung mit einem positiv reellen *Vergessensfaktor* (Forgetting-Factor) w, $0 < w < 1$, der die Auf-

---

[6.10]Für weißes Rauschen gilt $\mathbf{R}_{XX} = \sigma_X^2 \mathbf{I}$, womit alle Eigenwerte $\lambda_0, \cdots, \lambda_m = \sigma_X^2$ sind.

gabe hat, weiter zurückliegende Mittelungsbeiträge schwächer zu gewichten – dies ist besonders bedeutsam im Falle nichtstationärer Statistik. Der Ausdruck auf der rechten Seite von (6.4.2) kann mit Hilfe des Inversionslemmas (6.4.1) invertiert werden, indem speziell

$$\mathbf{A} = w \cdot \hat{\mathbf{R}}_{XX}[k-1] \quad \text{und} \quad \mathbf{b} = \mathbf{x}^*[k] \qquad (6.4.3a)$$

gesetzt wird.

$$\left(w \cdot \hat{\mathbf{R}}_{XX}[k-1] + \mathbf{x}^*[k]\mathbf{x}^T[k]\right)^{-1} = \frac{1}{w}\hat{\mathbf{R}}_{XX}^{-1}[k-1]$$

$$-\frac{1}{w}\hat{\mathbf{R}}_{XX}^{-1}[k-1]\mathbf{x}^*[k]\underbrace{\left[1+\mathbf{x}^T[k]\frac{1}{w}\hat{\mathbf{R}}_{XX}^{-1}[k-1]\mathbf{x}^*[k]\right]}_{\frac{1}{w}\left[w + L(k)\right]}^{-1}\mathbf{x}^T[k]\frac{1}{w}\hat{\mathbf{R}}_{XX}^{-1}[k-1]$$

$$\qquad (6.4.3b)$$

Der in eckigen Klammern stehende Ausdruck stellt eine skalare, reelle Größe dar, in der die Abkürzung

$$L[k] = \mathbf{x}^T[k]\,\hat{\mathbf{R}}_{XX}^{-1}[k-1]\,\mathbf{x}^*[k] \qquad (6.4.3c)$$

verwendet wurde. Mit (6.4.2) und (6.4.3b,c) lautet die iterative Schätzung und Inversion der Autokorrelationsmatrix schließlich

$$\hat{\mathbf{R}}_{XX}^{-1}[k] = \frac{1}{w}\left[\hat{\mathbf{R}}_{XX}^{-1}[k-1] - \frac{1}{w+L[k]}\hat{\mathbf{R}}_{XX}^{-1}[k-1]\mathbf{x}^*(k)\mathbf{x}^T(k)\hat{\mathbf{R}}_{XX}^{-1}[k-1]\right].$$

$$\qquad (6.4.4)$$

Zur kompakteren Schreibweise wird die so genannte *Kalman-Verstärkung* eingeführt:

$$\mathbf{k}[k] = \frac{1}{w+L[k]} \cdot \hat{\mathbf{R}}_{XX}^{-1}[k-1] \cdot \mathbf{x}^*[k], \qquad (6.4.5)$$

so dass (6.4.4) die folgende Form erhält:

$$\hat{\mathbf{R}}_{XX}^{-1}[k] = \frac{1}{w}\left[\hat{\mathbf{R}}_{XX}^{-1}[k-1] - \mathbf{k}[k] \cdot \mathbf{x}^T[k] \cdot \hat{\mathbf{R}}_{XX}^{-1}[k-1]\right]. \qquad (6.4.6)$$

6.4.2 Herleitung des RLS-Algorithmus

Zur Aktualisierung des Koeffizientenvektors zum Zeitpunkt $k+1$ werden die im vorangegangenen Zeitpunkt ermittelten Korrelationswerte in die geschlossene MMSE-Lösung eingesetzt:

$$\mathbf{h}[k+1] = \hat{\mathbf{R}}_{XX}^{-1}[k] \cdot \hat{\mathbf{r}}_{XY_{\text{ref}}}[k]. \qquad (6.4.7)$$

Für die Aktualisierung der Autokorrelationsmatrix steht dazu die Iterationsgleichung (6.4.6) zur Verfügung.
Die Schätzung der Kreuzkorrelierten zwischen Eingangs- und Referenzsignal wird ebenso durch rekursive Mittelung mit dem Vergessensfaktor w ausgeführt.

$$\hat{\mathbf{r}}_{XY_{\text{ref}}}[k] = w \cdot \hat{\mathbf{r}}_{XY_{\text{ref}}}[k-1] + \mathbf{x}^*[k]\, y_{\text{ref}}[k] \qquad (6.4.8)$$

Setzt man die Rekursionsbeziehungen (6.4.6) und (6.4.8) in (6.4.7) ein, so ergibt sich

$$
\begin{aligned}
\mathbf{h}[k+1] &= \frac{1}{w}\,[\hat{\mathbf{R}}_{XX}^{-1}[k-1] - \mathbf{k}[k]\mathbf{x}^T[k]\hat{\mathbf{R}}_{XX}^{-1}[k-1]]\cdot \\
&\quad \cdot [w\cdot \hat{\mathbf{r}}_{XY_{\text{ref}}}[k-1] + \mathbf{x}^*[k]\, y_{\text{ref}}[k]] \\[2mm]
&= \underbrace{\hat{\mathbf{R}}_{XX}^{-1}[k-1]\,\hat{\mathbf{r}}_{XY_{\text{ref}}}[k-1]}_{\mathbf{h}[k]} + \frac{1}{w}\,\hat{\mathbf{R}}_{XX}^{-1}[k-1]\,\mathbf{x}^*[k]\, y_{\text{ref}}[k] \\[2mm]
&\quad - \mathbf{k}[k]\,\mathbf{x}^T[k]\,\underbrace{\hat{\mathbf{R}}_{XX}^{-1}[k-1]\,\hat{\mathbf{r}}_{XY_{\text{ref}}}[k-1]}_{\mathbf{h}[k]} \\[2mm]
&\quad - \frac{1}{w}\,\mathbf{k}[k]\,\underbrace{\mathbf{x}^T[k]\hat{\mathbf{R}}_{XX}^{-1}[k-1]\,\mathbf{x}^*[k]}_{L[k]}\, y_{\text{ref}}[k], \qquad (6.4.9)
\end{aligned}
$$

woraus mit den Beziehungen $\quad \mathbf{x}^T[k]\cdot\mathbf{h} = y[k]\quad$ und

$$
\frac{1}{w}\Big(\underbrace{\hat{\mathbf{R}}_{XX}^{-1}[k-1]\,\mathbf{x}^*[k]}_{[w+L(k)]\,\mathbf{k}[k];\ \text{siehe Gl. (6.4.5)}} - \mathbf{k}[k]\,L[k]\Big) = \frac{1}{w}\Big(w + L[k] - L[k]\Big)\,\mathbf{k}[k] = \mathbf{k}[k]
$$

schließlich die RLS-Iterationsgleichung folgt:

$$\mathbf{h}[k+1] = \mathbf{h}[k] - \mathbf{k}[k]\,[y[k] - y_{\text{ref}}[k]] = \mathbf{h}[k] - \mathbf{k}[k]\,e[k]. \qquad (6.4.10)$$

Der RLS-Algorithmus läuft also im Iterationsschritt k nach folgendem Schema ab:

- *Berechnung des aktuellen Filter-Ausgangssignals:*
  $$y[k] = \mathbf{h}^T[k] \cdot \mathbf{x}[k]$$

- *Berechnung des Fehlersignals:*
  $$e[k] = y[k] - y_{\text{ref}}[k]$$

- *Berechnung der Kalman Verstärkung:*
  $$\mathbf{k}[k] = \frac{1}{w+L[k]} \cdot \hat{\mathbf{R}}_{XX}^{-1}[k-1] \cdot \mathbf{x}^*[k]$$
  mit $L[k] = \mathbf{x}^T[k] \, \hat{\mathbf{R}}_{XX}^{-1}[k-1] \, \mathbf{x}^*[k]$

- *Aktualisierung der inversen Autokorrelationsmatrix:*
  $$\hat{\mathbf{R}}_{XX}^{-1}[k] = \tfrac{1}{w}\,[\hat{\mathbf{R}}_{XX}^{-1}[k-1] - \mathbf{k}[k]\,\mathbf{x}^T[k]\,\hat{\mathbf{R}}_{XX}^{-1}[k-1]]$$

- *Aktualisierung des Koeffizientenvektors:*
  $$\mathbf{h}[k+1] = \mathbf{h}[k] - \mathbf{k}[k] \cdot e[k].$$

6.5 Experimentelle Untersuchungen adaptiver Filter

6.5.1 Akustische Echokompensation

Zur Demonstration adaptiver Filter wird im Folgenden das Problem der Echokompensation behandelt. Praktische Anwendung finden solche Systeme vornehmlich in der Freisprech-Telefonie: Das aus dem Lautsprecher kommende Signal wird dabei auf das Mikrofon zurückgekoppelt und führt somit zu unerwünschten Echoeffekten beim fernen Sprecher. Zur Unterdrückung dieser Echosignale dient die in Bild 6.5.1 dargestellte Schaltungsanordnung. Die Impulsantwort $h[k]$ des abgebildeten Filters zwischen Lautsprechereingang und Mikrofonausgang soll die Raumimpulsantwort $h_{\text{Raum}}[k]$ nachbilden. Zur adaptiven Einstellung von $h[k]$ dient das Mikrofonausgangssignal, das im Falle von Sprachpausen des nahen Sprechers dem nachzubildenden Echosignal entspricht, als Referenz. Dabei stellt die Sprache des nahen Teilnehmers eine extrem starke Störung $n[k]$ gemäß Bild 6.1.1 dar und würde die Adaption bei Sprachaktivität erheblich verschlechtern. Aus diesem Grunde ist eine Detektion der Sprachaktivität erforderlich (VAD, Voice Activity Detection). Auf diese Problematik sowie auch auf die Besonderheiten, die sich aufgrund der extrem langen Raumimpulsantworten ergeben, wird in den folgenden Untersuchungen nicht eingegangen (siehe hierzu z.B. [VM06, Son67, BDH+99, BGM+01, HS04, MPS00]).

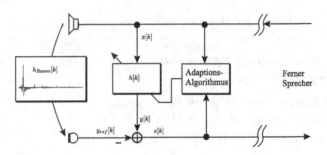

Bild 6.5.1: Prinzip der Echokompensation

6.5.2   Simulationsbeispiele

Die folgenden Beispiele zur Echokompensation basieren auf realen Raumimpulsantworten, die mit Hilfe der Spiegelmethode nach [AB79] für einen Büroraum mit den Abmessungen 4 m × 6 m, Höhe 3 m, errechnet wurden. Die Nachhallzeit betrug etwa eine halbe Sekunde.

Bild 6.5.2 zeigt die Abhängigkeit des Einlaufverhaltens des LMS von der Schrittweite μ. Anstelle eines realen Sprachsignals des fernen Sprechers wird für $x[k]$ hier zunächst weißes Rauschen der Leistung eins gesetzt; alle Eigenwerte der Autokorrelationsmatrix sind also dementsprechend eins. Die Filterlänge beträgt $m + 1 = 256$. Dargestellt ist der Systemabstand

$$D = 10 \cdot \log \left(\frac{\|\mathbf{h}_{\text{Raum}} - \mathbf{h}\|^2}{\|\mathbf{h}_{\text{Raum}}\|^2} \right),$$

wobei $\mathbf{h}_{\text{Raum}}$ die wahre Raumimpulsantwort und $\mathbf{h}$ deren Nachbildung durch das FIR-Filter bezeichnen. Es zeigt sich die erwartete Verringerung der Einlaufzeit mit steigender Schrittweite bei gleichzeitigem Anstieg des restlichen Gradientenrauschens. Die gewählten Schrittweiten liegen mit $\mu = 0.1/256, \cdots 0,5/256$ deutlich unter der theoretischen Grenze nach (6.2.15b). Dies rührt daher, dass in der Analyse nach Abschnitt 6.2.2 die perfekte Kenntnis der Erwartungswerte vorausgesetzt wurde – für den hier angewendeten stochastischen Gradientenalgorithmus trifft dies jedoch nicht zu. Andererseits hat die Herleitung des normierten LMS-Algorithmus in Abschnitt 6.3.1 bzw. 6.3.2 gezeigt, dass die Schrittweite auf die Norm des aktuellen Signalvektors $\mathbf{x}[k]$, also auf

$$\|\mathbf{x}[k]\|^2 = \sum_{\ell=0}^{m} |x[k - \ell]|^2 \approx (m + 1) \, \sigma_X^2$$

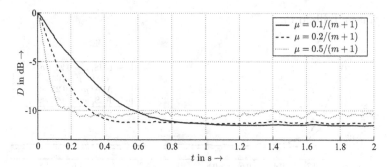

Bild 6.5.2: Einfluss der Schrittweite beim LMS-Algorithmus,
$x[k] \triangleq$ weißes Rauschen, $\sigma_X^2 = 1$, $m + 1 = 256$

zu beziehen ist; aus diesem Grunde wurden die Schrittweiten hier auf die Filterlänge normiert angegeben.

Bild 6.5.3 zeigt einen Vergleich der hier behandelten Adaptionsalgorithmen unter verschiedenen Randbedingungen. Zunächst wird in Bild 6.5.3a wieder weißes Eingangsrauschen eingesetzt; erwartungsgemäß steigert sich die Konvergenzgeschwindigkeit vom LMS über die Affine Projektion (APA) bis zum RLS beträchtlich. Deutlich ist auch das schnellere Einlaufen des NLMS gegenüber dem LMS zu Beginn der Adaption; dies liegt daran, dass das Zustandsregister am Anfang auf null gesetzt war, so dass bei Normierung auf $\|\mathbf{x}[k]\|^2$ zunächst eine große Schrittweite wirksam ist, die hauptsächlich durch die Regularisierungskonstante begrenzt wird.

Wie in Abschnitt 6.2.2 gezeigt wurde, ist die Konvergenzgeschwindigkeit für weißes Eingangsrauschen am höchsten. Bild 6.5.3b veranschaulicht dem gegenüber den Einfluss von Korrelationen, also einer Färbung des Eingangssignals. Verwendet wird stationäres rosa Rauschen (*pink noise*); bei einer Filterlänge von 256 liegt hier das Eigenwertverhältnis $\lambda_{\max}/\lambda_{\min}$ knapp unter 300. Im Vergleich zu Bild 6.5.3a zeigen die beiden LMS-Versionen bei unveränderten Schrittweiten eine erhebliche Minderung der Einlaufgeschwindigkeit, während die Affine Projektion und der RLS-Algorithmus nahezu unbeeinflusst bleiben.

Im Teilbild Bild 6.5.3c wird die Filterlänge auf $m + 1 = 1024$ erhöht. Man erkennt zunächst, dass ein geringerer Restfehler, also eine bessere Echounterdrückung, erreichbar ist. Andererseits verlangsamt sich das Einlaufverhalten aller Algorithmen (man beachte die veränderte Zeitskala in Teilbild c).

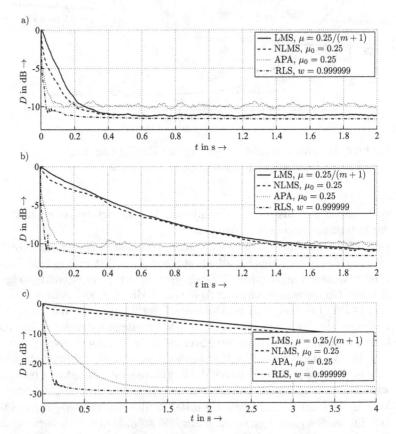

Bild 6.5.3: Algorithmenvergleich; Einflüsse der Färbungen des Eingangssignals und der Filterlänge
a) weißes Eingangsrauschen, $m + 1 = 256$
b) rosa Eingangsrauschen, $m + 1 = 256$
c) rosa Eingangsrauschen, $m + 1 = 1024$

Zum Abschluss werden in Bild 6.5.4 die vier betrachteten Adaptionsalgo-
rithmen bei Erregung mit einem realen Sprachsignal verglichen, dessen
Verlauf in der oberen Spur eingeblendet ist. Dieses Signal ist stark in-
stationär; demzufolge divergiert der nicht normierte LMS-Algorithmus
in Bereichen hoher Signalleistungen. Durch die Normierung kann das

Konvergenzverhalten stabilisiert werden, wobei die Affine Projektion eine weitere Verbesserung bewirkt. Das beste Verhalten sowohl in Bezug auf die Einlaufgeschwindigkeit als auch den Restfehler weist erwartungsgemäß der RLS-Algorithmus auf. Da dieser jedoch eine sehr hohe Rechenleistung erfordert, liegt der günstigste Kompromiss für die meisten praktischen Anwendungen beim Verfahren der Affinen Projektion.

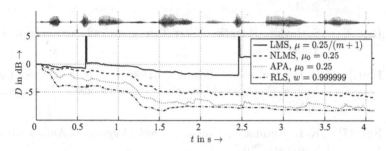

Bild 6.5.4: Algorithmenvergleich bei einem Sprachsignal am Eingang

Literaturverzeichnis

[AB79]   J. B. Allen and D. A. Berkley. Image Method for Efficiently Simulating Small–Room Acoustics. *J. Acoust. Soc. Amer.*, 65:943–950, 1979.

[Ant95]   H. Anton. *Lineare Algebra.* Spektrum, Heidelberg, 1995.

[BDH+99] C. Breining, P. Dreiseitel, E. Hänsler, A. Mader, B. Nitsch, H. Puder, T. Schertler, G. Schmidt, and J. Tilp. Acoustic Echo Control – An Application of Very-High-Order Adaptive Filters. *IEEE Signal Processing Magazine*, pages 42–69, July 1999.

[BGM+01] J. Benesty, T. Gänsler, D. R. Morgan, M. M. Sondhi, and S. L. Gay. *Advances in Network and Acoustic Echo Cancellation.* Springer, Berin, 2001.

[Cla93]   P.M. Clarkson. *Optimal and Adaptive Signal Procesing.* CRC Press, Boca Raton, FL, 1993.

[Gol96]   G.H. Golub. *Matrix Computations*. John Hopkins University, Maryland, 3. edition, 1996.

[Gut03]   M.H. Gutknecht. *Lineare Algebra*. Vorlesungsskript Studiengang Informatik. ETH Zürich, Schweiz, 2003.

[Hän01]   E. Hänsler. *Statistische Signale*. 3. Aufl. Springer, Berlin, 2001.

[Hay02]   S. Haykin. *Adaptive Filter Theory*. 4. Aufl. New Jersey, New York, 2002.

[HS04]   E. Hänsler and G. Schmidt. *Acoustic Echo and Noise Control: a Practical Approach*. Wiley, Hoboken, New Jersey, 2004.

[Kam17]   K. D. Kammeyer. *Nachrichtenübertragung*. 6. Aufl. Teubner, Stuttgart, 2017.

[Kol41]   A. Kolmogoroff. Interpolation und Extrapolation von stationären zufälligen Folgen (russ.). *Izvestija Akademii Nauk SSSR: Serija Matematicheskaja*, 5:3–14, 1941.

[Luc66]   R.W. Lucky. Techniques for Adaptive Equalization for Digital Communication. *Bell Syst. Tech. Journal*, Vol.45, 1966. S.225-286.

[Lüt96]   H. Lütkepohl. *Handbook of Matrices*. Wiley, Chichester, 1996.

[Mac95]   O. Macchi. *Adaptive Processing*. Wiley, New York, 1995.

[MH00]   G. Moschytz and M. Hofbauer. *Adaptive Filter*. 3.Aufl. Springer, Stuttgart, 2000.

[MPS00]   A. Mader, H. Puder, and G. Schmidt. Step-Size Control for Acousatic Echo Cancellation Filters – an Overview. *Elsevier Signal Processing*, 80(9):1697–1719, September 2000.

[Son67]   M.M. Sondhi. An Adaptive Echo Canceller. *Bell Syst. Tech. J*, 46:497–511, 1967.

[TJL87]   J. R. Treichler, C. R. Johnson, and M. Larimore. *Theory and Design of Adaptive Filters*. Wiley, New York u.a., 1987.

[VM06]   P. Vary and R. Martin. *Digital Speech Transmission. Enhancement, Coding and Error Concealment.* Wiley & Sons, West Sussex, England, 2006.

[WH60]   B. Widrow and M.E. Hoff. Adaptive Switching Circuits. In *IRE Western Electric Show and Convention Record, Part 4,* volume 1, pages 96–104, August 1960.

[Wie49] N. Wiener. *Extrapolation, Interpolation and Smoothing of Stationary Time Series, with Engineering Appliccations.* Technology Press and Wiley, New York, 1949.

[WMB75] B. Widrow, J.M. McCool, and M. Ball. The Complex LMS Algorithms. In *Proc. IEEE,* volume 63, pages 719–720, 1975.

[WS85]   B. Widrows and S.D. Stearns. *Adaptive Signal Processing.* Prentice-Hall, Englewood Cliffs, 1985.

[ZF97]   R. Zurmühl and S. Falk. *Matrizen und ihre Anwendungen.* Springer, Berlin, 1997.

7

Die diskrete Fourier-Transformation (DFT)

Für diskrete Signale wurde in (2.3.11) und (2.3.12) das Fourier-Transformationspaar

$$X(e^{j\Omega}) = \sum_{k=-\infty}^{\infty} x[k]e^{-j\Omega k}, \quad \Omega = \omega T \qquad (7.0.1)$$

$$x[k] = \frac{1}{2\pi} \int_{-\pi}^{\pi} X(e^{j\Omega})e^{j\Omega k}d\Omega \qquad (7.0.2)$$

angegeben. Dadurch wird die im Zeitbereich vorliegende *Folge $x[k]$* in die *kontinuierliche Spektralfunktion $X(e^{j\Omega})$* transformiert und umgekehrt. Zur Abgrenzung gegenüber der klassischen Fourier-Transformation, die kontinuierliche Funktionen im Zeit- und Frequenzbereich miteinander verknüpft, und der in diesem Kapitel betrachteten diskreten Fourier-Transformation, bei der diskrete Folgen im Zeit- und Frequenzbereich einander entsprechen, wird die in (7.0.1) definierte Transformation wie in (2.3.11) als *zeitdiskrete Fourier-Transformation* (DTFT) bezeichnet. Bei Ausführung dieser Transformation mit einem Digitalrechner oder allgemein durch ein digitales System treten zwei Probleme auf:

- *Es können nur endlich viele Werte $x[k]$ verarbeitet werden, weil der Speicherplatz in einem Rechner endlich ist.*

© Springer Fachmedien Wiesbaden GmbH, ein Teil von Springer Nature 2022
K.-D. Kammeyer und K. Kroschel, *Digitale Signalverarbeitung*

- *Neben der Zeitvariablen muss auch die Frequenzvariable diskretisiert werden, weil der Rechner nur diskrete Zahlenwerte verarbeiten kann.*

Im folgenden Abschnitt soll gezeigt werden, wie sich diese Probleme lösen lassen, indem man statt der Definitionen in (7.0.1) und (7.0.2) ein mit einem Digitalrechner auswertbares Transformationspaar für die Fourier-Transformation verwendet. Man bezeichnet die dabei gewonnene Transformation als *diskrete Fourier-Transformation*, was man mit DFT abkürzt, bzw. inverse diskrete Fourier-Transformation oder kurz IDFT. Zur Ausführung dieser Transformationen wurden Algorithmen entwickelt, die sich besonders effizient auf einem Digitalrechner implementieren lassen und die als *schnelle Fourier-Transformation* bzw. unter der englischen Bezeichnung Fast Fourier Transform mit der Abkürzung FFT bekannt geworden sind; sie werden ausführlich in Abschnitt 7.4 behandelt. Wegen dieser mit verhältnismäßig wenig Rechenaufwand zu realisierenden Formen der DFT hat die Fourier-Transformation eine sehr große Bedeutung in der digitalen Signalverarbeitung gewonnen und findet bei der Filterung, bei der Spektralanalyse sowie in zahlreichen anderen Bereichen Anwendung.

Häufig sind die zu verarbeitenden Signale im Zeitbereich reell; das zugehörige Spektrum ist dann gemäß den Eigenschaften der DFT konjugiert gerade. Die darin liegende Redundanz kann durch die Anwendung eines auf reelle Signale zugeschnittenen FFT-Algorithmus ausgenutzt werden; dieser wird in Abschnitt 7.5 abgeleitet. Ein weiterer Sonderfall liegt vor, wenn für eine N-Punkte Zeitfolge nur einige wenige Spektralwerte berechnet werden sollen. In diesem Falle kann der im Jahr 1958 – also noch dem Erscheinen der FFT – von G. Goertzel vorgeschlagene Algorithmus vorteilhaft sein. Der Goertzel-Algorithmus wird in Abschnitt 7.6 hergeleitet.

7.1   Definition der DFT

Geht man von der Definition (7.0.1) aus und lässt nur eine endliche Anzahl von z.B. N Abtastwerten zu, so läuft der Zählindex k für den Zeitparameter in der Summe z.B. von $k = 0$ bis $k = N - 1$. Damit ist das erste der genannten Probleme gelöst. Um auch das zweite Problem zu lösen, erinnert man sich der Tatsache, dass das Spektrum eines zeitdiskreten Signals periodisch ist.

$$X(e^{j\Omega}) = X(e^{j\omega T}) = X(e^{j(\omega T \pm 2\pi \cdot i)}) = X(e^{j(\Omega \pm 2\pi \cdot i)}) \quad i \in \mathbb{N} \quad (7.1.1)$$

Deshalb braucht man nur eine Periode des Spektrums z.B. im Intervall $0 \leq \omega \leq 2\pi/T$ zu betrachten. Zur Diskretisierung des Spektrums werden in dieses Intervall endlich viele Spektrallinien gelegt. Ihre Anzahl ist grundsätzlich beliebig wählbar, es wird sich aber zeigen, dass es günstig ist, im Spektralbereich dieselbe Anzahl N von Stützstellen zu wählen wie im Zeitbereich. Der Abstand dieser Spektrallinien entspricht der spektralen Auflösung und wird mit Δf bezeichnet. Es gilt

$$f_A = \frac{1}{T} = N \cdot \Delta f, \quad (7.1.2)$$

$$\Delta f = \frac{f_A}{N} = \frac{1}{N \cdot T}. \quad (7.1.3)$$

Setzt man die Bedingungen $0 \leq k \leq N-1$ für das beschränkte Zeitintervall und $\omega_n = 2\pi \cdot n \cdot \Delta f = 2\pi \cdot n/(NT)$ bzw. $\Omega_n = 2\pi \cdot n/N$ für die Diskretisierung des Spektrums in (7.0.1) ein, so erhält man

$$X(e^{jn2\pi/N}) =: X[n] = \sum_{k=0}^{N-1} x[k]e^{-jkn2\pi/N}. \quad (7.1.4)$$

Es stellt sich die Frage nach der Rücktransformation in den Zeitbereich. Im Transformationspaar (7.0.1, 7.0.2) wird diese durch Integration über die frequenzkontinuierliche Spektralfunktion erreicht; mit (7.1.4) sind hingegen nur diskrete Spektralwerte verfügbar. Die zu (7.1.4) inverse Transformation gewinnt man deshalb in folgender Weise: Zur Berechnung der Zeitfolge zu einem bestimmten Zeitpunkt $k = \ell$ multipliziert man (7.1.4) auf beiden Seiten mit $\exp(j2\pi n\ell/N)$ und summiert über alle N Frequenzwerte.

$$\sum_{n=0}^{N-1} X[n]e^{j2\pi n\ell/N} = \sum_{n=0}^{N-1}\sum_{k=0}^{N-1} x[k]e^{-j2\pi(k-\ell)n/N}$$

$$= \sum_{k=0}^{N-1} x[k] \sum_{n=0}^{N-1} e^{-j2\pi(k-\ell)n/N} \quad (7.1.5)$$

Da die Summe über n für alle $k \neq \ell$ verschwindet,

$$\sum_{n=0}^{N-1} e^{j2\pi(k-\ell)n/N} = N \cdot \delta[k-\ell], \quad (7.1.6)$$

ergibt sich mit aus (7.1.5)

$$\sum_{n=0}^{N-1} X[n]e^{j2\pi n\ell/N} = \sum_{k=0}^{N-1} x[k]N \cdot \delta[k-\ell] = N \cdot x[\ell]. \qquad (7.1.7)$$

Ersetzt man ℓ wieder durch den allgemeinen Zeitparameter k, so erhält man zusammen mit (7.1.4) das Transformationspaar der diskreten Fourier-Transformierten und der dazu Inversen unter Verwendung der Operatorenschreibweise:

$$X[n] = \mathrm{DFT}\{x[k]\} = \sum_{k=0}^{N-1} x[k]W_N^{kn} \qquad (7.1.8)$$

$$x[k] = \mathrm{IDFT}\{X(n)\} = \frac{1}{N}\sum_{n=0}^{N-1} X[n]W_N^{-kn}, \qquad (7.1.9)$$

wobei zur Abkürzung der komplexe Drehoperator

$$W_N = e^{-j2\pi/N} \qquad (7.1.10)$$

verwendet wurde. Die diskrete Fourier-Transformation (7.1.8) und die inverse diskrete Fourier-Transformation (7.1.9) unterscheiden sich bis auf die Normierungskonstante $1/N$ nur durch das Vorzeichen in den Exponenten der Drehfaktoren, d.h. beiden Transformationen liegt dieselbe Struktur des Rechenalgorithmus zugrunde. Man kann durch Wahl der Wurzel aus $1/N$ als Vorfaktor beider Transformationsbeziehungen deren Symmetrie noch vergrößern; die in (7.1.8) und (7.1.9) gegebenen Formen sind jedoch die am häufigsten verwendeten.

Wegen der in (7.1.8) und (7.1.9) enthaltenen Exponentialfunktionen sind mit

$$e^{\pm j(k+iN)n2\pi/N} = e^{\pm jk(n+iN)2\pi/N} = e^{\pm jkn2\pi/N} \quad , \quad i \in \mathbb{N} \qquad (7.1.11)$$

das diskrete Spektrum $X[n]$ und das diskrete Signal $x[k]$ in N periodisch, wie Bild 7.1.1 veranschaulicht. Die Kenntnis einer Periode von $x[k]$ bzw. $X[n]$ reicht aus, um die DFT bzw. IDFT durchzuführen. Falls $x[k]$ reell ist, wird $X[n]$ eine bezüglich des Betrages gerade und bezüglich der Phase ungerade Funktion, so dass die Kenntnis von $X[n]$ für $0 \leq n \leq N/2-1$

für geradzahliges N bzw. $0 \le k \le (N-1)/2$ für ungeradzahliges N ausreicht, um das ganze Spektrum bzw. zugehörige Zeitsignal zu beschreiben. Die Periodizität lässt sich durch die modulo-Rechnung ausdrücken. Für die Argumente k und n schreibt man

$$((k))_N = k \bmod N = ((k + iN))_N \qquad (7.1.12)$$

$$((n))_N = n \bmod N = ((n + iN))_N . \qquad (7.1.13)$$

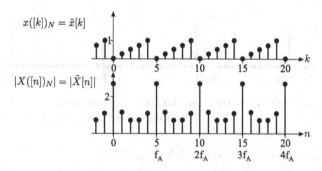

Bild 7.1.1: Periodizität von diskretem Signal $x(k)$ und Spektrum $X(n)$ für $N = 5$

Mit diesen Beziehungen können die Folgen im Zeit- und Frequenzbereich folgendermaßen beschrieben werden:

$$\tilde{x}[k] = \tilde{x}[k \pm i \cdot N] = x((k))_N , \quad i, k \in \mathbb{N} \qquad (7.1.14)$$

$$\tilde{X}[n] = \tilde{X}[n \pm i \cdot N] = X((n))_N . \quad i, n \in \mathbb{N} \qquad (7.1.15)$$

Die Werte der Spektralfolge sind als Koeffizienten der Fourier-Reihe des periodischen Zeitsignals zu interpretieren. Die Spektralfolge ist ihrerseits periodisch, da das zugeordnete Zeitsignal zeitdiskret ist.

Für den Zusammenhang mit dem frequenzkontinuierlichen Spektrum, das gemäß (7.0.1) der endlichen Folge $x[k]$ zugeordnet ist, lässt sich folgende Aussage formulieren:

- *Die diskrete Fourier-Transformation einer auf das Zeitintervall $0 \le k \le N-1$ begrenzten Folge $x[k]$ liefert N äquidistante Abtastwerte der zu $x[k]$ gehörigen kontinuierlichen Spektralfunktion im Frequenzintervall*

$0 \leq \Omega \leq 2\pi \cdot (N-1)/N$ *bzw.* $0 \leq f \leq f_A \cdot (N-1)/N$.
Diese Diskretisierung des Spektrums kann als Auswirkung der periodischen Fortsetzung der Folge im Zeitbereich interpretiert werden.

Als Beispiel wird eine komplexe Schwingung der Frequenz $p \cdot \Delta f$, $p \in \mathbb{N}$ betrachtet:

$$x[k] = e^{jp \cdot 2\pi \Delta f T k} = e^{jpk2\pi/N} . \qquad (7.1.16)$$

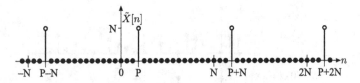

Bild 7.1.2: Betrag der DFT einer komplexen Schwingung. Parameter $N = 16$, $p = 3$, Frequenz f der komplexen Schwingung $f = 3/16 \cdot f_A$

Für das zugehörige Spektrum folgt aus (7.1.8)

$$X[n] = \sum_{k=0}^{N-1} e^{j(p-n)k2\pi/N} = \begin{cases} N & ((p))_N = ((n))_N \\ 0 & \text{sonst}, \end{cases} \qquad (7.1.17)$$

weil für $((p))_N = ((n))_N$ alle Summanden zu eins werden und für $((p))_N \neq ((n))_N$ die komplexen Summanden sich zu Null ergänzen. Damit hat das Spektrum das in Bild 7.1.2 gezeigte Aussehen, das man von einer komplexen, periodischen Schwingung erwartet, deren Abtastwerte der Fourier-Transformation unterworfen werden.

7.2 Eigenschaften der DFT

Viele Eigenschaften der DFT stimmen mit denen der Fourier-Transformation und der Z-Transformation überein. Die Unterschiede sind insbesondere durch die Periodizität der Folge $x([k])_N$ im Zeitbereich und des zugehörigen Spektrums im Frequenzbereich $X([n])_N$ bedingt. Die Eigenschaften werden hier anhand von Folgen $x[k]$ endlicher Länge diskutiert, sie gelten aber eigentlich auch für die periodischen Folgen, die sich aus den endlichen Folgen durch periodische Fortsetzung ergeben und zur Unterscheidung mit

$$\tilde{x}[n] = \tilde{x}[k + i \cdot N] = x([n])_N, \quad i, k \in \mathbb{N} \tag{7.2.1}$$

bezeichnet werden. Mit $x[k]$ ist demnach die endliche Folge im Grundintervall der periodischen Folge nach (7.2.1) gemeint.

Die DFT ist eine *lineare* Transformation, so dass für zwei Folgen gleicher Länge N und mit beliebigen Gewichten α und β die Beziehung

$$\text{DFT}\{\alpha \cdot x_1[k] + \beta \cdot x_2[k]\} = \alpha \cdot X_1[n] + \beta \cdot X_2[n] \tag{7.2.2}$$

gilt, wobei $X_1[n]$ und $X_2[n]$ die DFTs von $x_1[k]$ und $x_2[k]$ bezeichnen. Wenn die Längen beider Folgen nicht gleich sind, wird die Länge der resultierenden Folge bzw. der DFT nach der Vorschrift $N = \text{Max}\{N_1, N_2\}$ bestimmt. Fehlende Werte der kürzeren Folge sind dann vor Ausführung der DFT durch Nullen aufzufüllen, was man im Englischen als *„zero padding"* bezeichnet.

Verzögert man die periodisch fortgesetzte Folge $x[k]$ um i Zeittakte, so dass man $x_1([k])_N = x([k - i])_N$ erhält, so folgt

$$X_1[n] = \sum_{k=0}^{N-1} x([k - i])_N W_N^{kn} = \sum_{m=0}^{N-1} x[m] W_N^{(m+i)n} = W_N^{+in} X[n] \tag{7.2.3}$$

für die DFT der verschobenen Folge. Bild 7.2.1 zeigt diese Verschiebung, bei der jeweils der Abtastwert, der rechts aus dem Grundintervall heraustritt, links wegen der periodischen Fortsetzung wieder erscheint. Man bezeichnet diese Art der Verschiebung als *zirkulare* oder auch *zyklische* Verschiebung. Wenn die Verschiebung um $i \geq N$ Zeittakte erfolgt, erhält man wegen der Periodizität deswegen wieder einen verschobenen Wert innerhalb des Intervalls $0 \leq i \leq N - 1$.

Multipliziert man eine Folge $x[k]$ mit dem Exponentialausdruck

$$W_N^{ki} = e^{-jki \cdot 2\pi/N}, \tag{7.2.4}$$

so erhält man für deren DFT:

$$\begin{aligned}
\text{DFT}\{W_N^{ki} x[k]\} &= \sum_{k=0}^{N-1} W_N^{ki} x[k] W_N^{kn} \\
&= \sum_{k=0}^{N-1} x[k] W_N^{k(n+i)} = X([n + i])_N. \tag{7.2.5}
\end{aligned}$$

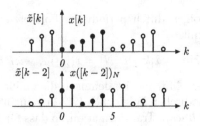

Bild 7.2.1: Beispiel zur zirkularen Verschiebung

Für die inverse diskrete Fourier-Transformierte $y[k]$ des Produkts der DFTs zweier Folgen $x_1[k]$ und $x_2[k]$ gilt mit (7.1.8), (7.1.9) und (7.1.17)

$$
\begin{aligned}
y[k] &= \text{IDFT}\{X_1[n] \cdot X_2[n]\} = \frac{1}{N} \sum_{n=0}^{N-1} X_1[n] \cdot X_2[n] W_N^{-kn} \\
&= \frac{1}{N} \sum_{n=0}^{N-1} \sum_{p=0}^{N-1} x_1[p] W_N^{pn} \sum_{q=0}^{N-1} x_2[q] W_N^{qn} W_N^{-kn} \\
&= \frac{1}{N} \sum_{p=0}^{N-1} \sum_{q=0}^{N-1} x_1[p] x_2[q] \sum_{n=0}^{N-1} W_N^{-(k-p-q)n} \\
&= \frac{1}{N} \sum_{p=0}^{N-1} x_1[p] x_2([k-p])_N \cdot N \\
&= \sum_{q=0}^{N-1} x_1([k-q])_N x_2[q], \qquad\qquad (7.2.6)
\end{aligned}
$$

wobei hier $q = ([k-p])_N$ bzw. $p = ([k-q])_N$ gesetzt wurde, da $p < N$ und $q < N$ gilt. Man bezeichnet (7.2.6) als *zirkulare, zyklische* oder *periodische* Faltung im Gegensatz zur *aperiodischen* Faltung diskreter Signale wie in (2.2.6). Beide Arten der Faltung sind verschieden voneinander; im folgenden Beispiel von Bild 7.2.2 stimmt nur der Wert $y(3)$ aus periodischer und aperiodischer Faltung überein.

- Aperiodische Faltung

$$
y[k] = \sum_{i=0}^{N-1} x_1[i] x_2[k-i] \qquad\qquad (7.2.7)
$$

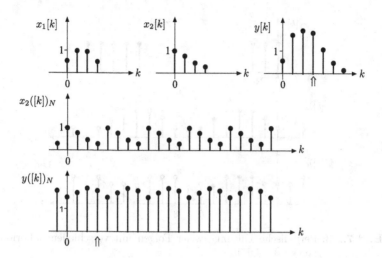

Bild 7.2.2: Beispiel zur aperiodischen und periodischen Faltung

$$y[0] = x_1[0]x_2[0]$$
$$y[1] = x_1[0]x_2[1] \quad +x_1[1]x_2[0]$$
$$y[2] = x_1[0]x_2[2] \quad +x_1[1]x_2[1] \quad +x_1[2]x_2[0]$$
$$y[3] = x_1[0]x_2[3] \quad +x_1[1]x_2[2] \quad +x_1[2]x_2[1] \quad +x_1[3]x_2[0]$$
$$y[4] = \qquad\qquad\;\; +x_1[1]x_2[3] \quad +x_1[2]x_2[2] \quad +x_1[3]x_2(1)$$
$$y[5] = \qquad\qquad\qquad\qquad\qquad\;\; +x_1[2]x_2[3] \quad +x_1[3]x_2[2]$$
$$y[6] = \qquad\qquad\qquad\qquad\qquad\qquad\qquad\qquad\;\; +x_1[3]x_2[3]$$

- Periodische Faltung

$$y([k])_N = \sum_{i=0}^{N-1} x_1[i]x_2([k-i])_N \qquad (7.2.8)$$

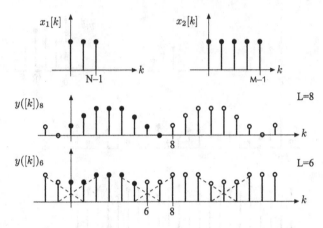

Bild 7.2.3: Periodische Faltung zweier Folgen mit verschiedenen Perioden-längen der DFT

$$y([0])_N = x_1[0]x_2[0] + x_1[1]x_2[3] + x_1[2]x_2[2] + x_1[3]x_2[1]$$

$$y([1])_N = x_1[0]x_2[1] + x_1[1]x_2[0] + x_1[2]x_2[3] + x_1[3]x_2[2]$$

$$y([2])_N = x_1[0]x_2[2] + x_1[1]x_2[1] + x_1[2]x_2[0] + x_1[3]x_2(3)$$

$$y([3])_N = x_1[0]x_2[3] + x_1[1]x_2[2] + x_1[2]x_2[1] + x_1[3]x_2[0]$$

Für praktische Anwendungen der periodischen Faltung zur Berechnung der Systemantwort muss die periodische Faltung für alle Zeitpunkte mit der aperiodischen übereinstimmen. Dies ist nur der Fall, wenn die beiden Folgen $x_1[k]$ und $x_2[k]$ außerhalb eines bestimmten Zeitintervalls verschwinden. Wenn $x_1[k]$ z.B. N Abtastwerte, $x_2[k]$ M Abtastwerte umfasst, wird das Resultat der aperiodischen Faltung $N+M-1$ Abtastwerte umfassen. Damit die periodische Faltung diese $N+M-1$ Abtastwerte ebenfalls liefert, muss die periodische Fortsetzung von $x_1[k]$ und $x_2[k]$ nach jeweils $L \geq N + M$ Abtastwerten erfolgen. Die so gewonnenen periodischen Folgen sind für $M \leq ([k])_M \leq L-1$ bzw. $N \leq ([k])_N \leq L-1$ durch Nullen zu ergänzen. Für $L < N + M - 1$ tritt eine Überlappung, ein aliasing-Effekt, im Zeitbereich ein, wodurch ein Teil des Faltungsprodukts verfälscht wird, wie Bild 7.2.3 zeigt.

Wenn $N \ll M$ gilt, was bei praktischen Anwendungen oft der Fall ist, da die Dauer N der Impulsantwort $x_2[k] = h[k]$ kleiner als die Dauer M des

Eingangssignals $x_1[k] = x[k]$ ist, werden viele Werte $h[k]$ innerhalb der Periode $0 \leq k \leq L - 1$ zu Null gesetzt, so dass in der Faltungsbeziehung

$$y[k] = \sum_{i=0}^{L-1} x[i] h([k-i])_N \qquad (7.2.9)$$

viele Summanden zu Null werden, was von der Rechnung her nicht sinnvoll ist. Eine Abhilfe stellt die *segmentierte* Faltung dar, die in Abschnitt 7.5 vorgestellt wird.

Es folgen weitere Eigenschaften der diskreten Fourier-Transformation. Multipliziert man zwei Folgen $x_1[k]$ und $x_2[k]$ im Zeitbereich und berechnet die DFT des Produkts $y[k]$, so erhält man:

$$
\begin{aligned}
Y[n] &= \mathrm{DFT}\{x_1[k] \cdot x_2[k]\} = \sum_{k=0}^{N-1} x_1[k] \cdot x_2[k] W_N^{kn} \\
&= \sum_{k=0}^{N-1} \frac{1}{N} \sum_{p=0}^{N-1} X_1[p] W_N^{-pk} \frac{1}{N} \sum_{q=0}^{N-1} X_2[q] W_N^{-qk} W_N^{kn} \\
&= \frac{1}{N} \frac{1}{N} \sum_{p=0}^{N-1} \sum_{q=0}^{N-1} X_1[p] X_2[q] \sum_{k=0}^{N-1} W_N^{(n-p-q)k} \\
&= \frac{1}{N} \sum_{p=0}^{N-1} X_1[p] X_2([n-p])_N \\
&= \frac{1}{N} \sum_{q=0}^{N-1} X_1([n-q])_N X_2[q] .
\end{aligned}
\qquad (7.2.10)
$$

Für die DFT der konjugiert komplexen Folge $x_1[k] = x^*[k]$ gilt:

$$
\begin{aligned}
X_1[n] &= \sum_{k=0}^{N-1} x^*[k] W_N^{kn} = \sum_{k=0}^{N-1} x^*[k] W_N^{*k[-n]} \\
&= X^*([-n])_N = X^*[N-n] .
\end{aligned}
\qquad (7.2.11)
$$

Daraus folgt für die DFT der zeitlich inversen konjugiert komplexen Folge mit $x_1[k] = x^*([-k])_N = x^*[N-k]$:

$$
\begin{aligned}
X_1[n] &= \sum_{k=0}^{N-1} x^*([-k])_N W_N^{kn} = \sum_{i=0}^{N-1} x^*[i] W_N^{-in} = \sum_{i=0}^{N-1} x^*[i] W_N^{*in} \\
&= X^*[n] .
\end{aligned}
\qquad (7.2.12)
$$

Für die DFT des Realteils einer Folge $x[k]$ erhält man mit (7.2.11)

$$\text{DFT}\{\text{Re}\{x[k]\}\} = \text{DFT}\left\{\frac{1}{2}[x[k] + x^*[k]]\right\}$$

$$= \frac{1}{2}[X[n] + X^*(([-n])_N)]$$

$$\text{Ra}\{X[n]\} = \frac{1}{2}[X[n] + X^*[N-n]] \qquad (7.2.13)$$

und für den Imaginärteil entsprechend

$$\text{DFT}\{\text{Im}\{x[k]\}\} = \text{DFT}\left\{\frac{1}{2j}[x[k] - x^*[k]]\right\}$$

$$= \frac{1}{2j}[X[n] - X^*(([-n])_N)]$$

$$\text{Ia}\{X[n]\} = \frac{1}{2j}[X[n] - X^*[N-n]]\,; \qquad (7.2.14)$$

$\text{Ra}\{X[n]\}$ und $\text{Ia}\{X[n]\}$ sind jeweils bezüglich n konjugiert gerade Folgen.

Schließlich erhält man für die DFT des konjugiert geraden Anteils von $x[k]$ mit (7.2.12) und der Definition von (2.5.18)

$$\text{DFT}\{x_g[k]\} = \text{DFT}\left\{\frac{1}{2}[x[k] + x^*(-k))_N]\right\}$$

$$= \frac{1}{2}[X[n] + X^*[n]] = \text{Re}\{X[n]\} \qquad (7.2.15)$$

und für den konjugiert ungeraden mit der Definition von (2.5.19)

$$\text{DFT}\{x_u(k)\} = \text{DFT}\left\{\frac{1}{2}[x[k] - x^*(([-k])_N)]\right\}$$

$$= \frac{1}{2}[X[n] - X^*[n]] = j \cdot \text{Im}\{X[n]\}\,. \qquad (7.2.16)$$

Zusammenfassend zeigt Tab. 7.1 die hergeleiteten Eigenschaften der DFT.

Tab. 7.1: Eigenschaften der diskreten Fourier-Transformation (DFT)

Eigenschaft	DFT von Folgen der endlichen Länge N; $n, k = 0, \ldots, N-1$
Definition	$\text{DFT}\{x[k]\} = X([n]$
Linearität	$\text{DFT}\{\alpha \cdot x_1[k] + \beta \cdot x_2[k]\}$ $= \alpha \cdot X_1[n] + \beta \cdot X_2[n]$
Zeitversatz	$\text{DFT}\{x([k+i])_N\} = W_N^{-ni} X[n]$
Frequenzversatz	$\text{DFT}\{W_N^{ik} x[k]\} = X([n+i])_N$
Faltung	$\text{DFT}\left\{\sum_{q=0}^{N-1} x_1([k-q])_N x_2[q]\right\}$ $= \text{DFT}\left\{\sum_{p=0}^{N-1} x_1[p] x_2([k-p])_N\right\}$ $= X_1[n] \cdot X_2[n]$
Multiplikation	$\text{DFT}\{x_1[k] \cdot x_2[k]\}$ $= \frac{1}{N}\sum_{p=0}^{N-1} X_1[p] X_2([n-p])_N$ $= \frac{1}{N}\sum_{q=0}^{N-1} X_1([n-q])_N X_2[q]$
konj. komplex	$\text{DFT}\{x^*[k]\} = X^*([-n])_N = X^*([N-n])_N$
konj. komplex zeitinvers	$\text{DFT}\{x^*([-k])_N\} = \text{DFT}\{x^*([N-k])_N\} = X^*[n]$
Realteil	$\text{DFT}\{\text{Re}\{x[k]\}\} = \frac{1}{2}[X[n] + X^*[N-n]]$ $= \text{Ra}\{X[n]\}$ (konjugiert gerade)
Imaginärteil	$\text{DFT}\{\text{Im}\{x[k]\}\} = \frac{1}{2j}[X[n] - X^*[N-n]]$ $= \text{Ia}\{X[n]\}$ (konjugiert gerade)
konjugiert gerader Anteil	$\text{DFT}\{x_g[k]\} = \text{DFT}\left\{\frac{1}{2}[x[k] + x^*([-k])_N]\right\}$ $= \frac{1}{2}[X[n] + X^*[n]] = \text{Re}\{X[n]\}$
konjugiert ungerader Anteil	$\text{DFT}\{x_u[k]\} = \text{DFT}\left\{\frac{1}{2}[x[k] - x^*([-k])_N]\right\}$ $= \frac{1}{2}[X[n] - X^*[n]] = j \cdot \text{Im}\{X[n]\}$

7.3   Zusammenhänge zwischen der DFT und anderen Transformationen

Wenn ein diskretes Signal zeitbegrenzt ist, d.h. außerhalb des Zeitintervalls $0 \leq k \leq N - 1$ identisch verschwindet, so repräsentiert die DFT dieses Signal exakt. Für die Z-Transformierte dieses Signals gilt mit (3.1.5)

$$X(z) = \sum_{k=0}^{N-1} x[n]z^{-k}, \qquad (7.3.1)$$

d.h. für die Berechnung von $X(z)$ stehen dieselben Werte $x[n]$ zur Verfügung wie für $X[n]$ nach (7.1.8). Folglich müssen $X(z)$ und $X[n]$ eindeutig ineinander transformierbar sein. Mit $x[n]$ nach (7.1.9) folgt unter Verwendung der Summe einer endlichen geometrischen Reihe [BS62]

$$
\begin{aligned}
X(z) &= \sum_{k=0}^{N-1} \frac{1}{N} \sum_{n=0}^{N-1} X[n] e^{jkn2\pi/N} z^{-k} \\
&= \sum_{n=0}^{N-1} X[n] \frac{1}{N} \sum_{k=0}^{N-1} (e^{jn2\pi/N} z^{-1})^k \\
&= \frac{1}{N} \sum_{n=0}^{N-1} X[n] \frac{1 - z^{-N}}{1 - z^{-1} e^{jn2\pi/N}} .
\end{aligned}
\qquad (7.3.2)
$$

Damit lässt sich die Z-Transformierte aus der DFT berechnen. Insbesondere erhält man mit $z = \exp(j\Omega)$ auf dem Einheitskreis der z-Ebene die zeitdiskrete Fourier-Transformierte

$$X(z)|_{z=e^{j\Omega}} = X(e^{j\Omega}) = \frac{1}{N} \sum_{n=0}^{N-1} X[n] \frac{1 - e^{-j\Omega \cdot N}}{1 - e^{-j(\Omega - n \cdot 2\pi/N)}} \qquad (7.3.3)$$

des zeitbegrenzten diskreten Signals durch *Interpolation* der Stützstellen $X[n]$. Mit (7.3.2) ergibt sich auch die Möglichkeit, die z-Übertragungsfunktion $H(z)$ eines Systems aus N Messpunkten des Frequenzganges zu bestimmen. Voraussetzung dafür ist allerdings, dass die Impulsantwort des Systems nach N Abtastwerten – zumindest näherungsweise – abgeklungen ist.

Die zeitdiskrete Fourier-Transformation einer Folge von N Punkten nach (7.0.1)

$$X(e^{j\Omega}) = \sum_{k=0}^{N-1} x[n]e^{-j\Omega k} \qquad (7.3.4)$$

lässt sich an L diskreten Frequenzpunkten $\Omega_n = n \cdot 2\pi/L$ auf folgende Weise bestimmen:

$$X(e^{jn2\pi/L}) = \sum_{k=0}^{N-1} x[n]e^{-jkn2\pi/L} \, . \qquad (7.3.5)$$

Das Signal $x[k]$ mit

$$x[k] = \left\{ \begin{array}{ll} x[k] & 0 \le k \le N-1 \\ 0 & N \le k \le L-1, \quad L > N \end{array} \right. \qquad (7.3.6)$$

besitzt wegen des Verschwindens von $x[n]$ für $k \ge N$ die DFT mit der für $L > N$ höheren spektralen Auflösung $\Delta f = f_A/L$ nach (7.1.3)

$$\begin{aligned} X[n] &= \sum_{k=0}^{L-1} x[n]e^{-jkn2\pi/L} \\ &= \sum_{k=0}^{N-1} x[n]e^{-jkn2\pi/L} \, , \end{aligned} \qquad (7.3.7)$$

d.h. die DFT stimmt mit den Punkten des Spektrums nach (7.3.5) überein. Folglich kann man das Spektrum eines zeitbegrenzten diskreten Signals mit Hilfe der DFT an beliebig dicht aufeinanderfolgenden Frequenzpunkten berechnen, indem man die Folge im Zeitbereich gemäß (7.3.6) mit Nullen „verlängert" und vom verlängerten Signal die DFT berechnet. Dieses Anfügen von Nullen wird, wie bereits erwähnt, im Englischen als *zero padding* bezeichnet. Man muss sich hierbei klar machen, dass man lediglich eine *Interpolation* der ursprünglichen Stützstellen der DFT nach (7.3.3) vornimmt, da durch die Nullen keine *zusätzliche Information* über die Folge $x[k]$ gewonnen wird. Stellt die transformierte Zeitfolge eine endliche gemessene Folge der Länge N dar und nicht einen Ausschnitt aus einem unbestimmt weiter verlaufenden Signal, so ist mit den N Punkten der DFT das Spektrum vollständig bestimmt.

Vorteilhaft ist diese Methode aber immer dann, wenn man z.B. die Lage lokaler Maxima des Spektrums genauer bestimmen will. In Bild 7.3.1 wird dies an Hand eines modulierten Gaußimpulses demonstriert. Das obere rechte Teilbild zeigt den aus 16 Abtastwerten bestehenden Impuls mit der darunter dargestellten 16-Punkte-DFT. Aufgrund der unzulänglichen Frequenzauflösung wird das Maximum nicht präzise erfasst. Im rechten oberen Bild wird das Zeitsignal bis zur Gesamtlänge 32 mit Nullen aufgefüllt; die darunter dargestellte DFT weist eine doppelt so hohe Frequenzauflösung auf und gibt das Maximum relativ genau wieder.

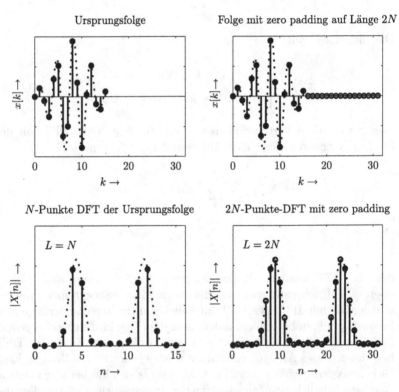

Bild 7.3.1: Diskrete Fourier-Transformation eines zeitbegrenzten Impulses mit und ohne angefügte Nullen

7.4 Die schnelle Fourier-Transformation (FFT)

Die schnelle Fourier-Transformation, die im Englischen mit Fast Fourier Transform bezeichnet und deshalb mit FFT abgekürzt wird, stellt eine Version der diskreten Fourier-Transformation oder DFT dar, die mit geringstem Rechenaufwand auf einem Digitalrechner ausführbar ist. Es gibt eine Vielzahl derartiger „schneller" Algorithmen für die DFT, so z.B. den *Winograd-Algorithmus* [Zoh81] oder den *Primfaktor-Algorithmus* [BE81]. Der hier näher beschriebene, so genannte *Radix-2-Algorithmus* von Cooley und Tukey [CT65] ist aber der bekannteste und am häufigsten angewandte Algorithmus, weil er besonders einfach zu implementieren ist und es mit den anderen Algorithmen in vielen Anwendungsfällen an Effizienz aufnehmen kann.

Während die DFT für N zu transformierende Werte nach (7.1.8) N^2 komplexe Multiplikationen und Additionen benötigt, sind bei der FFT, sofern N eine Potenz von 2 ist, nur etwa $N \cdot \log_2(N)$ dieser Operationen nötig. Folglich spart man bei $N = 1024$ etwa 99% der Operationen ein. Grundsätzlich lässt sich die FFT nur dann anwenden, wenn N möglichst viele, auch gleichartige Teiler besitzt. Das Optimum wird demnach erreicht, wenn N eine Potenz von 2 ist. Auch wenn die zu transformierende Folge zunächst eine Länge besitzt, die keine Potenz von 2 ist, kann man dies durch Auffüllen von Nullen immer erreichen. Deshalb soll dieser praktisch bedeutendste Fall vorausgesetzt werden. Die Effizienz des FFT-Algorithmus besteht darin, dass die Symmetrien und Periodizitäten, die in den Potenzen des Drehoperators W_N enthalten sind, bei der Auswertung von (7.1.8), (7.1.9) ausgenutzt werden. Um dies zu tun, spaltet man die Folge $x[k]$ durch fortgesetzte Halbierung in immer kürzere Teilfolgen auf, bis man zu Folgen der Länge 2 gelangt. Man unterscheidet zwei Methoden der FFT: die *Reduktion im Zeitbereich* oder englisch „decimation in time" und die *Reduktion im Frequenzbereich* oder englisch „decimation in frequency".

7.4.1 Reduktion im Zeitbereich

Da N als Potenz von 2 vorausgesetzt wird, ist N geradzahlig. Dann lässt sich $x[k]$ in zwei Teilfolgen der Länge $N/2$ unterteilen. Die erste, $u[k]$, enthält die $x[k]$ mit geradem Index k, die zweite, $v[k]$, die $x[k]$ mit ungeradem k.

$$u[k] = x[2k], \quad k = 0 \ldots N/2 - 1 \tag{7.4.1}$$
$$v[k] = x[2k+1], \quad k = 0 \ldots N/2 - 1 \tag{7.4.2}$$

Man schreibt zunächst die DFT von $x[k]$ gemäß (7.1.8) hin und zerlegt die Summe in zwei Teilsummen mit geraden und ungeraden Indizes.

$$
\begin{aligned}
X[n] &= \sum_{k=0}^{N-1} x[k] W_N^{kn} \\
&= \sum_{k=0}^{N/2-1} x[2k] W_N^{2kn} + \sum_{k=0}^{N/2-1} x[2k+1] W_N^{(2k+1)n} \\
&= \sum_{k=0}^{N/2-1} u[k](W_N^2)^{kn} + W_N^n \sum_{k=0}^{N/2-1} v[k](W_N^2)^{kn} \quad (7.4.3)
\end{aligned}
$$

Aufgrund der Definition (7.1.10) gilt

$$W_N^2 = \left(e^{-j\,2\pi/N}\right)^2 = e^{-j\,2\cdot 2\pi/N} = e^{-j2\pi/(N/2)} = W_{N/2}, \tag{7.4.4}$$

so dass sich für (7.4.3)

$$X[n] = \sum_{k=0}^{N/2-1} u[k] W_{N/2}^{kn} + W_N^n \sum_{k=0}^{N/2-1} v[k] W_{N/2}^{kn} \tag{7.4.5}$$

ergibt. Offenbar stellen die beiden hier enthaltenen Summenterme $N/2$-Punkte-DFTs der Folgen $u[k]$ und $v[k]$ dar

$$U[n] = \sum_{k=0}^{N/2-1} u[k] W_{N/2}^{kn} \tag{7.4.6}$$

$$V[n] = \sum_{k=0}^{N/2-1} v[k] W_{N/2}^{kn}, \tag{7.4.7}$$

so dass (7.4.5) jetzt in der Form

$$X[n] = U[n] + W_N^n \cdot V[n], \quad n = 0, \ldots, N-1 \tag{7.4.8}$$

geschrieben werden kann.

- *Die N-Punkte-DFT $X[n]$ wurde hiermit in zwei $N/2$-Punkte-DFTs zerlegt.*

Der Gewinn dieser Umformung liegt in der Ersparnis an komplexen Multiplikationen und Additionen bei der Berechnung von $X[n]$. Führt man (7.1.8) direkt für N Werte $X[n]$ aus, so benötigt man N^2 derartiger Operationen, bei (7.4.8) erfordet die Berechnung mit $U[n]$ und $V[n]$ jeweils $(N/2)^2$, die Multiplikation mit der n-ten Potenz von W_N und die Addition nochmals N Operationen. Insgesamt stehen den N^2 Operationen bei (7.1.8) also $N^2/2 + N$ Operationen bei (7.4.8) gegenüber.

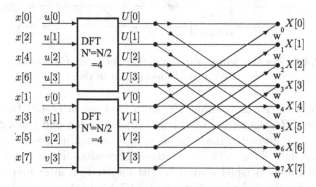

Bild 7.4.1: Erster Schritt zur Reduktion der Rechenoperationen der DFT für $N = 8$ Werte $x(k)$ (decimation in time). Zur Abkürzung wurde $W_N = w$ gesetzt.

Das Argument n läuft in (7.4.8) von 0 bis $N - 1$, in (7.4.6) und (7.4.7) dagegen nur von 0 bis $N/2 - 1$. Wegen der Periodizität von $U[n]$ und $V[n]$ kann man die Werte für $n \geq N/2$ aus denen für $n \leq N/2 - 1$ bestimmen:

$$X[n] = \begin{cases} U[n] + W_N^n V[n], & 0 \leq n \leq N/2 - 1 \\ U[n - N/2] + W_N^n V[n - N/2], & N/2 \leq n \leq N - 1. \end{cases}$$

$$(7.4.9)$$

Die Berechnung von $X[n]$ nach (7.4.9) ist im Bild 7.4.1 durch einen Signalflussgraphen veranschaulicht, in dem zunächst $U[n]$ und $V[n]$ durch eine DFT mit $N' = N/2$ Werten aus $u[k]$ bzw. $v[k]$ bestimmt werden. Im Signalflussgraphen nach Bild 7.4.1 liest man z.B. die Verknüpfung

$$X(5) = U(1) + W_N^5 V(1) \qquad (7.4.10)$$

ab, was mit (7.4.9) für $n = 5$ und $N/2 = 4$ übereinstimmt.

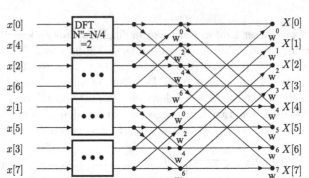

Bild 7.4.2: Zweiter Schritt zur Reduktion der Rechenoperationen der DFT für $N = 8$ Werte $x[k]$ (decimation in time)

Weil $N/2$ wieder geradzahlig ist, kann man die in (7.4.9) für $X[n]$ beschriebene Zerlegung auf $U[n]$ und $V[n]$ anwenden und gelangt zu dem in Bild 7.4.2 gezeigten Rechenschema bzw. Signalflussgraphen. Die DFT wird hier auf $N'' = N/4 = 2$ Werte angewendet. Schließlich wird in einem für dieses Beispiel letzten Schritt die DFT in ihrer ursprünglichen Form gar nicht mehr benötigt, wie Bild 7.4.3 zeigt.

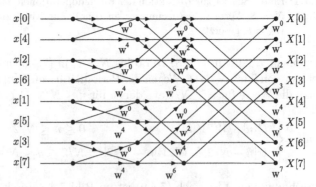

Bild 7.4.3: Letzter Schritt zur Reduktion der Rechenoperationen der DFT für $N = 8$ Werte $x(k)$ (decimation in time)

In Bild 7.4.3 unterscheidet man $\log_2(N) = 3$ Ebenen mit jeweils N Knoten, insgesamt enthält der Graph $N \cdot \log_2(N) = 8 \cdot 3$ Knoten, die komplexen Additionen entsprechen. Jedem Knoten sind zwei Zweige mit je einem Pfeil zugeordnet, von denen jeweils ein Pfeil eine Multiplikation enthält. Damit ergeben sich $N \cdot \log_2(N)$ komplexe Multiplikationen und Additionen der FFT gegenüber N^2 komplexen Multiplikationen und $N \cdot (N-1)$ komplexen Additionen der DFT. Es ist zu beachten, dass einer komplexen Multiplikation vier reelle Multiplikationen und zwei reelle Additionen, einer komplexen Addition zwei reelle Additionen für Real- und Imaginärteil entsprechen.

Die Anzahl der „echten" Multiplikationen verringert sich, wenn man beachtet, dass in der ersten Knotenebene

$$W_N^0 = 1 \quad \text{und} \quad W_N^{N/2} = -1 \qquad (7.4.11)$$

gilt, so dass hier nur Additionen und Multiplikationen erforderlich sind. Ferner beobachtet man, dass sich die *Multiplikatoren zweier von einem Knoten ausgehender Zweige stets um den konstanten Faktor* $W_N^{N/2} = -1$ *unterscheiden*. Man kann daher die Anzahl der Multiplikationen halbieren, indem der gemeinsame Multiplikator jeweils vor die Verzweigung gezogen wird. Damit erhält man schließlich den in Bild 7.4.4 gezeigten Graphen; die Anzahl der „echten" Multiplikationen beträgt nunmehr

$$\text{Mult}_{FFT} = \frac{N}{2} \cdot \log_2\left(\frac{N}{2}\right) . \qquad (7.4.12)$$

Im Vergleich zur direkten Ausführung der DFT mit N^2 Multiplikationen hat also eine drastische Aufwandsreduktion stattgefunden: So benötigt man z.B. für eine 1024-Punkte-FFT 4608 Multiplikationen gegenüber rund einer Million für die DFT.

Ein besonderer Vorteil der FFT ist die regelmäßige Struktur dieses Algorithmus, die in Bild 7.4.4 erkennbar ist. Die Verknüpfung der $x[k]$ und der daraus gewonnenen Zwischenwerte erfolgt immer nach dem gleichen Schema: Ein Wert ist mit einer Potenz von W_N zu multiplizieren, und die Summe bzw. Differenz von einem Wertepaar ist zu berechnen. Man bezeichnet dies als *„Butterfly-Operation"*, die in Bild 7.4.5 in Form eines Graphen dargestellt ist. Die *Schmetterlings-Graphen* sind dabei in jeder Knotenebene von derselben Art und werden nach rechts zu immer größer, wobei der Abstand der miteinander zu verknüpfenden Werte mit der Potenz von 2 anwächst.

Aus dieser regelmäßigen Struktur resultiert eine Eigenschaft, die – zumindenst zu den Zeiten, als der Speicherbedarf noch ein Argument für

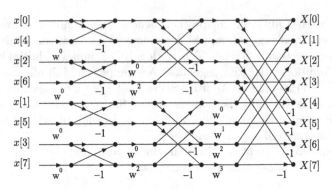

Bild 7.4.4: Graph des FFT-Algorithmus mit Reduktion im Zeitbereich und minimaler Zahl von Multiplizierern

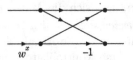

Bild 7.4.5: Butterfly- oder Schmetterlings-Graph

den Realisierungsaufwand darstellte – von einiger Bedeutung war: die *„in-place-Eigenschaft"*. Darunter versteht man die Tatsache, dass ohne Zwischenspeicherung die alten Zwischenergebnisse von den neu errechneten überschrieben werden können. Im Graphen nach Bild 7.4.4 bzw. 7.4.5 folgt dies aus der Tatsache, dass zum einen keine Verbindungen vorhanden sind, die eine Knotenebene überspringen, und dass die Daten paarweise auf parallelen Pfaden miteinander verknüpft werden.

Ein Nachteil des FFT-Algorithmus gemäß Bild 7.4.4 kann darin gesehen werden, dass die „natürliche" Reihenfolge der Elemente der Eingangsfolge durch die fortgesetzte Umsortierung nach geraden und ungeraden Indizes verlorengegangen ist: Man findet die Elemente des Eingangsfeldes in sogenannter *„bitreverser"* Reihenfolge vor, die dadurch entsteht, dass man die Bits der Binärdarstellung umkehrt, d.h. „von hinten liest". In Tabelle 7.2 wird dieser Vorgang für das Beispiel $N = 8$ veranschaulicht.

Wenn bei speziellen Anwendungen die verwürfelte Reihenfolge der Eingangssequenz störend ist, so kann sehr einfach ein modifizierter Algorithmus mit natülichen Reihenfolgen der Ein- und Ausgangsdaten aus

Tab. 7.2: Erzeugung der Reihenfolge der Werte $x[k]$ für $N = 8$ durch bit reversal

k	Dualzahl	bit reversal	k'
0	0 0 0	$\rightarrow$	0
1	0 0 1	1 0 0	4
2	0 1 0	$\rightarrow$	2
3	0 1 1	1 1 0	6
4	1 0 0	0 0 1	1
5	1 0 1	$\rightarrow$	5
6	1 1 0	0 1 1	3
7	1 1 1	$\rightarrow$	7

dem Graphen gemäß Bild 7.4.4 hergeleitet werden. Man erreicht dies durch einfache Umordnung der Eingangsknoten; Bild 7.4.6 zeigt das Resultat. Der entscheidende Nachteil dieser Form besteht darin, dass die regelmäßige Struktur in Form von Schmetterlings-Graphen nicht mehr gegeben ist, womit auch eine in-place-Verarbeitung nicht mehr erfolgen kann.

7.4.2 Reduktion im Frequenzbereich

Es wurde erwähnt, dass neben der im letzten Abschnitt hergeleiteten Reduktion im Zeitbereich auch eine alternative Form, die Reduktion im Frequenzberich (decimation in frequency) möglich ist. Es handelt sich dabei lediglich um eine etwas andere Art der Herleitung mit dem Resultat eines leicht modifizierten Graphen. Die prinzipiellen Eigenschaften, die grundsätzliche Struktur und der Realisierungsaufwand bleiben unverändert.

Unter der Voraussetzung, dass N eine Potenz von 2 ist, wird das zu transformierende Signal nach folgender Vorschrift in zwei Teilsignale auf-

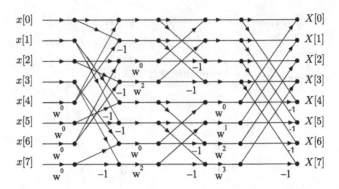

Bild 7.4.6: FFT-Algorithmus mit natürlicher Reihenfolge der Daten am Ein-
und Ausgang, gewonnen aus dem Graphen nach Bild 7.4.4

gespalten:

$$\begin{aligned} u[k] &= x[k] \\ v[k] &= x[k + N/2] \,. \end{aligned} \qquad k = 0 \ldots N/2 - 1 \qquad (7.4.13)$$

Für die DFT von $x[k]$ folgt:

$$\begin{aligned} X[n] &= \sum_{k=0}^{N-1} x[k]W_N^{kn} = \sum_{k=0}^{N/2-1} \left[u[k]W_N^{kn} + v[k]W_N^{(k+N/2)n} \right] \\ &= \sum_{k=0}^{N/2-1} [u[k] + e^{-j\pi n}v[k]]W_N^{kn} \qquad (7.4.14) \end{aligned}$$

Der Faktor $e^{-j\pi n}$ wird für geradzahliges n zu +1, für ungeradzahliges zu
-1. Deshalb berechnet man $X[n]$ für geradzahliges und ungeradzahliges
n getrennt:

$$X[2n] = \sum_{k=0}^{N/2-1} \left[u[k] + v[k] \right] W_N^{2nk} \qquad (7.4.15)$$

$$X[2n+1] = \sum_{k=0}^{N/2-1} \left[[u[k] - v[k]]W_N^k \right] W_N^{2nk} \,. \qquad (7.4.16)$$

$$n = 0, \ldots, N/2 - 1$$

Setzt man gemäß (7.4.4) $W_N^2 = W_{N/2}$, so erhält man jeweils $N/2$-DFTs der Summe sowie der mit W_N^k gewichteten Differenz von $u[k]$ und $v[k]$.

$$X[2n] = \sum_{k=0}^{N/2-1} \Big[u[k] + v[k] \Big] W_{N/2}^{kn}$$
$$= \text{DFT}_{N/2} \{ u[k] + v[k] \} \qquad (7.4.17)$$

$$X[2n+1] = \sum_{k=0}^{N/2-1} \Big[[u[k] - v[k]] W_N^k \Big] W_{N/2}^{kn}$$
$$= \text{DFT}_{N/2} \{ [u[k] - v[k]] W_N^k \} . \qquad (7.4.18)$$

Den Graphen dazu zeigt Bild 7.4.7 für $N = 8$.

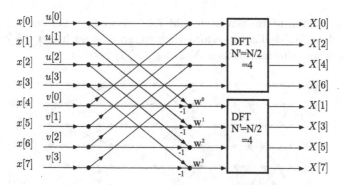

Bild 7.4.7: Erster Schritt zur Reduktion der Rechenoperationen der DFT für $N = 8$ Werte $x[k]$ (decimation in frequency)

Während bei der Reduktion im Zeitbereich jeder zweite Wert von $x[k]$ zur Berechnung der DFT verwendet wurde, liefert die Reduktion im Frequenzbereich jeden zweiten Wert von $X[n]$ in zwei Gruppen.

Das Verfahren wird fortgesetzt, indem man $u[k]$ und $v[k]$ wie zuvor $x[k]$ in je zwei Teilfolgen unterteilt und entsprechend (7.4.15) die DFT für geradzahlige und ungeradzahlige Frequenzparameter aus je $N'' = N/4 = 2$ Werten wie in Bild 7.4.8 berechnet.

Dieser Schritt lässt sich bei einem N, das eine Potenz von 2 ist, so lange wiederholen, bis Teilfolgen aus je zwei Werten entstanden sind. Im letzten Schritt wird dann keine DFT mehr ausgeführt, wie Bild 7.4.9 für das hier behandelte Beispiel aufzeigt. Dabei wurden wie in Bild 7.4.4 die

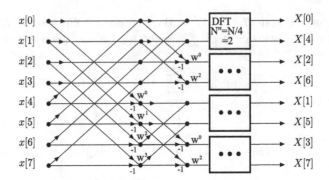

Bild 7.4.8: Zweiter Schritt zur Reduktion der Rechenoperationen der DFT
für $N = 8$ Werte $x[k]$ (decimation in frequency)

Schmetterlings-Graphen nach Bild 7.4.5 verwendet, bei denen nur eine
komplexe Multiplikation erforderlich ist, so dass auch hier die Zahl der
komplexen Multiplikationen $N/2 \cdot \log_2(N/2)$ beträgt.

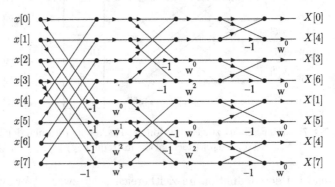

Bild 7.4.9: Letzter Schritt zur Reduktion der Rechenoperationen der DFT
für $N = 8$ Werte $x[k]$ (decimation in frequency)

Ein Vergleich der beiden Verfahren Reduktion im Zeitbereich nach Bild
7.4.4 und Reduktion im Frequenzbereich nach Bild 7.4.9 zeigt, dass beide Verfahren durch Umkehrung der Verarbeitungsrichtung auseinander
hervorgehen: Alle Pfeilrichtungen kehren sich um, Summationsknoten
werden zu Verzweigungen und Verzweigungen werden zu Summationsknoten. Man nennt diesen Vorgang *Transponierung eines Graphen*; aus
der Graphentheorie ist bekannt, dass hiermit die Transponierung der

Übertragungsfunktion verbunden ist, was bei der DFT aufgrund der speziellen Struktur ohne Wirkung ist. Durch Transponierung des Graphen gewinnt man also aus dem Decimation-In-Time- den Decimation-In-Frequency-Algorithmus.
Beide Verfahren sind gleichwertig, was die Anzahl der komplexen Multiplikationen, nämlich $N/2 \cdot \log_2(N/2)$, den Speicherplatzbedarf unter Berücksichtigung der in-place Operation und die durch bit reversal entstehende Reihenfolge der Eingabe- bzw. Ausgabedaten angeht.

7.4.3 Alternative Formen der FFT

Neben den bisher betrachteten Radix-2-Algorithmen, bei denen die Stützstellenzahl eine Potenz von 2 ist, gibt es noch andere, bei denen sich die Zahl N als Produkt anderer Faktoren darstellen lässt. Ziel ist dabei, die Zahl der Multiplikationen zu reduzieren. Dies gelingt z.b., wenn N eine Potenz von 4, 8, 16 usw. ist, wobei es allerdings nur wenige Werte für N gibt, die diese Forderung erfüllen. Bei einem *Radix-4-Algorithmus* bzw. *Radix-8-Algorithmus* spart man ca. 25-40% der Multiplikationen ein [OS75]. Der Programmcode wird bei diesen Algorithmen aber länger und die Verknüpfungen, die den Schmetterlings-Graphen entsprechen, aufwendiger, da nun vier bzw. acht anstelle der zwei Werte miteinander zu verknüpfen sind [OS75]. Ähnliches gilt auch für den *Winograd-Algorithmus* [Zoh81] mit nur 20% der Multiplikationen gegenüber dem Radix-2-Algorithmus. Hier wird die Zahl N der Stützstellen nach dem Gesetz

$$N = \prod_{i=1}^{m} N_i, \quad N_i \in \{2, 3, 4, 5, 7, 8, 9, 16\} \qquad (7.4.19)$$

gebildet, wobei alle Kombinationen der N_i zugelassen sind, bei denen die N_i relativ prim sind. Dadurch ist nur eine endliche Anzahl von Werten N möglich, der maximale Wert von N ist 5040. Die möglichen Werte N liegen aber dichter auf der Zahlengeraden als die Potenzen von 2. Aufgebaut wird der Algorithmus durch elementare DFTs, die mit den Werten N_i nach (7.4.19) korrespondieren. Diese DFTs werden als zyklische Faltung kurzer Folgen ausgeführt [Rad68], [KP77], deren Stützstellenzahl eine Primzahl oder eine Potenz davon ist. Auf diese Weise erzielt man ein Minimum an Multiplikationen, wie Tabelle 7.3 zeigt. Es fällt auf, dass die Zahl der reellen Multiplikationen gegenüber dem Radix-2-Algorithmus mit $2\,N \cdot \log_2(N)$ reduziert, die Zahl der Additionen allerdings erhöht ist. Dies gilt auch für den aus mehreren Basis-DFTs zusammengesetzten Algorithmus, d.h. für einen der anderen möglichen Werte von N.

Tab. 7.3: Die Basis-DFT-Algorithmen für die Winograd-Fourier-Transformation und die Anzahl der nötigen mathematischen Operationen. N_i: Basis der DFT-Algorithmen, M: Anzahl der Multiplikationen, M': Anzahl der Multiplikationen ohne solche mit ± 1 und $\pm j$, A: Anzahl der Additionen

N_i	2	3	4	5	7	8	9	16
M	4	6	8	12	18	16	22	36
M'	0	4	0	10	16	4	20	20
A	4	12	16	34	72	52	88	148

Der Aufbau des Algorithmus ist symmetrisch und dreistufig. Die erste Stufe enthält geschachtelte DFT-Algorithmen, die zweite Multiplikationen und die dritte wieder die geschachtelten DFT-Algorithmen in einer gegenüber der ersten Stufe umgekehrten Reihenfolge. Am Eingang und Ausgang des Algorithmus erfolgt eine Permutation der Daten, die dem bit-reversal beim Radix-2-Algorithmus entspricht, hier aber mit Hilfe der aufwendiger zu implementierenden Sino-Korrespondenz bzw. dem Chinesischen Reste-Theorem [MR79] erfolgt. Insgesamt ist der Algorithmus komplexer und besitzt nur dann Vorteile, wenn die Zeit für eine Multiplikation wesentlich länger ist als für eine Addition oder Speicheroperation [Sil78], was vor allem bei Realisierungen mit separaten Komponenten für die Multiplikation, Addition usw., nicht aber bei Signalprozessoren zutrifft. Ähnlich wie der Winograd-Algorithmus ist der *Primfaktor-Algorithmus* aufgebaut [Goo71]. Der Unterschied liegt darin, dass hier die Multiplikationen nicht in einer Stufe des Algorithmus erfolgen, sondern mit den Basis-DFTs verschachtelt sind, wodurch sich die Zahl der Multiplikationen gegenüber dem Winograd-Algorithmus erhöht. Vorteilhaft ist aber, dass hier eine in-place Operation möglich ist, so dass sich der Speicherplatzbedarf reduziert. Ferner ist hier wie beim Radix-2-Algorithmus nur am Anfang oder Ende des Algorithmus eine Umordnung der Werte $x[k]$ oder $X[n]$ erforderlich. Die für die Ausführung des Primfaktor-Algorithmus erforderliche Zeit ist kürzer als beim Winograd-Algorithmus [BE81].

Ein anderer Gesichtspunkt bei der Auswahl eines Algorithmus für die

FFT ist seine *numerische Genauigkeit*. Für die Radix-2-Algorithmen findet man eine Untersuchung in [Heu82]. Vom Winograd-Algorithmus wird berichtet, dass er gegenüber dem Radix-2-Algorithmus bei Festkommadarstellung ein bis zwei bit bei derselben Genauigkeit des Ergebnisses zusätzlich erfordert [PM78].

Grundsätzlich sind alle DFT-Algorithmen auf komplexe Folgen anwendbar. Wenn die Folgen reell sind, was in der Praxis häufig der Fall ist, wird der Imaginärteil der zu transformierenden komplexen Folgen zu Null gesetzt. Es gibt Möglichkeiten, den dadurch unnötig erhöhten Rechenaufwand zu reduzieren [Bri74], indem man mit einer N-Punkte-DFT zwei reelle Folgen der Länge N oder eine reelle Folge der Länge $2N$ transformiert. Im 8. Kapitel wird darauf näher eingegangen.

7.4.4 Inverse FFT

Der Vergleich der Gleichungen (7.1.8) und (7.1.9) zeigt den prinzipiellen Unterschied zwischen der DFT und ihrer Inversen: Er liegt lediglich in dem Skalierungsfaktor $1/N$ im Falle der IDFT sowie in den unterschiedlichen Vorzeichen der Exponenten der komplexen Drehfaktoren W_N^{kn} bzw. W_N^{-kn}. Man kann also sehr leicht aus den verschiedenen bisher abgeleiteten FFT-Varianten entprechende Graphen für die inverse FFT (IFFT) gewinnen, indem die dort vorhandenen Drehoperatoren $W_N^r = \exp(-2\pi jr/N)$ durch $W_N^{-r} = \exp(+2\pi jr/N)$ ersetzt werden. Die Skalierung mit dem Faktor $1/N$ ist keine echte Multiplikation, sondern durch eine Verschiebung um $\log_2(N)$ bit zu erreichen, sofern N wie in den klassischen FFT-Algorithmen eine Zweierpotenz ist. Die Multiplikation mit $1/N$ kann auch gleichmäßig auf die Knotenebenen verteilt werden; in dem Falle erfolgt dann in jeder Knotenebene eine Multiplikation mit $1/2$ bzw. ein Shift um ein Bit.

Eine besonders interessante Variante der IFFT, bei der nach Vertauschung von Real- und Imaginärteilen der zu transformierenden Folge der FFT-Algorithmus ohne Veränderungen übernommen werden kann, wurde in [DPE88] vorgeschlagen.

Man geht von der Definitionsgleichung (7.1.9) aus

$$
\begin{aligned}
\text{IDFT}\{X[n]\} &= \frac{1}{N}\sum_{n=0}^{N-1}X[n]W_N^{-kn} = \frac{1}{N}j\sum_{n=0}^{N-1}-jX[n]W_N^{-kn}\\[2mm]
&= \frac{1}{N}j\left[\sum_{n=0}^{N-1}jX^*[n]W_N^{+kn}\right]^* \tag{7.4.20}
\end{aligned}
$$

und erhält

$$
\text{IDFT}\{X[n]\} = \frac{1}{N}j[\text{DFT}\{jX^*[n]\}]^* . \tag{7.4.21}
$$

Berücksichtigt man, dass Ausdrücke der Form

$$
jX^*[n] = jX_R[n] + X_I[n] \tag{7.4.22}
$$

lediglich einer *Vertauschung von Real- und Imaginärteil* entsprechen, so kommt man mit (7.4.21) auf folgende Weise zur IFFT:

- *FFT der Spektralfolge $X[n]$ mit vertauschtem Real- und Imaginärteil*

- *Vertauschung von Real- und Imaginärteil des Ergebnisses*

- *Normierung auf $1/N$.*

Diese Form der IFFT eignet sich besonders für die Implementierung auf Signalprozessoren, da für Hin- und Rücktransformation der gleiche Algorithmus benutzt werden kann.

7.5   Diskrete Fourier-Transformation reeller Folgen

Die diskrete Fourier-Transformation sieht prinzipiell die Transformation einer komplexen Zeitfolge in den Spektralbereich vor. Der für die Praxis sehr wichtige Spezialfall einer reellen Zeitfolge kann natürlich dadurch eingeschlossen werden, dass der Imaginärteil des Eingangsfeldes null gesetzt wird. Eine Einsparung an Rechenaufwand ergibt sich allerdings dabei noch nicht, denn es folgen sogleich komplexe Multiplikationen, wodurch die Variablen bereits in der zweiten Ebene des FFT-Algorithmus komplex werden.

Andererseits ist zu vermuten, dass eine Vereinfachung des FFT-Algorithmus für den Sonderfall reeller Zeitsignale möglich sein muss, denn die errechnete Spektralfolge von N Punkten weist dabei generell die Symmetrie-Eigenschaft

$$X[n] = X^*[N - n] \tag{7.5.1}$$

auf. Es würde deshalb bei reellen Zeitfolgen hinreichend sein, nur den halben Umfang der Spektralwerte $X(0)$, ..., $X(N/2)$ zu errechnen und die übrigen gemäß (7.5.1) zu ergänzen. Im folgenden werden zwei Möglichkeiten der Ausnutzung dieser Redundanz aufgezeigt.

7.5.1 Simultane Transformation zweier Folgen

Bei umfangreichen digitalen Systemen kann die Spektraltransformation von mehreren verschiedenen Folgen auftreten. Sind alle diese Folgen reell, so können sie paarweise zusammengefasst und simultan transformiert werden.

Es seien $y[k]$ und $z[k]$ zwei reelle Folgen der Länge N. Man bildet hieraus zunächst die komplexe Folge

$$x[k] = y[k] + j\,z[k] \ . \tag{7.5.2}$$

Die diskrete Fourier-Transformation liefert die Spektralfolge

$$X[n] = \ \text{DFT} \ \{x[k]\} \ , \tag{7.5.3}$$

wobei nun die Symmetrie-Eigenschaft (7.5.1) nicht mehr gilt, da die zugehörige Zeitfolge komplex ist. Es ist nun zu untersuchen, wie die in $X[n]$ enthaltenen Anteile $Y[n]$ und $Z[n]$ voneinander getrennt werden können. Unter den Eigenschaften der DFT wurden in Abschnitt 7.2 Ausdrücke für die diskrete Fourier-Transformation des Realteils und des Imaginärteils komplexer Zeitfolgen abgeleitet. Man entnimmt Tab. 7.1

$$\text{DFT} \ \{\text{Re}\{x[k]\}\} =: \text{Ra}\left\{X[n]\right\} = \frac{1}{2}\left[Xv + X^*([-n])_N\right] \tag{7.5.4}$$

und

$$\text{DFT} \ \{\text{Im}\{x[k]\}\} =: \text{Ia}\left\{X[n]\right\} = \frac{1}{2j}\left[X[n] - X^*([-n])_N\right] \ . \tag{7.5.5}$$

Wegen der Periodizität von Spektralfolgen gilt

$$X([-n])_N = X[N - n] \, , \tag{7.5.6}$$

so dass man aus (7.5.4) und (7.5.5) die angestrebte Trennung der beiden Spektralanteile erhält

$$Y[n] = \frac{1}{2}[X[n] + X^*[N - n]] \tag{7.5.7}$$

$$Z[n] = \frac{1}{2j}[X[n] - X^*[N - n]] \, . \tag{7.5.8}$$

Die Symmetrieeigenschaft (7.5.1) ist hierbei für beide Folgen automatisch erfüllt.

$$\begin{aligned} Y^*[N - n] &= \frac{1}{2}[X[N - n] + X^*[N - N + n]]^* \\ &= \frac{1}{2}[X^*[N - n] + X[n]] = Y[n] \end{aligned} \tag{7.5.9}$$

$$\begin{aligned} Z^*[N - n] &= -\frac{1}{2j}[X[N - n] - X^*[N - N + n]]^* \\ &= \frac{1}{2j}[-X^*[N - n] + X[n]] = Z[n] \end{aligned} \tag{7.5.10}$$

7.5.2 Transformation einer Folge der Länge $2N$ durch eine N-Punkte-FFT

Die zweite Form einer effizienten Transformation reeller Folgen führt auf eine FFT halber Länge. Es liege die reelle $2N$-Punkte Folge $x_1[k]$, $k = 0$, ..., $2N - 1$ vor. Man entnimmt $x_1[k]$ jeweils die Elemente mit geraden und diejenigen mit ungeraden Indizes und bildet zwei neue Folgen halber Länge:

$$\left.\begin{aligned} y[k] &= x_1[2k] \\ z[k] &= x_1[2k + 1] \end{aligned}\right\} \quad k = 0, ..., N - 1 \, . \tag{7.5.11}$$

Aus $y[k]$ und $z[k]$ erzeugt man die komplexe Folge

$$x[k] = y[k] + j \cdot z[k] \, , \tag{7.5.12}$$

aus der durch eine N-Punkte FFT die zugehörige Spektralfolge $X[n]$, $n = 0, ..., N - 1$ berechnet wird. Die Spektren der Teilfolgen $y[k]$ und $z[k]$ lassen sich hieraus über die im letzten Abschnitt benutzten Beziehungen (7.5.7) und (7.5.8) ermitteln. Um die gesuchte Spektralfolge $X_1[n]$ zu berechnen, muss ihr Zusammenhang mit $Y[n]$ und $Z[n]$ hergeleitet werden. Dazu wird die DFT von $x_1[k]$ in Summanden mit geraden und ungeraden Indizes zerlegt:

$$
\begin{aligned}
X_1[n] &= \sum_{k=0}^{2N-1} x_1[k]W_{2N}^{kn} \\
&= \sum_{k=0}^{N-1} x_1[2k]W_{2N}^{2kn} + \sum_{k=0}^{N-1} x_1[2k+1]W_{2N}^{(2k+1)n} \\
&= \sum_{k=0}^{N-1} y[k]W_{2N}^{2kn} + W_{2N}^{n} \sum_{k=0}^{N-1} z[k]W_{2N}^{2kn} .
\end{aligned}
\tag{7.5.13}
$$

Es gelten die Beziehungen

$$
W_{2N}^{2kn} = e^{-j2\pi 2kn/2N} = e^{-j2\pi kn/N} = W_N^{kn}
\tag{7.5.14}
$$

und

$$
W_{2N}^{n} = e^{-j2\pi n/2N} = e^{-j\pi n/N} ,
\tag{7.5.15}
$$

so dass aus (7.5.13)

$$
\begin{aligned}
X_1[n] &= \sum_{k=0}^{N-1} y[k]W_N^{kn} + e^{-j\pi n/N} \sum_{k=0}^{N-1} z[k]W_N^{kn} \\
&= Y[n] + e^{-j\pi n/N} Z[n]
\end{aligned}
\tag{7.5.16}
$$

folgt. Ersetzt man nun noch $Y[n]$ und $Z[n]$ durch (7.5.7) und (7.5.8), so erhält man das Ergebnis

$$
\begin{aligned}
X_1[n] &= \frac{1}{2}[X[n] + X^*[N - n]] \\
&\quad + e^{-j\pi n/N} \cdot \frac{1}{2j}[X[n] - X^*[N - n]] , \\
&\qquad\qquad n = 0, ..., N - 1 .
\end{aligned}
\tag{7.5.17}
$$

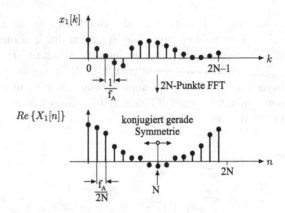

Bild 7.5.1: $2N$-Punkte DFT einer reellen Folge der Länge $2N$

Die konjugiert gerade Symmetrie von $X_1[n]$ zu $n = N$ ist wieder zwangsläufig gegeben und in Bild 7.5.1 veranschaulicht; für den Nachweis wird die Periodizität

$$X[n] = X[iN + n] \,, i \in \mathbb{Z} \tag{7.5.18}$$

ausgenutzt:

$$
\begin{aligned}
X_1^*[2N - n] &= \frac{1}{2}[X^*[2N - n] + X[N - 2N + n]] + e^{+j\pi(2N-n)/N} \\
&\quad \cdot \frac{1}{2(-j)}[X^*[2N - n] - X[N - 2N + n]] \\
&= \frac{1}{2}[X^*[N - n] + X[n]] \\
&\quad - e^{-j\pi n/N}\frac{1}{2j}[X^*[N - n] - X[n]] \\
&= X_1[n] \,. \tag{7.5.19a}
\end{aligned}
$$

Aufgrund dieser Symmetrieeigenschaft können also die Spektralwerte $X_1(N + 1), \cdots, X_1(2N - 1)$ aus den Werten $X_1(N - 1), \cdots, X_1(1)$ durch Konjugation gebildet werden. Unbekannt ist dabei zunächst noch der mittlere Wert $X(N)$; dieser ist jedoch aufgrund der Eigenschaft $W_{2N}^{kN} = (-1)^k$ direkt aus (7.5.13) zu berechnen

$$X_1(N) = \sum_{k=0}^{2N-1} (-1)^k x_1[k]. \tag{7.5.19b}$$

Zur Veranschaulichung des hier beschriebenen Verfahrens sind die Bilder 7.5.1 und 7.5.2 zu betrachten. Von den Spektralfolgen wird dabei der Einfachheit halber nur der Realteil wiedergegeben. Die konjugiert gerade Symmetrie wird in den entsprechenden Bildern markiert.

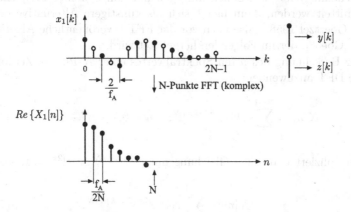

Bild 7.5.2: N-Punkte DFT einer komplexen Folge der Länge N

Die Spektralauflösung der $2N$-Punkte DFT nach Bild 7.5.1 beträgt $\Delta f = f_A/2N$ entsprechend der Berechnung von $2N$ Spektrallinien im Intervall $0 \leq n \leq N - 1$, was auf das Frequenzintervall $0 \leq f \leq f_A - \Delta f$ führt.

In Bild 7.5.2 werden, wie hier erläutert geradzahlige und ungeradzahlige Abtastwerte jeweils zu einer komplexen Zeitfolge zusammengefasst. Die Abtastfrequenz wird dabei implizit halbiert. In der Spektralfolge entspricht also der Index $n = N$ der Frequenz $f_A/2$, so dass auch hier die Spektralauflösung $f_A/2N$ beträgt.

Das Aufwandsverhältnis zwischen den beiden Verfahren ist durch

$$\frac{2N \cdot \mathrm{ld}(2N)}{N \cdot \mathrm{ld}(N)} = 2 \cdot [1 + 1/\mathrm{ld}(N)] \qquad (7.5.20)$$

gegeben. Daraus folgt:

- *Die Umordnung der reellen Folge in eine komplexe Folge der halben Länge reduziert den Aufwand bei der Ausführung der FFT auf etwa die Hälfte.*

7.6 Der Goertzel-Algorithmus

Die FFT sieht vor, dass aus einer Zeitfolge der Länge N ebenso viele Spektralwerte bestimmt werden; für diesen Fall stellt sie die effizienteste Rechenmethode dar. Sollen hingegen nur einige wenige Frequenzlinien ermittelt werden, dann bietet sich als günstigere Alternative der von G. Goertzel 1958 – also noch vor der FFT – veröffentliche Algorithmus an [Goe58], der im Folgenden hergeleitet wird.

Zur Berechnung des n-ten Spektralwertes einer N-Punkte Zeitfolge ist die DFT anzuwenden:

$$X[n] = \sum_{k=0}^{N-1} x[k]\, e^{-j2\pi kn/N}; \quad n = 0, \cdots, N - 1. \qquad (7.6.1a)$$

Multipliziert man diese Gleichung mit $e^{j2\pi Nn/N} = e^{j2\pi} = 1$, so ergibt sich

$$X[n] = \sum_{k=0}^{N-1} x[k]\, e^{j2\pi(N-k)n/N}. \qquad (7.6.1b)$$

Diese Beziehung kann als diskrete Faltung interpretiert werden, indem man die kausale Impulsantwort

$$h_n[k] = \begin{cases} e^{j2\pi kn/N} & \text{für } k \geq 0 \\ 0 & \text{für } k < 0, \end{cases} \qquad (7.6.2)$$

definiert. Dann gilt mit $y_n[k] = h_n[k] * x[k]$ für eine zeitbegrenzte Eingangsfolge $x(0), \cdots, x(N-1)$

$$y_n(N) = h_n[k] * x[k]|_{k=N} = \sum_{k=0}^{N-1} x[k]\, e^{j2\pi(N-k)n/N} = X[n]. \qquad (7.6.3)$$

Der Spektralwert an der Frequenzstelle n ergibt sich also am Ausgang eines digitalen Filters mit der Impulsantwort (7.6.2) bei Erregung mit $x[k]$ nach N Abtastwerten.

Ein rekursives Filter erster Ordnung mit einem Pol auf dem Einheitskreis bei

$$z_\infty = e^{j2\pi n/N}$$

besitzt die Impulsantwort (7.6.2) (siehe Tabelle 3.2, Seite 62). Die Übertragungsfunktion dieses Filters lautet

$$H_n(z) = \frac{1}{1 - e^{j2\pi n/N} \cdot z^{-1}}, \qquad (7.6.4)$$

die Differenzengleichung

$$y_n[k] = x[k] + e^{j2\pi n/N} \cdot y_n(k-1). \qquad (7.6.5)$$

Setzt man die Eingangsfolge $x(0), \cdots, x(N-1)$ ein und legt den Anfangswert auf $y(-1) = 0$ fest, so ergibt sich nach N Schritten der gesuchte Spektralwert

$$y_n(N) = X[n]. \qquad (7.6.6)$$

Die Übertragungsfunktion (7.6.4) beschreibt ein quasistabiles System – im vorliegenden Fall kann es jedoch ohne Probleme angewendet werden, da sein Zustandsspeicher nach Errechnung des N-ten Abtastwertes wieder zurückgesetzt wird.

Die rekursive Errechnung des Ausgangswertes $y_n(N)$ erfordert N komplexe, entsprechend $4N$ reellen Multiplikationen. Dies gilt auch für ein reelles Eingangssignal, da das rückgeführte Signal nach dem ersten Schritt komplex wird. Dieser Aufwand kann durch eine Umformung von (7.6.4) erheblich reduziert werden. Erweitert man die Übertragungsfunktion mit seinem konjugiert komplexen Nenner, so ergibt sich

$$H_n(z) = \frac{Y(z)}{X(z)} = \frac{1 - e^{-j2\pi n/N} \cdot z^{-1}}{1 - 2\cos(2\pi n/N) \cdot z^{-1} + z^{-2}}. \qquad (7.6.7)$$

Für eine effiziente Realisierung ist es zweckmäßig, die Übertragungsfunktion in einen rekursiven und einen nichtrekursiven Anteil zu zerlegen. Dazu führt man eine Hilfsgröße $W_n(z)$ ein und schreibt

$$W_n(z) = \frac{X(z)}{1 - 2\cos(2\pi n/N) \cdot z^{-1} + z^{-2}} \qquad (7.6.8a)$$

$$\text{und} \quad Y(z) = W(z) \cdot \left(1 - e^{-j2\pi n/N} z^{-1}\right). \qquad (7.6.8b)$$

Zur Berechnung des Wertes $w_n(N)$ ist die Differenzengleichung

$$w_n[k] = x[k] + 2\cos(2\pi n/N) \cdot w_n[k-1] - w_n[k-2] \qquad (7.6.9a)$$

schrittweise von $k = 0$ bis $k = N$ auszuführen; dabei sind die Anfangs-werte $w_n(-2) = w_n(-1) = 0$ einzusetzen. Da die Gleichung nur einen re-ellen Koeffizienten enthält (-1 wird nicht als Multiplikation gerechnet), erfordert diese Prozedur insgesamt N reelle Multiplikationen, sofern das Eingangssignal $x[k]$ reell ist. Die nichtrekursive Gleichung (7.6.8b) muss nicht für sämtliche Werte $k = 0, \cdots, N$ ausgeführt werden, da nur der Endwert interessiert:

$$y_n[n] = w_n(N) - e^{-j2\pi n/N} \cdot w_n(N-1) = X[n]; \qquad (7.6.9b)$$

dies erfordert zwei weitere reelle Multiplikationen mit $\cos(2\pi n/N)$ und $-\sin(2\pi n/N)$. Für ein reelles Eingangssignal sind also insgesamt $N + 2$ reelle Multiplikationen auszuführen.

Abschließend wird der Multiplikationsaufwand des Goertzel-Algorithmus in der Form (7.6.9a,b) mit der klassischen FFT verglichen. Letztere er-fordert (unter Auslassung der Multiplikationen mit ± 1) gemäß (7.4.12)

$$\frac{N}{2} \log_2 \left(\frac{N}{2} \right) \text{ komplexe} \quad \Rightarrow \quad 2N \log_2 \left(\frac{N}{2} \right) \text{ reelle Multiplikationen.}$$

Für den Spezialfall eines reellen Zeitsignals kann nach den Betrachtungen im Abschnitt 8.1.2, Seite 356ff, die DFT einer reellen Folge der Länge N durch eine $N/2$-Punkte FFT realisiert werden; der Aufwand an reellen Multiplikationen beträgt dann

$$\text{MULT}_{\text{FFT}} = N \cdot \log_2 \left(\frac{N}{4} \right) + 2N.$$

Werden mit dem Goertzel-Algorithmus M Spektralwerte einer reellen Zeitfolge der Länge N bestimmt, so beträgt die Anzahl der reellen Mul-tiplikationen insgesamt

$$\text{MULT}_{\text{Goertzel}} = M(N + 2).$$

Der Goertzel-Algorithmus ist also günstiger, wenn für die Anzahl der zu berechnenden Spektralwerte

$$M < \frac{N}{N+2} \left(\log_2 \left(\frac{N}{4} \right) + 2 \right) \approx \log_2 \left(\frac{N}{4} \right) + 2$$

gilt – für eine reelle Folge der Länge 1024 wird beispielsweise der Goertzel-Algorithmus bei einer Anzahl zu berechnender Spektralwerte unterhalb von $M = 10$ effizienter als die FFT.

Unter MATLAB steht zur Ausführung des Goertzel-Algorithmus die Rou-tine „goertzel" zur Verfügung.

Literaturverzeichnis

[BE81] C. S. Burrus und P. W. Eschenbacher. *An In-Place, In-Order Prime Factor FFT Algorithm. IEEE Trans Acoustics, Speech and Signal Processing*, Vol. ASSP-29, Aug. 1981. S.806-817.

[Bri74] E. O. Brigham. *The Fast Fourier-Transform.* Prentice Hall, Englewood Cliffs, 1974.

[BS62] I. N. Bronstein und K. A. Semendjajew. *Teubner Taschenbuch der Mathematik.* Teubner, Leipzig, 1962.

[CT65] J. W. Cooley und J. W. Tukey. *An Algorithm for the Machine Calculation of Complex Fourier Series. Math. Computation*, Vol.19, 1965. S.297-301.

[DPE88] P. Duhamel, B. Piron und M. Etcheto. *On Computing the Inverse DFT. IEEE Trans. Acoustics, Speech and Signal Processing*, Vol.ASSP-36, Feb. 1988. S.285-286.

[Goe58] G. Goertzel. *An Algorithm for the Evaluation of Finite Trigonometric Series. American Mathematical Monthly*, 1958. S.34-35.

[Goo71] I. J. Good. *The Relationship between two Fast Fourier Transforms. IEEE Trans. Comp*, Vol.C-20, März 1971. S.310-317.

[Heu82] U. Heute. Fehler in DFT und FFT. Neue Aspekte in Theorie und Anwendung. Ausgewählte Arbeiten über Nachrichtensysteme Nr. 54, Erlangen, 1982. hrsg. von H.W. Schüßler.

[KP77] D. P. Kolba und T. W. Parks. *A Prime Factor FFT Algorithm Using High Speed Convolution. IEEE Trans. Accoustics, Speech and Signal Processing*, Vol.ASSP-25, August 1977. S.281-294.

[MR79] J. H. McClellan und C. M. Rader. *Number Theory in Digital Signal Processing.* Prentice Hall, Englewood Cliffs, 1979.

[OS75] A. V. Oppenheim und R. W. Schafer. *Digital Signalprocessing.* Prentice Hall, Englewood Cliffs, 1975.

[PM78]   R. W. Patterson und J. H. McClellan. *Fixed-Point Error Analysis of Winograd Fourier Transform Algorithms. IEEE Trans. Acoustics, Speech and Signal Processing*, Vol.ASSP-26, October 1978. S.447-455.

[Rad68] C. M. Rader. *Discrete Fourier Transforms when the Number of Data Samples is Prime. Proc. IEEE*, Vol.56, June 1968. S.1107-1108.

[Sil78]   H. F. Silvermann. *An Introduction to Programming the Winograd Fourier Transform Algorithm. IEEE Trans. Acoustics, Speech and Signal Processing*, Vol.ASSP-15, April 1978. S.152-165, Korrekturen dazu: Vol.ASSP-26 June 1978, S.268-269 und Vol.ASSP-26 October 1978, S.482.

[Zoh81] S. Zohar. *Winograd's Discrete Fourier Transform Algorithm.* hrgs. von T.S. Huang: Two Dimensional Digital Signal Processing, Band 2: Transforms and Median Filters, Springer, Berlin, 1981. S.89-160.

8

Anwendungen der FFT zur Filterung und Spektralanalyse

Im 5. Kapitel wurden nichtrekursive Filter in der klassischen Implementierungsform, d.h. durch direkte Umsetzung der Differenzengleichung, behandelt. Nachdem im vorangegangenen Kapitel die hohe Effizienz der Schnellen Fourier-Tranformation deutlich gemacht wurde, liegt der Gedanke nahe, die Filterung durch Ausnutzung des Faltungssatzes der DFT im Frequenzbereich durchzuführen. Dies führt zum Konzept der Schnellen Faltung, die im nachfolgenden Abschnitt als Alternative zur klassischen Filterrealisierung behandelt wird.

Auch für die Echtzeit-Signalanalyse wird in modernen Messgeräten inzwischen vielfach die FFT eingesetzt. Traditionelle analoge Spektralanalysatoren arbeiten vornehmlich nach dem Überlagerungsprinzip. Dabei sind dem Anwender solcher Geräte die prinzipiellen Einschränkungen der Messgenauigkeit vertraut: So ist z.B. die erreichbare Frequenzauflösung unmittelbar durch die Bandbreite des gewählten Zwischenfrequenzfilters gegeben. Bei der Benutzung eines FFT-Analysators hingegen wird man mit einer völlig anderen Form der Spektralanalyse konfrontiert, und es stellt sich die Frage, inwieweit die Erfahrungen mit der konventionellen Messtechnik hier übertragen werden können. Man wird z.B. feststellen, dass auch die FFT-Analyse mit einer endlichen Frequenzauflösung verbunden ist, jedoch liegen die Ursachen hierfür anders als bei analogen Geräten, nämlich in den spezifischen Eigenschaften der DFT. Für den Messtechniker ergibt sich hieraus die Notwendigkeit, neue Zusammenhänge wie die Auswirkung einer Zeitbegrenzung des Messsignals auf den Spektralbereich, die Periodizität des Messsignals in Verbindung mit der FFT-Länge, die Wirkung einer Fensterung des Zeitsignals und vieles andere zu berücksichtigen. Das Ziel des vorliegenden Kapitels besteht darin, derartige Zusammenhänge aufzuzeigen.

In praktischen Messsituationen hat man es üblicherweise entweder mit stochastischen Signalen zu tun – die Schätzung der spektralen Leistungsdichte wird in den folgenden Kapiteln 9 und 10 behandelt – oder aber mit determinierten periodischen Signalen; der seltener auftretende Fall eines nicht periodischen Signals wird in der Praxis durch Zeitbegrenzung und periodische Fortsetzung gelöst. Daher wird in Abschnitt 8.2 der Spektralanalyse periodischer Signale größere Aufmerksamkeit gewidmet, insbesondere dem Problem der periodischen Fortsetzung außerhalb des DFT-Fensters. Die hieraus entstehenden Verzerrungen im Spektralbereich können bei unveränderter DFT-Länge durch die Anwendung von speziellen Fensterfunktionen entscheidend reduziert werden. Im Abschnitt 8.3 wird diese Technik erläutert.

In der Nachrichtentechnik sind häufig Bandpasssignale zu verarbeiten, bei denen die Mittenfrequenz ein Vielfaches der Bandbreite beträgt. In Abschnitt 8.4 wird ein verallgemeinertes Abtasttheorem für Bandpasssignale hergeleitet; abschließend wird die Spektralanalyse im äquivalenten Tiefpassbereich erörtert.

8.1   Schnelle Faltung

8.1.1   Overlap-Add-Verfahren

Die übliche Realisierung nichtrekursiver digitaler Filter besteht in der direkten Ausführung der diskreten Faltung

$$y[k] = \sum_{\mu=0}^{m} h[\mu] \cdot x[k-\mu], \qquad (8.1.1)$$

wobei die Länge der Impulsantwort $h[k]$ gleich $m+1$ ist, was einem Filter der Ordnung m entspricht. Moderne Signalprozessoren sind auf diese spezielle Rechenvorschrift zugeschnitten: Das Rechenwerk enthält im Kern einen Multiplizierer mit nachgeschaltetem Akkumulator, also genau die zur Durchführung der diskreten Faltung erforderlichen Elemente.

Es gibt jedoch einen ganz anderen Weg zur Berechnung des Ausgangssignals eines Filters mit endlicher Impulsantwort, eines FIR-Filters also, bzw. eines Filters, dessen unendliche Impulsantwort durch eine endliche Impulsantwort approximiert wird, indem die Eigenschaften der diskreten Fourier-Transformation ausgenutzt werden. Im Abschnitt 7.2 wurde abgeleitet, dass die Faltung zweier Zeitfolgen einer Multiplikation im Spektralbereich entspricht. Es besteht damit die Alternative, die Faltung nach (8.1.1) im Spektralbereich vorzunehmen und dabei die Effizienz der FFT auszunutzen; Bild 8.1.1 zeigt die prinzipielle Anordnung.

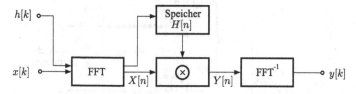

Bild 8.1.1: Realisierung eines digitalen Filters mit Hilfe der FFT

Dabei muss berücksichtigt werden, dass der nach Bild 8.1.1 ausgeführten Filterung die *zirkulare Faltung* entspricht, die in (7.2.6) definiert wurde. In Abschnitt 7.2 wurde gezeigt, dass zur fehlerfreien Berechnung der *aperiodischen Faltung zweier endlicher Folgen* über die DFT die einzelnen Folgen vor der Transformation durch Auffüllen mit Nullen verlängert werden müssen, um Überlappungen im Zeitbereich zu vermeiden. Zur näheren Betrachtung der sich daraus bei der digitalen Filterung ergebenden Konsequenzen sei zunächst eine *endliche Eingangsfolge* mit L Abtastwerten vorausgesetzt:

$$x[k] = 0, \quad k < 0; k \geq L. \tag{8.1.2}$$

Die aperiodische Faltung mit der Impulsantwort eines FIR-Filters der Ordnung m liefert dann eine Folge der Länge $L + m$:

$$x[k] * h[k] = y[k] = 0, \quad k < 0; k \geq L + m. \tag{8.1.3}$$

Werden also die beiden Folgen mit Nullen aufgefüllt und an der Stelle $k = L + m$ *periodisch fortgesetzt*, so stimmt das Resultat der zirkularen Faltung mit dem der aperiodischen Faltung überein. In Bild 8.1.2 wird dies veranschaulicht.

Die Faltung der endlichen Eingangsfolge $x[k]$ der Länge L und der Impulsantwort $h[k]$ der Länge $m + 1$ nach (8.1.1) kann also mit Hilfe der FFT in folgender Weise ausgeführt werden:

- *Auffüllen der Impulsantwort und der Eingangsfolge mit Nullen auf jeweils die Gesamtlänge $L + m$*

- *$(L + m)$-Punkte-FFT der beiden Folgen*

- *Punktweise Multiplikation der beiden Spektralfolgen*

- *Inverse $(L + m)$-Punkte-FFT.*

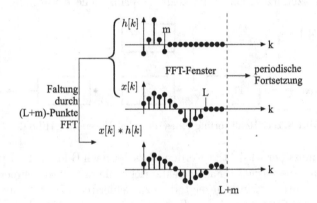

Bild 8.1.2: Zirkulare Faltung der Impulsantwort eines FIR-Filters mit einer endlichen Eingangsfolge

Damit ist die Aufgabe der digitalen Filterung mit Hilfe der FFT jedoch keineswegs gelöst. In der Praxis ist die Länge der Eingangsfolge sehr viel größer als die der Impulsantwort, so dass sehr viele Nullen an die Impulsantwort angefügt werden müssten. Abhilfe schafft die *segmentierte Faltung*, bei der eine segmentweise Faltung des Eingangssignals und anschließend eine Superposition der Teilfaltungsprodukte auf die korrekte fortlaufende Systemantwort führt. Grundlage dieses Ansatzes ist die Linearität der Faltungssumme (8.1.1). Geht man davon aus, dass die Eingangsfolge $x[k]$ insgesamt N Werte umfasst, wobei N gegenüber der Länge $m + 1$ der Impulsantwort sehr groß ist, und dass $x[k]$ in Teilfolgen der Länge L zerlegt wird, so erhält man insgesamt

$$R = \frac{N}{L} \tag{8.1.4}$$

Datenblöcke. Dabei wird angenommen, dass L ein Teiler von N ist; falls dies nicht zutrifft, ist $x[k]$ geeignet durch Nullen aufzufüllen. Die Teilfolgen $x_r[k]$ der so zerlegten Eingangsfolge

$$x[k] = \sum_{r=0}^{R-1} x_r[k], \quad x_r[k] = 0; \quad k < r \cdot L; \quad k \geq (r+1) \cdot L \quad (8.1.5)$$

werden in der oben beschriebenen Weise einzeln mit der Impulsantwort des Filters gefaltet. Jede dieser Teilreaktionen hat dann eine Länge von $L + m$ Abtastwerten:

$$y_r[k] = 0, \quad k < r \cdot L; \quad k \geq (r+1) \cdot L + m. \quad (8.1.6)$$

Die gesamte Systemantwort kann schließlich wegen der Linearität der diskreten Faltung durch zeitrichtige Superposition der R Teilreaktionen gebildet werden:

$$y[k] = \sum_{r=0}^{R-1} y_r[k]. \quad (8.1.7)$$

In Bild 8.1.3 wird der Überlagerungsvorgang der Teilreaktionen veranschaulicht. Man sieht, dass sich Überlappungsbereiche von jeweils m Abtastwerten ergeben; zur Konstruktion der fortlaufenden Ausgangsfolge müssen die übereinander liegenden Werte in diesen Bereichen punktweise addiert werden. Wegen dieser Vorgehensweise wird das Verfahren als *Overlap-Add* Methode bezeichnet [Sto69].

Die Faltungsoperationen in den einzelnen, nachfolgend aufgeführten Schritten des Verfahrens werden wie zuvor aus Aufwandsgründen mit Hilfe der FFT im Frequenzbereich ausgeführt:

- *Auffüllen der Impulsantwort mit Nullen auf die Gesamtlänge $L+m$*

- *$(L + m)$-Punkte-FFT zur Berechnung der Systemfunktion $H[n]$.*

Für die R Teilfolgen mit fortlaufendem Index r gilt:

- *Auffüllen der r-ten Teilfolge $x_r[k]$ mit Nullen bis zur Gesamtlänge $L + m$*

- *$(L+m)$-Punkte-FFT der Teilfolge $x_r[k]$ zur Berechnung von $X_r[n]$*

- *Punktweise Multiplikation von $X_r[n]$ und $H[n]$ liefert $Y_r[n]$*

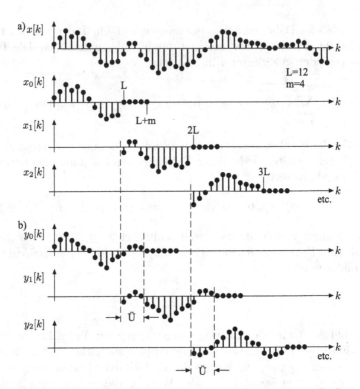

Bild 8.1.3: Schnelle Faltung nach dem Overlap-Add-Verfahren. Ü: Überlappungsbreite

- *Inverse $(m + L)$-Punkte-FFT von $Y_r[n]$ liefert $y_r[k]$*

- *Überlagerung von $y_r[k]$ und $y_{r-1}[k]$ in der in Bild 8.1.3 veranschaulichten Weise.*

Die in den ersten beiden Schritten beschriebene Transformation der Impulsantwort $h[k]$ wird nur ein einziges Mal in der Initialisierungsphase ausgeführt, sofern die Filterkoeffizienten während des Betriebes nicht verändert werden sollen. Im Gegensatz dazu werden die folgenden Schritte für die Teilfolgen R-mal zyklisch durchlaufen.
Interessant ist ein Vergleich des Rechenaufwands zwischen dem Overlap-Add-Verfahren und der diskreten Faltung. Dabei wird der allgemeine Fall komplexwertiger Filter angenommen, so dass sämtliche Multiplika-

tionen, auch die der diskreten Faltung, sowie sämtliche Additionen komplex anzusetzen sind. Ferner werden Additionen und Multiplikationen entsprechend der üblichen Struktur der Rechenwerke von Signalprozessoren zusammen als eine gemeinsame arithmetische Operation gewertet. Sämtliche Adressierungsrechnungen und Umspeicherungszyklen werden hier nicht betrachtet, da sie stark von der spezifischen Architektur des verwendeten Prozessorbausteins abhängig sind. Es ist aber darauf hinzuweisen, dass diese Operationen oftmals einen erheblichen Aufwand darstellen, der nicht selten in der Größenordnung der eigentlichen arithmetischen Rechnungen liegt.

Zunächst wird die schnelle Faltung betrachtet. Jede einzelne $(L + m)$-Punkte-FFT benötigt dabei $(L + m) \cdot \log_2(L + m)$ Rechenoperationen. Ausgehend vom Radix-2-FFT-Algorithmus werden für die Blocklängen $L + m$ Zweierpotenzen angenommen, so dass

$$L + m = 2^p, \, p \in \mathbb{N} \tag{8.1.8}$$

gilt. In den einzelnen Schritten des overlapp-add Verfahrens für R Datenblöcke sind die Elementaroperationen gemäß Tabelle 8.1 auszuführen.

Tab. 8.1: Elementaroperationen des Overlap-Add-Verfahrens

1-fache FFT von $h[k]$	$\rightarrow$	$p \cdot 2^p$
R-fache FFT von $x_r[k]$	$\rightarrow$	$R \cdot p \cdot 2^p$
R-fache Multiplikation		
von $(L + m)$-Punkte-Spektren	$\rightarrow$	$R \cdot 2^p$
R-fache IFFT	$\rightarrow$	$R \cdot p \cdot 2^p$
R-fache Addition		
in Überlappungsbereichen	$\rightarrow$	$R \cdot m$
gesamter Rechenaufwand der		
schnellen Faltung	$\rightarrow$	$2^p \cdot [(2R + 1) \cdot p + R] + R \cdot m$

Demgegenüber erfordert die direkt ausgeführte diskrete Faltung nach (8.1.1)

$$N \cdot (m + 1) = L \cdot R \cdot (m + 1) = (2^p - m) \cdot R \cdot (m + 1) \tag{8.1.9}$$

Multiplikationen und Additionen. Zum Vergleich mit der schnellen Faltung wird der Quotient aus dem Rechenaufwand der schnellen Faltung und dem Rechenaufwand der diskreten Faltung gebildet und die Frage gestellt, für welche Filterordnung dieser Quotient kleiner als eins wird, die schnelle Faltung also günstiger als die diskrete Faltung ist. Es gilt:

$$Q = \frac{2^p \cdot [(2R+1) \cdot p + R] + R \cdot m}{R \cdot [2^p + m \cdot (2^p - 1) - m^2]}. \qquad (8.1.10)$$

Man unterstellt eine sehr große Anzahl R von zu verarbeitenden Blöcken und ersetzt diese Beziehung durch

$$Q_\infty = \lim_{R \to \infty} Q = \frac{2^p \cdot [2 \cdot p + 1] + m}{2^p + m \cdot (2^p - 1) - m^2} \overset{!}{\leq} 1. \qquad (8.1.11)$$

Wird der Grenzfall gleichen Aufwandes, also das Gleichheitszeichen in (8.1.11) betrachtet, so erhält man eine quadratische Gleichung zur Bestimmung der zugehörigen Filterordnung:

$$m^2 - m \cdot (2^p - 2) + 2p \cdot 2^p = 0. \qquad (8.1.12)$$

Ihre Lösungen lauten

$$m = 1/2 \cdot (2^p - 2) \cdot \left[1 \pm \sqrt{1 - \frac{8 \cdot p \cdot 2^p}{(2^p - 2)^2}} \right], \qquad (8.1.13)$$

wovon nur diejenige mit negativem Vorzeichen vor der Wurzel zu berücksichtigen ist, da die andere im Widerspruch zur Definition (8.1.8) steht. Benutzt man noch die Näherung

$$\sqrt{1 - x} \approx 1 - x/2, \qquad (8.1.14)$$

so ergibt sich schließlich aus (8.1.13)

$$m \approx 2 \cdot p \frac{2^p}{2^p - 2} \approx 2 \cdot p. \qquad (8.1.15)$$

Die Overlap-Add Methode wird also gegenüber der diskreten Faltung günstiger, wenn für die Ordnung des FIR-Filters

$$m > 2p \qquad (8.1.16)$$

gilt. Am Rande sei vermerkt, dass im Spezialfall reellwertiger Systeme der Vergleich eine Verschiebung zugunsten der diskreten Faltung ergibt: Der Quotient Q_∞ erhält dann etwa den doppelten Wert und die Lösung der quadratischen Gleichung (8.1.12) ergibt $m \approx 4p$.

Werden typische Blocklängen für die FFT eingesetzt, z.B. $2^p = 1024$, so liegt der Grenzwert bei einer Filterordnung von $m = 20$ bzw. bei reellwertigen Systemen bei $m = 40$.

In [Sch73] und [Ach78] findet man genauere Aufwandsbetrachtungen für die schnelle Faltung. Insbesondere wird dort auch berücksichtigt, dass sich in Abhängigkeit vom Datenumfang und der Länge der Impulsantwort optimale Blocklängen ermitteln lassen. Nach diesen Untersuchungen ist die diskrete Faltung bis zu einer Länge der Impulsantwort von etwa $13 \le m + 1 \le 41$ weniger aufwendig als die schnelle Faltung. In der Praxis sind typische Längen der Impulsantwort von FIR-Filtern in aller Regel deutlich größer als die hier angegebenen Werte. Der schnellen Faltung müsste demnach in der überwiegenden Mehrzahl der Fälle aus Aufwandsgründen der Vorzug gegeben werden. Man hat sich zu fragen, weshalb dies – vor allem bei Echtzeit-Realisierungen – im allgemeinen nicht der Fall ist. Hierfür gibt es vor allem zwei Gründe: Zum einen ist die Struktur des diskreten Faltungsalgorithmus ungleich einfacher als die der schnellen Faltung, was sich ja, wie bereits erwähnt, in der Architektur gebräuchlicher Signalprozessoren niederschlägt. Zum anderen ist das Verhalten des Quantisierungsfehlers von FIR-Filtern in direkter Form [Heu75] sehr viel überschaubarer als das der FFT und damit auch das der schnellen Faltung [Heu82]. Dieses Problem ist für die Realisierung in Festkommaarithmetik sehr wichtig. Für Simulationsaufgaben, die mit Hilfe von Universalrechnern durchgeführt werden, bei denen die Rechengenauigkeit nicht so engen Grenzen unterliegt – und womöglich bei der Anwendung von Signalprozessoren mit Gleitkomma-Arithmetik – ist jedoch im Einzelfall zu prüfen, ob die Implementierung der FIR-Filter in direkter Form nicht durch die schnelle Faltung ersetzt werden sollte.

Weighted Overlap-Add. Zur zeitvarianten Filterung wird oftmals das so genannte Weighted Overlap-Add-Verfahren angewendet, das in [RS78] beschrieben wird. Das in der vorangegangenen Darstellung erläuterte klassische Overlap-Add-Verfahren würde zu Diskontinuitäten im gefilterten Signal führen, wenn die Filter-Übertragungsfunktion im Block r sich im nächsten Block $r + 1$ merkbar verändert hat. Um dies zu vermeiden, wird eine *überlappende Segmentierung* des Eingangssignals vorgenommen, um die Sprünge in den Übertragungsfunktionen zu verwischen; in Bild 8.1.4 wird dies veranschaulicht. Die Überlappung muss derart erfolgen, dass bei zeitinvarianter Filterung ein kontinuierlicher Übergang zwischen den Blöcken entsteht. Dazu werden im Zeitbereich Fenster angewendet, deren Überlagerung die Summe von eins ergibt. Wählt man einen Überlappungsgrad von 50 %, d.h. sind die Eingangsblöcke der Länge L um $L/2$ Abtastwerte gegeneinander versetzt, so erfüllt das in (5.3.37) auf Seite 175 eingeführte *Hann-Fenster* diese Bedingung. In Abschnitt 5.3.3 diente das Hann-Fenster dem Entwurf von FIR-Filtern – die dortige Länge $m + 1$ ist jetzt durch die Blocklänge L zu ersetzen. Soll ein Überlappungsgrad von $< 50\%$ realisiert werden, so muss das Hann-Fenster durch ein modifiziertes Fenster mit verkürzter Kosinusflanke ersetzt werden.

Um der Zirkularität der DFT Rechnung zu tragen, ist bei der konventionellen Overlap-Add-Methode eine Nullsequenz der Länge m anzufügen. Will man auch die Realisierung *nichtkausaler* Filter einbeziehen, deren Impulsantwort symmetrisch zum Zeitnullpunkt liegt, dann wird dem Datenblock $x_r[k]$ außerdem eine Nullsequenz *vorangestellt*, wie dies in Bild 8.1.4 angedeutet wird. Häufig legt man die vorangestellte und die nachfolgende Nullsequenz mit jeweils $L/2$ fest. Damit sind FIR-Filter realisierbar, deren Impulsantworten die Bedingung

$$h[k] = 0 \quad \text{für} \quad k \leq -L/2 \quad \text{und} \quad k \geq L/2$$

erfüllen. Für jeden Block ist dann eine DFT der Länge $2L$ durchzuführen. Auch die zeitvariante Filter-Impulsantwort wird blockweise einer $2L$-Punkte DFT unterzogen. Der weitere Verlauf vollzieht sich in Analogie zum klassischen Overlap-Add: Nach der Multiplikation von $X[n, r]$ und $H[n, r]$ erfolgt die $2L$-Punkte IDFT und anschließend die Addition der Überlappungsbereiche; Bild 8.1.4 demonstriert das Verfahren.

Angemerkt sei noch, dass in der Sprachverarbeitung für die Segmentierung der Eingangsblöcke in der Regel der Wert $L = 128$ festgelegt wird; die DFT-Länge beträgt also $2L = 256$ [Bit02]. Nimmt man die übliche Abtastfrequenz von 8 kHz an, so entspricht dies einer Dauer von 32 ms; das entspricht in etwa einer Blocklänge, innerhalb derer das Sprachsignal als näherungsweise stationär betrachtet werden kann, so dass auch die zeitlichen Änderungen adaptiver Filter sich in dieser Größenordnung bewegen.

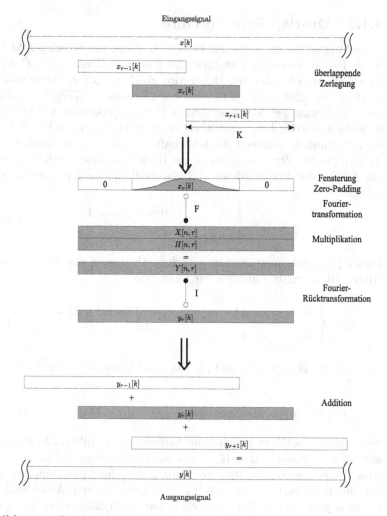

Bild 8.1.4: Overlap-Add-Verfahren mit überlappender Segmentierung (*Weighted Overlap-Add*)

8.1.2   Overlap-Save-Verfahren

Eine Alternative zur schnellen Faltung in Form der Overlap-Add Methode besteht in einem Verfahren, das unter der Bezeichnung *Overlap-
Save* Verfahren bekannt ist. Dabei wird im Gegensatz zur Overlap-Add
Methode die Eingangsfolge in *einander überlappende Teilfolgen zerlegt*.
Aus den hieraus gebildeten zirkularen Faltungsprodukten werden dann
diejenigen Anteile herausgegriffen, die mit der aperiodischen Faltung
übereinstimmen, während die fehlerhaften Teile zu unterdrücken sind
[Hel67], [Sto66]. Zur Vereinfachung der Herleitung dieses Verfahrens wird
am Anfang der Eingangsfolge $x[k]$ eine Nullsequenz der Länge m eingefügt:

$$x'[k] = \begin{cases} 0 & 0 \le k \le m-1 \\ x[k-m] & k \ge m. \end{cases} \qquad (8.1.17)$$

Dieser Folge entnimmt man in zeitlichen Abständen von $M-m$ Abta-
stintervallen jeweils Teilfolgen der Länge M:

$$x_r'[k] = \begin{cases} x'[k], & r \cdot (M-m) \le k \le r \cdot (M-m) + M - 1 \\ 0 & \text{sonst}. \end{cases} \qquad (8.1.18)$$

Benachbarte Folgen $x_r'[k]$ und $x_{r+1}'[k]$ überlappen sich dabei im Zeitintervall

$$r \cdot (M-m) + M - m \le k \le r \cdot (M-m) + M - 1, \qquad (8.1.19)$$

besitzen also jeweils m gemeinsame Abtastwerte. In Bild 8.1.5a wird dies
anhand des Beispiels $M = 16$, $m = 4$ anschaulich dargestellt.
Anschließend wird die zirkulare Faltung der einzelnen Teilfolgen mit
der Impulsantwort $h[k]$ ausgeführt. Wie beim Overlap-Add-Verfahren
ist dazu jeweils eine M-Punkte-FFT, die Multiplikation zweier Spektralfunktionen und eine inverse M-Punkte-FFT erforderlich. Man erhält
die aus jeweils M Abtastwerten bestehenden Teilfolgen $y_r'[k]$, die nach
Bild 8.1.5b den Zeitabschnitten $r \cdot (M-m) \le k \le r \cdot (M-m) + M - 1$
zugeordnet werden. Von den M Werten jeder Ergebnisfolge stimmen jeweils nur die letzten $M-m$ Werte mit dem Resultat einer aperiodischen
Faltung überein, während die ersten m wegen der zirkularen Faltung
unkorrekt sind. Dies zeigt sich deutlich am ersten Segment: Die Werte
der Eingangsfolge sind bis zum Zeitpunkt $k = m - 1$ gleich Null. Aus

Kausalitätsgründen müsste das Faltungsprodukt auch in diesem Bereich verschwinden, was aber aufgrund der bei der zirkularen Faltung auftretenden periodischen Fortsetzung nicht der Fall ist. Die m unkorrekten Werte einer jeden Teilfolge werden deshalb unterdrückt:

$$y_r[k] = \begin{cases} y'_r[k], & r \cdot (M - m) + m \leq k \leq r \cdot (M - m) + M - 1 \\ 0 & \text{sonst}. \end{cases}$$

(8.1.20)

Das endgültige Resultat erhält man durch Überlagerung der korrigierten Teilreaktionen:

$$y[k] = \sum_{r=0}^{R} y_r[k].$$

(8.1.21)

Ein geringer Vorteil der Overlap-Save Methode gegenüber dem Overlap-Add Verfahren liegt in der Einsparung der Überlagerungsadditionen für die Teilresultate, an deren Stelle die einfache Streichung der unkorrekten Werte tritt. Andererseits hängt der erforderliche Realisierungsaufwand von der gewählten Segmentierung ab und wird, wie bereits betont wurde, neben den rein arithmetischen Operationen entscheidend von Umspeicherungs- und Adressierungsvorgängen mit bestimmt. Unter praktischen Gesichtspunkten ergeben sich zwischen den beiden Verfahren keine wesentlichen Unterschiede.

In der überwiegenden Mehrzahl praktischer Aufgabenstellungen liegt der Spezialfall reellwertiger Systeme vor. Bei der Ausführung beider Methoden der schnellen Faltung in Form der segmentierten Faltung lässt sich die Tatsache ausnutzen, dass die FFT eine komplexe Eingangsfolge in den Spektralbereich transformiert. Da stets mehrere Segmente zu transformieren sind, liegt es nahe, als Realteil und Imaginärteil der zu transformierenden Folge zwei aufeinander folgende Segmente der Folge $x[k]$ zu verwenden und diese zunächst simultan zu transformieren. Die DFTs der beiden Folgen können anschließend gemäß der Beziehungen (7.2.13) und (7.2.14) wieder getrennt werden. Die simultane Transformation zweier reeller Folgen wird ausführlich in Abschnitt 8.1 behandelt.

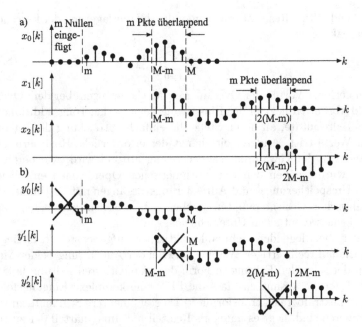

Bild 8.1.5: Overlap-Save-Verfahren. $M = 16$, $m = 4$

8.2 Spektralanalyse periodischer Signale

8.2.1 Abtastung eines zeitkontinuierlichen periodischen Signals

Ein häufig auftretendes Problem ist die Spektralanalyse eines periodischen zeitkontinuierlichen Signals

$$x_p(t) = x_p(t + T_p) . \tag{8.2.1}$$

Zur digitalen Verarbeitung soll dieses Signal abgetastet werden. Im allgemeinen existieren unendlich viele Folgen, die dem kontinuierlichen Signal zugeordnet werden können. Man bezeichnet sie als *äquivalente Folgen*; sie unterscheiden sich darin, dass sie aus der Abtastung von $x_p(t)$ mit verschiedenen Abtastphasen hervorgegangen sind. Zur Rekonstruktion ist jeweils eine Interpolation auf der Grundlage von si-Funktionen durchzuführen (siehe (2.4.25)). Die unterschiedliche Lage der den äquivalenten Folgen zugeordneten Abtastzeitpunkte kann durch entsprechende Zeitverschiebung der si-Funktionen wieder ausgeglichen werden. Äquivalente Folgen werden in [Sch94] ausgiebig behandelt.

Im vorliegenden Fall soll aus der Menge der äquivalenten Folgen die spezielle Folge

$$x[k] = x_p(kT) \tag{8.2.2}$$

ausgewählt und als Grundlage zur Spektralanalyse benutzt werden. Die dem periodischen Signal $x_p(t)$ zugeordnete Folge $x[k]$ ist *nicht zwingend periodisch*, worauf bereits im Zusammenhang mit (2.1.9) hingewiesen wurde. Man kann dies auf einfache Weise an einer komplexen Exponentialfolge zeigen. Soll nach k_p Abtastwerten eine periodische Fortsetzung folgen, so muss

$$x[k] = e^{j\Omega_p k} \overset{!}{=} e^{j\Omega_p(k+k_p)} = x[k + k_p] \tag{8.2.3}$$

bzw.

$$e^{j\Omega_p k_p} \overset{!}{=} 1 \longrightarrow 2\pi f_p T \cdot k_p \overset{!}{=} 2\pi \cdot L , \quad L \in \mathbb{N} \tag{8.2.4}$$

gelten. Die auf die Abtastfrequenz bezogene Frequenz des periodischen Signals muss also eine *rationale Zahl* sein

$$\frac{f_p}{f_A} = \frac{L}{k_p} , \tag{8.2.5}$$

um aus dem kontinuierlichen periodischen Signal eine periodische Folge zu erhalten. Dabei muss die Periodendauer des diskreten Signals nicht mit der des kontinuierlichen Signals übereinstimmen. Nur für den Fall $L = 1$ gilt:

$$\frac{k_p}{f_A} = \frac{1}{f_p} \; , \; k_p T = T_p \; ; \tag{8.2.6}$$

die Abtastfrequenz ist in diesem Falle ein ganzzahliges Vielfaches der Signalfrequenz.

Ungeachtet der Frage, ob aus dem periodischen kontinuierlichen Signal auch eine periodische Folge erzeugt wurde, soll mit Hilfe der diskreten Fourier-Transformation eine Spektralanalyse durchgeführt werden.

8.2.2   Diskrete Fourier-Transformation einer komplexen Exponentialfolge

Es wird die komplexe Exponentialfolge

$$x[k] = e^{j\Omega_p k} = e^{j2\pi f_p kT} \tag{8.2.7}$$

betrachtet, wobei zunächst offen sein soll, in welchem Verhältnis f_p und f_A zueinander stehen. Die diskrete Fourier-Transformierte von N Werten dieser Folge lautet:

$$\begin{aligned} X[n] &= \sum_{k=0}^{N-1} x[k] e^{-j(2\pi/N)kn} \\ &= \sum_{k=0}^{N-1} e^{j2\pi(f_p T \cdot N - n)k/N} \; . \end{aligned} \tag{8.2.8}$$

Benutzt man die Summenformel für die endliche geometrische Reihe wie bei (7.3.2)

$$\begin{aligned} \sum_{k=0}^{N-1} e^{j\beta \cdot k} &= \frac{1 - e^{j\beta \cdot N}}{1 - e^{j\beta}} = \frac{e^{j\beta \cdot N/2}}{e^{j\beta/2}} \frac{e^{-j\beta \cdot N/2} - e^{+j\beta \cdot N/2}}{e^{-j\beta/2} - e^{+j\beta/2}} \\ &= e^{j(N-1)\cdot \beta/2} \frac{\sin(N \cdot \beta/2)}{\sin(\beta/2)} \; , \end{aligned} \tag{8.2.9}$$

so ergibt sich aus (8.2.8) die Beziehung

$$X(n) = e^{j\pi[f_p T \cdot N - n]\frac{N-1}{N}} \cdot \frac{\sin[\pi(f_p T \cdot N - n)]}{\sin[\frac{\pi}{N}(f_p T \cdot N - n)]} \; , \tag{8.2.10}$$

die mit Hilfe des in (5.3.33) auf S. 174 definierten Dirichlet-Kerns ausgedrückt werden kann.

$$X[n] = e^{j\pi[f_pT\cdot N - n]\frac{N-1}{N}} \cdot N \cdot \mathrm{di}_N\left(\frac{2\pi}{N}(f_pT\cdot N - n)\right) \qquad (8.2.11)$$

Die so gewonnene Spektralfolge wird zunächst für den Fall untersucht, dass $f_pT \cdot N$ ein ganzzahliger Wert ist

$$f_p \cdot T \cdot N = m \in \mathbb{N} , \qquad (8.2.12)$$

die Frequenz des periodischen kontinuierlichen Signals also ein *ganzzahliges Vielfaches des Frequenzinkrements* f_A/N darstellt:

$$f_p = m \cdot f_A/N . \qquad (8.2.13)$$

Dann folgt aus (8.2.11)

$$X[n] = e^{j\pi(m-n)\frac{N-1}{N}} \cdot N \cdot \mathrm{di}_N\left(\frac{2\pi}{N}(m-n)\right) . \qquad (8.2.14)$$

Gemäß Eigenschaft (5.3.34c) des Dirichlet-Kerns gilt für $n \neq m$

$$X[n] = 0 , \quad 0 \leq n \leq m-1 ; m+1 \leq n \leq N-1 . \qquad (8.2.15)$$

Für $n = m$ erhält man mit der Eigenschaft (5.3.34d) für (8.2.14) den Wert N, so dass sich für das Spektrum der komplexen Exponentialfolge

$$X[n] = N \cdot \delta[n-m] , \quad 0 \leq n,m \leq N-1 \qquad (8.2.16)$$

ergibt. Voraussetzung hierfür ist die Einhaltung der Bedingungen (8.2.12) und (8.2.13), die gleichbedeutend damit sind, dass die analysierte Folge sich *nach dem DFT-Fenster* $0 \leq k \leq N-1$ *periodisch fortsetzt*. Dabei ist es nicht notwendig, dass die Folge $x[k]$ in jeder Periode des zugehörigen kontinuierlichen Signals $x_p(t)$ eine ganzzahlige Anzahl von Abtastwerten aufweist, d.h. die Bedingung (8.2.6), bei der die Abtastfrequenz ein ganzzahlig Vielfaches der Signalfrequenz ist, muss nicht erfüllt sein. Bild 8.2.1 zeigt hierfür ein Beispiel, bei dem $x_p(t)$ ein kosinusförmiges Signal ist, das im endlichen Analyseintervall fünf Perioden enthält. Mit $N = 16$ und $m = 5$ gilt:

$$k_p = 16 ; T_p = \frac{16}{5}T \neq k_p \cdot T . \qquad (8.2.17)$$

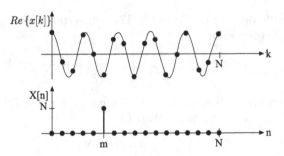

Bild 8.2.1: Spektralanalyse einer komplexen Exponentialfolge mit Hilfe einer 16-Punkte DFT mit $f_p/f_A = 5/16$

8.2.3   Der Leck-Effekt

Andere Verhältnisse ergeben sich, wenn die Bedingungen (8.2.12) und (8.2.13) verletzt werden. Im allgemeinen Fall gilt:

$$f_p T \cdot N = m + \alpha \,, \quad |\alpha| \leq 1/2, \, m \in \mathbb{N} \,. \tag{8.2.18}$$

Für die DFT der Exponentialfolge ergibt sich dann:

$$X[n] = e^{j\pi(m-n+\alpha)\frac{N-1}{N}} \cdot N \cdot \mathrm{di}_N \left(\frac{2\pi}{N}(m - n + \alpha) \right) \,. \tag{8.2.19}$$

Die Bilder 8.2.2a bis 8.2.2c zeigen die hieraus errechneten Spektralfolgen für verschiedene Werte α. Zur Veranschaulichung sind jeweils die kontinuierlichen $\sin(x)/\sin(x/N)$-Hüllkurven angedeutet. Für $\alpha = 0$ wird in Bild 8.2.2a diese Hüllkurve einmal im Maximum und im übrigen in den äquidistanten Nullstellen abgetastet. Das Ergebnis ist die im letzten Abschnitt diskutierte ideale Spektralanalyse. In den Bildern 8.2.2b und 8.2.2c hingegen liegen die Nulldurchgänge der $\sin(x)/\sin(x/N)$-Funktion *zwischen den diskreten Frequenzpunkten der DFT*. Daraus entstehen folgende Fehler: Zum einem wird die Hüllkurve nicht mehr in ihrem Maximum abgetastet, so dass sich zwei Hauptlinien ergeben, deren Beträge gegenüber N reduziert sind. Darüber hinaus entstehen an sämtlichen DFT-Rasterpunkten fehlerhafte Anteile, d.h. die Hauptspektrallinie „leckt" durch alle Rasterpunkte hindurch. Aus diesem Grunde wird der beschriebene Fehler in Anlehnung an die englische Bezeichnung „leakage" als „Leck- Effekt" bezeichnet.

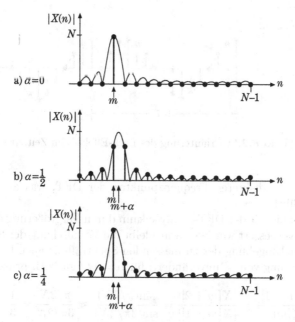

Bild 8.2.2: Verdeutlichung des Leck-Effektes anhand der 16-Punkte DFT einer komplexen Exponentialfolge

Der Leck-Effekt lässt sich auch anschaulich im Zeitbereich erklären. Als Beispiel betrachte man den in Bild 8.2.3 dargestellten Realteil einer komplexen Exponentialfolge. In diesem Falle ist $f_p \cdot T = 1/12$, woraus sich bei einer DFT-Länge von $N = 16$ aufgrund obiger Überlegungen mit

$$f_p T \cdot N = 16/12 = 1 + 1/3 \,, \ \alpha = 1/3 \qquad (8.2.20)$$

ein Leck-Effekt ergibt. Für die Zeitfolge gilt die Periodizität

$$x[k] = x[k + 12] \,, \qquad (8.2.21)$$

so dass die periodische Wiederholung nach 16 Abtastwerten zu einer unstetigen Fortsetzung führt. Die Fourier-Analyse der fehlerhaft fortgesetzten Funktion liefert Spektrallinien an Vielfachen der Grundfrequenz

$$\frac{1}{16 \cdot T} = \frac{f_A}{16} \,, \qquad (8.2.22)$$

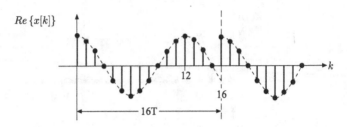

Bild 8.2.3: Erläuterung des Leck-Effektes im Zeitbereich

also an den diskreten Frequenzpunkten der DFT, was auf den Leck-Effekt führt.

Die Genauigkeit der DFT-Analyse kann durch Vergrößerung des Messintervalls verbessert werden. Zwar bleibt die Verfälschung der Spektralfolge in der Umgebung der zu messenden Spektrallinie auch bei beliebiger Vergrößerung von N unverändert; für $\alpha = 1/2$ gilt z.B. prinzipiell

$$\frac{|X8m-1]|}{|X[m]|} = \frac{|X[m+2]|}{|X[m+1]|} = \frac{\sin(\pi/2N)}{\sin(3\pi/2N)} \approx \frac{\pi/2N}{3\pi/2N} = \frac{1}{3} , \qquad (8.2.23)$$

jedoch wird der fehlerhafte Bereich durch eine verbesserte Frequenzauflösung auf ein schmaleres Frequenzintervall konzentriert. Die Bilder 8.2.4 sollen dies an einem praktischen Messbeispiel verdeutlichen. Untersucht wird eine Kosinusschwingung der Frequenz $f_p = 1$ kHz, die Abtastfrequenz beträgt $f_A = 20$ kHz. Die Bilder zeigen die FFT-Resultate für verschiedene Längen N der DFT. Für die Darstellung wurde ein logarithmischer Maßstab gewählt, wobei die Spektralfolge auf den theoretischen Maximalwert normiert wurde. Demzufolge entspricht die 0 dB-Marke dem Spektralwert $N/2$.

8.3   Anwendung von Fensterfunktionen im Zeitbereich

8.3.1   Allgemeine Interpretation des Leck-Effektes

Der Leck-Effekt wurde im letzten Abschnitt anhand der DFT-Analyse einer komplexen Exponentialfolge veranschaulicht. Zu einer etwas allgemeineren Interpretation kommt man, wenn anstelle der DFT die *zeitdis-*

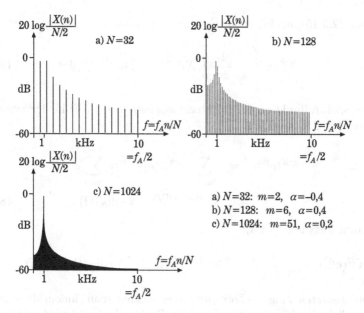

Bild 8.2.4: Spektralanalyse einer 1kHz-Kosinusschwingung, $f_A = 20$ kHz

krete Fourier-Transformation nach (2.3.11), also die der Folge zugeordnete frequenzkontinuierliche Spektralfunktion betrachtet wird.

Ein zeitdiskretes Signal $x[k]$ wird zunächst durch eine Rechteckfolge

$$f^R[k] = \begin{cases} 1, & 0 \le k \le N-1 \\ 0, & \text{sonst} \end{cases} \qquad (8.3.1)$$

auf dasjenige Zeitintervall begrenzt, das in den vorangegangenen Betrachtungen Grundlage der DFT-Analyse war:

$$x^R[k] = x[k] \cdot f^R[k] = \begin{cases} x[k], & 0 \le k \le N-1 \\ 0, & \text{sonst.} \end{cases} \qquad (8.3.2)$$

Die Fourier-Transformation dieser begrenzten Folge $x^R(k)$ erhält man nach (2.3.15) aus folgender Faltungsbeziehung:

$$X^R(e^{j\Omega}) = \frac{1}{2\pi} \int_{-\pi}^{\pi} X(e^{j\Theta}) \cdot F^R(e^{j(\Omega-\Theta)}) d\Theta . \tag{8.3.3}$$

Die Spektralfunktion der Rechteckfolge lässt sich mit Hilfe der Summenformel (8.2.9) angeben:

$$
\begin{aligned}
F^R(e^{j\Omega}) &= \sum_{k=-\infty}^{\infty} f^R[k] e^{-j\Omega k} = \sum_{k=0}^{N-1} e^{-j\Omega k} \\
&= e^{-j(N-1)\Omega/2} \cdot N \cdot \mathrm{di}_N(\Omega) .
\end{aligned}
\tag{8.3.4}
$$

Damit folgt aus (8.3.3):

$$X^R(e^{j\Omega}) = \frac{1}{2\pi} \int_{-\pi}^{\pi} X(e^{j\Theta}) e^{-j(N-1)(\Omega-\Theta)/2} N \cdot \mathrm{di}_N(\Omega - \Theta) \, d\Theta . \tag{8.3.5}$$

Zur *diskreten Fourier-Transformation* gelangt man, indem diese kontinuierliche Spektralfunktion im *DFT-Raster abgetastet* wird, indem also Ω durch

$$2\pi \, T \frac{f_A}{N} n = 2\pi n/N \tag{8.3.6}$$

ersetzt wird, was gleichbedeutend mit einer periodischen Fortsetzung im Zeitbereich ist:

$$
\begin{aligned}
X(n) &= X^R(e^{j2\pi n/N}) \\
&= \frac{1}{2\pi} \int_{-\pi}^{\pi} X(e^{j\Theta}) e^{-j(N-1)(\frac{2\pi n}{N} - \Theta)/2} N \cdot \mathrm{di}_N \left(\frac{2\pi n}{N} - \Theta \right) d\Theta .
\end{aligned}
\tag{8.3.7}
$$

Der hier gefundene Ausdruck stellt eine allgemein gültige Form der diskreten Fourier-Transformation dar. Der Leck-Effekt erweist sich somit als Auswirkung einer *Rechteckfensterung im Zeitbereich*. Zur Veranschaulichung wird für $x[k]$ eine komplexe Exponentialfolge eingesetzt.

$$x[k] = e^{j\Omega_p k} \tag{8.3.8}$$

Die zugehörige Fourier-Transformierte lautet für das Frequenzintervall $-\pi \le \Omega \le \pi$

$$X(e^{j\Omega}) = 2\pi \cdot \delta_0(\Omega - \Omega_p) . \tag{8.3.9}$$

Durch diese Dirac-Spektrallinie wird im Faltungsausdruck (8.3.7) die Spektralfunktion der Rechteckfolge um Ω_p verschoben ausgeblendet. Es ergibt sich

$$X[n] = e^{-j\pi(n-f_pT\cdot N)\frac{N-1}{N}} N \cdot \text{di}_N \left(\frac{2\pi}{N}(n - f_pT \cdot N)\right) , \qquad (8.3.10)$$

also das im letzten Abschnitt gefundene Ergebnis bei direkter Berechnung der DFT (8.2.10).

8.3.2 Hann-Fenster als Beispiel für die prinzipielle Wirkungsweise einer Fensterung im Zeitbereich

Im letzten Abschnitt wurde deutlich, dass die bei der DFT-Analyse entstehenden prinzipiellen Fehler als Folge der Zeitbegrenzung durch eine Rechteck-Fensterung zu interpretieren sind. Es ist nahe liegend, das Rechteckfenster durch eine andere, ebenfalls zeitbegrenzende Fensterfunktion zu ersetzen, die aber nun so optimiert wird, dass sich günstige Spektraleigenschaften ergeben. Eine bekannte Fensterfunktion dieser Art ist das *Hann-Fenster*, das nach dem österreichischen Meteorologen Julius von Hann benannt wurde (siehe hierzu die Fußnote auf Seite 175). Das Hann-Fenster wurde bereits in Abschnitt 5.3.3 zum Entwurf nichtrekursiver Filter eingesetzt (5.3.37); dort wurde auch die prinzipielle Wirkungsweise dieser Fensterform anschaulich erläutert. Im folgenden wird eine solche anschauliche Erklärung in knapp gefasster Form unter dem besonderen Aspekt der Spektralanalyse wiederholt.
Das Hann-Fenster ist definiert als

$$f^{Hn}[k] = \begin{cases} 0,5[1 - \cos(2\pi k/(N - 1))] & \text{für } 0 \leq k \leq N - 1 \\ 0 & \text{sonst} . \end{cases}$$

$$(8.3.11)$$

Die punktweise Multiplikation der gemessenen Folge $x[k]$ in der in Bild 8.3.1 gezeigten Weise führt zu der zeitbegrenzten Folge

$$x^{Hn}[k] = \begin{cases} x[k] \cdot f^{Hn}[k] & \text{für } 0 \leq k \leq N - 1 \\ 0 & \text{sonst} . \end{cases} \qquad (8.3.12)$$

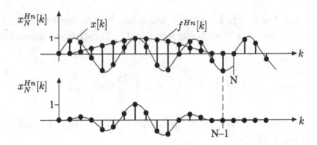

Bild 8.3.1: Gewichtung mit dem Hann-Fenster

Das Spektrum der gefensterten Folge $x^{Hn}(k)$ erhält man aus der Faltung des wahren Spektrums $X(e^{j\Omega})$ mit dem Spektrum des Hann-Fensters $F^{Hn}(e^{j\Omega})$

$$X^{Hn}(e^{j\Omega}) = \frac{1}{2\pi} X(e^{j\Omega}) * F^{Hn}(e^{j\Omega}), \qquad (8.3.13)$$

woraus durch Abtastung an den Stellen

$$\Omega = 2\pi n/N, \ 0 \le n \le N-1$$

die DFT zu gewinnen ist.

Das Spektrum des Hann-Fensters hat in Hinblick auf den Leck-Effekt günstigere Eigenschaften als dasjenige des Rechteck-Fensters, wie folgende (bereits aus Abschnitt 5.3.3 bekannte) Betrachtung zeigt. Ersetzt man in (8.3.11) den Kosinus-Term durch $0.5[\exp(j2\pi k/(N-1)) + \exp(-j2\pi k/(N-1))]$ und nutzt die Modulationseigenschaft (2.3.14) der zeitdiskreten Fourier-Transformation in der Form

$$\text{DTFT}\{e^{j2\pi k/(N-1)} \cdot x[k]\} = X(e^{j[\Omega - 2\pi/(N-1)]}), \qquad (8.3.14)$$

so erweist sich das Hann-Spektrum als Überlagerung dreier gegeneinander um $\pm 2\pi/(N-1)$ verschobener Spektren von Rechteckfenstern

$$F^{Hn}(e^{j\Omega}) = \frac{1}{2}\left[F^R(e^{j\Omega}) - \frac{1}{2}\left[F^R\left(e^{j[\Omega + \frac{2\pi}{N-1}]}\right) + F^R\left(e^{j[\Omega - \frac{2\pi}{N-1}]}\right) \right] \right].$$
$$(8.3.15)$$

Hierbei gilt gemäß (8.3.4) mit $F_0(e^{j\Omega}) = N \cdot \text{di}_N(\Omega)$

$$F^R\left(e^{j[\Omega \pm \frac{2\pi}{N-1}]}\right) = e^{-j(N-1)(\Omega \pm \frac{2\pi}{N-1})/2} \cdot N \cdot \text{di}_N\left(\Omega \pm \frac{2\pi}{N-1}\right)$$

$$= e^{-j(N-1)\Omega/2} \cdot \underbrace{e^{\mp j\pi}}_{-1} \cdot N \cdot \text{di}_N\left(\Omega \pm \frac{2\pi}{N-1}\right),$$

$$(8.3.16)$$

so dass (8.3.15) in nichtkausaler Schreibweise lautet

$$F_0^{Hn}(e^{j\Omega}) = \frac{N}{2}\left(\text{di}_N(\Omega)\right.$$

$$\left. + \frac{1}{2}\left[\text{di}_N\left(\Omega + \frac{2\pi}{N-1}\right) + \text{di}_N\left(\Omega - \frac{2\pi}{N-1}\right)\right]\right).$$

$$(8.3.17)$$

Die Konstruktion dieser Spektralfunktion aus drei Dirichlet-Spektren wird in Bild 8.3.2 gezeigt. Dabei wird die prinzipielle Wirkung der Hann-Fensterung deutlich: Der Durchlassbereich der Spektralfunktion wird von $\pm 2\pi/N$ auf etwa $\pm 4\pi/N$ verbreitert, während die Oszillationen im Sperrbereich $|\Omega| > 4\pi/N$ infolge der Überlagerung deutlich gedämpft werden.

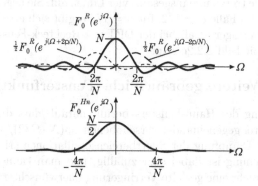

Bild 8.3.2: Konstruktion der Spektralfunktion des Hann-Fensters. Annahme: $\frac{2\pi}{N} \approx \frac{2\pi}{N-1}$.

Nach diesen Ergebnissen ist eine Abschwächung des Leck-Effektes zu erwarten, die jedoch auf Kosten der spektralen Auflösung erreicht wird. Zu

Veranschaulichung wird in den Bildern 8.3.3a bis 8.3.3c die Analyse einer komplexen Exponentialfolge der normierten Frequenz $\Omega_p = 2\pi f_p T$ wiedergegeben. Die Faltung des wahren Spektrums, also einer Dirac-Linie an der Stelle Ω_p, mit dem Hann-Spektrum nach (8.3.17) führt in diesem Falle zu einem an die Stelle Ω_p verschobenen Hann-Spektrum.

Wie bereits im Abschnitt 8.2.3 wird jetzt unterschieden, ob die Signalfrequenz f_p ein ganzzahliges Vielfaches des DFT-Frequenzinkrements f_A/N ist oder nicht:

$$f_p T \cdot N = m + \alpha \; ; \quad m \in \mathbb{N}, \; |\alpha| < 0,5 \; . \tag{8.3.18}$$

Der Fall $\alpha = 0$ hatte bei der einfachen DFT mit Rechteckfensterung zu einer idealen Wiedergabe des Spektrums geführt, was in Bild 8.2.2a gezeigt wurde. Demgegenüber zeigt Bild 8.3.3a, dass bei Anwendung eines Hann-Fensters neben der korrekten Spektrallinie zwei weitere im Abstand f_A/N erscheinen. Falls also in einer speziellen Messsituation die Bedingung $\alpha = 0$ herstellbar ist – etwa durch eine *Synchronisation zwischen Messfrequenz und Abtastfrequenz* – so ist es sinnvoll, direkt die DFT auszuführen *ohne eine zusätzliche Fensterung des Datenblocks*. In den meisten Fällen liegt eine solche Situation jedoch nicht vor, so dass eine Hann-Fensterung im allgemeinen Vorteile bringt. Die Bilder 8.3.3b und 8.3.3c demonstrieren die Verringerung des Leck-Effektes, zeigen aber gleichzeitig die spektrale Verbreiterung: In der Umgebung der wahren Spektrallinie treten nun insgesamt vier Linien auf. Sie liegen symmetrisch zueinander im Falle $\alpha = 1/2$; für $\alpha = 1/4$ ergibt sich eine Unsymmetrie, die jedoch geringer ist als bei der DFT mit Reckteck-Fensterung, wie ein Vergleich mit Bild 8.2.2c zeigt.

8.3.3   Weitere gebräuchliche Fensterfunktionen

Die Wirkung des Hann-Fensters beruht darauf, dass durch Überlagerung von drei gegeneinander verschobenen $\sin(N \cdot \Omega/2)/\sin(\Omega/2)$-Funktionen eine Dämpfung der Sperrbereichsoszillationen erfolgt. Der Grad der Auslöschung ist dabei eher zufällig, und man kann sich die Frage stellen, ob nicht eine gezielte Verringerung unerwünschter Spektralanteile erreicht werden kann. Dazu wird das Hann-Fenster durch Einbringen eines wählbaren Parameters β modifiziert:

$$f[k] = \begin{cases} (1 - \beta) - \beta \cdot \cos(2\pi k/(N-1)) & 0 \leq k \leq N-1 \\ 0 & \text{sonst} . \end{cases} \tag{8.3.19}$$

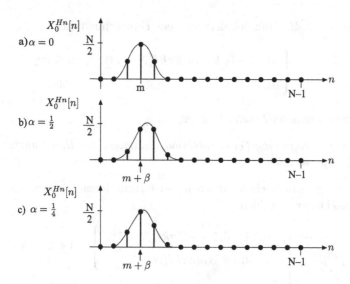

Bild 8.3.3: Minderung des Leck-Effektes durch Hann-Fensterung

Das Maximum im Sperrbereich der Hann-Spektralfunktion liegt etwa bei $\Omega = 5\pi/N$; das Spektrum des verallgemeinerten Fensters wird an dieser Stelle berechnet. Mit der Näherung $\sin(5\pi/2N) \approx 5\pi/2N$ bei hinreichend großen Werten von N ergibt sich:

$$\frac{F_0(e^{j5\pi/N})}{F_0(1)} \approx \frac{4}{\pi}\left[\frac{1}{5}(1-\beta) - \frac{5}{21}\beta\right]. \qquad (8.3.20)$$

Für die bisher betrachtete Hann-Funktion folgt mit $\beta = 1/2$:

$$\frac{F_0(e^{j5\pi/N})}{F_0(1)} \approx 0,024 \,\hat{=}\, -32\ dB. \qquad (8.3.21)$$

Andererseits kann durch entsprechende Wahl von β eine vollständige Auslöschung des Hauptmaximums im Sperrbereich erreicht werden. Aus

$$\frac{F_0(e^{j5\pi/N})}{F_0(1)} \stackrel{!}{=} 0 \qquad (8.3.22)$$

folgt $\beta = 0,46$. Man definiert die neue Fensterfunktion

$$f^{Hm}[k] = \begin{cases} 0,54 - 0,46 \ \cos(2\pi k/(N-1)), & 0 \le k \le N-1 \\ 0, & \text{sonst}, \end{cases}$$

(8.3.23)

die als *Hamming-Fenster* bekannt ist:

- *Die Hamming-Fensterfunktion minimiert das Hauptmaximum im Sperrbereich.*

Zu den gebräuchlichen einfachen Fensterfunktionen ist noch das *Blackman-Fenster* zu zählen

$$f^{Bl}[k] = \begin{cases} \begin{aligned} &0,42 - 0,5 \ \cos(2\pi k/(N-1)) \\ &+0,08 \ \cos(4\pi k/(N-1)) \end{aligned} \Bigg\} & 0 \le k \le N-1 \\ 0 & \text{sonst}, \end{cases}$$

(8.3.24)

dessen Zeitverlauf in Bild 8.3.4 dem Hann- und Hamming-Fenster gegenübergestellt ist. Diese Fenster wurden bereits in Bild 5.3.6 dargestellt und werden hier wegen der geänderten Skalierung auf der Abzisse wiederholt. Die zugehörigen Spektralfunktionen findet man in der Übersicht in Abschnitt 8.3.5 in den Bildern 8.3.5a bis 8.3.5d. Der Vergleich zeigt, dass das Blackman-Fenster von den hier betrachteten drei Fenstern die größte Sperrdämpfung aufweist. Andererseits ist damit der breiteste Durchlassbereich verbunden, was mit dem schmaleren Verlauf im Zeitbereich in Einklang steht.

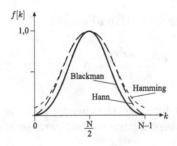

Bild 8.3.4: Verschiedene Fensterfunktionen im Zeitbereich

8.3.4 Gleichmäßige Approximation im Sperrbereich: Dolph-Tschebyscheff-Fenster

Beim Entwurf nichtrekursiver Filter in Abschnitt 5.3 wurde deutlich, dass durch gleichmäßige Ausnutzung des Frequenzgang-Toleranzschemas erhebliche Gewinne zu erzielen sind. Es ist nahe liegend, auch für die Spektralanalyse eine solche Technik anzuwenden: Durch eine Tschebyscheff Approximation im Sperrbereich des Fenster-Spektrums kann versucht werden, den Leck-Effekt zu reduzieren. Eine Möglichkeit hierzu bieten die *Dolph-Tschebyscheff-Funktionen*, die im Abschnitt 5.3.4 bereits direkt zum Entwurf nichtrekursiver Filter benutzt wurden. Die Zusammenhänge sollen hier nochmals unter dem besonderen Aspekt der Spektralanalyse kurz dargestellt werden.

Entsprechend (5.3.52) formuliert man das Dolph-Tschebyscheff-Fenster im Spektralbereich; da die Spektralfunktion reell angesetzt wird, ist die zugeordnete Zeitfolge zunächst nichtkausal.

$$
F_0^{DT}(e^{j\Omega}) = \left\{
\begin{array}{ll}
\cosh\left\{(N-1)\cdot\operatorname{arcosh}\left[\frac{\cos(\Omega/2)}{\cos(\Omega_s/2)}\right]\right\}, & 0 \leq \Omega \leq \Omega_s \\[2ex]
\cos\left\{(N-1)\cdot\arccos\left[\frac{\cos(\Omega/2)}{\cos(\Omega_s/2)}\right]\right\}, & \Omega_s \leq \Omega \leq \pi .
\end{array}
\right.
$$

$$(8.3.25)$$

Mit Ω_s wird die Sperrbereichs-Grenzfrequenz festgelegt; damit liegt ein Spektralanalyse-Verfahren vor, bei dem sich die spektrale Auflösung gezielt einstellen lässt. Dies steht im Gegensatz zu den im letzten Abschnitt betrachteten Fensterfunktionen, bei denen die spektrale Auflösung stets fest mit der Fensterlänge N verknüpft ist – im Abschnitt 8.3.5 wird dies anhand von Tabelle 8.2 und der Beispiele in den Bildern 8.3.5 und 8.3.6 veranschaulicht.

Zur Herstellung der Kausalität ist das Spektrum (8.3.25) mit $e^{-j(N-1)\Omega/2}$ zu multiplizieren, was einer Verschiebung im Zeitbereich um $(N-1)/2$ Abtastwerte entspricht. Entsprechend den Betrachtungen über die verschiedenen Typen linearphasiger FIR-Filter in Abschnitt 5.2.2 gilt dies für gerade wie für ungerade Werte N, so dass

$$
F^{DT}(e^{j\Omega}) = A_0\, e^{-j(N-1)\Omega/2}\, F_0^{DT}(e^{j\Omega}) \tag{8.3.26}
$$

in jedem Falle die kausale Formulierung eines Dolph-Tschebyscheff-Spektrums beinhaltet. In Abschnitt 5.3.4 wurde gezeigt, dass die Besonderheit dieser Spektralfunktion darin liegt, dass ihr eine Zeitfolge der endlichen Länge N zugeordnet ist. Man erhält also das Dolph-

Tschebyscheff-Fenster, indem man (8.3.26) nach einer konjugiert komplexen Spiegelung bezüglich $\Omega = \pi$ an N äquidistanten Frequenzpunkten abtastet und einer IDFT unterzieht.

$$f^{DT}[k] = \mathrm{DFT}^{-1}\left\{ F^{DT}(e^{j2\pi n/N}) \right\} \; , \; k = 0, \, ..., \, N - 1 \; . \qquad (8.3.27)$$

Die in (8.3.26) enthaltene Normierungskonstante A_0 wird in der Regel so festgelegt, dass der Maximalwert der Fensterfunktion im Zeitbereich eins ergibt.

In Abschnitt 5.3.4 wurde die Beziehung zwischen der Grenzfrequenz Ω_g, der minimalen Sperrdämpfung a_{min} und der Ordnung m eines Dolph-Tschebyscheff-Filters angegeben (5.3.56). Diese Beziehung kann hier übernommen werden, um die Fensterparameter für bestimmte Spektralanalyse-Anforderungen festzulegen. Bei vorgegebener Sperrdämpfung a_{min} in dB und festgelegter Fensterlänge N gilt (für hinreichend großes N)

$$\Omega_s \approx \frac{1,46 \cdot \pi \cdot [\log 2 + a_{min}/20]}{N - 1} \; . \qquad (8.3.28)$$

Umgekehrt erhält man hieraus eine einfache Faustformel für die Fensterlänge N, die erforderlich ist, um eine bestimmte Sperrdämpfung und eine gewünschte Frequenzauflösung zu erzielen.

$$N \geq \frac{1,46 \cdot (0,3 + a_{min}/20)}{\Omega_s/\pi} + 1 \qquad (8.3.29)$$

In der Übersicht im nächsten Abschnitt findet man Beispiele verschiedener Dolph-Tschebyscheff-Funktionen, die mit anderen Fensterfunktionen im Zeit- und Frequenzbereich verglichen werden.

8.3.5 Übersicht über die verschiedenen Fensterfunktionen

Die in diesem Abschnitt behandelten Fensterfunktionen werden in den Bildern 8.3.5a bis 8.3.6d im Zeit- und Spektralbereich miteinander verglichen. Die Spektralfunktionen sind bei logarithmischer Skalierung jeweils auf ihre Maximalwerte normiert. In der nachfolgenden Tabelle sind die für die Spektralauflösung und den Leck-Effekt maßgeblichen Größen Ω_s und a_{min} für die behandelten Beispiele aufgeführt.

Aufschlussreich ist ein Vergleich der traditionellen Fenster mit den verschiedenen Dolph-Tschebyscheff-Entwürfen bei jeweils gleichen Fensterlängen und gleichen Frequenzauflösungen. Die größte Sperrdämpfung besitzt unter den traditionellen Formen das Blackman-Fenster. Ein Dolph-Tschebyscheff-Entwurf mit gleicher Grenzfrequenz erhöht diese Dämpfung um 16 dB. Die beste Frequenzauflösung erreicht man mit einer Rechteck-Fensterung. Auch mit dem Dolph-Tschebyscheff-Verfahren ist diese Auflösung bei festgelegter Fensterlänge nicht zu verbessern, da sie dem DFT-Raster mit $\Omega_s = 2\pi/N$ entspricht, jedoch erreicht man hier eine um 8 dB höhere Sperrdämpfung.

Generell gelten für die traditionellen Fenster die angegebenen Seitenbanddämpfungen *unabhängig von der Fensterlänge*. Wird diese erhöht, so schieben sich die Seitenbänder lediglich zusammen - ihre Maxima bleiben unverändert. Für die Dolph-Tschebyscheff-Fensterung gilt diese Einschränkung nicht. Eine Erhöhung der Fensterlänge kann wie bei den anderen Fenstern zur Verbesserung der Frequenzauflösung, wahlweise aber auch zur Erhöhung der Seitenbanddämpfung verwendet werden. Bild 8.3.6d zeigt hierfür ein Beispiel: Wird bei einer Fensterlänge von $N = 64$ die Frequenzauflösung einer 32-Punkte DFT eingesetzt, so erhöht sich die Sperrdämpfung auf 48 dB.

Tab. 8.2: Vergleich der verschiedenen Fensterfunktionen

Bild	Fenster	FFT-Länge	Ω_s	a_{min} [dB]	Abs. Max.-Wert des Spektrums
8.3.5a)	Rechteck	32	$\pi/16$	13	$32 = N$
8.3.5b)	Hann	32	$\pi/8$	32	$15,6 \approx N/2$
8.3.5c)	Hamming	32	$\pi/8$	42	16,8
8.3.5d)	Blackman	32	$\pi 3/16$	58	13,0
8.3.6a)	Dolph-Tscheb.	32	$\pi 3/16$	74	14,3
8.3.6b)	Dolph-Tscheb.	32	$\pi/8$	47	16,6
8.3.6c)	Dolph-Tscheb.	32	$\pi/16$	21	20,0
8.3.6d)	Dolph-Tscheb.	64	$\pi/16$	48	33,0

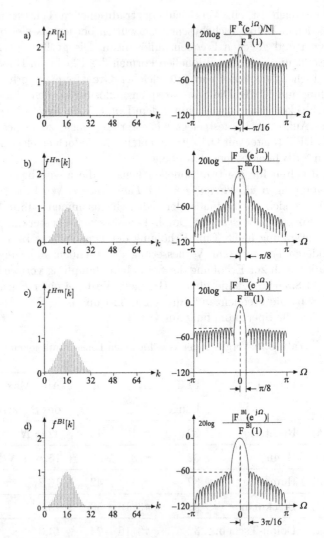

Bild 8.3.5: Beispiele für traditionelle Fenster:

　　　　a) Reckteck-Fenster. $N = 32$;

　　　　b) Hann-Fenster. $N = 32$;

　　　　c) Hamming-Fenster. $N = 32$;

　　　　d) Blackmann-Fenster. $N = 32$

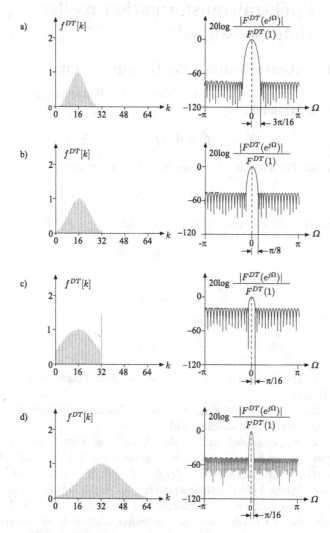

Bild 8.3.6: Beispiele für Dolph-Tschebyscheff-Fenster:
a) $N = 32$, $\Omega_s = 3/16\,\pi$;
b) $N = 32$, $\Omega_s = \pi/8$;
c) $N = 32$, $\Omega_s = \pi/16$;
d) $N = 64$, $\Omega_s = \pi/16$

8.4 Spektraltransformation reeller Bandpasssignale

8.4.1 Abtasttheorem für Bandpasssignale

Vorgegeben sei ein zeitkontinuierliches, reelles Bandpasssignal $x_{BP}(t)$, für dessen Spektralfunktion

$$X_{BP}(j2\pi f) = 0 \ , \ |f| \leq f_1 \ ; \ |f| \geq f_2 \tag{8.4.1}$$

gelten soll. Die Bandbreite dieses Signals beträgt also

$$b = f_2 - f_1 \ . \tag{8.4.2}$$

Es lässt sich zeigen, dass für den Sonderfall

$$f_1 = \lambda \cdot b \ , \ \lambda \in \mathbb{N} \tag{8.4.3}$$

bzw.

$$f_2 = (\lambda + 1) \cdot b \tag{8.4.4}$$

die Abtastung mit der Frequenz

$$f_A = 2 \cdot b \tag{8.4.5}$$

zu einer *überlappungsfreien periodischen Fortsetzung* des Spektrums führt [Sch91].
In den Bildern 8.4.1 und 8.4.2 werden die Zusammenhänge für zwei verschiedene Werte λ veranschaulicht.
Man erkennt, dass sich infolge der Abtastung Signale in veränderter Bandpasslage ergeben. Im Nyquist-Intervall $-\pi \leq \Omega \leq \pi$ bzw. im entnormierten Frequenzintervall $-f_A/2 \leq f \leq f_A/2 = b$ entsteht offenbar für *gerade* Werte λ ein Bandpassspektrum in *Regellage* mit der Mittenfrequenz $\Omega_m = \pm\pi/2$, bzw. in entnormierter Form $f_m = \pm b/2$, während für *ungerade* Werte λ bei der gleichen Mittenfrequenz ein Bandpassspektrum in *Kehrlage* gebildet wird. Diese Gesetzmäßigkeit lässt sich auf einfache Weise allgemein zeigen, indem das Bandpasssignal in der Form

$$\begin{aligned} x_{BP}(t) &= \mathrm{Re}\left\{x_c(t)e^{j2\pi\frac{(f_1+f_2)}{2}t}\right\} \\ &= \mathrm{Re}\left\{x_c(t)e^{j\pi(2\lambda+1)bt}\right\} \end{aligned} \tag{8.4.6}$$

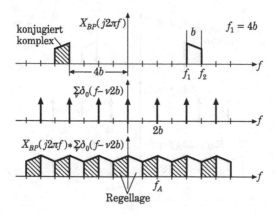

Bild 8.4.1: Spektralbedingungen bei Abtastung eines Bandpasssignals mit einem geraden Wert λ

dargestellt wird. Hier bezeichnet $x_c(t)$ die bereits an anderer Stelle diskutierte *komplexe Einhüllende* bezüglich der Mittenfrequenz $(f_1 + f_2)/2$. Zur Abtastung wird die zeitkontinuierliche Variable t durch $kT = k/2b$ ersetzt, womit sich das zeitdiskrete Bandpasssignal

$$x_{BP}(kT) = \mathrm{Re}\left\{ x_c(kT) \cdot e^{j\frac{\pi}{2}(2\cdot\lambda+1)k} \right\} \qquad (8.4.7)$$

ergibt. Für gerade Werte von λ erhält man hieraus

$$x_{BP}(kT) = \mathrm{Re}\left\{ x_c(kT) \cdot e^{j\frac{\pi}{2}k} \right\} ; \qquad (8.4.8)$$

die neue Mittenfrequenz liegt also stets bei $\Omega_m = \pi/2$. Liegt ein ungerader Wert von λ vor, so folgt

$$x_{BP}(kT) = \mathrm{Re}\left\{ x_c(kT) \cdot e^{j\frac{3\pi}{2}k} \right\} . \qquad (8.4.9)$$

Ein Bandpassspektrum in Regellage entsteht demnach an der Stelle $\Omega_m = 3\pi/2$, also außerhalb des Nyquist-Intervalls. Da $x_{BP}(kT)$ ein reelles zeitdiskretes Signal darstellt, ist dieses Spektrum an $\Omega = \pi$ konjugiert gerade zu spiegeln, so dass an der Stelle $\Omega = \pi/2$ ein Bandpassspektrum in Kehrlage liegt.

Ist die Bedingung (8.4.2) verletzt, so führt die Abtastung mit $f_A = 2b$ zu *spektralen Überlappungen*. Bild 8.4.3 zeigt dies am Beispiel $f_1 = 3,5\ b$:

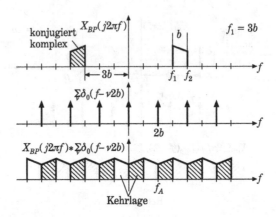

Bild 8.4.2: Spektralbedingungen bei Abtastung eines Bandpasssignals mit ungeradem Wert λ

Nach der Abtastung fallen jeweils ein Spektrum in Regellage und ein konjugiert komplexes in Kehrlage übereinander. Eine nachträgliche Trennung ist nicht mehr möglich. Zur Vermeidung von Überlappungseffekten ist die Abtastfrequenz gegenüber (8.4.5) in geeigneter Weise zu erhöhen. Hierzu wird die fiktiv erhöhte Bandbreite $b' \geq b$ so angesetzt, dass die Bedingung (8.4.3) erfüllt wird. Dabei ist es ein sinnvolles Vorgehen, die Bandbreitenerhöhung *symmetrisch zur Mittenfrequenz* vorzunehmen. Gilt

$$f_1 = q \cdot b \qquad (8.4.10)$$
$$f_2 = (q+1) \cdot b, \qquad (8.4.11)$$

wobei q nicht notwendig eine natürliche Zahl ist, so setzt man

$$f_1' = f_1 - a \cdot b = (q - a) \cdot b \qquad (8.4.12)$$

und

$$f_2' = f_2 + a \cdot b = (q + 1 + a) \cdot b \qquad (8.4.13)$$

und fordert

$$\frac{f_1'}{b'} = \frac{q - a}{1 + 2 \cdot a} = \lambda \in \mathbb{N}. \qquad (8.4.14)$$

Für die relative Bandbreitenerhöhung a ergibt sich hieraus

$$a = \frac{q - \lambda}{2 \cdot \lambda + 1}. \qquad (8.4.15)$$

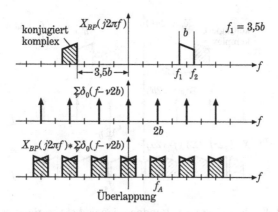

Bild 8.4.3: Zur Abtastung eines Bandpasssignals bei Verletzung der Bedingung $f_1/b \in \mathbb{N}$

Soll der minimale Wert a gebildet werden, so ist für λ der *größte ganzzahlige Wert zu setzen, der kleiner oder gleich q ist*. Man schreibt hierfür symbolisch $\lambda = [q]_{\mathsf{N}}$ und erhält für die vergrößerte Bandbreite

$$b' = b \cdot \left(1 + 2 \frac{q - [q]_{\mathsf{N}}}{2[q]_{\mathsf{N}} + 1} \right) . \tag{8.4.16}$$

Als minimale Abtastfrequenz für ein Bandpasssignal folgt damit

$$f'_A = 2 \cdot b' = 2 \cdot b \left(1 + 2 \frac{q - [q]_{\mathsf{N}}}{2[q]_{\mathsf{N}} + 1} \right) . \tag{8.4.17}$$

Für das unter Bild 8.4.3 untersuchte Beispiel $f_1 = 3,5 \cdot b$ ergibt sich $f'_A = 2 \cdot b \cdot (8/7)$.

Bild 8.4.4 demonstriert, dass sich unter dieser Bedingung eine überlappungsfreie Anordnung von Bandpassspektren einstellt.

Eine *Verallgemeinerung des Abtasttheorems* erhält man, wenn im Zeitbereich *komplexe Folgen* zugelassen werden. Aus dem kontinuierlichen Bandpasssignal bildet man das zugehörige analytische Signal, indem als Imaginärteil die Hilbert-Transformierte des Realteils hinzugefügt wird:

$$x^+_{\mathrm{BP}}(t) = x_{\mathrm{BP}}(t) + j\,\mathcal{H}\{x_{\mathrm{BP}}(t)\} = x_{\mathrm{BP}}(t) + j\hat{x}_{\mathrm{BP}}(t) . \tag{8.4.18}$$

Dabei bezeichnet der Operator $\mathcal{H}\{\ \}$ die Wirkung des Hilbert-Transformators, der die Phase des Eingangssignals um den konstanten Wert

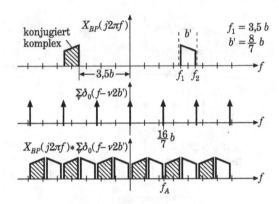

Bild 8.4.4: Abtastung eines Bandpasssignals bei vergrößerter Bandbreite

$\pm\pi/2$ dreht, den Amplitudengang aber unverändert lässt. Das Spektrum dieses Signals ist nun „einseitig", d.h. es verschwindet für negative Frequenzen wie im Bild 8.4.5 gezeigt. Das analytische Signal ist dann mit einer Frequenz

$$f_A \geq b \qquad\qquad (8.4.19)$$

abzutasten, ohne dass es zu spektralen Überlappungen kommen kann; in Bild 8.4.5 werden die Verhältnisse im Spektralbereich für das Beispiel $f_1 = 3,75 \cdot b$ gezeigt.

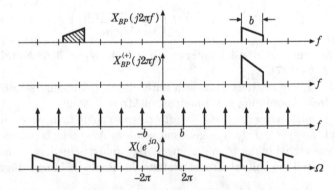

Bild 8.4.5: Zur Abtastung eines analytischen Bandpasssignals. $f_1 = 3,75 \cdot b$

Eine Anordnung zur Bildung des analytischen Signals einschließlich der

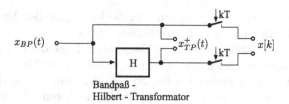

Bild 8.4.6: Bildung des analytischen Signals zur Nutzung des verallgemeinerten Abtasttheorems

nachgeschalteten Abtasteinrichtung gibt Bild 8.4.6 wieder.
Wird die Abtastfrequenz nach (8.4.19) festgelegt und wird außerdem

$$\frac{f_m}{f_A} = M \in \mathbb{N} \ , \ f_m = (f_1 + f_2)/2 \qquad (8.4.20)$$

gefordert, so entsteht im Basisbandbereich $-\pi \leq \Omega \leq \pi$ die *komplexe Einhüllende bezüglich der Bandpass-Mittenfrequenz:* Das Spektrum erscheint in Regellage, die Mittenfrequenz ist zur Frequenz null verschoben. Bild 8.4.7 zeigt die Zusammenhänge im Spektralbereich.

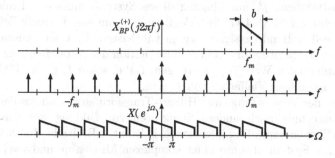

Bild 8.4.7: Bildung der komplexen Einhüllenden bezüglich der Mittenfrequenz des Bandpasssignals $f_m = 4,25 \cdot b$

8.4.2 Spektraltransformation der komplexen Einhüllenden

Es wurde gezeigt, dass durch die Verarbeitung eines analytischen Bandpasssignals die Probleme der spektralen Überlappung nach der Abtastung vermieden werden können. Für die Festlegung der Abtastfrequenz ist nur die Bedingung $f_A \geq b$ zu berücksichtigen.

Es stellt sich darüber hinaus die Frage, ob mit der Bildung der komplexen Einhüllenden auch ein Aufwandsgewinn bei der Umsetzung in den digitalen Bereich verbunden ist, ob also der Aufwand in den Analog-Digital-Umsetzern reduziert wird. Ist die Bedingung des ganzzahligen Verhältnisses zwischen Bandgrenzen und Bandbreite (8.4.2) erfüllt, so erfordert die Umsetzung des reellen Signals offenbar genau die doppelte Abtastfrequenz im Vergleich zur Umsetzung des analytischen Signals. Die Anzahl der pro Zeiteinheit zu verarbeitenden Abtastwerte ist damit in beiden Fällen gleich. Eine leichte Verschiebung zuungunsten der reellen Signalverarbeitung kann sich ergeben, wenn (8.4.2) nicht erfüllt ist, da in diesem Falle die Abtastfrequenz gemäß (8.4.17) zu erhöhen ist.

Andererseits besteht für die komplexe Signalverarbeitung ein Mehraufwand wegen der erforderlichen Hilbert-Transformation. Bislang wurde der Hilbert-Transformator als analoges System angenommen. In vielen Fällen wird man jedoch für die Erzeugung des analytischen Signals eine digitale Lösung anstreben, um den bekannten analogen Realisierungsproblemen aus dem Wege zu gehen. Hierzu kann z.B. der Hilbert-Transformator durch ein nichtrekursives System dargestellt werden; die Abtastfrequenz f_A' am Eingang dieses Systems muss dabei allerdings zunächst gemäß (8.4.17) festgelegt werden, um eine korrekte Erfassung des reellen Bandpasssignals zu gewährleisten. Erst am Ausgang des Hilbert-Transformators kann eine Reduktion der Abtastfrequenz bis auf den minimalen Wert $f_A = b$ erfolgen. Dabei sollte f_A' nach Möglichkeit ein ganzzahliges Vielfaches von f_A sein.

Neben der Verwendung eines Hilbert-Transformators sind aus der Nachrichtentechnik auch andere Strukturen zur Bildung der komplexen Einhüllenden eines Bandpasssignals bekannt, z.B. das in Bild 8.4.8 dargestellte System, das aus einer komplexen Mischstufe und zwei reellen Tiefpässen besteht (vgl. auch Abschnitt 5.7.2, Bild 5.7.5 für $h_I[\kappa] = 0$). Besonders einfach wird diese Lösung, falls die Mittenfrequenz des zeitdiskreten Bandpasssignals bei $\Omega_m = \pi/2$ liegt; dies ist gerade dann erfüllt, wenn man den Überlegungen über die Abtastung reeller Bandpasssignale im letzten Abschnitt folgt. In diesem Falle gilt für den komplexen Träger in der digitalen Mischstufe:

$$e^{j\Omega_m k'} = e^{j\frac{\pi}{2}k'} \in \{1, -1, j, -j\} \ . \tag{8.4.21}$$

Weitergehende Betrachtungen in [Kam86] zeigen, dass durch die Zusammenfassung dieser Mischstufe mit den nachfolgenden Tiefpässen günstige Strukturen digitaler Quadraturnetzwerke zu realisieren sind.

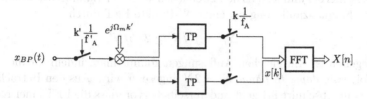

Bild 8.4.8: Bildung der komplexen Einhüllenden und ihre Spektraltransformation

Bild 8.4.8 zeigt ein Blockschaltbild zur digitalen Spektralanalyse von Bandpasssignalen. Dabei wird die DFT auf die komplexe Einhüllende $x[k]$ angewendet. Die Interpretation der so gewonnenen Spektralfolge in bezug auf das ursprüngliche Bandpassspektrum ist in Bild 8.4.9 veranschaulicht: Der Index $n = 0$ entspricht der Mittenfrequenz f_m, die Spektralwerte im Bereich $N/2 < n < N$ sind den Spektralanteilen links der Mittenfrequenz zuzuordnen. Die spektrale Auflösung der beschriebenen Analysemethode wird durch die FFT-Länge bestimmt:

$$\Delta f = f_A/N \geq b/N \ . \tag{8.4.22}$$

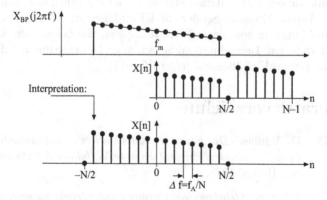

Bild 8.4.9: Zusammenhang zwischen der Spektralfolge der komplexen Einhüllenden und dem Bandpassspektrum

Im Vergleich hierzu wird nochmals die Alternative einer diskreten Transformation der reellen Bandpassfolge betrachtet. Die Abtastfrequenz besitzt hierbei mindestens den zweifachen Wert der Bandbreite, womit also die Frequenzauflösung bei einer N'-Punkte FFT durch

$$\Delta f' = f'_A/N' \geq 2 \cdot b/N' \qquad (8.4.23)$$

gegeben ist. Zu gleichen Auflösungen kommt man, indem für die reelle Folge die *doppelte Länge* $N' = 2N$ angesetzt wird. Aus den Betrachtungen in Abschnitt 8.1 geht andererseits hervor, dass die FFT einer reellen Folge in etwa den gleichen arithmetischen Aufwand erfordert wie die Transformation einer komplexen Folge halber Länge. Somit ist der Aufwand für die FFT-Routinen in beiden Fällen annähernd gleich. Bei der Verarbeitung der reellen Folge kommt die Zerlegung in zwei Teilfolgen mit geraden und ungeraden Indizes sowie die endgültige Konstruktion des Spektrums gemäß (8.1.17) hinzu. Dagegen ist bei der Nutzung der komplexen Einhüllenden die Realisierung eines Quadraturnetzwerkes erforderlich.

Prinzipiell wird man die Analyse der komplexen Einhüllenden aus einer Reihe von Gründen bevorzugen. So kann man die FFT in der allgemeinen Form für komplexe Zeitfolgen nutzen, die Signalanalyse ist unabhängig von der absoluten Frequenzlage, die Gefahr spektraler Überlappungen besteht nicht, und nicht zuletzt spielt die Umsetzung von Bandpasssignalen in das äquivalente komplexe Basisbandsignal — vor allem in der Nachrichtentechnik — ohnehin eine große Rolle. Die komplexe Einhüllende eines Modulationssignals ist der eigentlich informationstragende Anteil. Moderne Sender- und Empfängerstrukturen werden aus diesem Grunde in komplexer Form konzipiert. Hierbei werden Aufgaben wie Modulation, Demodulation, Selektion und Entzerrung auf der Basis der komplexen Einhüllenden gelöst [Kam17].

Literaturverzeichnis

[Ach78]   D. Achilles. *Die Fouriertransformation in der Signalverarbeitung. Kontinuierliche und diskrete Verfahren der Praxis.* Springer, Berlin, 1978.

[Bit02]   J. Bitzer. *Mehrkanalige Geräuschunterdrückungssysteme - eine vergleichende Analyse.* Shaker, Aachen, 2002. Diss. Universität Bremen.

[GR69]   B. Gold and Ch. M. Rader. *Digital Processing of Signals.* Mc-Graw Hill, New York, 1969.

[Hel67]   H. D. Helms. Fast Fourier Transform Method of Computing Difference Equations and Simulating Filters. *IEEE Trans. on Audio and Electroacoustics,* Vol.AU-15, 1967. S.85-90.

[Heu75]   U. Heute. über Realisierungsprobleme bei nichtrekursiven Digitalfiltern. Ausgewählte Arbeiten über Nachrichtensysteme Nr. 20, Erlangen, 1975. hrsg. von H.W. Schüßler.

[Heu82]   U. Heute. Fehler in DFT und FFT. Neue Aspekte in Theorie und Anwendung. Ausgewählte Arbeiten über Nachrichtensysteme Nr. 54, Erlangen, 1982. hrsg. von H.W. Schüßler.

[Kam86]   K. D. Kammeyer. Digitale Signalverarbeitung im Bereich konventioneller FM-Empfänger. Wissenschaftliche Beiträge zur Nachrichtentechnik und Signalverarbeitung. Arbeitsbereich Nachrichtentechnik der Technischen Universität Hamburg-Harburg, März 1986. hrsg. von N. Fliege und K. D. Kammeyer.

[Kam17]   K. D. Kammeyer. *Nachrichtenübertragung.* 6. Aufl. Teubner, Stuttgart, 2017.

[RS78]   L. R. Rabiner and R. W. Schüßer. *Digital Processing of Speech Signals.* Prentice-Hall, New York, u.a., 1978.

[Sch73]   H. W. Schüßler. *Digitale Systeme zur Signalverarbeitung.* Springer, Berlin, 1973.

[Sch91]   H. W. Schüßler. *Netzwerke, Signale und Systeme, Teil 2.* 3. Aufl. Springer-Verlag, Berlin, 1991.

[Sch94]   H. W. Schüßler. *Digitale Signalverarbeitung: Analyse diskreter Signale und Systeme.* 4.Aufl. Springer, Berlin, 1994.

[Sto66]   T. G. Stockham. High-Speed Convolution and Correlation. Spring Joint Computer Conference. *Proc. AFIPS,* Nr. 28, 1966. S.229-233.

[Sto69]   T. G. Stockham. High-Speed Convolution and Correlation with Application to Digital Filtering. In [GR69], S.203-232, 1969.

9

Traditionelle Spektralschätzung

Das Spektrum eines stochastischen Prozesses ist durch die Wiener-Khintchine Beziehung (2.7.1) erklärt. Sie verknüpft die Autokorrelationsfolge und die spektrale Leistungsdichte über die Fourier-Transformation. Die Spektralschätzung wird somit eng im Zusammenhang mit der Schätzung der Autokorrelationsfolge stehen.

Bei der Einführung stochastischer Signale in Abschnitt 2.6 wurde begrifflich unterschieden zwischen dem abstrakten Prozess $X[k]$ und seiner beobachteten Erscheinungsform $x[k]$, der so genannten Musterfunktion. Die Autokorrelationsfolge und das Leistungsdichtespektrum beziehen sich definitionsgemäß auf den Prozess $X[k]$. Messtechnisch zugänglich ist jedoch stets nur eine individuell beobachtete Musterfunktion $x[k]$, auf die sich die Spektralschätzung abzustützen hat. Dabei ist der Erwartungswert in der ursprünglichen Definition der Autokorrelationsfolge (2.6.5) durch einen zeitlichen Mittelwert zu ersetzen, es ist also das Ergodentheorem zugrunde zu legen.

Hier wird das erste prinzipielle Problem deutlich. Ergodische Prozesse müssen grundsätzlich stationär sein. Praktisch vorkommende Zufallssignale besitzen diese Eigenschaft in den meisten Fällen nicht oder bestenfalls nur näherungsweise. Es stellt sich somit das Problem, eine zuverlässige Schätzung der Spektraleigenschaften innerhalb eines möglichst kurzen Zeitintervalls zu erreichen, in dem das Signal als stationär gelten kann, also eine *Kurzzeit-Spektralanalyse* durchzuführen.

© Springer Fachmedien Wiesbaden GmbH, ein Teil von Springer Nature 2022
K.-D. Kammeyer und K. Kroschel, *Digitale Signalverarbeitung*

Übermäßig lange Mittelungszeiten sind unter solchen Bedingungen also nicht zulässig. Effiziente Ansätze zur Kurzzeit-Spektralanalyse gründen sich auf die Anwendung autoregressiver Modelle, wodurch das Problem der Spektralschätzung auf die Schätzung einiger weniger Modellparameter zurückgeführt wird. Im Kapitel 10 werden solche modernen Verfahren diskutiert.

Aber auch dann, wenn ein stationäres Signal vorausgesetzt wird, ergeben sich Probleme für eine korrekte Schätzung der spektralen Leistungsdichte. Die Berechnung von Erwartungswerten durch zeitliche Mittelung fußt notwendigerweise auf einem endlichen Datenensemble, also auf einem zeitlich begrenzten Ausschnitt aus dem Prozess. Eine solche Zeitbegrenzung hatte bei der Spektralanalyse determinierter Prozesse den Leckeffekt zur Folge. Entsprechende Auswirkungen ergeben sich auch für das Leistungsdichtespektrum stochastischer Prozesse: Man erhält eine nicht erwartungstreue Schätzung. Es wird sich zeigen, dass auch eine beliebige Vergrößerung des Beobachtungszeitraumes nicht prinzipiell alle Probleme löst.

Im vorliegenden Kapitel wird zunächst die Schätzung von Autokorrelationsfolgen, insbesondere die Auswirkung der zeitlichen Begrenzung der verwendeten Musterfunktion, diskutiert. Effiziente Algorithmen zur praktischen Berechnung basieren auf der schnellen Fourier-Transformation; in Abschnitt 9.2 wird ein entsprechendes Verfahren behandelt. Als Grundlage für die Schätzung des Leistungsdichtespektrums kann das so genannte Periodogramm betrachtet werden, das man aus der diskreten Fourier-Transformation einzelner Datenblöcke gewinnt. Der Zusammenhang des Periodogramms mit der geschätzten Autokorrelationsfolge wird im Abschnitt 9.3 aufgezeigt. Zur Verringerung der Varianz des geschätzten Leistungsdichtespektrums wird üblicherweise eine Mittelung von Periodogrammen durchgeführt, die aus verschiedenen Datenblöcken gewonnen wurden, was in Abschnitt 9.4 anhand des Bartlett-Verfahrens diskutiert wird. Zur Verbesserung der Erwartungstreue werden die Datenblöcke, ähnlich wie bei der Spektralanalyse deterministischer Signale in Kapitel 8, mit Fensterfolgen bewertet, womit man in Abschnitt 9.4.2 zu der am häufigsten angewendeten Spektralschätz-Methode, dem Welch-Verfahren, kommt.

Den bisher erwähnten Schätzmethoden liegen jeweils Periodogramme zugrunde, weshalb man sie zur Klasse der *Periodogramm-Verfahren* (PMPSE, *Periodogram Method for Power Spectrum Estimation*) zusammenfasst. Einen anderen Ansatz verfolgen die in Abschnitt 9.4.3 behandelten *Korrelogramm-Verfahren* (CMPSE, *Correlation Method for Power Spectrum Estimation*). Hierbei erfolgt zunächst eine Schätzung der Autokorrelationsfolge im Zeitbereich, aus der dann durch schnelle Fourier-Transformation die spektrale Leistungsdichte gewonnen wird. Auch hier wird zur Verbesserung der Erwartungstreue die Fenstertechnik benutzt, jedoch werden hier nicht die Datenblöcke, sondern es wird die geschätzte Autokorrelationsfolge einer Fensterbewertung unterzogen. In allen Fällen ist die schnelle Fourier-Transformation eine wichtige Grundlage zur effizienten Ausführung der Algorithmen.

Weitere Darstellungen der in diesem Kapitel behandelten traditionellen Methoden zur Schätzung von Autokorrelationsfolgen und Leistungsdichtespektren finden sich zum Beispiel in den Lehrbüchern [OS75], [Tre76], [RR72], [PM88] sowie in [Mar87] und [Kay88].

9.1 Schätzung von Autokorrelationsfolgen

Für die folgenden Betrachtungen wird der Spezialfall mittelwertfreier Prozesse vorausgesetzt

$$E\{X[k]\} = \mu_X = 0 \, , \qquad (9.1.1)$$

so dass zwischen Korrelations- und Kovarianzfolgen nicht unterschieden werden muss:

$$r_{XX}[\kappa] = c_{XX}[\kappa] = E\{X^*[k] \cdot X[k + \kappa]\} \, . \qquad (9.1.2)$$

Zur Schätzung der Autokorrelationsfolge wird nun die im Zeitintervall

$$0 \leq k \leq N - 1 \qquad (9.1.3)$$

beobachtete Musterfunktion $x(k)$ herangezogen. Gemäß (2.6.12) setzt man zunächst

$$\hat{r}_{XX}[\kappa] = \frac{1}{N} \sum_{k=0}^{N-1} x^*[k] \cdot x[k + \kappa] \, . \qquad (9.1.4)$$

Zu berücksichtigen ist dabei allerdings, dass nur die Abtastwerte aus dem Beobachtungsintervall (9.1.3) zur Verfügung stehen. Die Summationsgrenzen in (9.1.4) sind daher zu modifizieren. Dabei ist zwischen positiven und negativen Werten von κ zu unterscheiden. Es gilt für $|\kappa| \leq N-1$:

$$\hat{r}_{XX}[|\kappa|] = \frac{1}{N} \sum_{k=0}^{N-1-|\kappa|} x^*[k] \cdot x[k + |\kappa|] \qquad (9.1.5)$$

$$\hat{r}_{xx}[-|\kappa|] = \frac{1}{N} \sum_{k=|\kappa|}^{N-1} x^*[k] \cdot x[k - |\kappa|] \ . \qquad (9.1.6)$$

Setzt man in (9.1.6) die Substitution $k' = k - |\kappa|$ ein, so ergibt sich

$$\hat{r}_{xx}[-|\kappa|] = \frac{1}{N} \sum_{k'=0}^{N-1-|\kappa|} x^*[k' + |\kappa|] \cdot x[k'] \qquad (9.1.7)$$

$$= \frac{1}{N} \left[\sum_{k'=0}^{N-1-|\kappa|} x^*[k'] \cdot x[k' + |\kappa|] \right]^* = \hat{r}_{xx}^*[|\kappa|] \ .$$

Die geschätzte Autokorrelationsfolge ist also konjugiert gerade und steht damit im Einklang mit der Eigenschaft (2.6.15) der wahren Autokorrelationsfolge.

Zu Aussagen über die Erwartungstreue der Schätzung kommt man durch Bildung des Erwartungswertes des Schätzwertes nach[9.1] (9.1.5):

$$E\{\hat{r}_{xx}[|\kappa|]\} = E\left\{ \frac{1}{N} \sum_{k=0}^{N-1-|\kappa|} X^*[k] \cdot X[k + |\kappa|] \right\} \qquad (9.1.8)$$

$$= \frac{1}{N} \sum_{k=0}^{N-1-|\kappa|} E\{X^*[k] \cdot X[k + |\kappa|]\} \ , \ |\kappa| \leq N - 1 \ .$$

Der in der Summe stehende Erwartungswert beschreibt die wahre Autokorrelationsfolge für positives κ, so dass sich

$$E\{\hat{r}_{xx}[|\kappa|]\} = \frac{N - |\kappa|}{N} \cdot r_{xx}[|\kappa|], \quad |\kappa| \leq N - 1 \qquad (9.1.9)$$

ergibt. Für negative Werte von κ gilt die konjugiert gerade Symmetrie:

$$E\{\hat{r}_{xx}[-|\kappa|]\} = E\{\hat{r}_{xx}^*[|\kappa|]\} = \left[\frac{N - |\kappa|}{N} \cdot r_{xx}[|\kappa|] \right]^*$$

$$= \frac{N - |\kappa|}{N} \cdot r_{xx}[-|\kappa|] \ , \ |\kappa| \leq N - 1. \quad (9.1.10)$$

[9.1]Zur Schreibweise des als Zufallsvariable aufgefassten Schätzwertes $\hat{r}_{xx}[\kappa]$ vgl. Fußnote auf Seite 39.

Aus (9.1.9) und (9.1.10) folgt allgemein

$$E\{\hat{r}_{xx}[\kappa]\} = \begin{cases} \frac{N-|\kappa|}{N} \cdot r_{xx}[\kappa] & \text{für } -(N-1) \leq \kappa \leq N-1 \\ 0 & \text{sonst.} \end{cases} \tag{9.1.11}$$

Die Schätzung der Autokorrelationsfolge gemäß (9.1.5) und (9.1.6) erweist sich also als *nicht erwartungstreu*. Die wahre Autokorrelationsfolge erfährt eine Bewertung durch ein *dreieckförmiges Fenster*, auch *Bartlett-Fenster* genannt:

$$f_N^B[\kappa] = \begin{cases} \frac{N-|\kappa|}{N} & \text{für } |\kappa| \leq N-1 \\ 0 & \text{sonst.} \end{cases} \tag{9.1.12}$$

Bild 9.1.1 verdeutlicht den Vorgang der Fensterung, der eine nicht erwartungstreue Schätzung zur Folge hat.

Die Ursache für die nicht erwartungstreue Schätzung der Autokorrelationsfolge liegt in der von κ abhängigen Anzahl von Summanden bei der Mittelwertbildung und der jeweiligen Normierung auf den konstanten Wert $1/N$. Zu einer erwartungstreuen Schätzung kommt man auf einfache Weise, indem der Normierungsfaktor an die jeweilige Länge der Summe angepasst wird. Man formuliert also die folgende modifizierte Schätzung der Autokorrelationsfolge:

$$\hat{r}'_{xx}[|\kappa|] = \frac{1}{N-|\kappa|} \sum_{k=0}^{N-1-|\kappa|} x^*[k] \cdot x[k+|\kappa|] . \tag{9.1.13}$$

Von der Gültigkeit der konjugiert geraden Symmetrie überzeugt man sich auf gleiche Weise wie in (9.1.7).

Es wird wieder die Erwartungstreue überprüft:

$$\begin{aligned} E\{\hat{r}'_{xx}[|\kappa|]\} &= E\left\{ \frac{1}{N-|\kappa|} \sum_{k=0}^{N-1-|\kappa|} X^*[k] \cdot X[k+|\kappa|] \right\} \\ &= \frac{1}{N-|\kappa|} \sum_{k=0}^{N-1-|\kappa|} E\{X^*[k] \cdot X[k+|\kappa|]\} \\ &= \frac{N-|\kappa|}{N-|\kappa|} \cdot r_{xx}[|\kappa|] , \quad |\kappa| \leq N-1 . \end{aligned} \tag{9.1.14}$$

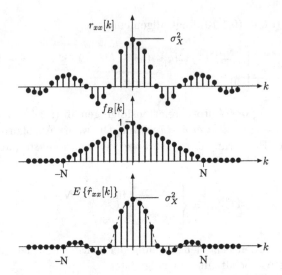

Bild 9.1.1: Dreieck-Fensterung der Autokorrelationsfolge infolge der Schätzung (9.1.5) und (9.1.6)

Wegen der konjugiert geraden Symmetrie gilt allgemein:

$$E\{\hat{r}'_{XX}[|\kappa|]\} = \begin{cases} r_{XX}[\kappa] & \text{für } -(N-1) \leq \kappa \leq N-1 \\ 0 & \text{sonst.} \end{cases} \qquad (9.1.15)$$

Die Schätzung (9.1.13) ist also im Intervall $-(N-1) \leq \kappa \leq (N-1)$ *erwartungstreu*. Die wahre Autokorrelationsfolge wird mit einem *Rechteckfenster* gewichtet.

Die Erwartungstreue einer Schätzung erlaubt noch keine Aussage darüber, wie zuverlässig der auf der Basis einer individuellen Musterfunktion geschätzte Wert wirklich ist. Aufschluß hierüber gibt die zusätzliche Betrachtung der *Varianz* der Schätzgröße. Konvergiert die Varianz einer erwartungstreuen oder zumindest asymptotisch erwartungstreuen Schätzung gegen null, so bezeichnet man die Schätzung als *konsistent*. In Abschnitt 2.6 wurden dazu die fundamentalen Grundbegriffe der Schätztheorie eingeführt.

Im folgenden soll die Frage der Konsistenz für die beiden betrachteten Methoden der Autokorrelations-Schätzung (9.1.4) und (9.1.13) geklärt werden. Dazu wird zunächst die erwartungstreue Schätzung (9.1.13) betrachtet. Die dabei gewonnene Schätzgröße ist ihrerseits wieder als Zufallsvariable aufzufassen; ihre Varianz ergibt sich aus:

$$\text{Var}\{\hat{r}'_{XX}[\kappa]\} = \text{E}\left\{|\hat{r}'_{XX}[\kappa] - \text{E}\{\hat{r}'_{XX}[\kappa]\}|^2\right\} \qquad (9.1.16)$$
$$= \text{E}\{\hat{r}'_{XX}[\kappa] \cdot \hat{r}'^*_{XX}[\kappa]\} - |\text{E}\{\hat{r}'_{XX}[\kappa]\}|^2 .$$

Mit (9.1.13) erhält man:

$$\text{E}\{\hat{r}'_{XX}[|\kappa|] \cdot \hat{r}'^*_{XX}[|\kappa|]\} = \frac{1}{(N-|\kappa|)^2} \qquad (9.1.17)$$
$$\cdot \sum_{k=0}^{N-|\kappa|-1} \sum_{\ell=0}^{N-|\kappa|-1} \text{E}\{X^*[k] \cdot X[k+|\kappa|] \cdot X[\ell] \cdot X^*[\ell+|\kappa|]\} .$$

Es werden nur positive Werte von κ betrachtet. Da die Autokorrelationsfolge konjugiert gerade ist, muss die Varianz ihres Schätzwertes eine gerade Funktion von κ sein.

Der in (9.1.17) auftretende Erwartungwert ist ohne weitere Angaben über den stochastischen Prozess nicht geschlossen zu errechnen. Man unterstellt zunächst einen komplexen Prozess, dessen Real- und Imaginärteil $X_R[k]$ und $X_I[k]$ *unkorrelierte, gleichanteilfreie* Zufallsfolgen darstellen. Dann gilt für die Autokorrelationsfolge von $X[k]$:

$$r_{XX}[\kappa] = r_{X_R X_R}[\kappa] + r_{X_I X_I}[\kappa] \in \mathbb{R} . \qquad (9.1.18)$$

Für die Varianz der zugehörigen Schätzgröße ist weiterhin wegen der angenommenen Unkorreliertheit von $X_R(k)$ und $X_I[k]$ zu schreiben:

$$\text{Var}\{\hat{r}'_{XX}[\kappa]\} = \text{Var}\{\hat{r}'_{X_R X_R}[\kappa]\} + \text{Var}\{\hat{r}'_{X_I X_I}[\kappa]\} , \qquad (9.1.19)$$

so dass das Problem auf reelle Prozesse beschränkt wird.

Für einen Erwartungswert der Form $\text{E}\{X_1 \cdot X_2 \cdot X_3 \cdot X_4\}$ gilt unter der Voraussetzung, dass X_1, X_2, X_3, X_4 *gaußverteilte, gleichanteilfreie* Zufallsvariablen sind, die Beziehung:

$$\begin{aligned}\text{E}\{X_1 \cdot X_2 \cdot X_3 \cdot X_4\} &= \text{E}\{X_1 \cdot X_2\} \cdot \text{E}\{X_3 \cdot X_4\} \\ &+ \text{E}\{X_1 \cdot X_3\} \cdot \text{E}\{X_2 \cdot X_4\} \\ &+ \text{E}\{X_1 \cdot X_4\} \cdot \text{E}\{X_2 \cdot X_3\} , \quad (9.1.20)\end{aligned}$$

die zur weiteren Ausführung von (9.1.17) benutzt wird. Man nimmt also den analysierten Prozess $X[k]$ als *reell, gaußverteilt* und *mittelwertfrei* an und kommt mit Hilfe von (9.1.20) zu folgendem Zusammenhang:

$$\mathrm{E}\{X[k]\cdot X[k+|\kappa|]\cdot X[\ell]\cdot X[\ell+|\kappa|]\} = [r_{xx}(|\kappa|)]^2 \qquad (9.1.21)$$
$$+[r_{xx}[k-\ell]]^2 + r_{xx}[k-\ell-|\kappa|]\cdot r_{xx}[k-\ell+|\kappa|]\,.$$

Gleichung (9.1.17) erhält somit die Form:

$$
\begin{aligned}
\mathrm{E}\left\{[\hat{r}'_{xx}[[|\kappa|]]^2\right\} \;=\; & \frac{1}{(N-|\kappa|)^2} \qquad\qquad\qquad (9.1.22)\\
& \cdot \sum_{k=0}^{N-1-|\kappa|}\sum_{\ell=0}^{N-1-|\kappa|}\left([r_{xx}[|\kappa|]]^2 + [r_{xx}[k-\ell]]^2\right.\\
& \quad +\; r_{xx}[k-\ell-|\kappa|]\cdot r_{xx}[k-\ell+|\kappa|]\bigg)\\
=\; & [r_{xx}[|\kappa|]]^2 + \frac{1}{(N-|\kappa|)^2}\\
& \cdot \sum_{k=0}^{N-1-|\kappa|}\sum_{\ell=0}^{N-1-|\kappa|}\left([r_{xx}[k-\ell]]^2\right.\\
& \quad +r_{xx}[k-\ell-|\kappa|]\cdot r_{xx}[k-\ell+|\kappa|]\bigg)
\end{aligned}
$$

Dieser Ausdruck ist in (9.1.16) einzusetzen. Berücksichtigt man noch die Erwartungstreue der betrachteten Schätzmethode, also

$$\mathrm{E}\{\hat{r}'_{xx}[\kappa]\} = r_{xx}[\kappa]\,, \qquad\qquad (9.1.23)$$

und führt weiterhin in (9.1.22) die Substitution $i = k-\ell$ durch, so ergibt sich nach Umordnung der Summe schließlich:

$$
\begin{aligned}
\mathrm{Var}\{\hat{r}'_{xx}[\kappa]\} \;=\; & \frac{N}{(N-|\kappa|)^2} \qquad\qquad\qquad (9.1.24)\\
& \cdot \sum_{i=-(N-1-|\kappa|)}^{N-1-|\kappa|}\left([1-\frac{|i|+|\kappa|}{N}]\right.\\
& \quad \cdot\; [[r_{xx}[i]]^2 + r_{xx}[i+\kappa]\cdot r_{xx}[i-\kappa]]\bigg)\,.
\end{aligned}
$$

Die Autokorrelationsfolge $r_{xx}[\kappa]$ wird als quadratisch summierbar angenommen, was für die meisten praktischen Rauschprozesse zulässig ist.

Dann konvergiert die Varianz mit $1/N$ gegen null, solange der Wert κ klein gegenüber der Datenblocklänge N ist. Da die betrachtete Schätzung erwartungstreu ist, stellt also die Schätzgröße nach (9.1.13) eine *konsistente Schätzung* dar.

Die Varianz der nicht erwartungstreuen Schätzung nach (9.1.4) ist direkt aus (9.1.24) zu ermitteln, indem der veränderte Normierungsfaktor berücksichtigt wird. Man erhält:

$$\mathrm{Var}\{\hat{r}_{xx}[\kappa]\} = \frac{1}{N} \cdot \sum_{i=-(N-1-|\kappa|)}^{N-1-|\kappa|} \left(\left[1 - \frac{|i| + |\kappa|}{N}\right] \right. \tag{9.1.25}$$
$$\left. \cdot \left[[r_{xx}[i]]^2 + r_{xx}[i+\kappa] \cdot r_{xx}[i-\kappa]\right] \right) \ .$$

Auch dieser Ausdruck strebt für wachsendes N gegen null. Die Schätzgröße $\hat{r}_{xx}[\kappa]$ ist, wie gezeigt wurde, nicht erwartungstreu, strebt jedoch für großes N gegen den wahren Wert $r_{xx}[\kappa]$, solange κ klein gegen N ist. Man spricht von einer *asymptotisch erwartungstreuen* Schätzung. Demgemäß stellt auch die Schätzgröße nach (9.1.4) einen *konsistenten Schätzwert* für die Autokorrelationsfolge dar.

Zur Veranschaulichung der Ergebnisse (9.1.24) und (9.1.25) wird ein Beispiel betrachtet. Es sei $X[k]$ ein weißer, reeller, mittelwertfreier Gaußprozess. Dann gilt:

$$r_{xx}[i] = \begin{cases} \sigma_x^2 & \text{für } i = 0 \\ 0 & \text{sonst} \end{cases} \tag{9.1.26}$$

und

$$r_{xx}[i+\kappa] \cdot r_{xx}[i-\kappa] = \begin{cases} \sigma_x^4 & \text{für } i = 0 \text{ und } \kappa = 0 \\ 0 & \text{sonst} \end{cases} \tag{9.1.27}$$

Aus (9.1.24) und (9.1.25) folgt damit

$$\mathrm{Var}\{\hat{r}'_{xx}[\kappa]\} = \frac{\sigma_x^4}{N - |\kappa|}[1 + \delta[\kappa]] \tag{9.1.28}$$

bzw.

$$\mathrm{Var}\{\hat{r}_{xx}[\kappa]\} = \frac{N - |\kappa|}{N^2}\sigma_x^4[1 + \delta[\kappa]] \ . \tag{9.1.29}$$

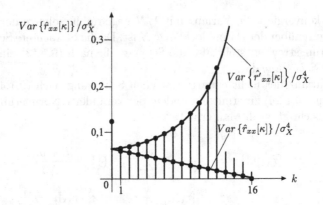

Bild 9.1.2: Varianz der beiden Schätzgrößen für die Autokorrelationsfolge als Funktion von κ ($N = 16$)

Bild 9.1.2 zeigt die Varianzen der beiden Schätzgrößen in Abhängigkeit von κ für $N = 16$.

Es zeigt sich, dass die Varianz der erwartungstreuen Schätzung stark ansteigt, wenn κ sich dem Wert N nähert. Dieses Verhalten ist anschaulich sofort klar, da mit steigendem κ zunehmend weniger Datenwerte zur Mittelung herangezogen werden. Im Grenzfall $\kappa = N - 1$ besteht die Mittelungssumme nur noch aus einem Wert. Dementsprechend gilt:

$$\text{Var}\{\hat{r}'_{xx}[N-1]\} = \sigma_X^4 . \tag{9.1.30}$$

Die Varianz der nicht erwartungstreuen Schätzung verringert sich mit wachsendem κ. Hierbei nimmt allerdings der Erwartungswert der Schätzgröße ab, im Grenzfall $\kappa = N$ gilt:

$$\text{Var}\{\hat{r}_{xx}[N]\} = 0 \quad \text{mit} \quad \text{E}\{\hat{r}_{xx}[N]\} = 0 . \tag{9.1.31}$$

9.2 Berechnung von Autokorrelationsfolgen mit Hilfe der FFT

Für die im letzten Abschnitt diskutierte nicht erwartungstreue Schätzung der Autokorrelationsfolge

$$\hat{r}_{xx}[\kappa] = \frac{1}{N} \sum_{k=0}^{N-1-\kappa} x^*[k] \cdot x[k+\kappa] \quad \text{für} \quad 0 \leq \kappa \leq N-1 \qquad (9.2.1)$$

soll ein effizienter Berechnungsalgorithmus abgeleitet werden. Unter praktischen Gesichtspunkten ist die Länge N des verwendeten Datenblocks üblicherweise größer als der interessierende Maximalwert M von κ, bei dem die Autokorrelationsfolge hinreichend abgeklungen ist. Ferner ist zu berücksichtigen, dass wegen der Gültigkeit der konjugiert geraden Symmetrie der geschätzten Autokorrelationsfolge die Berechnung auf positive Werte von κ beschränkt werden kann. Für die folgenden Betrachtungen soll also stets gelten:

$$0 \leq \kappa \leq M < N-1 . \qquad (9.2.2)$$

Die formale Ähnlichkeit des obigen Korrelationsausdrucks mit der diskreten Faltung legt es nahe, die Berechnung im Frequenzbereich durchzuführen und dabei die Vorteile der schnellen Fourier-Transformation zu nutzen. Es wird also ein ähnlicher Algorithmus angestrebt wie die in Abschnitt 7.5 behandelte schnelle Faltung zweier Folgen. Auch hier ist besondere Aufmerksamkeit der Tatsache zu widmen, dass die diskrete Fourier-Transformation implizit periodische Folgen voraussetzt. Man wird also bei der Korrelation zweier Folgen wieder bestimmte Null-Sequenzen einfügen müssen, die eine ungewollte Überlappung der rücktransformierten Zeitfolgen verhindern.

Man betrachtet zunächst eine endliche Folge $x(k)$ der Länge N und verlängert diese durch Einfügen von Nullen auf die gesamte Länge L. Es gilt also:

$$\tilde{x}[k] = \begin{cases} x[k] & \text{für } 0 \leq k \leq N-1 \\ 0 & \text{für } N \leq k \leq L-1 \end{cases} \qquad (9.2.3)$$

mit

$$\tilde{x}[k] = \tilde{x}[k+L] = x([k]_L) . \qquad (9.2.4)$$

Im Korrelationsausdruck (9.2.1) taucht neben der Folge $x[k]$ ihre zeit-
versetzte Form $x[k + \kappa]$ auf. Im Sinne einer zirkularen Korrelation ist
diese Zeitverschiebung nun *zyklisch* zu verstehen. Bild 9.2.1 verdeutlicht
die zirkulare Verschiebung einer Folge.

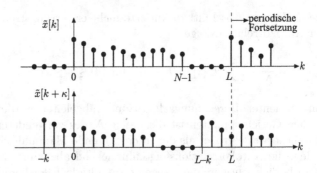

Bild 9.2.1: Zirkulare Verschiebung der Folge $x[k]$

Legt man die Anzahl der in $x[k]$ eingefügten Nullen so fest, dass

$$L \geq N + \text{Max}\{\kappa\} = N + M \qquad (9.2.5)$$

gilt, so fällt die zyklische Wiederholung der Folge $\tilde{x}[k + \kappa]$ stets mit der
Null-Sequenz von $\tilde{x}[k]$ zusammen. Die zirkulare Korrelation der Form

$$\tilde{r}_{xx}[\kappa] = \frac{1}{N} \sum_{k=0}^{L-1} \tilde{x}^*[k] \cdot \tilde{x}[k + \kappa] \qquad (9.2.6)$$

führt dann für $0 \leq \kappa \leq M$ zum gleichen Ergebnis wie die Korrelation
der endlichen Folgen gemäß (9.2.1):

$$\hat{r}_{xx}[\kappa] = \tilde{r}_{xx}[\kappa] \, , \, 0 \leq \kappa \leq M \, . \qquad (9.2.7)$$

Die Formulierung des Schätzalgorithmus für die Autokorrelationsfol-
ge in zirkularer Form erlaubt die Anwendung der diskreten Fourier-
Transformation. Dazu wird zunächst der Ausdruck (9.2.6) formal als
Faltung geschrieben. Es gilt unter Berücksichtigung der Null-Sequenzen

und mit der Substitution $\nu = k + \kappa$

$$
\begin{aligned}
\tilde{r}_{xx}[\kappa] &= \frac{1}{N} \sum_{k=0}^{L-1-\kappa} \tilde{x}^*[k] \cdot \tilde{x}[k + \kappa] \\
&= \frac{1}{N} \sum_{\nu=\kappa}^{L-1} \tilde{x}^*[\nu - \kappa] \cdot \tilde{x}[\nu] \\
&= \frac{1}{N} \sum_{\nu=\kappa}^{L-1} \tilde{x}^*[-(\kappa - \nu)] \cdot \tilde{x}[\nu] , \quad 0 \le \kappa \le M \quad (9.2.8)
\end{aligned}
$$

weil durch das Anfügen der Null-Sequenzen die zyklische Faltung mit der aperiodischen übereinstimmt. Mit dieser Bedingung erhält man die zyklische Faltungsbeziehung:

$$
\tilde{r}_{xx}[\kappa] = \frac{1}{N} \tilde{x}^*[-\kappa] * \tilde{x}[\kappa] . \quad (9.2.9)
$$

Für die L Punkte umfassende diskrete Fourier-Transformierten

$$
\begin{aligned}
X[n] &= \mathrm{DFT}_L\{x[\kappa]\} & (9.2.10) \\
X^*[n] &= \mathrm{DFT}_L\{x^*([-\kappa])_L\} , & (9.2.11)
\end{aligned}
$$

kann die Beziehung (9.2.9) unter Benutzung des Faltungssatzes der DFT im Spektralbereich formuliert werden:

$$
\tilde{S}_{xx}[n] = \frac{1}{N} X[n] \, X^*[n] = \frac{1}{N} |X[n]|^2 . \quad (9.2.12)
$$

Die gesuchte Autokorrelationsfolge erhält man durch inverse diskrete Fourier-Transformation:

$$
\begin{aligned}
\tilde{r}_{xx}[\kappa] &= \frac{1}{N} \mathrm{IDFT}\left\{|X[n]|^2\right\} & (9.2.13) \\
&= \frac{1}{N \cdot L} \sum_{n=0}^{L-1} |X[n]|^2 W_L^{-\kappa n} = \hat{r}_{xx}[\kappa], \quad 0 \le \kappa \le M .
\end{aligned}
$$

Die Werte der Schätzfolge $\hat{r}_{xx}[\kappa]$ werden durch diese Rechenvorschrift wegen der zugrunde liegenden zirkularen Faltung nur im Wertebereich $0 \le \kappa \le M$ korrekt bestimmt, wie durch (9.2.7) bereits verdeutlicht wurde. Die Werte der Autokorrelationsfolge nach (9.2.13) sind im Intervall $M < \kappa \le L - 1$ zu unterdrücken; die Autokorrelationsfolge für den negativen Wertebereich $-M \leq \kappa \leq 0$ erhält man durch Ausnutzung der konjugiert geraden Symmetrie.

Die einzelnen Schritte zur Berechnung der Autokorrelationsfolge einer endlichen Folge $x[k]$ der Länge N werden nochmals zusammengefasst:

- *Verlängerung der Folge durch Einfügen von Nullen auf die Gesamtlänge $L \geq N + M$. Günstig ist die Wahl einer Zweierpotenz für L, da dann zur Berechnung der DFT die FFT mit der Basis 2 verwendet werden kann.*

- *L-Punkte-DFT der verlängerten Folge $x[k]$*

- *Bildung der Betragsquadrate der DFT-Werte $|X[n]|^2$*

- *Inverse L-Punkte-DFT, Normierung auf den Wert N*

- *Unterdrückung der errechneten Folge im Bereich $M < \kappa \leq L - 1$; konjugiert gerade Ergänzung der AKF für negative Werte von κ.*

Grundsätzlich besteht hier das Problem, dass trotz der Aufwandseinsparung durch Verwendung der FFT der gesamte Rechenaufwand immer noch unvertretbar hoch liegt, wenn im Interesse einer zuverlässigen Schätzung der Autokorrelationsfolge sehr große Blocklängen N verwendet werden. Eine effiziente Methode zur Überwindung dieser Schwierigkeit wurde von Rader vorgeschlagen [Rad79].

Die Folge $x[k]$ wird in der in Bild 9.2.2 veranschaulichten Weise fortlaufend in die Teilfolgen $x_i[k]$ und $y_i[k]$ zerlegt. Es gilt also:

$$x_i[k] = \begin{cases} x[k + i \cdot M] & \text{für } 0 \leq k \leq M - 1 \\ 0 & \text{für } M \leq k \leq 2M - 1 \end{cases} \qquad (9.2.14)$$

und

$$y_i[k] = x[k + i \cdot M] \quad \text{für} \quad 0 \leq k \leq 2M - 1 . \qquad (9.2.15)$$

Eine kurze Überlegung – ähnlich der im ersten Teil dieses Abschnitts zur Berechnung der Autokorrelationsfolge – ergibt, dass die Korrelation dieser beiden Teilfolgen wiederum über die diskrete Fourier-Transformation durchgeführt werden kann. Dazu muss gezeigt werden, dass die Korrelation von $x_i[k]$ und $y_i[k]$ mit der zyklischen Korrelation der entsprechenden, nach $2M$ Abtastwerten periodisch fortgesetzten Folgen übereinstimmt. In Bild 9.2.3 wird dies veranschaulicht.

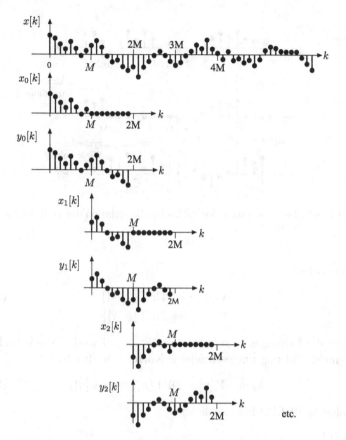

Bild 9.2.2: Zerlegung der Folge $x[k]$ nach der Rader-Methode

Man erkennt, dass der an der Stelle $k = 2M - \kappa$ zyklisch wiederholte Anteil in $y_i[k + \kappa]$ immer dann mit der Null-Sequenz von $x_i[k]$ zusammenfällt, wenn die Verschiebung der beiden Teilfolgen auf den Bereich $0 \leq \kappa \leq M$ beschränkt bleibt. Es gilt daher:

$$\sum_{k=0}^{M-1} \tilde{x}_i^*[k] \cdot \tilde{y}_i[k + \kappa] = \sum_{k=0}^{M-1} x_i^*[k] \cdot y_i[k + \kappa] \, , \, 0 \leq \kappa \leq M \, . \quad (9.2.16)$$

Zur Berechnung der Teilkorrelationsfolgen (9.2.16) kann also die DFT verwendet werden. Dazu werden beide Folgen einer $2M$-Punkte-DFT

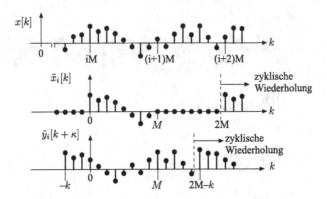

Bild 9.2.3: Demonstration der zyklischen Korrelation der Teilfolgen $x_i[k]$ und $y_i[k]$

unterworfen:

$$X_i[n] \quad = \quad \text{DFT}\{\tilde{x}_i[k]\} \qquad\qquad (9.2.17)$$

$$Y_i[n] \quad = \quad \text{DFT}\{\tilde{y}_i[k]\} \,. \qquad\qquad (9.2.18)$$

Es gilt der Faltungssatz der diskreten Fourier-Transformation und somit für die als Faltung umgeschriebene Korrelation (9.2.16):

$$X_i^*[n] \cdot Y_i[n] = \text{DFT}\{\tilde{x}_i^*[-\kappa] * \tilde{y}_i[\kappa]\} \,. \qquad\qquad (9.2.19)$$

Analog zu (9.2.13) folgt schließlich:

$$\sum_{k=0}^{M-1} \tilde{x}_i^*[k] \cdot \tilde{y}_i[k+\kappa] = \text{IDFT}\{X_i^*[n] \cdot Y_i[n]\} \,,\, 0 \leq \kappa \leq M \,. \qquad (9.2.20)$$

Ziel ist es, die gesamte Autokorrelationsfolge der im Prinzip beliebig langen Folge $x[k]$ aus den bis hierher diskutierten Teil-Autokorrelationsfolgen zusammenzusetzen. Dazu wird die folgende Zerlegung unter der Annahme von $N/M \in \mathbb{N}$ vorgenommen:

$$\hat{r}_{xx}[\kappa] \quad = \quad \frac{1}{N} \sum_{k=0}^{N-1} x^*[k] \cdot x[k+\kappa]$$

$$= \quad \frac{1}{N} \sum_{i=0}^{N/M-1} \sum_{k=0}^{M-1} x^*[k+iM] \cdot x[k+iM+\kappa] \,. \quad (9.2.21)$$

Für den eingeschränkten Wertebereich $0 \leq \kappa \leq M$ gilt für die innere Summe:

$$\sum_{k=0}^{M-1} x^*[k+iM] \cdot x[k+iM+\kappa] = \sum_{k=0}^{M-1} x_i^*[k] \cdot y_i[k+\kappa]$$

$$= \text{IDFT}\{X_i^*[n] \cdot Y_i[n]\} , \quad 0 \leq \kappa \leq M , \qquad (9.2.22)$$

womit aus (9.2.21) folgt:

$$\hat{r}_{xx}(\kappa) = \frac{1}{N} \sum_{i=0}^{N/M-1} \text{IDFT}\{X_i^*[n] \cdot Y_i[n]\} , 0 \leq \kappa \leq M . \qquad (9.2.23)$$

Wegen der Linearität kann hier der IDFT-Operator vor die Summe gezogen werden:

$$\hat{r}_{xx}[\kappa] = \frac{1}{N} \text{IDFT} \left\{ \sum_{i=0}^{N/M-1} X_i^*[n] \cdot Y_i[n] \right\} , 0 \leq \kappa \leq M . \qquad (9.2.24)$$

Dies hat den Vorteil, dass die rechenintensive IDFT bzw. IFFT nicht auf jeden einzelnen Datenblock angewendet werden muss, sondern nur einmal nach Beendigung des Überlagerungsvorganges erfolgt.

Eine weitere Vereinfachung wird von Rader angegeben [Rad79]. Sie besteht darin, dass die DFT von $y_i[k]$ nicht explizit durchgeführt werden muss, da sie sich auf sehr einfache Weise aus den Spektralfolgen $X_i[n]$ und $X_{i+1}[n]$ ergibt. Auf Grund der Definitionen (9.2.14) und (9.2.15) gilt:

$$y_i[k] = x_i[k] + x_{i+1}[k-M] , 0 \leq k \leq 2M - 1 . \qquad (9.2.25)$$

Mit dem Verschiebungssatz der DFT nach (7.2.3) folgt für den zeitverzögerten Term

$$\text{DFT}\{x_{i+1}([k-M]\} = W_{2M}^{nM} X_{i+1}[n] = (-1)^n X_{i+1}[n] , \qquad (9.2.26)$$

so dass die Spektralfolge von $y_i(k)$ durch

$$Y_i[n] = X_i[n] + (-1)^n X_{i+1}[n] \qquad (9.2.27)$$

ausgedrückt werden kann. Der Rader-Algorithmus erhält damit die endgültige Form:

$$\hat{r}_{xx}[\kappa] = \frac{1}{N} \text{IDFT} \left\{ \sum_{i=0}^{N/M-1} X_i^*[n] \cdot [X_i[n] + (-1)^n X_{i+1}[n]] \right\} ,$$

$$0 \leq \kappa \leq M . \qquad (9.2.28)$$

Die inverse DFT der resultierenden Spektralfolge liefert dabei insgesamt $2M$ Werte im Zeitbereich. Nach den dargestellten Überlegungen sind davon jedoch nur diejenigen im Intervall $0 \leq \kappa \leq M$ korrekt; die übrigen Werte im Bereich $M < \kappa \leq 2M - 1$ sind zu unterdrücken.

Es soll noch darauf hingewiesen werden, dass die in (9.2.28) enthaltene Summe rekursiv gebildet werden kann:

$$S_{i+1}[n] = S_i[n] + X_i^*[n] \cdot [X_i[n] + (-1)^n X_{i+1}[n]] \ . \tag{9.2.29}$$

Die Berechnung kann also für sehr lange Folgen fortlaufend ausgeführt werden. Während eines Iterationszyklus werden jeweils nur zwei Teilfolgen $x_i[k]$ und $x_{i+1}[k]$ gleichzeitig bearbeitet.

Die einzelnen Schritte der Autokorrelationsfolgen-Schätzung nach dem Rader-Verfahren werden abschließend zusammengestellt:

- *Initialisierung:*
  $S_0(n) = 0$
  Bildung der Teilfolge $x_0[k]$
  2M-Punkte DFT $X_0[n]$

- *Iteration für* $i = 0, \ldots, N/M - 1:$
  Bildung der Teilfolge $x_{i+1}[k]$
  2M-Punkte DFT $X_{i+1}[n]$ *Akkumulation:*
  $S_{i+1}[n] = S_i[n] + X_i^*[n] \cdot [X_i[n] + (-1)^n X_{i+1}[n]]$

- *Rücktransformation:*
  $\frac{1}{N} IFFT \{ S_{N/M-1}[n] \} \Longrightarrow \tilde{r}_{xx}[\kappa]$
  Unterdrückung der Werte im Bereich $M < \kappa \leq 2M - 1$,
  konjugiert gerade Ergänzung für negative Werte

Abschließend wird ein Beispiel zur Autokorrelationsschätzung nach der Rader-Methode angeführt:

- **Beispiel:** *AKF-Schätzung nach Rader*
  Ein einfacher reeller Modellprozess wird durch die Vorschrift

$$X_1[k] = Q[k] + Q[k - 10] \tag{9.2.30}$$

gebildet. Hierbei bezeichnet $Q[k]$ einen weißen, gleichanteilfreien Rauschprozess. Er ist im Intervall $-1 \leq Q[k] \leq 1$ gleichverteilt

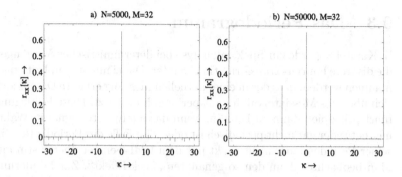

Bild 9.2.4: Schätzung der Autokorrelationsfolge des Prozesses (9.2.30) nach dem Rader-Verfahren.

und weist damit die Leistung $\text{Var}\{Q[k]\} = 1/3$ auf. Die wahre Autokorrelationsfolge von $X_1[k]$ lässt sich unmittelbar angeben:

$$
\begin{aligned}
r_{X_1X_1}[\kappa] &= \text{E}\{X_1[k] \cdot X_1[k+\kappa]\} \qquad\qquad (9.2.31)\\
&= \text{E}\{Q[k] \cdot Q[k+\kappa] + Q(k) \cdot Q[k+\kappa-10]\\
&+ \quad Q[k-10] \cdot Q[k+\kappa] + Q[k-10] \cdot Q[k+\kappa-10]\} \,.
\end{aligned}
$$

Nutzt man die Stationarität des Prozesses aus und berücksichtigt für den weißen Rauschprozess $Q[k]$

$$
\text{E}\{Q[k] \cdot Q[k+\kappa]\} = r_{QQ}[\kappa] = \text{Var}\{Q[k]\} \cdot \delta[\kappa] = \sigma_Q^2 \cdot \delta[\kappa] \,, \quad (9.2.32)
$$

so ergibt sich aus (9.2.31):

$$
r_{X_1X_1}[\kappa] = \sigma_Q^2 \cdot [2 \cdot \delta[\kappa] + \delta[\kappa+10] + \delta[\kappa-10]] \,. \qquad (9.2.33)
$$

Die Bilder 9.2.4a und b zeigen die Ergebnisse der Schätzung dieser Autokorrelationsfolge nach dem Rader-Verfahren auf der Grundlage von $N = 5000$ und $N = 50000$ Abtastwerten. Für die Längen der Teilfolgen $x_i[k]$ bzw. $y_i[k]$ wurde hierbei $2M = 64$ angesetzt, so dass sich für die Autokorrelationsfolge verwertbare Ergebnisse im Intervall $-32 \le \kappa \le 32$ ergeben.

9.3 Das Periodogramm

In Kapitel 8 wurde zur Spektralanalyse bei deterministischen Vorgängen die diskrete Fourier-Transformation benutzt. Dabei musste implizit angenommen werden, dass der in einer aktuellen Messung erfasste Datenblock sich über das Messintervall hinaus periodisch fortsetzt. Diese Festlegung führt prinzipiell dann zu Fehlern, wenn das analysierte Signal in Wahrheit entweder gar nicht periodisch ist oder – im Falle der Periodizität – in seiner Periodendauer nicht exakt mit dem DFT-Fenster übereinstimmt. Man beobachtet dann den so genannten „Leck-Effekt". Zur Minderung dieser Auswirkungen werden geeignete Fensterfunktionen im Zeitbereich angewendet.

Ein nahe liegender Gedanke besteht darin, bei der Spektralanalyse stochastischer Prozesse ebenso zu verfahren, indem die Fourier-Transformierte einer endlich langen Musterfunktion des Prozesses zur näherungsweisen Beschreibung herangezogen wird. Diese begrenzte Musterfunktion hat auf diese Weise dann eine Rechteck-Fensterung erfahren, was zu einer Verfälschung des berechneten Spektrums gegenüber dem wahren Leistungsdichtespektrum führen muss. Es sind also die Fragen der Erwartungstreue und – im Hinblick auf die Konsistenz – der Varianz solcher Schätzverfahren zu klären.

9.3.1 Zusammenhang zwischen Periodogramm und AKF-Schätzung

Die zeitdiskrete Fourier-Transformierte einer Musterfunktion $x[k]$ der Länge N lautet:

$$X(e^{j\Omega}) = \sum_{k=0}^{N-1} x[k]e^{-j\Omega k} \ . \tag{9.3.1}$$

Da das Leistungsdichtespektrum eine Aussage über die *Leistungs*-Verteilung über der Frequenz enthält, ist es nahe liegend, zu ihrer Abschätzung das *Betragsquadrat* des Spektrums (9.3.1) zu benutzen. Man definiert das *Periodogramm* einer N-Punkte-Folge als

$$
\begin{aligned}
\mathrm{Per}_N(\Omega) &= \frac{1}{N}\left|X(e^{j\Omega})\right|^2 = \frac{1}{N}X(e^{j\Omega}) \cdot X^*(e^{j\Omega}) \\
&= \frac{1}{N}\sum_{k=0}^{N-1}\sum_{\ell=0}^{N-1} x^*[k] \cdot x[\ell]e^{-j\Omega(\ell-k)} \ .
\end{aligned}
\tag{9.3.2}
$$

Es wird im folgenden gezeigt, dass dieses Periodogramm implizit eine Spektralschätzung auf der Grundlage der *nicht erwartungstreuen Auto-korrelationsfolge* darstellt. Nach (9.1.5) und (9.1.6) gilt

$$\hat{r}_{xx}[\kappa] = \begin{cases} \frac{1}{N} \sum_{k=0}^{N-1-\kappa} x^*[k] \cdot x[k+\kappa], & \kappa \geq 0 \\ \frac{1}{N} \sum_{k=-\kappa}^{N-1} x^*[k] \cdot x[k+\kappa], & \kappa \leq 0 . \end{cases} \tag{9.3.3}$$

Um eine Verbindung zum Periodogramm herzustellen, wird in (9.3.2) die Summationsreihenfolge verändert. Man setzt die Substitution

$$\kappa = \ell - k \tag{9.3.4}$$

ein und erhält:

$$\mathrm{Per}_N(\Omega) = \frac{1}{N} \sum_{\kappa} \sum_{k} x^*[k] \cdot x[k+\kappa] e^{-j\Omega\kappa} . \tag{9.3.5}$$

Zur Festlegung der Summationsgrenzen ist das in Bild 9.3.1 gezeigte Schema – hier für das Beispiel $N = 4$ – zu betrachten.

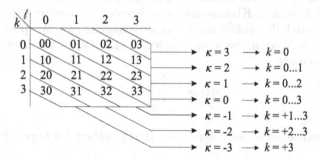

Bild 9.3.1: Festlegung der Summationsgrenzen für das Beispiel $N = 4$

Die Substitution (9.3.4) besagt offenbar, dass mit der äußeren Summation über κ die verschiedenen Diagonalen abgearbeitet werden. Es gilt dabei für

$$\kappa = 0, ..., N-1 \rightarrow k = 0, ..., N-1-\kappa \tag{9.3.6}$$

und für

$$\kappa = -(N-1), ..., -1 \rightarrow k = -\kappa, ..., N-1 . \tag{9.3.7}$$

Damit ist (9.3.5) genauer zu schreiben als

$$
\begin{aligned}
\text{Per}_N(\Omega) \;=\; \frac{1}{N}\Bigg\{ & \sum_{\kappa=0}^{N-1}\sum_{k=0}^{N-1-\kappa} x^*[k]\cdot x[k+\kappa]e^{-j\Omega\kappa} \\
& + \sum_{\kappa=-(N-1)}^{-1}\sum_{k=-\kappa}^{N-1} x^*[k]\cdot x[k+\kappa]e^{-j\Omega\kappa}\Bigg\} \;.
\end{aligned} \quad (9.3.8)
$$

Wird hier der frequenzabhängige Term jeweils vor die innere Summe gezogen

$$
\begin{aligned}
\text{Per}_N(\Omega) \;=\; & \sum_{\kappa=0}^{N-1} e^{-j\Omega\kappa}\left[\frac{1}{N}\sum_{k=0}^{N-1-\kappa} x^*[k]\cdot x[k+\kappa]\right] \\
& + \sum_{\kappa=-(N-1)}^{-1} e^{-j\Omega\kappa}\left[\frac{1}{N}\sum_{k=-\kappa}^{N-1} x^*[k]\cdot x[k+\kappa]\right] \;, \quad (9.3.9)
\end{aligned}
$$

so erkennt man den Zusammenhang mit der AKF-Schätzung: Die Ausdrücke in eckigen Klammern beschreiben den Schätzwert gemäß (9.3.3), wobei durch die Aufteilung der äußeren Summe zwischen positiven und negativen Werten von κ unterschieden wird. Gl. (9.3.9) lässt sich also schreiben als

$$
\text{Per}_N(\Omega) = \sum_{\kappa=-(N-1)}^{N-1} \hat{r}_{xx}[\kappa]e^{-j\Omega\kappa} \;. \quad (9.3.10)
$$

Zusammenfassend folgt daraus zur Interpretation des Periodogramms:

- *Das Periodogramm ist identisch mit der Fourier-Transformierten der nicht erwartungstreuen Schätzgröße für die Autokorrelationsfolge.*

9.3.2   Erwartungstreue des Periodogramms

Nach den vorausgegangenen Betrachtungen ist zu vermuten, dass das Periodogramm eine nicht erwartungstreue Schätzung der spektralen Leistungsdichte darstellt. Es wird der Erwartungswert von (9.3.10) gebil-

$\det^{9.2}$:

$$E\{\text{Per}_N(\Omega)\} = E\left\{\sum_{\kappa=-(N-1)}^{N-1} \hat{r}_{xx}[\kappa]e^{-j\Omega\kappa}\right\}$$

$$= \sum_{\kappa=-(N-1)}^{N-1} E\{\hat{r}_{xx}[\kappa]\}\, e^{-j\Omega\kappa} \ . \qquad (9.3.11)$$

Für $E\{\hat{r}_{xx}(\kappa)\}$ ist hier gemäß (9.1.11) die mit dem Bartlett-Fenster $f_N^B[\kappa]$ nach (9.1.12) bewertete Autokorrelationsfolge zu setzen:

$$E\{\text{Per}_N(\Omega)\} = \sum_{\kappa=-(N-1)}^{N-1} f_N^B[\kappa]r_{xx}[\kappa]e^{-j\Omega\kappa} \ . \qquad (9.3.12)$$

Der Multiplikation der wahren Autokorrelationsfolge $r_{xx}[\kappa]$ mit der Folge $f_N^B[\kappa]$ entspricht im Spektralbereich eine Faltung zwischen dem wahren Leistungsdichtespektrum $S_{xx}(e^{j\Omega})$ als Fourier-Transformierte von $r_{xx}(\kappa)$ und der Fourier-Transformierten des Dreieck- bzw. Bartlett-Fensters, d.h. der Spektralfunktion

$$F_N^B(e^{j\Omega}) = \frac{1}{N}\left[\frac{\sin(\Omega\cdot N/2)}{\sin(\Omega/2)}\right]^2 \ . \qquad (9.3.13)$$

Man überzeugt sich hiervon, indem man die Dreieckfolge als Faltung zweier Rechteckfolgen halber Länge beschreibt:

$$f_N^B[k] = \frac{1}{N}f_{N+}^R[k] * f_{N+}^R[-k] \qquad (9.3.14)$$

mit

$$f_{N+}^R[k] = \begin{cases} 1, & 0 \le k \le N-1 \\ 0, & \text{sonst} \ . \end{cases} \qquad (9.3.15)$$

Die Fourier-Transformierte einer Rechteckfolge wurde bereits in Abschnitt 8.3 im Zusammenhang mit dem Leck-Effekt bestimmt. Für sie gilt:

$$F_{N+}^R(e^{j\Omega}) = e^{-j(N-1)\Omega/2} \cdot \frac{\sin(\Omega\cdot N/2)}{\sin(\Omega/2)} \ . \qquad (9.3.16)$$

[9.2]Das Periodogramm ist hier als Zufallsprozess aufzufassen; vgl. auch Seite 39.

Berücksichtigt man, dass wegen (9.3.14) für die Spektralfunktion des Bartlett-Fensters

$$F_N^B(e^{j\Omega}) = \frac{1}{N} F_{N+}^R(e^{j\Omega}) \cdot \left[F_{N+}^R(e^{j\Omega}) \right]^* \qquad (9.3.17)$$

gilt, so erhält man schließlich aus (9.3.16) das Ergebnis (9.3.13). Dieses lässt sich auch mit dem auf S. 174 definierten Dirichlet-Kern ausdrücken.

$$F_N^B\left(e^{j\Omega}\right) = N \cdot \mathrm{di}_N^2(\Omega)$$

Damit ist der Erwartungswert des Periodogramms

$$\mathrm{E}\left\{\mathrm{Per}_N(\Omega)\right\} = \frac{N}{2\pi} \int\limits_{-\pi}^{\pi} \mathrm{di}_N^2(\Theta) S_{xx}(e^{j(\Omega-\Theta)}) \, d\Theta \; . \qquad (9.3.18)$$

Das Periodogramm erweist sich also – wie bereits vermutet – als nicht *erwartungstreue Schätzung* der spektralen Leistungsdichte. Die spektrale Auflösung wird dabei durch die Faltung mit der Spektralfunktion (9.3.13) begrenzt. Sie wird umso besser, je größer N, d.h. die Länge der zugrunde liegenden Musterfunktion gewählt wird. Es lässt sich zeigen, dass für den Grenzübergang $N \to \infty$

$$\begin{aligned}
\lim_{N\to\infty} \left(N \cdot \mathrm{di}_N^2(\Omega) \right) &= \lim_{N\to\infty} \left(\frac{1}{N} \left[\frac{\sin(\Omega \cdot N/2)}{\sin(\Omega/2)} \right]^2 \right) \\
&= 2\pi \delta_0(\Omega); \; -\pi \leq \Omega \leq \pi
\end{aligned}$$

$$(9.3.19)$$

gilt, wobei $\delta_0(\Omega)$ einen Dirac-Impuls im Spektralbereich, also eine Spektrallinie beschreibt. Aus (9.3.18) und (9.3.19) folgt damit:

$$\lim_{N\to\infty} \mathrm{E}\left\{\mathrm{Per}_N(\Omega)\right\} = S_{xx}(e^{j\Omega}) \; . \qquad (9.3.20)$$

Die Periodogramm-Schätzung ist also *asymptotisch erwartungstreu*.
Im vorausgegangenen Abschnitt wurde gezeigt, dass das Periodogramm identisch mit der Fourier-Transformierten der nicht erwartungstreuen Autokorrelationsfolge ist. Eine denkbare Alternative wäre die Definition eines *modifizierten Periodogramms* auf der Grundlage der *erwartungstreuen Schätzung der Autokorrelationsfolge* gemäß (9.1.13):

$$\mathrm{Per}_N'(\Omega) = \sum_{\kappa=-(N-1)}^{N-1} \hat{r}_{xx}'[\kappa] \, e^{-j\Omega\kappa} \; . \qquad (9.3.21)$$

Der zugehörige Erwartungswert ist wegen (9.1.15)

$$E\left\{\text{Per}'_N(\Omega)\right\} = \sum_{\kappa=-(N-1)}^{N-1} r_{xx}[\kappa]\, e^{-j\Omega\kappa}, \qquad (9.3.22)$$

also gleich der Fourier-Transformierten der auf das Intervall $-(N-1) \leq \kappa \leq N-1$ *rechteckbegrenzten* wahren Autokorrelationsfolge. Auch diese Spektralschätzung ist also nicht erwartungstreu: Das wahre Leistungsdichtespektrum wird mit der Spektralfunktion

$$F_N^R(e^{j\Omega}) = \frac{\sin\left([2N-1]\cdot\Omega/2\right)}{\sin\left(\Omega/2\right)} \qquad (9.3.23)$$

gefaltet.

Die beiden Spektralfunktionen (9.3.13) und (9.3.23) sind in Bild 9.3.2 für das Beispiel $N = 16$ einander gegenübergestellt. Dabei erweist sich die Fensterfunktion des modifizierten Periodogramms $F'_R(e^{j\Omega})$ zwar als schmalbandiger, zeigt aber im Spektralbereich deutlich höhere Überschwinger. Weiterhin ist zu beachten, dass sie – im Gegensatz zum Bartlett-Fenster – negative Werte besitzt. Da das wahre Leistungsdichtespektrum mit dieser Spektralfunktion gefaltet wird, können sich unter ungünstigen Bedingungen *negative Schätzwerte* für die spektrale Leistungsdichte, also sinnlose Schätzresultate, ergeben. Im Falle der Bartlett-Fensterung ist dies ausgeschlossen.

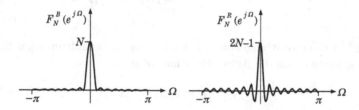

Bild 9.3.2: Vergleich der Funktionen im Spektralbereich für Periodogramm und modifiziertes Periodogramm, $N = 16$

9.3.3 Varianz des Periodogramms

Im letzten Abschnitt wurde gezeigt, dass das Periodogramm eine asymptotisch erwartungstreue Schätzung der spektralen Leistungsdichte darstellt. Um die Frage nach der Konsistenz der Schätzung zu klären, muss die Varianz des Periodogramms bestimmt werden.

$$\text{Var}\left\{\text{Per}_N(\Omega)\right\} = \text{E}\left\{[\text{Per}_N(\Omega) - \text{E}\left\{\text{Per}_N(\Omega)\right\}]^2\right\}$$

$$= \text{E}\left\{[\text{Per}_N(\Omega)]^2\right\} - [\text{E}\left\{\text{Per}_N(\Omega)\right\}]^2 \quad (9.3.24)$$

Der zweite Term kann hierbei aus dem letzten Abschnitt übernommen werden. Das Problem besteht also in der Berechnung des quadratischen Mittelwertes des Periodogramms. Setzt man die Definitionsgleichung (9.3.2) ein, so ergibt sich der Ausdruck:

$$\text{E}\left\{[\text{Per}_N(\Omega)]^2\right\} = \frac{1}{N^2}\sum_k \sum_\ell \sum_m \sum_n \quad (9.3.25)$$

$$\text{E}\left\{X^*[k] \cdot X[\ell] \cdot X^*[m] \cdot X[n]\right\} e^{-j\Omega(\ell-k+m-n)}\;.$$

Die aus Übersichtsgründen nicht eingetragenen Summationsgrenzen sind dabei wie bisher $0 \leq k,\,\ell,\,m,\,n \leq N-1$.
Der Ausdruck (9.3.25) ist ohne weitere Annahmen über den analysierten Prozess nicht geschlossen zu lösen. Setzt man einen *reellen, mittelwertfreien, gaußverteilten* Prozess voraus, so gilt wie bei (9.1.20)

$$\text{E}\left\{X[k] \cdot X[\ell] \cdot X[m] \cdot X[n]\right\} = \text{E}\left\{X[k] \cdot X[\ell]\right\} \cdot \text{E}\left\{X[m] \cdot X[n]\right\}$$

$$+\; \text{E}\left\{X[k] \cdot X[m]\right\} \cdot \text{E}\left\{X[\ell] \cdot X[n]\right\}$$

$$+\; \text{E}\left\{X[k] \cdot X[n]\right\} \cdot \text{E}\left\{X[\ell] \cdot X[m]\right\}\;. $$

$$(9.3.26)$$

Weil Stationarität angenommen wird, können die auftretenden Erwartungswerte durch die Autokorrelationsfolge

$$r_{xx}[k - \ell] = \text{E}\left\{X[k] \cdot X[\ell]\right\} \quad (9.3.27)$$

ausgedrückt werden, so dass (9.3.25) folgende Form erhält:

$$\text{E}\left\{[\text{Per}_N(\Omega)]^2\right\} = \frac{1}{N^2}\sum_k \sum_\ell \sum_m \sum_n \left[r_{xx}[k-\ell] \cdot r_{xx}[m-n]\right.$$

$$+ r_{xx}[k-m] \cdot r_{xx}[\ell-n] \quad (9.3.28)$$

$$\left. + r_{xx}[k-n] \cdot r_{xx}[\ell-m]\right]e^{-j\Omega(\ell-k+m-n)}\;.$$

Eine relativ einfache Lösung lässt sich für den Spezialfall eines *weißen Rauschprozesses* $X[k]$ angeben. In diesem Falle ist für die paarweise auftretenden Autokorrelationsfolgen in (9.3.28) zu schreiben:

$$r_{xx}[k - \ell] \cdot r_{xx}[m - n] = \begin{cases} \sigma_X^4 & k = \ell \, , \, m = n \\ 0 & \text{sonst} \, , \end{cases} \tag{9.3.29}$$

$$r_{xx}[k - m] \cdot r_{xx}[\ell - n] = \begin{cases} \sigma_X^4 & k = m \, , \, \ell = n \\ 0 & \text{sonst} \, , \end{cases} \tag{9.3.30}$$

$$r_{xx}[k - n] \cdot r_{xx}[\ell - m] = \begin{cases} \sigma_X^4 & k = n \, , \, \ell = m \\ 0 & \text{sonst} \, , \end{cases} \tag{9.3.31}$$

Von der Vierfachsumme in (9.3.28) verbleiben damit nur die Terme

$$\sum_k \sum_m \sigma_X^4 e^{-j\Omega(\ell - \ell + m - m)} = N^2 \sigma_X^4, \tag{9.3.32}$$

$$\sum_k \sum_\ell \sigma_X^4 e^{-j\Omega(\ell - k + k - \ell)} = N^2 \sigma_X^4 \tag{9.3.33}$$

und

$$\sum_k \sum_\ell \sigma_X^4 e^{-j\Omega(\ell - k + \ell - k)} = N^2 \sigma_X^4 \sum_\ell e^{-j2\Omega\ell} \cdot \sum_k e^{+j2\Omega k} \, . \tag{9.3.34}$$

Der letzte Ausdruck lässt sich mit Hilfe von (9.3.16) näher bestimmen; es gilt

$$\sum_{\ell=0}^{N-1} e^{\pm j2\Omega\ell} = e^{\pm j(N-1)\Omega} \cdot \frac{\sin(\Omega N)}{\sin(\Omega)}$$

$$= e^{\pm j(N-1)\Omega} \cdot N \cdot \mathrm{di}_N(2\Omega) \, . \tag{9.3.35}$$

Gleichung (9.3.34) lautet also

$$\sum_\ell \sum_k e^{-j2\Omega(\ell - k)} = [N \cdot \mathrm{di}_N(2\Omega)]^2 \, . \tag{9.3.36}$$

Damit ist der gesuchte quadratische Mittelwert des Periodogramms für gaußverteiltes, weißes Rauschen gefunden:

$$E\left\{\left[\mathrm{Per}_N(\Omega)\right]^2\right\} = \sigma_X^4 \cdot \left[2 + \mathrm{di}_N^2\left(2\Omega\right)\right] . \qquad (9.3.37)$$

Die Varianz erhält man hieraus durch Subtraktion des quadrierten Erwartungswertes. Für weißes Rauschen ergibt sich aus (9.3.12):

$$E\left\{\mathrm{Per}_N(\Omega)\right\} = \sum_{\kappa=-(N-1)}^{N-1} f_N^B[\kappa]\,\sigma_X^2\,\delta[\kappa]e^{-j\Omega\kappa} = f_N^B(0)\sigma_X^2 = \sigma_X^2 , \qquad (9.3.38)$$

so dass das Ergebnis für (9.3.24) schließlich lautet

$$\mathrm{Var}\left\{\mathrm{Per}_N(\Omega)\right\} = \sigma_X^4 \cdot \left[1 + \mathrm{di}_N^2\left(2\Omega\right)\right] . \qquad (9.3.39)$$

Gültigkeit hat dieses Resultat nur für mittelwertfreies, gaußverteiltes, weißes Rauschen. Von Jenkins und Watts [JW68] wurde ein verallgemeinerter Ausdruck der Varianz für Gaußprozesse mit beliebigen Spektraleigenschaften entwickelt.

$$\mathrm{Var}\left\{\mathrm{Per}_N(\Omega)\right\} = \left[S_{XX}(e^{j\Omega})\right]^2 \cdot \left[1 + \mathrm{di}_N^2\left(2\Omega\right)\right] \qquad (9.3.40)$$

Die Ableitung dieser Gleichung wird an dieser Stelle übergangen; hierzu sei auf die Originalarbeit oder auch auf verschiedene Lehrbücher, z.B. [OS75] und [Tre76], verwiesen.

Bemerkenswert an den Ergebnissen (9.3.39) bzw. (9.3.40) ist die Erkenntnis, dass die *Varianz* des Periodogramms für *beliebig große Werte von N* offenbar *nicht verschwindet*:

Sie konvergiert für weißes Rauschen gegen den konstanten Wert σ_X^4 bzw. allgemein für Signale mit beliebigen Spektralverteilungen gegen das Quadrat der wahren spektralen Leistungsdichte, für die Frequenzpunkte $\Omega = 0$ und $\Omega = \pi$ ergibt sich jeweils der doppelte Wert. Das Periodogramm stellt somit *keine konsistente Schätzung* für das Leistungsdichtespektrum dar.

Die Verhältnisse sollen anhand von Bild 9.3.3 veranschaulicht werden. Für zwei verschieden lange Musterfunktionen ($N = 32$ und $N = 1024$) eines weißen, mittelwertfreien Gaußprozesses werden die errechneten Periodogramme wiedergegeben. Dabei zeigt sich bei langen Musterfunktionen (in Bild 9.3.3b) eine ebenso große Streuung wie bei kurzen (in Bild 9.3.3a). Der Unterschied besteht darin, dass bei großer Länge der

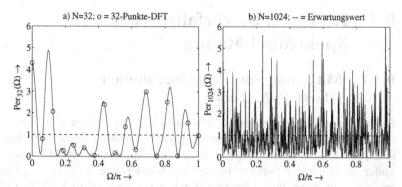

Bild 9.3.3: Periodogramme von Musterfunktionen eines weißen Gaußprozesses

Musterfunktion benachbarte Spektralschätzwerte weitgehend unkorreliert sind, während die kurze Musterfunktion zu einem relativ glatten Verlauf des Periodogramms führt. Zur anschaulichen Erklärung dieses Phänomens sind in Bild 9.3.3a für $N = 32$ die diskreten Spektralpunkte markiert, die sich aus der 32-Punkte DFT der Musterfunktion ergeben. Die frequenzkontinuierliche Fourier-Transformation interpoliert zwischen diesen Punkten, woraus der glatte Verlauf resultiert.

Die wichtigsten Ergebnisse zur Periodogramm-Schätzung werden abschließend zusammengefasst:

- *Das Periodogramm entspricht der Fourier-Transformierten einer im Mittel mit einem Dreieck bewerteten Autokorrelationsfolge.*

- *Für endliche Länge der benutzten Musterfunktion ist das Periodogramm eine nicht erwartungstreue Schätzung der spektralen Leistungsdichte. Im Mittel ergibt sich eine Faltung des wahren Leistungsdichtespektrums mit dem Quadrat der Funktion $\left[\frac{\sin(\Omega N/2)}{\sin(\Omega/2)}\right]$.*

- *Das Periodogramm ist eine asymptotisch erwartungstreue Schätzung.*

- *Die Varianz des Periodogramms verschwindet für beliebig große Länge der Musterfunktion nicht. Es liegt daher keine konsistente Schätzung vor.*

9.4 Konsistente Verfahren zur Spektralschätzung

9.4.1 Mittelung von Periodogrammen (Bartlett-Methode)

Die weiteren Betrachtungen müssen auf das Ziel gerichtet sein, die Varianz der Schätzung des Leistungsdichtespektrums zu verringern. Eine einfache Methode hierzu besteht in der Mittelung einer Anzahl voneinander unabhängiger Periodogramme aus dem Prozess $X[k]$. Das Verfahren geht auf einen Vorschlag von Bartlett aus dem Jahre 1953 [Bar53] zurück.

Die zur Schätzung verfügbare Musterfunktion $x[k]$ der Gesamtlänge N wird in K einander nicht überlappende Teilfolgen von jeweils L Abtastwerten zerlegt. Mit

$$\frac{N}{L} = K \in \mathbb{N} \tag{9.4.1}$$

schreibt man also:

$$x_i[k] = x[k + (i-1) \cdot L], \quad 0 \le k \le L-1, \; 1 \le i \le K. \tag{9.4.2}$$

Die aus diesen Teilfolgen gewonnenen K Periodogramme

$$\mathrm{Per}_L(\Omega, i) = \frac{1}{L} \left| \sum_{k=0}^{L-1} x_i[k] e^{-j\Omega k} \right|^2 \tag{9.4.3}$$

können als *unkorreliert* betrachtet werden, falls die Autokorrelationsfolge $r_{xx}[\kappa]$ für $|\kappa| > L$ hinreichend abgeklungen ist. Aus den einzelnen Periodogrammen bildet man den Mittelwert und gewinnt die Schätzgröße für die spektrale Leistungsdichte

$$\hat{S}_{xx}^B(e^{j\Omega}) = \frac{1}{K} \sum_{i=1}^{K} \mathrm{Per}_L(\Omega, i). \tag{9.4.4}$$

Um die Konsistenz dieser Schätzung zu zeigen, sind Erwartungstreue und Varianz zu überprüfen. Der Erwartungswert

$$\mathrm{E}\left\{ \hat{S}_{xx}^B(e^{j\Omega}) \right\} = \frac{1}{K} \sum_{i=1}^{K} \mathrm{E}\left\{ \mathrm{Per}_L(\Omega, i) \right\} = \mathrm{E}\left\{ \mathrm{Per}_L(\Omega) \right\} \tag{9.4.5}$$

entspricht demjenigen des einzelnen Periodogramms. Er ist den Betrachtungen in Abschnitt 9.3.2 entsprechend durch die Faltung des wahren Leistungsdichtespektrums mit der Spektralfunktion des Bartlett-Fensters zu beschreiben, wobei jetzt aber die Fensterlänge von N auf $L = N/K$ reduziert wurde.

$$F_L^B(e^{j\Omega}) = \frac{K}{N} \left[\frac{\sin(\Omega \cdot N/(2K))}{\sin(\Omega/2)} \right]^2 = \frac{N}{K} \cdot \mathrm{di}_{N/K}^2(\Omega) \qquad (9.4.6)$$

- *Durch die Zerlegung der Musterfunktion in K Teilfolgen wird die spektrale Auflösung der Schätzfunktion um den Faktor K verringert.*

Zur Berechnung der Varianz der Schätzung gemäß 9.4.4 können wegen der angenommenen Unkorreliertheit der K Datenblöcke die Varianzen der einzelnen Periodogramme addiert werden.

$$\mathrm{Var}\left\{ \hat{S}_{xx}^B(e^{j\Omega}) \right\} = \mathrm{Var}\left\{ \frac{1}{K} \sum_{i=1}^{K} \mathrm{Per}_L(\Omega, i) \right\}$$

$$= \frac{1}{K^2} \sum_{i=1}^{K} \mathrm{Var}\left\{ \mathrm{Per}_L(\Omega, i) \right\} \qquad (9.4.7)$$

Bei dieser Umformung ist zu berücksichtigen, dass der Varianz-Operator $\mathrm{Var}\{\cdot\}$ eine Quadrierung bewirkt; wird also der konstante Faktor $1/K$ vor die Varianz gezogen, so ist er zu quadrieren.

Setzt man nun die im Abschnitt 9.3.3 für gleichanteilfreie Gaußprozesse wiedergegebene Varianz des einzelnen Periodogramms ein, so ergibt sich

$$\mathrm{Var}\left\{ \hat{S}_{xx}^B(e^{j\Omega}) \right\} = \frac{1}{K} S_{xx}^2(e^{j\Omega}) \cdot \left[1 + \mathrm{di}_L^2(2\Omega) \right] . \qquad (9.4.8)$$

- *Durch die Zerlegung der gesamten Musterfunktion in K unkorrelierte Teilfolgen reduziert sich die Varianz der Schätzung um den Faktor K.*

Legt man sich auf ein Datenensemble der endlichen Länge N fest, so zeigt der Vergleich zwischen (9.4.6) und (9.4.8), dass offenbar ein *Kompromiss* zwischen *Erwartungstreue* einerseits und *Varianz* andererseits besteht: Verlängert man die Teilfolgen, um die Erwartungstreue zu verbessern, so erhöht sich die Varianz wegen der geringer werdenden Anzahl von Mittelungsschritten; wird hingegen im Interesse geringer Varianz die Blockanzahl erhöht, so reduziert man die Teillängen und damit die Erwartungstreue.

- *Die Methode von Bartlett kann als konsistent in dem Sinne betrachtet werden, dass mit wachsendem Gesamtumfang der Daten N sowohl Blocklänge L als auch Blockanzahl K zunehmend vergrößert werden.*

9.4.2 Fensterung der Datensegmente (Welch-Methode)

Im letzten Abschnitt wurde gezeigt, dass die Periodogramm-Schätzung durch die Zerlegung der Musterfunktion in K Teilblöcke in ein konsistentes Schätzverfahren überführt werden kann. Durch die kürzer werdenden Datenblöcke ist hiermit allerdings eine schlechtere Freqenzauflösung verbunden. Im Bartlett-Verfahren werden die einzelnen Datenblöcke rechteckförmig bewertet, was eine dreieckförmige Gewichtung der Autokorrelationsfolge bzw. eine Faltung des Spektrums mit der Funktion (9.4.6) bewirkt.

Zur Minderung des Leck-Effektes wurde bei der Spektralanalyse deterministischer Signale in Abschnitt 8.4 von bestimmten Fensterfunktionen Gebrauch gemacht. Dieses Prinzip liegt auch der Methode nach *Welch* [Wel70] zugrunde, die die am häufigsten angewandte Form der Spektralschätzung darstellt.

Dabei wird, ebenso wie beim Bartlett-Verfahren, die Musterfunktion in K Teilfolgen von je L Abtastwerten zerlegt. Jede dieser Teilfolgen erfährt dann zunächst eine Bewertung mit einer geeigneten Fensterfunktion.

$$\tilde{x}_i[k] = x_i[k] \cdot f_L[k] \qquad (9.4.9)$$

Aus diesen gefensterten Teilfolgen werden K unabhängige Periodogramme gebildet, deren Mittelwert als Schätzgröße für die spektrale Leistungsdichte verwendet wird.

$$\hat{S}_{XX}^{W}(e^{j\Omega}) = \frac{1}{K \cdot A} \sum_{i=1}^{K} \frac{1}{L} \left| \sum_{k=0}^{L-1} x_i[k] f_L[k] e^{-j\Omega k} \right|^2 \qquad (9.4.10)$$

Der Normierungsfaktor A ist so zu bestimmen, dass (9.4.10) eine asymptotisch erwartungstreue Schätzung ergibt. Dazu benötigt man den folgenden Erwartungswert:

$$E\left\{\hat{S}_{xx}^{W}(e^{j\Omega})\right\} = \frac{1}{K \cdot A \cdot L}\sum_{i=1}^{K}\sum_{k}\sum_{\ell} \qquad (9.4.11)$$

$$E\left\{X_i[k] \cdot X_i^*[\ell]\right\} \cdot f_L[k] \cdot f_L[\ell]\, e^{-j\Omega(k-\ell)}$$

$$= \frac{1}{A \cdot L}\sum_{k}\sum_{\ell} r_{xx}[k-\ell] \cdot f_L[k] \cdot f_L[\ell] e^{-j\Omega(k-\ell)} .$$

Mit der Substitution $\kappa = k - \ell$ wird der Ausdruck umgeformt.

$$E\left\{\hat{S}_{xx}^{W}(e^{j\Omega})\right\} = \frac{1}{A \cdot L}\sum_{\kappa} r_{xx}[\kappa]e^{-j\Omega\kappa}\sum_{\ell} f_L[\ell] \cdot f_L[\ell+\kappa] \qquad (9.4.12)$$

Benutzt man die Definition der Energie-Autokorrelationsfolge für die Fensterfunktion

$$r_{ff}^{E}[\kappa] = \sum_{\ell} f_L[\ell] \cdot f_L[\ell+\kappa] , \qquad (9.4.13)$$

so geht (9.4.12) über in

$$E\left\{\hat{S}_{xx}^{W}(e^{j\Omega})\right\} = \frac{1}{A \cdot L}\sum_{\kappa} r_{xx}[\kappa] \cdot r_{ff}^{E}[\kappa]e^{-j\Omega\kappa} . \qquad (9.4.14)$$

Die wahre Autokorrelationsfolge wird also mit der Energie-Autokorrelationsfolge des Datenfensters gewichtet. Gleichung (9.4.14) kann durch die Faltung der entsprechenden Spektralfunktionen ausgedrückt werden; es gilt

$$E\left\{\hat{S}_{xx}^{W}(e^{j\Omega})\right\} = \frac{1}{A \cdot L}\frac{1}{2\pi}\int_{-\pi}^{\pi} S_{xx}(e^{j\Theta})S_{ff}^{E}(e^{-j(\Omega-\Theta)})d\Theta \qquad (9.4.15)$$

mit

$$S_{ff}^{E}(e^{j\Omega}) = \left|F_L(e^{j\Omega})\right|^2 = \left|\sum_{k=0}^{L-1} f_L[k]e^{-j\Omega k}\right|^2 . \qquad (9.4.16)$$

Für große Werte von L kann (9.4.15) vereinfacht werden. In diesem Falle konzentriert sich $S_{ff}^{E}(e^{j\Omega})$ um die Frequenz $\Omega = 0$; es kann daher näherungsweise $S_{xx}(e^{j\Omega})$ vor das Integral gezogen, d.h.

$$E\left\{\hat{S}_{xx}^{W}(e^{j\Omega})\right\} \approx \frac{1}{A \cdot L} \cdot \frac{1}{2\pi}S_{xx}(e^{j\Omega})\int_{-\pi}^{\pi} S_{ff}^{E}(e^{j\Theta})d\Theta \qquad (9.4.17)$$

gesetzt werden. Verwendet man hier das Parsevalsche Theorem

$$\int_{-\pi}^{\pi} S_{ff}^{E}(e^{j\Theta})\, d\Theta = \int_{-\pi}^{\pi} \left| F_L(e^{j\Omega}) \right|^2 d\Omega = 2\pi \sum_{k=0}^{L-1} f_L^2[k]\,, \qquad (9.4.18)$$

so ergibt sich für große Fensterlängen der Erwartungswert

$$\mathrm{E}\left\{ \hat{S}_{xx}^{W}(e^{j\Omega}) \right\} \approx \frac{1}{A \cdot L} \sum_{k=0}^{L-1} f_L^2[k] \cdot S_{xx}(e^{j\Omega})\,. \qquad (9.4.19)$$

Die Welch-Methode ist demnach offenbar *asymptotisch erwartungstreu*, wenn für die Normierungskonstante

$$A = \frac{1}{L} \sum_{k=0}^{L-1} f_L^2[k] \qquad (9.4.20)$$

gesetzt wird.

Für die Varianz seines Verfahrens gibt Welch [Wel70] eine Abschätzungs-formel an, die unter der Voraussetzung unabhängiger Periodogramme gilt.

$$\mathrm{Var}\left\{ \hat{S}_{xx}^{W}(e^{j\Omega}) \right\} \approx \frac{1}{K} S_{xx}^2(e^{j\Omega}) \qquad (9.4.21)$$

Mit steigender Anzahl von Mittelungsschritten geht die Varianz also ge-gen null, womit sich die Welch-Methode als *konsistentes Schätzverfahren* erweist.

Im Jahre 1979 wurde in [IEE79] eine Sammlung der damals wichtigs-ten Algorithmen und Entwurfsverfahren der digitalen Signalverarbei-tung veröffentlicht. Darunter war auch die hier beschriebene Welch-Methode zur Spektralschätzung, die unter der Bezeichnung PMPSE für *Periodogram Method for Power Spectrum Estimation* geführt wurde. Das damals publizierte FORTRAN-Programm enthält gegenüber der obigen Darstellung insofern eine Modifikation, als die Musterfunktion in Teilfol-gen zerlegt wird, die sich *jeweils um die Hälfte der Zahl der Abtastwerte jeden Datenblocks überlappen.* In praktischen Anwendungsfällen wird die Unabhängigkeit der Periodogramme dadurch in aller Regel nur unwe-sentlich berührt, womit die Abschätzung der Varianz nach (9.4.21) ihre Gültigkeit behält. Der Vorteil liegt darin, dass bei gleichem Datenumfang die Anzahl der Mittelungen dann

$$K' = 2\frac{N}{L} - 1 \qquad (9.4.22)$$

beträgt, also ungefähr verdoppelt wird. Dadurch wird die Varianz des Schätzwertes etwa halbiert.

Eine MATLAB-Routine des Welch-Verfahrens findet im Übungsteil dieses Buches Verwendung und steht im Internet unter der auf Seite **??** angegebenen Adresse zum Download bereit. Auch dort kann von der Überlagerung überlappender Blöcke gemäß (9.4.22) wahlweise Gebrauch gemacht werden.

Rekursive Mittelung. Anstelle einer Mittelung über eine feste Anzahl von K (bzw. K') Blöcken kann auch eine rekursive Mittelung nach der Vorschrift

$$\hat{S}_{XX}^{(i)}\left(e^{j\Omega}\right) = \alpha \cdot \hat{S}_{XX}^{(i-1)}\left(e^{j\Omega}\right) + \frac{1-\alpha}{A \cdot L} \cdot \left| \sum_{k=0}^{L-1} x_i[k]\, f_L[k]\, e^{-j\Omega k} \right|^2 \qquad (9.4.23a)$$

mit $0 < \alpha < 1$ erfolgen. Normiert man die Energie der Fensterfunktion auf eins

$$A \cdot L = \sum_{k=0}^{L-1} f_L^2[k] = 1$$

und bezeichnet die DTFT der gefensterten Folge mit

$$\tilde{X}_i\left(e^{j\Omega}\right) = \sum_{k=0}^{L-1} x_i[k]\, f_L[k]\, e^{-j\Omega k},$$

so ergibt (9.4.23a)

$$\hat{S}_{XX}^{(i)}\left(e^{j\Omega}\right) = \alpha \cdot \hat{S}_{XX}^{(i-1)}\left(e^{j\Omega}\right) + (1-\alpha) \cdot |\tilde{X}_i\left(e^{j\Omega}\right)|^2, \quad 0 < \alpha < 1. \qquad (9.4.23b)$$

Dies ist die Differenzengleichung eines rekursiven Systems mit der Übertragungsfunktion

$$H(z) = (1-\alpha) \cdot \frac{z}{z-\alpha}, \qquad (9.4.24a)$$

das für den angegebenen Koeffizientenbereich $0 < \alpha < 1$ stabil ist. Die Impulsantwort lautet

$$h[i] = \begin{cases} (1-\alpha) \cdot \alpha^i & \text{für } i \geq 0 \\ 0 & \text{für } i < 0, \end{cases} \qquad (9.4.24b)$$

womit die rekursive Mittelung auch durch die Summenformel[9.3]

$$\hat{S}_{XX}^{(i)}\left(e^{j\Omega}\right) = (1-\alpha)\cdot\sum_{i'=0}^{i}\alpha^{i-i'}\,|\tilde{X}_{i'}\left(e^{j\Omega}\right)|^2 \qquad (9.4.25)$$

beschrieben werden kann. Diese Formulierung zeigt, dass mit $|\alpha| < 1$ der Einfluss der Schätzwerte umso geringer wird, je weiter sie in der Vergangenheit liegen. Man bezeichnet den Koeffizienten α aus diesem Grunde auch als *„Forgetting-Factor"*. Diese Eigenschaft ist sehr wichtig, wenn der untersuchte Prozess nicht stationär ist; in diesem Fall kann die Mittelung mit Hilfe des Koeffizienten α an die Zeitvarianz angepasst werden:

- *Ist die Stationarität des Prozesses sehr gut erfüllt, so setzt man einen Faktor α knapp unter eins an. Im Falle schneller zeitlicher Veränderung der Statistik ist α dementsprechend gering zu wählen.*

Abschließend soll die Frage der asymptotischen Erwartungstreue geklärt werden. Dazu wird ein stationärer Prozess angenommen und das Ergebnis einer rekursiven Mittelung nach unendlich langer Zeit betrachtet. Wir berechnen den Endwert der Sprungantwort des Mittelungsfilters und benutzen dazu den in Tabelle 3.3 (Seite 67) angegebenen Endwertsatz der Z-Transformation. Mit der Z-Transformierten der Sprungfolge $z/(z-1)$ (siehe Tabelle 3.2, Seite 62) folgt für den Endwert der Sprungantwort am Systemausgang

$$\lim_{z\to 1+0}(z-1)\cdot\frac{z}{z-1}\,H(z) = (1-\alpha)\lim_{z\to 1+0}(z-1)\cdot\frac{z}{z-1}\frac{z}{z-\alpha} = 1.$$

$$(9.4.26)$$

Der Skalierungsfaktor $(1-\alpha)$ in der rekursiven Differenzengleichung (9.4.23a,b) stellt also die asymptotische Erwartungstreue her.

9.4.3 Korrelogramm-Verfahren (Blackman-Tukey-Schätzung)

Die bisher besprochenen Algorithmen zur Schätzung der spektralen Leistungsdichte basierten auf dem in Abschnitt 9.4 eingeführten Periodogramm. Die Konsistenz wurde durch Mittelung über eine größere Anzahl

---

[9.3]unter der Annahme $\tilde{X}_i\left(e^{j\Omega}\right) = 0$ für $i < 0$.

von unkorrelierten Periodogrammen hergestellt, womit die Varianz bei unkorrelierten Datenblöcken beliebig reduziert werden kann.

Ein alternativer Weg zur Spektralschätzung führt über die Autokorrelationsfolge, weshalb dieses Verfahren als *Korrelogramm-Methode* bezeichnet wird. Es wurde 1958 von Blackman und Tukey als Alternative zum Bartlett-Verfahren vorgeschlagen [BT58] und trägt daher auch den Namen *Blackman-Tukey-Schätzung.*

Die Grundidee besteht darin, zunächst aus der Musterfunktion $x[k]$ der endlichen Länge N eine Schätzung der Autokorrelationsfolge[9.4] $\hat{r}_{xx}[\kappa]$ durchzuführen und hieraus nach einer Bewertung mit einer geeigneten Fensterfunktion der Form

$$f_M[\kappa] = \begin{cases} f_M[-\kappa] & \text{für } |\kappa| \leq M - 1; \ M \ll N \\ 0 & \text{sonst} \end{cases} \qquad (9.4.27)$$

über die DTFT die spektrale Leistungsdichte zu ermitteln.

$$\hat{S}_{xx}^{BT}(e^{j\Omega}) = \sum_{\kappa=-(M-1)}^{M-1} \hat{r}_{xx}[\kappa] \cdot f_M[\kappa] \cdot e^{-j\Omega\kappa} \qquad (9.4.28)$$

Es sei betont, dass hierbei nicht wie bei der Welch-Methode die Datensegmente einer Fensterung unterzogen werden, sondern die geschätzte Autokorrelationsfolge; es wird später gezeigt, dass sich die Auswirkungen im Spektralbereich hierdurch unterscheiden.

Man kann sich zunächst prinzipiell die Frage stellen, worin bei dieser Methode der Mittelungseffekt in Hinblick auf die Minimierung der Schätzvarianz besteht – eine Mittelung über verschiedene Periodogramme wie bei der Welch-Methode findet hier ja nicht statt. Die Wirkungsweise der Fensterung der Autokorrelationsfolge wird in Bild 9.4.1 veranschaulicht: Auf der Basis eines Datenblockes der Länge N kann prinzipiell für den Zeitbereich $-N \leq \kappa \leq N$ eine Schätzung der Autokorrelationsfolge ermittelt werden – der Schätzfehler ist gemäß[9.5] (9.1.25) auf dieses Zeitintervall verteilt. Durch die in (9.4.28) enthaltene Fensterung kommt, im Falle von $M \ll N$, nur ein geringer Bruchteil des Schätzfehlers zur Wirkung, so dass die Schätzvarianz im Spektralbereich entsprechend reduziert wird (siehe (9.4.39)).

[9.4] Es wird später gezeigt, dass dies effizient mit Hilfe der bereits besprochenen Rader-Methode erfolgen kann; in dem Falle ist hier die bezüglich des Zeitintervalls $|\kappa| < N$ *nicht erwartungstreue Schätzung* einzusetzen.

[9.5] Diese Varianzangabe gilt für gaußverteilte Prozesse.

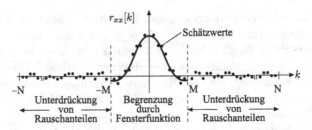

Bild 9.4.1: Fensterbewertung der geschätzten Autokorrelationsfolge

Die Schätzvorschrift (9.4.28) enthält die nicht erwartungstreue Schätzung der Autokorrelationsfoge $\hat{r}_{xx}[\kappa]$, die nach den Betrachtungen in Abschnitt 9.3.1 die inverse zeitdiskrete Fourier-Transformation des Periodogramms darstellt. Gleichung (9.4.28) kann also auch als Faltung des Periodogramms mit der Spektralfunktion des Fensters formuliert werden, d.h. es gilt

$$\hat{S}_{XX}^{BT}(e^{j\Omega}) = \frac{1}{2\pi} \int\limits_{-\pi}^{\pi} \mathrm{Per}_N(\Theta) \cdot F_M(e^{j(\Omega-\Theta)}) \, d\Theta \ . \tag{9.4.29}$$

Diese Beziehung zeigt, dass die Korrelogramm-Methode offenbar auf *negative Schätzwerte für die spektrale Leistungsdichte* führen kann, wenn das Spektrum des verwendeten Fensters negative Werte enthält. Bei den aus Abschnitt 8.4 bekannten klassischen Fensterfunktionen wie Hamming-, Blackman- oder Dolph-Tschebyscheff-Fenster ist dies der Fall, so dass man hier – vor allem in den Sperrbereichen der Leistungsdichtespektren – mit derartig unsinnigen Schätzergebnissen rechnen muss. Fensterfunktionen, bei denen dies ausgeschlossen sein soll, müssen die Bedingung

$$F_M(e^{j\Omega}) \geq 0 \tag{9.4.30}$$

erfüllen; unter den hier diskutierten Fensterformen wird diese Bedingung nur vom Dreieckfenster eingehalten. Es sei angemerkt, dass das geschilderte Problem negativer Schätzwerte für das Leistungsdichtespektrum bei den in den vorangegangenen Abschnitten behandelten Periodogramm-Methoden nicht auftreten kann. Auch hier werden Fensterfolgen angewendet, jedoch nicht auf die Autokorrelationsfolge sondern auf den Datenblock; das hieraus ermittelte Periodogramm ist definitionsgemäß nichtnegativ.

Im folgenden werden die *Erwartungstreue* sowie die *Varianz* der Blackman-Tukey-Schätzmethode genauer betrachtet. Den Erwartungswert der Blackman-Tukey Schätzung erhält man direkt, indem in (9.4.28) für den Schätzwert der Autokorrelationsfolge der Erwartungswert nach (9.1.11) bzw. (9.1.12), also

$$E\{\hat{r}_{xx}[\kappa]\} = r_{xx}[\kappa] \cdot f_N^B[\kappa] \qquad (9.4.31)$$

eingesetzt wird. Es ergibt sich damit

$$E\left\{\hat{S}_{xx}^{BT}(e^{j\Omega})\right\} = \sum_{\kappa=-(M-1)}^{M-1} r_{xx}[\kappa] \cdot f_N^B[\kappa] \cdot f_M[\kappa] e^{-j\Omega\kappa} . \qquad (9.4.32)$$

Die Schätzung basiert also auf einer Autokorrelationsfolge, die zwei verschiedene Fensterbewertungen enthält, nämlich die aufgrund der nicht erwartungstreuen Schätzung vorhandene Dreieckbewertung (Bartlett-Fenster $f_N^B[\kappa]$ der Länge $2N - 1$) und das zur Optimierung der Erwartungstreue zusätzlich eingebrachte Fenster $f_M[\kappa]$ der Länge $2M - 1$. Im Spektralbereich entspricht dies einer Faltung des wahren Leistungsdichtespektrums mit der Spektralfunktion des Produktes der beiden Fenster, also

$$
\begin{aligned}
F^{BT}(e^{j\Omega}) &= \frac{1}{2\pi} F_N^B(e^{j\Omega}) * F_M(e^{j\Omega}) \\
&= \frac{1}{2\pi} \int_{-\pi}^{\pi} F_N^B(e^{j(\Theta)}) F_M^B(e^{j(\Omega-\Theta)}) d\Theta .
\end{aligned} \qquad (9.4.33)
$$

Gilt die Bedingung $N \gg M$, ist also das Bartlett-Fenster gegenüber $F_M(\exp(j\Omega))$ sehr viel schmalbandiger, so kann das Blackman-Tukey Fenster näherungsweise durch $F_M(\exp(j\Omega))$ allein beschrieben werden. Für den Erwartungswert des geschätzten Spektrums erhält man dann

$$E\left\{\hat{S}_{xx}^{BT}(e^{j\Omega})\right\} \approx \frac{1}{2\pi} \int_{-\pi}^{\pi} S_{xx}(e^{j\Theta}) F_M(e^{j(\Omega-\Theta)}) d\Theta . \qquad (9.4.34)$$

Das Ergebnis zeigt, dass auch die Korrelogramm-Schätzung nicht erwartungstreu ist: Es erfolgt eine Faltung der wahren spektralen Leistungsdichte mit dem Spektrum des verwendeten Fensters – im Unterschied zur Welch-Methode, bei der sich eine Faltung mit dem Spektrum der Energie-Autokorrelationsfolge des Fensters ergibt (vgl. (9.4.15)).

Es wird nun die *asymptotische Erwartungstreue* überprüft. Für sehr große Fensterlängen M kann (9.4.34) weiter vereinfacht werden. In diesem Falle konzentriert sich $F_M(\exp(j\Omega))$ um den Punkt $\Omega = 0$; in (9.4.34) kann daher näherungsweise

$$\int\limits_{-\pi}^{\pi} S_{xx}(e^{j\Theta}) F_M(e^{j(\Omega-\Theta)}) \, d\Theta \approx S_{xx}(e^{j\Omega}) \int\limits_{-\pi}^{\pi} F_M(e^{j(\Omega-\Theta)}) \, d\Theta \qquad (9.4.35)$$

gesetzt werden. Wegen der Periodizität in 2π gilt

$$\int\limits_{-\pi}^{\pi} F_M(e^{j(\Omega-\Theta)}) \, d\Theta = \int\limits_{-\pi}^{\pi} F_M(e^{j(\Theta)}) \, d\Theta = 2\pi \cdot f_M(0) \ , \qquad (9.4.36)$$

so dass sich für (9.4.34) der Grenzwert

$$\lim_{M\to\infty} \mathrm{E}\left\{ \hat{S}_{xx}^{BT}(e^{j\Omega}) \right\} = f_M(0) \cdot S_{xx}(e^{j\Omega}) \qquad (9.4.37)$$

ergibt. Die Blackman-Tukey Schätzung ist also unter der Bedingung:

$$f_M(0) = 1 \qquad (9.4.38)$$

asymptotisch erwartungstreu.

Für die Beurteilung der Konsistenz benötigt man die Varianz. In [OS75] wird hierfür eine Näherungsformel für $N \gg M$ entwickelt:

$$\mathrm{Var}\left\{ \hat{S}_{xx}^{BT}(e^{j\Omega}) \right\} \approx \left[\frac{1}{N} \sum_{\kappa=-(M-1)}^{M-1} f_M^2[\kappa] \right] \cdot S_{xx}^2(e^{j\Omega}) \ . \qquad (9.4.39)$$

Bei endlicher Energie der Fensterfunktion geht also die Varianz mit wachsendem N gegen null. Die Fensterung der Autokorrelationsfolge führt somit auf eine *konsistente Schätzung*.

Wie erwähnt wurde die Blackman-Tukey Methode 1958 eingeführt, also zu einem Zeitpunkt, an dem die effiziente Form der diskreten Fourier-Transformation mittels FFT noch nicht bekannt war. Aus diesem Grunde war es entscheidend, der vorher benutzten Bartlett-Methode, die ja die DFT einer Vielzahl von Datenblöcken vorsieht, eine Alternative gegenüber zu stellen, bei der zunächst die Autokorrelationsfolge aus einer großen Anzahl von Daten gebildet wird, was seinerzeit durch direkte Ausführung von (9.1.5) und (9.1.6) für ein beschränktes Intervall

$-(M-1) \le \kappa \le M - 1$ erfolgte, um anschließend nur eine einzige $2M$-Punkte-DFT ausführen zu müssen.

Inzwischen ist zur Berechnung der Autokorrelationsfolge das in Abschnitt 9.2 dargestellte Rader-Verfahren verfügbar, das seinerseits wieder die FFT in effizienter Weise nutzt. Heute wird daher das Blackman-Tukey Verfahren in folgender Weise realisiert:

- *Iterative Berechnung der Autokorrelationsfolge für* $|\kappa| \le M - 1$ *nach der Rader-Methode,*

- *Bewertung der Autokorrelationsfolge mit einer geeigneten Fensterfunktion ("minimum bias"),*

- $2M$-*Punkte-DFT zur Berechnung des Leistungsdichtespektrums.*

In der schon erwähnten Zusammenstellung wichtiger Algorithmen der digitalen Signalverarbeitung aus dem Jahre 1979 [IEE79] wurde eine FORTRAN-Routine für das Blackman-Tukey-Verfahren unter dem Namen CMPSE für *Correlation Method for Power Spectrum Estimation* veröffentlicht.

9.5 Vergleich von Periodogramm- und Korrelogramm-Schätzung

Setzt man beim Blackman-Tukey-Verfahren für $f_M[\kappa]$ ein Dreieck-Fenster der Form

$$f_M[\kappa] = f_L^B[\kappa] = \frac{L - |\kappa|}{L}, \quad |\kappa| \le L - 1, \ L = \frac{N}{K} = M \qquad (9.5.1)$$

ein, so ergibt sich für das geschätzte Leistungsdichtespektrum der gleiche Erwartungswert wie beim Bartlett-Verfahren. Unter dieser Bedingung sollen die Varianzen der beiden Verfahren einander gegenübergestellt werden. Für die Bartlett-Methode gilt nach (9.4.8):

$$\mathrm{Var}\left\{\hat{S}_{xx}^B(e^{j\Omega})\right\} = \frac{L}{N}S_{xx}^2(e^{j\Omega}) \cdot \left(1 + \mathrm{di}_L^2\left(2\Omega\right)\right)$$

$$\approx \frac{L}{N}S_{xx}^2(e^{j\Omega}), \quad 0 < \Omega < \pi. \qquad (9.5.2)$$

Die Näherung in dieser Gleichung bezieht sich auf große Werte L, wobei die Frequenzpunkte bei $\Omega = 0$ und $\Omega = \pi$ hierbei ausgeschlossen werden.

Zur Bestimmung der Varianz der Blackman-Tukey Schätzung wird in (9.4.39) das Dreieck-Fenster (9.5.1) eingesetzt. Berücksichtigt man das Ergebnis für den Summenwert

$$\sum_{\kappa=-(L-1)}^{L-1} \left[\frac{L - |\kappa|}{L} \right]^2 = \frac{2 \cdot L^2 + 1}{3 \cdot L} \approx \frac{2}{3} L , \qquad (9.5.3)$$

so ergibt sich

$$\text{Var} \left\{ \hat{S}_{xx}^{BT}(e^{j\Omega}) \right\} \approx \frac{2}{3} \frac{L}{N} S_{xx}^2(e^{j\Omega}) . \qquad (9.5.4)$$

Bei gleichen Erwartungswerten führt also die Blackman-Tukey Schätzung gegenüber dem Bartlett-Verfahren zu einer geringeren Varianz:

$$\frac{\text{Var} \left\{ \hat{S}_{xx}^{BT}(e^{j\Omega}) \right\}}{\text{Var} \left\{ \hat{S}_{xx}^{B}(e^{j\Omega}) \right\}} \approx \frac{2}{3} . \qquad (9.5.5)$$

Die Verhältnisse kehren sich um, wenn beim Periodogramm-Verfahren von der im Abschnitt 9.4.2 erläuterten Möglichkeit Gebrauch gemacht wird, jeweils um die halbe Blocklänge *überlappende Blöcke* zur Mittelung der Periodogramme zu verwenden (siehe (9.4.22). Dann halbiert sich die Varianz in etwa, so dass sich anstelle von (9.5.2)

$$\text{Var} \left\{ \hat{S}_{xx}^{B}(e^{j\Omega}) \right\} \approx \frac{1}{2N/L - 1} S_{xx}^2(e^{j\Omega}) \approx \frac{L}{2N} S_{xx}^2(e^{j\Omega}) , \quad 0 < \Omega < \pi$$

$$(9.5.6)$$

ergibt. Damit verändert sich (9.5.5) zugunsten des Bartlett-Verfahrens:

$$\frac{\text{Var} \left\{ \hat{S}_{xx}^{BT}(e^{j\Omega}) \right\}}{\text{Var} \left\{ \hat{S}_{xx}^{B}(e^{j\Omega}) \right\}} \approx \frac{4}{3} . \qquad (9.5.7)$$

Eine Übersicht über die in diesem Kapitel behandelten nicht parametrischen Spektralschätzverfahren wird in den Tabellen 9.1 bis 9.4 gegeben. Zusammengestellt sind hier die Erwartungswerte, Varianzen sowie deren Grenzwerte für beliebig große Datenumfänge bzw. große Blocklängen. In der Tabelle sind aus Gründen der Übersichtlichkeit in den Spektralfunktionen die Argumente weggelassen worden, soweit dies eindeutig ist. Es bezeichnen also

$$S_{xx} := S_{xx}(e^{j\Omega}) \qquad (9.5.8)$$

die wahre spektrale Leistungsdichte,

$$F_M := F_M(e^{j\Omega}) \quad \text{bzw.} \quad F_L := F_L(e^{j\Omega}) \tag{9.5.9}$$

verschiedene Fenster-Spektralfunktionen bei Fensterung der Autokorrelationsfolge nach Blackman-Tukey bzw. der Datensegmente nach Welch. Für den Spezialfall des Bartlett-Fensters gilt:

$$F_N^B := F_N^B(e^{j\Omega}) = N \cdot \text{di}_N^2(\Omega) \ . \tag{9.5.10}$$

Im Zusammenhang mit der Frage nach der Konsistenz werden die folgenden Grenzwerte benötigt:

$$\lim_{N\to\infty} F_N^B(e^{j\Omega}) = 2\pi\delta_0(\Omega); \quad -\pi \le \Omega \le \pi \tag{9.5.11}$$

$$\lim_{N\to\infty} \frac{1}{N} F_N^B(e^{j2\Omega}) = \begin{cases} 1 & \Omega = 0 \\ 0 & -\pi < \Omega < \pi, \ \Omega \neq 0 \ . \end{cases} \tag{9.5.12}$$

Tab. 9.1: Periodogramm: (Länge des gesamten Datenblocks : N)

Erwartungswert $E\{\hat{S}_{xx}\}$	Varianz $\text{Var}\{\hat{S}_{xx}\}$
$E\{\hat{S}_{xx}\} = \frac{1}{2\pi} S_{xx} * F_N^B$	$\text{Var}\{\hat{S}_{xx}\} = S_{xx}^2 \left(1 + \frac{1}{N} F_N^B(e^{j2\Omega})\right)$
$\lim_{N\to\infty} E\{\hat{S}_{xx}\} = S_{xx}$	$\lim_{N\to\infty} \text{Var}\{\hat{S}_{xx}\} = \begin{cases} S_{xx}^2 & 0 < \Omega < \pi \\ 2\,S_{xx}^2 & \Omega = 0, \pm\pi \end{cases}$
asymptotische Erwartungstreue	Nichtkonsistenz

Abschließend werden zur praktischen Demonstration der verschiedenen Spektralschätzverfahren in den Bildern 9.5.1a bis 9.5.1f einige Beispiele wiedergegeben. Als Modellprozess wird hierzu ein durch lineare Filterung geformter weißer, mittelwertfreier Rauschprozess benutzt. Das Spektralformfilter besteht aus einem nichtrekursiven Tiefpass vom Grad $m = 256$ mit einer Grenzfrequenz $\Omega_g = \pi/2$. Die Leistung des weißen, gaußverteilten Rauschprozesses am Eingang des Formfilters ist $\text{Var}\{X[k]\} = S_{xx}(\exp(j\Omega)) = 1$.

Tab. 9.2: Bartlett: $(K' = 2N/L - 1$ überlappende Datenblöcke)

Erwartungswert $\mathrm{E}\{\hat{S}_{\mathrm{xx}}\}$	Varianz $\mathrm{Var}\{\hat{S}_{\mathrm{xx}}\}$
$\mathrm{E}\{\hat{S}_{\mathrm{xx}}\} = \frac{1}{2\pi} S_{\mathrm{xx}} * F_L^B$	$\mathrm{Var}\{\hat{S}_{\mathrm{xx}}\} = \frac{L}{2N} S_{\mathrm{xx}}^2 \left(1 + \frac{1}{L} F_L^B(e^{j2\Omega})\right)$
$\displaystyle\lim_{L\to\infty} \mathrm{E}\{\hat{S}_{\mathrm{xx}}\} = S_{\mathrm{xx}}$	$\displaystyle\lim_{\substack{L\to\infty\\N\to\infty}} \mathrm{Var}\{\hat{S}_{\mathrm{xx}}\} = \begin{cases} \frac{L}{2N} S_{\mathrm{xx}}^2 & 0 < \Omega < \pi \\[2mm] \frac{L}{N} S_{\mathrm{xx}}^2 & \Omega = 0, \pm\pi \end{cases}$ $\displaystyle\lim_{\substack{L\to\infty\\N/L\to\infty}} \mathrm{Var}\{\hat{S}_{\mathrm{xx}}\} = 0$
asymptotische Erwartungstreue	Konsistenz

Tab. 9.3: Welch: $(K' = 2N/L - 1$ überlappende Datenblöcke)

Erwartungswert $\mathrm{E}\{\hat{S}_{\mathrm{xx}}\}$	Varianz $\mathrm{Var}\{\hat{S}_{\mathrm{xx}}\}$
$\mathrm{E}\{\hat{S}_{\mathrm{xx}}\} = \frac{1}{2\pi} \frac{1}{AL} S_{\mathrm{xx}} * \vert F_L\vert^2$	$\mathrm{Var}\{\hat{S}_{\mathrm{xx}}\} \approx \frac{L}{2N} S_{\mathrm{xx}}^2$ für $N \gg L$
$\displaystyle\lim_{L\to\infty} \mathrm{E}\{\hat{S}_{\mathrm{xx}}\} = \left(\frac{1}{AL} \sum_{k=0}^{L-1} f_L^2[k]\right) \cdot S_{\mathrm{xx}}$	$\displaystyle\lim_{N/L\to\infty} \mathrm{Var}\{\hat{S}_{\mathrm{xx}}\} = 0$
	Konsistenz für $A = \frac{1}{L} \sum_{k=0}^{L-1} f_L^2[k]$

Bild 9.5.1a zeigt zunächst den quadrierten Betragsfrequenzgang des Formungsfilters − also die wahre spektrale Leistungsdichte des Modellprozesses.

Den folgenden Spektralschätzungen liegt jeweils ein Datenblock von 10240 Abtastwerten zugrunde. Eine Abschätzung des Leistungsdichtespektrums durch ein 10240-Punkte Periodogramm zeigt Bild 9.5.1b. Im Durchlassbereich ergibt sich eine große Streuung der Schätzwerte, während der Sperrbereich nahezu korrekt wiedergegeben wird. Das Beispiel verdeutlicht anschaulich die gemäß (9.3.40) gütige Proportionalität der Varianz zum Quadrat des wahren Leistungsdichtespektrums.

Durch Mittelung verschiedener Periodogramme kann die Varianz reduziert werden. Es werden das Welch-Verfahren und die Blackman-Tukey-

Tab. 9.4: Blackman-Tukey: (Begrenzung der AKF auf $\pm(M-1)$)

Erwartungswert $\mathrm{E}\{\hat{S}_{XX}\}$	Varianz $\mathrm{Var}\{\hat{S}_{XX}\}$
$\mathrm{E}\{\hat{S}_{XX}\} = \frac{1}{2\pi} S_{XX} * F_N^B * F_M$	$\mathrm{Var}\{\hat{S}_{XX}\} = \frac{1}{N}\left(\displaystyle\sum_{\kappa=-(M-1)}^{M-1} f_M^2[\kappa]\right) \cdot S_{XX}^2$
$\approx \frac{1}{2\pi} S_{XX} * F_M$	$\textit{Bartlett-Fenster: } \frac{2}{3}\frac{M}{N} S_{XX}^2$
für $M \ll N$	$\textit{Hamming-Fenster: } 0.795\frac{M}{N} S_{XX}^2$
$\displaystyle\lim_{M\to\infty} \mathrm{E}\{\hat{S}_{XX}\} = f_M(0)\cdot S_{XX}$	$\displaystyle\lim_{N/M\to\infty} \mathrm{Var}\{\hat{S}_{XX}\} = 0$ falls $\frac{1}{M}\displaystyle\sum_{\kappa=-(M-1)}^{M-1} f_M^2[\kappa] < \infty$
	Konsistenz für $f_M(0) = 1$

Methode verglichen; in den folgenden Bildern sind jeweils die Grenzen $1 \pm 2\sigma$ im Durchlassbereich, also die 95 % -Grenzen der angenommenen Gaußverteilung, eingetragen. Die Streuungen sind wegen $S_{XX}(e^{j\Omega}) = 1$ im Durchlassbereich durch

$$\begin{aligned}
\sigma_X^W &= \sqrt{1/K'} = \sqrt{L/(2N-L)} \approx \sqrt{L/(2N)} \\
\sigma_X^{BT} &= \sqrt{0.795\,M/N} \quad \text{(Hamming-Fenster)}
\end{aligned} \qquad (9.5.13)$$

gegeben.

In den Bildern 9.5.1c und 9.5.1d wurden zwei Welch-Analysen bei unterschiedlicher Blockaufteilung der insgesamt 10240 Daten durchgeführt, wobei die zur Mittelung benutzten Blöcke um jeweils eine halbe Blocklänge überlappen. Die Datensegmente wurden einer Hamming-Fensterung unterzogen. In Bild 9.5.1c wurden $K' = 39$ Blöcke von jeweils $L = 512$ Abtastwerten gebildet; man erhält eine relativ hohe Flankensteilheit, d.h. hohe Frequenzauflösung des geschätzten Leistungsdichtespektrums, jedoch eine verhältnismäßig große Varianz des Schätzfehlers. Wählt man eine höhere Blockanzahl bei entsprechend reduzierter Blocklänge wie in Bild 9.5.1d ($K' = 319, L = 64$), so ergeben sich umgekehrte Verhältnisse: Die Varianz wird auf Kosten der Frequenzauflösung (geringere Flankensteilheit) reduziert. Die prinzipielle Austauschbarkeit

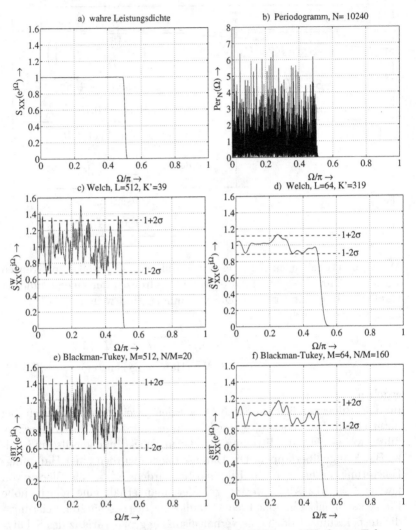

Bild 9.5.1: Beispiele zur Spektralschätzung; Welch und Blackman-Tukey: jeweils Hamming-Fenster für Datenblöcke bzw. AKF

zwischen Schätzfehler-Varianz und Frequenzauflösung bestätigt sich an diesem Beispiel.

In den Bildern 9.5.1e,f sind zwei Schätzungen nach der Blackman-Tukey-Methode gegenübergestellt, wobei die Frequenzauflösungen mit $M = 512$ in Bild 9.5.1e und $M = 64$ in Bild 9.5.1f denen der Welch-Beispiele in den Bildern 9.5.1c,d entsprechen. Die Varianzen sind gegenüber dem Welch-Verfahren, bei dem wie erläutert überlappende Datenblöcke benutzt wurden, leicht erhöht. In allen Fällen zeigt sich eine gute Übereinstimmung der Schätzergebnisse mit den eingetragenen theoretisch berechneten 2σ-Grenzen.

Literaturverzeichnis

[Bar53] M. S. Bartlett. *An Introduction to Stochastic Processes with Special Reference to Methods and Applications.* Cambridge University Press, New York, 1953.

[BT58] R. B. Blackmann and J. W. Tukey. *The Measurement of Power Spectra.* Dover, New York, 1958.

[IEE79] IEEE Acoustics, Digital Signal Processing Commitee Speech and Signal Processing Society. *Programs for Digital Signal Processing.* hrsg.: *Digital Signal Processing Committee*, New York, 1979. IEEE Press.

[JW68] G. M. Jenkins and D. G. Watts. *Spectral Analysis and its Applications.* Holdenday, San Francisco, 1968.

[Kay88] S. M. Kay. *Modern Spectral Estimation.* Prentice Hall, Englewood Cliffs, 1988.

[Mar87] S. M. Marple. *Digital Spectral Analysis.* Prentice Hall, Englewood Cliffs, 1987.

[OS75] A. V. Oppenheim and R. W. Schafer. *Digital Signalprocessing.* Prentice Hall, Englewood Cliffs, 1975.

[PM88] J. G. Proakis and D. G. Manolakis. *Introduction to Digital Signalprocessing.* Macmillan, New York, 1988.

[Rad79] C. M. Rader. An Improved Algorithm for High Speed Autocorrelation with Application to Spectral Estimation. *IEEE Trans. Audio Electroacoust.*, Vol.AU-18, December 1979.

[RR72] L. R. Rabiner and C. M. Rader. *Digital Signal Processing (Selected Reprint Series)*. IEEE Press, New York, 1972.

[Tre76] S. A. Tretter. *Discrete-Time Signal Processing*. Wiley, New-York, 1976.

[Wel70] P. D. Welch. The Use of Fast Fourier Transform for the Estimation of Power Spectra. *IEEE Trans. Audio Electroacoust.*, Vol. AU-15, Juni 1970. S.70-73.

10

Parametrische Spektralschätzung

Alle traditionellen Verfahren der Spektralschätzung basieren auf der Annahme, dass die in der Messung erfasste Musterfunktion außerhalb des Beobachtungsintervalls verschwindet. Implizit wird also stets eine Fensterung im Zeitbereich vorgenommen, was gleichbedeutend mit dem Ansatz einer *Autokorrelationsfolge endlicher Länge* ist. Der geschätzte Ausschnitt aus der Autokorrelationsfolge bildet die Grundlage der Spektralanalyse. Die mit der endlichen AKF verbundene Begrenzung der spektralen Auflösung war ein wesentlicher Gesichtspunkt der Betrachtungen im letzten Kapitel. Hinzu kommt die Frage nach der Wirksamkeit der Schätzung, also nach der Varianz. Die Beispiele im letzten Abschnitt haben deutlich gemacht, dass zur zufriedenstellenden Berechnung der spektralen Leistungsdichte im allgemeinen sehr große Datenmengen herangezogen werden müssen. Der damit verbundene hohe Rechenaufwand ist nur einer der daraus entstehenden Nachteile. Darüber hinaus erwachsen prinzipielle Probleme dann, wenn der analysierte Prozess nicht streng stationär ist. In diesem Falle wäre eine zuverlässige Spektralschätzung wünschenswert, die sich auf ein möglichst kurzes Zeitintervall abstützt. Die traditionellen Schätzverfahren bieten hierzu nur geringe Möglichkeiten.

Eine vollständig andere Betrachtungsweise liegt den *modellgestützten Spektralschätzverfahren* zugrunde. Die dabei unterstellte a-priori Annahme besteht nicht in einer endlichen Autokorrelationsfolge, sondern in der

Hypothese, dass der Rauschprozess durch ein *Modell* angenähert werden kann. Als Modell dient dabei ein lineares System, das mit weißem Rauschen erregt wird; das System wird so dimensioniert, dass sein Ausgangssignal Spektraleigenschaften aufweist, die möglichst gut mit denen des zu analysierenden Prozesses übereinstimmen.

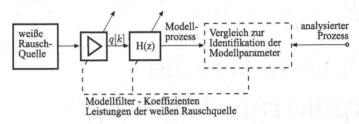

Bild 10.0.1: Modellsystem für einen Rauschprozess

Die Aufgabe besteht also nicht in der Schätzung der Autokorrelationsfolge, sondern in der Berechnung optimaler Koeffizienten des Spektralformungsfilters. Der Rauschprozess wird also durch die Systemparameter beschrieben, weshalb diese Verfahren als *parametrische Schätzverfahren* bezeichnet werden. Die Anzahl der zu schätzenden Größen ist im allgemeinen erheblich geringer als bei den traditionellen, nicht parametrischen Verfahren. Es kann aus diesem Grunde eine beträchtliche Erhöhung der Konvergenzgeschwindigkeit erwartet werden, womit die modellgestützten Verfahren insbesondere unter dem Gesichtspunkt der Kurzzeit-Spektralanalyse interessieren.

Im vorliegenden Kapitel wird im ersten Abschnitt zunächst eine Systematik der gebräuchlichen parametrischen Spektralschätzverfahren gegeben; die wichtigste Rolle spielen dabei die sogenannten autoregressiven Modelle, bei denen das Rauschformungsfilter rein rekursiv ist, also ausschließlich durch Pole beschrieben wird. Als einfachstes Beispiel für ein autoregressives Modell wird in Abschnitt 10.2 ein Markoff-Prozess erster Ordnung diskutiert. Es folgt dann in Abschnitt 10.3 die Ableitung des Zusammenhanges zwischen den AR-Koeffizienten und der Autokorrelationsfolge. Die hier hergeleitete Yule-Walker-Gleichung enthält zunächst nur die theoretischen Kennwerte des abstrakten Prozesses, nämlich die Werte der Autokorrelationsfolge; praktische Spektralschätzungen auf der Basis endlich langer Musterfunktionen erfolgen dann später in Abschnitt 10.7. Eine Verbindung zum Problem der linearen Prädiktion wird in Abschnitt 10.4 hergestellt. Die Grundlage zur Bestimmung der AR-

Koeffizienten bildet die Inversion der Autokorrelationsmatrix. Eine iterative Lösung mit minimalem Rechenaufwand bietet hierfür der in Abschnitt 10.5 behandelte Levinson-Durbin Algorithmus. Eine besonders effiziente Struktur eines linearen Prädiktors stellt die in Abschnitt 10.6 hergeleitete Lattice-Struktur dar. Bei der Betrachtung von Methoden zur praktischen Schätzung der AR-Koeffizienten aus Musterfunktionen endlicher Länge in 10.7 wird deutlich, dass die Lattice Struktur die Grundlage des effizientesten Verfahrens, des Burg-Algorithmus, ist. Den Abschluss des Kapitels bilden einige Beispiele zur parametrischen Spektralschätzung in Abschnitt 10.8.

Es wurde darauf hingewiesen, dass in diesem Kapitel zunächst die prinzipiellen Zusammenhänge auf der Basis der theoretischen Prozess-Kennwerte wie der Autokorrelationsfolge hergeleitet werden und erst später, in den Abschnitten 10.7 und 10.8, die praktische Schätzung der Parameter anhand endlicher Musterfunktionen erfolgt. Es ist also in den folgenden Betrachtungen stets sorgfältig zwischen dem abstrakten Prozess und seiner aktuellen Realisierungsform, der Musterfunktion, zu unterscheiden. In der Nomenklatur erfolgt dies wie bereits in den vorangegangenen Teilen des Buches durch die Verwendung großer Buchstaben zur Kennzeichnung des Prozesses und entsprechender kleiner Buchstaben für die zugeordnete Musterfunktion.

10.1 ARMA-Modelle zur Beschreibung von Rauschprozessen

Grundlagen für die folgenden Betrachtungen bildet das Modellsystem gemäß Bild 10.0.1. Der Zusammenhang zwischen der Übertragungsfunktion des Modellfilters und der spektralen Leistungsdichte des Modellprozesses $X[k]$ ist durch die Wiener-Lee Beziehung gegeben:

$$S_{XX}^{MOD}(e^{j\Omega}) = S_{QQ}(e^{j\Omega}) \cdot |H(e^{j\Omega})|^2 \, ; \qquad (10.1.1)$$

da für $Q[k]$ ein weißer, mittelwertfreier Rauschprozess angenommen wird, gilt

$$S_{XX}^{MOD}(e^{j\Omega}) = \sigma_Q^2 \cdot |H(e^{j\Omega})|^2 \, . \qquad (10.1.2)$$

Dieser Ausdruck wird als Schätzgröße für das Leistungsdichtespektrum von $X[k]$ benutzt.

$$\hat{S}_{XX}(e^{j\Omega}) = S_{XX}^{MOD}(e^{j\Omega}) \, . \qquad (10.1.3)$$

Für $H(z)$ ist ein stabiles, kausales System anzusetzen. Man unterscheidet zwischen drei verschiedenen Formen von Modellen:

- *autoregressives Modell* (AR-Modell):

$$H^{AR}(z) = \frac{1}{A(z)} = \frac{1}{1 + \sum\limits_{\nu=1}^{n} a_\nu z^{-\nu}} \, . \tag{10.1.4}$$

Es handelt sich dabei um ein so genanntes all-pole-System.

- *moving-average Modell* (MA-Modell):

$$H^{MA}(z) = B(z) = 1 + \sum\limits_{\mu=1}^{m} b_\mu z^{-\mu} \, . \tag{10.1.5}$$

Dieses Modell entspricht einem all-zero-System.

- *autoregressives moving-average Modell* (ARMA-Modell):

$$H^{ARMA}(z) = \frac{B(z)}{A(z)} = \frac{1 + \sum\limits_{\mu=1}^{m} b_\mu z^{-\mu}}{1 + \sum\limits_{\nu=1}^{n} a_\nu z^{-\nu}} \, . \tag{10.1.6}$$

Mögliche Realisierungsstrukturen für die drei Modelle sind in Bild 10.1.1a bis Bild 10.1.1c dargestellt.

Im folgenden soll gezeigt werden, dass für $H(z)$ ohne Beschränkung der Allgemeinheit stets ein *stabiles, minimalphasiges* System verwendet werden kann. Dazu wird (10.1.2) in folgender Form geschrieben:

$$\begin{aligned} S_{XX}^{ARMA}(e^{j\Omega}) &= \sigma_Q^2 \cdot [H(z) \cdot H^*(1/z^*)]_{z=e^{j\Omega}} \\ &= \sigma_Q^2 \cdot \left[\frac{B(z) \cdot B^*(1/z^*)}{A(z) \cdot A^*(1/z*)} \right]_{z=e^{j\Omega}} \, . \end{aligned} \tag{10.1.7}$$

Das Polynom $B(z) \cdot B^*(1/z^*)$ besitzt die Nullstellenpaare z_{oi} und $1/z_{oi}^*$, die am Einheitskreis gespiegelt und den Polynomen $B(z)$ und $B^*(1/z^*)$ zugeordnet sind. In Bild 10.1.2a wird dies verdeutlicht. In welcher Weise jedes der m Nullstellenpaare auf $B(z)$ und $B^*(1/z^*)$ verteilt wird, ist in Hinblick auf (10.1.7) zunächst gleichgültig.

Eine der insgesamt 2^m Möglichkeiten ist die Zuordnung aller Nullstellen

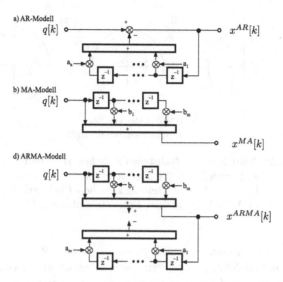

Bild 10.1.1: Strukturen von AR-, MA-, und ARMA-Modellsystemen

innerhalb des Einheitskreises zu $B(z)$ und jener außerhalb des Einheitskreises zu $B^*(1/z^*)$. In diesem Falle ist $B(z)$ *minimalphasig*. Die Beschränkung auf minimalphasige Modellsysteme $H(z)$ ist an dieser Stelle vorerst nicht einsichtig. Es wird sich später zeigen, dass die Lösung für die Koeffizienten des Modellfilters darauf hinausläuft, einen linearen Prädiktor zu entwerfen, der dann das *inverse Filter zum Modellsystem* darstellt. Damit das Prädiktorfilter stabil ist, muss also für das Modellsystem Minimalphasigkeit gefordert werden.

dass das Nennerpolynom $A(z)$ minimalphasig sein muss, ist aus Gründen der Stabilität des Modellfilters unmittelbar zwingend. Für $A(z)$ und $A^*(1/z^*)$ gelten die gleichen Betrachtungen wie für das Zählerpolynom: Alle Pole innerhalb des Einheitskreises werden $A(z)$ zugeordnet, womit $A^*(1/z^*)$ ausschließlich Pole außerhalb des Einheitskreises besitzt. Damit kann $1/A^*(1/z^*)$ als *stabiles, antikausales System* verstanden werden. Realisiert wird im Modell nach Bild 10.1.1 nur der Anteil $1/A(z)$, also ein stabiles, kausales System.

Von den oben eingeführten drei Modelltypen hat das *autoregressive Modell* die größte Verbreitung gefunden, also jenes, welches sich auf ein all-pole-System abstützt. Hierfür gibt es zwei Gründe:

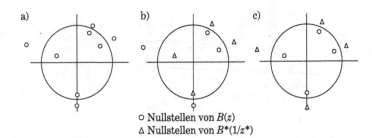

○ Nullstellen von $B(z)$
△ Nullstellen von $B^*(1/z^*)$

Bild 10.1.2: Aufteilung der Nullstellen zwischen $B(z)$ und $B^*(1/z^*)$
a) Beispiel einer Nullstellenverteilung
b) willkürliche Aufteilung zwischen $B(z)$ und $B^*(1/z^*)$
c) Aufteilung so, dass $B(z)$ minimalphasig ist

- *Zur Bestimmung der Koeffizienten eines AR-Systems ist ein lineares Gleichungssystem zu lösen, während die MA- oder ARMA-Modelle die Lösung nichtlinearer Gleichungssysteme erfordern.*

- *Insbesondere die Analyse sehr schmalbandiger Rauschprozesse bereitet den traditionellen Spektralschätzverfahren große Schwierigkeiten wegen der begrenzten spektralen Auflösung. Gerade solche Prozesse sind durch Vorgabe der Pole, also mit Hilfe autoregressiver Modelle sehr gut anzunähern.*

Als Beispiel für einen extrem schmalbandigen Prozess wird die in Bild 10.1.3a gezeigte, von weißem Rauschen überlagerte Sinusschwingung betrachtet. Die Länge der zugehörigen Autokorrelationsfolge ist unbegrenzt. Die Bilder 10.1.3b und 10.1.3c verdeutlichen den Unterschied zwischen traditioneller und autoregressiver Spektralschätzung. Im ersten Falle wird die Autokorrelationsfolge auf ein endliches Zeitintervall begrenzt; als Folge hiervon ergibt sich die bekannte Verbreiterung im Spektralbereich. Hingegen wird bei Verwendung eines autoregressiven Modells die Autokorrelationsfolge zwar zu größeren Werten κ hin gedämpft, ist aber zeitlich unbegrenzt. Im Spektralbereich ergibt sich eine bessere Approximation des wahren Spektrums. Andererseits muss darauf hingewiesen werden, dass ein Prozess mit endlicher Autokorrelationsfolge, also z.B. ein aus weißem Rauschen durch FIR-Filterung gewonnenes Signal, durch ein AR-Modell relativ schlecht erfasst wird. In Abschnitt 10.8 werden hierfür Beispiele aufgezeigt.

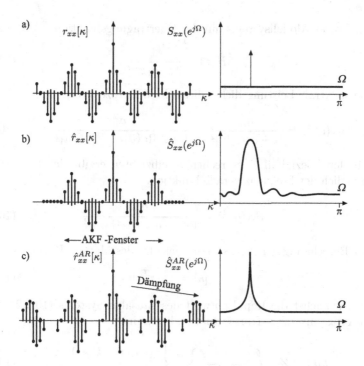

Bild 10.1.3: Prinzipielle Unterschiede zwischen traditionellen und AR-Schätzverfahren
a) wahre AKF, wahres Leistungsdichtespektrum
b) traditionelles Schätzverfahren
c) Schätzung aufgrund eines AR-Modells

10.2 Markoff-Prozess als autoregressives Modell erster Ordnung

Die Realisierung eines Markoff-Prozesses erster Ordnung erfolgt nach der rekursiven Differenzengleichung

$$x[k] = q[k] - a_1 x[k-1]\,, \qquad (10.2.1)$$

wobei $q[k]$ die Musterfunktion eines gleichanteilfreien, weißen Rauschprozesses $Q[k]$ beschreibt. Dies ist die Differenzengleichung eines autoregressiven Modellsystems mit der Übertragungsfunktion

$$H(z) = \frac{1}{1 + a_1 z^{-1}} . \tag{10.2.2}$$

Die spektrale Leistungsdichte dieses Modellprozesses ist

$$S_{xx}(e^{j\Omega}) = \frac{\sigma_Q^2}{|1 + a_1 e^{-j\Omega}|^2} = \frac{\sigma_Q^2}{1 + 2\,\mathrm{Re}\{a_1 e^{-j\Omega}\} + |a_1|^2} . \tag{10.2.3}$$

Für den Spezialfall eines reellen Koeffizienten ergibt sich hieraus eine bezüglich der Frequenz gerade Funktion.

$$S_{xx}(e^{j\Omega}) = \frac{\sigma_Q^2}{1 + 2 \cdot a_1 \cdot \cos\Omega + a_1^2} \tag{10.2.4}$$

Zur Berechnung der Autokorrelationsfolge des Markoff-Prozesses

$$r_{xx}[\kappa] = \sigma_Q^2 \cdot r_{hh}^E[\kappa] \tag{10.2.5}$$

wird zunächst die Impulsantwort des kausalen Systems (10.2.2) durch einseitige inverse z-Transformation bestimmt:

$$h[k] = Z^{-1}\left\{\frac{1}{1 + a_1 z^{-1}}\right\} = \begin{cases} (-a_1)^k & k \geq 0 \\ 0 & \text{sonst} . \end{cases} \tag{10.2.6}$$

Die hierzu gehörige Energiekorrelationsfolge lautet für positive Werte von κ

$$r_{hh}^E[|\kappa|] = \sum_{k=0}^{\infty} (-a_1^*)^k (-a_1)^{k+|\kappa|} = (-a_1)^{|\kappa|} \sum_{k=0}^{\infty} |a_1|^{2k} . \tag{10.2.7}$$

Setzt man hier den Summenwert einer unendlichen geometrischen Reihe nach (2.3.6) ein, so erhält man

$$r_{hh}^E[|\kappa|] = \frac{(-a_1)^{|\kappa|}}{1 - |a_1|^2} \tag{10.2.8}$$

und mit (10.2.5) schließlich für die Autokorrelationsfolge des betrachteten Prozesses

$$r_{xx}[|\kappa|] = \frac{\sigma_Q^2}{1 - |a_1|^2} \cdot (-a_1)^{|\kappa|} = r_{xx}^*[-|\kappa|] . \tag{10.2.9}$$

Grundsätzlich gilt also für einen Markoff-Prozess erster Ordnung die Beziehung

$$\frac{r_{xx}[|\kappa| + 1]}{r_{xx}[|\kappa|]} = -a_1 \qquad (10.2.10)$$

für benachbarte Werte der Autokorrelationsfolge.

Hiermit werden die zugrundeliegenden a-priori Annahmen, die von denen traditioneller Schätzverfahren prinzipiell abweichen, nochmals deutlich: Das AR-Modell unterstellt eine unendlich lange Autokorrelationsfolge, die Werte untereinander sind jedoch in bestimmter Weise miteinander verknüpft – beim AR-Modell erster Ordnung z.B. nach der Vorschrift (10.2.10). Zur Veranschaulichung der Beschränkungen, die mit der Festlegung auf bestimmte Klassen von Autokorrelationsfolgen verbunden sind, werden drei Beispiele für AR-Prozesse erster Ordnung angeführt.

- **Beispiel 1:**

$$a_1 = -0,5 \quad \rightarrow \quad r_{xx}[\kappa] = \frac{4\sigma_Q^2}{3} \cdot (\frac{1}{2})^{|\kappa|} \qquad (10.2.11)$$

$$S_{xx}(e^{j\Omega}) = \frac{\sigma_Q^2}{5/4 - \cos(\Omega)} \cdot \qquad (10.2.12)$$

Autokorrelationsfolge und Leistungsdichtespektrum sind in Bild 10.2.1a,b dargestellt. An diesem Beispiel wird deutlich, dass ein AR-System erster Ordnung mit negativ reellem Koeffizienten nur zur Modellierung eines *Tiefpass-Prozesses* geeignet ist.

- **Beispiel 2:**

$$a_1 = 0,5 \quad \rightarrow \quad r_{xx}[\kappa] = \frac{4\sigma_Q^2}{3} \cdot (-\frac{1}{2})^{|\kappa|} \qquad (10.2.13)$$

$$S_{xx}(e^{j\Omega}) = \frac{\sigma_Q^2}{5/4 + \cos(\Omega)} \cdot \qquad (10.2.14)$$

Autokorrelationsfolge und Leistungsdichtespektrum in Bild 10.2.1c,d zeigen, dass das Modell zur Beschreibung eines *Hochpass-Prozesses* benutzt werden kann.

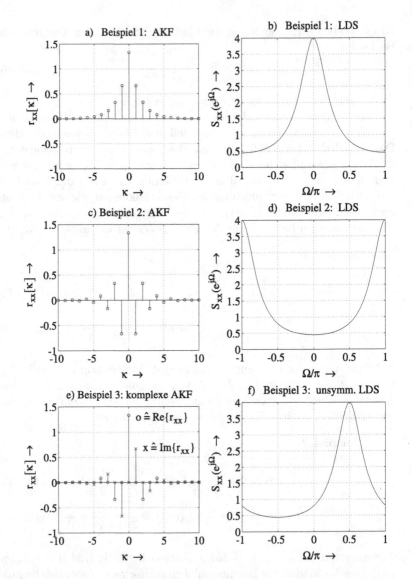

Bild 10.2.1: Autokorrelationsfolgen und Leistungsdichtespektren für drei Markoff-Prozesse erster Ordnung (Beispiele 1-3 siehe Text)

- **Beispiel 3:**

$$a_1 = -0,5 \cdot e^{j\pi/2} \quad \to \quad r_{xx}[\kappa] = \frac{4\sigma_Q^2}{3} \cdot (\frac{1}{2})^{|\kappa|} \cdot e^{j\pi\kappa/2} = r_{xx}^*([-|\kappa|]$$

$$S_{xx}(e^{j\Omega}) = \frac{\sigma_Q^2}{5/4 - \sin(\Omega)} \, . \qquad (10.2.15)$$

Das Leistungsdichtespektrum in Bild 10.2.1f weist den Charakter eines einseitigen *Bandpasssignals* auf. Implizit sind in einem komplexwertigen System erster Ordnung reellwertige Systeme zweiter Ordnung enthalten wie auch in Abschnitt 5.7 gezeigt wurde. Aus diesem Grunde ist durch ein komplexes AR-System erster Ordnung die Modellierung von Bandpassprozessen möglich.

Beispiele für AR-Modelle höherer Ordnung werden in Abschnitt 10.8 im Zusammenhang mit dem Vergleich der verschiedenen Spektralschätzverfahren vorgestellt.

10.3 Die Yule-Walker Gleichung

Die Anwendung eines autoregressiven Modells zur Spektralschätzung erfordert die Herstellung einer Verbindung zwischen der Autokorrelationsfolge des Prozesses und den Modellparametern, d.h den Koeffizienten $a_1, \ldots, a_n$ und der Leistung der Rauschquelle $\mathrm{Var}\{Q[k]\} = \sigma_Q^2$. Hierzu geht man von der Differenzengleichung des Modellsystems aus:

$$x[k] = q[k] - \sum_{\nu=1}^{n} a_\nu \cdot x[k - \nu] \, . \qquad (10.3.1)$$

Die Autokorrelationsfolge des zugehörigen Modellprozesses

$$r_{xx}[\kappa] = \mathrm{E}\{X^*[k] \cdot X[k + \kappa]\} \qquad (10.3.2)$$

bekommt nach Einsetzen der Differenzengleichung die Form

$$r_{xx}[\kappa] = \mathrm{E}\{X^*([k] \cdot [Q[k + \kappa] - \sum_{\nu=1}^{n} a_\nu \cdot X[k + \kappa - \nu]]\} \qquad (10.3.3)$$

$$= \mathrm{E}\{X^*[k] \cdot Q[k + \kappa]\} - \sum_{\nu=1}^{n} a_\nu \cdot \mathrm{E}\{X^*[k] \cdot X[k + \kappa - \nu]\}$$

Die beiden Erwartungswerte in (10.3.3) werden näher betrachtet. Der erste Term enthält die Kreuzkorrelationsfolge zwischen Ausgangs- und Eingangsprozess des AR- Systems:

$$\mathrm{E}\{X^*[k] \cdot Q[k+\kappa]\} = r_{XQ}[\kappa] = r_{QX}^*[-\kappa] \,. \qquad (10.3.4)$$

Da $Q[k]$ ein weißer Rauschprozess ist, gilt gemäß (2.7.20)

$$r_{QX}[\kappa] = \sigma_Q^2 \cdot h[\kappa] \qquad (10.3.5)$$

bzw.

$$r_{QX}^*[-\kappa] = \sigma_Q^2 \cdot h^*[-\kappa] \,. \qquad (10.3.6)$$

Das AR-System wird als *kausal* vorausgesetzt, die Impulsantwort verschwindet also für negative Zeiten.

$$h[\kappa] = 0 \,, \ \kappa < 0 \qquad (10.3.7)$$

Ferner gilt mit (10.3.1):

$$h[0] = 1 \,, \qquad (10.3.8)$$

so dass man schließlich für die Kreuzkorrelierte (10.3.4)

$$r_{QX}^*[-\kappa] = \left\{ \begin{array}{ll} 0 & \kappa > 0 \\[2mm] \sigma_Q^2 & \kappa = 0 \end{array} \right. \qquad (10.3.9)$$

findet. Negative Werte von κ werden im folgenden nicht benötigt und daher in (10.3.9) nicht betrachtet. Im zweiten Term der Gleichung (10.3.3) wird für den Erwartungswert in der Summe die Autokorrelationsfolge des Prozesses $r_{XX}[\kappa - \nu]$ eingesetzt:

$$\sum_{\nu=1}^{n} a_\nu \cdot \mathrm{E}\{X^*[k] \cdot X[k+\kappa-\nu]\} = \sum_{\nu=1}^{n} a_\nu \cdot r_{XX}[\kappa - \nu] \,. \qquad (10.3.10)$$

Damit ist der gesuchte Zusammenhang zwischen Modellparametern und Autokorrelationsfolge gefunden. Gleichung (10.3.3) ergibt mit (10.3.9) und (10.3.10)

$$r_{XX}[\kappa] = \left\{ \begin{array}{ll} \sigma_Q^2 - \sum_{\nu=1}^{n} a_\nu \cdot r_{XX}^*[\nu] & \kappa = 0 \\[2mm] -\sum_{\nu=1}^{n} a_\nu \cdot r_{XX}[\kappa - \nu] & \kappa > 0 \,. \end{array} \right. \qquad (10.3.11)$$

Zur Bestimmung der n Koeffizienten a_i des AR-Systems setzt man die Werte $\kappa = 1, \ldots, n$ ein und gewinnt das lineare Gleichungssystem

$$
\begin{bmatrix}
r_{xx}[0] & r_{xx}[-1] & \cdots & r_{xx}[-(n-1)] \\
r_{xx}[1] & & \cdots & \\
\vdots & & \ddots & \vdots \\
r_{xx}[N-1] & & \cdots & r_{xx}[0]
\end{bmatrix}
\begin{bmatrix}
a_1 \\
a_2 \\
\vdots \\
a_n
\end{bmatrix}
= -
\begin{bmatrix}
r_{xx}[1] \\
r_{xx}[2] \\
\vdots \\
r_{xx}[n]
\end{bmatrix} .
$$

(10.3.12)

Die Matrix auf der linken Seite ist die in (2.6.18) eingeführte Autokorrelationsmatrix. Definiert man den Autokorrelationsvektor

$$
\mathbf{r}_{xx} = [r_{xx}[1], r_{xx}[2], \cdots, r_{xx}[n]]^T
$$

(10.3.13a)

und den Koeffizientenvektor

$$
\mathbf{a} = [a_1, a_2, \cdots, a_n]^T ,
$$

(10.3.13b)

so lautet die Lösung von (10.3.12)

$$
\mathbf{a} = -\mathbf{R}_{xx}^{-1}\mathbf{r}_{xx} .
$$

(10.3.14)

Diese Gleichung wird als *Yule-Walker Gleichung* bezeichnet. Der Schlüssel zur Dimensionierung des AR-Modells ist also die *Inversion der Autokorrelationsmatrix.*

Abschließend bleibt die Leistung der weißen Rauschquelle zu bestimmen. Aus (10.3.11) ergibt sich für $\kappa = 0$

$$
r_{xx}(0) = \sigma_x^2 = \sigma_Q^2 - \sum_{\nu=1}^{n} a_\nu \cdot r_{xx}^*[\nu] = \sigma_Q^2 - \mathbf{r}_{xx}^H \mathbf{a} .
$$

(10.3.15)

Wird die Lösung (10.3.14) eingesetzt, so folgt:

$$
\sigma_Q^2 = \sigma_x^2 - \mathbf{r}_{xx}^H \mathbf{R}_{xx}^{-1} \mathbf{r}_{xx} .
$$

(10.3.16)

10.4 Lineare Prädiktion

10.4.1 Ableitung der Wiener-Hopf-Gleichung für ein nichtrekursives Prädiktionsfilter

Das klassische Prädiktionsproblem ist in Bild 10.4.1 dargestellt: Anhand der Musterfunktion $x[k]$ aus einem stationären, mittelwertfreien Prozess

$X[k]$ soll aufgrund der Vergangenheitswerte eine Schätzgröße $\hat{x}[k]$ ermittelt werden. Dazu wird ein lineares Prädiktionsfilter $P(z)$ benutzt, das mit der einfach verzögerten Folge $x[k-1]$ erregt wird. Der Vergleich zwischen dem wahren Wert $x[k]$ und dem Schätzwert $\hat{x}[k]$ liefert den Prädiktionsfehler $e[k]$.

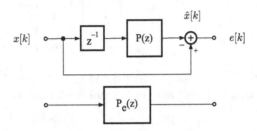

Bild 10.4.1: Lineare Prädiktion

Für das Prädiktionsfilter wird im weiteren ein *nichtrekursives System* verwendet, d.h. $P(z)$ stellt ein Polynom der Form

$$P(z) = \sum_{\nu=1}^{n} p_\nu \cdot z^{-\nu+1} \qquad (10.4.1)$$

dar. Die Koeffizienten p_ν können komplex sein. Aus (10.4.1) erhält man das *Prädiktionsfehlerfilter*, das durch das in Bild 10.4.1 wiedergegebene Gesamtsystem definiert ist:

$$P_e(z) = 1 - z^{-1} \cdot P(z) = 1 - \sum_{\nu=1}^{n} p_\nu \cdot z^{-\nu}. \qquad (10.4.2)$$

Dieses Prädiktionsfehlerfilter ist in Hinblick auf die im folgenden entwickelten Zusammenhänge zwischen linearer Prädiktion und autoregressiver Modellierung eines Prozesses von sehr großer Bedeutung. Die Musterfunktion des Prädiktionsfehlers $e[k]$ lässt sich im Zeitbereich durch die Differenzengleichung

$$e[k] = x[k] - \sum_{\nu=1}^{n} p_\nu x[k-\nu] \qquad (10.4.3)$$

darstellen. Zur kompakteren Formulierung werden folgende Definitionen eingeführt.

Der zur Prädiktion herangezogene Signalabschnitt $x[k-1], \cdots, x[k-n]$ wird in einem Vektor

$$\mathbf{x}[k^-] = \begin{bmatrix} x[k-1] \\ x[k-2] \\ \vdots \\ x[k-n] \end{bmatrix} \qquad (10.4.4)$$

zusammengefasst; das Argument „k^-" soll andeuten, dass die Elemente des Vektors – im Unterschied zu (2.6.16) – in zeitlich umgekehrter Reihenfolge sortiert sind. Für die Prädiktorkoeffizienten werden der Vektor $\mathbf{p}$ sowie aus formalen Gründen der Vektor $\bar{\mathbf{p}}$ mit konjugiert komplexen Elementen eingeführt.

$$\mathbf{p} = \begin{bmatrix} p_1 \\ p_2 \\ \vdots \\ p_n \end{bmatrix} ; \quad \bar{\mathbf{p}} = \begin{bmatrix} p_1^* \\ p_2^* \\ \vdots \\ p_n^* \end{bmatrix} \quad \Rightarrow \quad \bar{\mathbf{p}}^H = [p_1, p_2, \cdots, p_n] \qquad (10.4.5)$$

Mit (10.4.4) und (10.4.5) lässt sich die Faltungssumme in (10.4.3) durch das Skalarprodukt

$$e[k] = x[k] - \bar{\mathbf{p}}^H \mathbf{x}[k^-] ; \quad e^*[k] = x^*[k] - \mathbf{x}^H[k^-]\bar{\mathbf{p}} \qquad (10.4.6)$$

darstellen. Der Wiener-Ansatz zur Lösung des Prädiktionsproblems besteht in der *Minimierung der Leistung des Prädiktionsfehlers*. Da die Leistung als Erwartungswert, also als Mittelung über alle möglichen Musterfunktionen definiert ist, müssen nun die bisher für die einzelnen Musterfunktionen benutzten kleinen Buchstaben durch die den entsprechenden Prozessen zugeordneten Großbuchstaben ersetzt werden, also

$$e[k] \to E[k] \quad \text{und} \quad x[k] \to X[k].$$

Hierdurch wird angedeutet, dass die folgenden Betrachtungen zunächst theoretische Zusammenhänge wiedergeben und noch keine praktisch ausführbaren Schätzvorschriften beinhalten. Zur Lösung des Prädiktionsproblems wird also gefordert

$$\mathrm{E}\{|E[k]|^2\} = \mathrm{E}\{E[k] \cdot E^*[k]\} \overset{!}{=} \text{Min.} \qquad (10.4.7)$$

Aus dieser Bedingung lässt sich ein lineares Gleichungssystem für die Prädiktorkoeffizienten herleiten. Es wird zunächst die Vektordarstellung für den Prädiktionsfehler nach (10.4.6) in (10.4.7) eingesetzt.

$$
\begin{aligned}
\mathrm{E}\{|E[k]|^2\} &= \mathrm{E}\{(X[k] - \bar{\mathbf{p}}^H \mathbf{X}[k^-])(X^*[k] - \mathbf{X}^H[k^-]\bar{\mathbf{p}})\} \\
&= \mathrm{E}\{X[k] \cdot X^*[k]\} - \bar{\mathbf{p}}^H \mathrm{E}\{\mathbf{X}[k^-] \cdot X^*[k]\} \\
&\quad - \mathrm{E}\{X[k] \cdot \mathbf{X}^H[k^-]\}\bar{\mathbf{p}} \\
&\quad + \bar{\mathbf{p}}^H \mathrm{E}\{\mathbf{X}[k^-] \cdot \mathbf{X}^H[k^-]\}\bar{\mathbf{p}}
\end{aligned}
\tag{10.4.8}
$$

Es gilt

$$
\mathrm{E}\{X[k] \cdot X^*[k]\} = \sigma_x^2 ; \tag{10.4.9}
$$

weiterhin ist $\mathrm{E}\{\mathbf{X}[k^-] \cdot \mathbf{X}^H[k^-]\} \triangleq \bar{\mathbf{R}}_{xx}$ die Autokorrelationsmatrix mit *konjugiert komplexen Elementen*, da hier im Gegensatz zu (2.6.16) die Komponenten des Vektors $\mathbf{X}[k^-]$ zeitrevers sortiert sind. Schließlich wird der Korrelationsvektor

$$
\bar{\mathbf{r}}_{xx} = \mathrm{E}\{X^*[k]\mathbf{X}[k^-]\} = [r_{xx}^*[1], \dots, r_{xx}^*[n]]^T , \tag{10.4.10}
$$

definiert, der gemeinsam mit der konjugierten Autokorrelationsmatrix in (10.4.8) eingesetzt wird.

$$
\mathrm{E}\{|E[k]|^2\} = \bar{\mathbf{p}}^H \bar{\mathbf{R}}_{xx} \bar{\mathbf{p}} - \bar{\mathbf{p}}^H \bar{\mathbf{r}}_{xx} - \bar{\mathbf{r}}_{xx}^H \bar{\mathbf{p}} + \sigma_x^2 . \tag{10.4.11a}
$$

Konjugiert man hier alle Elemente, so ergibt sich:

$$
\mathrm{E}\{|E[k]|^2\} = \mathbf{p}^H \mathbf{R}_{xx} \mathbf{p} - \mathbf{p}^H \mathbf{r}_{xx} - \mathbf{r}_{xx}^H \mathbf{p} + \sigma_x^2 . \tag{10.4.11b}
$$

Zur Minimierung dieses Ausdrucks ist eine kurze Umformung im Sinne einer quadratischen Ergänzung zweckmäßig.

$$
\mathrm{E}\{|E[k]|^2\} = (\mathbf{p}^H \mathbf{R}_{xx} - \mathbf{r}_{xx}^H)\mathbf{R}_{xx}^{-1}(\mathbf{R}_{xx}\mathbf{p} - \mathbf{r}_{xx}) - \mathbf{r}_{xx}^H \mathbf{R}_{xx}^{-1}\mathbf{r}_{xx} + \sigma_x^2 \tag{10.4.12}
$$

Man findet das globale Minimum dieses Ausdrucks, indem der von $\mathbf{p}$ abhängige quadratische Term zu null gesetzt wird. Ist die Matrix $\mathbf{R}_{xx}$ nichtsingulär, was für Autokorrelationsmatrizen in der Regel erfüllt ist, so kann also als Bedingung für minimale Prädiktionsfehlerleistung das lineare Gleichungssystem

$$
\mathbf{R}_{xx}\mathbf{p} - \mathbf{r}_{xx} = \mathbf{0} \tag{10.4.13}
$$

angesetzt werden. Daraus ergibt sich der Koeffizientenvektor

$$\mathbf{p} = \mathbf{R}_{XX}^{-1}\mathbf{r}_{XX}\,. \tag{10.4.14}$$

Dies ist die bekannte *Wiener-Hopf-Gleichung der Prädiktion*. Im allgemeinen Zusammenhang wurde diese Beziehung bereits im Abschnitt 6.1.1 als theoretische Minimum-Mean-Square-Error-Lösung für adaptive Systeme hergeleitet, siehe hierzu (6.1.9) auf Seite 279. Im speziellen Fall der Prädiktion ist dort für den Kreuzkorrelationsvektor $\mathbf{r}_{XY_{\mathrm{ref}}}$ der Autokorrelationsvektor nach (10.4.10) (nicht konjugiert) einzusetzen. Die Leistung des verbleibenden Prädiktionsfehlers liest man direkt aus (10.4.12) ab.

$$\mathrm{Min}\{\mathrm{E}\{|E[k]|^2\}\} = \sigma_X^2 - \mathbf{r}_{XX}^H \mathbf{R}_{XX}^{-1}\mathbf{r}_{XX} \tag{10.4.15}$$

Setzt man hierin den Koeffizientenvektor $\mathbf{p}$ nach (10.4.14) ein, so erhält man schließlich:

$$\mathrm{Min}\{\mathrm{E}\{|E[k]|^2\}\} = \sigma_X^2 - \mathbf{r}_{XX}^H \mathbf{p}\,. \tag{10.4.16}$$

10.4.2 Das Orthogonalitätsprinzip

Die im vorangegangenen Abschnitt wiedergegebene Ableitung der optimalen Prädiktorkoeffizienten verfolgte primär lediglich das Ziel, die Prädiktionsfehlerleistung zu minimieren. Mit der daraus resultierenden Lösung (10.4.14) sind jedoch weitergehende interessante Eigenschaften verbunden, die sich auf die Korrelationen zwischen dem Eingangsprozess $X[k]$ und dem Prozess des Prädiktionsfehlers $E[k]$ beziehen. Hierzu wird der konjugierte Kreuzkorrelationsvektor

$$\bar{\mathbf{r}}_{EX} = \mathrm{E}\{E^*[k] \cdot \mathbf{X}[k^-]\} = \mathrm{E}\left\{ \begin{bmatrix} E^*[k] \cdot X[k-1] \\ E^*[k] \cdot X[k-2] \\ \vdots \\ E^*[k] \cdot X[k-n] \end{bmatrix} \right\} \tag{10.4.17}$$

betrachtet. Setzt man den in (10.4.6) gegebenen Prädiktionsfehler ein, so erhält man nach Ausmultiplikation:

$$\bar{\mathbf{r}}_{EX} = \mathrm{E}\{\mathbf{X}[k^-] \cdot X^*[k]\} - \mathrm{E}\{\mathbf{X}[k^-] \cdot \mathbf{X}^H[k^-]\} \cdot \bar{\mathbf{p}}\,; \tag{10.4.18}$$

die beiden Erwartungswerte sind mit Hilfe des oben benutzten Auto-korrelationsvektors bzw. der Autokorrelationsmatrix auszudrücken; nach Konjugation folgt:

$$\mathbf{r}_{EX} = \mathbf{r}_{XX} - \mathbf{R}_{XX}\mathbf{p} \, . \tag{10.4.19}$$

Für den Prädiktorkoeffizienten-Vektor setzt man nun die Lösung aus der Wiener-Hopf-Gleichung ein und erkennt, dass der *Kreuzkorrelationsvektor identisch verschwindet.*

$$\mathbf{r}_{EX} = \mathbf{r}_{XX} - \mathbf{R}_{XX}[\mathbf{R}_{XX}^{-1}\mathbf{r}_{XX}] = \mathbf{0} \tag{10.4.20}$$

Daraus folgt die Aussage des *Orthogonalitätsprinzips,* dessen allgemeine Gültigkeit für alle Lösungen im Sinne des kleinsten mittleren quadrati-schen Fehlers (MMSE) bereits in Abschnitt 6.1.2 nachgewiesen wurde (siehe Seite 280):

- *Der Prädiktionsfehler-Prozess $E[k]$ und die Vergangenheitswerte des Prozesses $X[k-1], \ldots, X[k-n]$ sind orthogonal zueinander.*

In der englischsprachigen Literatur wird zur Beschreibung dieser Ortho-gonalitätseigenschaft die so genannte „*Gapped Function*" oder im Deut-schen „Lückenfunktion" benutzt. Für einen Prädiktorgrad n wird sie als

$$g_n[\kappa] = \mathrm{E}\{E[k] \cdot X^*[k-\kappa]\} \tag{10.4.21}$$

definiert. Aufgrund der Eigenschaft (10.4.20) gilt für die Gapped Func-tion

$$g_n(\kappa) = 0 \, , \, 1 \leq \kappa \leq n \, ; \tag{10.4.22}$$

außerhalb dieses Zeitbereichs verschwindet die Funktion nicht unbedingt. Bild 10.4.2 veranschaulicht die in (10.4.22) beschriebene Eigenschaft. Die Gapped Function wird in Abschnitt 10.5 eine wichtige Rolle bei der Her-leitung der Levinson-Durbin Rekursion zur Inversion der Autokorrelati-onsmatrix spielen.

10.4.3   Zusammenhang zwischen linearer Prädiktion und autoregressiver Modellierung

Vergleicht man die für die Dimensionierung eines AR-Modells maßgeb-liche *Yule-Walker Gleichung*

$$\mathbf{a} = -\mathbf{R}_{XX}^{-1}\mathbf{r}_{XX} \tag{10.4.23}$$

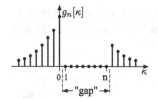

Bild 10.4.2: „Gapped Function"

mit der eben abgeleiteten *Wiener-Hopf-Gleichung*

$$\mathbf{p} = \mathbf{R}_{XX}^{-1}\mathbf{r}_{XX}, \qquad (10.4.24)$$

so stellt man — abgesehen von einer Vorzeichenumkehr — formal eine völlige Übereinstimmung fest. AR-Modellierung und lineare Prädiktion sind also offenbar aufs engste miteinander verknüpft. Einen prinzipiellen Unterschied in der Bedeutung der beiden Gleichungen (10.4.23) und (10.4.24) erkennt man erst, wenn man sich folgenden Sachverhalt klar macht.

Die *Yule-Walker* Gleichung enthält die ersten n Autokorrelationswerte eines a-priori *autoregressiv* angenommenen Prozesses, während zur Lösung der Wiener-Hopf-Gleichung diejenigen des gemessenen Prozesses herangezogen werden; dieser ist aber nicht notwendigerweise von autoregressivem Charakter.

Setzt man nun in die Yule-Walker Gleichung n Autokorrelationswerte des zu analysierenden Prozesses ein, so erreicht man eine Übereinstimmung der Autokorrelationsfolgen des Modellprozesses und des wahren Prozesses im Intervall $-n \leq \kappa \leq n$. Darüber hinaus setzt sie sich in einer Weise fort, die durch das Modell n-ter Ordnung festgelegt ist, wobei sie mit der Autokorrelationsfolge des wahren Prozesses nicht übereinstimmen muss. Unter dieser auf der Modellbildung beruhenden Einschränkung entsprechen sich die Lösungen der Yule-Walker und der Wiener-Hopf-Gleichung:

- *Die Koeffizienten eines autoregressiven Modells n-ter Ordnung für einen vorgegebenen Prozess sind negativ gleich den Koeffizienten eines linearen, nichtrekursiven Prädiktors gleicher Ordnung:*

$$\mathbf{a} = -\mathbf{p} = -\mathbf{R}_{XX}^{-1}\mathbf{r}_{XX}. \qquad (10.4.25)$$

Damit stellt sich die Übertragungsfunktion des autoregressiven Modellsystems als invers zur Übertragungsfunktion des zugehörigen Prädiktorfehlerfilters heraus.

$$H^{AR}(z) \;=\; \frac{1}{A(z)} = \frac{1}{1 + \sum\limits_{\nu=1}^{n} a_\nu \cdot z^{-\nu}} \qquad (10.4.26)$$

$$P_e(z) \;=\; 1 - \sum\limits_{\nu=1}^{n} p_\nu \cdot z^{-\nu} = 1 + \sum\limits_{\nu=1}^{n} a_\nu \cdot z^{-\nu} \qquad (10.4.27)$$

$$H^{AR}(z) \;=\; 1/P_e(z) \qquad (10.4.28)$$

Aus diesem Zusammenhang wird unmittelbar deutlich, dass jedes Prädiktionsfehlerfilter *minimalphasig* sein muss, um die Stabilität des autoregressiven Modellsystems zu garantieren. In Abschnitt 10.6.3 wird gezeigt, dass das nach der Wiener-Hopf-Gleichung entworfene Polynom $P_e(z)$ stets minimalphasig ist. Die vorangegangenen Betrachtungen führen zu einer wichtigen Schlussfolgerung über die Spektraleigenschaften des Prädiktionsfehlersignals. Unter der Annahme, dass das Eingangssignal des Prädiktors, also das „gemessene Signal" $x[k]$, tatsächlich aus der Filterung der Musterfunktion $q[k]$ eines weißen Prozesses $Q[k]$ mit einem all-pole Filter entstanden ist, also durch ein AR- Modell exakt beschrieben wird, gelten die in Bild 10.4.3 dargestellten Verhältnisse.

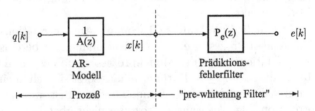

Bild 10.4.3: Zur Wirkung eines „pre-whitening Filters"

Da hier $1/A(z)$ den wahren Prozess fehlerfrei beschreibt, erhält man aus (10.4.28) für die spektrale Leistungsdichte des Prädiktionsfehlersignals

$$S_{\mathrm{EE}}(e^{j\Omega}) = \sigma_Q^2 \frac{1}{|A(e^{j\Omega})|^2} \cdot |P_e(e^{j\Omega})|^2 = \sigma_Q^2 \qquad (10.4.29)$$

und zieht die Schlussfolgerung:

- *Entstammt das am Eingang eines nichtrekursiven Prädiktors n-ter Ordnung liegende Signal einem Rauschprozess, der durch ein autoregressives Modell n-ter Ordnung exakt beschrieben wird, so stellt der Prädiktionsfehler ein weißes Rauschsignal dar. Aus diesem Grunde wird das Prädiktionsfehlerfilter als „pre-whitening Filter" bezeichnet.*

Wird der reale Prozess nur näherungsweise durch ein AR-Modell beschrieben, so ist auch das Leistungsdichtespektrum von $E[k]$ nur näherungsweise weiß [Kam17].

10.5 Die Levinson-Durbin Rekursion

Fundamentaler Ausgangspunkt zur Lösung eines nichtrekursiven Prädiktionsproblems – wie auch der Dimensionierung eines autoregressiven Modells – ist die Inversion der Autokorrelationsmatrix . Im allgemeinen stellt eine Matrizeninversion einen relativ hohen numerischen Aufwand dar. Die spezielle Struktur von Autokorrelationsmatrizen, nämlich ihre *hermitesche Toeplitzform*, eröffnet eine besondere Lösungsmöglichkeit, die auf einer effizienten Rekursion beruht.

Von Levinson wurde 1947 ein Algorithmus zur Lösung des Prädiktorproblems für zeitdiskrete Prozesse angegeben [Lev47]. Dieser Algorithmus wurde 1960 von Durbin wiederentdeckt und für die Dimensionierung eines autoregressiven Modells bei vorgegebener Autokorrelationsfolge benutzt [Dur60]. Beide Vorgänge beinhalten – wie in den letzten Abschnitten aufgezeigt – ein und dasselbe, nämlich die Lösung der Wiener-Hopf-bzw. Yule-Walker-Gleichung, ohne dass explizit eine Matrix-Inversion durchzuführen ist.

Im folgenden soll die Levinson-Durbin Rekursion aus der speziellen Problemstellung der linearen nichtrekursiven Prädiktion heraus entwickelt werden. Der Grundgedanke besteht darin, einen Prädiktor vom Grad $r + 1$ aus einem im vorherigen Iterationsschritt berechneten Prädiktor r-ten Grades zu entwickeln.

10.5.1   Ableitung der PARCOR-Koeffizienten

Ein Prädiktionsfehlerfilter r-ter Ordnung wird durch das Polynom

$$A_r(z) = \sum_{\nu=0}^{r} a_{r,\nu} \cdot z^{-\nu} \, , \, a_{r,0} = 1 \qquad (10.5.1)$$

beschrieben. Die Prädiktorkoeffizienten sind hierbei neben dem Summationsindex mit einem weiteren Index r versehen um anzudeuten, dass es sich um einen Prädiktor r-ter Ordnung handelt. Da die Erhöhung der Prädiktorordnung die Veränderung sämtlicher Koeffizienten zur Folge hat, ist diese Kennzeichnung erforderlich.

Der zugehörige Prädiktionsfehler ergibt sich aus der Faltung der Koeffizienten des Polynoms (10.5.1) mit der gemessenen Musterfunktion.

$$e_r[k] = \sum_{\nu=0}^{r} a_{r,\nu} x[k - \nu] \qquad (10.5.2)$$

Ein Prädiktor der Ordnung $r + 1$ mit der Übertragungsfunktion

$$A_{r+1}(z) = \sum_{\nu=0}^{r+1} a_{r+1,\nu} \cdot z^{-\nu} \qquad (10.5.3)$$

soll rekursiv von $A_r(z)$ abgeleitet werden. Die Lösung hierzu führt über die in Abschnitt 10.4.2 definierte Gapped Function. Für einen Prädiktor r-ter Ordnung lautet sie

$$g_r[\kappa] = \mathrm{E}\{E_r[k] \cdot X^*[k - \kappa]\} \, . \qquad (10.5.4)$$

Die besondere Eigenschaft dieser Funktion

$$g_r[\kappa] = 0 \quad \text{für} \quad 1 \le \kappa \le r \qquad (10.5.5)$$

ist Ausdruck des Orthogonalitätsprinzips der linearen Prädiktion.

Eine Gapped Function nächsthöherer Ordnung sollte entsprechend (10.5.5) im Intervall $1 \le \kappa \le r + 1$ verschwinden. Eine solche Funktion lässt sich auf elementare Weise aus der Gapped Function r-ter Ordnung entwickeln. Hierzu wird zunächst durch Spiegelung und Verschiebung von $g_r[\kappa]$ eine neue Funktion erzeugt, die an der gleichen Stelle eine „Lücke" enthält wie die ursprüngliche Version. In Bild 10.5.1 wird die

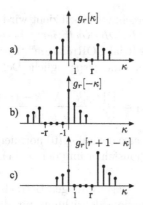

Bild 10.5.1: Konstruktion einer modifizierten Gapped Function a) Originalfunktion, b) Spiegelung, c) Verschiebung

Konstruktion dieser Funktion veranschaulicht.
Es gilt also

$$g_r[-\kappa] = 0 \quad \text{für} \quad -r \le \kappa \le -1 \tag{10.5.6}$$

und

$$g_r[r+1-\kappa] = 0 \quad \text{für} \quad 1 \le \kappa \le r. \tag{10.5.7}$$

Beliebige Linearkombinationen von $g_r[\kappa]$ und $g_r[r+1-\kappa]$ oder auch ihrer konjugiert komplexen Versionen besitzen nun „Lücken" im Intervall $1 \le \kappa \le r$; dies eröffnet die Möglichkeit der Konstruktion der Gapped Function der Ordnung $r+1$ auf der Basis der beiden Funktionen (10.5.6) und (10.5.7). Man definiert

$$g_{r+1}[\kappa] = g_r[\kappa] - \gamma_{r+1} \cdot g_r^*[r+1-\kappa]. \tag{10.5.8}$$

Zu der bereits vorhandenen „Lücke" zwischen $\kappa = 1$ und $\kappa = r$ ist durch entsprechende Festlegung des Koeffizienten γ_{r+1} eine weitere Nullstelle bei $\kappa = r+1$ herzustellen. Mit

$$g_{r+1}[r+1] = g_r[r+1] - \gamma_{r+1} \cdot g_r^*(0) \stackrel{!}{=} 0 \tag{10.5.9}$$

folgt

$$\gamma_{r+1} = \frac{g_r[r+1]}{g_r^*(0)}. \tag{10.5.10}$$

Der nach (10.5.10) berechnete Koeffizient wird als *Reflexionsfaktor* oder vielfach auch als *„PARCOR-Koeffizient"* bezeichnet. PARCOR ist eine Abkürzung für „PARtial CORrelation". Der Sinn dieser Bezeichnung wird deutlich, wenn man die ursprüngliche Definition der Gapped Function einsetzt:

$$\gamma_{r+1} = \frac{E\{E_r[k] \cdot X^*[k - (r+1)]\}}{g_r^*[0]} . \qquad (10.5.11)$$

Der Ausdruck enthält also die auf $g_r^*(0)$ normierte *„partielle Korrelation"* zwischen dem Prädiktionsfehler und der $(r+1)$-fach verzögerten Prädiktor-Eingangsgröße.

Das endgültige Ziel der gegenwärtigen Betrachtungen ist die Herleitung eines effizienten Rekursionsalgorithmus für die Prädiktorkoeffizienten. Zweckmäßig ist es daher, eine Verbindung zwischen den gerade abgeleiteten PARCOR-Koeffizienten und den Koeffizienten des zugehörigen Prädiktors herzustellen. Hierzu wird zunächst in die Gapped Function (10.5.4) die Fehlerdefinition (10.5.2) eingesetzt.

$$\begin{aligned}
g_r[\kappa] &= E\left\{ X^*[k - \kappa] \cdot \sum_{\nu=0}^{r} a_{r,\nu} X[k - \nu] \right\} \\
&= \sum_{\nu=0}^{r} a_{r,\nu} E\{X^*[k - \kappa] \cdot X[k - \nu]\} \qquad (10.5.12)
\end{aligned}$$

Der in der Summe auftretende Erwartungswert beschreibt den Wert der Autokorrelationsfolge an der Stelle $\kappa - \nu$; vorausgesetzt ist hierbei wieder wie stets die Stationarität des Prozesses. Aus (10.5.12) folgt, dass die Gapped Function sich durch diskrete Faltung der Prädiktorkoeffizienten mit der Autokorrelationsfolge des Prozesses $X[k]$ darstellen lässt.

$$g_r[\kappa] = \sum_{\nu=0}^{r} a_{r,\nu} r_{XX}[\kappa - \nu] \qquad (10.5.13)$$

Für das Argument $\kappa = 0$ gilt insbesondere

$$g_r(0) = \sum_{\nu=0}^{r} a_{r,\nu} r_{XX}[-\nu] = \sum_{\nu=0}^{r} a_{r,\nu} r_{XX}^*[\nu] . \qquad (10.5.14)$$

Werden (10.5.13) und (10.5.14) in (10.5.10) eingesetzt, so ergibt sich schließlich

$$\gamma_{r+1} = \frac{\sum\limits_{\nu=0}^{r} a_{r,\nu} r_{xx}[r+1-\nu]}{\sum\limits_{\nu=0}^{r} a_{r,\nu}^* r_{xx}[\nu]}. \qquad (10.5.15)$$

10.5.2 Rekursive Berechnung der Prädiktionsfehlerleistung

Man kann zeigen, dass die Prädiktionsfehlerleistung eines Prädiktors r-ter Ordnung gleich dem Wert der zugehörigen Gapped Function an der Stelle $\kappa = 0$ ist. Hierzu wird in Gleichung (10.5.14) zunächst der Summand mit dem Index 0 abgespalten; $a_{r,0}$ ist definitionsgemäß gleich eins.

$$g_r[0] = \sigma_x^2 + \sum_{\nu=1}^{r} a_{r,\nu} r_{xx}^*[\nu] \qquad (10.5.16)$$

Nutzt man die Definition des Koeffizientenvektors $\mathbf{a}$ und des Korrelationsvektors $\mathbf{r}_{xx}$ gemäß Gl. (10.3.13a), so ist in (10.5.16) der Summenterm als Skalarprodukt auszudrücken, also:

$$g_r(0) = \sigma_x^2 + \mathbf{r}_{xx}^H \mathbf{a}^H. \qquad (10.5.17)$$

Für den AR-Koeffizientenvektor $\mathbf{a}$ eines Modells r-ter Ordnung kann hierbei die Lösung der Yule-Walker-Gleichung (10.3.14) eingesetzt werden:

$$g_r[0] = \sigma_x^2 - \mathbf{r}_{xx}^H \cdot \mathbf{R}_{xx}^{-1} \cdot \mathbf{r}_{xx}. \qquad (10.5.18)$$

Dieser Ausdruck ist identisch mit der Gleichung (10.3.16), die die Leistung der weißen Rauschquelle für ein autoregressives Modell angibt:

- *Die Gapped Function hat also an der Stelle null den Wert der Leistung der weißen Rauschquelle eines AR-Modells r-ter Ordnung, oder – was der gleichen Aussage entspricht – des Prädiktionsfehlers eines nichtrekursiven Prädiktors r-ter Ordnung:*

$$g_r[0] = \sigma_Q^2 = \sigma_E^2 =: \sigma_r^2. \qquad (10.5.19)$$

Es soll – entsprechend der Rekursion für die Gapped Function nach (10.5.8) – auch für die Prädiktionsfehlerleistung eine Rekursionsformel abgeleitet werden, die weiteren Einblick in den iterativen Entwurf eines Prädiktors gibt. Setzt man in (10.5.8) $\kappa = 0$, so erhält man:

$$g_{r+1}[0] = \sigma_{r+1}^2 = g_r[0] - \gamma_{r+1}g_r^*[r+1] = \sigma_r^2 - \gamma_{r+1}g_r^*[r+1]. \quad (10.5.20)$$

Aufgrund der Definitionsgleichung der PARCOR-Koeffizienten (10.5.10) lässt sich für

$$g_r^*[r+1] = \gamma_{r+1}^* \cdot g_r[0] = \gamma_{r+1}^* \cdot \sigma_r^2 \quad (10.5.21)$$

schreiben, so dass schließlich aus (10.5.20) die Rekursionsformel

$$\begin{aligned} \sigma_{r+1}^2 &= \sigma_r^2 - \gamma_{r+1} \cdot \gamma_{r+1}^* \cdot \sigma_r^2 \\ &= \sigma_r^2 \cdot [1 - |\gamma_{r+1}|^2] \end{aligned} \quad (10.5.22)$$

folgt. Hieraus ist eine interessante Schlußfolgerung zu ziehen. Da (10.5.22) einen Leistungsausdruck beschreibt, der naturgemäß also positiv sein muss, gilt offensichtlich

$$0 < [1 - |\gamma_{r+1}|^2], \quad (10.5.23)$$

also

$$|\gamma_{r+1}| < 1. \quad (10.5.24)$$

Diese Beschränkung des Wertebereiches der PARCOR-Koeffizienten wird später in Abschnitt 10.6 für die Dimensionierung eines minimalphasigen Prädiktors in Lattice-Struktur von Bedeutung sein – insbesondere dann, wenn die hierfür benötigten PARCOR-Koeffizienten aus einer Musterfunktion endlicher Länge geschätzt werden.

Schließlich ergibt sich eine weitere wichtige Konsequenz aus den vorangegangenen Betrachtungen. Aus der Rekursionsformel (10.5.22) folgert man unmittelbar

$$\sigma_{r+1}^2 \leq \sigma_r^2; \quad (10.5.25)$$

die Rekursion bewirkt also eine ständige Verringerung der Prädiktionsfehlerleistung, bis ein Zustand erreicht ist, in dem näherungsweise gilt

$$\sigma_{r+1}^2 \approx \sigma_r^2. \quad (10.5.26)$$

Der PARCOR-Koeffizient strebt also mit wachsender Prädiktorordnung gegen null.

$$\lim_{r \to \infty} \gamma_r = 0 \quad (10.5.27)$$

10.5.3 Rekursionsformel zur Berechnung der Prädiktorkoeffizienten (Levinson-Durbin Rekursion)

Bisher wurde das eigentliche Ziel einer rekursiven Bestimmung der Koeffizienten eines linearen Prädiktors bzw. des zugehörigen AR-Modellsystems noch nicht erreicht. Es gelang lediglich die Rekonstruktion einer Gapped Function der Ordnung $r + 1$ aus derjenigen r-ter Ordnung. Verbunden hiermit ist, wie im letzten Abschnitt gezeigt wurde, die schrittweise Minimierung der Prädiktionsfehlerleistung. Im folgenden muss also versucht werden, aus der iterativ gebildeten Gapped Function einen Rückschluß auf die zugehörigen Prädiktorkoeffizienten zu ziehen.

In die Rekursionsgleichung (10.5.8) wird für die Gapped Function die Definition nach (10.5.13) eingesetzt.

$$\sum_{\nu=0}^{r+1} a_{r+1,\nu} \, r_{xx}[\kappa - \nu] = \sum_{\nu=0}^{r} a_{r,\nu} \, r_{xx}[\kappa - \nu]$$

$$-\gamma_{r+1} \cdot \sum_{\nu=0}^{r} a_{r,\nu}^* \, r_{xx}^*[r + 1 - \kappa - \nu] \quad (10.5.28)$$

Zunächst wird die rechte Seite dieser Gleichung umgeformt. Für den zweiten Summenausdruck erhält man mit der Substitution $r + 1 - \nu = \mu$

$$\gamma_{r+1} \sum_{\nu=0}^{r} a_{r,\nu}^* \, r_{xx}[\kappa - (r + 1 - \nu)] = \gamma_{r+1} \sum_{\mu=1}^{r+1} a_{r,r+1-\mu}^* \, r_{xx}[\kappa - \mu] \quad (10.5.29)$$

und damit insgesamt für die rechte Seite von (10.5.28) unter Abspaltung jeweils eines Terms der beiden Summen

$$a_{r,0} \, r_{xx}[\kappa] + \sum_{\nu=1}^{r} a_{r,\nu} \, r_{xx}[\kappa - \nu]$$

$$-\gamma_{r+1} \sum_{\mu=1}^{r} a_{r,r+1-\mu}^* \, r_{xx}[\kappa - \mu] - \gamma_{r+1} a_{r,0}^* \, r_{xx}[\kappa - (r + 1)]]$$

$$= r_{xx}[\kappa] - \gamma_{r+1} \, r_{xx}[\kappa - (r + 1)]$$

$$+ \sum_{\nu=1}^{r} [(a_{r,\nu} - \gamma_{r+1} \cdot a_{r,r+1-\nu}^*) \cdot r_{xx}[\kappa - \nu]] . \quad (10.5.30)$$

Das weitere Ziel ist ein Koeffizientenvergleich von rechter und linker Seite der Gleichung (10.5.28). Dazu wird auch die linke Seite in eine geeignete Form gebracht:

$$\sum_{\nu=0}^{r+1} a_{r+1,\nu}\, r_{xx}[\kappa - \nu] \;=\; r_{xx}(\kappa) + a_{r+1,r+1}\, r_{xx}[\kappa - (r+1)]$$

$$+\; \sum_{\nu=1}^{r} a_{r+1,\nu}\, r_{xx}[\kappa - \nu]\,. \tag{10.5.31}$$

Der Vergleich zwischen (10.5.30) und (10.5.31) zeigt, dass eine Übereinstimmung unter den Bedingungen

$$a_{r+1,\nu} = a_{r,\nu} - \gamma_{r+1}\cdot a^{*}_{r,r+1-\nu}\,, \quad \nu = 1,\dots,r \tag{10.5.32}$$

und

$$a_{r+1,r+1} = -\gamma_{r+1} \tag{10.5.33}$$

erreicht wird.

Damit ist die gesuchte Rekursionsformel gefunden. Sie lässt sich anstelle von (10.5.32) und (10.5.33) übersichtlicher in vektorieller Form darstellen:

$$\begin{bmatrix} 1 \\ a_{r+1,1} \\ a_{r+1,2} \\ \vdots \\ a_{r+1,r} \\ a_{r+1,r+1} \end{bmatrix} = \begin{bmatrix} 1 \\ a_{r,1} \\ a_{r,2} \\ \vdots \\ a_{r,r} \\ 0 \end{bmatrix} - \gamma_{r+1} \begin{bmatrix} 0 \\ a^{*}_{r,r} \\ a^{*}_{r,r-1} \\ \vdots \\ a^{*}_{r,1} \\ 1 \end{bmatrix}\,. \tag{10.5.34}$$

Nach Durchlaufen der Rekursion von $r = 1$ bis $r = n$ sind neben dem n-ten Koeffizientensatz in den einzelnen Iterationszyklen auch alle übrigen kleinerer Ordnung gebildet worden:

- *Mit dem Entwurf eines Prädiktors n-ter Ordnung nach der Levinson-Durbin Methode sind also sämtliche Prädiktoren geringerer Ordnung bekannt.*

Die zentrale Rolle bei der iterativen Konstruktion der Prädiktorkoeffizienten spielen die zugeordneten PARCOR-Koeffizienten. Im nächsten

Abschnitt wird eine Prädiktor- Struktur vorgestellt, die anstelle der Koeffizienten der Transversalform, also $a_{r,\nu}$, ausschließlich diese PARCOR-Koeffizienten benötigt; es handelt sich dabei um die bekannte Lattice-Struktur .

Abschließend werden die einzelnen Schritte der Levinson-Durbin Rekursion in folgender Übersicht zusammengefasst:

- *Initialisierung $(r = 0)$:*

$$a_{0,0} = 1$$
$$\sigma_0^2 = r_{xx}[0]$$

- *1. Iterationsschritt $(r = 1)$:*

$$\gamma_1 = r_{xx}(1)/r_{xx}(0)$$

$$\begin{bmatrix} 1 \\ a_{11} \end{bmatrix} = \begin{bmatrix} 1 \\ 0 \end{bmatrix} - \gamma_1 \begin{bmatrix} 0 \\ 1 \end{bmatrix} \rightarrow a_{11} = -\gamma_1$$

$$\sigma_1^2 = [1 - |\gamma_1|^2]\sigma_0^2$$

- *$r - ter$ Iterationsschritt $(r = 2, \ldots, n)$:*

$$\gamma_r = \frac{\sum\limits_{\nu=0}^{r-1} a_{r-1,\nu}\, r_{xx}(r - \nu)}{\sigma_{r-1}^2}$$

$$\begin{bmatrix} 1 \\ a_{r,1} \\ \vdots \\ a_{r-1,r-1} \\ a_{r,r} \end{bmatrix} = \begin{bmatrix} 1 \\ a_{r-1,1} \\ \vdots \\ a_{r-1,r-1} \\ 0 \end{bmatrix} - \gamma_r \begin{bmatrix} 0 \\ a_{r-1,r-1}^* \\ \vdots \\ a_{r-1,1}^* \\ 1 \end{bmatrix}$$

$$\sigma_r^2 = [1 - |\gamma_r|^2] \cdot \sigma_{r-1}^2 .$$

- *Resultat:* Prädiktor bzw. AR-Modell n-ter Ordnung:

$$A_n(z) = \sum_{\nu=0}^{n} a_{n,\nu} \cdot z^{-\nu}$$

Leistung des Prädiktionsfehlers bzw. der weißen Rauschquelle des AR-Modells:

$$\sigma_n^2 \approx \sigma_{n+1}^2$$

Eine MATLAB-Routine zur Ausführung der Levinson-Durbin Rekursion findet man unter dem Namen `levinson` in der MATLAB-Toolbox *Signal Processing*.

10.6 Die Lattice-Struktur

10.6.1 Ableitung des Analysefilters in Lattice-Form

Ein Prädiktor der Ordnung n wird durch die n PARCOR-Koeffizienten vollständig beschrieben. Wie im letzten Abschnitt bereits angesprochen besteht ein naheliegender Gedanke darin, eine Filterstruktur unter ausschließlicher Benutzung dieser PARCOR- Koeffizienten herzuleiten. Die bemerkenswerten Eigenschaften der dabei gewonnenen Lattice-Struktur sind Gegenstand der Betrachtungen in den nächsten Abschnitten.

Zur Ableitung der Lattice-Form wird zunächst der Prädiktionsfehler eines Systems der Ordnung $r + 1$ in der bekannten Form (10.4.3), also entsprechend der Transversalform-Realisierung angegeben[10.1].

$$e_{r+1}[k] = x[k] + \sum_{\nu=1}^{r+1} a_{r+1,\nu} \cdot x[k - \nu] \qquad (10.6.1)$$

Die Prädiktorkoeffizienten können dabei durch die Levinson-Durbin Beziehung (10.5.30) ausgedrückt werden. So wird erreicht, dass die rechte Seite von (10.6.1) ausschließlich die Koeffizienten eines Prädiktors nächst niedrigerer Ordnung r enthält.

$$e_{r+1}[k] = x[k] + \sum_{\nu=1}^{r} [a_{r,\nu} - \gamma_{r+1} \cdot a_{r,r+1-\nu}^*] \cdot x[k - \nu] - \gamma_{r+1} \cdot x[k - (r + 1)]$$

$$(10.6.2)$$

Ausgenutzt wurden hierbei die Eigenschaften

$$a_{r,r+1} = 0 \qquad (10.6.3)$$

[10.1]Da hier *Musterfunktionen* verknüpft werden, sind die Signale im folgenden durch Kleinbuchstaben zu beschreiben und

$$a_{r,0} = 1 \,. \qquad (10.6.4)$$

Die rechte Seite von (10.6.2) lässt sich in zwei Terme aufspalten

$$e_{r+1}[k] \;=\; [x[k] + \sum_{\nu=1}^{r} a_{r,\nu} \cdot x[k - \nu]] \qquad (10.6.5)$$

$$- \;\gamma_{r+1} \cdot [x[k - (r + 1)] + \sum_{\nu=1}^{r} a_{r,r+1-\nu}^{*} \cdot x[k - \nu]] \,,$$

wobei der erste sich als Prädiktionsfehler eines Systems r-ter Ordnung herausstellt, also durch

$$e_r[k] = x[k] + \sum_{\nu=1}^{r} a_{r,\nu} \cdot x[k - \nu] \qquad (10.6.6)$$

ersetzt werden kann. Dem zweiten Term in (10.6.5) ist größere Aufmerksamkeit zu widmen. Man definiert zunächst den so genannten *Rückwärts-Prädiktionsfehler* eines Systems r-ter Ordnung:

$$b_r[k] = x[k - r] + \sum_{\mu=1}^{r} a_{r,\mu}^{*} \cdot x[k - r + \mu] \,. \qquad (10.6.7)$$

Die gewählte Bezeichnung ist unmittelbar einleuchtend: Der Summenausdruck in (10.6.7) kann als negativer Prädiktionswert für $x[k - r]$ betrachtet werden, wobei die bezüglich des Zeitpunktes $k - r$ „zukünftigen" Signalwerte $x[k - r + 1], \ldots, x[k]$ benutzt werden.

Der zweite Ausdruck in (10.6.5) enthält einen solchen Rückwärts-Prädiktionsfehler in einfach verzögerter Form, was sich anhand einer kleinen Umformung zeigt.

$$x[k - (r + 1)] \;+\; \sum_{\nu=1}^{r} a_{r,r+1-\nu}^{*} \cdot x[k - \nu]$$

$$= \; x[k - 1 - r] + \sum_{\mu=1}^{r} a_{r,\mu}^{*} x[k - 1 - r + \mu]$$

$$= \; b_r[k - 1] \qquad (10.6.8)$$

Für den „gewöhnlichen" Prädiktionsfehler, der zur Unterscheidung nun *Vorwärts-Prädiktionsfehler* genannt wird, ergibt sich also die folgende

Rekursionsbeziehung:

$$e_{r+1}[k] = e_r[k] - \gamma_{r+1} \cdot b_r[k-1].$$ (10.6.9)

Mit dieser Gleichung eröffnet sich die Möglichkeit, den Prädiktionsfehler der Stufe $r + 1$ aus demjenigen der vorherigen Stufe r zu rekonstruieren, wenn es gelingt, auch für den Rückwärts-Prädiktionsfehler eine Rekursion nach Art von (10.6.9) zu finden. Um eine solche Rekursion zu konstruieren, wird Gleichung (10.6.7) für die $(r + 1)$-te Stufe verwendet und dabei die Levinson-Durbin Rekursion eingesetzt:

$$
\begin{aligned}
b_{r+1}[k] \;=\;& x[k-1-r] + \sum_{\mu=1}^{r} a_{r,\mu}^* \cdot x[k-1-r+\mu] \quad (10.6.10) \\
&- \gamma_{r+1}^* \cdot \left[x[k] + \sum_{\mu=1}^{r} a_{r,r+1-\mu} \cdot x[k-1-r+\mu] \right]
\end{aligned}
$$

Der erste der beiden erhaltenen Anteile ist gemäß der Definition (10.6.7) der einfach verzögerte Rückwärts-Prädiktionsfehler. Den zweiten Ausdruck identifiziert man nach der Substitution von $\mu = r + 1 - \nu$ als Vorwärts-Prädiktionsfehler $e_r[k]$, so dass sich schließlich

$$b_{r+1}[k] = b_r[k-1] - \gamma_{r+1}^* \cdot e_r[k]$$ (10.6.11)

ergibt. Die Gleichungen (10.6.9) und (10.6.11) bilden die Grundlage der Lattice-Struktur: Sie verknüpfen Vorwärts- und Rückwärts-Prädiktionsfehler der r-ten Stufe mit denen der $(r + 1)$-ten Stufe auf die in Bild 10.6.1 wiedergegebene Weise.

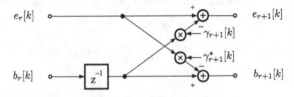

Bild 10.6.1: Verknüpfung von Vorwärts- und Rückwärts-Prädiktionsfehler in der Lattice-Struktur

Durch die Kaskadierung derartiger Teilsysteme kommt man zum gesamten Prädiktionsfehler-System n-ter Ordnung; in Bild 10.6.2 ist eine solche

Anordnung dargestellt. Das ursprüngliche Ziel bestand zunächst darin, für die Erzeugung des Vorwärts-Prädiktionsfehlers eine effiziente Struktur zu entwickeln; in der Lattice-Form wird daneben stets der Rückwärts-Prädiktionsfehler mit generiert. Dabei ist die Übertragungsfunktion vom Eingang zum oberen Ausgangszweig der Lattice-Struktur *identisch mit derjenigen eines Prädiktionsfehlerfilters in Transversalform*, also $P_e(z) = A_n(z)$.

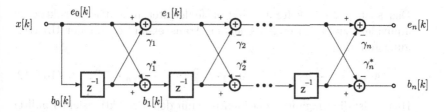

Bild 10.6.2: Prädiktionsfehlerfilter n-ter Ordnung in Lattice-Struktur

Die gleichzeitige Berechnung des Rückwärts-Prädiktionsfehlers ist hier vorerst als „Abfallprodukt" zu betrachten. In Abschnitt 10.6.4 werden die Korrelationseigenschaften dieses Signals näher untersucht. Dabei wird sich dann herausstellen, dass hieraus neue Möglichkeiten des Entwurfs adaptiver Systeme erwachsen, die gerade in den Eigenschaften dieses Rückwärts-Prädiktionsfehlers begründet sind. Die Lattice-Struktur gewinnt dadurch eine über das spezielle Problem der Prädiktion weit hinausgehende Bedeutung. Vorerst jedoch interessieren die mit der Ableitung der neuen Struktur gewonnenen Vorteile in Bezug auf die Prädiktion, also die autoregressive Spektralschätzung. Bis zur Stufe r enthält das Prädiktionsfehlerfilter die Koeffizienten γ_1 bis γ_r, die gemäß der Levinson-Durbin Rekursion unabhängig von den Daten der $(r + 1)$-ten Prädiktorstufe sind:

- *Von einer Erhöhung der Prädiktorordnung um eins bleiben die vorangehenden Lattice-Prädiktorstufen also unberührt.*

Hierin liegt ein prinzipieller Unterschied zu einer Prädiktor-Realisierung in der einfachen Transversalform: Die rekursive Berechnung des Polynoms $A_{r+1}(z)$ aus $A_r(z)$ nach dem Levinson-Durbin Verfahren führt zu einem neuen Koeffizientenvektor, der sich auch in den ersten r Komponenten von seinem „Vorgänger" unterscheidet. Die Erhöhung des Prädiktorgrades erfordert also in der Transversalstruktur die Erneuerung sämtlicher Koeffizienten, während bei der Lattice-Struktur dem vorangegangenen Teilsystem einfach ein weiterer Block hinzugefügt wird. Mit zunehmendem Grad nähern sich die PARCOR-Koeffizienten dem Wert null, womit schließlich das weitere Nachschalten von Lattice-Teilsystemen ohne Wirkung bleibt.

10.6.2 Rekursive Synthesefilter in Lattice-Struktur

Das soeben entwickelte Prädiktionsfehlerfilter in Lattice-Struktur ist äquivalent zu einem entsprechenden Transversalfilter mit der Übertragungsfunktion

$$A_n(z) = 1 + a_{n,1} \cdot z^{-1} + a_{n,2} \cdot z^{-2} + \cdots + a_{n,n} \cdot z^{-n} . \qquad (10.6.12)$$

Hierbei ist die Eingangsgröße identisch mit dem Prädiktionsfehler nullter Ordnung.

$$x[k] = e_0[k] \qquad (10.6.13)$$

Das Modell eines zugeordneten autoregressiven Prozesses wird durch ein hierzu *inverses Filter* gebildet, das durch die Musterfunktion eines weißen Prozesses erregt wird. Im Sinne der Betrachtungen im Abschnitt 10.4.3 kann hierfür das Prädiktionsfehlersignal des zugehörigen Analysesystems, also $e_n[k]$, verwendet werden. Bild 10.6.3b zeigt die Darstellung eines autoregressiven Prozesses n-ter Ordnung durch die direkte Realisierung des inversen Polynoms (10.6.12).

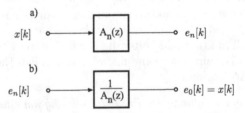

Bild 10.6.3: a) Analysefilter in Transversalform, b) direkte Realisierung des Synthesefilters

Das nächste Ziel besteht nun darin, auch für das Synthesefilter eine Struktur zu finden, die sich statt auf die Polynomkoeffizienten auf die PARCOR-Koeffizienten gründet, also die Entwicklung einer *inversen Lattice-Struktur*. Hierbei bilden nun die jeweils *höhergradigen*

Vorwärts-Prädiktionsfehlersignale die Eingangsgrößen der einzelnen Stufen, während die *Ausgangsgrößen* durch die entsprechenden Fehlersignale *nächst niedrigerer Ordnung* gegeben sind. Aus (10.6.9) und (10.6.11) errechnet man die Rekursionsgleichungen

$$e_r[k] = e_{r+1}[k] + \gamma_{r+1} \cdot b_r[k-1] \qquad (10.6.14)$$

$$b_{r+1}[k] = b_r[k-1] - \gamma_{+r1}^* \cdot e_r[k]. \qquad (10.6.15)$$

Sie werden durch die in Bild 10.6.4 wiedergegebene Struktur realisiert.

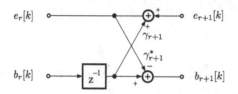

Bild 10.6.4: Einzelne Stufe eines inversen Lattice-Filters

Aus der Hintereinanderschaltung derartiger Teilsysteme erhält man schließlich das gesamte Synthesefilter. In Bild 10.6.5 ist ein rekursives Lattice-Filter n-ter Ordnung dargestellt.

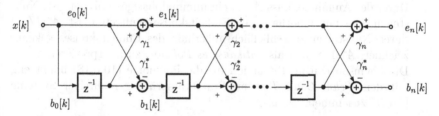

Bild 10.6.5: Synthesefilter n-ter Ordnung in Lattice-Struktur

Von ausschlaggebender Bedeutung ist hierbei die Sicherstellung der Stabilität einer solchen Struktur. Im nächsten Abschnitt wird dieser Fragestellung nachgegangen.

10.6.3 Minimalphasigkeit des Analysefilters – Stabilität des Synthesefilters

Die Stabilität des Synthesefilters ist verknüpft mit der Minimalphasigkeit des Analysefilters. Das Ziel der folgenden Überlegungen muss also

darin bestehen, eine Bedingung für die Minimalphasigkeit des Polynoms
$A_n(z)$ zu entwickeln; um die Verbindung zur Lattice-Struktur herzustellen, sollte diese Bedingung die PARCOR-Koeffizienten allein enthalten.
Der PARCOR-Koeffizient γ_{r+1} verknüpft die Koeffizienten eines Prädiktors $(r + 1)$-ter Ordnung mit denen eines Prädiktors r-ter Ordnung
gemäß der Levinson-Durbin Rekursion. Hieraus lässt sich unmittelbar
eine Rekursion für die Polynome angeben. Mit

$$A_r(z) = \sum_{\nu=0}^{r} a_{r,\nu} \cdot z^{-\nu} = 1 + a_{r,1} \cdot z^{-1} + \cdots + a_{r,r} \cdot z^{-r} \qquad (10.6.16)$$

und

$$
\begin{aligned}
A_r^*(1/z^*) &= \sum_{\nu=0}^{r} a_{r,\nu}^* \cdot z^{+\nu} = z^r \cdot \sum_{\nu=0}^{r} a_{r,\nu}^* \cdot z^{\nu-r} = z^r \cdot \sum_{\mu=0}^{r} a_{r,r-\mu}^* \cdot z^{-\mu} \\
&= z^r \cdot [a_{r,r}^* + a_{r,r-1}^* z^{-1} + \cdots + 1 \cdot z^{-r}] \qquad (10.6.17)
\end{aligned}
$$

folgt aus (10.5.32):

$$A_{r+1}(z) = A_r(z) - \gamma_{r+1} \cdot z^{-(r+1)} A_r^*(1/z^*). \qquad (10.6.18)$$

Unter der Annahme, dass $A_r(z)$ ein minimalphasiges Polynom ist, Nullstellen also nur innerhalb des Einheitskreises auftreten, ist $A^*(1/z*)$
durch Nullstellen ausschließlich außerhalb des Einheitskreises gekennzeichnet; $A^*(1/z^*)$ ist als *antikausales Polynom* zu interpretieren.
Die Levinson-Durbin Rekursion für die Polynome (10.6.18) hängt eng
mit dem *Schur-Cohn Test* zur Stabilitätsprüfung rekursiver Systeme
[Tre76] zusammen. Es sei

$$D_n(z) = d_n \cdot z^n + d_{n-1} \cdot z^{n-1} + \cdots + d_0 \qquad (10.6.19)$$

das Nennerpolynom der Übertragungsfunktion eines rekursiven Systems
n-ten Grades. Man definiert ein hierzu *reverses* Polynom

$$D_n^R(z) = d_0^* \cdot z^n + d_1^* \cdot z^{n-1} + \cdots + d_n^* = z^n \cdot D_n^*(1/z^*). \qquad (10.6.20)$$

Zur Stabilitätsprüfung werden die beiden Polynome durcheinander dividiert und dabei eine Konstante α_n abgespalten.

$$\frac{D_n^R(z)}{D_n(z)} = \alpha_n + \frac{D_{n-1}^R(z)}{D_n(z)} \qquad (10.6.21)$$

Der Zähler des verbleibenden rationalen Ausdrucks, ein Polynom vom Grade $n-1$, wird als reverses Polynom mit dem zugehörigen „Originalpolynom"

$$D_{n-1}(z) = z^{n-1} \cdot \left[D^R_{n-1}(1/z^*) \right]^* \qquad (10.6.22)$$

aufgefasst. Der Divisionsvorgang (10.6.21) wird für das Polynom-Paar $(n-1)$-ten Grades wiederholt, wobei die Konstante α_{n-1} und das reverse Polynom $(n-2)$-ten Grades gewonnen werden.

$$\frac{D^R_{n-1}(z)}{D_{n-1}(z)} = \alpha_{n-1} + \frac{D^R_{n-2}(z)}{D_{n-1}(z)} \qquad (10.6.23)$$

Die Prozedur wird fortgeführt, bis alle Konstanten $\alpha_n, \ldots, \alpha_0$ ermittelt sind. Die Konstante α_0 hat dann stets den Wert eins.

Zur Gültigkeit der Minimalphasigkeit von $D_n(z)$ müssen nun *sämtliche Konstanten* mit Ausnahme von α_0 betragsmäßig *kleiner als eins* sein:

$$|\alpha_r| < 1, \, r = 1, \ldots, n. \qquad (10.6.24)$$

Der Beweis für den hier skizzierten Schur-Cohn Test soll nicht geführt werden – hierzu wird auf die Literaturstellen [Mar86] und [Jur61] hingewiesen. Was aber interessiert, ist der Zusammenhang zwischen dem Schur-Cohn Test und der Levinson-Durbin Rekursion. Für das r-te Polynom der Schur-Cohn Iteration wird das Prädiktionsfehlerpolynom nach (10.6.16) gesetzt, d.h. es sei

$$D_r(z) = z^r \cdot A_r(z) = \sum_{\nu=0}^{r} a_{r,r-\nu} \cdot z^\nu \qquad (10.6.25)$$

und entsprechend

$$D^R_r(z) = A^*_r(1/z^*) = \sum_{\nu=0}^{r} a^*_{r,\nu} \cdot z^\nu . \qquad (10.6.26)$$

Die Division von (10.6.26) durch (10.6.25), d.h. die r-te Iteration des Schur-Cohn Tests, führt auf

$$\frac{D^R_r(z)}{D_r(z)} = \frac{A^*_r(1/z^*)}{z^r \cdot A_r(z)} = a^*_{r,r} + \frac{\displaystyle\sum_{\nu=0}^{r-1} (a^*_{r,\nu} - a^*_{r,r} \cdot a_{r,r-\nu}) \cdot z^\nu}{\displaystyle\sum_{\nu=0}^{r} a_{r,r-\nu} \cdot z^\nu}, \qquad (10.6.27)$$

wobei $a_{r,r}^* = -\gamma_r^*$ zu setzen ist. Der Zähler des abgespaltenen rationalen Ausdrucks in (10.6.27) wird umgeformt. Benutzt man die Levinson-Durbin Rekursion (10.5.32), so folgt

$$a_{r,\nu}^* = a_{r-1,\nu}^* - \gamma_r^* \cdot a_{r-1,r-\nu} \qquad (10.6.28)$$

$$a_{r,r-\nu} = a_{r-1,r-\nu} - \gamma_r \cdot a_{r-1,\nu}^* \qquad (10.6.29)$$

und damit

$$a_{r,\nu}^* - a_{r,r}^* a_{r,r-\nu} = a_{r-1,\nu}^* \cdot \left[1 - |\gamma_r|^2\right]. \qquad (10.6.30)$$

Eingesetzt in (10.6.27) ergibt sich also:

$$
\begin{aligned}
\frac{A_r^*(1/z^*)}{z^r \cdot A_r(z)} &= -\gamma_r^* + [1 - |\gamma_r|^2] \frac{\displaystyle\sum_{\nu=0}^{r-1} a_{r-1,\nu}^* \cdot z^\nu}{z^r \cdot A_r(z)} \\
&= -\gamma_r^* + [1 - |\gamma_r|^2] \frac{A_{r-1}^*(1/z^*)}{z^r \cdot A_r(z)}. \qquad (10.6.31)
\end{aligned}
$$

Der Zähler des abgespaltenen rationalen Ausdrucks erweist sich als das im Grad um eins reduzierte reverse Polynom:

$$D_{r-1}^R(z) = A_{r-1}^*(1/z^*). \qquad (10.6.32)$$

Die Fortführung der Schur-Cohn Iteration liefert demzufolge im nächsten Schritt

$$\frac{A_{r-1}^*(1/z^*)}{z^{r-1} \cdot A_{r-1}(z)} = -\gamma_{r-1}^* + [1 - |\gamma_{r-1}|^2] \frac{A_{r-2}^*(1/z^*)}{z^{r-1} \cdot A_{r-1}(z)} \qquad (10.6.33)$$

und im weiteren nacheinander sämtliche PARCOR-Koeffizienten $-\gamma_n^*, -\gamma_{n-1}^*, \ldots, -\gamma_0^*$, also die Koeffizienten der Lattice-Struktur.

- *Der Schur-Cohn Test stellt sich hiermit als Umkehrung der Levinson-Durbin Rekursion heraus:*

- *Die Levinson-Durbin Rekursion konstruiert aus den vorgegebenen PARCOR- Koeffizienten schrittweise Polynome höherer Ordnungen – es findet also die Umsetzung der Lattice-Darstellung in die Transversalform statt –, während durch den Schur-Cohn Test iterativ Polynome geringeren Grades gebildet und die zugehörigen PARCOR- Koeffizienten bestimmt werden. Auf diese Weise wird die Umwandlung von der Transversal- in die Lattice-Struktur vollzogen.*

Bezüglich der Minimalphasigkeit des Prädiktionsfehlerfilters, bzw. der Stabilität des zugehörigen Synthesefilters, lassen sich aus den vorangegangenen Betrachtungen folgende Schlüsse ziehen: Der Schur-Cohn Test fordert zur Minimalphasigkeit PARCOR- Koeffizienten, die dem Betrage nach kleiner als eins sind; ein nichtrekursives Lattice-Filter ist also unter dieser Bedingung minimalphasig, das zugehörige rekursive Synthesefilter stabil.

In Abschnitt 10.5.2 wurde anhand der rekursiven Berechnung der Prädiktionsfehlerleistung nachgewiesen, dass die Beträge der PARCOR-Koeffizienten nach (10.5.24) kleiner als eins sein müssen, da sich andernfalls negative Leistungen ergeben würden. Daraus folgt die allgemein gültige Aussage:

- *Ein nichtrekursives Prädiktionsfehlerfilter, das gemäß der Wiener-Hopf-Gleichung entworfen wird, ist stets minimalphasig; das zugehörige Synthesefilter, das der Yule-Walker Gleichung genügt, ist grundsätzlich stabil.*

Da ein Lattice-Prädiktor im oberen Zweig exakt die Eigenschaften der Direktstruktur realisiert, ist also die Übertragungsfunktion vom Eingang zum Vorwärtsprädiktions-Ausgang minimalphasig. Ohne Beweis wird folgende Aussage ergänzt:

- *Der untere Zweig eines Lattice-Prädiktors, also die Übertragungsfunktion vom Eingang zum Rückwärtsprädiktionsfehler-Ausgang, ist die maximalphasige Version des oberen Zweiges.*

10.6.4 Orthogonalität des Rückwärts-Prädiktorfehlers

Bei der Ableitung der Lattice-Struktur für das Prädiktionsfehlerfilter wurde der Rückwärts-Prädiktionsfehler $b_r[k]$ definiert. Er war zunächst als „Hilfsvariable" zu verstehen, durch die es möglich wurde, das Vorwärts-Prädiktionsfehlersignal aus den PARCOR- Koeffizienten zu konstruieren. Man wird jedoch feststellen, dass die Lattice-Struktur einiges mehr leistet als ursprünglich angesetzt: Sie kann als *Orthogonalisierungssystem* bezüglich des Rückwärts-Prädiktionsfehlers betrachtet werden, da eben dieses Fehlersignal von Stufe zu Stufe eine Dekorrelation erfährt. Der Orthogonalisierungs-Prozess wird in einer Reihe von modernen Lehrbüchern wie z.B. [Orf84], [Pro83], [Tre76] im Hilbertraum betrachtet, wobei die Orthogonalität durch das Verschwinden der inneren Produkte erklärt wird. Legt man eine solche Betrachtungsweise zugrunde, so bewirkt die Lattice-Struktur eine so genannte *Gram-Schmidt Orthogonalisierung* [Kro86a]: Im n-dimensionalen Hilbertraum werden schrittweise zueinander orthogonale Vektoren aufgebaut, wodurch der Dekorrelations-Prozess für die Rückwärts-Prädiktionsfehler geometrisch veranschaulicht wird. Im Rahmen des vorliegenden Buches muss auf eine weitergehende Betrachtung dieser Darstellung verzichtet werden; es sei daher auf andere Lehrbücher, z.B. [Orf84], hingewiesen.

Im folgenden soll die Orthogonalität der Rückwärts-Prädiktionsfehler der verschiedenen Lattice-Stufen gezeigt werden. Ausgangspunkt für den Beweis sind die im Abschnitt 10.6.1 hergeleiteten Rekursionsgleichungen

$$e_r[k] = e_{r-1}[k] - \gamma_r \cdot b_{r-1}[k-1] \tag{10.6.34}$$

und

$$b_r[k] = b_{r-1}[k-1] - \gamma_r^* \cdot e_{r-1}[k]. \tag{10.6.35}$$

Wird (10.6.34) in (10.6.35) eingesetzt, so erhält man mit (10.5.22)

$$\frac{\gamma_r}{\sigma_r^2} b_r[k] = \frac{1}{\sigma_{r-1}^2} e_{r-1}[k] - \frac{1}{\sigma_r^2} e_r[k], \tag{10.6.36}$$

also eine Beziehung, die nur Größen zum Zeitpunkt k enthält. Zum Nachweis der Orthogonalität ist die Kreuzkorrelierte der Rückwärts-Prädiktionsfehler in verschiedenen Stufen r und q zu berechnen. Ohne Beschränkung der Allgemeinheit wird

$$q \le r \tag{10.6.37}$$

angenommen. Ist diese Bedingung verletzt, so können in den nachfolgenden Betrachtungen r und q vertauscht werden. Der Rückwärts-Prädiktionsfehler $b_r[k]$ ist durch die Rekursionsgleichung (10.6.36) gegeben, für $b_q[k]$ wird die ursprüngliche Definition (10.6.7) auf der Grundlage der Polynomkoeffizienten eingesetzt.

$$b_q[k] = \sum_{\nu=1}^{q+1} a_{q,q+1-\nu}^* \cdot x[k+1-\nu] \quad \text{mit} \quad a_{q,0} = 1 \tag{10.6.38}$$

Es wird nun die Kreuzkorrelierte bestimmt; da sich diese auf die zugehörigen *Prozesse* bezieht, werden die Größen im weiteren durch

Großbuchstaben, also $B_r[k]$ und $B_q[k]$ bzw. $E_r[k]$ gekennzeichnet. Mit (10.6.36) und (10.6.38) folgt

$$
\begin{aligned}
r_{B_r B_q}(0) &= \mathrm{E}\{B_r[k] \cdot B_q^*[k]\} \\
&= \frac{\sigma_r^2}{\gamma_r} \sum_{\nu=1}^{q+1} a_{q,q+1-\nu} \left[\frac{1}{\sigma_{r-1}^2} \mathrm{E}\{X^*[k+1-\nu] \cdot E_{r-1}(k)\} \right. \\
&\left. - \frac{1}{\sigma_r^2} \mathrm{E}\{X^*[k+1-\nu] \cdot E_r[k]\} \right] .
\end{aligned}
\tag{10.6.39}
$$

Die hier auftretenden Erwartungswerte sind mit Hilfe der Gapped Function auszudrücken; es gilt

$$
g_{r-1}[\nu-1] = \mathrm{E}\{X^*[k+1-\nu] \cdot E_{r-1}[k]\} \tag{10.6.40}
$$
$$
g_r[\nu-1] = \mathrm{E}\{X^*[k+1-\nu] \cdot E_r[k]\} \tag{10.6.41}
$$

und damit also

$$
r_{B_r B_q}(0) = \frac{\sigma_r^2}{\gamma_r} \sum_{\nu=1}^{q+1} a_{q,q+1-\nu} \left[\frac{1}{\sigma_{r-1}^2} g_{r-1}[\nu-1] - \frac{1}{\sigma_r^2} g_r[\nu-1] \right] . \tag{10.6.42}
$$

Bei der Auswertung dieser Beziehung können die besonderen Eigenschaften der Gapped Function benutzt werden:

$$
g_r[\nu-1] = \begin{cases} 0, & \nu=2,\ldots,r+1 \\ \sigma_r^2, & \nu=1 \end{cases} \tag{10.6.43}
$$

$$
g_{r-1}[\nu-1] = \begin{cases} 0, & \nu=2,\ldots,r \\ \sigma_{r-1}^2, & \nu=1 . \end{cases} \tag{10.6.44}
$$

Unterscheidet man die Fälle $q < r$ und $q = r$, da der Fall $q > r$ gemäß (10.6.37) bereits ausgeschlossen wurde, so ergibt sich für $q < r$

$$
\sum_{\nu=1}^{q+1} a_{q,q+1-\nu} \left[\frac{1}{\sigma_{r-1}^2} g_{r-1}[\nu-1] - \frac{1}{\sigma_r^2} g_r[\nu-1] \right] = a_{q,q} \left[\frac{\sigma_{r-1}^2}{\sigma_{r-1}^2} - \frac{\sigma_r^2}{\sigma_r^2} \right]
$$
$$
= 0, \tag{10.6.45}
$$

und für $r = q$

$$
\sum_{\nu=1}^{r+1} a_{r,r+1-\nu} \left[\frac{1}{\sigma_{r-1}^2} g_{r-1}[\nu-1] - \frac{1}{\sigma_r^2} g_r[\nu-1] \right] = \frac{1}{\sigma_{r-1}^2} g_{r-1}[r] . \tag{10.6.46}
$$

Mit

$$\frac{g_{r-1}[r]}{\sigma_{r-1}^2} = \frac{g_{r-1}[r]}{g_{r-1}[0]} = \gamma_r \qquad (10.6.47)$$

folgt schließlich aus (10.6.42)

$$r_{B_r B_q}[0] = \sigma_r^2 \cdot \delta[r - q] . \qquad (10.6.48)$$

Damit ist die Orthogonalität der Rückwärts-Prädiktionsfehler in den verschiedenen Stufen des Lattice-Prädiktors bewiesen.

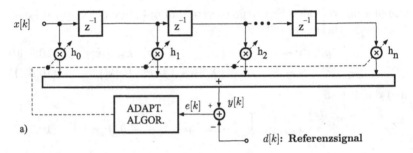

a)

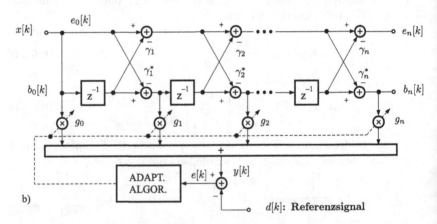

b)

Bild 10.6.6: Strukturen adaptiver Entzerrer. a) Transversalentzerrer, b) Lattice-Struktur

Große praktische Bedeutung hat der beschriebene Orthogonalisierungsprozess für die Realisierung adaptiver Systeme (siehe Kapitel 6). Im Bild 10.6.6 sind zwei Formen adaptiver Entzerrer einander gegenübergestellt:

Bild 10.6.6a zeigt einen konventionellen Echoentzerrer, Bild 10.6.6b eine modifizierte Struktur auf der Grundlage eines Lattice-Prädiktors. Im Falle des Echoentzerrers werden die Zustandswerte $x[k], x[k-1], \ldots, x[k-n]$ über die Koeffizienten $h_0, \ldots, h_n$ linear kombiniert. Diese Koeffizienten werden so festgelegt, dass die Leistung des Differenzsignals zwischen dem Entzerrer-Ausgang $y[k]$ und den verfügbaren Referenzdaten $d[k]$ minimiert wird:

$$E\{|Y[k] - D[k]|^2\} = \text{Min}. \qquad (10.6.49)$$

Die adaptive Einstellung des Entzerrers erfolgt im einfachsten Fall nach dem in Abschnitt 6.2 auf den Seiten 282ff hergeleiteten Gradientenverfahren. Dabei hängt die Konvergenzgeschwindigkeit in starkem Maße von den Korrelationen zwischen den Zustandswerten und damit von der Autokorrelationsmatrix des Entzerrer-Eingangssignals ab. Sie ist umso geringer, je größer das Verhältnis zwischen größtem und kleinstem Eigenwert ist – in Abschnitt 6.2.2 wurden diese Zusammenhänge dargelegt. Der entscheidende Unterschied in der Struktur nach Bild 10.6.6b liegt darin, dass die *orthogonalisierten* Rückwärts-Prädiktionsfehler über die Koeffizienten $g_0, \ldots, g_n$ linear kombiniert werden. Die Konvergenz der adaptiven Einstellung wird damit erheblich verbessert; das Einlaufverhalten ist nahezu unabhängig von den Eigenwerten der Autokorrelationsmatrix des Prozesses $X[k]$. In der Literatur finden sich zahlreiche Anwendungen dieser Struktur für die verschiedensten Formen adaptiver Systeme.

Aus (10.6.48) wurde die Orthogonalität des Rückwärts-Prädiktionsfehlers in zum gleichen Zeitpunkt k verschiedenen Stufen $q < k$ geschlossen. Aus dieser Gleichung lässt sich darüber hinaus noch eine weitere sehr wichtige Eigenschaft der Lattice-Struktur ableiten. Setzt man in (10.6.48) $q = r$, so ergibt sich

$$r_{B_r B_r}(0) = E\{|B_r[k]|^2\} = \sigma_r^2 = E\{|E_r[k]|^2\}. \qquad (10.6.50)$$

- *Vorwärts- und Rückwärts-Prädiktionsfehler haben in der gleichen Lattice-Stufe r die gleiche Leistung:*
  $\text{Var}\{E_r[k]\} = \text{Var}\{B_r[k]\} = \sigma_r^2.$

Dieser Zusammenhang wird die Grundlage der in Abschnitt 10.7.3 hergeleiteten Burg-Algorithmus zur parametrischen Spektralschätzung bilden.

10.6.5 Übersicht über die verschiedenen Beschreibungsformen für autoregressive Prozesse

Ein autoregressiver Prozess n-ter Ordnung ist durch drei äquivalente Beschreibungsformen festgelegt.

● *Autokorrelationsfolge*
Die Autokorrelationsfolge ist wegen des rekursiven Charakters des Modellsystems von unendlicher Länge. Determiniert ist die Autokorrelationsfolge jedoch bereits durch $r_{xx}[0]$, $r_{xx}[1]$, $\ldots$, $r_{xx}[n]$, also durch ihre ersten $n + 1$ Werte. Die Autokorrelationsfolge ist stets positiv definit.

● *Autoregressive Parameter*
Das Nennerpolynom des autoregressiven Synthesefilters enthält die Koeffizienten 1, $a_{n,1}$, $a_{n,2}$, $\ldots$, $a_{n,n}$. Sie folgen aus der Lösung der Yule-Walker Gleichung (10.3.14) auf Seite 449, also aus der Inversion der Autokorrelationsmatrix. Eine eindeutige Beschreibung des Prozesses muss neben den AR-Koeffizienten die Angabe der Leistung der weißen Erregerquelle enthalten, die sich gemäß Gl. (10.3.15) bestimmen lässt.

● *Lattice-Darstellung*
Die AR-Koeffizienten können mit Hilfe der Levinson-Durbin Rekursion iterativ berechnet werden. Grundlage dieser Rekursion sind die PARCOR-Koeffizienten $\gamma_1, \gamma_2, \ldots, \gamma_n$, die für sich repräsentativ für den autoregressiven Prozess sind. Neben diesen Koeffizienten ist die Leistung des Rückwärts-Prädiktionsfehlers zu nennen, die sich wiederum iterativ nach der Rekursion (10.5.22) auf Seite 462 berechnen lässt. Die wichtigsten Merkmale der Lattice-Darstellung sind:

- *Bei Erhöhung der Ordnung des Prädiktors werden die vorangehenden Lattice-Stufen nicht verändert.*

- *Es existiert ein einfacher Stabilitätstest des Synthesefilters: Die Beträge der PARCOR-Koeffizienten müssen kleiner als eins sein.*

- *Die theoretischen Werte der PARCOR-Koeffizienten sind betragsmäßig stets kleiner als eins, was auf ein minimalphasiges Analysefilter und damit auf ein stabiles Synthesefilter führt.*

- *Der obere Zweig eines Lattice-Prädiktors ist minimalphasig, während der untere Zweig die zugehörige maximalphasige Übertragungsfunktion realisiert.*

- *Vorwärts- und Rückwärts-Prädiktionsfehler haben in gleichen Lattice-Stufen die gleiche Leistung.*

- *Die Rückwärts-Prädiktionsfehler verschiedener Lattice-Stufen sind zum gleichen Zeitpunkt k orthogonal.*

- *Die Umrechnung der Lattice- in die Transversalform erfolgt über die Levinson-Durbin Rekursion.*

- *Die Umrechnung der Transversal- in die Lattice-Form erfolgt über den Schur-Cohn Test.*

10.7 Lösung der Yule-Walker Gleichung auf der Basis endlicher Musterfunktionen

Der Ausgangspunkt zur Bestimmung der Parameter eines autoregressiven Prozesses ist die Minimierung der Prädiktionsfehlerleistung

$$E\{|E_n[k]|^2\} \overset{!}{=} \text{Min}. \tag{10.7.1}$$

In Abschnitt 10.4 wurde hieraus die Wiener-Hopf-Gleichung abgeleitet, die eine Inversion der Autokorrelationsmatrix zur Bestimmung der Prädiktor-Koeffizienten erfordert. Werden dabei die ersten n Werte der Autokorrelationsfolge des zu analysierenden Prozesses eingesetzt, so kann man die Lösung der Wiener-Hopf-Gleichung , die formal identisch mit der Yule-Walker Gleichung ist, zur Spektralanalyse des Prozesses verwenden. A-priori Annahme ist hierbei, dass der analysierte Prozess durch ein autoregressives Modell n-ter Ordnung hinreichend gut beschrieben wird. Die Kenntnis der korrekten Autokorrelationswerte des Prozesses wurde in den bisherigen Betrachtungen vorausgesetzt. In einer realen Messsituation liegt jedoch eine *zeitlich begrenzte Musterfunktion* $x[k]$ vor, auf deren Grundlage die Bedingung (10.7.1) erfüllt werden soll. Dabei stellt sich die prinzipielle Frage, in welcher Weise man sich die Musterfunktion $x[k]$ außerhalb des Messintervalls $0 \leq k \leq N - 1$ fortgesetzt denken muss. Es gibt hierzu zwei prinzipielle Ansätze.

- Ansatz 1: *Der Prozess wird außerhalb des Messintervalls zu null gesetzt.*

$$x[k] = 0 \quad \text{für} \quad k < 0 \text{ und } k \geq N. \tag{10.7.2}$$

Diese Betrachtungsweise wird als *stationärer Ansatz* bezeichnet [Hes93]. Es liegt auf der Hand, dass hierbei mit Verfälschungen der identifizierten AR-Parameter zu rechnen ist, ebenso wie sich ja bereits in Abschnitt 8.2 für die Schätzung der Autokorrelationsfolge unter der genannten Bedingung prinzipielle Fehler ergaben. Der Ansatz 1 wird im nachfolgenden Abschnitt verfolgt. Die Bestimmung der AR-Parameter wird in dem Zusammenhang als *Yule-Walker-* oder *Autokorrelations-Methode* bezeichnet.

- Ansatz 2: *Der Prozess wird außerhalb des Beobachtungsintervalls als unbestimmt betrachtet.*
  Unter dieser Annahme ist der Prädiktionsfehler nur im „eingeschwungenen Zustand" für die Erfüllung der Bedingung (10.7.1) heranzuziehen. Die Methode wird als *Kovarianz-Methode* oder auch *nichtstationärer* Ansatz bezeichnet und im Abschnitt 10.7.2 zur Identifikation der AR-Parameter benutzt.

Beide Ansätze haben Nachteile: Der Ansatz 1 schließt eine nicht erwartungstreue Autokorrelationsfolge ein, Ansatz 2 führt nicht sicher zu einem stabilen Synthesefilter, wie im Abschnitt 10.7.2 gezeigt wird. Die Lösung beider Probleme wird mit der Burg-Methode erzielt, die auf dem Lattice-Ansatz für das Analysefilter fußt. Mit dem Burg-Verfahren werden in Abschnitt 10.7.3 die modellgestützten Spektralschätzalgorithmen abgeschlossen.

10.7.1   Yule-Walker- oder Autokorrelationsansatz

Es liegt eine endliche gemessene Musterfunktion $x[0]$, $x[1]$, ... , $x[N-1]$ vor. Der hieraus berechnete Prädiktionsfehler eines nichtrekursiven Prädiktors n-ten Grades ist von endlicher zeitlicher Ausdehnung:

$$e_n[k] = \sum_{\nu=0}^{n} a_{n,\nu} \cdot x[k-\nu] = 0 \, , \, k < 0 \, ; \, k > N + n - 1 \, . \qquad (10.7.3)$$

Hierin ist implizit die Annahme enthalten, dass die Daten $x[k]$ außerhalb des Intervalls $0 \leq k \leq N - 1$ verschwinden, denn (10.7.3) beschreibt die aperiodische Faltung zweier endlicher Folgen.
Da stets ergodische Prozesse vorausgesetzt werden, können Erwartungswerte durch zeitliche Mittelungen über nicht verschwindende Werte von

$e_n[k]$ ersetzt werden. Damit erhält man die folgende Schätzgröße für die Prädiktionsfehlerleistung, die gemäß (10.7.1) zu minimieren ist.

$$E\{|E_n[k]|^2\} \rightarrow \sum_{k=0}^{N+n-1} |e_n[k]|^2 \overset{!}{=} \text{Min} \qquad (10.7.4)$$

Gl.(10.7.4) wird unter Einsetzen von (10.7.3) umgeformt. Die hierin enthaltenen Prädiktorkoeffizienten sind als Schätzgrößen auf der Grundlage der gemessenen Musterfunktion zu verstehen und werden daher mit „ˆ" gekennzeichnet.

$$\sum_{k=0}^{N+n-1} |e_n[k]|^2 = \sum_{k=0}^{N+n-1} e_n[k] \cdot e^*[k]$$

$$= \sum_{k=0}^{N+n-1} \sum_{\nu=0}^{n} \sum_{\mu=0}^{n} \hat{a}_{n,\nu}^* \cdot \hat{a}_{n,\mu} \cdot x^*[k-\nu] \cdot x[k-\mu]$$

$$= \sum_{\nu=0}^{n} \sum_{\mu=0}^{n} \hat{a}_{n,\nu}^* \cdot \hat{a}_{n,\mu} \cdot \sum_{k=0}^{N+n-1} x^*[k-\nu] \cdot x[k-\mu] \qquad (10.7.5)$$

Im inneren Summenausdruck kann noch eine Substitution des Summationsindex erfolgen.

$$\sum_{[k]} x^*[k-\nu] \cdot x[k-\mu] = \sum_{[k']} x^*[k'] \cdot x[k'+(\nu-\mu)] \qquad (10.7.6)$$

Mit dieser Substitution erweist sich dieser Ausdruck unter Berücksichtigung der zeitlichen Begrenzung der Produkt-Terme

$$x^*[k'] \cdot x[k'+|\kappa|] = \begin{cases} x^*[k'] \cdot x[k'+|\kappa|] & 0 \leq k' \leq N-1-|\kappa| \\ 0 & \text{sonst} \end{cases}$$

$$(10.7.7)$$

$$x^*[k'] \cdot x[k'-|\kappa|] = \begin{cases} x^*[k'+|\kappa|] \cdot x[k'] & 0 \leq k' \leq N-1-|\kappa| \\ 0 & \text{sonst} \end{cases}$$

$$(10.7.8)$$

als schon bekannte *nicht erwartungstreue Schätzgröße der Autokorrelationsfolge* nach (9.1.5) und (9.1.6) auf Seite 391.

$$\sum_{[k']} x^*[k']x[k'+(\nu-\mu)] = N\,\hat{r}_{xx}[\nu-\mu] \qquad (10.7.9)$$

Damit ergibt sich für die Prädiktionsfehlerleistung aus (10.7.5)

$$\sum_{k=0}^{N+n-1} |e_n[k]|^2 = N \sum_{\nu=0}^{n} \sum_{\mu=0}^{n} \hat{a}_{n,\nu}^* \cdot \hat{a}_{n,\mu} \cdot \hat{r}_{xx}[\nu - \mu] \,. \tag{10.7.10}$$

Die Gleichung lässt sich wieder in eine kompakte Matrix-Form umsetzen, wobei der Prädiktor-Koeffizientenvektor

$$\hat{\mathbf{a}} = [\hat{a}_{n,1}, \hat{a}_{n,2} \ldots, \hat{a}_{n,n}]^T \tag{10.7.11}$$

und der Vektor der geschätzten Autokorrelationswerte

$$\hat{\mathbf{r}}_{xx} = [\hat{r}_{xx}[1], \hat{r}_{xx}[2], \ldots, \hat{r}_{xx}[n]]^T \tag{10.7.12}$$

benutzt werden. Die Autokorrelationsmatrix wird dementsprechend ebenfalls aus den Schätzwerten der Autokorrelationsfolge gebildet.

$$\hat{\mathbf{R}}_{xx} = \begin{bmatrix} \hat{r}_{xx}[0] & \hat{r}_{xx}^*[1] & \cdots & \hat{r}_{xx}^*[n-1] \\ \hat{r}_{xx}[1] & \hat{r}_{xx}[0] & & \vdots \\ \vdots & & \ddots & \vdots \\ \hat{r}_{xx}[n-1] & \cdots & \cdots & \hat{r}_{xx}[0] \end{bmatrix} \tag{10.7.13}$$

Damit ergibt sich für (10.7.10) die Form

$$\sum_{k=0}^{N+n-1} |e_n[k]|^2 = N \cdot (\hat{\sigma}_n^2 + \hat{\mathbf{a}}^H \cdot \hat{\mathbf{r}}_{xx} + \hat{\mathbf{r}}_{xx}^H \cdot \hat{\mathbf{a}} + \hat{\mathbf{a}}^H \cdot \hat{\mathbf{R}}_{xx} \cdot \hat{\mathbf{a}}) \,. \tag{10.7.14}$$

Zur Minimierung dieses Ausdrucks wird wie bereits in Abschnitt 10.4 (siehe Gleichung(10.4.12)) zur Vereinfachung die quadratische Ergänzung hinzugefügt

$$\sum_{k=0}^{N+n-1} |e_n[k]|^2 = N \cdot (\hat{\mathbf{a}}^H \cdot \hat{\mathbf{R}}_{xx} + \hat{\mathbf{r}}_{xx}^H) \hat{\mathbf{R}}_{xx}^{-1} (\hat{\mathbf{R}}_{xx} \cdot \hat{\mathbf{a}} + \hat{\mathbf{r}}_{xx})$$
$$- N \hat{\mathbf{r}}_{xx}^H \cdot \hat{\mathbf{R}}_{xx}^{-1} \cdot \hat{\mathbf{r}}_{xx} + N \hat{\sigma}_n^2 \,, \tag{10.7.15}$$

woraus unmittelbar die Lösung

$$\hat{\mathbf{a}} = -\hat{\mathbf{R}}_{xx}^{-1} \cdot \hat{\mathbf{r}}_{xx} \tag{10.7.16}$$

folgt. Es handelt sich um die Yule-Walker Gleichung, wobei aber nun in Autokorrelationsvektor und -matrix *die nicht erwartungstreuen* Schätzwerte eingesetzt werden. Zur Lösung von (10.7.16) kann die Levinson-Durbin Rekursion herangezogen werden. Das Resultat ist stets ein *minimalphasiges Analysefilter*, woraus ein *stabiles Synthesefilter* folgt, da die geschätzte Autokorrelationsmatrix prinzipiell positiv definit ist. Der Nachteil der Yule-Walker Methode wurde bereits genannt: Wegen der in diesem Ansatz enthaltenen nicht erwartungstreuen Schätzung der Autokorrelationsfolge werden die identifizierten AR-Parameter verfälscht.

10.7.2 Kovarianzmethode

Der im vorigen Abschnitt erläuterte Nachteil soll vermieden werden. Dazu ist der in (10.7.3) formulierte Prädiktionsfehler genauer zu betrachten. Im Zeitintervall $0 \leq k \leq n - 1$ enthält das Zustandsregister des Prädiktionsfehlerfilters noch Nullen, die vom energiefreien Anfangszustand herrühren. Sie werden während dieser Phase mit den Abtastwerten der gemessenen Musterfunktion überschrieben: Das Prädiktionsfehlerfilter befindet sich in der *Einschwingphase*.

Im Intervall $n \leq k \leq N - 1$ enthält der Zustandsspeicher stets sequentiell die Daten der Musterfunktion, während in der dritten Phase $N \leq k \leq N - 1 + n$ das Zustandsregister wieder durch Nullen überschrieben wird, die außerhalb des Meßintervalls für die Musterfunktion angenommen werden: Das Filter befindet sich also in der *Ausschwingphase*. Werden zur Schätzung der Prädiktionsfehlerleistung die Phasen 1 und 3 ausgeklammert, so entfällt die Annahme der verschwindenden Musterfunktion außerhalb des Messintervalls. Statt dessen werden diese Werte als *unbestimmt* betrachtet, womit die Probleme des Yule-Walker Ansatzes umgangen sind.

Die Kovarianzmethode sieht also folgende Schätzvorschrift für die Prädiktionsfehlerleistung vor:

$$\sum_{k=n}^{N-1} |\hat{e}_n[k]|^2 = \sum_{k=n}^{N-1} \sum_{\nu=0}^{n} \sum_{\mu=0}^{n} \hat{a}_{n,\nu}^* \cdot \hat{a}_{n,\mu} \cdot x^*[k-\nu] \cdot x[k-\mu] \overset{!}{=} \text{Min.} \quad (10.7.17)$$

Die Minimierung erfolgt hier durch Nullsetzen der partiellen Ableitungen nach den Prädiktorkoeffizienten:

$$\frac{\partial \sum_{k=n}^{N-1} |e_n[k]|^2}{\partial \hat{a}_{n,r}} = \sum_{\nu=0}^{n} \hat{a}_{n,\nu}^* \cdot \sum_{k=n}^{N-1} x^*[k - \nu] \cdot x[k - r]$$

$$= 0, \quad r = 1, \ldots, n. \tag{10.7.18}$$

Hierbei wurde die Bedingung $\partial \hat{a}^*/\partial \hat{a} = 0$ ausgenutzt[10.2]. Aus (10.7.18) erhält man ein lineares Gleichungssystem, das die Berechnung der n Prädiktorkoeffizienten ermöglicht. Aufgrund des Ansatzes (10.7.17) enthält die Schätzung der Prädiktionsfehlerleistung nun eine erwartungstreue Autokorrelationsfolge, so dass die geschilderten Probleme der Yule-Walker Methode nicht vorhanden sind.

Es entstehen jedoch neue Schwierigkeiten dadurch, dass die Lösung des Gleichungssystems (10.7.18) *nicht zwingend auf ein minimalphasiges Prädiktionsfehlerfilter führt*. Am Beispiel eines Prädiktors erster Ordnung soll dies verdeutlicht werden, wobei die Prädiktorkoeffizienten auf der Basis von drei Abtastwerten geschätzt werden. Aus (10.7.18) folgt mit $n = 1$ und $N = 3$

$$\sum_{\nu=0}^{1} \hat{a}_{1,\nu}^* \cdot \sum_{k=1}^{2} x^*[k - \nu] \cdot x[k - 1] = 0. \tag{10.7.19}$$

Mit $a_{n,0} = 1$ ergibt sich

$$\sum_{k=1}^{2} x^*[k] \cdot x[k - 1] + \hat{a}_{1,1}^* \cdot \sum_{k=1}^{2} x^*[k - 1] \cdot x[k - 1] = 0 \tag{10.7.20}$$

und schließlich

$$\hat{a}_{1,1}^* = -\frac{x^*[1] \cdot x[0] + x^*[2] \cdot x[1]}{|x[0]|^2 + |x[1]|^2}. \tag{10.7.21}$$

Man erkennt, dass der Koeffizient $\hat{a}_{1,1}$ für hinreichend großes $x[2]$ betragsmäßig größer als eins werden kann, weil $x[2]$ im Nenner nicht enthalten ist. Da dieser Koeffizient gleich dem negativen ersten PARCOR-Koeffizienten

$$\hat{a}_{1,1} = -\hat{\gamma}_1 \tag{10.7.22}$$

ist, wäre das Prädiktionsfehler-Filter unter dieser Bedingung *nicht minimalphasig* und somit das zugehörige *Synthesefilter nicht stabil*.

[10.2]Grundlage hierzu ist die Definition der partiellen Ableitung nach einer komplexen Variablen im Sinne der *Wirtinger-Ableitung* (siehe hierzu Seite 170).

10.7.3 Burg-Algorithmus

Die beiden in den vorigen Abschnitten herausgestellten Nachteile werden durch die Burg-Methode beseitigt [Bur67], [Orf84], [Mar87], [Kay88]. Der Grundgedanke besteht darin, dass *einerseits die Annahme einer mit Nullen fortgesetzten Musterfunktion* $x[k]$ *vermieden wird*. Dies ist erreichbar durch die Mittelung über das Zeitintervall, in dem das Prädiktionsfehler-Filter im eingeschwungenen Zustand ist, wie im letzten Abschnitt erläutert wurde. Andererseits muss *die Minimalphasigkeit des Analysefilters garantiert sein*.

Die Grundlage des Burg-Algorithmus besteht in der in Abschnitt 10.6.4 auf Seite 479 festgestellten Gleichheit der Leistungen von Vorwärts- und Rückwärts-Prädiktionsfehlern: Statt wie bisher nur die Vorwärts-Prädiktionsfehlerleistung können aufgrund dieser Gleichheit *beide Leistungen gemeinsam* minimiert werden. Das Prinzip dieses Ansatzes wird auch als Methode der „*maximalen Entropie*" bezeichnet. Es wird also angesetzt

$$\mathrm{E}\{|E_r[k]|^2\} + \mathrm{E}\{|B_r[k]|^2\} \overset{!}{=} \mathrm{Min}\,. \tag{10.7.23}$$

Zur Abschätzung der Erwartungswerte werden die Abtastwerte der Musterfunktion verwendet und eine zeitliche Mittelung über das Intervall $r \le k \le N-1$ vorgenommen, so dass der Burg-Ansatz

$$\sum_{k=r}^{N-1} \left[|e_r[k]|^2 + |b_r[k]|^2 \right] \overset{!}{=} \mathrm{Min} \tag{10.7.24}$$

lautet. Im Unterschied zu den beiden vorangegangenen Verfahren werden nun nicht direkt die Prädiktorkoeffizienten, sondern zunächst die PARCOR-Werte geschätzt, woraus die Koeffizienten mit Hilfe der Levinson-Durbin Rekursion zu gewinnen sind. Zur Minimierung des Ausdrucks (10.7.24) werden die partiellen Ableitungen nach den PARCOR-Koeffizienten zu null gesetzt.

$$\frac{\partial}{\partial \hat{\gamma}_r} \sum_{k=r}^{N-1} \left[|e_r[k]|^2 + |b_r[k]|^2 \right] = 0\,, \ r = 1, \ldots, n \tag{10.7.25}$$

Es gilt nach (10.6.9) und (10.6.11)

$$e_r[k] = e_{r-1}[k] - \hat{\gamma}_r \cdot b_{r-1}[k-1] \tag{10.7.26}$$

$$b_r[k] = b_{r-1}[k-1] - \hat{\gamma}_r^* \cdot e_{r-1}[k-1]\,, \tag{10.7.27}$$

so dass sich für die partiellen Ableitungen nach $\hat{\gamma}_r$ unmittelbar[10.3]

$$\frac{\partial e_r[k]}{\partial \hat{\gamma}_r} = -b_{r-1}[k-1] \qquad (10.7.28)$$

$$\frac{\partial e_r^*[k]}{\partial \hat{\gamma}_r} = 0 \qquad (10.7.29)$$

$$\frac{\partial b_r[k]}{\partial \hat{\gamma}_r} = 0 \qquad (10.7.30)$$

$$\frac{\partial b_r^*[k]}{\partial \hat{\gamma}_r} = -e_{r-1}^*[k] \qquad (10.7.31)$$

ergibt. Werden diese Beziehungen in (10.7.25) eingesetzt, so erhält man

$$\frac{\partial}{\partial \hat{\gamma}_r} \sum_{k=r}^{N-1} [e_r[k] \cdot e_r^*[k] + b_r[k] \cdot b_r^*[k]] =$$

$$- \sum_{k=r}^{N-1} [b_{r-1}[k-1] \cdot e_r^*[k] + b_r[k] \cdot e_{r-1}^*[k]] = 0. \quad (10.7.32)$$

Hieraus kann eine Vorschrift zur Schätzung der PARCOR-Koeffizienten abgeleitet werden, indem $e_r^*[k]$ und $b_r[k]$ mit Hilfe von (10.7.26) bzw. (10.7.27) ersetzt werden:

$$\sum_{k=r}^{N-1} \left[[b_{r-1}[k-1] \cdot [e_{r-1}^*[k] - \hat{\gamma}_r^* \cdot b_{r-1}^*[k-1]] \right.$$

$$\left. + e_{r-1}^*[k][b_{r-1}[k-1] - \gamma_r^* \cdot e_{r-1}[k]] \right] = 0. \quad (10.7.33)$$

Daraus folgt die gesuchte Schätzformel für die PARCOR-Koeffizienten.

$$\hat{\gamma}_r = \frac{2 \cdot \sum_{k=r}^{N-1} e_{r-1}[k] \cdot b_{r-1}^*[k-1]}{\sum_{k=r}^{N-1} (|e_{r-1}[k]|^2 + |b_{r-1}[k-1]|^2)} \qquad (10.7.34)$$

Diese Beziehung stellt die Grundlage des Burg-Algorithmus dar. Bemerkenswert ist, dass die auf diese Weise geschätzten Größen *betragsmäßig*

[10.3]Hier wird wieder von der Wirtinger-Ableitung Gebrauch gemacht, bei der formal $\partial \gamma^* / \partial \gamma = 0$ gesetzt werden kann (siehe die Seiten 170 und 284).

grundsätzlich kleiner als eins sind. Man weist dies durch Verwendung der Schwartzschen Ungleichung sehr einfach nach, indem der Zähler des Ausdrucks (10.7.34) als inneres Produkt von zwei Fehlervektoren interpretiert wird. Das innere Produkt ist dann stets kleiner als die Beträge der einzelnen Vektoren. Die Burg-Methode stellt also die *Minimalphasigkeit des Analysefilters und damit die Stabilität des Synthesefilters* sicher. Um zu den Koeffizienten eines autoregressiven Modells n-ter Ordnung zu kommen, sind anhand der N Werte der gemessenen Musterfunktion die Schätzwerte sämtlicher n PARCOR-Koeffizienten mit Hilfe von (10.7.34) zu bestimmen. Damit wird die Lattice-Form des Analyse- bzw. Synthesefilters gemäß Abschnitt 10.6 gewonnen. Die Koeffizienten der Polynomdarstellung ergeben sich hieraus mit der Levinson-Durbin Rekursion.

Der Ablauf der Burg-Analyse wird in der folgenden Übersicht zusammengefasst. Ein entsprechendes FORTRAN Programm findet man z.B. in [Orf84], eine MATLAB-Routine, die auch im Übungsteil dieses Buches Verwendung findet, steht im Internet unter der auf Seite **??** angegebenen Adresse zum Download bereit.

- *Initialisierung:*

$$e_0[k] = b_0[k] = x[k]; \quad k = 0, \ldots, N-1$$

$$a_0 = 1$$

$$\hat{\sigma}_0^2 = \sum_{k=0}^{N-1} |x[k]|^2$$

- *1.Iterationsschritt:*

$$\hat{\gamma}_1 = \frac{2 \cdot \sum\limits_{k=1}^{N-1} x[k] \cdot x^*[k-1]}{\sum\limits_{k=1}^{N-1} \left(|x[k]|^2 + |x[k-1]|^2 \right)}$$

$$e_1[k] = e_0[k] - \hat{\gamma}_1 \cdot b_0[k-1]$$
$$= x[k] - \hat{\gamma}_1 \cdot x[k-1]; \quad k = 1, \ldots, N-1$$

$$b_1[k] = b_0[k-1] - \hat{\gamma}_1^* \cdot e_0[k]$$
$$= x[k-1] - \hat{\gamma}_1^* \cdot x[k]; \quad k = 1, \ldots, N-1$$

$$\begin{bmatrix} 1 \\ a_{1,1} \end{bmatrix} = \begin{bmatrix} 1 \\ 0 \end{bmatrix} - \hat{\gamma}_1 \begin{bmatrix} 0 \\ 1 \end{bmatrix} \rightarrow \hat{a}_{1,1} = -\hat{\gamma}_1$$

$$\hat{A}_1(z) = 1 - \hat{\gamma}_1 \cdot z^{-1}$$
$$\hat{\sigma}_1^2 = (1 - |\hat{\gamma}_1|^2) \cdot \hat{\sigma}_0^2$$

- *r-ter Iterationsschritt:*

$$\hat{\gamma}_r = \frac{2 \cdot \sum_{k=r}^{N-1} e_{r-1}[k] \cdot b_{r-1}^*(k-1)}{\sum_{k=1}^{N-1} (|e_{r-1}[k]|^2 + |b_{r-1}[k-1]|^2)}$$

$$e_r[k] = e_{r-1}[k] - \hat{\gamma}_r \cdot b_{r-1}[k-1], \quad k = r, \ldots, N-1$$

$$b_r[k] = b_{r-1}[k-1] - \hat{\gamma}_r^* \cdot e_{r-1}[k], \quad k = r, \ldots, N-1$$

$$\begin{bmatrix} 1 \\ \hat{a}_{r,1} \\ \hat{a}_{r,2} \\ \vdots \\ \hat{a}_{r,r-1} \\ \hat{a}_{r,r} \end{bmatrix} = \begin{bmatrix} 1 \\ \hat{a}_{r-1,1} \\ \hat{a}_{r-1,2} \\ \vdots \\ \hat{a}_{r-1,r-1} \\ 0 \end{bmatrix} - \hat{\gamma}_r \begin{bmatrix} 0 \\ \hat{a}_{r-1,r-1}^* \\ \hat{a}_{r-1,r-2}^* \\ \vdots \\ \hat{a}_{r-1,1}^* \\ 1 \end{bmatrix} \rightarrow \hat{a}_{r,1}, .., \hat{a}_{r,r}$$

$$\hat{A}_r(z) = 1 + \sum_{\nu=1}^{r} \hat{a}_{r,\nu} \cdot z^{-\nu}$$

$$\hat{\sigma}_r^2 = (1 - |\hat{\gamma}_r|^2) \cdot \sigma_{r-1}^2$$

- *Berechnung der spektralen Leistungsdichte nach n Schritten:*

  Es wurden iterativ berechnet

$$\hat{A}_n(z) = 1 + \sum_{\nu=1}^{n} \hat{a}_{n,\nu} \cdot z^{-\nu} \text{ und } \hat{\sigma}_n^2 \rightarrow$$

$$\rightarrow \hat{S}_{XX}^{AR}(e^{j\Omega}) = \frac{\hat{\sigma}_n^2}{|\hat{A}_n(e^{j\Omega})|^2} = \frac{\hat{\sigma}_n^2}{|1 + \sum_{\nu=1}^{n} \hat{a}_{n,\nu} e^{-j\nu\Omega}|^2}$$

10.8 Beispiele zur parametrischen Spektralschätzung

10.8.1 Erprobung anhand synthetischer Testsignale

Die hauptsächliche Motivation zur Entwicklung modellgestützter Spektralschätzverfahren liegt in ihrer besonderen Eignung zur Kurzzeit-Spektralanalyse. Es wird im weiteren anhand verschiedener Beispiele gezeigt, dass unter Zugrundelegung extrem kurzer Musterfunktionen sehr zuverlässige Aussagen über die Spektraleigenschaften eines Prozesses möglich sind. In diesem Punkt sind die autoregressiven Schätzverfahren den traditionellen Methoden weit überlegen.

Eine andere Frage besteht allerdings darin, wie gut der in der Messung untersuchte Prozess durch das angesetzte Modell beschreibbar ist: So wird im folgenden gezeigt, dass der angenommene Grad des AR-Modellsystems oftmals von weit größerem Gewicht für die Genauigkeit der Spektralanalyse ist als der Umfang der zugrunde gelegten Datenmenge. Generell wird man die besten Ergebnisse erwarten, wenn der analysierte Prozess in Wahrheit tatsächlich autoregressiven Charakter hat. Praktische Messsignale sind jedoch in aller Regel aufgrund anderer Mechanismen entstanden als aus der rekursiven Filterung eines weißen Rauschprozesses.

Um den Einfluss der Modellbildung prinzipiell zu veranschaulichen, wird im folgenden ein „Messsignal" auf reproduzierbare Weise simuliert. Hierzu dient die in Bild 10.8.1 dargestellte Anordnung. $H(z)$ beschreibt dabei die Übertragungsfunktion eines linearen Systems zur gezielten Spektralformung, $q[k]$ stellt die Musterfunktion eines weißen, mittelwertfreien Rauschprozesses dar.

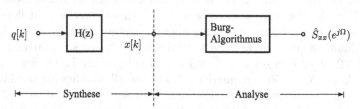

Bild 10.8.1: System zur Simulation der Burg-Analyse

- **Beispiel 1:** *Testsignal-Erzeugung durch rein rekursive Filterung von weißem Rauschen (AR-Modell)*

Synthesefilter:

$$H_{IIR}(z) = \frac{1}{1 - 1,372z^{-1} + 1,843z^{-2} - 1,238z^{-3} + 0,849z^{-4}}$$

Pole:　　$z_{\infty 1,2} = \pm j0,95$　　　$z_{\infty 3,4} = 0,97\, e^{\pm j\pi/4}$

Leistung der weißen Rauschquelle:

$$\sigma_Q^2 = 0,0032$$

Die Leistung wurde so gewählt, dass der Maximalwert des Leistungsdichtespektrums des Testsignals eins beträgt.

Die Ergebnisse der Burg-Analyse des synthetischen Prozesses sind in den Bildern 10.8.2a bis 10.8.2d dargestellt. Dabei zeigt sich bereits bei dem extrem geringen Datenumfang von $N = 50$ Abtastwerten in Bild 10.8.2a eine sehr gute Approximation des wahren Leistungsdichtespektrums. Wird die Länge der Musterfunktion wie in Bild 10.8.2b auf $N = 150$ gesteigert, so wird die Konvergenz der AR-Parameter gegen die wahren Werte deutlich. Aufgrund der im 8. Kapitel gesammelten Erfahrungen ist festzustellen, dass mit Hilfe traditioneller Spektralschätzverfahren nicht annähernd so günstige Ergebnisse zu erzielen sind: So wird eine Periodogramm-Schätzung auf der Basis von z.B. 50 Abtastwerten keine brauchbaren Resultate liefern.

Bei der Bewertung der beiden bisher durchgeführten Experimente muss betont werden, dass hier Musterfunktionen eines Prozesses benutzt wurden, der die zugrundeliegende Modellannahme eines AR-Prozesses ideal erfüllt; darüber hinaus stimmte sogar die angenommene Modellordnung $\hat{n} = 4$ mit der wahren Ordnung überein. Unterschätzt man die Modellordnung, so verschlechtern sich die Schätzergebnisse schlagartig: In Bild 10.8.2c wird dies für $\hat{n} = 2$ und $\hat{n} = 3$ bei gleicher Länge der Musterfunktion $N = 150$ demonstriert. Auch eine Überschätzung der Modellordnung verschlechtert das Erebnis, wenn auch nicht in dem Maße wie eine Unterschätzung. Bild 10.8.2d zeigt das Ergebnis der Burg-Analyse für $\hat{n} = 6$, also eine Überschätzung der Ordnung um zwei. Bei gleicher Länge der Musterfunktion erhält man größere Abweichungen als in Bild 10.8.2b, was darauf hindeutet, dass bei größer werdender Anzahl der zu schätzenden Parameter die Schätzvarianz ansteigt. Um das Resultat zu verbessern, müsste die verwendete Musterfunktion verlängert werden. Eine wesentliche Verschlechterung autoregressiver Spektralschätzmethoden tritt ein, wenn die Annahme, dass das analysierte Signal einem AR-Prozess entstammt, verletzt ist. Um dies zu demonstrieren, wird im folgenden Beispiel ein MA-Modell verwendet. Soll dieser Prozess durch ein AR-Modell nachgebildet werden, so läuft dies auf eine Approximation von Nullstellen durch Pole hinaus; es ist zu erwarten, dass dies nur bei deutlicher Erhöhung der Modellordnung zufriedenstellend gelingen kann.

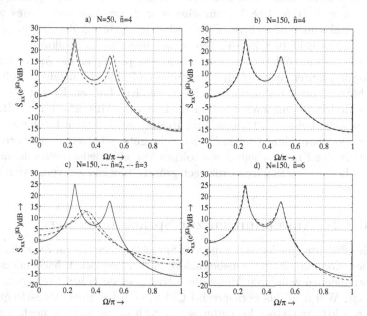

Bild 10.8.2: Burg-Analyse eines autoregressiven Prozesses vierter Ordnung (Beispiel 1); – wahres Spektrum, - - - Burg-Schätzung

- **Beispiel 2:** *Testsignal-Erzeugung durch nichtrekursive Filterung von weißem Rauschen (MA-Modell)*

  Synthesefilter:

$$H_{FIR}(z) = 1 - 0,5z^{-4}$$

Nullstellen: $z_{01,2} = \pm 0,841$ $z_{03,4} = \pm j0,841$

Leistung der weißen Rauschquelle:

$$\sigma_q^2 = 0,44.$$

(Normierung des synthetischen Leistungsdichtespektrums auf eins.)

Die Bilder 10.8.3a bis 10.8.3c demonstrieren die Abhängigkeit der nach der Burg-Methode geschätzten Leistungsdichtespektren von der Ordnung des AR-Modells bei fester Blocklänge $N = 512$. Es zeigt sich, dass mit $\hat{n} = 5$ (Bild 10.8.3a) nur eine sehr grobe Annäherung des wahren Spektrums möglich ist. Eine Verbesserung bringt die Erhöhung auf $\hat{n} = 10$ in Bild 10.8.3b – weitere Erhöhungen der Modellordnung, z.B. auf $\hat{n} = 15$ in Bild 10.8.3c, verbessern zwar prinzipiell die Approximationsgüte, führen jedoch wegen der größeren Parameteranzahl zu höheren Schätzvarianzen und somit zu schlechteren Ergebnissen. Erhöht man mit der Modellordnung auch drastisch die Länge der Musterfunktion, z.B. auf $N = 4096$ bei $\hat{n} = 30$ wie in Bild 10.8.3d, so sind auch bei Verletzung der Modellannahmen offensichtlich sehr gute Schätzergebnisse erreichbar. In der Praxis scheitert ein solches Vorgehen jedoch oftmals daran, dass bei nichtstationären Prozessen größere Blocklängen vermieden werden müssen.

10.8.2   Anwendungen zur Sprachcodierung

Die effiziente Quellencodierung von Sprachsignalen hat im Zuge der mobilen Kommunikation – insbesondere in den inzwischen flächendeckend vorhandenen zellularen Mobilfunknetzen – einen hohen Stellenwert erlangt. Während das Fernsprech-PCM-System bei einer Abtastfrequenz von 8 kHz mit einer logarithmischen 8-bit-Quantisierung noch auf einer Übertragungsrate von 64 kbit/s basiert, strebt man heute bei vergleichbarer Sprachqualität erheblich reduzierte Bitraten an: Der *GSM-Standard* (Global System for Mobile Communication, in Deutschland D1/D2- und E-Netz) sieht für den üblichen *full-rate-Sprachcoder* eine Quellbitrate von 13 kbit/s vor, während der inzwischen entwickelte *half-rate-Coder* auf 5,6 kbit/s reduziert ist. Hochoptimierte Sprachvocoder erreichen Bitraten von 2,4 kbit/s und darunter.

Eine solche drastische Reduktion der Bitrate wurde vor allem durch konsequente Anwendung parametrischer Codierungsverfahren möglich, die

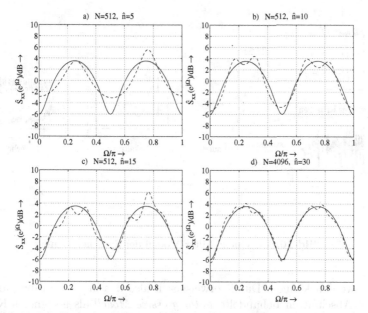

Bild 10.8.3: Burg-Analyse eines Moving-Average-Prozesses vierter Ordnung
(Beispiel 2); – wahres Spektrum, - - - Burg-Schätzung

auf optimalen Sprachmodellen basieren. Bei der Entwicklung solcher Modelle orientiert man sich sehr eng an den physiologischen Vorgängen der Spracherzeugung: In den Stimmbändern wird (bei stimmhaften Lauten) eine impulsartige Erregungsfunktion bestimmter Tonhöhe erzeugt – die Frequenz wird als *Pitchfrequenz* bezeichnet. Durch die Resonanzen des Nasen-, Mund- und Rachenraumes werden dann die spezifischen Laute geformt. Der Vorgang ist somit durch ein einfaches *Quelle-Filter-Modell* zu beschreiben [Fan70], das bereits die Basis der parametrischen Beschreibung bildet. Im Gegensatz zu stimmhaften Lauten wird das Erregungssignal bei stimmlosen Lauten durch ein weißes Rauschsignal repräsentiert; dieser Fall entspricht damit genau der in den letzten Abschnitten gegebenen mathematischen Beschreibung. Das resultierende Sprachmodell ist in Bild 10.8.4 dargestellt.

Weitergehende Untersuchungen zeigen, dass die Spektralformungs-Eigenschaften des Vokaltraktes, hier mit $V(f)$ angedeutet, hervorragend durch Pole rekursiver digitaler Filter, also *all-pole-Systeme*, nachgebil-

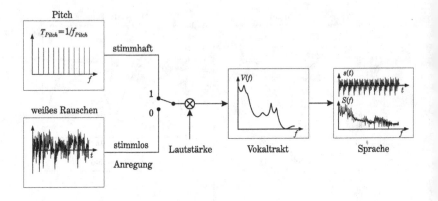

Bild 10.8.4: Quelle-Filter-Modell der Spracherzeugung

det werden können. Damit erweist sich also das in den vorangegangenen Abschnitten behandelte *autoregressive Modell* als geeignetes Konzept zur parametrischen Beschreibung von Sprachsignalen. Ein wichtiger
Unterschied zu den Betrachtungen in den vorangegangenen Abschnitten besteht allerdings noch darin, dass das bisher benutzte rauschar-
tige Quellensignal im Falle stimmhafter Laute wie erwähnt durch eine
Impulsfolge bestimmter Frequenz (Pitchfrequenz) zu ersetzen ist. Die
Grundlage zur Analyse, d.h. zur Bestimmung der AR-Parameter, ist die
lineare Prädiktion durch ein nichtrekursives Filter; aus diesem Grunde
fasst man die auf der AR-Modellierung basierenden Codierungsverfahren zur Klasse der *LPC-Coder* (Linear Predictive Coding) zusammen.
Die LPC-Analyse wird auf relativ kurze Sprachabschnitte angewendet,
in denen noch von einer hinreichenden Stationarität ausgegangen werden
kann. Typische Blocklängen liegen bei 20 ms; in dieser Zeit muss eine zuverlässige Schätzung der AR-Parameter vollzogen sein – im vorliegenden
Abschnitt werden hierfür Beispiele angeführt.
Die LPC-Verfahren lassen sich – in Abhängigkeit davon, wie das
Prädiktionsfehlersignal bei der Codierung verwertet wird – prinzipiell
in drei Gruppen einteilen:

- **Waveform-Coding des Erregungssignals:** Neben den Koeffizienten des AR-Modells wird das Prädiktionsfehlersignal direkt oder in reduzierter Form übertragen (Waveform-Coding); am Empfänger dient es als Erregungssignal für das Synthesefilter. Die Reduktion der Bitrate zur Übertragung des Erregungssignals kann z.B. darin bestehen, dass eine Abtastraten-Reduktion beim Prädiktionsfehlersignal durchgeführt wird; man nennt solche Verfahren *RELP-Verfahren* (Residual-Excited LPC). Der GSM-Standard nutzt solche Möglichkeiten der Reduktion, indem nach dreifacher Unterabtastung die nach der maximalen Energie ausgewählte Polyphasenkomponente übertragen wird (siehe z.B. [VSG+88]).

- **Codebook-Anregung:** Hierbei wird das Prädiktionsfehlersignal nach dem Prinzip der *Vektorquantisierung* codiert, d.h. es werden typische Muster von Signalabschnitten des Prädiktorfehlers in einem Codebuch abgelegt. Die aktuelle Musterfunktion wird mit diesen Standardmustern verglichen; die Codebuch-Adresse des Musters mit geringster Distanz wird übertragen. Auf diese Weise können erhebliche Einsparungen bei der Übertragung des Erregungssignals erreicht werden. Coder mit Codebook-Anregung bilden die Klasse der *CELP-Coder* (Code-Excited LPC).

- **Pitch-Anregung:** Hierbei erfolgt keine explizite Übertragung des Anregungssignals. Statt dessen wird bei der Analyse eines Sprachabschnitts zunächst festgestellt, ob ein stimmhafter oder stimmloser Laut vorliegt – diese 1-bit-Information wird übertragen. Handelt es sich um einen stimmhaften Laut, so wird die Pitchfrequenz geschätzt und ebenfalls übertragen; am Empfänger erfolgt dann die Erregung mit einer Impulsfolge aus einem lokalen Generator, wobei die übermittelte Pitchfrequenz eingestellt wird. Die hauptsächliche Schwierigkeit bei diesem Verfahren besteht in einer zuverlässigen Schätzung der Pitchfrequenz, die Qualität der synthetisierten Sprache hängt weitestgehend von der Güte dieser Schätzung ab [Nol67], [Rab77], [Hes83] [Sch96]. Mit diesem rein parametrischen Codierungskonzept sind die geringsten Bitraten zu erreichen; sie reichen bei recht guter Sprachqualität herab auf 1-2 kbit/s.

Im folgenden sollen einige Beispiele zur Anwendung autoregressiver Spektralschätzung auf reale Sprachsignale wiedergegeben werden. Die Abtastfrequenz beträgt in allen Fällen $f_A = 11$ kHz, ist also gegenüber dem in vielen Sprachcodern üblichen Wert von 8 kHz erhöht, um den Spektralbereich bis 4 kHz sicher zu erfassen.

Als erstes Testsignal wird ein von einer männlichen Person gesprochener Vokal „a" untersucht. Bild 10.8.5a stellt das aus 200 Abtastwerten – d.h. anhand eines Signalausschnitts von 18 ms – berechnete AR-Spektrum einer konventionellen Welch Analyse (8000 Abtastwerte entsprechend einer Zeitdauer von 0,73 s) gegenüber. Das autoregressive Modell wird mit Hilfe der in Abschnitt 10.7.1 erläuterten Yule-Walker-Methode dimensioniert. Es wurde gezeigt, dass dieses Verfahren wegen der nicht unterdrückten Ein- und Ausschwingvorgänge *nicht erwartungstreu* ist. Zur Minderung dieser Auswirkungen wird in der Literatur die Verwendung von Fensterfunktionen vorgeschlagen [RS78]; demgemäß wurde der zur Bestimmung der AR-Parameter benutzte Datenblock der Länge 200 einer *Hamming*-Bewertung unterzogen[10.4].

Das in Bild 10.8.5a gezeigte Ergebnis verdeutlicht die Leistungsfähigkeit der AR-Schätzmethode: Die für den Vokal „a" charakteristischen Resonanzstellen (die im Zusammenhang mit der Sprachverarbeitung als *Formanten* bezeichnet werden), werden durch das Modell zuverlässig wiedergegeben. Dabei ist zu betonen, dass die hier zum Vergleich gegenübergestellte Welch-Methode zur praktischen Sprachcodierung nicht benutzt werden kann, da Vokalabschnitte von knapp einer Sekunde Dauer in normaler Sprache üblicherweise nicht auftreten.

Bild 10.8.5b zeigt das Signal am Ausgang des Prädiktionsfehler-Filters. Nach den theoretischen Betrachtungen in Abschnitt 10.4.3 müsste es sich um weißes Rauschen handeln (siehe Seite 456). Statt dessen erkennt man ein weitgehend periodisches impulsförmiges Signal entsprechend der Modellbildung bei stimmhaften Lauten. Hieraus lässt sich auch in etwa die Pitchfrequenz ermitteln: Der zeitliche Abstand zwischen zwei Impulsen beträgt ca. 8 ms, womit die Pitchfrequenz bei $f_{pitch} = 125$ Hz liegt, was der mittleren Stimmlage eines männlichen Sprechers entspricht.

Es wurde erläutert, dass die vom Vokaltrakt hervorgerufenen Resonanzstellen im Sprachspektrum, die so genannten *Formanten*, das wesentliche Merkmal für die Sprachmodellierung darstellen. Zur Verdeutlichung wer-

---

[10.4]Am Ende dieses Abschnitts wird das Problem der Erwartungstreue und Varianz parametrischer Spektralschätzverfahren anhand von Sprachsignalen nochmals aufgegriffen.

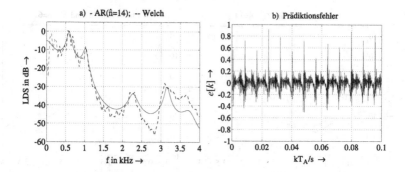

Bild 10.8.5: Spektralanalyse des Vokals „a"
a) Vergleich AR-Modell ($N = 200$, $\hat{n} = 14$)
mit Welch-Schätzung ($N = 8000$, $L = 256$)
b) Zeitverlauf des Prädiktionsfehlers

den in Bild 10.8.6a die den Vokalen „e" und „i" zugeordneten Spektren gegenübergestellt; die Analyse erfolgte wieder nach der Yule-Walker-Methode, wobei die Datenblöcke der Länge 200 mit einem Hamming-Fenster bewertet wurden. Typisch für den Vokal „i" ist das Ansteigen der Formanten zu höheren Frequenzen hin, während im Spektrum für den Vokal „e" ein Abfall der Resonanzspitzen und ein Zusammenrücken der Resonanzfrequenzen zu beobachten ist. Bild 10.8.6b demonstriert den Einfluss einer zu gering gewählten Modellordnung; macht man die Signale mit den hier gezeigten Modellspektren hörbar, so ist eine Unterscheidung zwischen den Vokalen „e" und „i" nicht mehr möglich. Die Wahl der korrekten Modellordnung ist also in Hinblick auf einen optimalen Sprachcoder von entscheidender Bedeutung.

Die in den vorangegangenen Beispielen ermittelten AR-Parameter wurden mit Hilfe der Yule-Walker-Methode anhand von Sprachabschnitten von je 200 Abtastwerten, entsprechend 18 ms, berechnet; zur Verbesserung der Erwartungstreue wurde eine Hamming-Fensterung durchgeführt. Es wurde darauf hingewiesen, dass dieses Verfahren in heutigen Sprachcodern angewendet wird, obwohl es sich um eine nicht erwartungstreue Schätzung handelt. Zum Vergleich werden in den Bildern 10.8.7a und b drei Schätzverfahren gegenübergestellt: der Burg-Algorithmus und die Yule-Walker-Methode mit und ohne Fensterung. Um ein „wahres" Spektrum zu definieren, wurde der Vokal „a" zunächst anhand einer großen Anzahl von Abtastwerten (N=8000) einer LPC-Analyse unter-

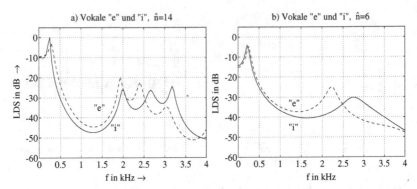

Bild 10.8.6: Spektralanalyse der Vokale "e" und "i"
a) Prädiktorordnung $\hat{n} = 14$; $(N = 200)$
b) Unterschätzung der Prädiktorordnung $\hat{n} = 6$; $(N = 200)$

zogen; das dabei ermittelte AR-Filter dient als Referenzsystem. Dieses System wird mit Musterfunktionen jeweils der Länge 200 aus einem weißen Prozess erregt. Durch Ensemble-Mittelung erhält man den Mittelwert der Schätzung und die Varianz („Monte-Carlo-Simulation"). Bild 10.8.7a zeigt, dass die Burg-Methode entsprechend der Theorie erwartungstreu ist. Aber auch beim Yule-Walker-Verfahren ist in Bild 10.8.7b kaum ein Unterschied zwischen dem wahren Spektrum und dem Mittelwert der Schätzung auszumachen, vorausgesetzt, es wird eine Fensterung der Datenblöcke durchgeführt (hier Hamming-Fenster). Geschieht dies nicht, so erhält man starke Verzerrungen des Spektrums (siehe untere Kurve in Bild 10.8.7b). Zur Darstellung der Schätzvarianzen sind für das Burg-Verfahren und die Yule-Walker-Methode mit Fensterung jeweils die oberen 2σ-Grenzen (95%-Grenzen) eingetragen. Zwischen den beiden Verfahren zeigen sich an den betrachteten Beispielen keine nennenswerten Unterschiede bezüglich Erwartungstreue und Varianz – wichtig ist allerdings, dass für die Yule-Walker-Methode eine Fensterung der Datenblöcke vorgesehen wird. In praktischen Codern wird dem Yule-Walker-Verfahren der Vorzug gegeben, da sein Realisierungsaufwand geringer als der des Burg-Algorithmus ist.
In diesem letzten Abschnitt zum Thema der parametrischen Spektralschätzung wurde das hauptsächliche Anwendungsgebiet, die Modellierung von Sprache, anhand einiger Beispiele demonstriert. Dabei bestand nicht die Absicht, das überaus komplexe Gebiet der LPC-

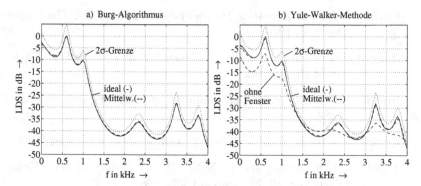

Bild 10.8.7: Vergleich zwischen Burg-Algorithmus und Yule-Walker-Schätzung mit und ohne Fensterung (Monte-Carlo-Simulation)

Sprachcodierung hier auch nur annähernd vollständig abzuhandeln; es war lediglich das Ziel, für die im vorliegenden Kapitel dargelegte Theorie der autoregressiven Modellierung von stochastischen Prozessen praktische Anwendungen aufzuzeigen und die Leistungsfähigkeit dieses Spektralschätzungsprinzips unter Beweis zu stellen. Zur vertieften Auseinandersetzung mit dem Thema der Sprachverarbeitung und -codierung stehen zahlreiche Lehrbücher zur Verfügung, z.B. [VM06],[VHH98], [RS78], [BNR95] oder [JN84].

Literaturverzeichnis

[BNR95] T. P. Barnwell, K. Nayebi, and C. H. Richardson. *Speed Coding – A Computer Laboratory Textbook.* John Wiley, New York, u.a., 1995.

[Bur67] J. P. Burg. Maximum Entropy Special Analysis. In *Proc. 37th Meeting Society of ExplorationGeographysicists*, Okt. 1967. (Nachdruck in [Chi78]).

[Chi78] D. G. Childers. *Modern Spectrum Analysis.* hrsg.: Selected Reprint Papers. IEEE Press, New York, 1978.

[Dur60] J. Durbin. The Fitting of the Time Series Models. *Rev. Inst. Int. Stat.*, Vol.28, 1960. S.233-244.

[Fan70]   G. Fant. *Acoustics Theory of Speech Production*. The Hague, Mouton, 1970.

[Ham83]   R. W. Hamming. *Digital Filters*. 2. Aufl. Prentice Hall, Englewood Cliffs, 1983.

[Hes83]   W. Hess. *Pitch Determination of Speech Signals*. Springer, 1983.

[Hes93]   W. Hess. *Digitale Filter*. 2. Aufl. Teubner, Stuttgart, 1993.

[JN84]   N. S. Jayant and P. Noll. *Digital Coding of Waveforms*. Prentice-Hall, Englewood Cliffs, 1984.

[Jur61]   E. I. Jury. A Stability Test for Linear Discrete Networks Using a Simple Division. *Proceedings of the IRE*, Vol.49, 1961. S.1948.

[Kam17]   K. D. Kammeyer. *Nachrichtenübertragung*. 6. Aufl. Teubner, Stuttgart, 2017.

[Kay88]   S. M. Kay. *Modern Spectral Estimation*. Prentice Hall, Englewood Cliffs, 1988.

[Kro86a]   K. Kroschel. Digitale Signalverarbeitung – Alternative oder Ergänzung zur Computertechnik ? *Technische Rundschau*, TR 43, Oktober 1986. S.96-98.

[Kro86b]   K. Kroschel. Rauschsignale – nüchtern betrachtet. *Deckblatt*, Nr.4, Oktober 1986. S.144-150.

[Lev47]   N. Levinson. The Wiener RMS (Root Mean Square) Error Criterion in Filter Design and Prediction. *Jornal Math. Phys.*, Vol.25, 1947. S.261-278.

[Mar86]   M. Marden. The Geometry of the Zeros of a Polynomial in the Complex Plane. *American Mathematical Society*, 1986. S.148-155, New York.

[Mar87]   S. M. Marple. *Digital Spectral Analysis*. Prentice Hall, Englewood Cliffs, 1987.

[Nol67]   A. M. Noll. Cepstrum Pitch Determination. *The Journal of the Acoustics Society of America*, Vol. 41, 1967. S.293-309.

[Orf84]   S. Orfanidis. *Optimum Signal Processing: An Introduction.* Macmillan, New York, 1984.

[PRLN92]   J. G. Proakis, C. M. Rader, F. Ling, and C. L. Nikias. *Advanced Digital Signal Processing.* Macmillan, New York, 1992.

[Pro83]   J. G. Proakis. *Digital Communications.* McGraw-Hill, New York, 1983.

[Rab77]   L. R. Rabiner. On the Use of Autocorrelation Analysis for Pitch Detection. *IEEE Trans. on ASSP*, Vol.26, 1977. S.24-33.

[RS78]   L. R. Rabiner and R. W. Schüßer. *Digital Processing of Speech Signals.* Prentice-Hall, New York, u.a., 1978.

[Sch96]   W. Schulter. *Pitchbestimmung bei Sprachsignalen durch Hypothesenvergleich aus der Wavelet-Ereignisdetektion mittels Paliwal-Rao Distanz.* Shaker, Aachen, 1996. Diss. Universität Bremen.

[Tre76]   S. A. Tretter. *Discrete-Time Signal Processing.* Wiley, New-York, 1976.

[VHH98]   P. Vary, U. Heute, and W. Hess. *Digitale Sprachsignalverarbeitung.* Teubner, Stuttgart, 1998.

[VM06]   P. Vary and R. Martin. *Digital Speech Transmission. Enhancement, Coding and Error Concealment.* Wiley & Sons, West Sussex, England, 2006.

[VSG$^+$88] P. Vary, R. Sluijter, C. Galand, K.Hellwig, M. Rosso, and R. Hofmann. Speech Codec for the European Mobile Radio System. *Proc. ICASSP-88*, 1988. S.227-230.

11

Eigenwertbasierte Spektralanalyse

Im Kapitel über parametrische Spektralschätzung wurde angenommen, dass der zu analysierende Signalprozess durch Filterung eines weißen Rauschens entsteht. Folglich bestand die Spektralschätzung darin, die Parameter dieses Filters sowie die Varianz des mittelwertfreien Rauschens am Eingang des Filters zu bestimmen.

Auch in diesem Kapitel wird eine Modellannahme getroffen: Das Nutzsignal setzt sich aus einer zu bestimmenden Anzahl von sinusförmigen Signalen zusammen, die zudem durch Rauschen gestört sind. Konkret gelten folgende Annahmen bezüglich des Messsignals $r[k]$:

- Das Nutzsignal $x[k]$ entsteht durch die Überlagerung von I reellwertigen Sinussignalen oder komplexen Exponentialschwingungen mit den normierten Kreisfrequenzen $\Omega_i = 2\pi f_i / f_A$, $1 \leq i \leq I$, wobei f_A die Abtastfrequenz ist.

- Der Störanteil $n[k]$ ist die Musterfunktion eines additiven weißen Prozesses $N[k]$.

Diesen Annahmen folgend kann man für das Signalmodell

$$r[k] = x[k] + n[k] \tag{11.0.1}$$

schreiben, wobei für den Nutzanteil je nachdem, ob es sich um reell- oder komplexwertige Signale handelt,

$$x[k] \;=\; \sum_{i=1}^{I} A_i \, \cos(\Omega_i k + \varphi_i) \quad \text{oder}$$

$$x[k] \;=\; \sum_{i=1}^{I} A_i \, e^{j(\Omega_i k + \varphi_i)} \tag{11.0.2}$$

gilt. Die Aufgabe der Spektralanalyse besteht nun darin,

- die Parameter A_i, φ_i und Ω_i, $1 \le i \le I$ zu bestimmen und

- den Nutzanteil $x[k]$ vom Störanteil $n[k]$ zu trennen.

Die erste Teilaufgabe kann man als *Schätzproblem* interpretieren: mit den verfügbaren Messwerten $r[k]$, $1 \le k \le N$ sind die Parameter A_i, φ_i, die man im Falle der komplexwertigen Signale zum Parameter $A_i e^{j\varphi_i}$ zusammenfassen kann, und Ω_i zu schätzen. Während der komplexwertige Parameter $A_i e^{j\varphi_i}$ *linear* von den Messwerten $r[k]$ abhängt, geht Ω_i wegen des zeitabhängigen Terms $\cos \Omega_i k$ bzw. $e^{j\Omega_i k}$ *nichtlinear* in $r[k]$ ein.

Es wird sich zeigen, dass man diese Aufgaben durch eine *Eigenwertanalyse* [PM96], [SM97], [Vas96] lösen kann, wobei durch geeignete Zuordnung der Eigenwerte zu einem Signal- und Störraum die Trennung der beiden Signalanteile erfolgt. Voraussetzung ist dabei, dass es sich um einen weißen Störprozess handelt.

11.1 Harmonische Analyse nach Pisarenko

Ein reellwertiges sinusförmiges Signal mit der Frequenz Ω_i kann mittels eines rekursiven Systems zweiter Ordnung generiert werden, dessen Pole unter den Winkeln $\pm \Omega_i$ auf dem Einheitskreis liegen [Pis73]. Bild 11.1.1 zeigt ein derartiges Pol-Nullstellendiagramm. Bezeichnet $x(k)$ das Ausgangssignal dieses Systems, so lautet der rekursive Teil der zugehörigen Differenzengleichung

$$x[k] = a_1 \, x[k-1] + a_2 \, x[k-2], \tag{11.1.1}$$

wobei für die Koeffizienten $a_1 = 2 \cdot \cos \Omega_i$, $a_2 = -1$ zu setzen ist. Erregt man dieses System mit einem Delta-Impuls oder setzt man die Anfangsbedingungen $x[-1] = -1$; $x[-2] = 0$ ein, dann ergibt sich an seinem Ausgang für $k \ge 0$ ein sinusförmiges Signal der Frequenz Ω_i.

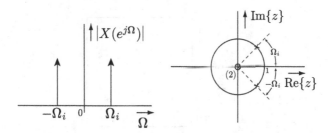

Bild 11.1.1: Darstellung eines reellwertigen sinusförmigen Signals mit der normierten Kreisfrequenz Ω_i als Spektrum und in der Z-Ebene durch konjugiert komplexe Pole auf dem Einheitskreis bei Ω_i

Erweitert man die Differenzengleichung nach (11.1.1) auf I sinusförmige Signale mit den normierten Frequenzen Ω_i, $1 \le i \le I$, so ergeben sich $2I$ Koeffizienten a_i, $1 \le i \le 2I$ und man erhält

$$x[k] = \sum_{i=1}^{2I} a_i \, x[k-i].\tag{11.1.2}$$

Diese rekursive Differenzengleichung wird bei entsprechend gesetzten Anfangsbedingungen durch ein System mit der Übertragungsfunktion

$$H(z) = \frac{1}{1 - \sum_{i=1}^{2I} a_i \, z^{-i}} = \frac{1}{\prod_{i=1}^{I}(1 - e^{-j\Omega_i} z^{-1})(1 - e^{j\Omega_i} z^{-1})}\tag{11.1.3}$$

realisiert, wobei den reellwertigen Sinussignalen entsprechend Bild 11.1.1 die Polpaare $z_{\infty_i} = e^{\pm j\Omega_i}$ zugeordnet sind. Damit entspricht (11.1.3) wegen der reellwertigen Sinussignale einem AR-Modell mit $2I$ Parametern a_i. Zur Veranschaulichung dient das reellwertige Messsignal

$$x[k] = \sin(0,1\pi k) + 0,5 \cdot [\sin(0,125\pi k) + \sin(0,25\pi k)],\tag{11.1.4}$$

dessen Pol-Nullstellendiagramm Bild 11.1.2 zeigt; es erweitert die Darstellung in Bild 11.1.1.

Die $2I = 6$ Nullstellen im Ursprung entsprechen der Darstellung von $H(z)$ nach (11.1.3). Die unterschiedlichen Amplituden der Sinussignale werden vom Pol-Nullstellendiagramm nicht erfasst, d.h unabhängig von deren Amplituden erhält man stets dasselbe Pol-Nullstellendiagramm.

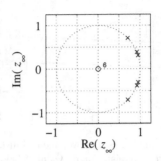

Bild 11.1.2: Polstellen der $I = 3$ reellen Sinussignale mit den normierten Frequenzen $\Omega_1 = 0{,}1\pi$, $\Omega_2 = 0{,}125\pi$ und $\Omega_3 = 0{,}25\pi$ auf dem Einheitskreis der Z-Ebene

11.1.1 Modellierung gestörter Sinussignale

Folgt man der Vorstellung, dass sich die Störungen $n[k]$ nach (11.0.1) dem Nutzanteil $x[k]$ additiv überlagern, so ergibt sich mit der Darstellung sinusförmiger Signale nach (11.1.2) für das gestörte, hier reell angenommene Messsignal $r[k]$

$$r[k] = x[k] + n[k] = \sum_{i=1}^{2I} a_i\, x[k-i] + n[k]\,. \tag{11.1.5}$$

Ersetzt man $x[k-i]$ durch $r[k-i] - n[k-i]$, so erhält man mit

$$r[k] - \sum_{i=1}^{2I} a_i\, r[k-i] = n[k] - \sum_{i=1}^{2I} a_i\, n[k-i] \tag{11.1.6}$$

eine Differenzengleichung, die einem ARMA-Modell entspricht, wobei dieselben Parameter a_i im AR- und MA-Teil auftreten. In Vektordarstellung folgt daraus

$$\mathbf{r}^T \mathbf{a} = \mathbf{n}^T \mathbf{a} \tag{11.1.7}$$

mit den $(2I+1)$-dimensionalen Vektoren

$$
\begin{aligned}
\mathbf{r} &= [r[k], r[k-1], \ldots, r[k-2I]]^T \\
\mathbf{n} &= [n[k], n[k-1], \ldots, n[k-2I]]^T \\
\mathbf{a} &= [1, -a_1, \ldots, -a_{2I}]^T\,.
\end{aligned}
$$

Um die unbekannten Parameter **a** zu bestimmen, wird die Vektorgleichung von links mit **r** multipliziert und der Erwartungswert berechnet:

$$E\{\mathbf{R}\mathbf{R}^T\}\mathbf{a} = E\{\mathbf{R}\mathbf{N}^T\}\mathbf{a}$$
$$\mathbf{R}_{\mathbf{RR}}\mathbf{a} = \mathbf{R}_{\mathbf{RN}}\mathbf{a}. \qquad (11.1.8)$$

Unter der Annahme eines weißen Rauschprozesses $N(k)$, der vom Signalprozess $X(k)$ statistisch unabhängig ist, folgt für die Kreuzkorrelationsmatrix $\mathbf{R}_{\mathbf{RN}}$

$$\mathbf{R}_{\mathbf{RN}} = E\{(\mathbf{X} + \mathbf{N})\mathbf{N}^T\} = E\{\mathbf{N}\mathbf{N}^T\} = \sigma_N^2\,\mathbf{I}. \qquad (11.1.9)$$

Setzt man dies in (11.1.8) ein, so erhält man

$$\mathbf{R}_{\mathbf{RR}}\mathbf{a} = \sigma_N^2\,\mathbf{a}$$
$$(\mathbf{R}_{\mathbf{RR}} - \sigma_N^2\mathbf{I})\mathbf{a} = \mathbf{0} \qquad (11.1.10)$$

mit dem *Eigenwert* σ_N^2 und dem zugehörigen *Eigenvektor* **a** der $(2I+1) \times (2I+1)$-dimensionalen Korrelationsmatrix $\mathbf{R}_{\mathbf{RR}}$.
Mit den $2I$ unbekannten Parametern a_i nach (11.1.7) und der Varianz σ_N^2 in (11.1.10) ergeben sich insgesamt $2I+1$ zu bestimmende Größen. Zu ihrer Berechnung benötigt man die $(2I+1) \times (2I+1)$-dimensionale Korrelationsmatrix $\mathbf{R}_{\mathbf{RR}}$. Es wird angenommen, dass der weiße Störprozess $N[k]$ mit der Musterfunktion $n[k]$ ergodisch ist. Unter diesen Bedingungen gilt für die Korrelationsfolge $r_{RR}[\kappa]$

$$r_{RR}[\kappa] = E\{R[k]R[k+\kappa]\} = \lim_{N \to \infty} \frac{1}{N} \sum_{k=1}^{N} r[k]r[k+\kappa]. \qquad (11.1.11)$$

Wegen der endlichen Anzahl N von Messwerten $r[k]$ kann die Korrelationsfolge nur geschätzt werden. Dazu kann die nicht erwartungstreue Schätzung nach (9.1.4) auf Seite 391

$$\hat{r}_{RR}[\kappa] = \frac{1}{N} \sum_{k=0}^{N-|\kappa|-1} r[k]r[k+\kappa] \qquad (11.1.12)$$

eingesetzt werden (hier für reelle Messsignale), wobei $N \gg 2I$ angenommen wird. Aus diesen Schätzwerten gewinnt man den Schätzwert $\hat{\mathbf{R}}_{\mathbf{RR}}$

der erforderlichen $(2I + 1) \times (2I + 1)$-dimensionalen Korrelationsmatrix:

$$\mathbf{\hat{R}_{RR}} = \begin{bmatrix} \hat{r}_{RR}[0] & \hat{r}_{RR}[1] & \dots & \hat{r}_{RR}(2I) \\ \hat{r}_{RR}[1] & \hat{r}_{RR}[0] & \dots & \hat{r}_{RR}[2I - 1] \\ \vdots & \vdots & \ddots & \vdots \\ \hat{r}_{RR}[2I] & \hat{r}_{RR}[2I - 1] & \dots & \hat{r}_{RR}[0] \end{bmatrix}. \quad (11.1.13)$$

Im weiteren Verlauf der Betrachtung soll nicht zwischen dem Schätzwert $\mathbf{\hat{R}_{RR}}$ der Korrelationsmatrix und deren wahrem Wert unterschieden werden, da vorausgesetzt wird, dass die Schätzung hinreichend genau ist. Bei bekannter Korrelationsmatrix $\mathbf{R_{RR}}$ lassen sich die Modellparameter a_i und die Varianz σ_N^2 mit Hilfe von Standardmethoden berechnen: durch Lösung der *charakteristischen Gleichung*[11.1]

$$\det(\mathbf{R_{RR}} - \lambda_i \mathbf{I}) = 0 \qquad 1 \le i \le 2I + 1 \qquad (11.1.14)$$

kann man die *Eigenwerte* λ_i berechnen und mit ihnen durch Lösung der Gleichung

$$(\mathbf{R_{RR}} - \lambda_i \mathbf{I}) \cdot \mathbf{a}_i = 0 \qquad 1 \le i \le 2I + 1 \qquad (11.1.15)$$

die *Eigenvektoren* $\mathbf{a}_i$. Einer dieser Eigenwerte, und zwar der kleinste, ist nach (11.1.10) durch $\lambda_i = \sigma_N^2$ gegeben. Das soll an einem Beispiel erörtert werden. Dazu wird zum Nutzsignal $x[k]$ nach (11.1.4) wie in (11.1.5) ein weißes Störsignal $n[k]$ mit der Varianz $\sigma_N^2 = 0{,}1$ bzw. $\sigma_N^2 = 0{,}5$ addiert. Schätzt man mit $N = 512$ Werten $r[k]$ die Korrelationsmatrix $\mathbf{R_{RR}}$ der Dimension 7×7 wie oben angegeben, erhält man die in Bild 11.1.3 gezeigten, nach fallender Größe angeordneten $2I + 1 = 7$ Eigenwerte λ_i.

Den $I = 3$ reellen Sinussignalen sind $2I = 6$ Eigenwerte zuzuordnen. Der letzte und kleinste Eigenwert wird durch die weißen Störungen bestimmt und stellt einen Schätzwert für die Varianz σ_N^2 dar. Er berechnet sich im hier betrachteten Beispiel für $\sigma_N^2 = 0{,}1$ zu $\hat{\sigma}_N^2 = 0{,}096$ und für $\sigma_N^2 = 0{,}5$ zu $\hat{\sigma}_N^2 = 0{,}489$.

11.1.2   Die Parameter der Sinussignale

Kennt man den dem Eigenwert $\lambda = \sigma_N^2$ zugeordneten Eigenvektor $\mathbf{a}$, so kann man das Nennerpolynom der Z-Transformierten in (11.1.3) ange-

---

[11.1]$\det(\mathbf{A})$ bezeichnet die Determinante der Matrix $\mathbf{A}$.

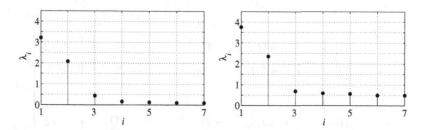

Bild 11.1.3: Eigenwerte λ_i der Korrelationsmatrix $\mathbf{R_{RR}}$.
Links: Störungen der Leistung $\sigma_N^2 = 0{,}1$. Rechts: Störungen der
Leistung $\sigma_N^2 = 0{,}5$

ben. Da sämtliche Pole gemäß Bild 11.1.2 auf dem Einheitskreis liegen,
ist das Nennerpolynom in (11.1.3) mit $a_i = a_{2I-i}$ symmetrisch:

$$1 - a_1 z^{-1} \cdots - a_1 z^{-2I+1} + z^{-2I} = \prod_{i=1}^{I} (1 - e^{-j\Omega_i} z^{-1})(1 - e^{j\Omega_i} z^{-1}).$$

(11.1.16)

Seine Nullstellen $z_i = e^{j\Omega_i}$ dienen zur Bestimmng der unbekannten Frequenzen Ω_i.

Damit sind die Frequenzen Ω_i bekannt und es fehlt nun noch die Berechnung der Amplituden A_i der Sinussignale.

Die Korrelationsfolge der gestörten Sinussignale ist durch

$$r_{RR}[\kappa] = \sum_{i=1}^{I} \frac{A_i^2}{2} \cos \Omega_i \kappa + \sigma_N^2 \, \delta[\kappa]$$

(11.1.17)

gegeben. Der Einfluss des weißen Prozesses $N[k]$ auf die Korrelationsfolge der gestörten Sinussignale bzw. des Messsignalprozesses beschränkt sich auf den Ursprung bei $\kappa = 0$, d.h. er macht sich nur beim Wert $r_{RR}(0)$ bemerkbar. Zur Berechnung der Amplituden A_i der Sinussignale beschränkt man sich deshalb auf die Werte der Korrelationsfolge $r_{RR}[\kappa]$ für $1 \leq \kappa \leq I$:

$$
\begin{bmatrix} r_{RR}[1] \\ r_{RR}[2] \\ \vdots \\ r_{RR}[I] \end{bmatrix} = \begin{bmatrix} \cos \Omega_1 & \cos \Omega_2 & \dots & \cos \Omega_I \\ \cos 2\Omega_1 & \cos 2\Omega_2 & \dots & \cos 2\Omega_I \\ \vdots & \vdots & \ddots & \vdots \\ \cos I\Omega_1 & \cos I\Omega_2 & \dots & \cos I\Omega_I \end{bmatrix} \begin{bmatrix} A_1^2/2 \\ A_2^2/2 \\ \vdots \\ A_I^2/2 \end{bmatrix} .
$$

$$
(11.1.18)
$$

Kennt man die Amplituden A_i der Sinussignale nach Lösung des linearen Gleichungssystems in (11.1.18), kann man die Leistung σ_N^2 des Störprozesses $N[k]$ durch Auswertung des Wertes $r_{RR}(0)$ der Korrelationsfolge des Messsignals bestimmen:

$$
\sigma_N^2 = r_{RR}(0) - \sum_{i=1}^{I} \frac{A_i^2}{2} . \qquad (11.1.19)
$$

Diese Berechnung der Varianz σ_N^2 stellt eine Alternative zu der im vorigen Abschnitt dargestellten Methode dar, bei der der kleinste Eigenwert λ_i als Schätzwert für σ_N^2 vorgestellt wurde.

Das Verfahren von Pisarenko wird hier nicht weiter diskutiert, da es im Vergleich zu den nachfolgenden Verfahren MUSIC und ESPRIT eine geringere Genauigkeit bei der Schätzung der Frequenzen Ω_i aufweist.

11.2 MUSIC-Spektralschätzung

Das als MUltiple SIgnal Classification bezeichnete Spektralschätzverfahren wird in der Literatur mit MUSIC abgekürzt. Ursprünglich wurde es zur Schätzung der Richtung von Signalquellen (DOA, Direction of Arrival) mit Hilfe von Antennenarrays entwickelt [Sch86], kann aber auch dafür verwendet werden, die unbekannten Frequenzen Ω_i von Sinussignalen zu bestimmen, die durch weißes Rauschen gestört sind [Kay88], [Mar87].

Bei der Herleitung der Spektralanalyse soll angenommen werden, dass der Signalanteil xv sich aus komplexwertigen Exponentialschwingungen zusammensetzt. Für das Messsignal $r[k]$, d.h. die Summe aus $x[k]$ und der Musterfunktion $n[k]$ eines weißen, hier ebenfalls komplex angesetzten

Rauschprozesses $N[k]$ gilt

$$r[k] = x[k] + n[k] = \sum_{i=1}^{I} A_i\, e^{j(\Omega_i k + \varphi_i)} + n[k] = \sum_{i=1}^{I} A_i e^{j\varphi_i} \cdot e^{j\Omega_i k} + n[k]\,,$$

(11.2.1)

wenn man von I komplexen Exponentialfolgen mit den Amplituden A_i und den normierten Kreisfrequenzen Ω_i ausgeht. Bei reellwertigen Signalen erhöht sich die Anzahl I mit $x(k) = \cos(\Omega_i k) = \frac{1}{2}[e^{j\Omega_i k} + e^{-j\Omega_i k}]$ auf $2I$ konjugiert komplexe Exponentialschwingungen.

Zur Bestimmung der unbekannten Parameter Ω_i, A_i und φ_i der reellen Sinussignale wurde beim Verfahren von Pisarenko die $(2I+1) \times (2I+1)$-dimensionale Korrelationsmatrix $\mathbf{R_{RR}}$ des Messsignals verwendet. Beim MUSIC-Verfahren wird eine Korrelationsmatrix der Dimension $M \times M$ verwendet, wobei $M > 2I + 1$ bei reellem bzw. $M > I + 1$ bei komplexwertigem Nutzsignal $x[k]$ ist. Der Sinn dieser Erweiterung der Dimension ist darin zu sehen, dass der Störprozess $N[k]$ nicht nur durch einen Eigenwert der Matrix $\mathbf{R_{RR}}$ wie beim Verfahren nach Pisarenko erfasst werden soll; das MUSIC-Verfahren stellt somit eine Erweiterung des Verfahrens von Pisarenko dar.

Von dem in (11.2.1) definierten Messsignal $r[k]$ werden M Werte zu dem Vektor $\mathbf{r}[k]$ zusammengefasst und man erhält das Signalmodell

$$\mathbf{r}[k] = \left[\begin{array}{cccc} r[k] & r[k-1] & \ldots & r[k-K+1] \end{array}\right]^T$$

$$= \begin{bmatrix} e^{j\Omega_1 k} & e^{j\Omega_2 k} & \ldots & e^{j\Omega_I k} \\ e^{j\Omega_1 (k-1)} & e^{-j\Omega_2 (k-1)} & \ldots & e^{j\Omega_I (k-1)} \\ \vdots & \vdots & \ddots & \vdots \\ e^{j\Omega_1 (k-M+1)} & e^{j\Omega_2 (k-M+1)} & \ldots & e^{j\Omega_I (k-M+1)} \end{bmatrix} \begin{bmatrix} A_1 e^{j\varphi_1} \\ A_2 e^{j\varphi_2} \\ \vdots \\ A_I e^{j\varphi_I} \end{bmatrix} +$$

$$+ \begin{bmatrix} n[k] \\ n[k-1] \\ \vdots \\ n[k-M+1] \end{bmatrix}$$

$$= \mathbf{x}[k] + \mathbf{n}[k] = \mathbf{S}\,\mathbf{p}_A + \mathbf{n}[k]$$

(11.2.2)

mit der $(M \times I)$-dimensionalen Signalmatrix

$$\mathbf{S} = \begin{bmatrix} e^{j\Omega_1 k} & e^{j\Omega_2 k} & \cdots & e^{j\Omega_I k} \\ e^{j\Omega_1(k-1)} & e^{j\Omega_2(k-1)} & \cdots & e^{j\Omega_I(k-1)} \\ \vdots & \vdots & \ddots & \vdots \\ e^{j\Omega_1(k-M+1)} & e^{j\Omega_2(k-M+1)} & \cdots & e^{j\Omega_I(k-M+1)} \end{bmatrix} \quad (11.2.3)$$

und dem Vektor $\mathbf{p}_A$ der komplexen Signalamplituden

$$\mathbf{p}_A = \left[A_1 e^{j\varphi_1}, A_2 e^{j\varphi_2}, \cdots, A_I e^{j\varphi_I} \right]^T . \quad (11.2.4)$$

Die Matrix $\mathbf{S}$ hängt nur von den Frequenzen Ω_i, der Parametervektor $\mathbf{p}_A$ nur von den komplexen Amplituden $A_i e^{j\varphi_i}$ ab. Kennt man die Frequenzen Ω_i, so kann man wie beim Verfahren nach Pisarenko mit (11.1.18) und den Werten $r_{RR}[\kappa]$, $1 \leq \kappa \leq I$ der Korrelationsfolge die Amplituden A_i bestimmen.

Man benötigt zur Berechnung der Frequenzen Ω_i die Korrelationsmatrix[11.2] $\mathbf{R_{RR}} = \mathrm{E}\{\mathbf{R}[k]\mathbf{R}^H[k]\}$ des Messsignalprozesses $R[k]$, wobei das hochgestellte H den hermiteschen, d.h. den konjugiert komplexen und transponierten Vektor bezeichnet. Statt der Dimension $(2I+1) \times (2I+1)$ wie beim Pisarenko-Verfahren weist $\mathbf{R_{RR}}$ beim MUSIC-Verfahren nach (11.2.2) die Dimension $M \times M$ mit $M > 2I + 1$ bei reellen bzw. $M > I + 1$ bei komplexwertigen Sinussignalen auf. Zu ihrer Berechnung bzw. Schätzung wird auf (9.1.4) auf Seite 391 verwiesen.

11.2.1 Trennung von Signal- und Störraum

Es wird angenommen, dass die Sinussignale $\mathbf{x}[k]$ und die weißen Störungen $\mathbf{n}[k]$ statistisch unabhängig voneinander sind. Dann kann die Korrelationsmatrix $\mathbf{R_{RR}}$ des Messsignalprozesses in einen Anteil für die Sinussignale $\mathbf{x}[k]$ und die weiße Störung $\mathbf{n}[k]$ aufgeteilt werden. Aus

---

[11.2]Es ist zu beachten, dass die Autokorrelationsmatrix hier gegenüber (2.6.18) auf Seite 41 mit konjugiert komplexen Elementen definiert ist, da die Elemente des Vektors $\mathbf{R}$ hier in zeitlich abfallender Reihenfolge, bei $\mathbf{X}$ in (2.6.18) jedoch in aufsteigender Reihenfolge festgelegt wurden.

(11.2.2) folgt

$$\begin{aligned}
\mathbf{R_{RR}} &= \mathrm{E}\{\mathbf{R}[k]\mathbf{R}^H[k]\} = \mathrm{E}\{\mathbf{X}[k]\mathbf{X}^H[k]\} + \mathrm{E}\{\mathbf{N}[k]\mathbf{N}^H[k]\} \\
&= \mathbf{S}\,\mathrm{E}\{\mathbf{P}_A\mathbf{P}_A^H\}\,\mathbf{S}^H + \mathbf{R_{NN}} \\
&= \mathbf{S}\,\mathbf{P}\,\mathbf{S}^H + \sigma_N^2\,\mathbf{I}
\end{aligned} \qquad (11.2.5)$$

mit der Korrelationsmatrix $\mathbf{P}$ der komplexen Amplituden $A_i e^{j\varphi_i}$

$$\mathbf{P} = \mathrm{E}\{\mathbf{P}_A\mathbf{P}_A^H\} = \begin{bmatrix} A_1^2 & 0 & \dots & 0 \\ 0 & A_2^2 & \dots & 0 \\ \vdots & \vdots & \ddots & \vdots \\ 0 & 0 & \dots & A_I^2 \end{bmatrix}, \qquad (11.2.6)$$

wobei eine Gleichverteilung und statistische Unabhängigkeit der Phasen φ_i im Intervall $-\pi \leq \varphi_i < \pi$ angenommen wird, so dass

$$\mathrm{E}\{e^{j\varphi_i}e^{j\varphi_\ell}\} = \begin{cases} 0 & i \neq \ell \\ 1 & i = \ell \end{cases}$$

gilt. Damit verschwinden die Kreuzterme auf den Nebendiagonalen der Matrix $\mathbf{P}$.

Mit diesen Definitionen gilt für die Korrelationsmatrix $\mathbf{R_{XX}}$ des sinusförmigen Nutzanteils

$$\mathbf{R_{XX}} = \mathbf{S}\,\mathbf{P}\,\mathbf{S}^H = \sum_{i=1}^{I} A_i^2 \mathbf{s}_i \mathbf{s}_i^H \qquad (11.2.7)$$

mit dem die Frequenzen Ω_i enthaltenden Vektor $\mathbf{s}_i$

$$\mathbf{s}_i = [1,\, e^{j\Omega_i},\, \dots e^{j(M-1)\Omega_i}]^T . \qquad (11.2.8)$$

Die Korrelationsmatrix des Nutzanteils $\mathbf{R_{XX}}$ der Dimension $M \times M$ hat nicht den vollen Rang M, sondern nur den Rang I und lässt sich deshalb durch I *Eigenvektoren* $\mathbf{v}_i$ und *Eigenwerte* λ_i ausdrücken:

$$\mathbf{R_{XX}} = \sum_{i=1}^{M} \lambda_i \mathbf{v}_i \mathbf{v}_i^H = \sum_{i=1}^{I} \lambda_i \mathbf{v}_i \mathbf{v}_i^H . \qquad (11.2.9)$$

Die zu den Eigenwerten λ_i gehörigen Eigenvektoren $\mathbf{v}_i$, $1 \leq i \leq I$, spannen den Raum des Nutzsignals ebenso auf wie die orthogonalen Vektoren $\mathbf{s}_i$, $1 \leq i \leq I$ nach (11.2.7), die direkt von den Frequenzen Ω_i abhängen. Mit den M Eigenvektoren $\mathbf{v}_i$, $1 \leq i \leq M$, lässt sich der gesamte Raum, also auch der Störraum aufspannen, so dass für die $M \times M$-dimensionale Korrelationsmatrix $\mathbf{R_{NN}}$ des weißen Störprozesses $N[k]$ entsprechend (11.2.9)

$$\mathbf{R_{NN}} = \sigma_N^2 \mathbf{I} = \sigma_N^2 \sum_{i=1}^{M} \mathbf{v}_i \mathbf{v}_i^H \qquad (11.2.10)$$

gilt, d.h. alle Eigenwerte sind wegen des weißen Prozesses gleich groß und für sie gilt $\lambda_i = \sigma_N^2$. Verwendet man zur Darstellung von (11.2.5) die durch ihre Eigenwerte und Eigenvektoren ausgedrückten Korrelationsmatrizen, so erhält man für die Korrelationsmatrix des Messsignals

$$\begin{aligned}
\mathbf{R_{RR}} &= \sum_{i=1}^{I} \lambda_i \mathbf{v}_i \mathbf{v}_i^H + \sigma_N^2 \sum_{i=1}^{M} \mathbf{v}_i \mathbf{v}_i^H \\
&= \sum_{i=1}^{I} (\lambda_i + \sigma_N^2)\, \mathbf{v}_i \mathbf{v}_i^H + \sigma_N^2 \sum_{i=I+1}^{M} \mathbf{v}_i \mathbf{v}_i^H . \qquad (11.2.11)
\end{aligned}$$

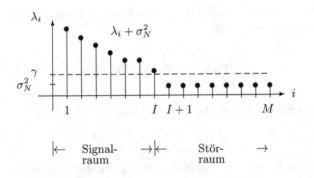

Bild 11.2.1: Aufteilung des Signalraums in die Unterräume für den Nutz- und Störanteil an Hand der Eigenwerte λ_i der Korrelationsmatrix $\mathbf{R_{RR}}$ und der Schwelle γ

Aus dieser Darstellung folgt, dass man die Eigenvektoren $\mathbf{v}_1$, $\mathbf{v}_2$, ... $\mathbf{v}_M$ an Hand der zugehörigen Eigenwerte λ_i, $1 \leq i \leq M$, aufteilen kann. Dazu ordnet man die Eigenwerte mit $\lambda_1 > \lambda_2 > \ldots \lambda_M$ der Größe nach an. Die Zuordnung zum Signal- und Störunterraum erfolgt dann, indem

- die ersten I und damit größten Eigenwerte mit den zugehörigen Eigenvektoren $\mathbf{v}_1$, $\mathbf{v}_2$, ... $\mathbf{v}_I$, die den I Frequenzen Ω_i, $1 \leq i \leq I$ der sinusförmigen Signale entsprechen, dem *Signalunterraum* und

- die übrigen Eigenwerte mit ihren Eigenvektoren $\mathbf{v}_{I+1}$, $\mathbf{v}_{I+2}$, ... $\mathbf{v}_M$ mit den identischen Werten $\lambda_i = \sigma_N^2$ dem *Störunterraum*

zugeordnet werden. Diese Aufteilung wird in Bild 11.2.1 veranschaulicht. Im idealen Falle, d.h. bei fehlerfreier Schätzung der Korrelationsmatrix $\mathbf{R_{RR}}$, könnte man die Trennung der Unterräume für Nutzsignal und Störungen so vornehmen, dass man alle Eigenwerte, die größer als die konstanten Eigenwerte $\lambda_i = \sigma_N^2$ sind, dem Nutzsignal zuordnet; die dabei gewonnene Anzahl wäre I. Wegen der fehlerbehafteten Schätzung von $\mathbf{R_{RR}}$ werden die oberen $M - I$ Eigenwerte aber nicht konstant sein, so dass eine eindeutige Trennung nach diesem Ansatz nicht möglich ist. Deshalb wird als freier Parameter die Schwelle γ eingeführt, die so zu wählen ist, dass eine geeignete Trennung der Unterräume erfolgt. An Hand dieser Schwelle γ werden I_γ Eigenwerte dem Signalraum und $M - I_\gamma$ Werte dem Störraum zugeordnet. Die Wahl $I_\gamma = I$, d.h. die Anzahl I der Sinussignale – bei reellen Signalen handelt es sich um $2I$ Werte – gleich der Zahl I_γ der dem Signalraum zuzuordnenden Eigenwerte zu setzen, ist wegen der überlagerten Störungen nicht unproblematisch, da in jedem der größeren, den Signalunterraum charakterisierenden Eigenwerte mit $\lambda_i + \sigma_N^2$ ein Anteil des weißen Störprozesses steckt. Diese Problematik wird später an Beispielen verdeutlicht.

In [WK85] findet man eine Abschätzung für die Anzahl I_γ der dem Raum des Nutzsignals zuzuordnenden Eigenwerte als Funktion der Anzahl N der Messwerte $r[k]$, des Wertes M, der die Dimension von $\mathbf{R_{RR}}$ bestimmt, und aller Eigenwerte λ_i von $\mathbf{R_{RR}}$. Darauf soll hier aber nicht näher eingegangen werden.

Für die Bestimmung der Varianz σ_N^2 der weißen Störungen gibt es mehrere Ansätze. Der einfachste besteht darin, den minimalen Wert der Eigenwerte zu verwenden und $\hat{\sigma}_N^2 = \min\{\lambda_i\}$, $1 \leq i \leq M$ zu setzen. Alternativ dazu wird bei bekanntem I_γ auch der Mittelwert

$$\hat{\sigma}_N^2 = \frac{1}{M - I_\gamma} \sum_{i=I_\gamma+1}^{M} \lambda_i \qquad (11.2.12)$$

als Schätzwert für die Varianz gewählt.

11.2.2 Das MUSIC-Pseudospektrum

Grundlage der Schätzung der Leistungsdichte beim MUSIC-Verfahren ist die Tatsache, dass die Unterräume von Nutzsignal und Störung orthogonal zueinander sind, was sich durch

$$\mathbf{s}_i^H(e^{j\Omega})\, \mathbf{v}_\ell = \sum_{n=1}^{M} v_\ell[n]\, e^{-j\Omega_i(n-1)} = 0, \quad 1 \le i \le I,\ I+1 \le \ell \le M$$

$$(11.2.13)$$

mit

$$\mathbf{s}_i(e^{j\Omega}) = [1,\, e^{j\Omega_i},\dots e^{j(M-1)\Omega_i}]^T$$
$$\mathbf{v}_\ell = [v_\ell[1],\, v_\ell[2],\dots v_\ell[M]]^T, \quad I+1 \le \ell \le M$$

ausdrücken lässt. Die Frequenzen Ω_i, $1 \le i \le I$ lassen sich durch Lösung der Gleichung

$$\sum_{\ell=I+1}^{M} \mathbf{s}^H(e^{j\Omega})\, \mathbf{v}_\ell \Bigg|_{\Omega=\Omega_i} \overset{!}{=} 0 \qquad (11.2.14)$$

im Störraum bestimmen. Der Ausdruck

$$\mathbf{s}^H(e^{j\Omega})\, \mathbf{v}_\ell \qquad (11.2.15)$$

kann als Fourier-Transformierte von $\mathbf{v}_\ell$ interpretiert werden. Für den Schätzwert der MUSIC-Leistungsdichte ergibt sich damit

$$\hat{S}_{XX}^{MS}(e^{j\Omega}) = \frac{1}{\sum_{\ell=I+1}^{M} |\mathbf{s}^H(e^{j\Omega})\, \mathbf{v}_\ell|^2} = \frac{1}{\mathbf{s}^H(e^{j\Omega})\mathbf{V}_M(e^{j\Omega})\mathbf{V}_M^H(e^{j\Omega})\mathbf{s}(e^{j\Omega})}$$

$$(11.2.16)$$

mit

$$\mathbf{s}(e^{j\Omega}) = [1,\, e^{j\Omega},\dots e^{j(M-1)\Omega}]^T$$
$$\mathbf{V}_M = [\mathbf{v}_{I+1},\, \mathbf{v}_{I+2},\dots \mathbf{v}_M]$$
$$\mathbf{v}_\ell = [v_\ell[1],\, v_\ell[2],\dots,v_\ell[M]]^T, \quad I+1 \le \ell \le M.$$

Aus (11.2.14) folgt, dass der Schätzwert des Spektrums nach (11.2.16), den man auch als *Pseudospektrum* bezeichnet, für $\Omega = \Omega_i$ scharfe Spitzen aufweist. Damit ist das nichtlineare Schätzproblem zur Bestimmung der unbekannten Frequenzen Ω_i gelöst. Die Bezeichnung Pseudospektrum stammt daher, dass die inverse Fourier-Transformierte von $\hat{S}_{XX}^{MS}(e^{j\Omega})$ nicht die Korrelationsfolge liefert, mit deren Hilfe man die Korrelations-matrix $\mathbf{R_{XX}}$ des Nutzsignalprozesses rekonstruieren könnte. Das liegt daran, dass im Pseudospektrum nur die Information über die Frequenzen Ω_i, nicht aber über die Amplituden A_i steckt. Es gibt mehrere Möglichkeiten, sie zu berechnen; auf die Lösung über (11.1.18) wurde schon hingewiesen. Eine Alternative liefert (11.2.5): Bei der aus den Ei-genwerten bestimmten Störleistung σ_N^2 und der von den Frequenzen Ω_i abhängigen Signalmatrix $\mathbf{S}$ nach (11.2.3) kann man nach der in (11.2.6) definierten Matrix $\mathbf{P}$ auflösen und erhält die Amplituden A_i.

11.2.3 Beispiele zum MUSIC-Verfahren

Zum Abschluss werden noch einige Beispiele für Spektren diskutiert, die mit Hilfe des MUSIC-Verfahrens berechnet wurden. Als sinusförmiges Nutzsignal wird das reellwertige Signal nach (11.1.4) mit $I = 3$ Sinus-signalen betrachtet. Die Simulationen erfolgen mit Hilfe von MATLAB unter Verwendung der Funktion pmusic als Implementation des MUSIC-Verfahrens. Es werden stets $N = 512$ Messwerte $r[k]$ verwendet, mit de-ren Hilfe die $M \times M$-dimensionalen Matrizen $\mathbf{R_{RR}}$ geschätzt werden. Es wurde $M = 30$ gewählt, um den Signal- und Störrraum in angemessenem Umfang zu erfassen.

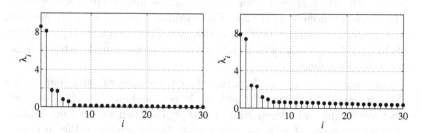

Bild 11.2.2: Eigenwerte λ_i $(1 \le i \le M = 30)$ der Korrelationsmatrix $\mathbf{R_{RR}}$ bei $I = 3$ reellen Sinussignalen.
Links: $\sigma_N^2 = 0{,}1$. Rechts: $\sigma_N^2 = 0{,}5$.

Für additive Störprozesse der Leistung $\sigma_N^2 = 0{,}1$ und $\sigma_N^2 = 0{,}5$ zeigt Bild 11.2.2 die $M = 30$ Eigenwerte λ_i der Korrelationsmatrix $\mathbf{R_{RR}}$. Man erkennt, dass die den Störungen zuzuordnenden Eigenwerte nicht konstant sind, obwohl als Störung ein weißer Prozess verwendet wurde. Der Grund liegt in der wegen der endlichen Anzahl N von Messwerten beschränkten Genauigkeit bei der Schätzung der Korrelationsmarix $\mathbf{R_{RR}}$. Deutlich sichtbar wird die höhere Störleistung im Beispiel rechts in Bild 11.2.2. Bei Erhöhung der Störleistung verändern sich auch die Eigenwerte λ_i, die dem Signalraum zugeordnet werden. Daraus folgt, dass man die Schwelle I_γ zur Trennung von Signal- und Störraum in beiden Fällen nicht bei $I_\gamma = 2I = 6$ ansetzen sollte, sondern einen höheren Wert wählen muss, wenn man den Nutzanteil korrekt, z.B. mit der korrekten spektralen Auflösung, erfassen möchte. Dies zeigen auch die Beispiele in Bild 11.2.3. Man erkennt, dass unabhängig von den Störungen die Anzahl $2I = 6$ der Polstellen der reellen Sinussignale nicht als Grenze I_γ zur Trennung von Signal- und Störraum dienen kann. Bei diesem Wert reicht die spektrale Auflösung nicht aus, um insbesondere die beiden nahe beieinander liegenden Frequenzen $\Omega = 0{,}1\pi$ und $\Omega = 0{,}125\pi$ voneinander zu trennen. Erst bei $I_\gamma = 14$ ist eine Trennung unabhängig von den beiden Störleistungen σ_N^2 feststellbar.

Neben dem Vorteil einer höheren spektralen Auflösung bei größeren Werten von I_γ erkennt man den Nachteil, dass zusätzliche Spektallinien auftreten. Allerdings liegen die zugehörigen Amplituden unterhalb derjenigen, die auf die Sinussignale zurückzuführen sind.

Das MUSIC-Verfahren kann man auch auf andere als sinusförmige Signale anwenden. Als Beispiel wird hier ein Signalprozess untersucht, der durch Filterung eines weißen Rauschsignals mit einem Tschebyscheff-Tiefpass gewonnen wird. Als Filterordnung wurde $n = 6$ gewählt, die Durchlasstoleranz beträgt 3 dB, die Grenzfrequenz $\Omega_g = 0{,}25\pi$. Bild 11.2.4 zeigt links das Pol-Nullstellendiagramm und rechts den Betrag des Frequenzgangs.

Zum Signalprozess am Ausgang dieses Formfilters wird ein weißer Störprozess der Leistung σ_N^2 addiert. Wieder stehen $N = 512$ Messwerte zur Verfügung, mit deren Hilfe die $M \times M$-dimensionale Korrelationsmatrix $\mathbf{R_{RR}}$ für $M = 30$ geschätzt wird. Die zugehörigen Eigenwerte λ_i zeigt Bild 11.2.5 in abnehmender Größe.

Auch hier sind die Eigenwerte trotz des additiven weißen Prozesses nicht ab einer bestimmten Schwelle I_γ mit $\lambda_i = \sigma_N^2$ konstant, so dass keine eindeutige Schwelle zwischen Signal- und Störraum erkennbar ist. Ins-

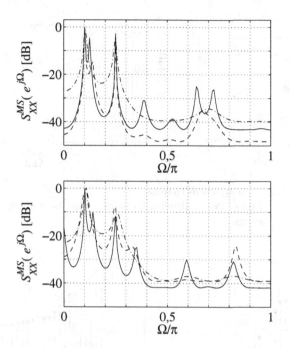

Bild 11.2.3: MUSIC-Pseudospektrum für $I = 3$ Sinussignale. Schwellen zur
Trennung von Signal- und Störraum $I_\gamma = 6$ (- .), $I_\gamma = 10$ (- -)
und $I_\gamma = 14$ (–).
Oben: $\sigma_N^2 = 0{,}1$. Unten: $\sigma_N^2 = 0{,}5$.

besondere kann die Filterordnung $n = 6$ nicht als Trennungsschwelle I_γ
verwendet werden. Wie beim sinusförmigen Nutzsignal sollen deshalb
die Werte $I_\gamma = 6$, $I_\gamma = 10$ und $I_\gamma = 14$ gewählt werden. Das zugehörige
Pseudospektrum zeigt Bild 11.2.6 für die Störleistungen $\sigma_N^2 = 0{,}1$ und
$\sigma_N^2 = 0{,}5$.
Unabhängig von der Rauschleistung σ_N^2 sind Durchlass- und Sperrbereich des Formfilters gut unterscheidbar. In Abhängigkeit von σ_N^2
wird allerdings der Übergang zwischen beiden Bereichen mehr oder
weniger steil. Die ermittelte Steilheit hängt dabei nur wenig von der
gewählten Schwelle I_γ ab. Unabhängig von der Schwelle, d.h. auch bei
kleinen Werten, treten spektrale Überhöhungen im Sperrbereich auf. Die
Grunddämpfung im Sperrbereich ist umso geringer, je höher die Lei-

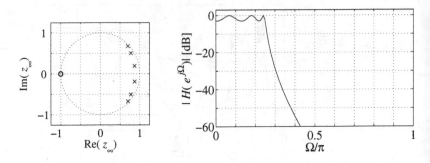

Bild 11.2.4: Tschebyscheff-Tiefpass.
Links: Pol-Nullstellendiagramm. Rechts: Betrag des Freqenz-
gangs

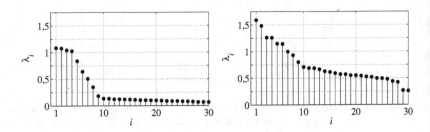

Bild 11.2.5: Eigenwerte des gefilterten Rauschprozesses.
Links: $\sigma_N^2 = 0{,}1$. Rechts: $\sigma_N^2 = 0{,}5$.

stung σ_N^2 ist; sie ist nahezu unabhängig von I_γ. Zusammenfassend kann
man feststellen, dass die Schätzung der Spektralwerte bei realen Messdaten und damit geschätzter Korrelationsmatrix $\mathbf{R_{RR}}$ recht empfindlich
bezüglich der Wahl der Schwelle I_γ ist.

11.3   ESPRIT-Spektralschätzung

Das Verfahren wurde zur Verbesserung des MUSIC-Algorithmus entwickelt [RK89], indem die deterministische Abhängigkeit des Nutzsignals
$x[k]$ als sinusförmiges Signal von einem Abtastzeitpunkt k zum folgenden

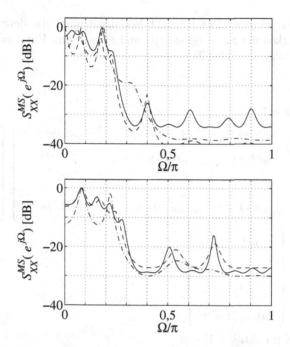

Bild 11.2.6: MUSIC-Pseudospektrum des gefilteren Rauschprozesses. Schwellen zur Trennung von Signal- und Störraum $I_\gamma = 6$ (- .), $I_\gamma = 10$ (- -) und $I_\gamma = 14$ (–). Oben: $\sigma_N^2 = 0{,}1$. Unten: $\sigma_N^2 = 0{,}5$.

Zeitpunkt $k+1$ ausgenutzt wird. Daraus erklärt sich auch die Abkürzung ESPRIT, die für Estimation of Signal Parameters via Rotational Invariance Technique steht. Wie beim MUSIC-Verfahren wird angenommen, dass reelle Sinussignale oder komplexe Exponentialfolgen durch additives weißes Rauschen gestört werden. Hier sollen zunächst wieder wie in (11.2.1) komplexwertige Signale $r[k]$ angenommen werden, von denen M Werte zu dem Vektor $\mathbf{r}[k]$ zusammengefasst und durch die Signalmatrix $\mathbf{S}$ nach (11.2.3) und den Parametervektor $\mathbf{p}_A$ nach (11.2.4) in der Vektorgleichung

$$\mathbf{r}[k] = \mathbf{x}[k] + \mathbf{n}[k] = \mathbf{S}\mathbf{p}_A + \mathbf{n}[k] \qquad (11.3.1)$$

dargestellt werden. Das ESPRIT-Verfahren nutzt die deterministische Abhängigkeit der Sinussignale $x[k]$ und $x[k+1]$ aus. Für den Messvektor $\mathbf{r}[k+1]$ folgt mit (11.2.2)

$$
\mathbf{r}[k+1] =
$$

$$
= \begin{bmatrix}
e^{j\Omega_1(k+1)} & e^{j\Omega_2(k+1)} & \cdots & e^{j\Omega_I(k+1)} \\
e^{j\Omega_1(k)} & e^{j\Omega_2(k)} & \cdots & e^{j\Omega_I(k)} \\
\vdots & \vdots & \ddots & \vdots \\
e^{j\Omega_1(k-M+2)} & e^{j\Omega_2(k-M+2)} & \cdots & e^{j\Omega_I(k-M+2)}
\end{bmatrix}
\begin{bmatrix}
A_1 e^{j\varphi_1} \\
A_2 e^{j\varphi_2} \\
\vdots \\
A_I e^{j2\varphi_I}
\end{bmatrix}
$$

$$
+ \begin{bmatrix}
n[k+1] \\
n[k] \\
\vdots \\
n[k-M+2]
\end{bmatrix}
$$

$$
= \mathbf{S}\boldsymbol{\Phi}\mathbf{p}_A + \mathbf{n}[k+1] \tag{11.3.2}
$$

mit der unitären *Rotationsmatrix*

$$
\boldsymbol{\Phi} = \begin{bmatrix}
e^{j\Omega_1} & 0 & \cdots & 0 \\
0 & e^{j\Omega_2} & \cdots & 0 \\
\vdots & \vdots & \ddots & \vdots \\
0 & 0 & \cdots & e^{j\Omega_I}
\end{bmatrix}. \tag{11.3.3}
$$

Wie beim MUSIC-Verfahren wird die Korrelationsmatrix $\mathbf{R_{RR}}$ aus den Werten $r_{RR}[\kappa]$ der Korrelationsfolge berechnet, die ihrerseits aus den N Werten des gestörten Messsignals $r[k]$ geschätzt werden. Unterscheidet man in der Schreibweise nicht zwischen geschätzten und wahren Werten, so gilt für die Autokorrelationsmatrix der Dimension $M \times M$:[11.3]

$$\mathbf{R}_{\mathbf{R}[k]\mathbf{R}[k]} = \begin{bmatrix} r_{RR}[0] & r_{RR}[1] & \dots & r_{RR}[M-1] \\ r_{RR}^*[1] & r_{RR}[0] & \dots & r_{RR}[M-2] \\ \vdots & \vdots & \ddots & \vdots \\ r_{RR}^*[M-1] & r_{RR}^*[M-2] & \dots & r_{RR}[0] \end{bmatrix}.$$

(11.3.4)

Zusätzlich wird die $M \times M$−dimensionale Kreuzkorrelationsmatrix

$$\mathbf{R}_{\mathbf{R}[k]\mathbf{R}[k+1]} = \mathbf{S}\,\mathbf{P}\,\mathbf{\Phi}^H\mathbf{S}^H + \mathbf{R}_{\mathbf{N}[k]\mathbf{N}[k+1]} \qquad (11.3.5)$$

mit

$$\mathbf{R}_{\mathbf{R}[k]\mathbf{R}[k+1]} =$$
$$\begin{bmatrix} r_{RR}[1] & r_{RR}[2] & \dots & r_{RR}[M-1] & r_{RR}[M] \\ r_{RR}[0] & r_{RR}[1] & \dots & r_{RR}[M-2] & r_{RR}[M-1] \\ r_{RR}^*[1] & r_{RR}[0] & \cdots & r_{RR}[M-3] & r_{RR}[M-2] \\ \vdots & \vdots & \ddots & \vdots & \vdots \\ r_{RR}^*[M-2] & r_{RR}^*[M-3] & \dots & r_{RR}[0] & r_{RR}[1] \end{bmatrix}$$

(11.3.6)

und

$$\mathbf{R}_{\mathbf{N}[k]\mathbf{N}[k+1]} = \begin{bmatrix} 0 & 0 & \dots & 0 & 0 \\ \sigma_N^2 & 0 & \dots & 0 & 0 \\ 0 & \sigma_N^2 & \dots & 0 & 0 \\ \vdots & \vdots & \ddots & \vdots & \vdots \\ 0 & 0 & \dots & \sigma_N^2 & 0 \end{bmatrix} = \sigma_N^2\,\mathbf{I}_\Phi \qquad (11.3.7)$$

verwendet, um den über die Rotationsmatrix $\mathbf{\Phi}$ beschriebenen Zusammenhang der Abtastwerte des Nutzsignals beim Übergang von einem

---

[11.3] siehe Fußnote auf Seite 514

Zeittakt zum nächsten auszunutzen. Die Varianz σ_N^2 des Störprozesses $N[k]$ wird wie beim MUSIC-Verfahren aus dem kleinsten Eigenwert oder nach (11.2.12) aus dem Mittel der kleineren Eigenwerte der Korrelationsmatrix $\mathbf{R}_{\mathbf{R}[k]\mathbf{R}[k]}$ nach (11.3.4) berechnet.

Damit sind aus den Messwerten rv alle für das ESPRIT-Verfahren benötigten Größen gewonnen. Für die Schätzung des Spektrums sind nun die in der Rotationsmatrix $\boldsymbol{\Phi}$ nach (11.3.3) enthaltenen Frequenzen Ω_i sowie die in $\mathbf{p}_A$ enthaltenen Amplituden nach (11.2.4) zu ermitteln.

11.3.1 Spektralparameter nach dem ESPRIT-Verfahren

Mit Kenntnis der Varianz σ_N^2 kann man die Korrelationsmatrizen $\mathbf{R}_{\mathbf{R}[k]\mathbf{R}[k]}$ und $\mathbf{R}_{\mathbf{R}[k]\mathbf{R}[k+1]}$ von den Störungen befreien:

$$\mathbf{R}_{\mathbf{X}[k]\mathbf{X}[k]} = \mathbf{R}_{\mathbf{R}[k]\mathbf{R}[k]} - \mathbf{R}_{\mathbf{N}[k]\mathbf{N}[k]} = \mathbf{R}_{\mathbf{R}[k]\mathbf{R}[k]} - \mathbf{I}\,\sigma_N^2 = \mathbf{S}\,\mathbf{P}\,\mathbf{S}^H \quad (11.3.8)$$

bzw.

$$\begin{aligned} \mathbf{R}_{\mathbf{X}[k]\mathbf{X}[k+1]} &= \mathbf{R}_{\mathbf{R}[k]\mathbf{R}[k+1]} - \mathbf{R}_{\mathbf{N}[k]\mathbf{N}[k+1]} = \mathbf{R}_{\mathbf{R}[k]\mathbf{R}[k+1]} - \mathbf{I}_{\boldsymbol{\Phi}}\,\sigma_N^2 \\ &= \mathbf{S}\,\mathbf{P}\,\boldsymbol{\Phi}^H\mathbf{S}^H, \end{aligned} \quad (11.3.9)$$

wobei $\mathbf{I}_{\boldsymbol{\Phi}}$ in (11.3.7) definiert wurde.

Die Korrelationsmatrizen $\mathbf{R}_{\mathbf{R}[k]\mathbf{R}[k]}$ und $\mathbf{R}_{\mathbf{R}[k]\mathbf{R}[k+1]}$ sind in demselben Raum definiert und unterscheiden sich nur durch die Rotationsmatrix $\boldsymbol{\Phi}$. Zur Bestimmung der in $\mathbf{S}$ steckenden Frequenzwerte Ω_i bzw. Amplituden A_i in $\mathbf{P}$, erhält man ähnlich wie in (11.1.8) bzw. (11.1.10) die Beziehungen

$$\mathbf{S}\,\mathbf{P}\,\mathbf{S}^H\,\mathbf{v} = \lambda\,\mathbf{S}\,\mathbf{P}\,\boldsymbol{\Phi}^H\mathbf{S}^H\,\mathbf{v} \quad (11.3.10)$$

bzw.

$$\mathbf{S}\mathbf{P}\,(\mathbf{I} - \lambda\boldsymbol{\Phi}^H)\,\mathbf{S}^H\mathbf{v} = \mathbf{0} \quad (11.3.11)$$

die im Gegensatz zu (11.1.8) bzw. (11.1.10) ein *verallgemeinertes Eigenwertproblem* [PM96] darstellen, bei dem die Eigenwerte λ und Eigenvektoren $\mathbf{v}$ nicht nur in Abhängigkeit von einer Matrix, sondern von zwei Matrizen - hier den in (11.3.8) und (11.3.9) definierten Korrelationsmatrizen - bestimmt werden müssen. Das in (11.1.10) formulierte Eigenwertproblem stellt einen Sonderfall des verallgemeinerten Problems dar, weil die Vektoren $\mathbf{X}$ und $\mathbf{N}$ nicht korreliert sind und die Kreuzkorrelationsmatrix $\mathbf{R}_{\mathbf{R}\mathbf{N}}$ somit nach (11.1.9) zur mit σ_N^2 multiplizierten

Einheitsmatrix $\mathbf{I}$ wird. Im Gegensatz dazu sind die Nutzanteile von $\mathbf{R}[k]$ und $\mathbf{R}[k+1]$ über $\boldsymbol{\Phi}$ miteinander korreliert, wie aus (11.3.8) und (11.3.9) folgt, so dass die Korrelationsmatrix $\mathbf{R}_{\mathbf{R}[k]\mathbf{R}[k+1]}$ nicht zur mit σ_N^2 gewichteten Einheitsmatrix wird.
Mit Hilfe der charakteristischen Gleichung

$$\det\left(\mathbf{SP}\left(\mathbf{I} - \lambda_i \boldsymbol{\Phi}^H\right) \mathbf{S}^H\right) = \mathbf{0} \qquad (11.3.12)$$

lassen sich M *verallgemeinerte Eigenwerte* λ_i bestimmen, von denen man diejenigen I_γ Werte auswählt, die nahe bei $|\lambda_i| = 1$ liegen und damit die auf dem Einheitskreis bei den Frequenzen Ω_i befindlichen Pole $z_{\infty i} = \lambda_i = |\lambda_i| e^{j\Omega_i}$ markieren. Für das Pseudospektrum nach dem ESPRIT-Verfahren folgt damit:

$$\hat{S}_{XX}^{ES}(e^{j\Omega}) = \frac{1}{|\prod_{i=1}^{I}(e^{j\Omega} - |\lambda_i|e^{j\Omega_i})|^2} \,. \qquad (11.3.13)$$

Kennt man die Frequenzen Ω_i, so kann man wie beim MUSIC-Verfahren die im Vektor $\mathbf{p}_A$ nach (11.2.4) bzw. Matrix $\mathbf{P}$ nach (11.2.6) zusammengefassten Amplituden durch Lösung von (11.3.8) bestimmen.

11.3.2   Beispiele zum ESPRIT-Verfahren

Wie beim MUSIC-Verfahren sollen die Spektren für das gestörte Sinussignal mit $I = 3$ reellen Komponenten nach (11.1.4) und dem Polplan nach Bild 11.1.2 sowie für das gefilterte weiße Rauschen mit dem ESPRIT-Verfahren bestimmt werden.
Der Einfluss des additiven weißen Rauschens wird durch Wahl der Parameter $\sigma_N^2 = 0,1$ und $\sigma_N^2 = 0,5$ verdeutlicht. Für die Schätzung der Korrelationsmatrizen $\mathbf{R}_{\mathbf{R}[k]\mathbf{R}[k]}$ und $\mathbf{R}_{\mathbf{R}[k]\mathbf{R}[k+1]}$ stehen $N = 512$ gestörte Messwerte $r[k]$ zur Verfügung; die Dimension dieser Matrizen ist $M \times M$ mit $M = 30$, um einen Vergleich mit dem MUSIC-Verfahren zu ermöglichen. Aus diesen Matrizen werden die verallgemeinerten Eigenwerte bestimmt, die je nach ihrer Nähe zum Einheitskreis dem Nutz- oder dem Störanteil zugeordnet werden. Die Zuordnung erfolgt durch Vorgabe einer Schwelle $|\lambda_{min}| = \gamma$, wodurch die Anzahl I_γ der Eigenwerte im Signalraum ermittelt wird. In den nachfolgenden Poldiagrammen wird mit $\gamma = 0$ das ursprüngliche, aus den verallgemeinerten Eigenwerten gewonnene Diagramm bezeichnet.

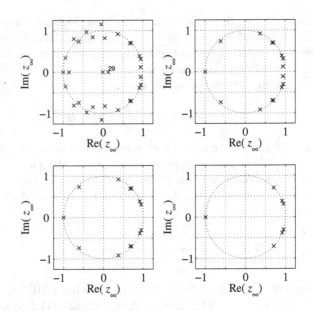

Bild 11.3.1: Polstellen bei drei Sinussignalen. $\sigma_N^2 = 0{,}1$.
Von oben links nach unten rechts: $\gamma = 0$, $\gamma = 0{,}9$, $\gamma = 0{,}95$,
$\gamma = 0{,}99$

Für das Sinussignal und die Störleistung $\sigma_N^2 = 0{,}1$ erhält man die links
oben im Bild 11.3.1 gezeigten, den verallgemeinerten Eigenwerten entsprechenden Pole. Wählt man zur Auswahl der Pole des Signalraums die
Schwellen $\gamma = 0{,}9$, $\gamma = 0{,}95$ und $\gamma = 0{,}99$, so ergeben sich die in den weiteren Teilbildern dargestellten Poldiagramme mit den Werten $I_\gamma = 15$,
$I_\gamma = 13$ und $I_\gamma = 7$.
Bei $I = 3$ reellen Signalen bzw. ihren $2I = 6$ Polen würden $I_\gamma = 6$ Pole
des Signalraums ausreichen. Man erkennt links oben im Bild 11.3.1, dass
alle Pole der Sinussignale nach Bild 11.1.2 erfasst werden. Bei allen drei
Schwellen γ bleiben sie erhalten, wie man aus den weiteren Diagrammen
erkennen kann. Deshalb zeigt das Pseudospektrum in Bild 11.3.3 bei den
zugehörigen Frequenzen spektrale Maxima. Der Fall $\gamma = 0{,}99$ kommt
dem idealen Fall am nächsten, da $I_\gamma = 7$ Pole ausgewählt wurden; der
zusätzliche Pol bei $\Omega = \pi$ sorgt für einen Anstieg des Spektrums im
Bereich dieser Frequenz.

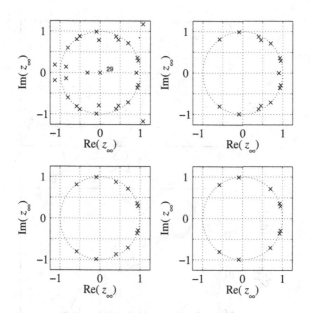

Bild 11.3.2: Polstellen bei drei Sinussignalen. $\sigma_N^2 = 0{,}5$.
Von oben links nach unten rechts: $\gamma = 0$, $\gamma = 0{,}9$, $\gamma = 0{,}95$, $\gamma = 0{,}99$

Erhöht sich die Störleistung auf $\sigma_N^2 = 0{,}5$, werden wieder alle Frequenzen der Sinussignale unabhängig von der Schwelle γ erfasst, wie Bild 11.3.2 zeigt. Allerdings treten für $\gamma = 0{,}99$ hier $I_\gamma = 10$ Pole auf, was zu zwei zusätzlichen spektralen Maxima bei $\Omega = 0{,}7\pi$ und knapp oberhalb von $\Omega = 0{,}5\pi$ führt, wie man Bild 11.3.3 entnehmen kann.
Zum Schluss soll noch der mit dem Tschebyscheff-Tiefpass nach Bild 11.2.4 gefilterte weiße Prozess betrachtet werden, dem sich Störungen der Leistung $\sigma_N^2 = 0{,}1$ bzw. $\sigma_N^2 = 0{,}5$ additiv überlagern. In Bild 11.3.4 sind die Poldiagramme für den Fall $\sigma_N^2 = 0{,}1$ dargestellt. Man erkennt im linken Teil des Bildes eine deutlich höhere Konzentration von Polstellen auf dem Einheitskreis um $\Omega = 0$ herum, was den Tiefpasscharakter des Prozesses unterstreicht. Dieser Charakter bleibt bei der Beschränkung der Pole um den Einheitskreis herum auch erhalten. Allerdings verbleiben bei $\gamma = 0{,}99$ nur noch 4 Pole im Durchlassbereich relativ weit von $\Omega = 0$ entfernt, so dass der Tiefpasscharakter verlo-

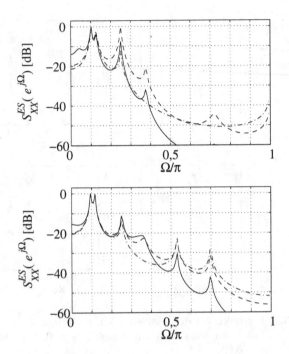

Bild 11.3.3: ESPRIT-Pseudospektren der $I = 3$ rellen Sinussignale. Parameter $\gamma = 0{,}9$ (–), $\gamma = 0{,}95$ (- -), $\gamma = 0{,}99$ (- .).
Oben: $\sigma_N^2 = 0{,}1$. Unten: $\sigma_N^2 = 0{,}5$

ren geht. Demgegenüber erhält man für $\gamma = 0{,}95$ einen ausgeprägten Tiefpasscharakter, da sich 8 Pole in der Umgebung von $\Omega = 0$ im Durchlassbereich befinden und im Sperrbereich keine Pole liegen.

Erhöht man die Rauschleistung auf $\sigma_N^2 = 0{,}5$, erhält man die in Bild 11.3.5 gezeigten Poldiagramme mit denselben Schwellen γ wie in Bild 11.3.4. Bei den drei Poldiagrammen für $\gamma \neq 0$ von Bild 11.3.5 bleibt der Tiefpasscharakter deutlich erkennbar. Das beste Ergebnis erhält man hier für $\gamma = 0{,}99$, weil sich keine Pole im Sperrbereich befinden und die 4 Pole im Durchlassbereich um $\Omega = 0$ herum gleichmäßig verteilt sind. Ihre geringe Anzahl führt allerdings zu einer starken Schwankung der Amplitude im Durchlassbereich.

Die Pseudospektren für die beiden Störleistungen $\sigma_N^2 = 0{,}1$ und $\sigma_N^2 = 0{,}5$

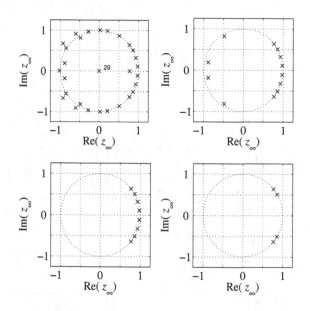

Bild 11.3.4: Polstellen bei gefiltertem weißen Rauschen. $\sigma_N^2 = 0{,}1$.
Von oben links nach unten rechts: $\gamma = 0$, $\gamma = 0{,}9$, $\gamma = 0{,}95$,
$\gamma = 0{,}99$

zeigt Bild 11.3.6. Bei höheren Störungen, d.h. für $\sigma_N^2 = 0{,}5$, bleibt der
Tiefpasscharakter bei allen Schwellen γ erhalten, die Bandgrenze bei zu
geringer Polzahl wird allerdings verwaschen.

Bei geeigneter Wahl der Schwellen γ sind bei allen Störleistungen σ_N^2
der Tiefpasscharakter und die Bandgrenze klar erkennbar, auch wenn
im Störbereich zusätzliche Spektralanteile auftreten. In den behandelten Beispielen stellt die Schwelle $\gamma = 0{,}95$ in diesem Sinne einen guten
Kompromiss dar.

Zusammenfassend ist festzustellen, dass die Wahl der Schwelle γ großen
Einfluss auf den Charakter der Pseudospektren hat. Es sei auch darauf
hingewiesen, dass es sich um *Pseudospektren* handelt, da über die Eigenwerte nur die Frequenzen Ω_1 und nicht die Amplituden der Signalkom-
ponenten geschätzt werden. Dennoch lassen sich hieraus Rückschlüsse
auf die Verteilung der spektralen Konzentration längs der Frequenzachse ziehen, was für praktische Anwendungen von Bedeutung ist.

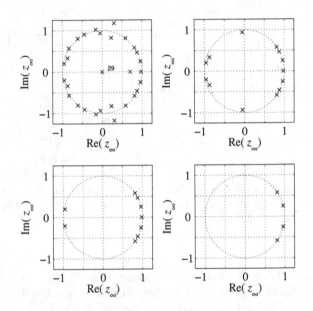

Bild 11.3.5: Polstellen bei gefiltertem weißen Rauschen. $\sigma_N^2 = 0{,}5$.
Von oben links nach unten rechts: $\gamma = 0$, $\gamma = 0{,}9$, $\gamma = 0{,}95$,
$\gamma = 0{,}99$

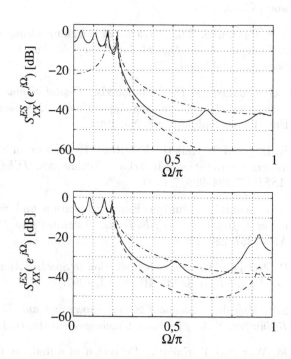

Bild 11.3.6: ESPRIT-Pseudospektren des gefilterten weißen Rauschprozesses. Parameter $\gamma = 0{,}9$ (–), $\gamma = 0{,}95$ (- -), $\gamma = 0{,}99$ (- .). Oben: $\sigma_N^2 = 0{,}1$. Unten: $\sigma_N^2 = 0{,}5$

Literaturverzeichnis

[Kay88] S. M. Kay. *Modern Spectral Estimation*. Prentice Hall, Englewood Cliffs, 1988.

[Mar87] S. M. Marple. *Digital Spectral Analysis*. Prentice Hall, Englewood Cliffs, 1987.

[Pis73] V.F. Pisarenko. The Retrieval of Harmonics from a Covariance Function. *Geophysical Journal of the Royal Astronomical Society*, 33:347–366, 1973.

[PM96] J.G. Proakis and D.G. Manolakis. *Digital Signal Processing. Principles, Algorithms, and Applications*. 3. Auflage. Prentice Hall, Upper Saddle River, NJ, 1996.

[RK89] R. Roy and T. Kailath. ESPRIT - Estimation of Signal Parameters via Rotational Invariance Techniques. *IEEE Trans. on ASSP*, 37:984–995, 7 1989.

[Sch86] R.D. Schmidt. Multiple Emitter Location and Signal Parameter Estimation. *IEEE Trans. Antennas and Propagation*, AP34:267–280, 1986.

[SM97] P. Stoica and R. Moses. *Introduction to Spectral Analysis*. Prentice Hall, Upper Saddle River, NJ, 1997.

[Vas96] S.V. Vaseghi. *Advanced Signal Processing and Digital Noise Reduction*. Wiley/Teubner, Chichester/Stuttgart, 1996.

[WK85] M. Wax and T. Kailath. Detection of signals by information theoretic criteria. *IEEE Trans. on ASSP*, ASSP-33(2):387–392, 1985.

Teil II

Matlab-Übungen

12. Einleitung

An den theoretischen Lehrstoff des ersten Teils dieses Buch schließt sich nun ein praktischer Teil mit MATLAB-Übungen an. Die Autoren möchten hiermit einen neuen Weg zur Wissensvermittlung gehen, der seit einigen Jahren in den Übungen sehr erfolgreich beschritten wurde. Theoretische Zusammenhänge erschließen sich bedeutend leichter durch eigenständiges Experimentieren – Erfolge und besonders auch Misserfolge spielen dabei eine entscheidende Rolle. Gerade für die Thematik dieses Buches gilt das in hohem Maße: Die Probleme des Entwurfs und der Analyse digitaler Filter, der Anwendung der schnellen Fourier-Transformation, der Ausführung moderner Schätzalgorithmen entziehen sich in der Regel einer Behandlung in Form konventioneller Rechenaufgaben und verlangen vielmehr den Einsatz effizienter Programme auf modernen Computern.

Die folgenden Aufgaben sind kapitelweise strukturiert; bei ihrer Auswahl wird keine Vollständigkeit angestrebt. Die zugehörigen Programme (*m*–Files) gliedern sich in zwei Kategorien: zum einen in die den Aufgaben zugeordneten Lösungsdateien und zum anderen in allgemeine Routinen, welche die Anwendung moderner Algorithmen, z.B. der Burg-Methode, ermöglichen. Die Routinen werden über das Internet bereitgestellt, wobei sie der aktuellen Version MATLAB R2017a angepasst wurden.

Folgende Konventionen sind zu beachten:

- Für die Bearbeitung der Aufgaben wird die *Signal Processing Toolbox* von MATH WORKS INC. vorausgesetzt.

- Die MATLAB-Nomenklatur wird im Text durch die Schreibmaschinenschriftart hervorgehoben, z.B. `[·]=lburg(·)` für den Aufruf der Burg-Methode.

- Bei der Namensvergabe der einzelnen Routinen wurde prinzipiell der Buchstabe „1" vorangestellt, z.B. `lburg.m`, um sie von evtl. unter MATLAB vorhandenen Routinen zu unterscheiden.

- Sämtliche hier benutzten Routinen sind unter der INTERNET-Adresse *http://www.ant.uni-bremen.de/dsvbuch* abrufbar.

Die hier zusammengestellten MATLAB-Aufgaben wurden in den vergangenen Jahren im Rahmen der Übungen zur Vorlesung „Digitale Signalverarbeitung" an der TU-Hamburg-Harburg und der Universität Bremen entwickelt. Daran haben zahlreiche wissenschaftliche Mitarbeiter mitgewirkt: *Frau Dr.-Ing. Tanja Karp* sowie die Herren *Dr.-Ing. Björn Jelonnek* und *Marcus Benthin* in Hamburg-Harburg und die Herren *Dr.-Ing. Sven Fischer, Jörg Bitzer, Dieter Boss, Armin Dekorsy, Jürgen Rinas, Klaus Knoche* und *Dipl.-Ing. Stefan Goetze* in Bremen. Die erstmalige Aufbereitung der Übungen für die Aufnahme in die vierte Auflage dieses Buch wurde von *Dr.-Ing. Dieter Boss* und *Armin Dekorsy* vorgenommen, ergänzt durch Beiträge von *Dr.-Ing. Jürgen Rinas* in der fünften Auflage sowie durch Herrn *Dipl.-Ing. Henning Paul* in den folgenden Auflagen.

13. Aufgaben

13.1 Diskrete Signale und Systeme (Kap. 2)

Kap. 2.1

Aufgabe 1: **Funktionsgenerator**

Es ist ein Funktionsgenerator zu programmieren, der ein Nutzsignal der Frequenz f_0 erzeugt und bei einer festen Abtastfrequenz f_A arbeitet. Dabei sollen ein Sinus- und ein Sägezahnsignal generiert werden. Bei zeitkontinuierlichen Systemen ist es üblich, mit der Kreisfrequenz $\omega_0 = 2\pi f_0$ zu rechnen. Damit ergibt sich das zeitkontinuierliche Sinussignal zu

$$x_{\sin,\mathrm{K}}(t) = \sin(\omega_0 \cdot t) \ .$$

In einem diskreten System wird das Sinussignal in Perioden der Dauer $T = 1/f_A$ abgetastet, so dass die diskreten Zeitpunkte $t = T \cdot k$ nun durch den Zeitindex $k = 0, 1, 2, \ldots$ beschrieben werden können. Damit ergibt sich

$$x_{\sin}[k] = x_{\sin,\mathrm{K}}(t)\big|_{t=kT} = \sin(\omega_0 \cdot T \cdot k) \ .$$

In dem abgetasteten System ist es somit sinnvoll, die normierte, dimensionslose Kreisfrequenz Ω_0

$$\begin{aligned}
\Omega_0 \ &:= \ \omega_0 \cdot T \\
&= \ 2\pi f_0 \cdot T \\
&= \ 2\pi f_0 / f_A
\end{aligned}$$

einzuführen. Diese Definition wird im weiteren immer verwendet, da sie die Behandlung digitaler Systeme ohne konkrete Festlegung der Abtastfrequenz erlaubt. Es gilt somit

$$x_{\sin}[k] = \sin(\Omega_0 \cdot k) \ .$$

a) Erzeugen Sie einen Vektor x mit 60 Abtastwerten eines Sinussignals der Frequenz $f_0 = 400$ Hz bei einer Abtastfrequenz von 8 kHz. Erzeugen Sie hierzu einen Koeffizientenvektor $\mathbf{k} = [0, 1, ..., 59]$, der den Zeitindex des abgetasteten Signals $x[k]$ darstellt. Nutzen Sie die sin()-Funktion von MATLAB. Stellen Sie das Signal mit Hilfe der Funktion stem() dar. Wie viele Abtastwerte umfasst eine Periode des abgetasteten Signals?

Matlab-Hinweise:

k=0:59	Erzeugt den Koeffizientenvektor
Omega0=2*pi*400/8000	Definiert Ω
xsin=sin(Omega0*k)	elementweise Berechnung des Signals
stem(k,xsin)	Darstellen von xsin über den Indizes
oder stem(xsin)	des Vektors k

b) Verändern Sie die Frequenz des abgetasteten Sinussignals auf $f_0 = 960$ Hz und stellen Sie das entstehende Signal erneut mit stem() dar. Wie groß ist jetzt die Periode des digitalen Signals?

c) Erzeugen Sie nun ein Sägezahnsignal mit der Frequenz $f_0 = 960$ Hz bei einer Abtastfrequenz von $f_A = 8$ kHz. Das Sägezahnsignal soll den Wertebereich 0...1 umfassen. Verwenden Sie zur Berechnung die MATLAB-Funktion mod(). Die Normierung der Signalfrequenz f_0 auf die Abtastfrequenz f_A können sie analog zu den Berechnungen des Sinussignals vornehmen. Beachten Sie jedoch, dass Sie die Periodendauer der mod() Funktion im Gegensatz zu der 2π-Periodizität der sin()-Funktion selbst festlegen können. Stellen Sie das Sägezahnsignal mit stem() dar und vergleichen Sie es mit dem Sinussignal. Überprüfen Sie die Signalfrequenz!

Matlab-Hinweise:

`xsaw=mod(f0/fa*k,1)`	Erzeugt das Sägezahnsignal
`mod(X,Y)`	Berechnet den Modulus nach der Division von X und Y

d) Erzeugen Sie jeweils einen Vektor mit einem Sinus- und einem Sägezahnsignal mit $f_0 = 1\,\text{kHz}$ bei einer Abtastfrequenz von $f_A = 8\,\text{kHz}$. Die Signale sollen über eine Soundkarte ausgegeben werden und eine Abspieldauer von $d = 2\,\text{s}$ haben.

Wie viele Abtastwerte sind dafür notwendig? Geben Sie die Signale jeweils mit Hilfe des MATLAB-Befehls `sound(x,fa)` über die Soundkarte ihres Rechners aus. Überprüfen Sie die Frequenz der ausgegebenen Signale.

Matlab-Hinweise:

`sound(y,Fs)`	Wiedergabe des Vektors y über die PC-Lautsprecher mit der Abtastfrequenz Fs

---

Aufgabe 2: **Eulersche Beziehung**	Kap. 2.1

Die Eulersche Beziehung drückt den Zusammenhang zwischen der Exponentialfunktion (-folge) und den Trigonometrischen Funktionen (Folgen) aus.

$$e^{j\phi k} = (\cos(\phi k) + j\sin(\phi k)) \qquad \text{(II.13.1.1)}$$

bzw.

$$\cos(\phi k) = \frac{1}{2}\left(e^{j\phi k} + e^{-j\phi k}\right) \qquad \text{(II.13.1.2)}$$

$$\sin(\phi k) = \frac{1}{2j}\left(e^{j\phi k} - e^{-j\phi k}\right) \qquad \text{(II.13.1.3)}$$

Dieser Zusammenhang soll im folgenden betrachtet werden.

a) Stellen Sie ein Sinussignal von 0 bis 6π mit 32 Abtastwerten pro Periode dar.

b) Stellen Sie die zugehörige komplexe Exponentialfolge in der komplexen Ebene (also Imaginärteil auf der Y-Achse, Realteil auf der X-Achse) sowie als Real-, Imaginärteil und Betrag in Abhängigkeit vom Zeitindex k dar.

c) Nutzen Sie die Eulersche Beziehung (II.13.1.3) und erzeugen Sie unter Verwendung der komplexen Exponentialfolgen eine Sinusfolge und vergleichen Sie diese mit der Sinusfolge aus a).

Aufgabe 3: **Spezielle Folgen**   Kap. 2.1

In dieser Aufgabe sollen einige grundlegende Folgen der Signalverarbeitung aufgezeigt werden.

a) Erzeugen Sie die Impulsfolge

$$x[k] = 1,2 \cdot \delta[k-4], \qquad -5 \leq k \leq 10$$

mit

$$\delta[k] := \begin{cases} 1 & k = 0 \\ 0 & k \neq 0 \end{cases} \qquad (\text{II}.13.1.4)$$

und stellen Sie diese Folge mit Hilfe der Funktion stem() graphisch dar.

Matlab-Hinweis:

zeros(n,1)   Erzeugt einen Vektor mit Nullen der Länge n

b) Visualisieren Sie die folgenden Gauß- und Laplacefolgen mit Hilfe der Funktion stem(). Warum kann es bei der Darstellung von Folgen ungünstig sein, den Befehl plot() zu verwenden?

1)   Gaußfolge

$$x_1[k] = e^{-\alpha k^2}, \qquad\qquad -20 \le k \le 20 \qquad \alpha = 0,01$$

2)   Laplacefolge

$$x_2[k] = e^{-\beta |k|}, \qquad\qquad -20 \le k \le 20 \qquad \beta = 0,2$$

3)   modulierte Laplacefolge

$$x_3[k] = e^{-\beta |k|} \cdot \cos(2\pi \tfrac{k}{4}), \quad -30 \le k \le 30 \qquad \beta = 0,1$$

4)   modulierte Laplacefolge

$$x_4[k] = e^{-\beta |k|} \cdot \cos(2\pi \tfrac{k}{80}), \quad -600 \le k \le 600 \quad \beta = 0,005$$

| Aufgabe 4: **Analyse eines Systems 2. Ordnung** | Kap. 3.5 |

Gegeben ist folgendes System 2. Ordnung.

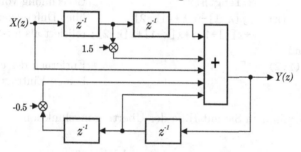

a) Bestimmen Sie die die Übertragungsfunktion $H(z) = Y(z)/X(z)$ und die Differenzengleichung des Systems.

b) Bestimmen Sie mit Hilfe der Differenzengleichung die ersten 10 Werte der Impulsantwort des Systems. (Zu Beginn sei das System im Ruhezustand.)

c) Programmieren Sie das System und überprüfen Sie damit Ihre Ergebnisse von Teilaufgabe b).
Schreiben Sie dazu eine MATLAB-Funktion, die einen Eingangsvektor x als Argument erhält und einen entsprechenden Ausgangsvektor y liefert.[13.4]

[13.4] Hinweis zur Programmierung: Verlängern Sie zur Speicherung der Zustandsvariablen Ein- und Ausgangsvektor.

Bestimmen Sie die Impulsantwort, indem Sie das System mit einer entsprechenden Impulsfolge erregen.

Matlab-Hinweise:

```
function y = filtersystem(x)        Funktionskopf
x = x(:)                            Macht aus x einen
                                    Spaltenvektor
y = zeros(2,1)                      Die ersten beiden Werte
                                    in y sind Null (leere
                                    Verzögerungsspeicher)


x = [zeros(2,1) ; x]                Vor x werden zwei
                                    Nullen platziert (leere
                                    Verzögerungsspeicher)
for k = 3:length(x)                 Berechnung von y[k]
  y[k] = y[k-1]-0.5*y[k-2]          über Differenzengleichung
         +x[k]+1.5*x[k-1]+x[k-2]; relisiert als for-Schleife
end
y(1:2) = []                         Entfernen der ersten
                                    beiden Einträge in y[k]
```

d) Bestimmen Sie mit Hilfe der Übertragungsfunktion

$$H(z) = \frac{\displaystyle\sum_{\mu=0}^{2} b_\mu z^{-\mu}}{\displaystyle\sum_{\nu=0}^{2} a_\nu z^{-\nu}}$$

die Koeffizientenvektoren $\mathbf{a} = \{a_0, a_1, a_2\}$ und $\mathbf{b} = \{b_0, b_1, b_2\}$ für das vorgegebene System und stellen Sie mit der MATLAB-Funktionen `freqz()` und `zplane()` den Frequenzgang bzw. das Pol-Nullstellendiagramm dar.
Vergleichen Sie den Frequenzgang mit den Positionen der Pole und Nullstellen in der z-Ebene.

Matlab-Hinweise:

```
b = [1 1.5 1]                       Erzeugt den Koeffizientenvektor b
```

```
a = [1 -1 0.5]              Erzeugt den Koeffizientenvektor a
[H,W] = freqz(b,a,256)      Berechnung des Frequenzgangs
                            H(e^{jΩ})
semilogy(W,abs(H))          Plotten mit logarithmischer
                            Skalierung der y-Achse
grid                        Einfügen eines Gitters in den Plot
```

Aufgabe 5: Frequenzgang und Wobbelmessung   Kap. 2.3

Geben sei folgende Z-Übertragungsfunktion:

$$H(z) = 1 - z^{-m} \ .$$

a) Berechnen Sie Amplituden- und Phasengang des Systems.

b) Benutzen Sie die MATLAB- Funktion `freqz()` und geben Sie Amplitudengang und Phasengang graphisch für den Bereich $0 \le \Omega < 2\pi$ im linearen Maßstab aus, wobei m=1 gewählt werden soll. Überprüfen Sie Ihre analytische Rechnung aus Aufgabenteil a) anhand der Ausgabe von MATLAB.

c) Erzeugen Sie mit dem Befehl `impz()` die Impulsantwort und geben Sie sie graphisch aus. Vergleichen Sie das Ergebnis mit der analytisch bestimmten Impulsantwort. Erzeugen Sie mit dem Befehl `zplane()` ein Pol-Nullstellendiagramm und erklären Sie um welche Art von Filter es sich handelt.

d) Messtechnisch werden Frequenzgänge oftmals mit Hilfe einer sog. Wobbelmessung ermittelt. Dies geschieht, indem das System mit verschiedenen Schwingungen unterschiedlicher Frequenz angeregt wird. LTI-Systeme reagieren dabei am Ausgang mit einer Schwingung gleicher Frequenz aber unterschiedlicher Phase und Amplitude. Wird nun das gesamte interessierende Frequenzspektrum $(0\ldots\pi)$ durch das "Wobbeln" abgedeckt, so lässt sich dadurch der Amplitudengang bzw. Phasengang bestimmen. Im Rahmen dieser Aufgabe soll der Amplitudengang mit Hilfe einer Anregung der Form

$$x[k] = \cos(\Omega_i k)$$

ermittelt und mit dem Amplitudengang aus b) verglichen werden. Welche Effekte treten auf?

e) Führen Sie jetzt eine Wobbelmessung mit Hilfe einer Exponentialfolge als Anregung durch.

$$x[k] = \exp(j\Omega_i k)$$

Warum zeigen sich hier nicht die Effekte, die bei der Erregung mit
einer Kosinusfolge aufgetreten sind?

f) Geben Sie auf das System eine Sprungfolge $\varepsilon[k]$, und zeigen Sie,
dass die erste Differenz der Sprungantwort wieder die Impulsantwort ergibt. Benutzen Sie hierfür den Befehl `diff()`.

| Aufgabe 6: **Sinus-Generator** | Kap. 3.2 |

In dieser Aufgabe soll ein Sinusgenerator für eine feste Frequenz syntheti-
siert werden, der ohne Tabellen oder Polynomapproximationen realisiert
wird. Die Grundlage dieses Generators bildet ein System 2. Ordnung,
das – einmal angestoßen – die Werte des abgetasteten Sinussignals liefert. Zur Synthetisierung soll an dieser Stelle die folgende Korrespondenz
der Z-Transformation verwendet werden:

$$h[k] = \sin(\Omega_0 k)$$

$$H(z) = Z\{h[k]\} = \frac{z \sin(\Omega_0)}{z^2 - 2z \cdot \cos(\Omega_0) + 1} \ . \tag{II.13.1.5}$$

Diese Korrespondenz wurde im ersten Teil dieses Buches für ein Signal
hergeleitet; sie lässt sich jedoch auch als Transformation der Impulsantwort $h(k)$ eines Systems $H(z) = Y(z)/X(z)$ interpretieren.

a) Zeichnen Sie das Blockschaltbild des resultierenden Sinusgenerators. Hinweis: Bringen Sie Gleichung (II.13.1.5) zuerst in eine Form,
die nur Verzögerungen (d.h. Terme der Form z^{-d}) enthält.

b) Realisieren Sie das System, indem Sie seine Koeffizientenvektoren
$\mathbf{b} = \{b_0, b_1, b_2\}$ und $\mathbf{a} = \{a_0, a_1, a_2\}$ für eine Frequenz $\Omega_0 = 1/32$
bestimmen. Zeichnen Sie das Pol-Nullstellendiagramm mit Hilfe
der Funktion `zplane()`.
Bestimmen Sie die Impulsantwort des Systems mit Hilfe der Funktion `impz()`. Vergleichen Sie das Ergebnis mit einem abgetasteten
Sinussignal der Frequenz $\Omega_0 = 1/32$.

c) Welche Rolle spielt der vorwärts-gekoppelte Zweig in diesem System? Was passiert, wenn die Verzögerung und der Multiplizierer im vorwärts-gekoppeltem Zweig entfernt wird? Überprüfen Sie ihre Vermutungen, indem Sie die Koeffizientenvektoren a und b des Systems entsprechend verändern und erneut die Impulsantwort mit impz() berechnen.

d) In dieser Teilaufgabe soll ein möglicher Fehler bei einer Quantisierung der Koeffizienten des Systems sichtbar gemacht werden. Ersetzen Sie dazu im Koeffizientenvektor a den Ausdruck $2 \cdot \cos \Omega_0$ durch $2,1 \cdot \cos \Omega_0$. Stellen Sie das Pol-Nullstellendiagramm und die Impulsantwort des Systems dar.

| Aufgabe 7: **Faltungsmatrix** | Kap. 5.1 |

Diese Aufgabe soll die Struktur und Handhabung einer Faltungsmatrix verdeutlichen.

a) Schreiben Sie eine MATLAB-Funktion lconvmtx() zur Erzeugung einer Faltungsmatrix **H** aus einer als Spaltenvektor gegebenen Impulsantwort $h = [h_0, h_1, h_2, \ldots]^T$.
Sehen Sie für diese Funktion die Anzahl der Spalten der Faltungsmatrix als zusätzlichen Parameter vor.

b) Verifizieren Sie ihre Funktion, indem Sie eine Testsequenz **x** mit einer Impulsantwort **h** zum einen mit Hilfe der MATLAB-Funktion conv() und zum anderen mit Hilfe der von Ihnen erzeugten Faltungsmatrix falten. Vergleichen Sie die beiden Ergebnisse durch Differenzbildung. Setzen Sie für die Impulsantwort z.B. $h = [1, 2, 3, 4, 5]^T$ an und verwenden Sie für das Testsignal **x** 20 Abtastwerte der Sinusfolge $x = \sin (\Omega_0 k)$, $\Omega_0 = 2\pi/10$.

c) Da die Faltungsoperation kommutativ ist, lassen sich Signal und System vertauschen.
Daher ist es möglich, die Faltungsmatrix entweder mit der kurzen Impulsantwort **h** oder mit dem langen Signal **x** aufzubauen. Entscheiden Sie, mit welcher Faltungsmatrix die Faltung effizienter berechnet werden kann. Begründen Sie ihre Entscheidung mit Hilfe der Größe und Struktur der Faltungsmatrix.

Aufgabe 8: **Notch Filter**   Kap. 3.5

In dieser Aufgabe soll ein rekursives Notch-(oder Kerb-)Filter dimensioniert und seine Wirkungsweise demonstriert werden. Ein digitales Notch-Filter 2. Ordnung wird im Z-Bereich dimensioniert. Es besitzt konjugiert komplexe Nullstellen auf dem Einheitskreis – korrespondierend mit der Frequenz Ω_N, die unterdrückt werden soll – und Pole an den jeweils gleichen Winkelpositionen knapp innerhalb des Einheitskreises. Es gilt somit

Nullstellen: $e^{\pm j\Omega_N}$

Polstellen: $\beta e^{\pm j\Omega_N}$

a) Schreiben Sie eine MATLAB-Funktion `lnotchdesign()` zur Erzeugung der Filterkoeffizienten $\mathbf{a} = \{a_0, a_1, a_2\}$ und $\mathbf{b} = \{b_0, b_1, b_2\}$. Die Funktion soll als Parameter die normierte Frequenz Ω_0 und den Parameter β erhalten. Bestimmen Sie die Koeffizienten entweder durch analytische Berechnung oder durch Verwendung der Funktion `poly()`.

b) Stellen Sie mit Hilfe der Funktion `freqz()` den Frequenzgang (in dB) eines Notch-Filters ($\Omega_N = \pi/4$; $\beta = 0,9$) dar. Wie verändert sich der Frequenzgang, wenn Sie den Faktor β auf $0,9999$ erhöhen? Überprüfen Sie ihre Vermutung mit Hilfe von MATLAB.

c) In diesem Aufgabenteil soll die Wirkung des Notch-Filters durch ein Hörbeispiel verdeutlicht werden. Erzeugen Sie dazu ein Testsignal $x[k] = x_1[k] + x_2[k]$, das sich aus folgenden Komponenten zusammensetzt:

1. Sinusanteil $x_1[k]$	
Frequenz	$f_{sin} = 1000\,\text{Hz}$
Amplitude	$-0,5\ldots0,5$

2. Rauschanteil $x_2[k]$	
Verteilung	gleichverteilt zwischen $-0,25$ und $0,25$

Setzen Sie als Abtastfrequenz $f_A = 8000\,\text{Hz}$ an. Das Testsignal soll eine Länge von $5\,\text{s}$ haben. Geben Sie das so erzeugte Testsignal

$x[k]$ unter MATLAB mit Hilfe der sound()-Funktion über einen Lautsprecher aus. Verwenden Sie jetzt ein Notch-Filter ($\beta = 0,9$), um das Sinussignal $x_1[k]$ aus $x[k]$ herauszufiltern. Es soll nur noch das Rauschsignal übrig bleiben. Für die Filterung können Sie die MATLAB-Funktion filter() verwenden. Geben Sie das gefilterte Signal mit sound() aus, um die Funktion des Notch-Filters hörbar zu machen.

Matlab-Hinweise:

y=filter(b,a,x)	Filtert das Signal $x[k]$ mit einem Filter, das durch die Vektoren a und b definiert ist
x2=randn(n,1)	Erzeugt normalverteiltes Rauschsignal der Länge N.

d) Wiederholen Sie den Hörversuch von Teilaufgabe c). Verwenden Sie aber diesmal ein Notch-Filter mit $\beta = 0,9999$. Welche Veränderung ist gegenüber dem Filter mit $\beta = 0,9$ zu hören. Welche Ursache hat diese Veränderung? Untersuchen Sie das beobachtete Verhalten, indem Sie die Impulsantworten für die Notch-Filter mit $\beta = 0,9$ und $\beta = 0,9999$ gegenüberstellen. (Funktion [h,t]=impz(b,a,N,fa);)

e) Praktisches Beispiel: Empfängt man ein Einseitenband-Signal mit einem Kurzwellen-Empfänger, so lassen sich häufig Störungen in Form eines Sinussignals beobachten. Dies können unter anderem Trägerfrequenzen von störenden Sendern sein. Zur Demonstration steht Ihnen die Datei

1936.28_kHz_25.04.2001_23_17.wav zur Verfügung.

Die Frequenz des Störsignals beträgt ca. $f = 345$ Hz. Ihre Aufgabe ist es jetzt, die Störung zu entfernen und das entstörte Signal über einen Lautsprecher auszugeben. Hinweise:

– Verwenden Sie zur Ein- und Ausgabe die MATLAB-Funktion wavread() bzw. wavwrite() und ein Abspielprogramm Ihrer Wahl.

– Wählen Sie für die Festlegung von β einen sinnvollen Kompromiss aufgrund ihrer Erfahrungen aus den Teilaufgaben b) und d).

– Skalieren Sie das gefilterte Signal so, dass die maximale Amplitude eins ist.

| Aufgabe 9:   **Abtastung und Rekonstruktion** | Kap. 2.4 |

Ausgehend von einem zeitkontinuierlichen Signal $x_K(t)$ und den Beziehungen der Fourier-Transformation (2.4.1,2.4.2) erhält man durch Abtastung mit der Abtastfrequenz f_A die Zahlenfolge $x[k]$ und das durch (2.3.11), (2.3.12) gegebene Transformationspaar. Die Spektren $X_K(j\omega)$ und $X(e^{j\Omega})$ sind dabei durch die Beziehung (2.4.8)

$$X(e^{j\Omega}) = \frac{1}{T_A} \sum_{i=-\infty}^{\infty} X_K(j(\Omega + i2\pi)/T_A) \qquad \text{(II.13.1.6)}$$

verknüpft. Daraus folgt, dass sich das Spektrum diskreter Signale, $X(e^{j\Omega})$, aus der Überlagerung der um 2π verschobenen und auf $1/T_A$ normierten Spektren des kontinuierlichen Signals, $X_K(j\omega)$, ergibt.

Soll nun aus dem zeitdiskreten Signal das kontinuierliche Signal vollständig rekonstruierbar sein, so dürfen sich die Teilspektren $X_K(j(\Omega + i2\pi)/T)$ nicht überlappen[13.5]. Somit ergeben sich folgende Forderungen, die als *Abtasttheorem* bekannt sind:

- *$X_K(j\omega)$ muss bandbegrenzt sein, also im Frequenzbereich $|\omega| \geq \omega_{max}$ identisch verschwinden.*

- *Die Abtastfrequenz $\omega_A = 2\pi f_A = 2\pi/T_A$ muss mindestens doppelt so groß wie die maximale Frequenz ω_{max} von $X_K(j\omega)$ gewählt werden.*

Um anhand von Simulationen Abtastvorgänge studieren zu können, ist es notwendig, das zeitkontinuierliche Signal durch eine zeitdiskrete Folge zu simulieren. Somit liegen bei der Analyse der Abtastung zwei Abtastperioden vor. Zum einen ist dies die Abtastperiode Δt, mit der das zeitkontinuierliche Signal dargestellt wird; zum anderen die eigentliche Abtastperiode T_A, mit der das „analoge" Signal abgetastet wird.

Die Auswirkungen der Abtastung von Zeitsignalen lassen sich besonders deutlich im Frequenzbereich darstellen. Um die Fourier-Transformierte eines kontinuierlichen Signals zu simulieren, wird die Funktion `lafplot()` (siehe `lafplot.m`) verwendet.

[13.5]Der Fall einer Überlappung wird in der Literatur als *aliasing* bezeichnet.

a) Simulieren Sie das folgende analoge Signal:

$$s(t) = \cos(2\pi f_0 t + \phi), \quad 0 \le t \le T \quad . \qquad (II.13.1.7)$$

Die Signalfrequenz sei $f_0 = 2\,\text{kHz}$ und die Abtastfrequenz $\frac{1}{\Delta t} = 80\,\text{kHz}$. Wählen Sie T so, dass Sie ca. 2000 Abtastwerte des simulierten analogen Signals erhalten. Stellen Sie das „analoge" Signal mit Hilfe der Funktion plot() dar. Achten Sie auf eine richtige Darstellung der Zeitachse.

Matlab-Hinweise:

`fsim=80000`	Abtastfrequenz ist 80kHz
`delta_t=(0:(1/fsim):0.02).'`	Vektor von 0 bis 0.02 Sek. in `1/fsim` Schritten
`().'`	Entspricht der Transposition eines Vektors $()^T$, formt also den Zeilenvektor in einen Spaltenvektor um
`f0=2000`	Signalfrequenz ist 2kHz
`s=cos(2*pi*f0*delta_t)`	Generiert Kosinussignals

b) Stellen Sie das Spektrum des „analogen" Signals mit der Funktion lafplot() dar.

Matlab-Hinweise: `help lafplot`

c) Ein A/D–Umsetzer tastet das analoge Signal mit der Periode T_A ab. Simulieren Sie diesen Vorgang, indem Sie unser „analoges" Signal mit der Frequenz $f_A = 8\,\text{kHz}$ abtasten und graphisch darstellen.

Matlab-Hinweise:

`fa=8000`	Abtastfrequenz des A/D-Wandlers;
`l=fsim/fa`	Verhältnis der Abtastfrequenzen ($l = \frac{80000}{8000} = 10$);
`index=(1:l:length(s))-1`	Auswahl derjenigen Indizes von s, die `fsim/fa` Samples auseinander sind
`index(1)=[]`	Löschen des Index '0' (MATLAB

	startet bei der Indizierung mit '1')
`sd=s(index)`	Auswahl der Werte von s an den
	passenden Index- bzw Stützstellen.

d) Berechnen Sie das Spektrum des abgetasteten Signals. Verwenden Sie dazu die Funktion `ldtft()`(siehe `ldtft.m`).

e) Entwerfen Sie einen Rekonstruktionstiefpass zur Rückgewinnung des „analogen" Signals aus den Abtastwerten. Dieser analoge Rekonstruktionstiefpass muss wieder simuliert werden. Verwenden Sie die MATLAB-Funktion `cheby2`: `[b,a] = cheby2(9,60,fcut)`. Diese Funktion entwirft einen Tiefpass neunter Ordnung mit 60 dB Sperrdämpfung. Die „analoge" Grenzfrequenz `fcut` soll dabei $\frac{1}{2}f_A$ sein. Sie muss in MATLAB normiert werden: `fcut = fsamp/fsim`. Stellen Sie die Übertragungsfunktion des Tiefpasses mit der Funktion `freqz()` dar.

Matlab-Hinweise:

`fcut=fa/fsin`	Grenzfrequenz
`[b,a]=cheby2(9,60,fcut)`	Tschebyscheff-Design für die Berechnung der Filterkoeffizienten b und a
`[H,W]=freqz(b,a,128,fsim)`	Berechnung des Frequenzgangs des Filters

f) Ein D/A–Umsetzer erzeugt aus den Abtastwerten ein treppenförmiges analoges Zeitsignal. Dieses wird dann durch den oben entworfenen Tschebyscheff-Tiefpass „geglättet". Um diesen Vorgang zu simulieren, fügen Sie Nullen zwischen den Abtastwerten ein und filtern Sie das Signal mit dem oben entworfenen Rekonstruktionstiefpass.

Stellen Sie anschließend das rekonstruierte „analoge" Signal graphisch im Zeit– und Frequenzbereich dar.

Matlab-Hinweise:

`help lzerofill`	
`sa=lzerofill(sd,l)`	Einfügen von l-1 Nullen zwischen

	den einzelnen Elementen
`sr=filter(b,a,sa)`	Anwendung des Filters aus e)
`plot(sr)`	Darstellung des Zeitsignals
`lafplot(sr,1/fsim)`	Darstellung des Spektrums

Aufgabe 10: Gleichverteilter zeitdiskr. stoch. Proz. | Kap. 2.6

Um bei einem (stationären) Prozess eine erste Vorstellung von seiner Verteilung zu erhalten, verwendet man das sogenannte Histogramm. Das Histogramm stellt eine Schätzung der Verteilungsdichtefunktion $f_X(x)$ dar. Nach dem Hauptsatz der Statistik und unter Berücksichtigung des mathematischen Zusammenhangs zwischen der Verteilungsdichtefunktion und der Verteilungsfunktion über den ersten Differentialquotienten konvergiert das Histogramm für $N \to \infty$ gegen $f_X(x)$.

Bei der Schätzung der Verteilungsdichtefunktion mit Hilfe der MATLAB-Funktion `hist()` ist zu beachten, dass diese die absoluten Häufigkeiten ermittelt. Aus diesem Grunde ist zur Ermitttlung der relativen Häufigkeiten eine Normierung auf die Gesamtanzahl N der ermittelten Stichproben notwendig.

Ausgehend von der Verteilungsfunktion $F_X(x)$ oder der Verteilungs-dichtefunktion $f_X(x)$ lassen sich der *Erwartungswert*, der *quadratische Erwartungswert* und die *Varianz* einer Verteilung angeben. Hierbei ist zu beachten, dass diese Kenngrößen mit Hilfe der exakten Dichtefunktion $f_X(x)$ berechnet werden. In der Praxis liegt diese jedoch aufgrund der endlichen Anzahl N an Messwerten $x[k]$ nicht vor. Die einzelnen Kenngrößen werden daher mit Hilfe von Schätzfunktionen geschätzt. Im folgenden sind die Definitionen dieser Kenngrößen und ihre Schätzfunktionen gegenübergestellt:

1. Erwartungswert/Mittelwert

$$E\{X\} = \mu_X = \int_{-\infty}^{\infty} x\, f_X(x)\, dx, \quad \hat{\mu}_X = \frac{1}{N} \sum_{k=0}^{N-1} x[k]. \quad \text{(II.13.1.8)}$$

2. Quadratischer Erwartungswert/Quadratischer Mittelwert

$$E\{X^2\} = \int_{-\infty}^{\infty} x^2\, f_X(x)\, dx, \quad \hat{\mu}_{X^2} = \frac{1}{N} \sum_{k=0}^{N-1} x^2[k]. \quad \text{(II.13.1.9)}$$

3. Varianz /geschätzte Varianz

$$\sigma_X^2 = \int_{-\infty}^{\infty} (x - \mu_X)^2 \, f_X(x) \, dx, \quad \hat{\sigma}_X^2 = \frac{1}{N} \sum_{k=0}^{N-1} (x[k] - \hat{\mu}_X)^2.$$

$$\text{(II.13.1.10)}$$

Es kann gezeigt werden, dass die hier aufgeführten Schätzungen konsistent sind und den *Maximum-Likelihood-Schätzwert* darstellen. Allerdings ist zu beachten, dass die Schätzung der Varianz nicht erwartungstreu, sondern lediglich asymptotisch erwartungstreu ist. Eine erwartungstreue Schätzung erhält man durch Änderung des Vorfaktors $1/N$ auf $1/(N-1)$. Die Funktion **mean()** berechnet $\hat{\mu}_X$ während die Funktion **std()** den Ausdruck $\hat{\sigma}_X = \sqrt[2]{\hat{\sigma}_X^2}$ ermittelt.

Matlab-Hinweis:
Für a) bis d) benutzen Sie **help rand, doc rand, help hist**, etc.

a) Die MATLAB-Funktion **rand()** erzeugt Zufallswerte eines im Intervall [0,1] gleichverteilten zeitdiskreten stochastischen Prozesses. Erzeugen Sie damit eine Rauschfolge von 10000 Werten.

b) Erzeugen Sie mit der Funktion **hist()** eine Schätzung der Wahrscheinlichkeitsdichte der Zufallsfolge von Aufgabe 10.a für $N = 10000$ Werte.

c) Verwenden Sie die MATLAB-Funktionen **mean()** und **std()** um den Mittelwert und die Varianz der Zufallsfolge von Aufgabe 10.a zu schätzen.

d) Wiederholen Sie die Schritte von Aufgabe 10.a–10.c und beobachten Sie, wie die Ergebnisse variieren.

e) Berechnen Sie die theoretischen Größen für den Mittelwert und die Varianz bei einer im Intervall [0,1] gleichverteilten Zufallsvariablen.

| Aufgabe 11: **Korrelationsfolgen** | Kap. 2.7 |

Neben den in Aufgabe 10 aufgeführten Momenten lassen sich weitere sehr wichtige Kenngrößen für Zufallsprozesse angeben, z.B. die *Autokorrelations-, Kreuzkorrelations-, Autokovarianz-* bzw. *Kreuzkovarianzfolgen.* Allen diesen Funktionen ist gemein, dass sie ein

Maß für die „Abhängigkeit" der betrachteten Prozesse und ihren Zufallsvariablen darstellen. Im Rahmen dieser Aufgabe soll beispielhaft die Autokorrelationsfolge betrachtet werden. Im weiteren werden die zugrundeliegenden Prozesse als *ergodisch* angenommen, siehe Abschnitt (2.6). Eine wesentliche Problematik besteht in der Schätzung der theoretischen Autokorrelationsfolge (2.6.6)

$$r_{xx}[\kappa] = E\{X^*[k]\,X(k+\kappa)\} \qquad\qquad \text{(II.13.1.11)}$$

auf Basis einer endlichen Anzahl N von Messwerten.

Die MATLAB-Funktion `xcorr()` schätzt die Auto–/Kreuzkorrelationsfolge eines Zufallsprozesses.[13.6] Der Aufruf `r=xcorr(x,'option')`.' bietet die Möglichkeit die Korrelationsfolge zu normieren. Für `'option'` sind folgende Normierungen möglich:

`'biased'`: $\hat{r}_{xx}[\kappa] = \frac{1}{N}\sum_{k=0}^{N-|\kappa|-1} x[k]x^*[k+\kappa]$

`'unbiased'`: $\hat{r}'_{xx}[\kappa] = \frac{1}{N-|\kappa|}\sum_{k=0}^{N-|\kappa|-1} x[k]x^*[k+\kappa]$

`'coeff'`:   Normiert die Korrelationsfolge so, dass diese

                 beim Wert Null den Wert Eins hat.

a) Erzeugen Sie eine weiße Rauschfolge der Länge $N = 800$. Schätzen Sie die Autokorrelationsfolge mit Hilfe der `xcorr()` Funktion und stellen Sie die Folge graphisch dar. Verwenden Sie verschiedene `'option'`'s.

b) Die Fourier-Transformation der Autokorrelationsfolge ist das (periodische) Leistungsdichtespektrum. Verwenden Sie die Funktion `ldtft()` und stellen Sie die Schätzung für das Leistungsdichtespektrum graphisch dar.

[13.6]Der Aufruf `r=xcorr(x)` erzeugt aus dem Vector `x` die unnormierte Autokorrelationsfolge nach der Berechnungsvorschrift: $\hat{r}_{xx}[\kappa] = \sum_{k=0}^{N-|\kappa|-1} x[k]x^*[k+\kappa]$. Im Gegensatz zu (2.6.6) wird in MATLAB somit die Autokorrelationsfolge konjugiert komplex definiert. Aus diesem Grunde wird hier die mit `xcorr()` berechnete Folge immer konjugiert.

13.2 Rekursive Filter (Kap. 4)

| Aufgabe 12: **Filterstrukturen** | Kap. 4.1 |

Bisher wurden LTI–Systeme durch die Koeffizientenvektoren $\mathbf{b}$ und $\mathbf{a}$ dargestellt, was der üblichen Beschreibungsform eines Systems mit Hilfe der System– oder Z-Übertragungsfunktion

$$H(z) = \frac{b_0 + b_1 z^{-1} + b_2 z^{-2} + \cdots}{1 + a_1 z^{-1} + a_2 z^{-2} + \cdots} \qquad (\text{II}.13.2.1)$$

entspricht. Eine andere (äquivalente) Darstellung erhält man mit den Pol– und Nullstellen,

$$H(z) = b_0 \frac{(z - z_{0,1})(z - z_{0,2})(z - z_{0,3}) \cdots}{(z - z_{\infty,1})(z - z_{\infty,2})(z - z_{\infty,3}) \cdots} \qquad . \qquad (\text{II}.13.2.2)$$

LTI-Systeme können unter Verwendung von *kanonischen* Strukturen realisiert werden. Als kanonisch wird im allgemeinen eine Realisierungsform mit minimaler Anzahl an Speicherelementen bezeichnet. Auf die Beschreibung der einzelnen Formen sei an dieser Stelle auf den Abschnitt 4.1 verwiesen. Die in dieser Aufgabe zu betrachtende *dritte kanonische* Struktur ermöglicht die Umsetzung der Systemfunktion in die Pol–Nullstellen–Form. Die einzelnen Pol- bzw. Nullstellen werden dabei zu Teilsystemen mit maximal zweiter Ordnung zusammengefasst und die Teilsysteme anhand einer Kettenschaltung aneinander gereiht. Die wesentlichen Vorteile dieser Struktur bestehen zum einen in der großen Flexibilität der Reihenfolge und zum anderen wird der Einfluss der Parameterquantisierung der Koeffizienten auf die Teilsysteme beschränkt[13.7].

Die MATLAB-Funktion `tf2zp()` konvertiert die Polynomdarstellung (II.13.2.1) in die Pol-Nullstellen Form (II.13.2.2). Aus der Pol–Nullstellen Darstellung lassen sich dann mit Hilfe der MATLAB-Funktion `zp2sos()` die *second order sections* berechnen, die die Teilsysteme zweiter Ordnung der dritten kanonischen Form beschreiben.

Matlab-Hinweise:

`[z,p,k] = tf2zp(num,den)`   konvertiert die Polynomdarstellung

[13.7]Zur Thematik der Parameterquantisierung, siehe Abschnitt 4.4 bzw. Aufgabe 14.

(II.13.2.1) in die Pol-Nullstellen-Form
(II.13.2.2)

Rückgabewerte: z:=Nullstellen, p:=Polstellen, k:=Gain
Übergabewerte: num:=Zähler, den:=Nenner;

[sos,g] = zp2sos(z,p,k)   konvertiert die Pol-Nullstellen Form
                                  in Teilsysteme zweiter Ordnung der
                                  dritten kanonischen Form
Rückgabewerte: sos:=Teilsysteme zweiter Ordnung,
                                  g:=Gain.
Übergabewerte: siehe oben

a) Schreiben Sie mit Hilfe der beiden MATLAB-Funktionen tf2zp()
   und zp2sos() eine neue Funktion [B A] = lcascade(b,a), die
   aus den Filterkoeffizientenvektoren b und a die Teilsysteme der
   dritten kanonischen Form berechnet und die Koeffizienten der
   entsprechenden Teilsysteme in den Zeilen der Matrizen B und A
   zurückliefert.

b) Berechnen Sie mit der Funktion lcascade() die Filterkoeffizienten
   der einzelnen Teilsysteme eines Cauer-Tiefpasses 7-ter Ordnung
   mit folgenden Spezifikationen[13.8]:

   • 3 dB-Grenzfrequenz: $0,4\,\pi$

   • Durchlassdämpfung: $R_P = 0,1\,\mathrm{dB}$

   • Sperrdämpfung: $R_s = 40\,\mathrm{dB}$

   Die Toleranzparameter R_s bzw. R_P sind wie folgt gegeben:

   $$R_P = -20\log_{10}(1 - \delta_D) \quad \text{und} \quad R_s = -20\log_{10}(\delta_s), \quad \text{(II.13.2.3)}$$

   wobei δ_D bzw. δ_s die in Kapitel 4 eingeführten Toleranzparameter
   darstellen.

   Der MATLAB Befehl [b a]=ellip(7, 0.1, 40, 0.4) liefert die
   Filterkoeffizienten. Berechnen Sie daraus die Übertragungsfunktion des Gesamtsystems entsprechend $H(z) = \prod_{i=1}^{p} H_i(z)$.

[13.8]Zur Beschreibung der einzelnen Parameter sei an dieser Stelle auf Aufgabe 13 verwiesen.

Matlab-Hinweise:

`[b a]=ellip(n,Rp,Rs,f3dB)`	Entwurf eines Cauer Filters,
Rückgabewerte:	a, b: Vektoren mit den Filter-Koeffizienten;
Übergabewerte:	n: Filterordnung,
	Rp: Spitze-Spitze Ripple in dB,
	Rs: Sperrdämpfung in dB,
	f3dB: $3dB$ Grenzfrequenz

Aufgabe 13: **Entwurf rekursiver Filter**	Kap. 4.2

Ziel dieser Aufgabe ist der Entwurf eines digitalen Tiefpass-Systems auf Basis eines vorgegebenen Toleranzschemas für den Amplitudengang. Die für den Systementwurf zur Verfügung stehenden MATLAB-Funktionen, z.B. `butter`, `cheby1` etc., realisieren einen Tiefpass-Entwurf, bei dem auf Entwurfsverfahren kontinuierlicher Systeme zurückgegriffen wird. Dies bedeutet, dass das im z-Bereich vorgegebene Toleranzschema in geeigneter Weise in den s-Bereich transformiert, dort der Entwurf nach bekannten Verfahren durchgeführt und die so gewonnene Systemfunktion in den z-Bereich rücktransformiert wird.

Zur Transformation wird die *bilineare Transformation* verwendet, welche stabile Systeme mit gebrochenrationalen Systemfunktionen im s-Bereich in ebensolche im z-Bereich abbildet (Abschnitt 4.2.1). Zu beachten ist, dass bei der bilinearen Transformation eine Vorverzerrung der Ω-Achse im z-Bereich notwendig ist. Der Entwurf selber erfolgt dann nach den in den Abschnitten 4.2.2 und 4.2.3 beschriebenen Standardverfahren unter Einführung einer Hilfsfunktion.

Die für den Tiefpass-Entwurf von MATLAB zur Verfügung gestellten Entwurfsfunktionen sind in den folgenden Tabellen zusammengefasst. Die Bestimmung der notwendigen Filterordnung und der normierten Grenzfrequenz[13.9] erfolgt anhand der Funktionen:

[13.9]Alle Entwurfsfunktionen arbeiten mit normierten Frequenzen zwischen 0 und 1. Die Normierung erfolgt auf die halbe Abtastfrequenz und die normierte Grenzfrequenz ist die Frequenz, bei der die Dämpfung des Amplitudengangs 3 dB beträgt. Beispiel: Abtastfrequenz 1000 Hz, Grenzfrequenz 300 Hz, Normierte Grenzfrequenz: `Wn=300/500=0,7`

Filtertyp	Bestimmung der Filterordnung
Butterworth	`[m,Wn]=buttord(Wp,Ws,Rp,Rs)`
Tschebyscheff Typ I	`[m,Wn]=cheb1ord(Wp,Ws,Rp,Rs)`
Tschebyscheff Typ II	`[m,Wn]=cheb2ord(Wp,Ws,Rp,Rs)`
Cauer	`[m,Wn]=ellipord(Wp,Ws,Rp,Rs)`

Anschließend können mit Hilfe der eigentlichen Entwurfsfunktionen die Koeffizienten berechnet werden:

Filter	Filterentwurfsfunktionen
Butterworth	`[b,a]=butter(m,Wn)`
Tschebyscheff Typ I	`[b,a]=cheby1(m,Rp,Wn)`
Tschebyscheff Typ II	`[b,a]=cheby2(m,Rs,Wn)`
Cauer	`[b,a]=ellip(m,Rp,Rs,Wn)`

Die Bedeutungen der einzelnen Parameter sind wie folgt:

`b, a`	Filterkoeffizientenvektoren
`m`	Filterordnung
`Wn`	Normierte Grenzfrequenz des Tiefpasses
`Wp`	Normierte Durchlassfrequenz des Tiefpasses
`Ws`	Normierte Sperrfrequenz des Tiefpasses
`Rp`	Ripple im Durchlassbereich (dB)
`Rs`	Sperrdämpfung (dB)

Gegeben Sei folgendes Toleranzschema:

- $f_D = 1$ kHz
- $f_s = 1,4$ kHz
- $R_P = 0,5$ dB
- $R_s = 30$ dB
- $f_A = 8$ kHz

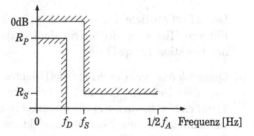

Bestimmen Sie für jeden Filtertyp die minimal benötigte Filterordnung und entwerfen Sie die Tiefpässe. Vergleichen Sie den Amplitudengang und die Pol-Nullstellen-Diagramme der jeweiligen Filtertypen.

| Aufgabe 14: **Quantisierung der Filterkoeffizienten** | Kap. 4.4 |

In Abschnitt 4.4.1 zeigte sich bei der Analyse der Parameterquantisierung, dass die Empfindlichkeit der Polstellen umso größer ist, je enger die Pole beieinander liegen und je größer die Anzahl dieser Pole ist. Entsprechende Aussagen gelten auch für die Nullstellen. Aus diesem Grunde spielt die in Aufgabe 12 eingeführte dritte kanonische Form eine große Rolle bei der Realisierung von Systemen hoher Ordnung.

In dieser Aufgabe soll anhand eines Beispiels untersucht werden, wie sich die Quantisierung der Filterkoeffizienten auf die Systemfunktion $H(z)$ auswirkt. Die Funktion lfxquant() realisiert einen linearen Quantisierer gemäß

$$-1 \leq [v]_Q \leq 1 - 2^{-l+1} \quad , \qquad \text{(II.13.2.4)}$$

wobei l die Wortlänge (Anzahl der Bits) und v der zu quantisierende Koeffizient ist. Für die Quantisierung der Koeffizienten eines digitalen Filters ist es notwendig, diese vorher zu normieren. Dazu wird die Funktion [aq,n]=lcoefrnd(a,l) angewandt, die den quantisierten Koeffizientenvektor aq zusammen mit dem Normierungsfaktor n zurückliefert.

a) Für die Untersuchungen wird ein Cauer-Tiefpass 7-ter Ordnung mit der folgenden Spezifikation betrachtet:

- 3 dB-Grenzfrequenz: $0,4\,\pi$

- Durchlassdämpfung: $R_P = 0,1\,\mathrm{dB}$

- Sperrdämpfung: $R_S = 40\,\mathrm{dB}$

Der MATLAB-Befehl [b a]=ellip(7, 0.1, 40, 0.4) liefert die Filterkoeffizienten. Stellen Sie die Übertragungsfunktion mit Hilfe der Funktion freqz() dar.

b) Quantisieren Sie die Filterkoeffizienten mit 8 Bit, d.h. führen Sie die Befehle [bq nb] = lcoefrnd(b,8) und [aq na] = lcoefrnd(a,8) aus, um die quantisierten Koeffizenten bq und aq zusammen mit den Normierungsfaktoren nb und na zu erhalten. Stellen Sie die Übertragungsfunktion zusammen mit der der unquantisierten Koeffizienten nach Aufgabe 14.a graphisch dar. Hinweis: Um die Übertragungsfunktion mit den quantisierten Koeffizienten darzustellen, muss diese zuvor entnormiert werden: Hq=nb/na*freqz(bq,aq,512).

c) Mit einer 8 Bit Quantisierung ergibt sich eine zu starke Abweichung der Übertragungsfunktion vom vorgegebenen Toleranzschema. Folgende Abweichung sollen tolerierbar sein: $R_D^+ = 0,15\,\mathrm{dB}$, $R_D^- = -0.15\,\mathrm{dB}$ und $R_s = -38\,\mathrm{dB}$[13.10]. Bestimmen Sie die minimale Wortlänge, mit der die Filterkoeffizienten mindestens dargestellt werden müssen, um das eingeschränkte Toleranzschema zu erfüllen.

Es gibt verschiedene Strukturen digitaler Filter. Die direkte Form ist in der MATLAB-Funktion `filter()` implementiert, von der schon öfter Gebrauch gemacht wurde. Zur Reduzierung der Auswirkungen der Koeffizientenquantisierung wird meist die dritte kanonische Form verwendet, bei der das System durch eine Kettenschaltung von Teilsystemen mit maximal zweiter Ordnung realisiert wird. MATLAB stellt eine Reihe von Funktionen zur Verfügung, mit denen lineare Systeme in verschiedene Darstellungsformen konvertiert werden können, siehe Aufgabe 12. Im folgenden sollen die Auswirkung der Parameterquantisierung bei einer Realisierung in der dritten kanonischen Form unseres oben entworfenen Cauer-Tiefpasses untersucht werden.

d) Berechnen Sie dazu im ersten Schritt mit der Funktion `lcascade()` die Filterkoeffizienten der einzelnen Teilsysteme des Cauer-Tiefpasses und anschließend daraus die Übertragungsfunktion des Gesamtsystems entsprechend $H(z) = \prod_{i=1}^{p} H_i(z)$.
Quantisieren Sie nun die Filterkoeffizienten der Teilsysteme mit der Funktion `lcoefrnd()` mit $l = 8, 10, 12 \ldots$ Bits und berechnen Sie die quantisierte Gesamtübertragungsfunktion. Mit wieviel Bits müssen die Koeffizienten der Teilsysteme mindestens quantisiert werden, damit die Gesamtübertragungsfunktion das Toleranzschema nach Aufgabe 14.a erfüllt? Vergleichen Sie die Mindestlänge mit der für die Realisierung in der direkten Form nach Aufgabe 14.c notwendigen.

[13.10] R_D^+ und R_D^- bezeichnen dabei die maximal tolerierbaren Schwankungen im Durchlassbereich, wobei $R_D^- = R_P$ ist.

13.3   Nichtrekursive Filter (Kap. 5)

Aufgabe 15: **Fensterfunktionen**   Kap. 5.3

Im Gegensatz zu rekursiven Filtern, deren Entwurf auf der Transformation zeitkontinuierlicher IIR–Systeme in zeitdiskrete IIR–Systeme beruht, basiert der Entwurf bei nichtrekursiven, also bei FIR–Systemen, auf der direkten Approximation der gewünschten Übertragungsfunktion des zeitdiskreten Systems. Aufgrund der konstanten Gruppenlaufzeit kommen sehr häufig *linearphasige* nichtrekursive Filter zum Einsatz, deren Entwurf im weiteren betrachtet werden soll.

Linearphasige FIR–Systeme gehen aus einer Fensterbewertung idealer Tiefpässe hervor. Zur Einhaltung der Linearphasigkeitsforderung müssen die verwendeten Fensterfunktionen einen zur Mitte symmetrischen Verlauf besitzen. Die gebräuchlichsten Fenster sind die sogenannten Cosinus-Fenster, die die folgende allgemeine Form besitzen:

$$f[k] = \begin{cases} a - b \cdot \cos\left(\frac{2\pi k}{m}\right) + c \cdot \cos\left(\frac{4\pi k}{m}\right), & \text{für } 0 \le k \le m \\ 0, & \text{sonst.} \end{cases} \quad \text{(II.13.3.1)}$$

Fenster	Matlab Name	a	b	c
Rechteck	`boxcar`	1,0	0,0	0,0
von Hann	`hanning`	0,5	0,5	0,0
Hamming	`hamming`	0,54	0,46	0,0
Blackman	`blackman`	0,42	0,5	0,08

Ein weiteres Fenster ist das Dreieck– oder Bartlett–Fenster (`bartlett`).

a) Berechnen Sie die oben genannten Fenstertypen für $m = 21$ und $m = 42$. Stellen Sie den zeitlichen Verlauf wie auch die zeitdiskrete Fourier-Transformierte graphisch dar. Vergleichen Sie anschaulich die einzelnen Fenstertypen bezüglich Durchlassbereich, Dämpfung des ersten Nebenmaximums und Sperrdämpfung.

b) Ein flexibleres Fenster stellt das Kaiser–Fenster dar, das folgendermaßen definiert ist:

$$f[k] := \begin{cases} \dfrac{I_0\left[\beta\sqrt{1-(1-\frac{2}{m}k)^2}\right]}{I_0(\beta)}, & \text{für } 0 \le k \le m \\ 0, & \text{sonst.} \end{cases} \quad \text{(II.13.3.2)}$$

Dabei stellt $I_0(x)$ die modifizierte Besselfunktion erster Art der Ordnung null dar. Die MATLAB-Funktion `kaiser(m,beta)` berechnet das Fenster. Im Gegensatz zu den Fenstertypen aus Aufgabe 15.a besitzt das Kaiser–Fenster zwei Parameter: die Länge $m + 1$ und den Steilheitsparameter β. Durch die Variation von m und β können die Länge und die Gestalt des Fensters verändert werden, um damit zwischen der Amplitude der Nebenmaxima und der Breite des Hauptmaximums einen Kompromiss zu finden. Berechnen Sie die Kaiser–Fenster für $m = 21$ und $\beta = 0, 3, 6$. Berechnen Sie die zugehörigen Spektren und stellen Sie diese zusammen mit den Fensterfunktionen graphisch dar.

Aufgabe 16:   **Entw. nichtr. Filter mittels Fensterung**   Kap. 5.3

Der komplette Filterentwurf durch Fensterbewertung der Impulsantwort eines verschobenen, idealen Tiefpasses ist in der MATLAB-Funktion `fir1()` implementiert. Der Aufruf `b=fir1(m,Wn)` liefert die $m + 1$ Filterkoeffizienten eines Tiefpasses der Ordnung `m` mit der Grenzfrequenz `Wn` (siehe Fußnote auf Seite 558). Der Funktionsaufruf `b=fir1(m,Wn,'high')` liefert den entsprechenden Hochpass, wobei `Wn` dann die Grenzfrequenz des Hochpasses beschreibt. Der Funktionsaufruf `b=fir1(m,[Wn1 Wn2])` liefert einen Bandpass mit den Bandgrenzen `Wn1` und `Wn2`. Als *default*-Einstellung wird das Hamming–Fenster benutzt. Abweichend hiervon kann als letzter Parameter ein Vektor übergeben werden, der die Abtastwerte der gewünschten Fensterfunktion enthält: `b=fir1(m,Wn,window)`. Der Fenster-Vektor muss $m+1$ Werte enthalten.

a) Entwerfen Sie einen Tiefpass mit `m=50` und `Wn=0.4`. Vergleichen Sie den Amplitudengang des Tiefpasses für verschiedene Fensterfunktionen.

b) Entwerfen Sie mit der Funktion `fir1()` einen Hochpass der Ordnung `m=33` und der Grenzfrequenz `Wn=0.4` (Fensterfunktion: Hamming). Warum gibt MATLAB hier eine Warnung aus?

c) Die Gruppenlaufzeit eines Systems und die Linearität der Phase stehen in direktem Zusammenhang. Bestimmen Sie mit der MATLAB-Funktion `grpdelay()` die Gruppenlaufzeit des Tiefpasses von Aufgabe 16.a. Als Fensterfunktion ist das Hamming–Fenster zu verwenden.

Aufgabe 17:   **Remez-Entwurf (Tschebys.-Approx.)**   Kap. 5.3

Beim Entwurf von IIR–Filtern zeigte sich, dass die Anwendung einer
Tschebyscheff–Approximation zu beträchtlichen Gewinnen führt, da bei
diesen Filtertypen das Toleranzschema möglichst vollständig ausgenutzt
wird. Ein solcher Entwurf nach der Tschebyscheff–Approximation für
FIR-Systeme ist in der MATLAB–Funktion `firpm()` implementiert
(Parks–McClellan–Algorithmus). Dabei erfolgt die Approximation im
Durchlass- und im Sperrbereich. Der Aufruf `b=firpm(m,F,G)` entwirft
ein Filter der Ordnung `m`, dessen Spezifikation durch die Vektoren `F`
und `G` definiert wird. `F` ist ein Vektor von Frequenzpaaren (zwischen 0
und 1), die die jeweiligen Bänder festlegen und `G` ist der zum Vektor `F`
gewünschte Frequenzgang.
Beispiel: `F = [0 0.3 0.5 1] G = [1 1 0 0]`

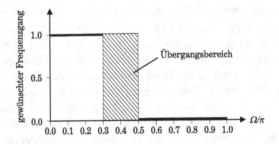

a) Entwerfen Sie das Filter mit dem oben gewünschten Frequenzgang.
   Experimentieren Sie mit verschiedenen Filterordnungen und ermitteln Sie die Anzahl der Extremwerte im Approximationsintervall.

b) Der Aufruf `b=firpm(m,F,G,W)` wichtet den gewünschten Fre-
   quenzgang, so dass den Frequenzbändern, die nicht sehr genau den
   gewünschten Frequenzgang approximieren müssen, ein geringeres
   Gewicht gegeben werden kann. Die Anzahl der Elemente des
   Vektors `W` ist immer halb so groß wie die von `F` bzw. `G` (für jedes
   Frequenzband ein Gewicht). Das Frequenzband zwischen 0,0 und
   0,3 (Durchlassbereich) muss nicht sehr genau den gewünschten
   Frequenzgang approximieren. Ein stärkeres Gewicht soll aber dem
   Frequenzband zwischen 0,5 und 1 gegeben werden. Entwerfen Sie

das Filter neu und vergleichen Sie den Frequenzgang mit denen aus Teilaufgabe 17.a.

c) Entwerfen Sie folgende Tiefpass–Bandpass–Kombination, wobei den Sperrbereichen ein um Faktor vier stärkeres Gewicht zuzuordnen ist:

Durchlassband 1 :   0 – 0,2   Sperrbereich 1 :   0,26 – 0,44

Durchlassband 2 :   0,5 – 0,7   Sperrbereich 2 :   0,76 – 1

Filterordnung m :   128

Aufgabe 18:   Entw. eines Differenzierers   Kap. 5.4

a) Die Differentiation im Zeitbereich ist äquivalent zur Multiplikation mit $j\Omega$ im Frequenzbereich, d.h. die Übertragungsfunktion eines idealen Differenzierers ist durch $H(e^{j\Omega}) = j\Omega$ gegeben.
Entwerfen Sie Differenzierer der Ordnungen 21 und 22 unter Anwendung der Funktion firpm() (siehe Aufgabe 17) und stellen Sie die Beträge der Übertragungsfunktionen sowie die Impulsantworten der beiden entworfenen „Differenzierer" graphisch dar. Zu welchem Typ von FIR–Filtern gehören diese[13.11]?

b) Als *default*-Wert entwirft die Funktion firpm() FIR–Filter vom Typ I und III, je nach dem ob die Ordnung gerade oder ungerade ist. Antisymmetrische Filter (Typ II und IV) können durch ein zusätzliches Argument in der Funktion firpm() entworfen werden. Für Differenzierer ist dies der String d: b=firpm(m,F,G,'d') (gleichzeitig wird eine optimale Gewichtung W automatisch vorgenommen). Entwerfen Sie die „Differenzierer" von Aufgabe 18.a als Typ II und IV und vergleichen Sie die Beträge der Übertragungsfunktionen und Impulsantworten.

Aufgabe 19:   Entw. eines Hilbert-Transformators   Kap. 5.4

Im Rahmen dieser Aufgabe soll mit Hilfe des Remez-Verfahrens (MATLAB-Funktion: firpm()) ein Hilbert-Transformator mit idealem Frequenzgang $H(e^{j\Omega}) = j\,\mathrm{sgn}(\Omega)$ approximiert werden.

[13.11]In MATLAB wird die Typeneinteilung von FIR–Systemen mit linearer Phase abweichend von der in Teil I auf Seite 163 aufgeführten Tabelle vorgenommen. Der Typ II und der Typ III sind in MATLAB vertauscht definiert.

a) Entwerfen Sie zwei Hilbert–Transformatoren der Ordnungen 30 und 31 mit dem zusätzlichen Argument 'h': b=firpm(m,F,G,'h'). Stellen Sie die Amplitudengänge, Impulsantworten und die Pol-Nullstellen-Diagramme graphisch dar. Um welche Typen handelt es sich?

b) Erzeugen Sie ein zwei Sekunden langes Sinussignal der Frequenz 50 Hz mit einer Abtastfrequenz von 1000 Hz. Filtern Sie das Signal durch den Hilbert–Transformator der Ordnung $m = 30$ und stellen Sie das Ein– und Ausgangssignal zusammen graphisch dar. Hinweis: Bei der graphischen Darstellung muss berücksichtigt werden, dass das Ausgangssignal des Filters um die Gruppenlaufzeit verzögert erscheint.

c) Für die in der Nachrichtentechnik wichtige Hilbert–Transformation existiert in MATLAB eine eigene Funktion: y=hilbert(x). Der Rückgabewert y ist das analytische Signal zu x, d.h. der Realteil von y ist gleich x, und der Imaginärteil von y ist die Hilbert–Transformierte von x. Berechnen Sie die Hilbert–Transformierte des Signals von Teilaufgabe 19.b und vergleichen Sie das Ergebnis.

13.4 Die diskrete Fourier-Transformation (Kap. 7)

Aufgabe 20: Eigenschaften der DFT   Kap. 7.2

Gegeben sei das Zeitsignal $\quad x[k] = \begin{cases} k + j \cdot (7 - k), & k = 0 \ldots 15 \\ 0, & \text{sonst} \end{cases}$.

a) Berechnen Sie die DFT $X[n]$ von $x[k]$ mittels der Funktion fft(x). Stellen Sie Re $\{X[n]\}$ und Im $\{X[n]\}$ graphisch dar.

b) Stellen Sie die DFT von Re $\{x[k]\}$ und j Im $\{x[k]\}$ graphisch dar (wiederum in Real- und Imaginärteil). Welche Symmetrien weisen DFT $\{$Re $\{x[k]\}\}$ bzw. DFT $\{j$ Im $\{x[k]\}\}$ auf?

c) Führen Sie eine zyklische Verschiebung von $x[k]$ um $\lambda = 4$ bzw. 8 Takte durch: $x_1[k] = (x[k + \lambda])_M$. Wie lautet der Zusammenhang zwischen $X_1[n] = $ DFT $\{x_1[k]\}$ und $X[n]$?

d) Berechnen Sie die diskrete Fourier-Transformierte $X_2[n]$ von $x_2[k] = x[k] \cdot \exp(-j\,2\pi 3k/16)$. Wie hängt $X_2[n]$ mit $X[n]$ zusammen?

Aufgabe 21: Interpol. durch „Zero Padding"   Kap. 7.3

Berechnen Sie die DFT von $x[k] = 1 - \cos(2\pi k/64)$ für $k = 0 \ldots 63$. Existieren Gemeinsamkeiten mit der diskreten Fourier-Transformierten des Signals

$$x_0[k] = \begin{cases} x[k], & k=0\ldots 63 \\ 0, & k=64\ldots 127 \end{cases} \quad ?$$

MATLAB-Hinweise:

```
N = 64;  kk = 0:N-1;
x = 1-cos(2*pi*kk/N);       definiert x[k],
x0= [x, zeros(1,N)];        fügt einen Nullvektor (1 × N) an.
```

Aufgabe 22: Alternative Berechnung der IFFT   Kap. 7.4

Führen Sie folgende Schritte durch:

- Berechnen Sie die FFT der in Aufgabe 21 gegebenen zeitdiskreten Datenfolge $x_0[k]$.
- Vertauschen Sie Real- und Imaginärteil der Transformierten.
- Führen Sie nochmals mit diesem Ergebnis die FFT durch.
- Vertauschen Sie wiederum Real- und Imaginärteil.

Warum entspricht das Resultat – bis auf einen Faktor – der ursprünglichen Datenfolge?

Aufgabe 23: DFT von reellen Datenfolgen   Kap. 7.5

Bei der diskreten Fourier-Transformation (DFT) reeller Datenfolgen besteht eine Redundanz im Ergebnis: es ist konjungiert gerade. Dieses Vorwissen kann verwendet werden, um eine reelle Datenfolge $x_1[k]$ der Länge $2N$ mit einer N-Punkte-FFT zu transformieren. Schreiben Sie eine MATLAB-Funktion X1 = lfft(x1), die dies ausnutzt. x1 soll ein Zeilenvektor sein:

- Bestimmen Sie die Länge der Folge x1. Berücksichtigen Sie den Fall, dass eine Folge ungerader Länge auftreten kann.

- Zerlegen Sie die Folge x1 nach folgender Gleichung

$$\left.\begin{array}{l} y[k] = x_1[2k] \\ z[k] = x_1[2k+1] \end{array}\right\} \quad k = 0, ..., N-1 . \qquad \text{(II.13.4.1)}$$

- Erzeugen Sie aus $y[k]$ und $z[k]$ die komplexe Folge

$$x[k] = y[k] + j \cdot z[k] . \qquad \text{(II.13.4.2)}$$

- Bestimmen Sie die Spektralfolge $X[n]$ und ermitteln Sie mit folgenden Gleichungen die Spektren der Teilfolgen $y[k]$ und $z[k]$:

$$Y[n] = \frac{1}{2}[X[n] + X^*[N-n]] \qquad \text{(II.13.4.3)}$$

$$Z[n] = \frac{1}{2j}[X[n] - X^*[N-n]] . \qquad \text{(II.13.4.4)}$$

- Die gesuchte Spektralfolge soll dann mit der Gleichung

$$X_1[n] = Y[n] + e^{-j\pi n/N} \cdot Z[n] \qquad \text{(II.13.4.5)}$$

erzeugt werden.

13.5   Anwendungen der FFT zur Filterung und Spektralanalyse (Kap. 8)

Aufgabe 24: **DFT: Abbruchfehler / Unterabtastung**   Kap. 8.2

Berechnen Sie die diskreten Fourier-Transf. $X_i[n] = \text{DFT}\{x_i[k]\}$ der folgenden Datenfolgen:

$$x_1[k] = \sin(k\pi/8), \qquad \text{für} \quad k = 0 \dots 7 \quad \text{sowie} \quad k = 0 \dots 63$$
$$x_2[k] = \sin(k\pi/2), \qquad \text{für} \quad k = 0 \dots 7 \quad \text{sowie} \quad k = 0 \dots 63$$
$$x_3[k] = \sin(k\pi 3/2), \qquad \text{für} \quad k = 0 \dots 7 \quad \text{sowie} \quad k = 0 \dots 63$$

Verwenden Sie dazu die MATLAB-Funktion fft(x). Stellen sie sowohl die Zeitsignale $x_i[k]$, als auch die Betragsspektren $|X_i[n]|$ für beide

Zeitindex-Bereiche graphisch dar. In welchen Fällen wird das Betrags-spektrum des zugehörigen kontinuierlichen Sinussignals $x_i(t)$ exakt wiedergegeben?

Aufgabe 25: **Vergleich von Fensterfunktionen**   Kap. 8.3

Stellen Sie das Koeffizientenprofil $f[k]$ und den Betrag der normier-ten Spektralfunktion $F(e^{j\Omega})/F(e^{j\,0})$ (in dB) eines Rechteck-, Hann-, Hamming-, Blackman- und eines Dolph-Tschebyscheff-Fensters (48, 6 dB und 76, 1 dB Sperrdämpfung) mit $N = 63$ Koeffizienten dar. Vergleichen Sie die erreichte Sperrdämpfung mit der durch die jeweilige Fensterung erzielbaren Frequenzauflösung.

MATLAB-Hinweise:
Die Fensterfunktionen der Länge N lauten `boxcar(N)` (Rechteck), `hanning(N)`, `hamming(N)`, `blackman(N)` und `chebwin(N,dB)`. Die fre-quenzkontinuierliche Funktion $F(e^{j\Omega})$ soll durch eine 512–Punkte–DFT $F[n]$ approximiert werden, d.h. $F[n] = F(e^{j\Omega})$ für $\Omega = 2\pi n/512$. Ihr Betrag in dB kann deshalb mittels `plot(20*log10(abs(fft(f,512))))` dargestellt werden.

Aufgabe 26: **Seitenbanddämpfung des Blackman-F.**   Kap. 8.3

Stellen Sie den Betrag der normierten Spektralfunktion $F(e^{j\Omega})/F(e^{j\,0})$ (in dB) eines Blackman-Fensters mit $N = 32$, $N = 64$ bzw. $N = 128$ Koeffizienten dar. Ermitteln Sie für diese Werte das Verhältnis von ma-ximalem Wert des Hauptmaximums zum maximalen Wert des größten Nebenmaximums. Welcher Effekt tritt hier – wie auch bei allen anderen traditionellen Fenstern – auf?

Aufgabe 27: **Dolph-Tschebyscheff-Fenster**   Kap. 8.3

Durch die Anwendung einer Fensterfunktion kann der Einfluss des Leck-Effekts auf das Ergebnis der DFT verringert werden (s. Aufgabe 28). Die dabei verwendeten Fensterfunktionen sind üblicherweise durch eine Folge endlicher Länge im Zeitbereich definiert. Eine Ausnahme bildet das Dolph-Tschebyscheff-Fenster, für das eine Definition der Spektral-funktion vorliegt. Zeigen Sie anhand von mehreren Beispielen, dass die Rücktransformation dieser Spektralfkt. auf eine endliche Folge der Länge N im Zeitbereich führt. Entwickeln Sie dazu eine MATLAB-Funktion `lcheby(`$N,\Omega_s,\Delta\Omega$`)`, die als Eingabeparameter die Fensterlänge N, die Sperrbereichs-Grenzfrequenz Ω_s und den Stützstellenabstandes $\Delta\Omega$ erwartet und daraus die Spektralfunktion $F^{DT}(e^{jn\Delta\Omega})$ gemäß (8.3.26) und (8.3.25), sowie die kausale Zeitfolge $f[k] = \text{IFFT}\left\{F^{DT}(e^{jn\Delta\Omega})\right\}$ des Dolph-Tschebyscheff-Fensters berechnet. Rufen Sie lcheby() mit den folgenden Parameterwerten auf und vergleichen Sie die resultierenden normierten Fensterfunktionen und die Beträge der normierten Spektralfunktionen in dB:

$$N = 32, \quad \Omega_s = 1/20 \cdot 2\pi, \quad \Delta\Omega = 2\pi/256$$

$$N = 64, \quad \Omega_s = 1/20 \cdot 2\pi, \quad \Delta\Omega = 2\pi/256$$

$$N = 32, \quad \Omega_s = 4/20 \cdot 2\pi, \quad \Delta\Omega = 2\pi/256$$

MATLAB-Hinweis: Die kausale Spektralfunktion des Dolph-Tschebyscheff-Fensters lautet:

Ω=(0:ΔΩ:2*pi-ΔΩ)

F^DT=exp(-j(N-1)Ω/2).*cosh((N-1)*acosh(cos(Ω/2)/cos(Ω_s/2)))

Warum ist hier in MATLAB keine abschnittsweise Definition der Spektralfunktion notwendig?

Aufgabe 28: Leck-Ef. -Minderung durch Fensterung | Kap. 8.3

Stellen Sie die zweifache periodische Fortsetzung der Datenfolgen

$$x_1[k] = \sin(k\pi/8) \quad \text{und} \quad x_2[k] = \sin(k\pi/10) \quad \text{für} \quad k = 0\ldots63 \,,$$

sowie den Betrag ihrer 64-Punkte-FFT $X_i[n] = \text{FFT}\{x_i[k]\}$ dar. Bewerten Sie die Datenfolgen nun gemäß $x_i^{Hm}[k] := x_i[k] \cdot f^{Hm}[k]$ mit einem 64-Punkte Hamming-Fenster $f^{Hm}[k]$ und stellen Sie wiederum die zweifache periodische Fortsetzung von $x_i^{Hm}[k]$, sowie den Betrag der 64-Punkte-FFT $X_i^{Hm}[n]$ dar. Welche Auswirkungen hat ein Hamming-Fenster auf die Beträge der Koeffizienten des Ergebnisses der FFT?
MATLAB-Hinweis: Die Berechnung und die Darstellung des Ergebnisses der Fensterung kann mit stem(0:63,abs(fft(xi.*hamming(64).'))) erfolgen.

Aufgabe 29: Spektraltrans. reeller Bandpass-Signale | Kap. 8.4

Auf der Grundlage eines verallgemeinerten Abtasttheorems kann durch Abwärtstastung die Mittenfrequenz von Bandpass-Signalen beeinflusst werden. Die Funktion lband($N, f_m/f_A, b/f_A$) stellt einen diskreten Bandpass-Prozess mit Mittenfrequenz f_m und Bandbreite b zur Verfügung. Vergleichen Sie für $N = 1000$, $f_m/f_A = 0,2$ und $b/f_A = 0,02$

das Betragsspektrum des Originalsignals mit den Betragsspektren der um die Faktoren 9, 10, 11 und 12 abwärtsgetasteten Bandpass-Signale.

Matlab-Hinweise:

```
b1 = lband(1000,0.2,0.02);              Bandpass-Signal
b2 = b1(1:10:1000);                     10-fach abw. BP-Signal
plot(abs(fft(b2.*hanning(length(b2))))) Betragsspektrum
```

13.6 Traditionelle Spektralschätzung (Kap. 9)

| Aufgabe 30: **Trad. Spektrals. mit dem Periodog.** | Kap. 9.3 |

Das Periodogramm stellt eine einfache Methode zur Schätzung des Leistungsdichtespektrums $S_{XX}(e^{j\Omega})$ auf der Basis von N Datenwerten eines stationären Prozesses $X[k]$ dar.

$$\text{Per}_N^X(\Omega) := \frac{1}{N}|X(e^{j\Omega})|^2 \quad \text{mit} \quad X(e^{j\Omega}) = \mathcal{F}\{X(k)\}, \quad k = 0, \cdots, N-1$$

a) Erzeugen Sie zunächst zwei Modellrauschprozesse $X_1[k], X_2[k]$ der Länge $N = 2^{12}$ durch lineare Filterung eines weißen, gaußverteilten und mittelwertfreien Rauschprozesses $N[k]$ der Leistung eins mit den Filtern $H_1(z)$ und $H_2(z)$:

$$H_1(z) = 1 - 4z^{-1} + 6z^{-2} - 4z^{-3} + z^{-4} \quad \text{und} \quad H_2(z) = \frac{1}{1 + 0,8\,z^{-1}}.$$

MATLAB-Hinweise:

`n=randn(1,2^12+R)`	Erzeugt Modellrauschprozess der Länge $2^{12} + R$ (R=500)
`x=filter(b,a,n)`	Filterung des Eingangsvektors n mit einem Filter gegeben durch die Koeffizientenvektoren a_i und b_i
`x=x(R+1:end)`	Unterdrückung des Einschwingvorgangs durch das Filter

b) Stellen Sie für beide Filter das „wahre" Leistungsdichtespektrum $S_{X_iX_i}(e^{j\Omega})$ dar.

MATLAB-Hinweis: Verwenden Sie eine FFT-Länge von 2^{12}.

c) Berechnen Sie für beide Musterprozesse die Periodogramme $\text{Per}_N^{X_i}(\Omega)$ für $N = 2^6$, 2^8, 2^{10} und $N = 2^{12}$ Datenwerte. Warum verringert sich die Varianz trotz einer steigenden Anzahl N von Datenwerten nicht?

MATLAB-Hinweis:

`Sxx = lper(x,NFFT)`   Funktion zur Berechnung des
                          Periodogramms
                          x: Datenfolge
                          NFFT: FFT-Länge

| Aufgabe 31: **Trad. Spektrals. mit dem Korrelog.** | Kap. 9.4 |

Die Blackman-Tukey-Methode führt eine Schätzung $\hat{S}_{XX}^{BT}(e^{j\Omega})$ des Leistungsdichtespektrums $S_{XX}(e^{j\Omega})$ auf der Grundlage der Autokorrelationskoeffizienten $r_{XX}[\kappa]$ durch. Im wesentlichen erfolgt dabei ...

- ... die nicht erwartungstreue Schätzung $\hat{r}_{XX}[\kappa]$ der AKF für $|\kappa| \leq M - 1$ mit dem Rader-Verfahren,

- ... die Bewertung der AKF mit einer Fensterfunktion der Länge $2M - 1$: $\hat{r}_{XX}^{BT}[\kappa] = \hat{r}_{XX}[\kappa] \cdot f_M[\kappa]$,

- ... eine DFT zur Berechnung des Leistungsdichtespektrums: $\hat{S}_{X_iX_i}^{BT}(e^{j\Omega}) = \text{DFT}\left\{\hat{r}_{XX}^{BT}[\kappa]\right\}$.

Schätzen Sie die Leistungsdichtespektren der beiden Musterprozesse aus Aufgabe 30 mit Hilfe der Blackman-Tukey-Methode bei einer Rechteck- oder Dreieck-Fensterung für $M = 8$, 32 und 128. Warum wird für $M = 8$ das Spektrum des MA-Modelles außergewöhnlich gut ermittelt?

Matlab-Hinweise:

`Sxx = lblack(x,M,wind,NFFT)` Schätzung nach Blackmann-Tuckey
                              x: Datenfolge

	M: Anzahl der verwendeten Autokorrelationswerte (sollte Zweier-potenz sein): rxx[-(M-1)], ..., rxx[M-1]
	wind: Fenster (z.B.'hamming')
	NFFT: FFT-Länge (optional)
rxx=lrader(M,x)	Schätzung nach dem Rader-Verfahren
triang(2*M-1)	Dreieck-(Bartlett)-Fenster der Länge $2M-1$

| Aufgabe 32: **Trad. Spektrals. nach B. & W.** | Kap. 9.4 |

Die Verringerung der Varianz des Periodogrammes $\mathrm{Per}_N^x(\Omega)$ wird sowohl vom Bartlett- als auch vom Welch-Verfahren durch eine Mittelung über mehrere (K) Periodogramme von Teilfolgen der Länge $L = N/K$ erzielt. Als Erweiterung zum Bartlett-Verfahren erfolgt bei der Methode von Welch zusätzlich eine Fensterung der einzelnen Teilfolgen – das Bartlett-Verfahren ist somit der Spezialfall der Welch-Methode unter Verwendung eines Rechteckfensters. Vergleichen Sie für die beiden Musterprozesse der Länge $N = 2^{10}$ aus Aufgabe 30 den Einfluss einer unterschiedlichen Anzahl der zu mittelnden Periodogramme ($K = 1, 4, 16, 64$) sowie den Einfluss verschiedener Fensterfunktionen (Rechteck, Hamming) auf die Spektralschätzung.

Matlab-Hinweis:

Sxx=lwelch(x,K,windowtype)	Ruft das Welch-Verfahren auf
	x: Datenfolge
	K: Anzahl der zu mittelnden Periodogramme = #Teilfolgen
	windowtype: Fensterfunktion (String, z.B.'hamming')

13.7 Parametrische Spektralschätzung (Kap. 10)

Ziel dieser Aufgabe ist die Analyse einer Spektralschätzung unter Anwendung des Yule-Walker bzw. Autokorrelationsansatzes. Entscheidend ist bei dieser Vorgehensweise, dass der zu analysierende Prozess $X[k]$ außerhalb des zugrundeliegenden Messintervalls $0 \leq k \leq N - 1$ zu null gesetzt wird. Somit wird gemäß Glg.(10.3.7) für die Berechnung des Prädiktorfehlers $e_n[k]$ das *Ein- und Ausschwingverhalten des Prädiktors mitberücksichtigt*. Trotz Berücksichtigung instationärer Vorgänge wird dieser Ansatz als stationär bezeichnet. Dies ist damit begründet, dass zur Berechnung der Koeffizienten eine Korrelationsmatrix in Form einer hermiteschen Töplitzmatrix vorliegt. Diese Matrixform besitzen auch die Autokorrelationsmatrizen stationärer Prozesse.

Desweiteren wird für die Schätzung die nicht-erwartungstreue Autokorrelationsfolge $\hat{r}_{xx}[\kappa]$ verwendet. Die Schäztung der AR-Koeffizienten selber ist ebenfalls nicht erwartungstreu.

Zur Analyse sei ein (All-Pol)-Übertragungssystem $H(z) = 1/A(z)$ mit $A(z) = 1 + 0.3611z^{-1} - 0.1373z^{-2} + 0.2685z^{-3} - 0.0533z^{-4} - 0.3353z^{-5} - 0.307z^{-6}$ der Ordnung $m = 6$ gegeben, welches durch einen stationären, mittelwertfreien, weißen Rauschprozess $N[k]$ der Leistung $\sigma_N^2 = 1$ angeregt wird.

a) Stellen Sie die Impulsantwort $h[k]$ des Systems mit dem Befehl impz($\cdot$) im Bereich $0 \leq k \leq 80$ graphisch dar, und ermitteln Sie das Pol-/Nullstellendiagramm mit dem Befehl zplane($\cdot$).
   Nach wievielen Abtastwerten ist das System $H(z)$ ausreichend eingeschwungen, d.h. $h[k] \approx 0$?

b) Bestimmen Sie mit Hilfe der oben berechneten Impulsantwort $h[k]$ die exakte Autokorrelationsfolge $r_{xx}[\kappa]$ für $0 \leq \kappa \leq 6$. Ermitteln Sie mit der Yule-Walker-Gleichung (10.3.14) die exakte Koeffizienten $a_0, \ldots, a_n$ des AR(n)-Modells

$$\frac{1}{A_n(z)} = \frac{1}{a_0 + a_1 z^{-1} + \cdots + a_n z^{-n}} \quad \text{mit} \quad n = 6$$

(Für den hier betrachteten Fall ist $n = 6$, womit die Ordung des AR-Modells dem des Systems $H(z)$ entspricht). Verwenden Sie zur Bestimmung den Befehl lyw$(\cdot, \cdot, 1)$.
Berechnen Sie weiterhin die exakte spektrale Leistungsdichte $S_{xx}(e^{j\Omega})$. Stellen Sie die jeweiligen Ergebnisse graphisch dar.

c) Im folgenden soll der Einfluss der Länge N der Musterfunktion des Prozesses $X[k]$ auf die Schätzung der spektralen Leistungsdichte analysiert werden. Hierzu sind 1000 mögliche Musterfunktionen des Prozesses $X[k]$ zu erzeugen, wobei zu beachten ist, dass für das Meßintervall der Länge N das System $H(z)$ ausreichend eingeschwungen ist, d.h. $h[k] \approx 0$ (Befehl: filter$(\cdot)$). Das jeweilige Meßintervall soll $N = 10$ bzw. $N = 256$ Werte umfassen, und die Berechnung erfolgt mittels der MATLAB-Funktion lyw$(\cdot, \cdot, 1)$.
Berechnen Sie im ersten Schritt die geschätzten Koeffizienten $\hat{a}_{6,1}, \ldots, \hat{a}_{6,6}$ des AR(6)-Modells sowie den Mittelwert und die Varianz für jeden einzelnen Koeffizienten über die 1000 Musterfunktionen. Stellen Sie die Ergebnisse graphisch dar. Zur Analyse der Erwartungstreue ist zusätzlich die Leistung der Abweichung zwischen den berechneten Mittelwerten und den exakten Werten der AR-Koeffizienten anzugeben, d.h. $\frac{1}{n} \sum_{i=0}^{n} |\bar{a}_i - a_i|^2$, wobei $\bar{a}_i$ den Mittelwert und a_i den exakten Koeffizienten beschreibt.
Anhand der geschätzten Koeffizienten ist in einem zweiten Schritt das Leistungsdichtespektrum (LDS) für jede Musterfunktion zu berechnen. Geben Sie auch hier eine mittlere spektrale Leistungsdichte sowie die Varianz der Schätzung an, und stellen Sie in einem Diagramm das exakte, das gemittelte Spektrum sowie die oberen 2σ-Grenzen (95%-Grenzen) dar.

| Aufgabe 34: **Burg** | Kap. 10

Der Grundgedanke des Burg-Algorithmus besteht in der Gleichheit der Leistungen des Vorwärts- und Rückwärtsprädiktionsfehlers und in der damit verbundenen Idee der gemeinsamen Minimierung dieser beiden

Fehlerleistungen. Dieser Ansatz ermöglicht zum einen eine erwartungstreue Schätzung der Koeffizienten des $AR(n)$-Modells (im Gegensatz zur Autokorrelationsmethode), desweiteren liegt grundsätzlich ein minimalphasiges Analysefilter (im Gegensatz zur Autokovarianzmethode) vor.

Gegeben ist ein (All-Pole)-Übertragungssystem $H(z) = 1/A(z)$ mit $A(z) = 1 + 0.3611z^{-1} - 0.1373z^{-2} + 0.2685z^{-3} - 0.0533z^{-4} - 0.3353z^{-5} - 0.307z^{-6}$ der Ordnung $m = 6$, welches durch einen stationären, mittelwertfreien, weißen Rauschprozess $N[k]$ der Leistung $\sigma_N^2 = 1$ angeregt wird (Befehl: `filter(·)`).

$$\xrightarrow{\quad N[k] \quad} \boxed{\ \mathsf{H(z)}\ } \xrightarrow{\quad X[k] \quad}$$

a) Stellen Sie die Impulsantwort $h[k]$ des Systems mit dem Befehl `impz(·)` im Bereich $0 \leq k \leq 80$ graphisch dar, und ermitteln Sie das Pol-/Nullstellendiagramm mit dem Befehl `zplane(·)`.

b) Schätzen Sie mit Hilfe des Burg-Algorithmus auf der Grundlage von $N = 2^{13}$ Datenwerten einer Musterfunktion des Prozesses $X(k)$ die Koeffizienten der $AR(n)$-Modellsysteme

$$\frac{1}{A_n(z)} = \frac{1}{a_0 + a_1 z^{-1} + \cdots + a_n z^{-n}}$$

für verschiedene Ordnungen $n = 2, 6, 32$ (Befehl: `lburg_algo(·)`). Vergleichen Sie die geschätzten LDS zum einen untereinander, und zum anderen mit dem exakten LDS $S_{XX}(e^{j\Omega})$. Warum wird für $n = 6$ das wahre Spektrum außergewöhnlich gut ermittelt?

c) Wiederholen Sie die Teilaufgaben a) und b) mit einem FIR-Übertragungssystem $H(z) = 1 - 4z^{-1} + 6z^{-2} - 4z^{-3} + z^{-4}$ der Ordnung $m = 4$. Beobachten Sie die Anordnung der Pole des $AR(n)$-Modells zur Kompensation der ·4-fachen Nullstelle von $H(z)$ bei $z = 1$.

| Aufgabe 35: **Vergleich von Spektralschätzverfahren** | Kap. 10 |

Im Rahmen dieser Aufgabe sollen die drei bekannten, auf $AR(n)$-Modellen basierenden Spektralschätzverfahren (Autokorrelationsmethode, Autokovarianzmethode und Burg-Algorithmus) hinsichtlich ihrer

Erwartungstreue und Varianz gegenübergestellt werden. Zusätzlich ist eine Methode zu betrachten, welche auf der Autokorrelationsmethode basiert, sich jedoch durch eine Gewichtung der Datenfolge mit Hilfe eines Hamming-Fensters anstatt mit einem Rechteckfenster von ihr unterscheidet (Befehl: hamming($\cdot$)). Gegeben ist ein (All-Pole)-Übertragungssystem $H(z) = 1/A(z)$ mit $A(z) = 1 - 2.2346z^{-1} + 2.3921z^{-2} - 2.0324z^{-3}\,1.2865z^{-4} - 0.4954z^{-5} + 0.2322z^{-6} - 0.2554z^{-7} - 0.1848z^{-8}$ der Ordnung $m = 8$, welches durch einen stationären, mittelwertfreien, weißen Rauschprozess $N[k]$ der Leistung $\sigma_N^2 = 1$ angeregt wird.

$$\overset{N[k]}{\longrightarrow}\boxed{\ \text{H(z)}\ }\overset{X[k]}{\longrightarrow}$$

a) Berechen Sie in einem ersten Schritt das Pol-/Nullstellendiagramm des Systems mit Hilfe des Befehls zplane($\cdot$). Zur genaueren Analyse des Systems sind in einem zweiten Schritt die exakten PARCOR–Koeffizienten γ_i, $i = 1\ldots 8$ zu bestimmen. Ermitteln Sie hierzu zuerst die erwartungstreue Autokorrelationsfolge $r_{xx}[\kappa]$ mittels der Impulsantwort des Systems, und lösen Sie die exakte Yule-Walker-Gleichung (10.3.14) durch Anwendung der Levinson-Durbin-Rekursion.

b) Schätzen Sie das LDS des Ausgangsprozesses $X[k]$ durch ein AR(8)-Prozess unter Ansatz der oben beschriebenen Verfahren. Hierzu sind zur statistischen Erfassung in allen Fällen 1000 Musterfunktionen des Prozesses $X[k]$ zu betrachten, wobei jeweils ein Messintervall der Länge $N = 64$ verwendet werden soll. Zur Berücksichtigung des Einschwingverhaltens des Systems $H(z)$ sind mindestens $2^{11} + 64$ Datenwerte des Porzesses $N[k]$ zu verwenden, die Filterung des weissen Rauschprozesses ist mit dem Befehl filter($\cdot$) durchzuführen.

Stellen Sie folgende Ergebnisse graphisch dar bzw. geben Sie die berechneten Werte an:

- AR-Koeffizienten: Exakter Wert a_i/Mittelwert $\bar{a}_i$/mittlere Fehlerleistung $\frac{1}{n}\sum_{i=0}^{n}|\bar{a}_i - a_i|^2$/Standardabweichung σ sowie die 2-σ-Grenzen

- LDS: Exaktes/Mittleres LDS sowie die 2-σ-Grenzen

Vergleichen Sie die einzelnen Verfahren hinsichtlich der Erwartungstreue und Schätzvarianz. Folgende MATLAB-Funktionen realisieren die einzelnen Verfahren:

Autokorrelationsmethode : `lyw(·)`
Autokovarianzmethode :   `lcov(·)`
Burg-Algorithmus :   `lburg_algo(·)`

14. Lösungen

14.1 Diskrete Signale und Systeme (Kap. 2)

Lösung zu Aufgabe 1: Funktionsgenerator

a) Für das Sinussignal ergibt sich folgende Darstellung:

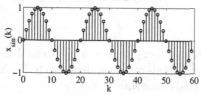

Die Periodendauer des kontinuierlichen Sinussignals $x_{\sin,K}(t) = \sin(2\pi f_0 \cdot t)$ beträgt $T_0 = 1/f_0$. Da die Anzahl der Abtastwerte pro Periode des kontinuierlichen Signals eine ganze Zahl ist, muss eine Periode des diskreten Signals

$$
\begin{aligned}
k_p &= T_0/T \\
&= f_A/f_0 \\
&\Downarrow \quad f_A = 8\,\text{kHz}, \ f_0 = 400\,\text{Hz} \\
&= 20
\end{aligned}
$$

Werte umfassen.

b) Nach Erhöhung der Signalfrequenz auf $f_0 = 960\,\text{Hz}$ stimmt die

© Springer Fachmedien Wiesbaden GmbH, ein Teil von Springer Nature 2022
K.-D. Kammeyer und K. Kroschel, *Digitale Signalverarbeitung*

Periodendauer des diskreten Signals nicht mehr mit der Periodendauer des kontinuierlichen Signals überein.

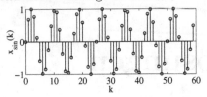

Die Periode des diskreten Signals ergibt sich erst nach

$$
\begin{aligned}
k_p &= L \cdot T_0/T \\
&= L \cdot f_A/f_0 \\
\Downarrow \quad & f_A = 8\,\text{kHz}, \ f_0 = 960\,\text{Hz} \\
&= L \cdot 8,\overline{3} \\
\Downarrow \quad & L = 3 \\
&= 25
\end{aligned}
$$

Abtastwerten. Dabei gibt $L = 3$ die Anzahl der Perioden des kontinuierlichen Signals an, nach denen sich die Periodizität des abgetasteten Signals einstellt.

c) Analog zu dem Sinussignal kann hier die Normierung auf die Abtastfrequenz durchgeführt werden.
Es gilt $x_{\text{saw}}[k] = \text{mod}\left(\frac{f_0}{f_A} \cdot k, 1\right)$. Die Darstellung zeigt das entsprechende Sägezahnsignal, dessen Periode — analog zu dem Sinussi-
gnal aus Teilaufgabe b) — $k_p = 25$ Werte umfasst.

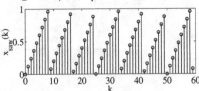

d) Für eine Abspieldauer von $d = 2$ s sind $w = d/T = d \cdot f_A = 16000$
Abtastwerte notwendig.

Lösung zu Aufgabe 2: Eulersche Beziehung

a) Es ergibt sich folgender Signalverlauf:

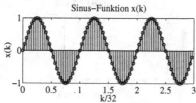

b) Mit den MATLAB-Funktionen: `real()`, `imag()` und `abs()` wird der Real-, Imaginärteil und der Betrag der Exponentialfolge dargestellt.

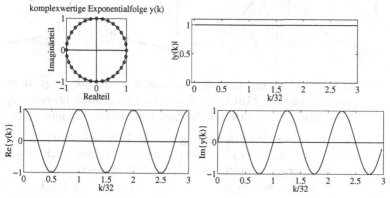

c) Die Abbildung zeigt, dass durch die Eulersche Beziehung ein Sinus-Signal erzeugt werden kann, das identisch dem aus Aufgabenteil a) ist.

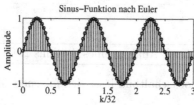

Lösung zu Aufgabe 3: Spezielle Folgen

a) Für die Impulsfolge ergibt sich folgende Darstellung:

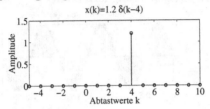

b) Für die Gauß- und die Laplacefolge ergeben sich folgende Graphen.

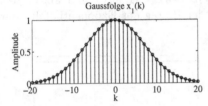
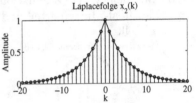

Die Abbildung der modulierten Laplacefolge $x_3[k]$ zeigt, dass bei Verwendung der `plot()`-Funktion die Gefahr besteht, eine Signalfolge fälschlich als zickzackförmigen Signalverlauf zu interpretieren.

Vergleicht man die Darstellung mit der Laplacefolge $x_4[k]$, die um den Faktor 20 höher abgetastet worden ist, so zeigt sich, dass eine solche Interpretation für $x_3[k]$ hier falsch gewesen wäre.

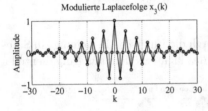
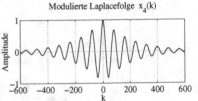

Lösung zu Aufgabe 4: Analyse eines Systems 2. Ordnung

a) Aus dem Blockschaltbild lässt sich folgende Gleichung ablesen.

$$Y(z) = Y(z)z^{-1} - 0,5 \cdot Y(z)z^{-2} + X(z) + 1,5 \cdot X(z)z^{-1} + X(z)z^{-2}$$

Die Transformation in den Zeitbereich liefert die Differenzengleichung

$$y[k] = y[k-1] - 0,5 \cdot y[k-2] + x[k] + 1,5 \cdot x[k-1] + x[k-2] \ .$$

Formt man die Übertragungsfunktion um, so ergibt sich die gewohnte Darstellung.

$$Y(z)\left(1 - z^{-1} + 0,5 \cdot z^{-2}\right) = X(z)\left(1 + 1,5 \cdot z^{-1} + z^{-2}\right)$$

$$H(z) = \frac{Y(z)}{X(z)} = \frac{1 + 1,5 \cdot z^{-1} + z^{-2}}{1 - z^{-1} + 0,5 \cdot z^{-2}}$$

b) Die Impulsantwort erhält man durch Anregung des Systems mit

$$x[k] = \begin{cases} 1 & \text{für} \quad k = 0 \\ 0 & \text{sonst} \end{cases} \ .$$

Ihre ersten 10 Werte lauten:

$$h[k] = [1, 2.5, 3, 1.75, 0.25, -0.625, -0.75, -0.4375, -0.0625, 0.1562, \ldots]$$

c) Es ergibt sich folgende MATLAB-Funktion.

```
% ###########################################################################
% ## Funktion: lsys2.m; System 2. Ordnung - Realisierung                  ##
% ###########################################################################
%
% function y = lsys2(x)
%
% Die Funktion realisiert ein System 2. Ordnung
%     x : Eingangssignalvektor
%     y : Ausgangssignalvektor ==> Laenge(y) = Laenge(x)

function y = lsys2(x)

x = x(:);          % Spaltenvektor erzwingen
y = zeros(2,1);    % System ist vor Erregung im Ruhezustand
x = [zeros(2,1); x];  % => alle Vergangenheitswerte sind 0

for k = 3:length(x)
    y(k) = y(k-1) -0.5*y(k-2) +x(k) +1.5*x(k-1) +x(k-2);
end;

% Die ersten beiden Werte in y sind Vergangenheitswerte. => loeschen
y(1:2) = [];
% ##### EOF #####
```

d) Die Koeffizientenvektoren lauten

$$\mathbf{b} = \{1, \ 1,5, \ 1\}$$

und

$$\mathbf{a} = \{1, \ -1, \ 0,5\} \ .$$

Zwischen Frequenzgang und Pol-Nullstellendiagramm zeigen sich direkt die bekannten Zusammenhänge. Die Nullstellen auf den Einheitskreis führen zu einem Einbruch des Frequenzgangs, während die Polstellen für das Maximum verantwortlich sind.

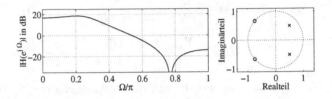

Lösung zu Aufgabe 5: Frequenzgang und Wobbelmessung

a)

$$H(z) = 1 - z^{-m}$$

Der **Amplitudengang** $\left|H(e^{j\Omega})\right|$ des Systems berechnet sich zu

$$
\begin{aligned}
\left|H(e^{j\Omega})\right| &= \left|1 - e^{-j\Omega m}\right| \\
&= \left|e^{-j\frac{\Omega}{2}m}\left(e^{j\frac{\Omega}{2}m} - e^{-j\frac{\Omega}{2}m}\right)\right| \\
&= \underbrace{\left|e^{-j\frac{\Omega}{2}m}\right|}_{1}\left|\left(e^{j\frac{\Omega}{2}m} - e^{-j\frac{\Omega}{2}m}\right)\right| \\
&= \left|\left(e^{j\frac{\Omega}{2}m} - e^{-j\frac{\Omega}{2}m}\right)\right| \\
&= \left|2j\sin\left(\tfrac{\Omega}{2}m\right)\right| \\
&= 2\left|\sin\left(\tfrac{\Omega}{2}m\right)\right| \ .
\end{aligned}
$$

Der **Phasengang** $b(\Omega)$ wird entsprechend der Definition[14.12]

$$H(e^{j\Omega}) = \left|H(e^{j\Omega})\right| e^{-jb(\Omega)}$$

[14.12] ACHTUNG: Der Phasengang wird hier mit negativem Vorzeichen definiert, damit sich die Gruppenlaufzeit durch die positive Ableitung des Phasengangs $\tau_g(\Omega) = \frac{\mathrm{d}\,b(\Omega)}{\mathrm{d}\,\Omega}$ ergibt.

Häufig wird der Phasengang aber auch positiv definiert, so dass zur Ermittlung der Gruppenlaufzeit eine negatives Vorzeichen notwendig wird.

durch

$$b(\Omega) = -\arg\left\{H(e^{j\Omega})\right\}$$

gebildet.

Zu diesem Zweck ist es sinvoll, die Übertragungsfunktion wie in der obigen Berechnung umzuformen.

$$\begin{aligned}
H(e^{j\Omega}) &= 1 - e^{-j\Omega m} \\
&= e^{-j\frac{\Omega}{2}m}\left[e^{j\frac{\Omega}{2}m} - e^{-j\frac{\Omega}{2}m}\right] \\
&= e^{-j\frac{\Omega}{2}m}\cdot 2j\sin\left(\frac{\Omega}{2}m\right) \\
&= e^{-j\frac{\Omega}{2}m}\cdot e^{j\pi/2}\cdot 2\sin\left(\frac{\Omega}{2}m\right) \\
&= e^{-j\frac{\Omega}{2}m+j\pi/2}\cdot 2\sin\left(\frac{\Omega}{2}m\right)
\end{aligned}$$

$$\begin{aligned}
b(\Omega) &= -\arg\left\{H(e^{j\Omega})\right\} \\
&= -\frac{\pi}{2} + \frac{\Omega}{2}m
\end{aligned}$$

b) Wird die Matlab-Funktion `freqz()` verwendet, so ergeben sich Amplituden- und Phasengang entsprechend der folgenden Abbildungen.

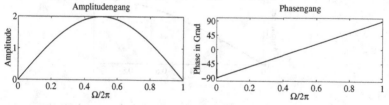

Es zeigt sich, dass die Kurvenverläufe den analytischen Vorbetrachtungen aus Aufgabenteil a) entsprechen.

c) Die mit der Funktion `impz()` erzeugte Impulsantwort ergibt sich entsprechend der Abbildung. Ihr Verlauf lässt sich direkt aus der Z-Übertragungsfunktion ablesen.

$$h[k] = \delta_0[k] - \delta_0[k - m]$$

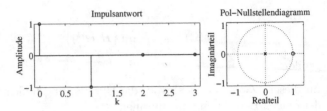

Die Polstelle im Ursprung des Pol-Nullstellendiagramms ergibt sich, da

$$H(z) = 1 - z^{-m} = \frac{z^m - 1}{z^m} \ .$$

Es handelt sich um ein Hochpassfilter, da tiefe Frequenzen durch die Nullstelle an der Position $z_0 = 1$ unterdrückt werden.

d) Der mit Hilfe der Wobbelmessung ermittelte Amplitudengang entspricht näherungsweise dem theoretisch ermitteltem. Es zeigen sich jedoch bei einigen Frequenzen Abweichungen. Der Grund für diese Abweichungen liegt in der Abtastung des Sinussignales, da das abgetastete Signal nicht zwingend die Amplitude Eins erreicht (vgl. Aufgabe 1).

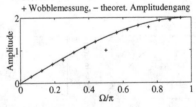

Dieses Phänomen spielt hauptsächlich bei einer digitalen Realisierung der Wobbelmessung eine Rolle, da nur hier eine starre Kopplung zwischen der Frequenz der Anregung und der Abtastfrequenz vorliegt.

e) Bei Anregung mit Hilfe einer Exponentialfolge treten keine Probleme auf, da die Exponentialfolge immer einen Betrag von Eins hat.

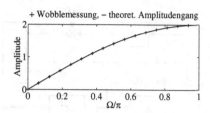

f) Die rechte Abbildung zeigt die Sprungantwort des Systems. Neben der eigentlichen Antwort ist ein Ausschwingvorgang zu beobachten, der durch die endiche Länge der Sprungfolge $\varepsilon[k]$ entsteht.

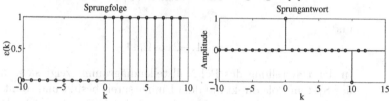

Durch Bildung der ersten Differenz wird die Impulsantwort des Systems wieder sichtbar.

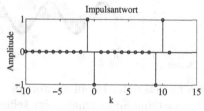

Lösung zu Aufgabe 6: Sinus-Generator

a)

$$H(z) = \frac{Y(z)}{X(z)} = \frac{z^{-1}\sin(\Omega_0)}{1 - 2z^{-1}\cdot\cos(\Omega_0) + z^{-2}}$$

Nach der Umformung von $H(z)$ ergibt sich folgendes Blockschaltbild:

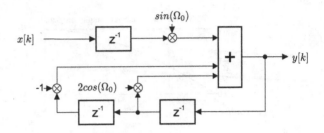

b) Die Koeffizientenvektoren lauten

$$\mathbf{b} = \{0; \sin \Omega_0, 0\}$$

und

$$\mathbf{a} = \{1, -2 \cos \Omega_0, 1\} \ .$$

In der Darstellung des Pol-Nullstellendiagramms zeigt sich, dass das System Pole direkt auf dem Einheitskreis besitzt und somit an der Grenze der Stabilität betrieben wird. Die Positionen der Pole bestimmen direkt die Frequenz des Sinusgenerators.

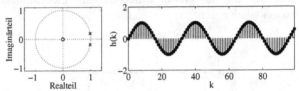

Ein Vergleich zwischen der Impulsantwort des Generator-Systems und eines abgetasteten Sinussignals zeigt keine Unterschiede.

c) Wird die Verzögerung und der Skalierungsfaktor im Vorwärtszweig des Systems eliminiert, so ergibt sich folgende Impulsantwort.

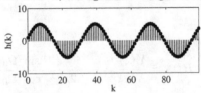

Eine Phasenverschiebung wie auch eine Erhöhung der Amplitude sind deutlich sichtbar.

d) Die Erhöhung des Rückkopplungsfaktors hat dazu geführt, dass das System instabil geworden ist. Eine Polstelle liegt ausserhalb des Einheitskreises und die Impulsantwort wächst über alle Grenzen, wie in folgender Darstellung zu sehen ist.

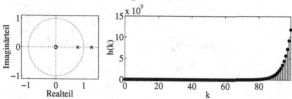

Lösung zu Aufgabe 7: Faltungsmatrix

a) Es ergibt sich folgender Quellcode für die Funktion `lconvmtx`.

```
% ###############################################################################
% ## Funktion: lconvmtx.m; Faltungsmatrix erstellen                            ##
% ###############################################################################
%
%   function H = lconvmtx(h,n)
%
%   Die Funktion erstellt eine Faltungsmatrix aus der Impulsantwort h
%         h : Spaltenvektor der Impulsantwort
%         n : Anzahl der Spalten der Faltungsmatrix
%
% Die resultierende Faltungsmatrix hat length(h)+n-1 Zeilen und n Spalten.
function H = lconvmtx(h,n);

h = h(:);                        % sicherstellen, dass h ein Spaltenvektor ist
H = zeros(length(h)+n-1,n);      % erzeugt eine Matrix mit Nullen
for l = 1:n
    H( (1:length(h))+l-1, l ) = h;
end;
% ##### EOF #####
```

b) Die Ergebnisse der mit Hilfe einer Matrix ermittelten Faltung entsprechen den mit der MATLAB-Funktion `conv()` berechneten. Die beobachteten Unterschiede liegen im Bereich der Genauigkeit der im Rechner darstellbaren Zahlen.

c) n_x sei die Länge des Vektors **x** und n_h sei die Länge des Vektors **h**.

Dann gilt:
Die Faltungsmatrix, die mit **h** gebildet worden ist, besitzt die Dimension $(n_h + n_x - 1) \times n_x$ und hat somit $n_1 = n_x n_h + n_x^2 - n_x$ Einträge.
Wird die Faltungsmatrix mit Hilfe von **x** gebildet, so besitzt diese

Matrix die Dimension $(n_x + n_h - 1) \times n_h$ und somit $n_2 = n_x n_h + n_h^2 - n_h$ Einträge.

Für den Fall, dass $n_x > n_h$ ist, gilt

$$n_1 > n_2$$
$$n_x n_h + n_x^2 - n_x > n_x n_h + n_h^2 - n_h$$
$$n_x^2 - n_x > n_h^2 - n_h \ .$$

Um die Anzahl der Einträge in der Faltungsmatrix zu minimieren, muss die Faltungsmatrix somit immer aus der längeren Sequenz gebildet werden. In den meisten Fällen wird man jedoch die Faltungsmatrix mit der Systemimpulsantwort **h** bilden, da diese in der Regel zeitinvariant ist.

Lösung zu Aufgabe 8: Notch Filter

a) Nullstellen: $e^{\pm j\Omega_N}$
Polstellen: $\beta e^{\pm j\Omega_N}$

Die Übertragungsfunktion $H(z)$ und damit die Filterkoeffizienten ergeben sich durch Ausmultiplizieren zu

$$
\begin{aligned}
H(z) &= \frac{\left(z - e^{+j\Omega_N}\right)\left(z - e^{-j\Omega_N}\right)}{\left(z - \beta e^{+j\Omega_N}\right)\left(z - \beta e^{-j\Omega_N}\right)} \\
&= \frac{z^2 - z\left(e^{+j\Omega_N} + e^{-j\Omega_N}\right) + 1}{z^2 - z\beta\left(e^{+j\Omega_N} + e^{-j\Omega_N}\right) + \beta^2} \\
&= \frac{z^2 - 2z\cos(\Omega_N) + 1}{z^2 - 2\beta z\cos(\Omega_N) + \beta^2} \\
&= \frac{1 - 2z^{-1}\cos(\Omega_N) + z^{-2}}{1 - 2\beta z^{-1}\cos(\Omega_N) + \beta^2 z^{-2}} \ .
\end{aligned}
$$

Mit der üblichen Definition des Koeffizientenpaares **b** und **a**

$$
H(z) = \frac{\displaystyle\sum_{\mu=0}^{2} b_\mu z^{-\mu}}{\displaystyle\sum_{\nu=0}^{2} a_\nu z^{-\nu}}
$$

ergeben sich die Werte zu

$$\mathbf{b} = \{1, -2\cos(\Omega_N), 1\} \ .$$

und

$$\mathbf{a} = \{1, -2\beta\cos(\Omega_N), \beta^2\} \ .$$

b) Es zeigt sich sehr deutlich, dass die Kerbe im Frequenzbereich umso schmaler wird, je näher die Polstellen (durch den Faktor β) an den Einheitskreis rücken.

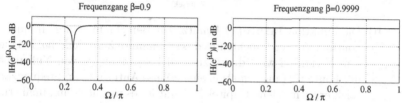

c) ...listen and enjoy...

d) Man hört, dass das Notch-Filter mit $\beta = 0.9999$ erst „langsam zu wirken anfängt". Dies hat seinen Grund in dem extrem langen Einschwingvorgang dieses Filters.

Das Einschwingverhalten spiegelt sich auch in der Impulsantwort wieder.

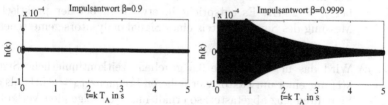

Erklärung: Da das Signal im Frequenzbereich sehr schmal ist, muss das Signal im Zeitbereich länger sein.

e) Bei entsprechender Wahl der Koeffizienten lässt sich das Störsignal fast vollständig ausblenden.

Lösung zu Aufgabe 9: Abtastung und Rekonstruktion

a) Das folgende Bild zeigt das „analoge" Signal $s(t) = \cos(2\pi f_0 t + \phi)$
mit $f_0 = 2$ kHz und $1/\Delta t = 80$ kHz im Intervall $0s \leq t \leq 0,02s$.

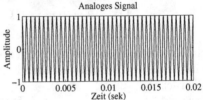

b) Die Funktion `lafplot()` benutzt zur Berechnung eines „frequenzkontinuierlichen" Spektrums das sogenannte *Zero Padding*. Bei diesem Verfahren wird durch zusätzliches Anhängen von Nullen bei
der Fourier-Transformation eine höhere Auflösung im Frequenzbereich erreicht, siehe Kapitel 7. Somit ist es möglich, ein annähernd
kontinuierliches Spektrum zu simulieren.

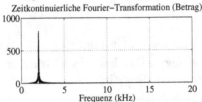

Das hier gezeigte Spektrum zeigt einen deutlichen Frequenzanteil
bei $f = 2$ kHz. Es entspricht in etwa dem bei der praktischen
Messung des Signals mittels eines Signalanalysators gemessenen.

c) Wird das in Teilaufgabe 9.a gegebene zeitkontinuierliche Signal
$s(t)$ mit einer um Faktor vier höheren Frequenz $f_A = 8$ kHz als die
Signalfrequenz abgetastet, so erhält man den folgenden Verlauf:

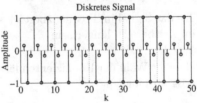

Steht die Abtastperiodendauer $T_A = 1/f_A$ und die Periodendauer $T_P = 1/f_0$ eines periodischen Signals in einem rationalen Verhältnis, dann und nur dann ist das abgetastete Signal ebenfalls periodisch. In dem hier betrachteten Fall ist das Verhältnis gleich vier, so dass, wie aus dem Verlauf erkennbar, die diskrete Folge ebenfalls periodisch ist.

d) Die folgende Darstellung zeigt die zeitdiskrete Fourier-Transformierte des aus Teilaufgabe 9.c abgetasteten Signals über der auf π normierten Frequenz Ω.

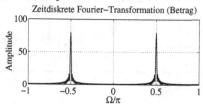

Der Verlauf verdeutlicht den Zusammenhang $\frac{\Omega_0}{\pi} = \frac{4\,\text{kHz}}{8\,\text{kHz}} = 0,5$ der Frequenzen und zeigt im Gegensatz zum Spektrum des „analogen" Signals nach Teilaufgabe 9.b die negativen wie die positiven Frequenzanteile.

e) Wird bei der Abtastung eines kontinuierlichen Signals das Abtasttheorem erfüllt, so ist es unter Verwendung eines Interpolationsfilters möglich, das Signal aus der zeitdiskreten Folge wieder zu rekonstruieren. Die in Abschnitt 2.4.3 durchgeführten Berechnungen veranschaulichen diesen Sachverhalt anhand der Interpolationsbeziehung (2.4.25)

$$x_K(t) = \sum_{k=-\infty}^{\infty} x_K(kT_A) \cdot \frac{\sin(\omega_{max}(t - kT_A))}{\omega_{max}(t - kT_A)}. \qquad \text{(II.14.1.1)}$$

Dabei ist $x_K(t)$ das auf $|\omega| \leq \omega_{max}$ bandbegrenzte kontinuierliche Signal. Die auf die Abtastzeitpunkte $t = kT_A$ verschobenen si-Funktionen basieren auf der Verwendung eines idealen Tiefpasses als Rekonstruktionstiefpass. Unter Berücksichtigung der Möglichkeit, eine Folge von Abtastwerten als eine Folge von verschobenen und gewichteten Impulsfolgen zu interpretieren, gilt die Aussage, dass mit Hilfe des idealen Tiefpasses das kontinuierliche Signal für alle Zeitpunkte t eindeutig rekonstruiert werden kann. Wird nun die Abtastfrequenz gleich der maximal im Spektrum des Signals auftretenden Frequenz gewählt ($f_A = 2f_{max}$), dann stellt (II.14.1.1) die ideale Interpolationsbeziehung dar.

Aufgrund der Tatsache dass ein idealer Tiefpass in der Praxis nicht realisierbar ist, wird im folgenden als Interpolationsfilter ein Tschebyscheff-Filter neunter Ordnung mit 60 dB Sperrdämpfung verwendet. Zur näheren Beschreibung des Filters sei auf Kapitel 4 und Aufgabe 13 verwiesen. Die dargestellten Verläufe zeigen den Frequenzgang des Filters:

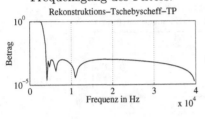
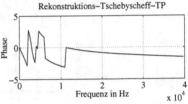

Beim Entwurf des Tschebyscheff-Tiefpasses betrug die Grenzfrequenz[14.13] des Filters $f_{cut} = 0,5f_A = 4$ kHz. Somit wurden die idealen Rekonstruktionsbedinungen annähernd erfüllt.

Anmerkung: Die Berechnung der Grenzfrequenz f_{cut} mit `fcut=fA/fsim` ergibt sich wie folgt: MATLAB benötigt für den Filterentwurf eine auf die halbe Abtastfrequenz normierte Grenzfrequenz. Für den hier betrachteten Entwurf eines „analogen" Tiefpasses ist die Abtastfrequenz durch die Frequenz $f_{sim} = 1/\Delta t = 80$ kHz gegeben. Aufgrund der Forderung einer idealen Rekonstruktion, wurde die Grenzfrequenz $f_{cut} = 0,5f_A$ gewählt. Somit ergibt sich für die von MATLAB geforderte normierte Grenzfrequenz $f_{cut}/(0,5f_{sim}) = f_A/f_{sim}$.

f) Wird das abgetastete Signal nach Teilaufgabe 9.c einem Tschebyscheff-Tiefpass neunter Ordnung zugeführt, so erhält man am Ausgang das rekonstruierte Signal und das zugehörige Spektrum:

[14.13] Die Grenzfrequenz eines Filters ist die Frequenz bei der der Amplitudengang -3 dB beträgt.

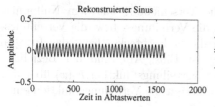

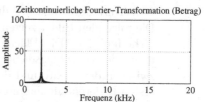

Ein Vergleich mit dem ursprünglichen „analogen" Signal $s(t)$ (Teilaufgabe 9.a,b) zeigt die gleiche Frequenz aber eine um Faktor zehn geringere Amplitude. Dies kann dadurch erklärt werden, dass das Einfügen von Nullen zwischen den Abtastwerten, in unserem Beispiel zehn, und die anschließende Filterung die Leistung des Signals um Faktor hundert reduzieren. Dementsprechend zeigt sich bei der Berechnung des Spektrums eine ebenfalls um Faktor zehn reduzierter maximaler Betrag bei der Frequenz $f_0 = 2$ kHz.

Lösung zu Aufgabe 10: Gleichverteilter zeitdiskr. stoch. Proz.

a) Zur Erzeugung einer Gleichverteilung im Intervall $[0, 1]$ wird in MATLAB der Funktionsaufruf `n=rand(N,1)` verwendet, wobei hier $N = 10000$ gilt.

b) Für die Schätzung einer Verteilungsdichtefunktion eines im Intervall $[0, 1]$ gleichverteilten Prozesses ergibt sich:

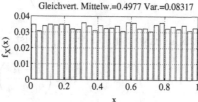

e) Ausgehend von der Dichtefunktion einer Gleichverteilung

$$f_X(x) = \frac{1}{a} \cdot \text{rect}\left(\frac{x - \mu_X}{a}\right), \qquad \text{(II.14.1.2)}$$

können mit (II.13.1.8,II.13.1.10) der Erwartungswert und die Varianz berechnet werden. Dabei ist a die Intervallbreite der

Gleichverteilung und μ_X die Verschiebung aus dem Nullpunkt.
Die folgenden Bilder zeigen die Verteilungs- bzw. die Verteilungsdichtefunktion. Die Fläche dieses Rechtecks (bzw. das Integral
über die Verteilungsdichte) ist Eins. Aufgrund der Beziehung
zwischen der Dichte und der Verteilungsfunktion $F_X(x)$ über den
ersten Differentialquotienten besitzt die Verteilungsfunktion einen
rampenförmigen Verlauf.

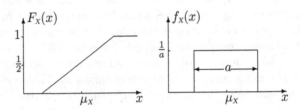

Gleichverteilung mit zugehöriger Verteilungsdichte

Mit Hilfe der Definition des Erwartungswertes (II.13.1.8) erhält
man für die nach(II.14.1.2) gegebene Verteilung

$$E\{X\} = \mu_X = \int_{-\infty}^{\infty} x \cdot \frac{1}{a} \cdot \text{rect}\left(\frac{x - \mu_X}{a}\right) dx = \frac{1}{a} \int_{\mu_X - \frac{a}{2}}^{\mu_X + \frac{a}{2}} x \cdot 1 \, dx.$$

Der quadratische Erwartungswert $E\{x^2\}$ ist entsprechend:

$$E\{X^2\} = \mu_{X^2} = \int_{-\infty}^{\infty} x^2 \cdot \frac{1}{a} \cdot \text{rect}\left(\frac{x - \mu_X}{a}\right) dx = \mu_X^2 + \frac{a^2}{12}.$$

Die Varianz oder das zweite zentrale Moment σ_X^2 ergibt sich durch
Umformung von (II.13.1.10) zu: $\sigma_X^2 = E\{X^2\} - E^2\{X\} = a^2/12$.
Formt man diesen Ausdruck nach a um, so erhält man $a = \sqrt{12\sigma_X^2}$.
Damit lässt sich die Wahrscheinlichkeitsdichte auch ohne die
willkürlich gewählte Konstante a ausdrücken.

$$f_X(x) = \frac{1}{\sqrt{12\sigma_X^2}} \cdot \text{rect}\left(\frac{x - \mu_X}{\sqrt{12\sigma_X^2}}\right) \qquad \text{(II.14.1.3)}$$

Somit kann man die Verteilungsdichtefunktion einer gleichverteilten Zufallsgröße durch Mittelwert μ_X und Varianz σ_X^2 vollständig beschreiben.
Bei dieser Aufgabe ist die Zufallsvariable im Intervall $[0, 1]$ gleichverteilt, so dass $\mu_X = 0.5$ und $\sigma_X^2 = \frac{1}{12}$ sind.

.| Lösung zu Aufgabe 11: Korrelationsfolgen |

a) In den folgenden Bildern sind die nicht erwartungstreue (`option=biased`) und die erwartungstreue (`option=unbiased`) Autokorrelationsfolge für einen weißen (gaußverteilten) Zufallsprozess dargestellt.

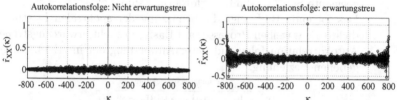

Ein Vergleich der beiden Darstellungen zeigt vor allem ein unterschiedliches Verhalten der Schätzungen für große Werte κ. Zur Erklärung soll im folgenden angenommen werden, dass die eigentlich endliche Folge von N Messwerten mit einer unendlichen Anzahl an Nullen erweitert wird. Erfolgt dann die Schätzung mit den erweiterten Folgen, so wird der Bereich sich überlappender Werte ungleich Null für ein steigendes κ, also mit zunehmender relativer Verschiebung der Folgen, immer geringer. Somit werden mit steigendem κ immer weniger Werte zur Mittelung herangezogen. Bei konstanter Normierung auf N (unabhängig von der Verschiebung) wird die abnehmende Überlappung nicht berücksichtigt. Aus diesem Grunde liegt eine nicht erwartungstreue Schätzung vor, wobei sich die „Nichterwartungstreue" in einer Gewichtung mit einer Dreiecksfunktion (Bartlett-Fenster) äußert, siehe Kapitel 9.
Die erwartungstreue Schätzung bezieht das Maß der Überlappung von Werten ungleich Null in die Normierung mitein. Dies bewirkt einerseits die Erwartungstreue, hat aber andererseits zur Folge, dass die Varianz der Schätzung mit zunehmender Verschiebung $\kappa \to N$ stark ansteigt.

b) Die Autokorrelationsfolge $r_{XX}[\kappa]$ eines weißen und stationären Prozesses lässt sich mit Hilfe der zeitdiskreten Fourier-Transformation in den Frequenzbereich transformieren. Man erhält die *spektrale Leistungsdichte* und der Zusammenhang zwischen der Autokorrelationsfolge und der spektralen Leistungsdichte wird in der Literatur als das *Wiener-Khintschine-Theorem* bezeichnet,

$$S_{xx}(e^{j\Omega}) = \sum_{\kappa=-\infty}^{\infty} r_{xx}[\kappa]e^{-j\Omega\kappa}. \qquad \text{(II.14.1.4)}$$

Auch der Berechnung der Leistungsdichte liegt die Problematik einer endlichen Anzahl von Messwerten zugrunde, so dass auch hier geeignete Schätzverfahren erforderlich sind[14.14].

Das folgende Bild zeigt die Schätzung der spektralen Leistungsdichte eines weißen Prozesses auf Basis der nicht erwartungstreuen Autokorrelationsfolge und unter Anwendung der in (II.14.1.4) gegebenen Beziehung:

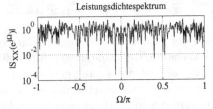

Der hier betrachtete Prozess besitzt neben der Eigenschaft der „Weißheit" auch eine mittlere Leistung von Eins, womit die theoretische spektrale Leistungsdichte $S_{xx}(e^{j\Omega})$ für alle Werte Ω konstant gleich Eins ist. Es ist zu erkennen, dass die berechneten Werte um einen Mittelwert von Eins sehr stark streuen.

Die Möglichkeit anhand der zeitdiskreten Fourier-Transformierten der nicht erwartungstreuen Autokorrelationsfolge die spektrale Leistungsdichte zu ermitteln, erweist sich somit als relativ schlechte Schätzung. Es kann weiterhin gezeigt werden, siehe Kapitel 9, dass die Varianz dieser Schätzung für beliebig lange Zufallsfolgen der Länge N nicht verschwindet. Somit handelt es sich um keine *konsistente* Schätzung.

[14.14]Zur Problematik der spektralen Schätzung sei an dieser Stelle auf die Kapitel 9 und 10 verwiesen.

14.2 Rekursive Filter (Kap. 4)

Lösung zu Aufgabe 12: Filterstrukturen

---

a-b) Das folgende Beispiel zeigt den Amplitudengang eines Cauer-Tiefpasses 7-ter Ordnung (Abschnitt 4.2, Aufgabe 13). Das Filter wurde mit Hilfe der Funktion `lcasade()` durch drei Teilsysteme zweiter und eines erster Ordnung in der dritten kanonischen Struktur realisiert. Zur Kontrolle zeigt die Graphik auch den aus der Z-Übertragungsform mittels der MATLAB-Funktion `freqz()` berechneten Amplitudengang. Die Darstellung bestätigt die korrekte Umsetzung der Systemfunktion anhand der dritten kanonischen Strukur.

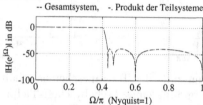

-- Gesamtsystem, -. Produkt der Teilsysteme

Lösung zu Aufgabe 13: Entwurf rekursiver Filter

Für das vorgegebene Toleranzschema mit $f_D = 1\,\text{kHz}$, $f_s = 1,4\,\text{kHz}$, $R_P = 0,5\,\text{dB}$, $R_s = 30\,\text{dB}$ und $f_A = 8\,\text{kHz}$ ergeben sich folgende Amplitudengänge und Pol-Nullstellen-Diagramme.

Butterworth-Tiefpass:

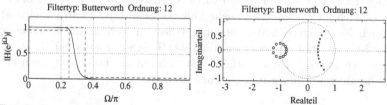

Der Butterworth-Entwurf benötigt zur Erfüllung des Toleranzschemas eine hohe Filterordnung von $m = 12$. Der Amplitudengang (linkes Bild) bestätigt die Einhaltung des Schemas und spiegelt den für diesen Filter typisch flachen Verlauf im Durchlassbereich wieder. Für $\Omega = 0$ liegt der maximal flachste Verlauf vor, da alle $m - 1$ Ableitungen des

Amplitudengangs gleich Null sind. Die Auswertung des Pol-Nullstellen-Diagramms verdeutlicht die Stabilität des Systems: die Pole befinden sich alle innerhalb des Einheitskreises[14.15]. Sie sind weiterhin in Form einer Ellipse angeordnet, während die Nullstellen alle bei $z = -1$ liegen sollten[14.16]. Filter, deren Nullstellen sich alle bei $z = -1$ befinden werden als *all-pole*-Filter bezeichnet. Der Amplitudengang zeigt weiterhin, dass das Toleranzschema nicht vollständig ausgenutzt wird bzw. das Filter überdimensioniert ist. Diese Aussage zeigt sich z.B. an einer übererfüllten Sperrdämpfung.

Tschebyscheff-Tiefpass, Typ I:

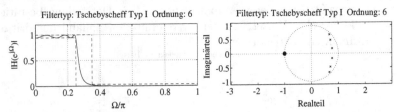

Eine bessere Ausnutzung des Toleranzschemas erhält man beispielsweise durch die Verwendung eines Tschebyscheff-Tiefpasses. Im Gegensatz zum Butterworth-Tiefpass ist die zur Erfüllung notwendige Filterordnung mit $m = 6$ wesentlich geringer.

Wird, wie in diesem Fall, eine gleichmäßige Approximation im Durchlassbereich angestrebt, so ergibt sich der Tschebyscheff-Tiefpass Typ I. Der Amplitudengang spiegelt den kosinusförmigen Verlauf des Tschebyscheff–Polynoms im Durchlassbereich wieder (4.2.40) während das Pol-Nullstellen-Diagramm die zugehörigen Pollagen aufzeigt. Die Nullstellen liegen wie auch bei der Butterworth-Approximation bei $z = -1$ bzw. im s-Bereich im Unendlichen (siehe Fußnote beim Butterworth-Tiefpass). Auch hier zeigt sich der monoton fallenden Verlauf im Sperrbereich.
Es ist weiterhin zu erkennen, dass das Toleranzschema bei $\Omega_s = 0,35$ übererfüllt wird. Dieser Effekt lässt sich auf die Forderung nach einer ganzzahligen Filterordnung n zurückführen.

[14.15]Die hier zum Einsatz kommenden Entwurfsverfahren führen prinzipiell auf kausale Systeme.
[14.16]Die Lage der Nullstellen auf einem Kreis ist durch numerische Ungenauigkeiten bedingt.

Tschebyscheff-Tiefpass, Typ II:

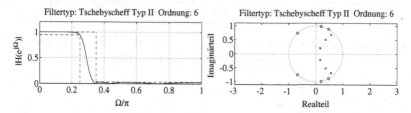

Im Vergleich zum Tschebyscheff-Tiefpass Typ I wird nun eine gleichmäßige Approximation im Sperrbereich gefordert. Die Nullstellen liegen somit nicht mehr bei $z = -1$ sondern sind auf dem Einheitskreis verteilt angeordnet. Die notwendige Filterordnung beträgt in Analogie zum Typ I ebenfalls $m = 6$.

Cauer-Tiefpass:

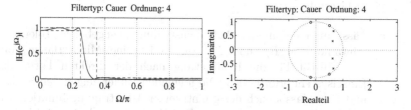

Der Cauer-Tiefpass verbindet beide Tschebyscheff-Entwürfe, so dass eine gleichmäßige Approximation im Durchlass- und Sperrbereich vorliegt. Die erforderliche Filterordnung wird auf den minimalen Wert $m = 4$ reduziert und das Pol- Nullstellen-Diagramm zeigt die für die gleichmäßigen Approximationen gegebene Pol- und Nullstellenlage.

Fasst man die wesentlichen Unterschiede der Filter-Typen zusammen, so kann die Aussage getroffen werden, dass das Butterworth-Tiefpass die höchste Filterordnung und den flachsten Verlauf des Amplitudengangs aufweist. Eine bessere Ausnutzung des Toleranzschemas, z.B. durch die hier erwähnte gleichmäßige Approximation bei den Tschebyscheff- und Cauer-Filtern, führt auf eine geringere Filterordnung. Nachteilig sind allerdings stärkere Phasenverzerrungen und eine damit verbundene stark schwankende Gruppenlaufzeit, siehe Abschnitt 4.2.4.

Lösung zu Aufgabe 14: Quantisierung der Filterkoeffizienten

---

a)-b) Die Graphik zeigt den Amplitudengang des Cauer-Tiefpasses.

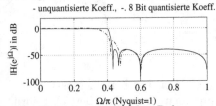

Werden die Koeffizienten der beiden Polynome (Zähler- und Nennerpolynom) gemäß (II.13.2.4) mit 8-Bit quantisiert, so erhält man den ebenfalls dargestellten Amplitudengang. Ein Vergleich der beiden Funktionen weist eine deutliche Abweichung beim Übergang vom Durchlass- in den Sperrbereich auf. Das vorgegebene Toleranzschema wird von dem System mit den quantisierten Koeffizienten nicht erfüllt.

c) Lässt man die in der Aufgabenstellung angegebenen Toleranzschwankungen R_D^+ und R_D^- zu, so ist eine Mindestlänge von $l = 16$-Bit für die Realisierung nach der direkten Form als Einzelsystem erforderlich. Die folgenden Bilder zeigen den Sperr- und Durchlassbereich der quantisierten Übertragungsfunktion im Vergleich zur unquantisierten. Zur Kontrolle sind die geforderten Beträge miteingezeichnet.

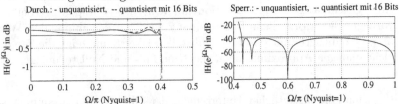

Für eine Wortlänge von $l = 16$ zeigt sich eine geringe Abweichung vor der abfallenden Flanke im Durchlassbereich, während im Sperrbereich keine Abweichungen mehr auftreten.

d) Realisiert man den in Teilaufgabe 14.a beschriebenen Cauer-Tiefpass mittels der dritten kanonischen Form und ermittelt die zur Erfüllung des Toleranzschemas mindestens notwendige

Quantisierungswortlänge, so zeigt sich eine $l = 12$-Bit Quantisierung als ausreichend genau. Im Vergleich zur Teilaufgabe 14.b ist somit eine um 4-Bit geringere Wortlänge erforderlich. Die Verläufe stellen wiederum die Amplitudengänge im Sperr- bzw. Durchlassbereich dar.

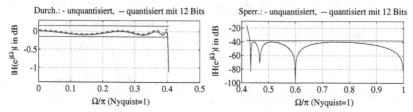

14.3   Nichtrekursive Filter (Kap. 5)

Lösung zu Aufgabe 15: Fensterfunktionen

a) Die gebräuchlisten Fensterfunktionen Rechteck-, von Hann-, Hamming-, Blackman- und Bartlettfenster sind in den folgenden Graphiken für eine Länge $m = 42$ dargestellt. Rechts daneben sind die zugehörigen zeitdiskreten Fourier-Transformierten für die Filterlängen $m = 21$ und $m = 42$ aufgeführt.

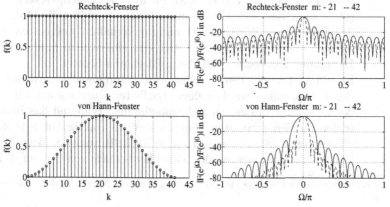

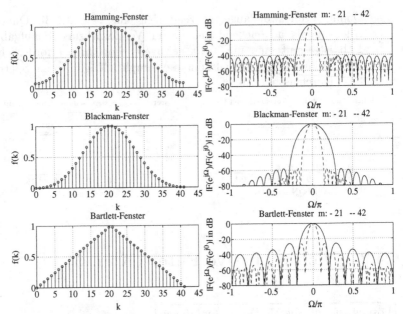

Die zeitlichen Verläufe der einzelnen Fensterfunktionen bestätigen die Mittensymmetrie, womit eine lineare Phase gewährleistet ist. Wertet man zur Anlayse des Filterverhaltens die Fourier-Transformierten der Fensterfunktionen aus, so kann prinzipiell die Aussage getroffen werden, dass mit steigender Ordnung m eine dazu porportionale Stauchung der Spektren erfolgt. Damit verringert sich dementsprechend der Durchlassbereich[14.17] $\Omega < \Omega_s$ bei einer Erhöhung von $m = 21$ auf $m = 42$. Das Sperrverhalten ($\Omega \to \pi$) erweist sich ebenso umso besser, je größer die Ordnung des Filters ist. Wird das Dämpfungsverhalten des ersten Nebenmaximums betrachtet, so zeigt sich eine von m unabhängige Dämpfung, z.B. $a_N \approx 57\,\mathrm{dB}$ beim Blackman-Fenster.

Ein Vergleich der Fensterfunktionen untereinander verdeutlicht den Kompromiss zwischen dem erzielbaren Durchlassbereich und der Dämpfung des ersten Nebenmaximums. Während das Rechteckfenster den geringsten Durchlassbereich von $2\pi/(m+1)$ und die geringste Dämpfung von $a_N \approx 13,3\,\mathrm{dB}$ aufweist, liegt beim Blackmanfenster der größte Durchlassbereich von $6\pi/(m+1)$,

---

[14.17] Als Durchlassbereich soll hier der Bereich bis zur ersten „Nullstelle" des Spektrums gelten.

aber gleichzeitig auch die höchste Nebenmaximumdämpfung von $a_N \approx 57\,\text{dB}$ vor. Weitere Ausführungen zu dieser Thematik sind in den Kapiteln 5 9 zu finden.

b) Die folgenden Bilder zeigen den zeitlichen Verlauf und die Fourier-Transformierte des Kaiser-Fensters für Werte $\beta = 0, 3, 6$ bei einer Fensterlänge von $m = 21$. Für $\beta = 0$ entspricht das Kaiser-Fenster dem Rechteckfenster und besitzt demnach für diese Parameterwahl zwar den kleinsten Durchlassbereich, aber auch die geringste Nebenmaximadämpfung. Eine Erhöhung von β bei konstanter Filterordnung verbessert das Dämpfungsverhalten bei gleichzeitg größer werdendem Durchlassbereich. Anhand des freien Parameters β kann somit ein Kompromiss zwischen dem Durchlassbereich und dem Dämpfungsverhalten gefunden werden. Eine ausführliche Beschreibung des Kaiser-Fensters findet sich in Tabelle 5.4 wieder.

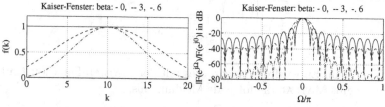

Lösung zu Aufgabe 16: Entw. nichtr. Filter mittels Fensterung

a) In den folgenden Bildern sind die Amplitudengänge der einzelnen Filter der Ordnung $m = 50$ gegenübergestellt.

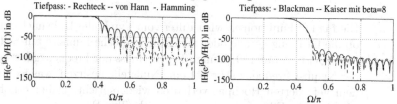

Die Graphiken veranschaulichen die geforderte normierte Grenzfrequenz von $\texttt{Wn=0.4}$ bei allen Filterentwürfen. Ein Vergleich der Amplitudengänge bestätigt die in Aufgabe 15 skizzierte Problematik des Kompromisses zwischen einer möglichst hohen Nebenmaximadämpfung und einem möglichst schmalen Durchlassbereich. Betrachtet man den Verlauf des Kaiser- gegenüber dem des Blackman-Fensters, so ist der Vorteil des freien Parameters β zu erkennen. Bei annähernd gleicher Flankensteilheit besitzt das Kaiser-Fenster einen geringeren Durchlassbereich, ($\Omega_S/\pi \approx 0,5$ gegenüber $\Omega_S/\pi \approx 0,55$) bei gleichzeitig besserer Dämpfung des ersten Nebenmaximums ($a_N \approx 83\,\mathrm{dB}$ gegenüber $a_N \approx 75\,\mathrm{dB}$).

b) Der dargestellte Verlauf zeigt den Amplitudengang eines Hochpasses der Ordnung $m = 33$ und einer normierten Grenzfrequenz von $0,4$. Als Fenster wurde hier ein Hamming-Fenster verwendet.

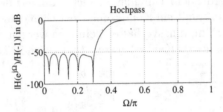

Beim Entwurf des Hochpasses mit der MATLAB-Funktion `fir1()` gibt MATLAB die folgende Meldung aus:

```
Warning: Odd order symmetric FIR filters must have a
gain of zero at the Nyquist frequency. The order is
being increased by one.
```

Die `fir1()` Funktion entwirft Filter vom Typ I oder II, je nach dem ob die Ordnung gerade oder ungerade ist (siehe Fußnote auf Seite 610). Bei ungerader Ordnung (Typ II) muss der Frequenzgang bei der Nyquist Frequenz $\Omega/\pi = 1$ eine Nullstelle besitzen, was jedoch dem geforderten Hochpassverhalten wiederspricht. Daher erhöht MATLAB die Filterordnung automatisch (Typ I).

c) Wird die Gruppenlaufzeit mit Hilfe der Funktion `grpdelay()` berechnet, so erhält man für den in Teilaufgabe 16.a entworfenen Tiefpass der Ordnung $m = 50$ (Fensterfunktion: Hamming) folgenden Verlauf über der normierten Frequenz:

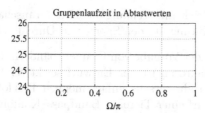

Der Verlauf zeigt eine konstante Gruppenlaufzeit und bringt damit die geforderte Linearphasigkeit zum Ausdruck.

Lösung zu Aufgabe 17: Remez-Entwurf (Tschebys.-Approx.)

a) Die beiden hier dargestellten Amplitudengänge sind Beispiele für den Entwurf von linearphasigen Tiefpässen unter Anwendung der Tschebyscheff-Approximation im Durchlass- und Sperrbereich. Der Entwurf wurde mit Hilfe des *Remez-Verfahrens* durchgeführt, wobei als Frequenzbänder die Intervalle $[0 \quad 0,3]$ und $[0,5 \quad 1]$ angesetzt wurden. Die Filterordnungen sind $m = 9$ und $m = 10$.

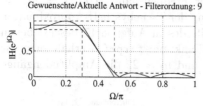
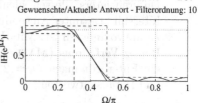

Die beiden Verläufe verdeutlichen die gleichmäßige Approximation im Durchlass- und im Sperrbereich. Die Anzahl der Extremwerte, die das Toleranzschema berühren, beträgt bei beiden Frequenzgängen inklusive der Randwerte $\lfloor m/2 \rfloor + 2$ mit $m = 9, 10$.

b) Ordnet man dem Sperrbereich ein größeres Gewicht als dem Durchlassbereich zu, z.B. Faktor vier, so ergeben sich für dieselben Randbedingungen wie in Teilaufgabe 17.a die Frequenzgänge:

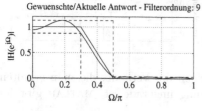
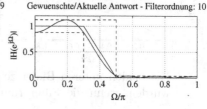

Der Vergleich mit Teilaufgabe 17.a veranschaulicht den Einfluss
der Gewichtung auf den Sperr- und Durchlassbereich.

c) Aufgrund der Vorgabe von Frequenzbändern, Frequenzgängen und
   Gewichtsfaktoren ist der Entwurf selektiver Systeme mittels des
   Remez-Verfahrens sehr einfach möglich. Das folgende Beispiel zeigt
   den Entwurf einer Tiefpass–Bandpass–Kombination gemäß vorgegebener Aufgabenstellung:

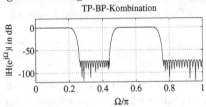

Lösung zu Aufgabe 18: Entw. eines Differenzierers (Remez-V.)

a) Die Problemstellung dieser Aufgabe besteht im Entwurf eines
   Differenzierers, dessen idealer Frequenzgang $H(e^{j\Omega}) = j\Omega$ im
   Intervall $[0\,\pi]$ unter Anwendung der Tschebyscheff-Approximation
   zu approximieren ist. Mit Hilfe des in Aufgabe 17 beschriebenen
   Remez-Verfahrens (MATLAB-Funktion: firpm()) erhält man für
   die Filterordnungen $m = 21$ und $m = 22$ die Amplitudengänge
   und Impulsantworten:

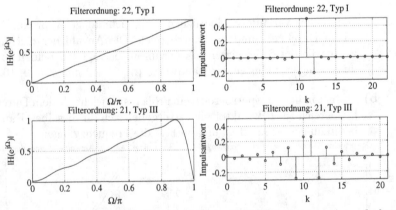

Die beiden unteren Bilder zeigen die Verläufe, die man erhalten
würden, wenn die Filterordnung ungerade ist. MATLAB gibt je-

doch bei ungeraden Filterordnungen eine Warnung aus. Der Grund hierfür ist, dass beim Filterentwurf mit ungerader Filterordnung im Pol-Nullstellen-Diagramm eine Nullstelle bei $\Omega = \pi$ erzwungen wird, wodurch der geforderte lineare Verlauf des Amplitudengangs nicht mehr über den ganzen Bereich $0 < \Omega/\pi < 1$ gewährleistet ist. In MATLAB7 erfolgt bei Bedarf eine automatische Erhöhung der Filterordnung, so dass das Typ III Filter automatisch in ein Typ I Filter der Ordnung 22 umgewandelt wird. Die Darstellung der Verläufe bei ungerader Filterordnung sind deshalb in MATLAB7 nicht mehr rekonstruierbar.

b) Die Impulsantwort eines nichtkausalen und bandbegrenzten *zeitkontinuierlichen* Differenzierers ist eine punktsymmetrische Funktion (5.4.6). Im Sinne eines *impulsinvarianten* Entwurfs, siehe Abschnitt 5.4.1, ist es daher notwendig, Filter vom Typ II bzw. Typ IV zu entwerfen. Verwendet man den optionalen Parameter 'd' beim Aufruf der Funktion firpm, so ergeben sich für $m = 21$ und $m = 22$ die Amplitudengänge und Impulsantworten:

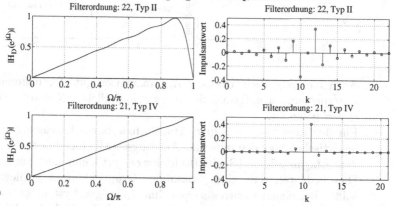

Ein Vergleich der beiden Amplitudengänge verdeutlicht die Berücksichtigung der vier möglichen Alternativen eines linearphasigen nichtrekursiven Systems. Trotz einer höheren aber geraden Ordnung ($m = 22$) ist die Approximation des idealen Frequenzgangs, aufgrund der Nullstelle bei $\Omega = \pi$, schlechter als für eine niedrigere, ungerade Filterordnung ($m = 21$).

Lösung zu Aufgabe 19: Entw. eines Hilbert-Transf. (Remez-V.)

a) Berücksichtigt man beim Aufruf den optionalen Parameter[14.18] h, so erhält man für den Entwurf bei einer Filterordnung $m = 30$ den Filtertyp II bzw. für $m = 31$ den Typ IV. Die folgenden Graphiken zeigen die Amplitudengänge und die Impulsantworten der Entwürfe.

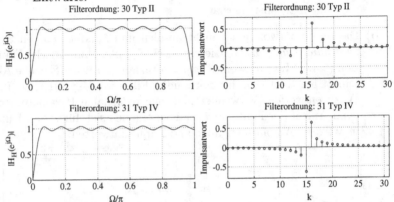

Auch hier zeigt sich, dass die Approximationsgüte für ungerade Filterordnungen aufgrund der nicht erforderlichen Nullstelle bei $\Omega = \pi$ höher ist.

Für den Einsatz eines Hilbert-Transformators zur Erzeugung von analytischen Signalen muss das Ausgangssignal (Imaginärteil) mit dem Eingangssignal (Realteil) gleichverzögert kombiniert werden. Dies bedeutet, dass eine ganzzahlige Gruppenlaufzeit vorliegen sollte. Bei einem nichtrekursiven, linearphasigen System ist nun der Beitrag jeder Nullstelle zur Gruppenlaufzeit gleich dem Wert -0,5. Somit muss im Falle eines Hilbert-Transformators eine gerade Filterordnung vorliegen. Dies steht allerdings im Widerspruch, eine hohe Approximationsgüte zu erreichen.

Zur Veranschaulichung der Nullstellenlagen zeigt das folgende Bild die Nullstellenverteilung des Filters der Ordnung $m = 30$.

[14.18]Wird dieser Parameter nicht gesetzt, so ergeben sich die Filtertypen I/III. Der Entwurf ist damit nicht impulsinvariant, siehe Aufgabe 18.a.

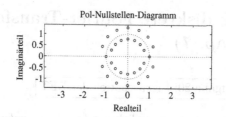

Pol-Nullstellen-Diagramm

Es liegen 15 Nullstellen vor, welche, da es sich um ein linearphasiges und nichtrekursives System handelt, entweder auf dem Einheitskreis liegen oder als am Einheitskreis gespiegelte Paare auftreten.

b) Bezieht man die Gruppenlaufzeit in die Darstellung der Signale mit ein, so ergibt sich nach Teilaufgabe 19.a bei einer Filterordnung von $m = 30$ eine Verzögerung um den Wert 15. Die hier dargestellten Verläufe bestätigen den Zusammenhang $-\cos(x) = \mathcal{H}\{\sin(x)\}$ der Sinusfolgen über die Hilbert-Transformation $\mathcal{H}\{\cdot\}$.

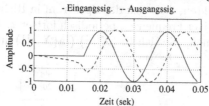

- Eingangssig. -- Ausgangssig.

c) Wird zur Berechnung eines analytischen Signals die Funktion hilbert() verwendet, so erhält man für die nach Teilaufgabe 19.a gegebene Sinusfolge die Verläufe:

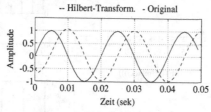

-- Hilbert-Transform. - Original

Ein Vergleich mit den Ergebnissen aus Teilaufgabe 19.b zeigt die prinzipielle Übereinstimmung, wobei lediglich die Gruppenlaufzeit unterschiedlich in die Darstellungen eingeht.

14.4   Die diskrete Fourier-Transformation (Kap. 7)

Lösung zu Aufgabe 20: Eigenschaften der DFT

a) Zur besseren Veranschaulichung der Eigenschaften der DFT wird im folgenden nicht von einem endlichen Signal der Länge 16 (wie in der Aufgabenstellung vorgegeben), sondern von einem periodischen Signal mit Periode 16 ausgegangen. Die diskrete Fourier-Transformierte von $x[k]$ ist im Bild unter Teilaufgabe b) in Real- und Imaginärteil dargestellt.

b) Die diskrete Fourier-Transformation eines reellen (imaginären) Signals ist konjugiert gerade (ungerade), d.h. der Realteil ist gerade (ungerade) bzgl. der Frequenz 0 und der Imaginärteil ist ungerade (gerade). Um die Symmetrieeigenschaften zu verstehen, ist zu beachten, dass sich das Spektrum in Richtung positiver wie auch negativer Frequenzen periodisch fortsetzt. Aus Tabelle 7.1 ist zu entnehmen, wie sich $\mathrm{Ra}\{X[n]\}$ ($\mathrm{Ia}\{X[n]\}$) aus $X[n]$ berechnet.

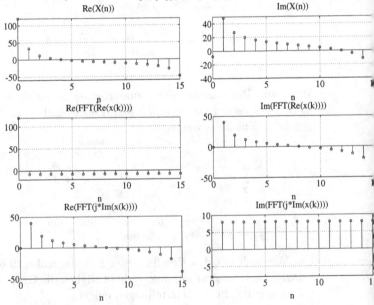

c) Gemäß Tabelle 7.1 ergibt eine Verschiebung im Zeitbereich um λ Takte im Frequenzbereich eine Multiplikation von $X[n]$ mit $\exp(j\,2\pi n\lambda/N)$. Für $N = 16$ und $\lambda = 4$ bzw. $\lambda = 8$ erhält man

$$X_1[n] = X[n] = j^n X[n] \quad \text{bzw.} \quad X_1[n] = X[n] = (-1)^n X[n] \; .$$

Diese Aussagen werden anhand der folgenden Bilder bestätigt.

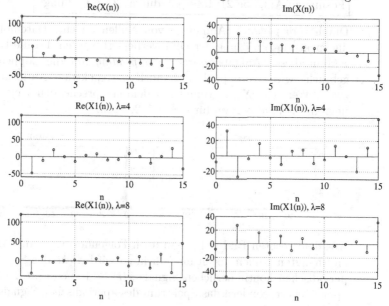

d) Gemäß Tabelle 7.1 gilt: DFT $\left\{ e^{-j\,2\pi ik/N} x[k] \right\} = X([n+i])_N$. Die Multiplikation von $x[k]$ mit $\exp(-j\,2\pi\,3k/16)$ führt zu einem Frequenzversatz von $3f_A/16$, d.h. es gilt $X_2[n] = X([n+3])_{16}$.

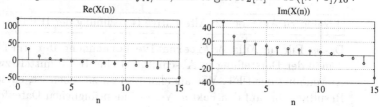

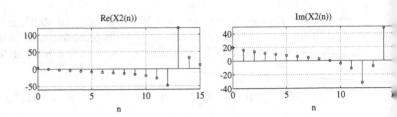

Lösung zu Aufgabe 21: Interpol. durch „Zero Padding"

Durch *zero padding* (Anhängen von Nullen an eine Datenfolge) kann die spektrale Auflösung der DFT verbessert werden. Da die Datenfolge $x[k]$ in dieser Aufgabe durch *zero padding* auf die doppelte Länge gebracht wird, verdoppelt sich auch die spektrale Auflösung: Jeder zweite Wert von $X_0[n]$ stimmt mit dem entsprechenden Wert von $X[n]$ überein: $X_0[2n] \equiv X[n]$ für $n = 0, 1, 2, ..., 63$.

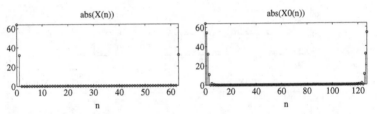

Aus dem rechten Bild sieht man auch Folgendes: Geht die Anzahl der angehängten Nullen gegen unendlich, so wird *nicht* das Spektrum des periodischen kontinuierlichen Signals $\tilde{x}(t) = 1 - \cos(2\pi t/T)$ für alle t approximiert, sondern das Spektrum des aperiodischen Signals

$$x(t) = \begin{cases} 1 - \cos(2\pi t/T), & 0 \leq t < T \\ 0, & \text{sonst} \end{cases}.$$

Lösung zu Aufgabe 22: Alternative Berechnung der IFFT

Das *m*–File zur Aufgabe **Alternative Berechnung der IFFT** berechnet gemäß der Darstellung in Abschnitt 7.4 eine IFFT mittels zweimaliger Anwendung der FFT. Wie aus den Bildern zu sehen ist, entspricht das Resultat – bis auf den Faktor N – der ursprünglichen Datenfolge.

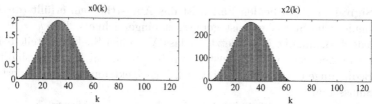

Soll $x_2[k]$ identisch mit $x_0[k]$ sein, so muss aufgrund der Beziehung
IDFT $\{X[n]\} = \frac{1}{N} j \ (\mathrm{DFT}\,\{j\,X^*[n]\})^*$ das Signal $x_2[k]$ abschließend mit
der FFT-Länge $N = 128$ normiert werden.

Lösung zu Aufgabe 23: DFT von reellen Datenfolgen

Das m–File lfft.m realisiert das in Abschnitt 7.5 beschriebene Verfahren
zur diskreten Fourier-Transformation einer reellen Folge $x_1[k]$ der Länge
$2N$ durch eine N-Punkte FFT.

Das m–File zur Aufgabe **DFT von reellen Datenfolgen** überprüft
die Richtigkeit der obigen MATLAB-Funktion. Es liefert die normierte quadratische Abweichung zwischen einem fft()- und einem
lfft()-Spektrum.

Das Ergebnis liegt im Rahmen der Rechnergenauigkeit bei null (z.B.
differenz = 9.2514e-029) und bestätigt so die Korrektheit der Funktion lfft.m.

14.5 Anwendungen der FFT zur Filterung und Spektralanalyse (Kap. 8)

Lösung zu Aufgabe 24: DFT: Abbruchfehler / Unterabtastung

Sei $\tilde{x}_\nu[k]$ die periodische Fortsetzung der Datenfolge $x_\nu[k]$. Das Spektrum
des entsprechenden kontinuierlichen Sinussignals $x_\nu(t)$ mit der Periodendauer T wird durch DFT $\{\tilde{x}_\nu[k]\}$ exakt wiedergegeben, wenn

1. $\tilde{x}_\nu[k]$ identisch mit dem abgetasteten kontinuierlichen Sinussignal
   $x_\nu(t)|_{t=kT_A}$ ist

2. UND das Abtasttheorem erfüllt ist, d.h. die Abtastrate $1/T_A$ ist
   höher als die doppelte Frequenz des kontinuierlichen Sinussignals
   $x_\nu(t)$. Mit anderen Worten: $T_A < T/2$.

Signal $x_1[k]$: In beiden Fällen ist das Abtasttheorem erfüllt (das kontinuierliche Sinussignal ist gepunktet eingezeichnet). Für $k = 0..7$ ist jedoch Bedingung (1) verletzt, so dass $X_1[n]$ hier Spektralanteile bei vielen Frequenzen aufweist (anstatt nur bei zwei). Für $k = 0..63$ sind beide Bedingungen erfüllt. Es ergibt sich das Spektrum des kontinuierlichen Sinussignals.

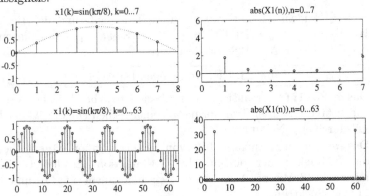

Signal $x_2[k]$: Beide Bedingungen sind hier erfüllt, so dass sich in beiden Fällen das Spektrum des kontinuierlichen Sinussignals ergibt.

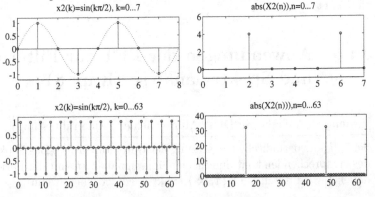

Signal $x_3[k]$: Hier ist das Abtasttheorem verletzt. Obwohl die Frequenz des kontinuierlichen Sinussignals hier höher als bei $x_2(t)$ ist, wurde die Abtastrate nicht entsprechend erhöht. Da $x_3[k]$ bis auf das Vorzeichen mit $x_2[k]$ übereinstimmt, ergibt die FFT exakt dieselben Resultate wie bei Signal $x_2[k]$. Die Spektren $X_3[n]$ geben das Spektrum des kontinuierlichen Sinussignals $x_3(t)$ also nicht wieder.

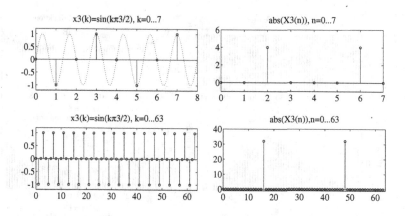

Lösung zu Aufgabe 25: Vergleich von Fensterfunktionen

Die folgenden Abbildungen stellen jeweils links das Koeffizientenprofil $f[k]$ sowie rechts den Betrag der normierten Spektralfunktion $20 \log |F(e^{j\Omega})/F(e^{j0})|$ in dB der verschiedenen Fenster mit $N = 63$ Koeffizienten dar.

Das *Rechteck*-Fenster erreicht eine minimale Sperrdämpfung von nur $a_{min} = 13{,}3\,\text{dB}$, besitzt aber einen sehr schmalen Durchlassbereich $|\Omega| \leq \Omega_s = 2\pi/N \approx 0{,}1$, so dass die spektrale Auflösung bei einer Rechteck-Fensterung gut ist.

Beim *Hann*-Fenster sind die Oszillationen im Sperrbereich deutlich abgeschwächt ($a_{min} = 31{,}5\,\text{dB}$), so dass eine Milderung des Leck-Effektes zu erwarten ist. Allerdings geht dies auf Kosten der spektralen Auflösung, da der Durchlassbereich gegenüber dem Rechteck-Fenster doppelt so breit ist: $\Omega_s = 4\pi/N \approx 0{,}2$.

Das *Hamming*-Fenster minimiert das Hauptmaximum im Sperrbereich und erreicht darüber hinaus eine fast konstante Dämpfung über den gesamten Sperrbereich ($a_{min} = 42{,}5\,\text{dB}$). Der Durchlassbereich ist gegenüber dem Hann-Fenster unverändert: $\Omega_s = 4\pi/N \approx 0{,}2$. Man beachte hier, dass der erste und der letzte Koeffizient ($f(0)$ und $f(N-1)$) ungleich null ist.

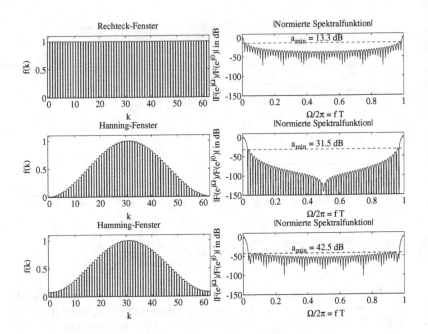

Das letzte traditionelle Fenster, das *Blackman*-Fenster, erreicht noch höhere Dämpfungen im Sperrbereich (58, 2 dB) auf Kosten einer weiter herabgesetzten spektralen Auflösung: $\Omega_s = 6\pi/N \approx 0, 3$.

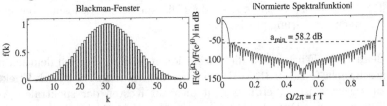

Das *Dolph-Tschebyscheff-Fenster* ermöglicht eine gleichmäßige Approximation im Sperrbereich, d.h. die minimale Dämpfung ist konstant über alle Frequenzen $\Omega_s \leq \Omega \leq \pi$ des Sperrbereichs. Im Gegensatz zu allen traditionellen Fensterfunktionen bedingt die Fensterlänge N hier *nicht* eine bestimmte Sperrbereichs-Grenzfrequenz Ω_s. Erst wenn entweder der Wert von a_{min} oder Ω_s gewählt ist, liegt der jeweils andere und damit der Verlauf der Fensterfunktion fest.

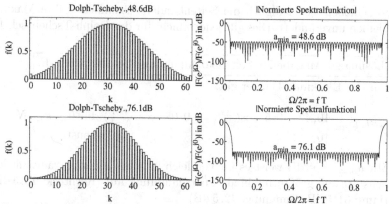

Gemäß (8.3.28) erhält man für $N = 63$ und $a_{min} = 48,6$ bzw. $76,1$ dB die Werte $\Omega_s \approx 4\pi/N \approx 0,2$ bzw. $6\pi/N \approx 0,3$. Bei gleichen Werten von N und Ω_s erreicht dieses Fenster also eine um 6 dB höhere minimale Sperrdämpfung als das entsprechende Hamming-Fenster und einen um 18 dB höheren Wert als das Blackman-Fenster.

Für eine beliebige feste Fensterlänge N gibt die folgende Tabelle den Zusammenhang zwischen der erreichbaren minimalen Sperrdämpfung a_{min} und der Sperrbereichs-Grenzfrequenz Ω_s an:

Fensterfunktion mit N Koeffizienten	Minimale Sperrdämpfung a_{min}	Durchlassbereich $|\Omega| \leq \Omega_s$ der Spektralfunktion mit
Rechteck:	$13,3$ dB $= \text{const}_N$	$\Omega_s = 2\pi/N$
Hann:	$31,5$ dB $= \text{const}_N$	$\Omega_s = 4\pi/N$
Hamming:	$42,5$ dB $= \text{const}_N$	$\Omega_s = 4\pi/N$
Blackman:	$58,2$ dB $= \text{const}_N$	$\Omega_s = 6\pi/N$
Dolph-Tschebysch.:	z.B. $48,6$ dB $\Rightarrow$	$\Omega_s \approx 4\pi/N$
Dolph-Tschebysch.:	z.B. $76,1$ dB $\Rightarrow$	$\Omega_s \approx 6\pi/N$

Bemerkung: Für die traditionellen Fenster gelten die angegebenen a_{min}-Werte *unabhängig von der Fensterlänge N*.[14.19] Wird N erhöht,

---

[14.19]Deshalb entsprechen sie den für $N = 32$ unter a) bis d) in Tabelle 8.2 angegebenen a_{min}-Werten.

so schieben sich lediglich die Seitenbänder zusammen – ihre Maxima bleiben unverändert. Dies gilt jedoch nicht für das Dolph-Tschebyscheff-Fenster.

Lösung zu Aufgabe 26: Seitenbanddämpfung des Blackman-F.

Für das Blackman-Fenster gilt:

$$f^{BL}[k] = \begin{cases} 0,42 - 0,5 \cdot \cos(\frac{2\pi k}{N-1}) + 0,08 \cdot \cos(\frac{4\pi k}{N-1}) & \text{für } 0 \le k \le N-1 \\ 0 & \text{sonst} \end{cases}$$

Mit $a_{min} \approx 58\,\text{dB}$ weist es im Vergleich zu allen anderen traditionellen Fenstern die größte minimale Sperrdämpfung auf (Rechteck: $13,3\,\text{dB}$, Hann: $31,5\,\text{dB}$, Hamming: $42,5\,\text{dB}$).

Andererseits muss die starke Dämpfung mit dem breitesten Durchlassbereich $\Omega_s = 6\pi/N$ bezahlt werden (Rechteck: $2\pi/N$, Hann und Hamming: $4\pi/N$).

Die folgenden Abbildungen stellen den Betrag der normierten Spektralfunktion $F(e^{j\Omega})/F(e^{j0})$ der Blackman-Fenster mit $N = 32$, $N = 64$ und 128 Koeffizienten dar (in dB).

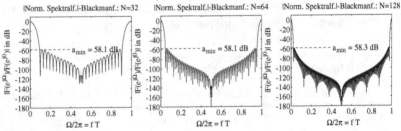

Man bestätigt, ...

1. dass die Sperrbereichs-Grenzfrequenz umgekehrt proportional zur Fensterlänge ist: $\Omega_s \sim 1/N$,

2. dass sich die min. Sperrdämpfung nur unwesentlich mit der Fensterlänge ändert: $a_{min} \approx \text{const}_N$.

Bemerkung: Bei allen traditionellen Fenstern (Rechteck, Hann, Hamming, Blackman) sind die *Seitenbanddämpfungen unabhängig von der Fensterlänge N*. Eine Erhöhung der Fensterlänge führt lediglich zu einer Stauchung der Seitenbänder und wird nur zur Verbesserung der Frequenzauflösung genutzt.

Lösung zu Aufgabe 27: Dolph-Tschebyscheff-Fenster

Die MATLAB-Funktion `lcheby(N,Ω_s,ΔΩ)` berechnet die Spektral-funktion $F(e^{jn\Delta\Omega})$, die kausale Zeitfolge $f[k]$, sowie die erreichte minimale Sperrdämpfung a_{min} des Dolph-Tschebyscheff-Fensters mit den Parametern N und Ω_s. Weiterhin stellt sie die normierte Fenster-funktion $f(k)/f_{max}$ und den Betrag der normierten Spektralfunktion $|F(e^{jn\Delta\Omega})/F(e^{j0})|$ in dB graphisch dar.

Aus der folgenden Abbildung erkennt man die gleichmäßige Approxima-tion im Sperrbereich: die Wahl $N = 32$ und $\Omega_s/2\pi = f_s T = 1/20 = 0,05$ ermöglicht eine minimale Sperrdämpfung von $a_{min} = 36,5$ dB. Das Ko-effizientenprofil verdeutlicht, dass mit der IDFT ein Fenster der Länge $N = 32$ entsteht, obwohl eine 256-Punkte-IDFT ($\Delta\Omega/2\pi = 1/256$) durchgeführt wurde.

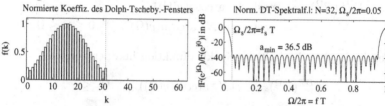

Für das folgende Bild wurde die Fensterlänge auf $N = 64$ verdoppelt. Bei unveränderter Sperrbereichs-Grenzfrequenz Ω_s erhöht dies die mi-nimale Sperrdämpfung auf $a_{min} = 80,3$ dB. Da nun aber doppelt so viele Nullstellen im Sperrbereich liegen, hätte auch $\Delta\Omega$ verkleinert wer-den müssen, um eine bessere Approximation (ohne Ecken) des Verlaufes der kontinuierlichen Spektralfunktion $F(e^{j\Omega})$ zu erreichen. Man beach-te, dass das resultierende Koeffizientenprofil nun streng monoton gegen null strebt.

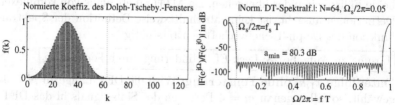

Erhöht man im Vergleich zur ersten Abbildung die Sperrbereichs-Grenzfrequenz $\Omega_s/2\pi$ auf $0,2$, so kann schon mit $N = 32$ Koeffizienten eine minimale Sperrdämpfung von über $a_{min} = 175$ dB erreicht werden:

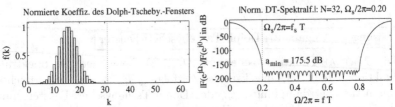

Warum ist in MATLAB keine abschnittsweise Definition der Spektralfunktion notwendig?

Wegen $\cosh(x) = 0,5\,(e^x + e^{-x})$ und $\cos(x) = 0,5\,(e^{jx} + e^{-jx})$ gilt:

$$\cosh(x) = \cos(-jx). \qquad (II.14.5.1)$$

Deshalb gilt mit $y(\Omega) = \cos(\Omega/2)/\cos(\Omega_s/2)$ im Durchlassbereich der Spektralfunktion des nichtkausalen Dolph-Tschebyscheff-Fensters

$$
\begin{aligned}
F_0^{DT}(e^{j\Omega}) &= \cosh(N \cdot \mathrm{arcosh}(y(\Omega))) \\
&= \cos((-j) \cdot N \cdot \mathrm{arcosh}(y(\Omega))), \qquad 0 \le \Omega \le \Omega_s\,.
\end{aligned}
$$

Vergleicht man dies mit der Spektralfunktion im Sperrbereich

$$F_0^{DT}(e^{j\Omega}) = \cos(N \cdot \arccos(y(\Omega))) \qquad \Omega_s \le \pi\,,$$

so bleibt also zu zeigen:

$$
\begin{aligned}
(-j) \cdot \mathrm{arcosh}(y(\Omega)) &\overset{!}{=} \arccos(y(\Omega)) \\
\cos(-j \cdot \mathrm{arcosh}(y(\Omega))) &\overset{!}{=} y(\Omega).
\end{aligned}
$$

Dies ist wegen Gleichung (II.14.5.1) der Fall, so dass also bei der Zugrundelegung von komplexen Definitionen der hyperbolischen Funktionen beide Fälle ineinander übergehen. Da MATLAB ebenfalls von komplexen Definitionen ausgeht, ist keine abschnittsweise Definition der Spektralfunktion des Dolph-Tschebyscheff-Fensters nötig.

Lösung zu Aufgabe 28: Leck-Ef. -Minderung durch Fensterung

Datenfolge $x_1[k]$ ohne Fensterung: Wird die DFT-Länge zu $N = 64$ gewählt, so fallen genau $m = 4$ Perioden des Sinussignals in das DFT-Fenster der Länge NT_A. Die in der folgenden Abbildung dargestellte periodische Wiederholung der Datenfolge $x_1[k]$ nach N Werten ergibt einen stetigen Verlauf ohne Sprünge. Es kommt nicht zum Leckeffekt, d.h. die Spektralfunktion $X_1[n]$ gibt das Spektrum der kontinuierlichen Sinusschwingung korrekt wieder.

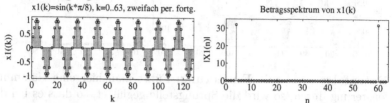

Datenfolge $x_1[k]$ mit Fensterung: Bei derselben DFT-Länge wird die Folge nun zunächst mit einem Hamming-Fenster gewichtet, d.h. im Zeitbereich multipliziert mit

$$f^{Hm}[k] = \begin{cases} 0,54 - 0,46 \cdot \cos(\frac{2\pi k}{N-1}) & \text{für } 0 \le k \le N-1 \\ 0 & \text{sonst .} \end{cases}$$

Dies entspricht im Spektralbereich einer Faltung mit drei gegeneinander versetzten Spektralfunktionen eines Rechteckfensters, wobei die mittlere mit dem Faktor $0,54$ bewertet wird (8.3.15). Dementsprechend ergeben sich jetzt kleinere Werte der Hauptspektrallinien. Aufgrund der herabgesetzten spektralen Auflösung entstehen jeweils zwei zusätzliche (Neben-)Spektrallinien.

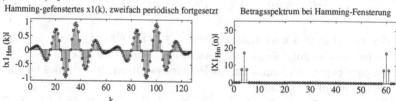

Datenfolge $x_2[k]$ ohne Fensterung: Für $N = 64$ fallen für dieses Signal $m = N/20 = 3.2$ Perioden des Sinussignals in das DFT-Fenster. Die dargestellte periodische Wiederholung von $x_2[k]$ nach N Werten zeigt einen unstetigen Verlauf mit Sprüngen. Da die DFT von einer periodischen Fortführung der Folge außerhalb des betrachteten DFT-Fensters ausgeht, kommt es wegen der Sprungstelle zum *Leckeffekt*: Wie aus der unteren Abbildung zu sehen ist, „lecken" die Hauptspektrallinien bei $n = 3$ und $n = 61$ durch alle Rasterpunkte der DFT hindurch.

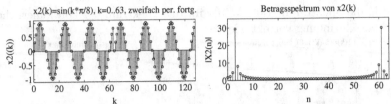

Datenfolge $x_2[k]$ mit Fensterung: Führt man hier eine Hamming-fensterung durch, so wird die Sprungstelle geglättet, so dass es bei der periodischen Fortsetzung von $x_2[k]$ zu einem sanften Übergang kommt. Dies führt zu einer Abschwächung des Leckeffektes auf Kosten der spektralen Auflösung.

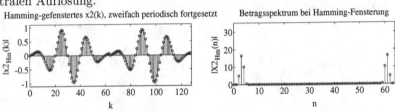

Lösung zu Aufgabe 29: Spektraltrans. reeller Bandpass-Signale

Die Funktion $b=\texttt{lband}(N, f_m/f_A, b/f_A)$ liefert das zeitdiskrete reelle Bandpass-Signal

$$b[k] = \frac{1}{11} \sum_{\nu=-5}^{5} \left(1 + \frac{\nu}{10}\right) \cos\left(2\pi \left[f_m + \nu \frac{b}{10}\right] \frac{k}{f_A}\right) \quad \text{für } k = 0, \cdots, N-1$$

der Bandbreite b und Mittenfrequenz f_m. Da $b[k]$ also reell und gerade ist, ist das zugehörige (2π-periodische) Spektrum $B(e^{j\Omega}) = \mathcal{F}\{b[k]\}$ konjugiert gerade. Damit ist das Betragsspektrum $|B(e^{j\Omega})|$ des Originalsignals ebenfalls gerade.

Für den gegebenen Bandpass-Prozess gilt $f_m = f_A/5$ und $b = f_A/50$, d.h. die Mittenfrequenz ist 10 Mal so hoch wie die Bandbreite: $f_m = 10\,b$. Berücksichtigt man die 2π-Periodizität des Spektrums, so ergibt sich das im ersten Teilbild dargestellte Betragsspektrum $|B(e^{j\Omega})|$ mit den Mittenfrequenzen $f_m = f_A/5 \Rightarrow \Omega_m/2\pi = 1/5$ und $f'_m = -f_A/5 = -f_A/5 + f_A = 4\,f_A/5 \Rightarrow \Omega'_m/2\pi = 4/5$.

Wird das Bandpass-Signal $b[k]$ nun um den Faktor M abwärtsgetastet (engl. *downsampling*, $\Rightarrow b_M(k)$), so erhält man das resultierende Betragsspektrum $|B_M(e^{j\Omega})| = |\mathcal{F}\{b_M[k]\}|$, indem ...

1. die Frequenzachse des originalen Betragsspektrums $|B(e^{j\Omega})|$ um den Faktor M gestreckt wird (d.h. die Mittenfrequenzen und Bandbreiten werden mit M multipliziert),

2. das resultierende Spektrum 2π-periodisch fortgesetzt wird,

3. und dann nur der Ausschnitt $0 \leq \Omega \leq 2\pi$ dargestellt wird.

Die Mittenfrequenzen Ω_m und Ω'_m sind also mit M zu multiplizieren und dann durch eine Modulo-2π-Operation in den interessierenden Frequenzausschnitt zu verschieben. Für die verschiedenen Faktoren der Abwärtstastung M erhält man die in der folgenden Tabelle aufgezeigten Mittenfrequenzen $\Omega_{m,M}$ bzw. $\Omega'_{m,M}$.
Die Spektralanteile der abwärtsgetasteten Bandpass-Signale $b_M(k)$ liegen also an den Frequenzstellen der zweit- und viertletzten Tabellenspalte, wie aus den vier Teilbildern ersichtlich ist. In den Fällen $M = 9$ und $M = 12$ ergibt sich eine Kehrlage des Betragsspektrums. Da die Spektralanteile jeweils die erhöhte Bandbreite $b_M = M\,b$ besitzen, kommt es bei $M = 10$ und $M = 12$ zu Überlagerungen der Spektralanteile *(Alia-*

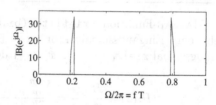

sing).

M	9	10	11	12
$\Omega_{m,M} = M\,\Omega_m$	$9/5 \cdot 2\pi$	$10/5 \cdot 2\pi$	$11/5 \cdot 2\pi$	$12/5 \cdot 2\pi$
$\Omega_{m,M} \bmod 2\pi$	$4/5 \cdot 2\pi$	$0 \cdot 2\pi$	$1/5 \cdot 2\pi$	$2/5 \cdot 2\pi$
$\Omega'_{m,M} = M\,\Omega'_m$	$36/5 \cdot 2\pi$	$40/5 \cdot 2\pi$	$44/5 \cdot 2\pi$	$48/5 \cdot 2\pi$
$\Omega'_{m,M} \bmod 2\pi$	$1/5 \cdot 2\pi$	$0 \cdot 2\pi$	$4/5 \cdot 2\pi$	$3/5 \cdot 2\pi$
Bemerkung	Kehrlage kein Alias.	Originall. Aliasing	Originall. kein Alias.	Kehrlage Aliasing

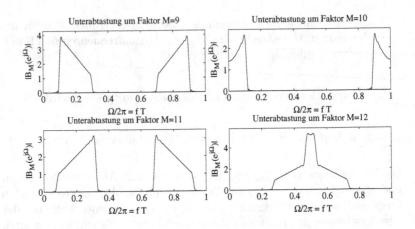

14.6   Traditionelle Spektralschätzung (Kap. 9)

Lösung zu Aufgabe 30: Trad. Spektrals. mit dem Periodog.

a) Die MATLAB-Funktion `xi=filter(bi,ai,n)` berechnet bei gegebenem Eingangssignalvektor `n = [`n_0`, ...,` n_{N-1}`]` das Ausgangssignal `xi=[`$x_{0,i}$`, ...,` $x_{N-1,i}$`]` des ARMA-Modelles

$$H_i(z) = \frac{B_i(z)}{A_i(z)} = \frac{\sum_{\mu=0}^{m} b_{\mu,i}\, z^{-\mu}}{\sum_{\nu=0}^{n} a_{\nu,i}\, z^{-\nu}} \quad ,$$

wobei die MA-Koeffizienten $b_{\mu,i}$ im Vektor `bi` und die AR-Koeffizienten $a_{\nu,i}$ im Vektor `ai` übergeben werden. Für $H_1(z)$ nehmen diese Vektoren hier also die Werte `b1 = [1, -4, 6, -4, 1]` und `a1 = 1` an, für $H_2(z)$ dagegen `b2 = 1` und `a2 = [1, 0.8]`.

b) Bei stationärem und weißem Rauschen der Leistung $\sigma_N^2 = 1$ gilt für die wahren Leistungsdichtespektren der Ausgangssignale $x_i(k)$:

$$S_{x_i x_i}(e^{j\Omega}) = \sigma_N^2 \cdot \left| H_i(e^{j\Omega}) \right|^2 = \left| \frac{B_i(e^{j\Omega})}{A_i(e^{j\Omega})} \right|^2 = \frac{\left| \mathcal{F}\{b_i[k]\} \right|^2}{\left| \mathcal{F}\{a_i[k]\} \right|^2}.$$

Zur graphischen Darstellung der wahren Leistungsdichtespektren $S_{X_1 X_1}(e^{j\Omega})$ und $S_{X_2 X_2}(e^{j\Omega})$ wurde die zeitdiskrete Fourier-Transformation $\mathcal{F}\{\cdot\}$ durch eine 2^{12}-Punkte-FFT approximiert:

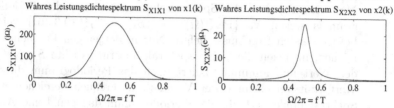

c) Die folgenden Bilder zeigen die Periodogramme $\mathrm{Per}_N^{X_i}(\Omega)$ auf der Basis von $N = 2^6 = 64$, $2^8 = 256$, $2^{10} = 1028$ und $N = 2^{12} = 4096$ Datenwerten des jeweiligen Musterprozesses $X_1[k]$ bzw. $X_2[k]$.

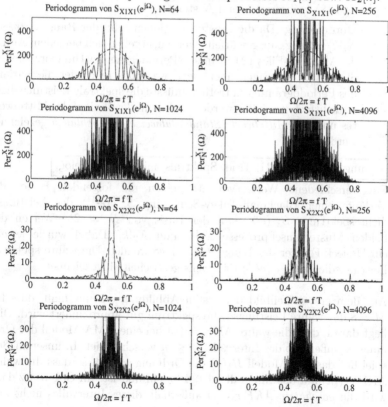

Dabei wurde die zeitdiskrete Fourier-Transformation $\mathcal{F}\{\cdot\}$ wiederum durch eine 2^{12}-Punkte-FFT approximiert. Die wahre spektrale Leistungsdichte $S_{X_i X_i}(e^{j\Omega})$ ist jeweils gestrichelt eingezeichnet. Man erkennt, dass die Spektralschätzung mittels des Periodogramms wegen $\mathrm{Var}\{\mathrm{Per}_N^{X_i}(\Omega)\} \sim S_{X_i X_i}(e^{j\Omega})^2$ (9.3.40)) keine befriedigenden Ergebnisse liefert. Nur in denjenigen Frequenzbereichen, in denen die wahre spektrale Leistungsdichte $S_{X_i X_i}(e^{j\Omega})$ den Wert null annimmt, liefert auch das Periodogramm diesen Wert (mit verschwindender Varianz). In Frequenzbereichen *mit* Spektralanteilen erlaubt das Periodogramm dagegen keine Aussage über $S_{X_i X_i}(e^{j\Omega})$, da die Schätzung durch die übermäßig hohe Varianz entwertet wird. Auch zunehmende Werte von N ändern an diesem Sachverhalt gemäß (9.3.40) kaum etwas. Deshalb bleibt es ein schwacher Trost, dass sich die Erwartungstreue gemäß (9.3.18) verbessert, wenn N steigt.

Bemerkung: Da die Musterfunktionen $x_i[k]$ der Rauschprozesse $X_i[k]$ zufällig „ausgewürfelt" werden, ergeben sich bei jedem Aufruf des MATLAB-Files 131.m andere Periodogramme. Um trotzdem per Simulation Aussagen über die Erwartungstreue oder die Varianz des Periodogramms zu treffen, müsste die spektrale Leistungsdichte mehrfach geschätzt werden und dann der Verlauf des Mittelwertes und der *Mittelwert±Standardabweichungs-Schlauch* gezeichnet werden.

Lösung zu Aufgabe 31: Trad. Spektrals. mit dem Korrelog.

Für verschiedene Werte von M zeigen die folgenden Bilder die Verläufe einer Blackman-Tukey-Schätzung $\hat{S}_{XX}^{BT}(e^{j\Omega})$ des Leistungsdichtespektrums $S_{XX}(e^{j\Omega})$ auf der Basis von $N = 2^{12}$ Werten der beiden Musterrauschprozesse $X_1[k]$ und $X_2[k]$. Dabei wurde jeweils ein Dreieck-Fenster der Länge $2M - 1$ verwendet. Die wahre spektrale Leistungsdichte $S_{X_i X_i}(e^{j\Omega})$ ist jeweils gestrichelt eingezeichnet.

Aus dem ersten Teilbild der ersten Abbildung erkennt man, dass für $M = 8$ das wahre Leistungsdichtespektrum gut approximiert wird. Dies liegt daran, dass die wahre AKF $r_{XX}(\kappa)$ bei einem MA-Modell der Ordnung m außerhalb des Intervalls $|\kappa| \leq m$ verschwindet. In unserem Beispiel hat das MA-Modell $H_1(z)$ die Ordnung $m = 4$, so dass die wahre AKF $r_{XX}(\kappa)$ auf das Intervall $|\kappa| \leq 4$ beschränkt ist. Im Gegensatz dazu wird die *geschätzte AKF* $\hat{r}_{XX}(\kappa)$ außerhalb dieses Intervalles nicht null sein, sondern bestenfalls kleine Werte aufweisen (je nach Länge N des Datenvektors). Man kann nun die Varianz der Schätzung dadurch verbessern, dass man durch eine Fensterung möglichst viele dieser „verrauschten" AKF-Werte $\hat{r}_{xx}(\kappa)$ mit $|\kappa| > 4$ dämpft oder ganz „ausblendet". Dies ist in diesem Beispiel für $M = 8$ am besten der Fall, da das resultierende Fenster der Länge 15 alle AKF-Werte $\hat{r}_{xx}(\kappa)$ mit $|\kappa| > 7$ zu null setzt. Allerdings bewirkt die Multiplikation mit einem kurzen Fenster im Frequenzbereich die Faltung mit einer breiten Spektralfunktion, so dass die Erwartungstreue für kleine M-Werte schlechter ist als für große.

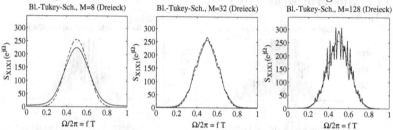

Zusammenfassend erkennt man also, dass die Erwartungstreue für steigende Werte von M zwar zunimmt, die Varianz jedoch proportional zu $\sum f_M^2[\kappa]$ ansteigt. Für das hier zugrundeliegende Dreieckfenster gilt: $\sum f_M^2[\kappa] \approx (2/3)\,M$, so dass die Varianz hier proportional zu M ist.

Im Gegensatz zum MA-Modell $H_1(z)$ hat das AR-Modell $H_2(z)$ eine unendlich lange Impulsantwort und damit eine unendlich ausgedehnte AKF $r_{xx}(\kappa)$.

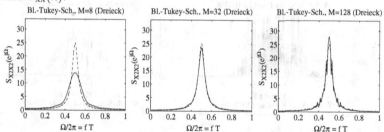

Anmerkung: Verwendet man ein Rechteckfensters, so erhält man für kleinere Werte von M bei kleinen und großen Frequenzen verstärkt Überschwinger.

Lösung zu Aufgabe 32: Trad. Spektrals. nach B. & W.

Die folgenden Bilder zeigen das nach dem Bartlett- und Welch-Verfahren (Hamming-Fenster) geschätzte Leistungsdichtespektrum $\hat{S}_{xx}^W(e^{j\Omega})$ auf der Basis von $N = 2^{10} = 1024$ Datenwerten der beiden Musterprozesse $X_1[k]$ und $X_2[k]$. Die Teilbilder zeigen jeweils die Fälle $K = 1$ (d.h. ohne Mittelung), $K = 4$, 16 und 64. Die zu mittelnden Periodogramme basieren also auf Teilfolgen der Länge $L = N/K = 1024$, 256, 64 bzw. 16.

Die wahre Leistungsdichte $S_{X_i X_i}(e^{j\Omega})$ ist jeweils gestrichelt eingezeichnet. Man erkennt, dass erst durch Mittelung vieler Periodogramme eine akzeptable Spektralschätzung gelingt.

Für Musterprozess $X_1[k]$:

• Bartlett:

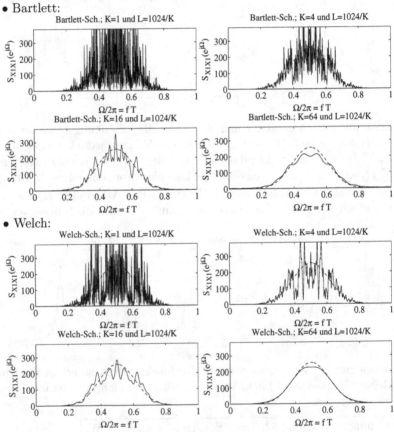

• Welch:

Für Musterprozess $X_2[k]$:

- Bartlett:

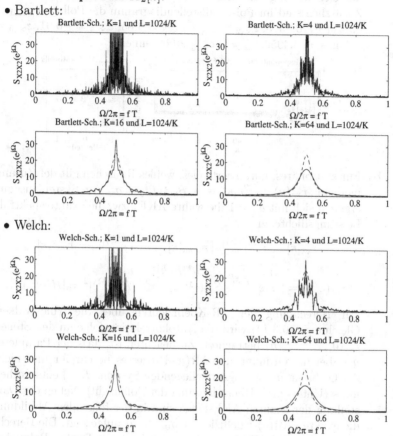

- Welch:

14.7 Parametrische Spektralschätzung (Kap. 10)

Lösung zu Aufgabe 33: Yule-Walker

a) Die folgende Abbildung zeigt die Impulsantwort $h[k]$ des AR(6)-Systems im Bereich $0 \le k \le 80$. Es kann die Aussage getroffen werden, dass das zugrundeliegende System für Zeitwerte $k \ge 60$

ausreichend eingeschwungen ist.

Zusätzlich sind im Pol-/Nullstellendiagramm die Pollagen $z_{\infty,1} = 0.3444 + i \cdot 0.8315$, $z_{\infty,2} = z_{\infty,1}^*$, $z_{\infty,3} = 0.85$, $z_{\infty,4} = -0.91$, $z_{\infty,5} = -0.49 + i \cdot 0.4950$, $z_{\infty,6} = z_{\infty,5}^*$ zu erkennen.

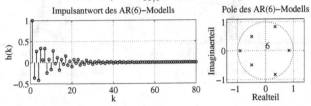

b) Für stationäres, mittelwertfreies, weißes Rauschen gilt der Zusammenhang $r_{NN}(\kappa) = \sigma_N^2 \delta[\kappa]$ $\circ\!\!-\!\!\bullet$ $S_{NN}(e^{j\Omega}) = \sigma_N^2$. Am Systemausgang ergeben sich mit $\sigma_N^2 = 1$ die wahre AKF bzw. die exakte spektrale Leistungsdichte zu

$$r_{XX}[\kappa] = r_{HH}^{(E)}[\kappa] * r_{NN}[\kappa] = \sigma_N^2 \cdot r_{hh}^{(E)}[\kappa] = r_{HH}^{(E)}[\kappa]$$

$$:= \sum_{k=-\infty}^{\infty} h^*(k)\, h[k+\kappa]$$

$$S_{XX}(e^{j\Omega}) = |H(e^{j\Omega})|^2 \cdot S_{NN}(e^{j\Omega}) = \sigma_N^2 \cdot |H(e^{j\Omega})|^2 = |H(e^{j\Omega})|^2 \; .$$

Zur Berechnung der AR-Koeffizienten über die Yule-Walker-Gleichung (10.3.14) wird die Autokorrelationsfolge an den Stellen $r_{XX}(0), \ldots, r_{XX}(n)$ betrachtet. Zu beachten ist, dass der Parameter n dabei die Ordnung des AR(n)-Prozesses beschreibt und nicht der Ordnung m des zugrundeliegenden Systems $H(z)$ entsprechen muss (Unter- bzw. Überschätzung der Polanzahl). Neben der Darstellung der exakten AKF-Folge sind in der folgenden Abbildung die exakten AR(6)-Koeffizienten $a_0, \ldots, a_6$ aufgezeigt. Die Berechnung erfolgte durch Anwendung der Levinson-Durbin-Rekursion zur Lösung der Yule-Walker-Gleichung (10.3.14).

Für das Leistungsdichtespektrum (LDS) $S_{XX}(e^{j\Omega})$ $\bullet\!\!-\!\!\circ$ $r_{XX}(\kappa)$ ergibt sich der in dem unteren Teilbild gestrichelt dargestellte Verlauf. Die Berechnung des LDS erfolgt dabei durch die Beziehung

$$S_{XX}(e^{j\Omega}) = \sigma_N^2 \cdot |H(e^{j\Omega})|^2 = \left| \frac{B(e^{j\Omega})}{A(e^{j\Omega})} \right|^2 = \frac{|\mathcal{F}\{b[k]\}|^2}{|\mathcal{F}\{a[k]\}|^2} \, .$$

Zur graphischen Darstellung des wahren Leistungsdichtespektrums $S_{XX}(e^{j\Omega})$ wurde die zeitdiskrete Fourier-Transformation

$\mathcal{F}\{\cdot\}$ durch eine 2^{10}-Punkte-FFT approximiert. Aufgrund der Tatsache, dass es sich bei dem hier betrachteten Übertragungssystem $H(z)$ um ein reelwertiges System handelt ergibt sich ein zur normierten Frequenz $\Omega/2\pi$ symmetrisches LDS.

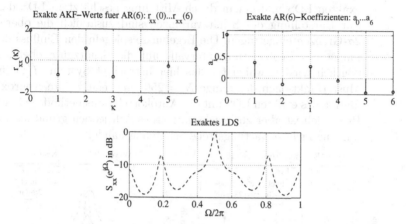

c) Die linken Teilbilder zeigen die Ergebnisse der Koeffizientenschätzung eines AR(6)-Modells bei Auswürfelung von 1000 Musterfunktionen unterschiedlicher Längen $N = 10$ bzw. $N = 256$ des Ausgangsprozesses $X[k]$. Zu beachten ist, dass das System $H(z)$ ausreichend eingeschwungen ist (Ein- und Ausschwingvorgänge sind in den Musterfunktionen nicht enthalten).

Für den Fall $N = 10$ ist die Erwartungsuntreue der Autokorrelationsmethode deutlich zu erkennen; die Mittelwerte (Kreuze) weichen stark von den exakten Koeffizienten (Kreise) ab. Konkreter beschrieben wird dieses Verhalten durch die mittlere Fehlerleistung $E\{e^2\}$, welche als Maß zur Beurteilung der Erwartungstreue dient und diesem Fall (trotz ausreichender Anzahl an Musterfunktionen) einen Wert ungleich Null besitzt. Weiterhin liegt für eine geringe Anzahl an Daten ($N = 10$) eine relativ große Schätzvarianz vor (Balken) bzw. erfasst durch die Standardabweichung σ.

Eine Gegenüberstellung der Koeffizientenschätzungen mit unterschiedlichen Messintervallängen $N = 10$ bzw. $N = 256$ zeigt eine deutliche Verbesserung der Schätzgüte mit steigender Anzahl N. Die Abweichung zwischen Mittelwert und exaktem Wert ist für

$N = 256$ wesentlich geringer, aber dennoch ungleich Null wie
am Beispiel von $\hat{a}_{6,6}$ zu sehen ist. Ebenfalls verringert wurde die
Varianz bzw. Standardabweichnung der Schätzung.
Die rechten Teilbilder stellen einen Vergleich zwischen dem
exakten LDS und einem durch Mittelung geschätztem LDS dar.
Zur Darstellung der Schätzvarianzen sind zusätzlich die oberen
2σ-Grenzen eingetragen. Die Ergebnisse spiegeln den Einfluss der
Länge des Beobachtungsintervalls auf die Schätzgüte ebenfalls
deutlich wieder, wobei für das hier betrachtet System $H(z)$ für
Musterfunktionen der Länge $N = 256$ eine relativ gute Approxi-
mation des exakten LDS mit der Autokorrelationsmethode gelingt.
Prinzipiell ist aber zu beachten, dass es sich jedoch grundsätzlich
um eine nicht erwartungstreue Schätzung handelt.

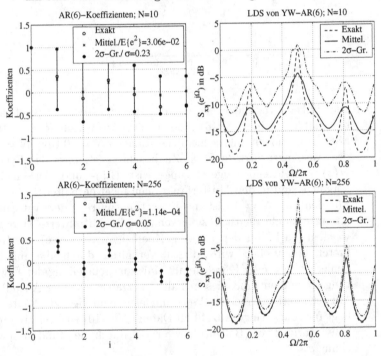

Lösung zu Aufgabe 34: Burg

a) Die folgende Abbildung zeigt die Impulsantwort $h[k]$ des AR(6)-Systems im Bereich $0 \leq k \leq 80$ sowie das zugehörige Pol-/Nullstellendiagramm mit den Polen $z_{\infty,1} = 0.3444 + i \cdot 0.8315$, $z_{\infty,2} = z_{\infty,1}^*$, $z_{\infty,3} = 0.85$, $z_{\infty,4} = -0.91$, $z_{\infty,5} = -0.49 + i \cdot 0.4950$, $z_{\infty,6} = z_{\infty,5}^*$.

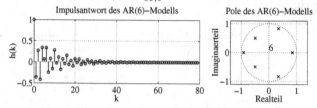

b) Spektrale Schätzverfahren (nach Yule-Walker bzw. Burg) versuchen, einen AR-gefilterten weißen Rauschprozess so zu modellieren[14.20], dass seine statistischen Eigenschaften (die AKF) denen des vorgegebenen (stationären, spektral beliebig geformten) Prozesses $X[k]$ möglichst nahekommen. Dies gelingt am besten, wenn es sich um ein durch AR-Filterung gegeben Prozess handelt und zusätzlich die AR(n)-Modellordnung n der Ordnung des Filters entspricht. Für den hier betrachteten Fall einer Filterung durch ein AR-System der Ordnung $m = 6$ spiegeln die aufgeführten Grafiken diesen Sachverhalt wieder.

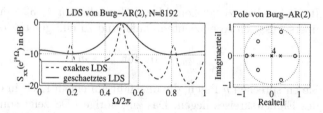

In den oberen Teilbildern ist das mit dem Burg-Algorithmus auf Basis eines AR(n)-Modells geschätzte LDS mit $n = 2, 6, 32$ dem exakten LDS gegenübergestellt. Die unterer Teilbilder zeigen die zugehörigen Pollagen, wobei die Pole von $H(z)$ ausnahmsweise

---

[14.20]d.h. die AR-Parameter $\hat{a}_{0,n}, \cdots, \hat{a}_{n,n}$ so zu bestimmen, ...

als *Kreise* dargestellt sind. Allen Berechnungen liegt eine einzige Musterfunktion der Datenlänge $N = 2^{13} = 8192$ zur Realisierung einer statistisch ausreichenden Schätzung zugrunde.

Bei einer AR-Gradunterschätzung wie z.B. $n = 2$ versucht der Burg-Algorithmus einen bestmöglichen Kompromiss der AR(2)-Pollagen zu finden, siehe Pol-/Nullstallendiagramm. Dennoch liegt eine erhebliche Abweichung zwischen exaktem und geschätztem LDS vor.

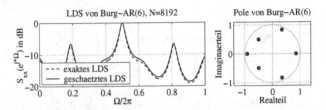

Entspricht die AR(n)-Modellordnung der des verwendeten Filters $H(z)$, so ist wie zu erwarten die Approximation am besten.

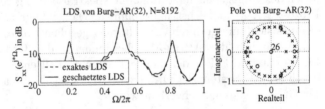

Im Falle einer zu großen AR-Gradannahme $n = 32$ werden alle überschüssigen Koeffizienten annähernd zu null gesetzt, d.h.

$$\hat{a}_{n,i} \approx 0 \quad \text{für} \quad i > m$$

Sie entsprechen n Polen, die ungefähr auf einem Kreis in der Nähe des Einheitskreises liegen. Das zugehörige LDS zeigt somit einen "welligeren" Verlauf, wobei trotzdem von einer geringen Verschlechterung bei einer AR-Gradüberschätzung gesprochen werden kann.

c) Die folgende Abbildung zeigt die Impulsantwort $h[k]$ des MA(4)-Systems im Bereich $0 \leq k \leq 4$. Bei $H(z)$ handelt es sich um ein MA-Modell der Ordnung $m = 4$, so dass seine Impulsantwort die (endliche) Länge $m + 1 = 5$ aufweist: $h[k] = \{1, -4, 6, -4, 1\}$. Deshalb ist auch die Energiekorrelationsfunktion $r_{HH}^{(E)}[\kappa]$ und damit auch $r_{xx}[\kappa]$ auf $|\kappa| \leq 4$ beschränkt. Es ergeben sich die Werte $r_{xx}(0) = 70$, $r_{xx}(\pm1) = -56$, $r_{xx}(\pm2) = 28$, $r_{xx}(\pm3) = -8$, $r_{xx}(\pm4) = 1$ und $r_{xx}[\kappa] = 0$ für $|\kappa| \geq 5$. Man beachte, dass $H(z)$ eine vierfache Nullstelle bei $z = 1$ hat (Hochpass).

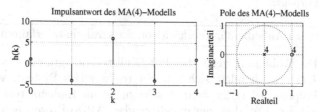

d) Unter Verwendung des Burg-Algorithmus soll nun das MA-Modell $H(z)$ durch AR-Modelle $1/A_n(z)$ verschiedener Ordnungen $n = 2, 6, 32$ approximiert werden.

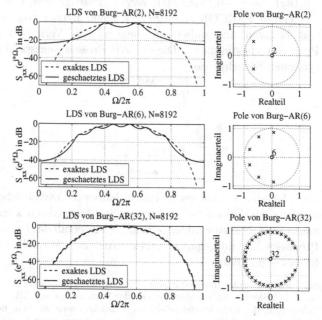

Die dargestellten Ergebnisse zeigen, dass der Burg-Algorithmus versucht die Nullstelle durch Anordnung von Polen in der Nähe des Einheitskreises zu approximieren. Dabei beginnt er bei einer AR-Ordnung von $n = 2$ möglichst entfernt von der Nullstelle und ordnet die Pole auf einem Kreis in Richtung Nullstelle an. Die Umgebung der Nullstelle bleibt jedoch immer frei. Anhand der geschätzten spektralen Leistungsdichten ist zu erkennen, dass eine zufriedenstellende Approximation erst mit höherem AR-Grad vorliegt.

Lösung zu Aufgabe 35: Vergleich von Spektralschätzverfahren

a) Die Abbildung zeigt das Pol-/Nullstellendiagramm des Systems $H(z)$. Es handelt sich um ein reellwertiges System, wobei ein Polpaar bei $\Omega/2\pi \approx 0.05$ sehr nahe am Einheitskreis angeordnet ist. Für den zugrundeliegenden AR(8)-Prozeß ergeben sich unter Anwendung der exakten Yule-Walker-Gleichung folgende PARCOR-Koeffizienten: $\gamma_1 = 0.9785$, $\gamma_2 = -0.9279$, $\gamma_3 = 0.1531$, $\gamma_4 = -0.6974$, $\gamma_5 = 0.1815$, $\gamma_6 = -0.1563$, $\gamma_7 = -0.1631$, $\gamma_8 = -0.1848$. Man vergegenwärtige sich, dass die beiden ersten PARCOR-Koeffizienten einen Betrag von annähernd eins besitzen und daher entscheidend das Verhalten des AR-Prozesses bestimmen. Dieser AR-Prozess entspricht einem typischen Sprachprozess.

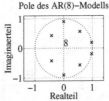

Pole des AR(8)–Modells

b) Im Folgenden werden der Übersicht halber die wesentlichen Eigenschaften der bekannten spektralen Schätzverfahren kurz zusammengefasst. Hierzu wird von einem Messintervall der Länge N eines Prozesses $X[k]$ ausgegangen und zur Argumentation die Prädiktorfehlerleistung betrachtet[14.21].

[14.21] Aufgrund des zueinander inversen Zusammenhangs zwischen einem AR(n)-Modell und einem Prädiktor kann zur Bestimmung der Parameter eines AR(n)-Prozesses die Minimierung der Prädiktorfehlerleistung betrachtet werden. D.h. der Prozess $X[k]$ wird auf einen Prädiktor gegeben, dessen Koeffizienten so zu bestimmen sind, dass die Leistung des Präditkorfehlers minimal ist bzw. gleich der des zugrundeliegenden weißen Rauschenprozesses $N[k]$ ist.

— *Yule-Walker/Autokorrelationsmethode*

* Prozess $X[k]$ wird außerhalb des Messintervalls zu Null gesetzt (Rechteckbewertung)

* Ein- und Außchwingvorgänge des Prädiktors werden daher zur Minimierung mitberücksichtigt

* Zur Berechnung wird die *nicht-erwartungstreue* Autokorrelationsfolge $\hat{r}_{xx}[\kappa]$ benutzt

* Der Lösung liegt eine hermetische Töplitzmatrix zugrunde

* Die Schätzung ist *nicht erwartungstreu* aber das AR-Modell ist immer *minimalphasig*

— *Autokovarianzmethode*

* Prozess $X[k]$ wird außerhalb des Messintervalls als unbestimmt betrachtet

* Ein- und Außschwingvorgänge des Prädiktors werden daher zur Minimierung *nicht* mitberücksichtigt

* Zur Berechnung wird die *erwartungstreue* Autokorrelationsfolge $r_{xx}[\kappa]$ benutzt

* Es liegt keine Töplitzmatrix vor

* Die Schätzung ist *erwartungstreu* aber das AR-Modell ist nicht zwingend *minimalphasig*

— *Burg-Algorithmus*

* Es erfolgt eine gemeinsame Minimierung der Vorwärts- und Rückwärtsfehlerleistung

* Prozess $X[k]$ wird außerhalb des Messintervalls als unbestimmt betrachtet

* Ein- und Ausschwingvorgänge des Prädiktors werden daher zur Minimierung mitberücksichtigt

* Die Schätzung ist *erwartungstreu* und das AR-Modell ist immer *minimalphasig*

— *Autokorrelationsmethode mit Hamming-Fenster*
Anstelle einer Gewichtung des Prozesses $X[k]$ mit einer

Rechteckfunktion wird bei dieser Methode die Datenfolge der Länge N mit einem Hamming-Fenster gleicher Länge bewertet. Anstelle einer Korrelation zweier Rechteckfunktionen zur Berechnung der nicht erwartungstreuen Autokorrealtionsfolge, welche bekanntlich auf das Bartlett-Fenster führt, liegt für die nicht-erwartungstreuen Autokorrelationsfolge nun eine Bewertung durch die Korrelation zweier Hamming-Fenster vor. Diese Vorgehensweise bewirkt eine geringere Erwartungsuntreue für Autokorrelationswerte $\hat{r}_{xx}[\kappa]$ mit kleinen κ, während für große Werte κ eine stärkere Gewichtung auftritt. Zur Verdeutlichung dieses Sachverhalts sind in der folgenden Abbildung die Korrelationsergebnisse (erwartungstreu) der beiden Fenster abbgebildet. Aus diesem Grunde wird dieses Verfahren vor allem bei der Spektralanalyse von Sprachsignalen verwendet; Sprachsignale besitzen i.a. einen dominanten ersten PARCOR-Koeffizienten, welcher durch die Werte $\hat{r}_{xx}(0)$ und $\hat{r}_{xx}(1)$ gegeben ist.

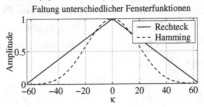

Die folgenden Abbildungen zeigen in den linken Teilbildern die Ergebnisse für die Koeffizientenschätzung, in den rechten Teilbildern sind die zugehörigen Leistungsdichtespektren dargestellt.

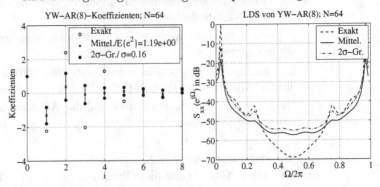

Die Ergebnisse auf Basis der Autokorrelationsmethode („YW-AR(8)") bestätigen die Erwartungsuntreue dieser Schätzung; z.B. liegt der exakte Wert bei einigen Koeffizienten wie z.B. a_3 außerhalb der 2σ-Grenzen. Dieses Verhalten ist auch an der relativ hohen Fehlerleistung $E\{e^2\} = 1.18$ zu erkennen. Das LDS wird relativ schlecht approximiert, der kritische Pol bei $\Omega/2\pi \approx 0.05$ wird in keinster Weise korrekt nachgebildet.

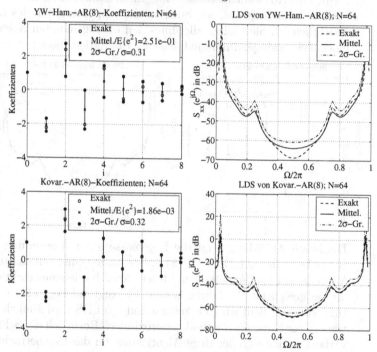

Betrachtet man hingegen die Schätzung mittels der durch ein Hamming-Fenster modifizierten Autokorrelationsmethode („YW-HAM.-AR(8)"), so ist bei dem hier betrachteten Prozess mit betragsmäßig großen PARCOR-Koeffizienten γ_1 und γ_2 die Verbesserung in der Erwartungstreue deutlich zu sehen. Beispielsweise liegt der zuvor außerhalb liegende exakte Koeffzient a_3 jetzt innerhalb der 2σ-Grenzen; ebenso hat sich die mittlere Fehlerleistung auf den Wert $E\{e^2\} = 0.25$ verringert. Nachteil der Hamming-Gewichtung ist allerdings eine größere Standardabweichung σ.

Auch bei der Analyse des geschätzten LDS zeigt sich eine deutliche
Verbesserung durch die Anwendung eines Hamming-Fensters.

Eine erwartungstreue Schätzung der Koeffizienten ist durch
die Anwendung der Kovarianzmethode gewährleistet („Kov.-
AR(8)")[14.22]. Die Standardabweichung hingegen verhält sich
ähnlich wie bei der modifizierten Autokorrelationsmethode. Somit
stellt die Kovarianzmethode eine interessante Alternative zur
Spektralschätzung dar, wie auch an der Approximation des LDS
ersichtlich ist. Sie besitzt allerdings den oben genannten Nachteil
eines nicht zwingend minimalphasigen Prädiktionsfilters.

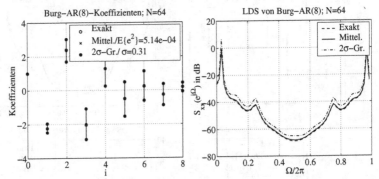

Die letzte Abbildung zeigt die Ergebnisse unter Anwendung des
Burg-Algorithmus („Burg-AR(8)"). Der Ansatz einer gemeinsamen
Minimierung von Vorwärts- und Rückwärtsfehlerleistung stellt sich
als das geeignetste Verfahren heraus. Die zugrundeliegende Erwartungstreue ist deutlich zu erkennen und das LDS wird ähnlich gut
wie bei der Kovarianzmethode approximiert. Bezüglich der Schätzvarianz verhält sich der Burg-Algorithmus für das hier betrachtete
Beispiel ähnlich wie die Kovarianz- bzw. modifizierte Autokorrelationsmethode.

[14.22] Die geringen Abweichungen zwischen exaktem und gemitteltem Wert lassen sich auf
eine endliche Anzahl 1000 an Musterfunktionen zurückführen.

Sachverzeichnis

Printed in the United States
by Baker & Taylor Publisher Services

Printed in the United States
by Baker & Taylor Publisher Services